国家出版基金项目
NATIONAL PUBLICATION FOUNDATION

ARJ21新支线飞机技术系列

主编 郭博智 陈 勇

支线飞机适航符合性
设计与验证（下）

Regional Aircraft Compliance
Design and Certificatin

徐有成 郝 莲 等 编著

上海交通大学出版社
SHANGHAI JIAO TONG UNIVERSITY PRESS

大飞机读者俱乐部

内容提要

本书是在全面整理 ARJ21‑700 飞机项目取证过程中的符合性验证资料、重要成果和宝贵经验的基础上,结合民用运输类飞机适航规章条款要求研究结果,从系统性、完整性和实用性角度出发,将丰富的实践经验进一步提炼而成。出版该书旨在为从事航空专业尤其是从事运输类民机设计、适航技术和审定的人员正确理解和准确把握运输类飞机适航规章每个适航条款的条款内容与要求、条款背景意图、满足条款要求而需采取的符合性验证要求(包括符合性验证思路、符合性方法、验证过程和符合性判据)提供技术指导,同时为从事航空专业人员提供适航技术专业教材,满足适航专业人才培养对教材的迫切要求。

图书在版编目(CIP)数据

支线飞机适航符合性设计与验证:全三册/ 徐有成
等编著. —上海:上海交通大学出版社,2017(2019 重印)
大飞机出版工程
ISBN 978‑7‑313‑18558‑7

Ⅰ.①支… Ⅱ.①徐… Ⅲ.①飞机−适航性−设计
Ⅳ.①V22

中国版本图书馆 CIP 数据核字(2017)第 307698 号

支线飞机适航符合性设计与验证(上中下)

编　　著:徐有成　郝　莲　等
出版发行:上海交通大学出版社　　　　　地　　址:上海市番禺路 951 号
邮政编码:200030　　　　　　　　　　　电　　话:021‑64071208
印　　制:上海万卷印刷股份有限公司　　经　　销:全国新华书店
开　　本:710 mm×1000 mm　1/16
总 字 数:2612 千字　　　　　　　　　　总 印 张:130.5
版　　次:2017 年 12 月第 1 版　　　　　印　　次:2019 年 8 月第 2 次印刷
书　　号:ISBN 978‑7‑313‑18558‑7/ V
定　　价:999.00 元(上中下)

大飞机出版工程

丛书编委会

总主编

顾诵芬（中国航空工业集团公司科技委原副主任、中国科学院和中国工程院院士）

副总主编

贺东风（中国商用飞机有限责任公司董事长）

林忠钦（上海交通大学校长、中国工程院院士）

编委会（按姓氏笔画排序）

王礼恒（中国航天科技集团公司科技委主任、中国工程院院士）

王宗光（上海交通大学原党委书记、教授）

刘　洪（上海交通大学航空航天学院副院长、教授）

任　和（中国商飞上海飞机客户服务公司副总工程师、教授）

李　明（中国航空工业集团沈阳飞机设计研究所科技委委员、中国工程院院士）

吴光辉（中国商用飞机有限责任公司副总经理、总设计师、中国工程院院士）

汪　海（上海市航空材料与结构检测中心主任、研究员）

张卫红（西北工业大学副校长、教授）

张新国（中国航空工业集团副总经理、研究员）

陈　勇（中国商用飞机有限责任公司工程总师、ARJ21飞机总设计师、研究员）

陈迎春（中国商用飞机有限责任公司CR929飞机总设计师、研究员）

陈宗基（北京航空航天大学自动化科学与电气工程学院教授）

陈懋章（北京航空航天大学能源与动力工程学院教授、中国工程院院士）

金德琨（中国航空工业集团公司原科技委委员、研究员）

赵越让（中国商用飞机有限责任公司总经理、研究员）

姜丽萍（中国商用飞机有限责任公司制造总师、研究员）

曹春晓（中国航空工业集团北京航空材料研究院研究员、中国工程院院士）

敬忠良（上海交通大学航空航天学院常务副院长、教授）

傅　山（上海交通大学电子信息与电气工程学院研究员）

大飞机出版工程

总　序

　　国务院在 2007 年 2 月底批准了大型飞机研制重大科技专项正式立项,得到全国上下各方面的关注。"大型飞机"工程项目作为创新型国家的标志工程重新燃起我们国家和人民共同承载着"航空报国梦"的巨大热情。对于所有从事航空事业的工作者,这是历史赋予的使命和挑战。

　　1903 年 12 月 17 日,美国莱特兄弟制作的世界第一架有动力、可操纵、比重大于空气的载人飞行器试飞成功,标志着人类飞行的梦想变成了现实。飞机作为 20 世纪最重大的科技成果之一,是人类科技创新能力与工业化生产形式相结合的产物,也是现代科学技术的集大成者。军事和民生的需求促进了飞机迅速而不间断的发展和应用,体现了当代科学技术的最新成果;而航空领域的持续探索和不断创新,也为诸多学科的发展和相关技术的突破提供了强劲动力。航空工业已经成为知识密集、技术密集、高附加值、低消耗的产业。

　　从大型飞机工程项目开始论证到确定为《国家中长期科学和技术发展规划纲要》的十六个重大专项之一,直至立项通过,不仅使全国上下重视我国自主航空事业,而且使我们的人民、政府理解了我国航空事业半个多世纪发展的艰辛和成绩。大型飞机重大专项正式立项和启动标志着我国的民用航空进入新纪元。经过 50 多年的风雨历程,当今中国的航空工业已经步入了科学、理性的发展轨道。大型客机项目产业链长、辐射面宽,对国家综合实力带动性强,在国民经济发展和科学技术进步中发挥着重要作用,我国的航空工业迎来了新的发展机遇。

　　大型飞机的研制承载着中国几代航空人的梦想,在 2016 年造出与波音公司

B737 和空客公司 A320 改进型一样先进的"国产大飞机"已经成为每个航空人心中奋斗的目标。然而，大型飞机覆盖了机械、电子、材料、冶金、仪器仪表、化工等几乎所有工业门类，集成数学、空气动力学、材料学、人机工程学、自动控制学等多种学科，是一个复杂的科技创新系统。为了迎接新形势下理论、技术和工程等方面的严峻挑战，迫切需要引入、借鉴国外的优秀出版物和数据资料，总结、巩固我们的经验和成果，编著一套以"大飞机"为主题的丛书，借以推动服务"大飞机"作为推动服务整个航空科学的切入点，同时对于促进我国航空事业的发展和加快航空紧缺人才的培养，具有十分重要的现实意义和深远的历史意义。

2008 年 5 月，中国商用飞机有限公司成立之初，上海交通大学出版社就开始酝酿"大飞机出版工程"，这是一项非常适合"大飞机"研制工作时宜的事业。新中国第一位飞机设计宗师——徐舜寿同志在领导我们研制中国第一架喷气式歼击教练机——歼教 1 时，亲自撰写了《飞机性能及算法》，及时编译了第一部《英汉航空工程名词字典》，翻译出版了《飞机构造学》《飞机强度学》，从理论上保证了我们的飞机研制工作。我本人作为航空事业发展 50 多年的见证人，欣然接受上海交通大学出版社的邀请担任该丛书的主编，希望为我国的"大飞机"研制发展出一份力。出版社同时也邀请了王礼恒院士、金德琨研究员、吴光辉总设计师、陈迎春副总设计师等航空领域专家撰写专著、精选书目，承担翻译、审校等工作，以确保这套"大飞机"丛书具有高品质和重大的社会价值，为我国的大飞机研制以及学科发展提供参考和智力支持。

编著这套丛书，一是总结整理 50 多年来航空科学技术的重要成果及宝贵经验；二是优化航空专业技术教材体系，为飞机设计技术人员的培养提供一套系统、全面的教科书，满足人才培养对教材的迫切需求；三是为大飞机研制提供有力的技术保障；四是将许多专家、教授、学者广博的学识见解和丰富的实践经验总结继承下来，旨在从系统性、完整性和实用性角度出发，把丰富的实践经验进一步理论化、科学化，形成具有我国特色的"大飞机"理论与实践相结合的知识体系。

"大飞机出版工程"丛书主要涵盖了总体气动、航空发动机、结构强度、航电、制造等专业方向，知识领域覆盖我国国产大飞机的关键技术。图书类别分为译著、专著、教材、工具书等几个模块；其内容既包括领域内专家们最先进的理论方法和技术成果,也包括来自飞机设计第一线的理论和实践成果。如:2009 年出版的荷兰原福克飞机公司总师撰写的 *Aerodynamic Design of Transport Aircraft*(《运输类飞机的空气动力设计》);由美国堪萨斯大学 2008 年出版的 *Aircraft Propulsion*(《飞机推进》)等国外最新科技的结晶;国内《民用飞机总体设计》等总体阐述之作和《涡量动力学》《民用飞机气动设计》等专业细分的著作;也有《民机设计 1 000 问》《英汉航空缩略语词典》等工具类图书。

　　该套图书得到国家出版基金资助,体现了国家对"大型飞机"项目以及"大飞机出版工程"这套丛书的高度重视。这套丛书承担着记载与弘扬科技成就、积累和传播科技知识的使命,凝结了国内外航空领域专业人士的智慧和成果,具有较强的系统性、完整性、实用性和技术前瞻性,既可作为实际工作指导用书,亦可作为相关专业人员的学习参考用书。期望这套丛书能够有益于航空领域里人才的培养,有益于航空工业的发展,有益于大飞机的成功研制。同时,希望能为大飞机工程吸引更多的读者来关心航空、支持航空和热爱航空,并投身于中国航空事业做出一点贡献。

2009 年 12 月 15 日

序

　　民用飞机产业是大国的战略性产业。民用客机作为一款高附加值的商品,是拉动国家经济发展的重要力量,是体现大国经济和科技实力的重要名片,在产业和科技上具有强大的带动作用。

　　自新中国成立以来,中国民机产业先后成功地研制了 Y-7 系列涡桨支线客机和 Y-12 系列涡桨小型客机等民用飞机。在民用喷气客机领域,曾经在 20 世纪 70 年代自行研制了运-10 飞机,国际合作论证了 MPC-75、AE-100 等民用客机,合作生产了 MD-80 和 MD-90 飞机。民机制造业转包生产国外民机部件,但始终没有成功研制一款投入商业运营的民用喷气客机。

　　支线航空发展迫在眉睫。2002 年 2 月,国务院决定专攻支线飞机,按照市场机制发展民机,并于 11 月 17 日启动 ARJ21 新支线飞机项目,意为"面向 21 世纪的先进涡扇支线飞机(Advanced Regional Jet for the 21st Century)"。从此,中国民机产业走上了市场机制下的自主创新之路。

　　ARJ21 作为我国民机历史上第一款按照国际通用适航标准全新研制的民用客机,承担着中国民机产业先行者和探路人的角色。跨越十五年的研制、取证和交付运营过程,经历的每一个研制阶段,解决的每一个设计、试验和试飞技术问题,都是一次全新的探索。经过十五年的摸索实践,ARJ21 按照民用飞机的市场定位打通了全新研制、适航取证、批量生产和客户服务的全业务流程,突破并积累了喷气客机全寿命的研发技术、适航技术和客户服务技术,建立了中国民机产业技术体系和产业链,为后续大型客机的研制打下了坚实的基础。

习近平总书记考察中国商飞公司时要求改变"造不如买、买不如租"的逻辑,坚持民机制造事业"不以难易论进退",在ARJ21取证后要求"继续弘扬航空报国精神,总结经验、迎难而上"。马凯副总理2014年12月30日考察ARJ21飞机时,指出,"要把ARJ21新支线飞机项目研制和审定经验作为一笔宝贵财富认真总结推广"。工信部副部长苏波指出:"要认真总结经验教训,做好积累,形成规范和手册,指导C919和后续大型民用飞机的发展。"

编著这套书,一是经验总结,总结整理2002年以来ARJ21飞机研制历程中设计、取证和交付各阶段开创性的重要成果及宝贵经验;二是技术传承,将民机研发技术专家、教授、学者广博的学识见解和丰富的实践经验总结继承下来,把丰富的实践经验进一步理论化、科学化,形成具有我国特色的民机理论与实践相结合的知识体系,为飞机设计技术人员提供参考和学习的材料;三是指导保障,为大飞机研制提供有力的技术保障。

丛书主要包括了项目研制历程、研制技术体系、研制关键技术、市场研究技术、适航技术、运行支持系统、关键系统研制和取证技术、试飞取证技术等分册的内容。本丛书结合了ARJ21的研制和发展,探讨了支线飞机市场技术要求、政府监管和适航条例、飞机总体、结构和系统关键技术、客户服务体系、研发工具和流程等方面的内容。由于民用飞机适航和运营要求是统一的标准,在技术上具有高度的相似性和相关性,因此ARJ21在飞机研发技术、适航验证和运营符合性等方面取得的经验,可以直接应用于后续的民用飞机研制。

ARJ21新支线飞机的研制过程是对中国民机产业发展道路成功的探索,不仅开发出一个型号,而且成功地锤炼了研制队伍。参与本套丛书撰写的专家均是ARJ21研制团队的核心人员,在ARJ21新支线飞机的研制过程中积累了丰富且宝贵的实践经验和科研成果。丛书的撰写是对研制成果和实践经验的一次阶段性的梳理和提炼。

ARJ21交付运营后,在飞机的持续适航、可靠性、使用维护和经济性等方面,继续经受着市场和客户的双重考验,并且与国际主流民用飞机开始同台竞技,因此需要针对运营中间发现的问题进行持续改进,最终把ARJ21飞机打造成为一款航空公司愿意用、飞行员愿意飞、旅客愿意坐的精品。

ARJ21 是"中国大飞机事业万里长征的第一步",通过 ARJ21 的探索和积累,中国的民机产业会进入一条快车道,在不远的将来,中国民机将成为彰显中国实力的新名片。ARJ21 将继续肩负着的三大历史使命前行,一是作为中国民机产业的探路者,为中国民机产业探索全寿命、全业务和全产业的经验;二是建立和完善民机适航体系,包括初始适航、批产及证后管理、持续适航和运营支持体系等,通过中美适航当局审查,建立中美在 FAR/CCAR25 部大型客机的适航双边,最终取得 FAA 适航证;三是打造一款具有国际竞争力的喷气支线客机,填补国内空白,实现技术成功、市场成功、商业成功。

这套丛书获得 2017 年度国家出版基金的支持,表明了国家对"ARJ21 新支线飞机"的高度重视。这套书作为上海交通大学出版社"大飞机出版工程"的一部分,希望该套图书的出版能够达到预期的编著目标。在此,我代表编委会衷心感谢直接或间接参与本系列图书撰写和审校工作的专家和学者,衷心感谢为此套丛书默默耕耘三年之久的上海交通大学出版社"大飞机出版工程"项目组,希望本系列图书能为我国在研型号和后续型号的研制提供智力支持和文献参考!

ARJ21 总设计师

2017 年 9 月

前　言

随着我国航空工业的发展,特别是在当前国产民用飞机项目的快速推进和通用航空蓬勃发展的趋势下,民用飞机的适航性成为关注重点,在型号研制过程中,构建飞机的适航性、验证飞机的适航性、向适航当局表明飞机的适航符合性以及保证飞机已有的适航性,使其持续适航,这一系列适航工作是民机制造商实现产品研制成功、商业成功的根本和前提。自2002年新支线飞机项目正式立项,ARJ21-700飞机经过12年的研制和适航取证工作,历经坎坷,终于于2014年12月30日获得了型号合格证,取得了进入民用市场的通行证。ARJ21-700飞机是我国第一架完全按照《运输类飞机适航标准》(CCAR25部)进行设计和验证的民用飞机,也是第一架严格按照《民用航空产品和零部件合格审定规定》(CCAR21部)及《航空器型号合格审定程序》(AP-21-03)的要求全过程开展型号合格审定的飞机。其间按照ARJ21-700飞机审查组批准的型号合格审定基础、符合性方法表、专项合格审定计划和合格审定计划共完成了300多项地面试验验证,完成了285个科目的申请人表明符合性的试飞验证和243个科目的审定试飞验证,累计试飞2942架次,共5257小时38分钟;完成了3418份符合性报告编制和审查方批准,全部398条适用适航条款关闭,即其条款符合性检查清单得到审查方批准。在适航取证过程中,同时建立并逐步完善了中国商飞公司适航体系。

中国商用飞机有限责任公司作为实现国家大型飞机重大专项中大型客机项目、统筹干线和支线飞机发展、实现我国民用飞机产业化的主体,加强与实施本公司并带动我国民用航空企业适航能力建设是当务之急,及时总结归纳型号取证经验,形成适航工作指南是建设公司适航能力的必然途径。鉴于ARJ21-700飞机项目的设计与验证过程,积累了大量宝贵的适航条款符合性验证经验,非常有必要对其积累的经验进行总结、固化和提升,转化成显性知识,供中国商用飞机有限责任公司其他型号研制和取证人员及业内人员共享,为此特策划编辑出版本书。

本书针对民用运输类适航规章(包括 CCAR25 部、CCAR34 部和 CCAR36 部)中喷气支线飞机适用的 334 条适航条款(不包括 CCAR26 部适用条款 5 条,并将 55 条 APU 条款与相应的动力装置条款合并,CCAR34 部和 CCAR36 部分别作为单独 1 条),给出条款描述、条款解读、条款符合性方法、条款符合性验证说明和符合性判据。全书分为上、中、下三册。

上册:CCAR25 部 A 分部(总则)、B 分部(飞行)和 G 分部(适用限制和资料)和 CCAR36 部。

中册:CCAR25 部 C 分部(结构)和 D 分部(设计与构造)。

下册:CCAR25 部 E 分部(动力装置)、F 分部(设备)和 CCAR34 部。

本书各条款均适用的参考文献列于此,不再引入各条款的参考文献章节中:

1. 中国民用航空局.CCAR - 25 - R4 中国民用航空规章第 25 部运输类飞机适航标准[S].中国民用航空局,2011.

2. 14 CFR Part 25-Airworthiness Standards Transport Category Airplanes [S/OL]. Washington:Legal Information Institute,2016.

3. 郑作棣.运输类飞机适航标准技术咨询手册[M].北京:航空工业出版社,1995.

本书是在全面整理 ARJ21 - 700 飞机项目取证过程中的符合性验证资料、重要成果和宝贵经验的基础上,结合民用运输类飞机适航规章条款要求研究结果,从系统性、完整性和实用性角度出发,将丰富的实践经验进一步提炼而成。出版该书旨在为从事航空专业尤其是从事运输类民机设计、适航技术和审定的人员正确理解和准确把握运输类飞机适航规章每个适航条款的条款内容与要求、条款背景意图、满足条款要求而需采取的符合性验证要求(包括符合性验证思路、符合性方法、验证过程和符合性判据)提供技术指导,同时为从事航空专业人员提供适航技术专业教材,满足适航专业人才培养对教材的迫切要求。

本书是"ARJ21 新支线飞机技术系列"丛书之一,其出版发行由国家出版基金资助,体现了国家对"大飞机项目"及民用飞机适航的高度重视。此书由中国商飞公司上海飞机设计研究院适航工程中心组织编写,上海交通大学出版社出版发行,这将促进我国适航技术和民机事业的发展以及加快适航紧缺人才的培养,具有十分重要的现实意义和深远的历史意义。期望本书能够有益于民用航空领域的适航人才的培养,有益于国内适航技术的发展,有益于大飞机其他型号的研制。

本书由徐有成和郝莲主持编写,各分册编写人员如下(排名按姓氏首字母拼音顺序):

1. 上册

编写：陈玲、范基坪、韩丽、黄雄、黄跃智、贾洪、邝丽丽、兰星海、李杰、李涛、李杨、梁家瑞、林桂平、彭震、沈飞、孙铭慧、王丹、王豪、王佳杰、熊超、印帅、周艳萍

审核：褚静华、王修方、熊超、周艳萍

统稿：陈双、金时彧、刘曦明、邹海明

2. 中册

编写：丁立冬、董翠玲、范基坪、符越、黄跃智、贾洪、邝丽丽、兰星海、李杰、梁家瑞、廖飞鹏、刘文成、陆建国、罗欢、罗青、乔玉、秦飞、王豪、王留呆、王曦瑶、吴文龙、熊超、徐俐、于海生、袁烨、张方、周凯华、朱鸣鸣

审核：陈卢松、程凯、冯慧冰、路遥、罗青

统稿：李大海、李斯琪、哈红艳、孙越、杨敏

3. 下册

编写：卞浩、丁立冬、丁腾跃、范基坪、郭晋之、黄芊、黄跃智、贾洪、邝丽丽、李杰、李涛、林桂平、林科、陆军、毛文懿、彭震、沈飞、王丹、辛慧秋、熊超、于海生、张方、张利辉、郑海飞、朱鸣鸣

审核：陈巴生、李承立、颜万亿、袁烨、张利辉

统稿：陈炜、林家冠、王哲、杨波、姚远

全书最后由徐有成和郝莲负责统校和审定。

本书在编写过程中得到了中国商用飞机有限责任公司和上海飞机设计研究院各级领导、各设计研究部的大力支持与悉心指导；得到了上海交通大学出版社相关人员的鼎力帮助。在此，表示衷心的感谢。

本书在编写过程中，虽然我们力求做到言简意赅、严谨准确和通俗易懂，但由于各位编者的经历和实践差异等，以及水平有限，书中内容存在的不妥之处，敬请读者批评指正。

目　录

上　册

CCAR25 部　A 分部　总则

CCAR25 部　B 分部　飞行

CCAR25 部　G 分部　使用限制和资料

CCAR36 部

中　　册

CCAR25 部　C 分部　结构

CCAR25 部　D 分部　设计与构造

下　册

CCAR25 部　E 分部　动力装置

CCAR25 部　F 分部　设备

CCAR34 部

CCAR25 部
E 分部　动力装置

运输类飞机适航标准
第 25.901 条符合性验证

1 条款介绍

1.1 条款原文

第 25.901 条 安装

(a) 就本部而言,飞机动力装置的安装包括下列部件:

(1) 推进所必需的部件;

(2) 与主推进装置操纵有关的部件;

(3) 在正常检查或翻修的间隔期内与主推进装置安全有关的部件。

(b) 对于动力装置,必须满足下列要求:

(1) 其安装必须符合下列规定:

(i) 中国民用航空规章第 33.5 条中规定的安装说明书;

(ii) 本分部中适用的规定。

(2) 安装的各部件其构造、布置和安装必须保证在正常检查或翻修的间隔期内能继续保持安全运转;

(3) 其安装必须是可达的,以进行必要的检查和维护;

(4) 安装的主要部件必须与飞机其它部分电气搭接。

(c) 对于动力装置和辅助动力装置的安装,必须确认任何单个失效或故障或可能的失效组合都不会危及飞机的安全运行,但如果结构元件的破损概率极小,则这种破损不必考虑。

(d) 辅助动力装置的安装必须符合本部中适用的规定。

〔中国民用航空局 1995 年 12 月 18 日第二次修订〕

1.2 条款背景

第 25.901(a)款针对 25 部相关"动力装置安装"给出功能定义。

第 25.901(b)(1)(i)目的目的是保持飞机与发动机型号设计批准之间的一致性。

第 25.901(b)(1)(ii)目的目的是确保 E 分部中适用的规定应用于特定的动力装置安装形式。

第25.901(b)(2)项的目的是要求采用必要的预防性维护措施,以确保动力装置安装的各部件功能安全正常。

第25.901(b)(3)项的目的是确保动力装置安装部件具有足够的可达性,以使保持持续适航所必需的检查和维护工作有效进行。

第25.901(b)(4)项的目的是防止动力装置安装的主要部件与飞机其他部分之间出现显著的电位差。

第25.901(c)款的目的是确保动力装置和辅助动力装置的所有可预见的失效,都不会危及飞行安全。

第25.901(d)款的目的是确保辅助动力装置的安装符合 E 分部中适用的规定。

1.3　条款历史

第25.901 条在 CCAR25 部初版首次发布,截至 CCAR‐25‐R4,该条款共修订过1次,如表1‐1所示。

表 1‐1　第 25.901 条条款历史

第 25.901 条	CCAR25 部版本	相关 14 CFR 修正案	备　　注
首次发布	初版	—	
第1次修订	R2	—	

1.3.1　首次发布

1985 年 12 月 31 日发布了 CCAR25 部初版,其中包含第 25.901 条,该条款是参考 1964 年 12 月 24 日发布的 14 CFR PART 25 中的 §25.901 的内容制定。

1.3.2　第 1 次修订

1995 年 12 月 18 日发布的 CCAR‐25‐R2 对第 25.901 条进行了第 1 次修订,本次修订在第 25.901(b)(1)(i)目中,明确了所涉及的 CCAR33 部条款。

2　条款解读

2.1　条款要求

第25.901(a)款:对"动力装置安装"给出功能定义,运输类飞机典型的动力装置安装由以下部件组成:主发动机、附件齿轮箱、发动机燃/滑油系统、发动机相关的控制与指示系统、发动机短舱/整流罩、发动机支架/吊挂、发动机防火系统、发动机防冰系统、发动机引气系统和飞机燃油系统等。

第25.901(b)(1)(i)目:确保飞机与发动机型号合格证之间的一致性,动力装置安装必须与所有发动机安装说明书及适航当局批准或接受的原始资料(如发动机型号合格证数据单、发动机制造商的安装图样或安装手册,以及其他发动机型号设计数据)所描述的限制相一致。

第 25.901(b)(1)(ii)目：确保 E 分部中适用的规定适用于特定的动力装置安装形式，E 分部条款如果没有明确限定为适用于某一特定类型的安装或某一部分，均适用于所有类型的动力装置安装，例如，第 25.901(b)(2)项适用于任何安装，而第 25.903(a)(3)项明确限制适用于涡轮发动机安装。

第 25.901(b)(2)项：要求采用必要的预防性维护措施，以确保动力装置安装的各部件功能安全正常。对于一些部件，如现代航电系统的集成电路，尚没有可行的方法确保每一单个部件的连续工作，在这种情况下，单个部件的接近失效，或大修不能被检测到，或不能防止其失效，则可通过在组件级或功能级而不是单个部件级的层面"确保连续安全工作"来符合本款的意图。即对于单个部件无须预防性维护，而只要当其失效后，其他部件可以确保发动机连续安全运转，直到这些失效被探测到并被排除。

第 25.901(b)(3)项：必须考虑和确保动力装置安装部件具有足够的可达性，方便有效地开展持续适航所必需的检查和维护工作。

第 25.901(b)(4)项：安装的主要部件必须与飞机其他部分电气搭接，防止动力装置安装的主要部件与飞机其他部分之间出现显著的电位差。动力装置安装的部件之间必须相互电搭接，并与机身配合面区域电搭接，这样就不会产生显著的电位差。动力装置安装部件的搭接有助于其暴露在电磁场、闪击区、电源短路或静电放电时得到保护，因此必须考虑高能辐射场（HIRF）、闪电、电磁干扰（EMI）、热短路及静电保护等问题。

第 25.901(c)款：确定动力装置和辅助动力装置的所有可预见的失效，都不会危及飞行安全。为此，要对动力装置安装进行全面的安全性评估。该条款是对第 25.1309 条的补充完善，而非替代。系统安全性评估时，应考虑结构失效对于动力装置安装的影响，以及动力装置安装失效对于结构的影响。动力装置的安装必须表明，在该型飞机机队寿命期内发生预期可能发生的结构失效后，仍符合第 25.901(c)款的要求。

第 25.901(d)款：确保辅助动力装置的安装符合 E 分部中适用的规定。

2.2　相关条款

与第 25.901 条相关的条款如表 2-1 所示。

表 2-1　第 25.901 条相关条款

相关条款	相关性
第 25.1309 条	第 25.1309(b)款规定"飞机系统与有关部件的设计，在单独考虑以及与其他系统一同考虑的情况下，必须符合下列规定：(1) 发生任何妨碍飞机继续安全飞行与着陆的失效状态的概率为极不可能；(2) 发生任何降低飞机能力或机组处理不利运行条件能力的其他失效状态的概率为不可能"

3 验证过程

3.1 验证对象

第 25.901 条的验证对象为动力装置和辅助动力装置。

3.2 符合性验证思路

针对第 25.901(a)款,通过动力装置和辅助动力装置系统描述表明动力装置系统和辅助动力装置系统安装部件的组成,通过机上检查确认动力装置系统安装部件安装得正确和准确。

针对第 25.901(b)(1)项,通过动力装置系统和辅助动力装置系统安装要求的描述表明动力装置的安装符合要求,通过机上检查确认这些要求得到满足。

针对第 25.901(b)(2)项,通过动力装置系统、辅助动力装置系统和防火系统描述表明动力装置系统、辅助动力装置系统和防火系统部件的构造、布置和安装符合要求,通过安全性分析和机上检查确认这些要求得到满足。

针对第 25.901(b)(3)项,通过动力装置系统和辅助动力装置系统描述来说明各系统所安装部件满足必要的检查和维护要求,通过机上检查确认这些要求得到满足。

针对第 25.901(b)(4)项,通过动力装置和辅助动力装置主要部件与飞机其他部分电气搭接的描述来表明动力装置主要部件电气搭接飞机其他部分满足要求,通过机上检查确认这些要求得到满足。

针对第 25.901(c)款,通过动力装置系统和辅助动力装置系统的系统描述、安全性评估来表明动力装置系统的安全性满足整机的安全性要求,通过地面试验、飞行试验和模拟器试验来验证这些要求得到满足。

针对第 25.901(d)款,通过辅助动力装置的系统描述来表明辅助动力装置的安装满足 E 分部中适用的规定。

3.3 符合性验证方法

通常,针对第 25.901 条的符合性验证方法如表 3 - 1 所示。

表 3 - 1　建议的符合性方法

条　款　号	专　业	符　合　性　方　法										备　注
		0	1	2	3	4	5	6	7	8	9	
第 25.901(a)条	动力装置		1						7			
第 25.901(a)条	辅助动力装置		1									
第 25.901(b)(1)条	动力装置		1									
第 25.901(b)(1)条	辅助动力装置		1						7			
第 25.901(b)(2)条	动力装置		1		3				7			

条　款　号	专　业	符 合 性 方 法										备　注
		0	1	2	3	4	5	6	7	8	9	
第 25.901(b)(2)条	辅助动力装置		1		3				7			
第 25.901(b)(2)条	防火		1									
第 25.901(b)(3)条	动力装置		1						7			
第 25.901(b)(3)条	辅助动力装置		1						7			
第 25.901(b)(3)条	防火		1									
第 25.901(b)(3)条	进气道		1						7			
第 25.901(b)(4)条	动力装置		1						7			
第 25.901(b)(4)条	辅助动力装置		1						7			
第 25.901(c)条	动力装置				3					8		
第 25.901(c)条	辅助动力装置		1		3		5	6				
第 25.901(d)条	辅助动力装置		1									

3.4　符合性验证说明

3.4.1　第 25.901(a)款符合性验证说明

针对第 25.901(a)款,采用的符合性验证方法包括 MOC1 和 MOC7,各项验证具体工作如下:

1) MOC1 验证过程

编制动力装置和辅助动力装置系统描述文件说明系统的组成部分,其中动力装置系统的安装应包括如下部件:① 推进所必需的部件:发动机组件,包括发动机本体、发动机安装节、燃油及控制系统、点火和起动系统、空气系统和滑油系统等;带反推力装置的短舱;排气组件;② 与主推进装置操纵有关的部件:发动机操纵组件、发动机接口控制装置 EICU;③ 在正常检查或翻修的间隔期内与主推进装置安全有关的部件:短舱防冰组件、发动机振动和监测仪 EVMU 及余油排放组件。辅助动力装置系统的安装应包括 APU 发动机本体、控制系统(FADEC 及控制面板)、安装系统和进排气系统组成,满足条款要求。

通过安装图表明各部件在发动机上位置、状态、安装要求等。

2) MOC7 验证过程

采用机上检查方式。检查确认:进气道、上下风扇罩、上下反推罩、V 型喷口和中心体布置安装准确;油门控制组件和燃油切断开关均准确安装于驾驶舱中央操纵台上;发动机接口控制装置、发动机振动和监测仪均准确安装于飞机 EE 舱中;交流发电机、液压泵、高压活门和压力调节关断活门均可靠安装于发动机本体的各部位。

3.4.2　第 25.901(b)款符合性验证说明

针对第 25.901(b)款,采用的符合性验证方法包括 MOC1、MOC3 和 MOC7,验证工作具体如下：

1）MOC1 验证过程

飞机所使用发动机应取得发动机的型号合格证，并获得了 CAAC 颁发的型号认可证，在发动机安装时，是按照发动机安装说明书及 CCAR25 部 E 分部适用条款进行安装的，满足第 25.901(b)(1)项的要求。

飞机 APU 的安装设计符合 APU 本体提供的安装指南等相关要求。

飞机动力装置各部件构造、布置和安装在设计中均进行安全性及维修性分析保证其安全运转；且动力装置根据相关安装手册及维护手册进行操作，确保对失效件能及时发现并处理，且不会出现错误安装，从而保证在正常检查或翻修的间隔期内能继续保持安全运转，满足第 25.901(b)(2)项的要求。

飞机发动机灭火瓶的瓶体上和对应的电缆插头有颜色标识带和设备标识号，通过布置发动机灭火瓶爆炸帽电缆最后几个安装固定支架的安装位置，控制电插头电缆的长度，确保仅有一个电插头可以连接至对应的瓶体上的电插座。发动机灭火管路有特定的布置路径，瓶体上不同出口的灭火管具有不同的弯曲半径、长度和走向，不会错接，同时，管路上有标识号。总装完成后的机上地面试验会检查管路和电缆的连接情况。APU 灭火瓶的两个电缆插口不同，不会错接。APU 灭火瓶仅有一个灭火出口，也不会错接，满足第 25.901(b)(2)项的要求。

飞机 APU 系统在制定检查与维护时间间隔时，考虑了安装及部件的平均故障间隔时间，保证检查与维护时间间隔小于部件的平均故障间隔时间。APU 安装系统和其他安装特征的检查维修任务通过 MSG-3 分析得出，检查维修任务都将在飞机维修大纲中列出。因此，APU 安装的各部件其构造、布置和安装能保证在正常检查或翻修的间隔内能继续保持安全运转。

飞机动力装置系统所有安装部件，在设计时均考虑到了检查和维护措施，包括零部件可达性设计、互换性设计、人素工程设计、模块化设计和维修口盖设计。确保动力装置系统结构布局良好和可达，满足必要的检查和维护。

针对短舱防冰系统，打开风扇罩可以对短舱防冰部件进行检查和更换；通过短舱防冰维修口盖可以对前后隔板之间的短舱防冰部件进行检查和更换；拆掉短舱进气道防冰腔前缘蒙皮，可以对短舱防冰笛形管和支架进行检查和更换，满足第 25.901(b)(3)项的要求。

飞机 APU 安装系统设计考虑了操作维护空间，具有较好的可达性，可以进行必要的检查和维护。

飞机发动机本体机匣、安装节和吊挂均为金属结构件，三者通过剪切销和安装螺栓（材料同样为金属）进行连接，结构件间有大面积接触。FADEC 为动力装置系统中重要电气设备，其安装于发动机风扇机匣上。为满足闪电防护和 EMI，FADEC 外壳通过搭接条与发动机本体机匣进行连接。对于发动机本体结构件，电气搭接主要目的是闪电防护和 EMI。从而也可以间接确认发动机本体及上面安装的电气设备

(包括 FADEC)和结构件具有良好搭接,满足第 25.901(b)(4)项的要求。

飞机 APU 系统安装的 APU 本体、进气风口、进气管和排气消音器等主要部件与飞机结构之间采用了电气搭接设计。

2) MOC3 验证过程

飞机动力装置和辅助动力装置系统安全性分析导出系统存在的 CCMR 项目,按照这些 CCMR 项目规定的间隔时间进行检查,从而保证在正常检查或翻修间隔期间内系统能继续保持安全运转。

3) MOC7 验证过程

采用机上检查的方式,检查确认:发动机振动和监测仪、发动机防火探测器、余油排放组件的构造、布置和安装处于安全状态,满足第 25.901(b)(2)项的要求;部件在风扇罩和反推外罩打开的情况下均可见、可接近,满足第 25.901(b)(3)项的要求;通过维修口盖、短舱防冰活门、短舱防冰泄漏弹出指示器、短舱防冰压力传感器、短舱防冰供气导管是可以接近的,通过对防火系统所有成品件和管路件在各个舱内的安装位置及维护通道的分析可知,防火系统成品件、管路件维护可达性较好,均能满足第 25.901(b)(3)项的要求;前后安装节应为金属材料所制,并与发动机本体和吊挂直接相连,满足电搭接的要求;FADEC 应通过安装支架并有搭接片与风扇机匣相连,满足主要部件电气搭接要求,满足第 25.901(b)(4)项的要求。

辅助动力装置系统采用机上检查的方式,检查确认:辅助动力装置系统符合条款的要求。

3.4.3 第 25.901(c)款符合性验证说明

针对第 25.901(c)款,采用的符合性验证方法包括 MOC1、MOC3、MOC5、MOC6 和 MOC8,各项验证工作具体如下:

1) MOC1 验证过程

APU 安装系统将本体固定在机身尾段结构上,拉杆与结构铰接,与 APU 通过减振器与本体连接。安装系统采用"损伤容限与破损—安全"的设计原则进行设计,当一根拉杆发生失效的情况下,APU 本体不会产生较大的位移,仍能继续运行。因此 APU 安装系统任何单个失效或故障或可能的失效组合都不会危及飞机的安全运行。

2) MOC3 验证过程

通过定性分析、定量分析,证明飞机动力装置系统不存在灾难性的单点故障,存在的危险性的单点故障满足飞机对危险性故障的概率要求($<1.0 \times 10^{-7}$)。动力装置系统安全性满足整机的安全性要求,满足第 25.901(c)款的要求。

APU 安装采用冗余设计方法,任何单个失效或可能的失效组合都不会危及飞机的安全运行;根据定量分析结果 APU 舱着火和非包容性转子失效的概率满足安全性概率要求。

3) MOC5 验证过程

飞机 APU 系统应完成以下全部 7 项机上地面试验：APU 工作特性地面试验，APU 再起动能力地面试验，APU 进气系统地面试验，APU 冷却系统地面试验，APU 振动地面试验，APU 排气与引气污染地面试验和 APU 液体排放地面试验。通过分析试验结果来表明 APU 系统符合条款的要求。

4) MOC6 验证过程

飞机 APU 系统应完成以下全部 10 项飞行试验：APU 工作特性试飞，APU 负加速度试飞、再起动能力，APU 风车特性试飞，APU 进气系统试飞，APU 自然结冰条件下功能检查试飞，APU 溅水试验，APU 冷却系统试飞，APU 振动试飞，APU 排气与引气污染试验和 APU 液体排放试飞。通过分析试验结果来表明 APU 系统符合条款的要求。

5) MOC8 验证过程

在飞行模拟机上完成飞机发动机不可控高推力 MOC8 试验，并标明各试验点均未产生严重的安全性影响。

3.4.4　第 25.901(d)款符合性验证说明

针对第 25.901(d)款，采用的符合性验证方法是 MOC1，验证工作具体如下：

通过辅助动力装置系统的符合性说明，来说明辅助动力装置的安装必须符合 E 分部中适用规定的符合性已通过上述与 APU 相关的符合性验证工作进行了符合性表明，满足第 25.901(d)款的要求。

3.5　符合性文件清单

通常，针对第 25.901 条的符合性文件清单如表 3-2 所示。

表 3-2　建议的符合性文件清单

序　号	符　合　性　报　告	符合性方法
1	动力装置系统描述	MOC1
2	辅助动力装置系统描述	MOC1
3	动力装置系统安全性评估报告	MOC3
4	动力装置机上地面试验大纲	MOC5
5	动力装置机上地面试验报告	MOC5
6	动力装置试飞大纲	MOC6
7	动力装置试飞报告	MOC6
8	动力装置系统安装部件检查大纲	MOC7
9	动力装置系统安装部件检查报告	MOC7
10	动力装置模拟器试验大纲	MOC8
11	动力装置模拟器试验报告	MOC8

4　符合性判据

4.1　针对第 25.901(a)款

确认动力装置系统是否安装了推进所必需的部件、与主推进装置操纵有关的部件及在正常检查或翻修间隔期内与主推进装置安全有关的部件。

4.2　针对第 25.901(b)(1)项

确认动力装置系统的安装是否满足第 33.5 条要求和 CCAR25 部 E 分部适用条款。

4.3　针对第 25.901(b)(2)项

确认动力装置系统和辅助动力装置系统安装的各部件其构造、布置和安装是否能保证在正常检查或翻修的间隔期内能继续保持安全运转。

4.4　针对第 25.901(b)(3)项

确认动力装置系统和辅助动力装置系统的安装是否可达的,能进行必要的检查和维护。

4.5　针对第 25.901(b)(4)项

确认动力装置系统和辅助动力装置系统安装的主要部件是否与飞机其他部分电气搭接。

4.6　针对第 25.901(c)款

确认动力装置和辅助动力装置的安装是否满足整机的安全性要求。

4.7　针对第 25.901(d)款

确认辅助动力装置的安装满足 E 分部中的相关规定。

参考文献

［1］　FAA. AC25.1329 - 1B Change 1 Approval of Flight Guidance Systems［S］. 2012.
［2］　FAA. AC25.981 - 2A Fuel Tank Flammability Reduction Means［S］. 2008.
［3］　FAA. AC25.981 - 1C Fuel Tank Ignition Source Prevention Guidelines［S］. 2008.
［4］　FAA. AC25 - 24 Sustained Engine Imbalance［S］. 2000.
［5］　FAA. AC20 - 144 Recommended Method for FAA Approval of Aircraft Fire Extinguishing System Components［S］. 2000.
［6］　FAA. AC20 - 136B Aircraft Electrical and Electronic System Lightning Protection［S］. 2011.

运输类飞机适航标准
第 25.903 条符合性验证

1　条款介绍

1.1　条款原文

第 25.903 条　发动机

(a) 发动机型号合格证

(1) 每型发动机必须有型号合格证,并且必须满足中国民用航空局有关涡轮发动机飞机燃油排泄和排气污染规定的适用要求。

(2) 每型涡轮发动机应满足下列要求之一:

(i) 必须符合经第一次修订或以后修订的中国民用航空规章第 33.76 条、第 33.77 条和第 33.78 条的规定;或

(ii) 必须符合 1988 年 2 月 9 日生效的中国民用航空规章第 33.77 条的规定,除了发动机有外来物吸入曾导致了不安全状态的履历之外;或

(iii) 必须表明具有在类似安装位置上吸入的外来物未曾造成任何不安全情况的使用履历。

(b) 发动机的隔离　各动力装置的布置和相互隔离,必须至少能在一种运行形态下,使任一发动机或任一能影响此发动机的系统失效或故障时,不致发生下列情况:

(1) 妨碍其余发动机继续安全运转;

(2) 需要任何机组成员立即采取动作以保证继续安全运行。

(c) 发动机转动的控制　必须有在飞行中单独停止任一台发动机转动的措施,但对于涡轮发动机的安装,只有在其继续转动会危及飞机的安全时才需要有停止任一发动机转动的措施。在防火墙的发动机一侧,可能暴露于火中的停转系统的每个部件必须至少是耐火的。如果为此目的使用螺旋桨液压顺桨系统,顺桨管路在顺桨期间可预期出现的各种使用条件下必须至少是耐火的。

(d) 涡轮发动机的安装　对于涡轮发动机的安装有下列规定:

(1) 必须采取设计预防措施,能在一旦发动机转子损坏或发动机内起火烧穿发动机机匣时,对飞机的危害减至最小;

（2）与发动机各控制装置、系统仪表有关的各动力装置系统的设计必须能合理保证，在服役中不会超过对涡轮转子结构完整性有不利影响的发动机使用限制。

（e）再起动能力

（1）必须有飞行中再起动任何一台发动机的手段。

（2）必须制定飞行中再起动发动机的高度和空速包线，并且每台发动机必须具有在此包线内再起动的能力。

（3）对于涡轮发动机飞机，如果在飞行中所有发动机停车后，发动机的最小风车转速不足以提供发动机点火所需的电功率，则必须有一个不依赖于发动机驱动的发电系统的电源，以便能在飞行中对发动机点火进行再起动。

（f）辅助动力装置　每台辅助动力装置必须经批准，或满足其预定使用的类型要求。

〔中国民用航空局 1995 年 12 月 18 日第二次修订，2001 年 5 月 14 日第三次修订〕

1.2　条款背景

制定本条款的目的是明确发动机的型号合格证要求，发动机的环境要求、性能要求和安装要求及对辅助动力装置的相关要求，以保证发动机的正常工作，继而保证飞机安全飞行和着陆。

1.3　条款历史

第 25.903 条在 CCAR25 部初版首次发布，截至 CCAR - 25 - R4，该条款共修订过 2 次，如表 1 - 1 所示。

表 1 - 1　第 25.903 条条款历史

第 25.903 条	CCAR25 部版本	相关 14 CFR 修正案	备　注
首次发布	初版	——	
第 1 次修订	R2	25 - 72,25 - 73	
第 2 次修订	R3	25 - 94,25 - 95,25 - 100	

1.3.1　首次发布

1985 年 12 月 31 日发布了 CCAR25 部初版，其中包含第 25.903 条，该条款参考 1964 年 12 月 24 日发布的 14 CFR PART 25 中的 §25.903 的内容制定。

1.3.2　第 1 次修订

1995 年 12 月 18 日发布的 CCAR - 25 - R2 对第 25.903 条进行了第 1 次修订，本次修订参考了 14 CFR PART 25 修正案 25 - 72 和 25 - 73 的内容：

（1）本条(a)(1)项中增加了有关涡轮发动机飞机燃油排泄和排气污染的适用要求。

（2）本条(a)(2)项中明确了所涉及的 33 部条款。

（3）本条(b)款增加了短语"至少能在一种运行形态下"。

（4）增加了(f)款，对辅助动力装置提出了批准要求。

1.3.3　第 2 次修订

2001 年 5 月 14 日发布的 CCAR‐25‐R3 对第 25.903 条进行了第 2 次修订，本次修订参考了 14 CFR PART 25 修正案 25‐94、25‐95 和 25‐100 的内容：

(1) 为了与 14 CFR PART 33 的修订相一致，增加了对第 33.78 条的引用，明确了对已有型号合格证的发动机的追溯性。

(2) 为了与 14 CFR PART 33 的修订相一致，增加了对第 33.76 条吸鸟条款的引用。

(3) 本条(c)款中取消了对发动机再起动系统部件的耐火性要求。

2　条款解读

2.1　条款要求

"动力装置部件"(powerplant components)包括发动机、螺旋桨及发动机或螺旋桨制造商装于其上的零件、附属物与附件，以及飞机制造商装于其上的动力装置安装的所有部件。以前的一些例子包括燃油泵、管路和阀等，后来的一些例子包括主发进气道、辅助进气门(take-off doors)、热交换器和客舱冷却供气管等。

另外，发动机和动力装置的关系还可参考第 25.901(a)款。

第 25.903(a)款规定每台型号发动机必须有型号合格证，同时对涡轮发动机燃油排泄和排气污染、外来物吸入、吸冰和吸雨等方面提出了要求。

第 25.903(b)款规定任何飞行中最初的功能失效或故障需满足的要求。

第 25.903(c)款规定飞行中单独停止任一台发动机转动的措施要求。

第 25.903(d)款规定转子损坏或起火事件的设计预防措施和涡轮转子结构完整性方面的发动机使用限制方面的相关要求。

第 25.903(e)款规定飞行中再起动任何一台发动机的手段，且必须有相应高度和空速包线内再起动的能力要求，此外还对涡轮发动机再起动提出了点火的电源要求。

第 25.903(f)款规定辅助动力装置要么是经过批准的，要么是满足其预定的使用要求的。

2.2　相关条款

与第 25.903 条相关的条款如表 2‐1 所示。

表 2‐1　第 25.903 条相关条款

序　号	相关条款	相　关　性
1	第 25.901 条	第 25.901 条规定了发动机安装的相关要求
2	第 25.1309 条	第 25.1309(a)款规定"在各种可预期的运行条件下能完成预定功能"。因此，必须表明该设计能有效提供任何预期的功能，包括那些与飞行手册程序相关的、正常发动机监测功能和失效干预

（续表）

序　号	相关条款	相　关　性
		第 25.1309(c)款规定"在各种可预期的运行条件下能完成预定功能"，以及"监测和告警措施必须被设计成尽量减少可能导致额外危险的机组错误"
3	第 25.1351 条	第 25.1351(d)款规定了"无正常电源时的运行"的相关要求
4	第 25.1585 条	第 25.1585(a)(3)项规定了"对于可预见的非常情况下的紧急程序，此时飞行员采取及时准确的动作充分地减少灾难发生的危险"

3　验证过程

3.1　验证对象

第 25.903 条的验证对象为动力装置和辅助动力系统。

3.2　符合性验证思路

针对第 25.903(a)款，通过系统设计描述来表明发动机取得型号合格证、辅助动力装置取得 TSOA 及满足相关要求，并通过设备鉴定来表明这些要求得到满足。

针对第 25.903(b)款，通过系统设计描述来表明发动机的隔离满足相关要求，并通过安全性评估来表明发动机的隔离满足安全要求。

针对第 25.903(c)款，通过系统设计描述、分析计算、安全性评估来表明发动机转动和辅助动力装置转动的控制满足相关要求，并通过飞行试验来表明这些要求得到满足。

针对第 25.903(d)(1)项，通过系统设计描述及分析计算来表明涡轮发动机和辅助动力装置的安装时采取的预防措施，能在一旦发动机转子损坏或发动机内起火烧穿发动机机匣时，对飞机的危害减至最小，并通过安全性评估来表明满足安全要求和通过设备鉴定来验证辅助动力装置的相关要求得到满足。

针对第 25.903(d)(2)项，通过系统设计描述表明与发动机和辅助动力装置各控制装置、系统及仪表有关的各系统的设计满足相关要求，并通过地面试验和飞行试验来表明这些要求得到满足。

针对第 25.903(e)款，通过系统设计描述来表明发动机和辅助动力装置再起动能力满足相关要求，并通过飞行试验来表明这些要求得到满足。

针对第 25.903(f)款，通过系统设计描述来表明辅助动力装置满足相关要求。

3.3　符合性验证方法

通常，针对第 25.903 条的符合性验证方法如表 3－1 所示。

表 3 - 1 建议的符合性方法

条 款 号	专 业	符 合 性 方 法										备 注
		0	1	2	3	4	5	6	7	8	9	
第 25.903(a)款	动力装置		1									
第 25.903(a)款	辅助动力装置		1								9	
第 25.903(b)款	动力装置		1		3							
第 25.903(c)款	动力装置		1	2				6				
第 25.903(c)款	辅助动力装置		1		3			6				
第 25.903(d)(1)项	辅助动力装置		1		3						9	
第 25.903(d)(1)项	动力装置		1		3							
第 25.903(d)(2)项	动力装置		1				5	6				
第 25.903(d)(2)项	辅助动力装置		1				5	6				
第 25.903(e)(1)项	动力装置							6				
第 25.903(e)(2)项	动力装置							6				
第 25.903(e)(3)项	动力装置		1					6				
第 25.903(e)款	辅助动力装置		1					6				
第 25.903(f)款	辅助动力装置		1								9	

3.4 符合性验证说明

3.4.1 第 25.903(a)款符合性验证说明

针对第 25.903(a)款,采用的符合性验证方法包括 MOC1 和 MOC9,验证具体工作如下:

1) MOC1 验证过程

飞机的发动机必须取得制造国适航当局的 33 部的型号合格证,并考虑相应 34 部飞机燃油排泄和排气污染规定的要求。如果发动机制造国非中国,那么取得制造国 33 部型号合格证后,还须经中国民用航空局审查,获得其型号认可证(VTC)。

飞机的发动机进行制造国适航当局的 33 部取证时,应对第 33.76 条(鸟击)、第 33.77 条(外来物—吞冰)和第 33.78 条(吞雨吞雹)进行符合性验证。如果发动机制造国非中国,那么需确认制造国 33 部要求与中国民用航空规章第 33 部的要求一致,发动机需取得了 CCAR33 部的型号认可证,符合第 25.903(a)(2)项的要求。

2) MOC9 验证过程

飞机辅助动力装置 APU 本体属于 TSO 产品,其设计满足 TSO - C77b 要求,经验证后获得 TSOA。

3.4.2 第 25.903(b)款符合性验证说明

针对第 25.903(b)款,采用的符合性验证方法包括 MOC1 和 MOC3,各项验证具体工作如下:

1) MOC1 验证过程

飞机两台发动机从设计上考虑到通过短舱和后机身或机翼进行两层物理隔离。飞机动力装置设计时考虑到两台发动机系统间的相互独立,并分别具有独立的燃滑油系统、安装系统、空气系统,分别独立进行点火、起动、控制和操纵,在驾驶舱的 EICAS 进行分别独立数据显示和告警,对于有关发动机的 EICU 和 EVMU 也不会发生单发失效后的相互影响;短舱结构部件由机身后段或机翼进行隔离,不会相互影响;反推力系统的作动及控制也相互独立,设计上满足条款要求;对于两台发动机 FADEC,为了实现 ATTCS 和反推力打开时的自动配平而存在的信号交联情况,设计时也考虑到了失效对另一台的影响,设计上满足条款要求;而对于两台发动机的燃油系统和空气系统的全机级交叉引用情况,分别有交输供油阀和交输引气活门进行控制。在单发失效的情况下,可由机组人员判断后关闭交输供油阀或交输引气活门,不会影响另一侧发动机的继续安全运行。

2) MOC3 验证过程

飞机动力装置系统安全性分析结果表明,单台发动机的失效不会影响另一台发动机的安全运转;一般采用 FMEA 详细分析在某些故障状态下,通过机组人员采取的措施可以保证继续安全运行。

3.4.3 第 25.903(c)款符合性验证说明

针对第 25.903(c)款,采用的符合性验证方法包括 MOC1、MOC2、MOC3 和 MOC6,各项验证工作具体如下:

1) MOC1 验证过程

在飞机转子锁定试验,发动机空中起动试飞试验中,验证发动机在实际使用中可能遇到的飞行状态下拥有良好的风车转动特性。发动机停车后的继续转动不会危及飞机的安全,不需要使用停止发动机转动的措施。

飞机驾驶舱控制面板上有 APU 正常停车开关和紧急停车按钮,能在正常和应急条件下将 APU 停车,同时 APU 防火手柄也具备 APU 应急停车的功能。

当 APU 继续转动会危及飞机的安全时,可通过操纵驾驶舱控制面板的 APU 停车开关与紧急停车按钮使 APU 停转,或者拉动 APU 防火手柄使 APU 停转。通过 APU 停车开关停车时,APU 收到停车信号后冷却运转 150 秒后同时关断 APU 燃油阀与飞机燃油系统的燃油阀;通过 APU 紧急停车与防火手柄制动实现停车时,APU 收到停车信号后立即同时关断 APU 燃油阀与飞机燃油系统的燃油阀,APU 没有冷却运转过程。

2) MOC2 验证过程

AC25.24 中规定的发动机持续不平衡发生原因有风扇叶片脱落(FBO)和发动机轴承及其支持结构断裂。风扇叶片脱落(FBO)引起的不平衡情况又分为风车情况和高能情况。

风车载荷由包括机体结构、吊挂和发动机的三维整体有限元模型(IFEM)进行瞬态动分析得出。根据验证制造国33部的第33.94条的FBO试验结果对发动机模型进行修正。根据GVT试验结果对机体模型进行修正。针对FBO发生的情况,进行发动机持续不平衡载荷计算,分为左/侧发动机发生FBO、5种不同的全机重量构型及卸载螺栓(load reduction device)完好或失效等情况。不平衡量来自FBO试验,即考虑1.6片叶片脱落和1.0的不平衡载荷系数(IDF)。分析中考虑了从最大到最小的风车速度,所有非线性因素(如转子和定子的摩擦),并在时域内进行分析。不平衡振动载荷叠加上AC25.24中5c(3)项中定义的用来评估结构强度的和5c(4)项用来评估结构疲劳及损伤容限的飞机载荷,即为风车载荷。报告中给出了发动机持续不平衡情况下的发动机—吊挂界面载荷,用来评估机体及吊挂结构满足要求。

发动机轴承及其支持结构断裂相当于转子在无轴承座支持情况(field operation guideline, FOG)下继续运行。将该情况下发动机安装节上的不平衡载荷与FBO事件后的风车阶段不平衡进行比较,可以得到发动机轴断裂引起的不平衡载荷远小于FBO事件后的风车阶段不平衡载荷。

3) MOC3验证过程

APU采用了失效保护、冗余设计的安全性设计特征,当APU继续转动会危机飞机的安全(着火和超转)时,APU会自动停车,当APU自动停车功能失效时,可采取手动的方式使APU紧急停车;APU自动停车失效的概率满足安全性概率要求。

4) MOC6验证过程

进行发动机空中起动试飞试验以及结合燃油系统热气候燃油试验进行吸力供油停车后发动机空中起动试验。发动机空中起动试验过程中均需主动关停试验发动机并使其处于自然风车状态以等待飞机和试验发动机达到相应的试验状态点要求。飞行试验中的试验点必须覆盖发动机空中起动包线内的所有边界条件及温度区间,从而验证发动机在整个包线内各种状态下停车进入自然风车状态后的转动特性。其中还包括多次长时间高高度飘降试验点,使发动机在自然风车状态经历了相对剧烈的外界温度变化。发动机在所有自然风车状态下均未发生卡阻、摩擦机匣,振动增大等非正常及危及飞行安全的情况。因此,上述试验可以充分说明发动机在实际使用中可能遇到的飞行状态下拥有良好的风车转动特性。发动机停车后的继续转动不会危及飞机的安全。

进行APU再起动能力及风车特性飞行试验。在试验过程中分别采用主开关和应急停车开关进行APU停车,试验结果表明APU系统满足第25.903(c)(1)项的要求。

3.4.4 第25.903(d)(1)项符合性验证说明

针对第25.903(d)(1)项,采用的符合性验证方法包括MOC1、MOC3和MOC9,各项验证工作具体如下:

1) MOC1 验证过程

飞机在设计时采取了将关键系统及设备尽量布置在转子爆破区域之外,转子爆破影响区域内的关键系统采用冗余设计,互为备份的设备和管线路采用物理隔离等措施以尽量减小发动机转子爆破对飞机安全造成的影响。

经安全性分析和剩余风险计算可知,飞机发动机发生非包容性转子爆破后,由 1/3 轮盘碎片 5°飞散角导致飞机发生灾难性失效状态的平均概率应低于 AC20 - 128A 中规定的定量要求(不大于 0.05),满足要求。由于采用的分析方法比较保守(如假设转子碎片打到设备或管路的外廓就算失效、假设转子碎片能量无限以及转子分组时选取了最大的转子尺寸等),发动机转子爆破的实际剩余风险比分析结果更低。

APU 采取了转子包容设计,符合 TSO - C77b 要求。对于转子沿径向飞出,制造商进行相似性分析,表明 APU 具有轮毂包容能力,满足 TSO - C77b 的 5.9.2 节要求;对于转子沿轴向飞出,制造商针对该要求进行安全性分析工作,分析了转子轴向飞出的故障树及失效概率,分析结果表明转子轴向飞出的失效概率应满足飞机对其 1×10^{-7} 的要求,同时,制造商表明,其 APU 系统产品在历史上未出现过转子碎片轴向飞出事件。因此,APU 满足 TSO - C77b 包容性要求,可按照 AC20 - 128A 第 9 章 g 节的(2)条件进行 APU 安装考虑,考虑小碎片的影响。APU 系统对小碎片的影响考虑如下:APU 系统采用 APU 舱对小碎片进行防护,APU 舱的结构对小碎片具有二次包容能力,能够防止小碎片飞出舱外对其他系统造成影响。

TSO - C77b 的 5.2 节要求 APU 系统的设计考虑着火的影响,要求 APU 系统的设计、材料选用、外围系统布置、管路接头、线缆和安装节等都要考虑防火的影响。APU 的设计考虑了上述防火要求,主要措施有:防火材料的选用、进气机匣的加强、燃油管路采用防火隔热层设计和安装节采用防火罩设计等,结果表明 APU 的设计满足 TSO - C77b 中的防火要求,考虑了着火的影响。在上述 APU 防火设计的基础上,APU 安装设计也采用了防火墙设计,即采用防火墙(APU 舱)将 APU 系统与其他系统隔离,防止 APU 舱内的火焰蹿出舱外对其他系统造成不利影响。

2) MOC3 验证过程

飞机动力装置系统特殊风险分析中的转子爆破分析表明动力装置系统已采用多种设计考虑和措施将发动机转子爆破对动力装置系统自身以及飞机的危害减至最低;通过故障树分析得知发动机着火的概率应满足要求。

APU 采用了危险源隔离的安全性设计特征,设计有防火墙将 APU 与飞机其他部分隔离。APU 防火墙设计为钛合金和不锈钢结构,穿墙处均进行了密封,可有效隔离 APU 故障时产生的危险;APU 舱着火的概率满足安全性概率要求。

3) MOC9 验证过程

TSO - C77b 中有类似的条款要求(TSO - C77b 的 5.2 节与 5.9 节),要求

APU 的设计要考虑转子损坏及 APU 着火的危害,对该部分要求的验证结果可间接用于验证对条款的符合性。据此,在 APU 自身设计方面有如下考虑:APU 满足 TSO-C77b 中的转子包容性要求,即 APU 的结构设计充分考虑了转子包容性(包括叶片和轮毂的包容);另外,APU 结构的材料选择充分考虑了对 APU 内起火及火焰蔓延的恶劣情况,同时,在高温部件区域及关键部件区域采取了加装防火保护层的措施。其次,在飞机级的防护方面,飞机 APU 系统的安装设计考虑了 APU 转子非包容损坏及 APU 内起火的危害,在 APU 系统周围采用了 APU 舱设计,APU 舱具有防火墙功能且能够防护 APU 转子非包容碎片的飞出。

3.4.5 第 25.903(d)(2)项符合性验证说明

针对第 25.903(d)(2)项,采用的符合性验证方法包括 MOC1、MOC5 和 MOC6,各项验证工作具体如下:

1) MOC1 验证过程

飞机发动机采用发动机全权限数字电子控制器(FADEC),能够对发动机进行推力管理、瞬态控制、起动和点火控制、超速保护控制、信息指示和状态监控、故障诊断及限时派遣等功能进行综合控制。同时,可按照设定的规律准确地对燃油流量、VBV、VSV、TBV、HPTACC 及控制发动机的推力等级、加减速过程和起动过程进行调节,并提供机组对发动机运行状态参数和信息进行实时监控,及时报告故障和派遣信息,可保证发动机在服役中不会超过对涡轮转子结构完整性有不利影响的发动机使用限制。

对 APU 转子结构完整性的不利影响主要为 APU 转子的超转导致的破坏。APU 系统的设计考虑了对转子超转的控制措施,在超转时具有自动停车保护功能(转速超过 105%时自动停车)。在 APU 使用过程中,导致 APU 超转的主要原因为某些挥发性强或可燃的液体(如除冰液)进入 APU 进气道后参与 APU 燃烧室内的燃烧而至。APU 系统的安装设计考虑了对除冰液等液体的防护,以避免其进入进气道,即在 APU 进气口前安装了除冰液挡板。另外,APU 系统在飞机维修手册中说明了除冰液的喷洒方法。

2) MOC5 验证过程

飞机发动机相关试验的分析试验数据表明,发动机在定义的使用范围内均具有可靠的地面起动能力。试验发动机均在要求的 30 秒内完成点火,90 秒内达到慢车状态,起动过程中,发动机燃烧室点燃迅速,加速平顺,ITT 峰值温度均在限制值(740℃)以内,其他相关参数均响应正常,无超温与超限等非正常现象。证明现有的动力装置系统设计(与发动机地面起动相关部分)可以保证发动机在定义的使用范围内正常起动,不会引起任何超温与超限现象,不会对发动机涡轮转子结构完整性造成不利影响。

飞机 EVMU 系统功能地面试验的试验结果应表明 EVMU 系统振动实时监控功能正常,整个试验过程中发动机没有出现超温与超转及过振等异常现象,没有超过对涡轮转子结构完整性有不利影响的发动机使用限制。

飞机发动机应进行工作特性地面试验,全面完成模拟冷发起飞、发动机快速加减速及遭遇加速试验。从试验发动机的主要验证参数的最大值和限制值可见,试验发动机的 ITT、N1、N2、N1 振动及 N2 振动均在限制值或告警值的范围内,没有超限现象,且裕度充分。

飞机发动机应进行控制与操纵科目地面试验中的起飞参数设置、ATTCS 功能验证、发动机加速和减速、N1 目标值验证及 ADC 故障模拟验证等试验;进行发动机控制与操纵科目 MOC5 地面试验的"反推不对称打开功能验证"试验。试验结果表明,发动机控制与操纵系统在驾驶舱发动机参数指示与设计要求一致,试验过程中发动机的主要参数,如 ITT 温度、N1 转速、N2 转速、N1 振动及 N2 振动在限制值范围内,ATTCS 抑制开关功能正常,没有发生发动机振动超限、超温、失速、喘振以及熄火等异常现象。

飞机 APU 应进行 APU 常温和高温再起动地面试验、APU 高原再起动地面试验及 APU 高寒再起动地面试验。APU 再起动能力地面试验验证在常温、高温、高寒和高原等极端环境条件下 APU 再起动能力。APU 的连续起动过程中应没有超过对 APU 转子结构完整性有不利影响的 APU 使用限制。

3) MOC6 验证过程

飞机发动机振动检查及 EVMU 功能试验验证结合发动机工作特性、发动机空起、进气畸变试验、自然结冰条件下的短舱防冰和发动机风扇冰积聚进行检查。试飞结果应表明:除了在风扇冰积聚试飞中,发动机 N1 振动值短暂超出限制值,且在风扇冰脱落后恢复至正常水平外,在各种飞行状态下,发动机振动值均在允许范围之内。

进行飞机发动机进气畸变、侧风、顺风试验点、失速告警、机动飞行、侧滑、无风天起飞着陆和中断起飞等进气畸变试验点,完成发动机工作特性飞行试验、发动机控制与操纵飞行试验和发动机控制与操纵飞行试验、反推力装置工作检查飞行试验。试验结果表明,在飞机动力装置运行包线内,试验过程中发动机的参数,如 ITT 温度(涡轮级间温度)、N1 转速、N2 转速、N1 振动及 N2 振动均在限制值范围之内。

进行发动机空中起动飞行试验,并结合燃油系统热气候燃油试验进行了吸力供油停车后发动机空中起动飞行试验。试验发动机均在要求的 30 秒内完成点火,90 秒内达到慢车状态,起动过程中,发动机燃烧室点燃迅速,加速平顺,ITT 峰值温度均在限制值(875℃)以内,其他相关参数均响应正常,无超温及超限等非正常现象。证明现有的动力装置系统设计(与发动机空中起动相关部分)可以保证发动机在定义的空中起动包线的范围内正常起动,不会引起任何超温及超限现象,不会对发动机涡轮转子结构完整性造成不利影响。

进行 APU 再起动能力及风车特性飞行试验。在全部飞行条件下,验证 APU 工作状态,确认 APU 转速和排气温度没有出现超限情况。

3.4.6　第 25.903(e)款符合性验证说明

针对第 25.903(e)款,采用的符合性验证方法包括 MOC1 和 MOC6,各项验证工作具体如下:

1) MOC1 验证过程

飞机电源系统的单相交流重要汇流条用于向发动机点火系统供电,且蓄电池为发电机的备用电源。在电源系统中,当主发电机(IDG)、辅助发电机(APU GEN)或应急发电机(RAT GEN)可用时,均可向单相交流重要汇流条供电,进而实现向发动机点火系统供电。当上述发电机均不可用时,电源系统中的蓄电池会通过静止变流器向单相交流重要汇流条供电,进而实现向发动机点火系统供电。并且,电源系统中的主发电机、辅助发电机和应急发电机均可实现向蓄电池的充电。且供电容量可以满足发动机点火系统以及同时用电的其他设备的需要。在所有发动机停车后,点火系统可以由不依赖发动机驱动的 RAT 或蓄电池正常供电,且容量可以满足发动机点火系统以及同时用电的其他设备的需要。飞机电源及发动机点火系统设计可以满足第 25.903(e)(3)项的要求。

APU 具有空中起动功能,在飞行中按正常操作程序可起动 APU。起动时 APU 风门开启到一定角度后,APU 开始点火,点火成功后风门继续开启至全开位。在飞机包线范围内,APU 在空中起动包线内可起动。

2) MOC6 验证过程

进行发动机空中起动飞行试验,并结合燃油系统热气候燃油试验进行了吸力供油停车后发动机空中起动飞行试验。试验数据表明,相应试验点覆盖了发动机空中起动包线内的所有边界条件及温度区间试验。在试验过程中发动机均在要求的 30 秒内完成点火,90 秒内达到慢车状态,起动过程中,发动机燃烧室点燃迅速,加速平顺,ITT 峰值温度均在限制值(875℃)以内,其他相关参数均响应正常,无超温及超限等非正常现象。且试验过程中采用两台发动机作为试验发动机,以覆盖发动机与发动机之间的差异。最终的发动机空中起动包线边界的确定均以起动能力最弱的发动机为准,以满足第 25.903(e)(1)项和(e)(2)项的要求。对于双发失效的情况下,按照飞机设计构型,使用 RAT 为飞机应急汇流条供电。所有模拟双发失效的试验点均在 RAT 放下的应急供电条件下进行发动机起动试验并起动成功,因此可以满足第 25.903(e)(3)项的要求。

进行 APU 再起动能力及风车特性飞行试验。APU 系统再起动能力及风车特性试飞应验证飞机 APU 系统空中起动包线。对于要求的高度和空速下,在风门正常开启时,如果起动失败,则可以采用风车起动。在全部飞行条件下,APU 工作正常,没有出现喘振、熄火和失速等异常情况,APU 转速和排气温度没有出现超限情况,验证 APU 系统满足条款第 25.903(e)款的要求。

3.4.7　第 25.903(f)款符合性验证说明

针对第 25.903(f)款,采用的符合性验证方法是 MOC1 和 MOC9,验证工作具体如下：

1）MOC1 验证过程

通过辅助动力装置的系统设计描述说明辅助动力装置满足其预定使用的类型要求。

2）MOC9 验证过程

APU 为 TSO 产品，需完成其技术标准所要求的验证，获得 TSOA。如果 APU 为其他国制造，则需获得制造国的 TSOA，再获得中国局方的批准。

3.5　符合性文件清单

通常，针对第 25.903 条的符合性文件清单如表 3-2 所示。

表 3-2　建议的符合性文件清单

序　号	符 合 性 报 告	符合性方法
1	动力装置系统设计描述	MOC1
2	辅助动力装置系统设计描述	MOC1
3	动力装置系统风车界面载荷计算分析报告	MOC2
4	动力装置系统安全性评估报告	MOC3
5	辅助动力装置系统安全性评估报告	MOC3
6	动力装置机上地面试验大纲	MOC5
7	动力装置机上地面试验报告	MOC5
8	动力装置试飞大纲	MOC6
9	动力装置试飞报告	MOC6
10	动力装置设备鉴定大纲	MOC9
11	动力装置设备鉴定报告	MOC9
12	辅助动力装置设备鉴定大纲	MOC9
13	辅助动力装置设备鉴定报告	MOC9
14	APU 的 TSOA	MOC9

4　符合性判据

4.1　针对第 25.903(a)款

发动机取得型号合格证，辅助动力装置取得 TSOA。

4.2　针对第 25.903(b)款

为发动机设计了隔离措施，满足相关要求。任何飞行中最初的功能失效或故障满足要求。

4.3　针对第 25.903(c)款

对发动机和辅助动力装置转动的控制措施满足相关要求，飞行试验证明可在飞行中单独停止任一台发动机的转动。

4.4 针对第 25.903(d)(1)项

为涡轮发动机和辅助动力装置的安装设计有预防措施,且有效,能在一旦发动机转子损坏或发动机内起火烧穿发动机机匣时,对飞机的危害减至最小。

4.5 针对第 25.903(d)(2)项

发动机和辅助动力装置各控制装置、系统以及仪表有关的各系统的设计满足相关要求。

4.6 针对第 25.903(e)款

发动机和辅助动力装置具备再起动能力,且满足相关要求,制定有飞行中再起动发动机高度和空速包线,飞行试验验证每台发动机在此包线内具备再起动的能力。

4.7 针对第 25.903(f)款

辅助动力装置取得制造国的 TSOA,并得到中国局方的批准。

参考文献

［1］ 14 CFR 修正案 25 - 72 Special Review: Transport Category Airplane Airworthiness Standards［S］.

［2］ 14 CFR 修正案 25 - 73 Fuel Venting and Exhaust Emission Requirements for Turbine Engine Powered Airplanes［S］.

［3］ 14 CFR 修正案 25 - 94 Transport Category Airplanes, Technical Amendments and Other Miscellaneous Corrections［S］.

［4］ 14 CFR 修正案 25 - 95 Airworthiness Standards: Rain and Hail Ingestion Standards［S］.

［5］ 14 CFR 修正案 25 - 100 Airworthiness Standards: Bird Ingestion［S］.

［6］ FAA. AC25.1435 - 1 Hydraulic System Certification Tests and Analysis［S］. 2001.

［7］ FAA. AC25.1329 - 1B Change 1 Approval of Flight Guidance Systems［S］. 2012.

［8］ FAA. AC20 - 128A Design Considerations for Minimizing Hazards Caused by Uncontained Turbine Engine and Auxiliary Power Unit Rotor Failure［S］. 1997.

［9］ FAA. AC25.1701 - 1 Certification of Electrical Wiring Interconnection Systems on Transport Category Airplanes［S］. 2007.

［10］ FAA. AC25.1419 - 1A Certification of Transport Category Airplanes for Flight in Icing Conditions［S］. 2004.

［11］ FAA. AC25 - 24 Sustained Engine Imbalance［S］. 2000.

［12］ FAA. AC20 - 135 Powerplant Installation and Propulsion System Component Fire Protection Test Methods, Standards, and Criteria［S］. 1990.

［13］ FAA. AC25.905 - 1 Minimizing the Hazards from Propeller Blade and Hub Failures［S］. 2000.

运输类飞机适航标准第 25.904 条符合性验证

1 条款介绍

1.1 条款原文

第 25.904 条 起飞推力自动控制系统(ATTCS)

请求批准安装发动机功率控制系统(该系统在起飞过程中当任一发动机失效时自动地重新调定工作发动机的功率或推力)的申请人必须满足附录 I 的要求。

〔中国民用航空局 1990 年 7 月 18 日第一次修订〕

1.2 条款背景

第 25.904 条是对发动机功率控制系统的附加要求。具有起飞推力自动控制系统的发动机,必须满足附录 I 的要求。

该条款最初来自安装 ATTCS 这种新系统而制定的专用条件。最先编制 ATTCS 的专用条件始于 1976 年下半年,部分飞机制造商对这种系统感兴趣或者已申请对此系统的批准。

关于所装的 ATTCS,起飞时通常把所有发动机的推力都调定在比该飞机批准的最大合格审定起飞推力小些的状态。一旦在起飞过程中一台发动机失效,ATTCS 启动而使工作的其余发动机自动加大到最大起飞推力。由于该系统在当时属于新颖独特的设计特征,因此按照 § 21.16 要求编制专用条件。

1.3 条款历史

第 25.904 条在 CCAR-25-R1 首次发布,截至 CCAR-25-R4,该条款未修订过,如表 1-1 所示。

表 1-1　第 25.904 条条款历史

第 25.904 条	CCAR25 部版本	相关 14 CFR 修正案	备　注
首次发布	R1	25-62	

1990 年 7 月 18 日发布了 CCAR-25-R1 版,其中包含第 25.904 条,该条款参

考了 14 CFR 修正案 25 - 62 的内容制定,该修正案将当时与 ATTCS 专用条件相关的主旨纳入了 25 部规章要求。

2　条款解读

2.1　条款要求

该条款要求明确,即申请批准安装发动机功率控制系统的制造商需满足 CCAR25 部附录 I 的要求。附录 I 主要对临界时间间隔、ATTCS 性能和系统可靠性要求、推力调定、动力装置操纵器件、动力装置仪表等提出了要求,具体内容详见附录 I。

2.2　相关条款

与第 25.904 条相关的条款如表 2 - 1 所示。

表 2 - 1　第 25.904 条相关条款

序　号	相关条款	相　　关　　性
1	第 25.117 条	按照第 25.904 条对应的附录 I 25.3 要求,在起飞过程中在最临界点发生一台发动机失效而 ATTCS 系统发挥功能的情况下,必须符合第 25.117 条的要求
2	第 25.119 条	按照第 25.904 条对应的附录 I 25.3 要求,在起飞过程中在最临界点发生一台发动机失效而 ATTCS 系统发挥功能的情况下,必须符合第 25.119 条的要求
3	第 25.121 条	按照第 25.904 条对应的附录 I 25.3 要求,在起飞过程中在最临界点发生一台发动机失效而 ATTCS 系统发挥功能的情况下,必须符合第 25.121 条的要求
4	第 25.123 条	按照第 25.904 条对应的附录 I 25.3 要求,在起飞过程中在最临界点发生一台发动机失效而 ATTCS 系统发挥功能的情况下,必须符合第 25.123 条的要求
5	第 25.777 条	按照第 25.904 条对应的附录 I 25.5 要求,动力装置操纵器件需满足第 25.777 条的要求

3　验证过程

3.1　验证对象

针对第 25.904 条的验证对象为飞机性能与发动机。

3.2　符合性验证思路

针对附录 I 第 25.1 条,通过 MOC1 的方法表明 ATTCS 系统能自动调定发动机功率,且在满足附录 I 以及第 25 部所有适用要求的前提下没有要求机组人员采取增加推力或功率的措施。

针对附录 I 第 25.2(a)款,通过 MOC1 的方法表明 ATTCS 系统是完整的自动系统。针对附录 I 第 25.2(b)款,通过 MOC2 结合 MOC6 的方法表明当进行 ATTCS 起飞时,按照该款要求确定了起飞临界时间间隔。

针对附录 I 第 25.3(a)款和(b)款,通过 MOC3 的方法表明 ATTCS 系统的失效对飞机的安全不得造成影响。

针对附录 I 第 25.3(c)款,通过 MOC6 的方法表明爬升性能试飞结果满足第 25.117 条、第 25.119 条、第 25.121 条和第 25.123 条中重心位置的要求。

针对附录 I 第 25.4 条,通过 MOC1、MOC5 和 MOC6 的方法表明在起飞滑跑开始的每台发动机起始起飞推力或功率的调定值不小于下述任一值:

(1) ATTCS 所调定的推力或功率的 90%。

(2) 使所有受发动机推力或功率杆位置影响且涉及安全的系统和设备正常运行所要求的值。

(3) 当推力或功率从初始起飞推力或功率增加到最大批准起飞推力或功率时,表明发动机没有危险的响应特性的值。

针对附录 I 第 25.5 条,通过 MOC1 和 MOC3 的方法表明 ATTCS 的失效不会引起安全必需的任何动力装置功能失效。需通过 MOC3 和 MOC6 的方法表明起飞中任一发动机失效后,ATTCS 能使工作发动机推力达到最大而又不超过使用限制。且 ATTCS 允许人工操纵功率杆使推力或功率减少或增加到当时条件下飞机最大批准起飞推力或功率。

针对附录 I 第 25.6 条,通过 MOC6 的方法表明有装置指示 ATTCS 系统的接通、准备状态。且若飞机固有特性不能提供发动机失效的警告,则有独立于 ATTCS 的警告系统在发动机失效时向驾驶员发出清晰警告。

3.3 符合性验证方法

通常,针对第 25.904 条的符合性验证方法如表 3-1 所示。

表 3-1 建议的符合性方法

条 款 号	专 业	符 合 性 方 法										备 注
		0	1	2	3	4	5	6	7	8	9	
第 25.904 条	性 能			2				6				
第 25.904 条	动 力		1		3		5	6				
附录 I 第 25.1 条	动 力		1									
附录 I 第 25.2(a)款	动 力		1									
附录 I 第 25.2(b)款	性 能			2				6				
附录 I 第 25.3(a)、(b)款	动 力				3							
附录 I 第 25.3(c)款	性 能							6				

条　款　号	专业	符合性方法										备　注
		0	1	2	3	4	5	6	7	8	9	
附录 I 第 25.4 条	动　力		1				5	6				
附录 I 第 25.5(a)款	动　力				3							
附录 I 第 25.5(b)款	动　力				3			6				
附录 I 第 25.6 条	动　力							6				

3.4　符合性验证说明

3.4.1　附录 I 第 25.1 条符合性验证

针对附录 I 第 25.1 条,采用的符合性验证方法为 MOC1,验证具体工作如下:

采用发动机起飞推力自动控制系统(ATTCS)设计描述说明 ATTCS 系统的功能、架构、组成和逻辑,表明一旦 ATTCS 系统侦测到一台发动机失效,则另一台发动机转速将会自动增加,而不需要机组人员的额外操作。

3.4.2　附录 I 第 25.2(a)款符合性验证说明

针对附录 I 第 25.2(a)款采用的符合性验证方法为 MOC1,验证工作具体如下:

通过发动机起飞推力自动控制系统(ATTCS)设计描述说明表明 ATTCS 系统的功能、架构、组成和逻辑,表明 ATTCS 系统是完整的自动系统,能自动检测发动机失效、驱动油门杆以提高发动机推力、输送信号并向驾驶舱提供系统工作信息等。

3.4.3　附录 I 第 25.2(b)款符合性验证

针对附录 I 第 25.2(b)款采用的符合性验证方法为 MOC2,验证工作具体如下:

首先完成爬升性能验证试飞,通过验证性能条款(第 25.117 条、第 25.119 条,以及第 25.121 条)的试飞试验,间接完成本条款的验证。然后以该科目试飞结果为输入,依据附录 I 第 25.2(b)款的起飞临界时间间隔定义,开展 ATTCS 临界时间间隔计算(MOC2),从而获得 ATTCS 系统的起飞临界时间间隔。

3.4.4　附录 I 第 25.3(a)款、(b)款符合性验证

针对附录 I 第 25.3(a)款、(b)款用的符合性验证方法为 MOC3,验证工作具体如下:

在单发丧失推力、另一发丧失 ATTCS 功能,且风险暴露时间采用根据附录 I 第 25.2(b)款要求得到的临界时间间隔,开展故障树分析,验证 ATTCS 和发动机同时失效的概率能否满足对灾难性事件极不可能的失效概率要求。

3.4.5　附录 I 第 25.3(c)款符合性验证

针对附录 I 第 25.3(c)款用的符合性验证方法为 MOC6,验证工作具体如下:

在飞机一发不工作、ATTCS 系统正常工作,且飞机重心在最不利的位置(前重心)的情况下开展爬升性能试飞,验证飞机在该状态下是否仍然满足第 25.117 条、第 25.119 条、第 25.121 条以及第 25.123 条的要求。

3.4.6　附录 I 第 25.4 条符合性验证

附录 I 第 25.4 条规定了发动机功率调定的范围以及调定时发动机不得有危险的响应特性。附录 I 第 25.4 条采用的符合性验证方法包括 MOC1、MOC5 和 MOC6,验证工作具体如下:

1) MOC1 验证过程

采用系统设计描述从以下三个方面说明 ATTCS 的工作不会对发动机造成影响。

(1) 设置的起飞推力与最大批准起飞推力的比率。

(2) 设置的起飞推力可支持气源、液压源、电源的正常运行。

(3) 发动机在起始起飞推力或功率的调定值与最大批准起飞推力或功率这两个设计的功率等级之间的响应特性。

2) MOC5 验证过程

对于起飞滑跑开始时的每台发动机起始起飞推力或功率的调定值与 ATTCS 所调定的推力或功率值,进行 ATTCS 系统地面检查的试验。试验要点为:飞机正常停放,测试记录系统打开;按正常程序起动 APU,起动左右发,双发油门杆 IDLE 位保持几分钟;打开 ATTCS 抑制开关,使 ATTCS 功能不可用;推双发油门杆到 TO/GA 位并稳定若干秒左右,快速收右发动机油门杆到 IDLE 位;确认左发 N1 没变化,没有"APR"指示出现。

3) MOC6 验证过程

试飞科目为发动机自动起飞推力控制系统试飞表明发动机功率调定的范围以及调定时发动机没有危险的响应特性。

试飞科目要点为:分别在灵活温度起飞模式和正常起飞模式下开展验证。在灵活温度起飞模式下的验证时,飞机在起飞线等待发动机转速稳定后,按照飞行手册规定的程序执行灵活温度起飞,当飞机滑行至 V1 左右时,快速收某一发油门至慢车位模拟单发失效来检验 ATTCS 的功能。在正常起飞模式下的验证时,双发保持在起飞位,飞机快速爬上至巡航高度,收某一发油门使左右发 N1 转速有差量。

3.4.7　附录 I 第 25.5 条符合性验证

附录 I 第 25.5 条提出了对动力装置操纵器件的要求。该款采用的符合性验证方法包括 MOC3 和 MOC6,验证工作具体如下:

1) MOC3 验证过程

通过对 ATTCS 系统进行安全性分析表明在 ATTCS 系统失效时,动力装置系统仍能提供全机的推力、气源、液压源和电源,并能依靠自身的发动机控制系统保证动力装置系统正常工作。

2) MOC6 验证过程

通过发动机自动起飞推力控制系统试飞表明安装的操纵器件工作正常并符合条款要求。试飞科目要点见附录Ⅰ第25.4条的验证内容。

3.4.8　附录Ⅰ第25.6条符合性验证

附录Ⅰ第25.6条规定了动力装置仪表的要求,该款采用的符合性验证方法为MOC6,验证工作具体为:

通过发动机起飞推力自动控制系统(ATTCS)飞行试验表明飞机具有指示ATTCS处于接通或准备状态的装置,且能在起飞中在任一发动机失效时向驾驶员发出清晰警告。试飞科目要点见附录Ⅰ第25.4条的验证内容。

3.5　符合性文件清单

通常,针对第25.904条的符合性文件清单如表3-2所示。

表3-2　建议的符合性文件清单

序　号	符 合 性 报 告	符合性方法
1	性能试飞大纲	MOC6
2	性能试飞报告	MOC6
3	动力装置试飞大纲	MOC6
4	动力装置试飞报告	MOC6
5	发动机自动起飞推力控制系统设计描述文件	MOC1
6	动力装置机上地面试验大纲	MOC4
7	动力装置机上地面试验报告	MOC4
8	ATTCS临界时间间隔(MOC2)计算报告	MOC2
9	动力装置系统安全性评估报告	MOC3

4　符合性判据

(1) ATTCS系统仅在起飞和复飞阶段的单发失效时提供自动增大推力的功能,不影响任何系统的正常工作。

(2) ATTCS系统是完整的自动系统,且当进行ATTCS起飞时,按照该款要求确定了起飞临界时间间隔。

(3) ATTCS系统的失效不造成对飞机的安全性影响。

(4) 爬升性能试飞结果表明飞机满足第25.117条、第25.119条、第25.121条和第25.123条中重心位置的要求。

(5) ATTCS的工作不会对发动机造成影响。

(6) ATTCS增大推力的过程中,发动机在由起飞推力转换到最大起飞推力的过程中,发动机不存在超温、超转以及其他危险的响应特性。

(7) 动力装置操纵器件工作正常并符合条款要求,且ATTCS系统的任何单一失效或故障,或其可能的组合,不会引起安全所必需的任何动力装置功能失效。

(8)飞机具有指示 ATTCS 处于接通或准备状态的装置,且飞机能在起飞中在任一发动机失效时向驾驶员发出清晰警告。

参考文献

[1]　14 CFR 修正案 25‐62 Standards for Approval of an Automatic Takeoff Thrust Control System (ATTCS) [S].

[2]　FAA. AC25‐15 Approval of Flight Management Systems in Transport Category Airplanes [S]. 1989.

[3]　FAA. AC29‐2B Certification of Transport Category Rotorcraft [S]. 1997.

运输类飞机适航标准 第 25.933 条符合性验证

1 条款介绍

1.1 条款原文

第 25.933 条　反推力系统

（a）涡轮喷气发动机反推力系统

（1）仅预定在地面使用的发动机反推力系统必须设计成，在飞行中处于任何反推力位置时，发动机不会产生大于飞行慢车状态的推力。此外，必须通过分析或试验，或两者兼用来表明满足下列要求：

（ⅰ）反推力装置能收回到推力位置；

（ⅱ）反推力装置处于任何可能的位置时，飞机能继续安全飞行和着陆。

（2）预定在飞行中使用的涡轮喷气发动机反推力系统必须设计成，在任何预期的飞机运行（包括地面运行）条件下，当反推力系统正常工作或发生任一失效（或有合理可能的失效组合）时，均不会造成不安全情况。如果结构元件的破损率极小，则这种破损不必考虑。

（3）涡轮喷气发动机反推力系统，必须有措施防止在反推力系统有故障时发动机产生大于慢车状态的推力。但是，在运行中预期的最临界反推力情况下，只要表明仅采取气动力措施能保证飞机的航向操纵，则发动机可以产生更大的正推力。

（b）螺旋桨反推力系统

（1）仅预定在地面使用的螺旋桨反推力系统必须设计成，在任何预期的运行条件下，系统的单个失效（或有合理可能的失效组合）或故障不会引起不希望的反推力，如果结构元件的破损率极小，则这种破损不必考虑。

（2）对于桨叶能从飞行低距位置移动到明显小于正常飞行低距位置的螺旋桨系统，可通过失效分析、试验或两者兼用来表明满足本条要求。为表明螺旋桨及其有关安装部件满足中国民用航空规章第 35.21 条有关要求所作的分析，可以包括在上述分析之内或作为其依据。

〔中国民用航空局 1995 年 12 月 18 日第二次修订，2011 年 11 月 7 日第四次修订〕

1.2 条款背景

第 25.933 条的目的是确保飞机的型号设计具有预防措施,以防止因反推力系统的工作导致安全隐患,避免因反推力系统的各种故障模式对飞机的安全运行带来不利影响。

1.3 条款历史

第 25.933 条在 CCAR25 部初版首次发布,截至 CCAR - 25 - R4,该条款共修订过 2 次,如表 1 - 1 所示。

表 1 - 1 第 25.933 条条款历史

第 25.933 条	CCAR25 部版本	相关 14 CFR 修正案	备　注
首次发布	初版	25 - 11,25 - 38,25 - 40	
第 1 次修订	R2	25 - 72	
第 2 次修订	R4	—	

1.3.1 首次发布

1985 年 12 月 31 日发布了 CCAR25 部初版,其中包含第 25.933 条,该条款参考 1964 年 12 月 24 日发布的 14 CFR PART 25 中的 § 25.933,并结合 14 CFR 修正案 25 - 11、修正案 25 - 38 和修正案 25 - 40 的内容制定。

1964 年,FAA 发布了 14 CFR PART 25,替代了 CAR 4b 部。§ 25.933 由 CAR 4b.407 改编而来。

1967 年,FAA 发布 14 CFR 修正案 25 - 11,增加 § 25.933(d),以要求任何涡轮发动机在不需要使用反推力的正推力状态,禁止打开反推力系统。

1977 年,FAA 发布 14 CFR 修正案 25 - 38,对 § 25.933(b)进行澄清:在 § 25.933(b),"飞行中使用"之后增加"也包括地面使用"字样。

1977 年,FAA 发布 14 CFR 修正案 25 - 40,要求制造商通过分析或/和飞行及地面试验对反推力系统不同类型故障的影响进行研究,制定反推力系统的使用限制,引入安全性特征,使得飞行中或地面反推力意外打开时不会造成灾难性事故。

1.3.2 第 1 次修订

1995 年 12 月 18 日发布的 CCAR - 25 - R2 对第 25.933 条进行了第 1 次修订。本次修订参考 FAA 发布的 14 CFR 修正案 25 - 72 的修订内容,对第 25.933 条进行了重新编排和修改,分别对涡轮喷气发动机和螺旋桨反推力系统提出了要求,将原第 25.933(a)款、(b)款和(d)款的内容修改后放在(a)(1)项至(3)项,将原第 25.933(c)款的内容修改后放在(b)(2)项中,增加了(b)(1)项,取消了原第 25.933 条中的(c)款和(d)款两款。(a)(1)项中用"表明下列要求"取代了原第 25.933(a)款中的"表明下列要求之一",以强调必须表明反推力装置应可被收回到前飞推力位置,并表明当反推力装置处于任何可能的位置时,飞机都能安全飞行和着陆,这两方面的要求须同时满足。

1.3.3　第2次修订

2011年11月7日发布的CCAR-25-R4对第25.933条进行了第2次修订,本次修订主要进行了文字修订,对螺旋桨反推力系统的要求:"在飞行中任何预期的运行条件下"修订为"在任何预期的运行条件下";"正常飞行低距止动位置的螺旋桨系统"修订为"正常飞行低距位置的螺旋桨系统"。

2　条款解读

2.1　条款要求

反推力系统是指使发动机推力受阻或改变方向以对飞机进行减速的那些组部件,包括:

(1) 安装在发动机上的硬件。

(2) 反推力装置操纵系统。

(3) 指示和作动系统。

(4) 对反推力装置工作有影响的飞机任何其他系统。

反推力装置能有效缩短着陆滑跑距离,且制动效果不会受跑道潮湿或结冰的影响。

对于仅在地面使用的反推力系统,当飞机在空中飞行时,反推力系统处于反推力位置造成的反推力将可能对飞机的继续安全飞行和着陆造成危险。当飞机在地面滑跑起飞时,反推力系统处于反推力位置造成的反推力也将对飞机的安全运行造成影响。因此,反推力系统的设计必须在任何预期的使用情况下,当系统出现损坏或故障时,不会产生大于飞行慢车状态的推力。若出现反推力时,应能收回到正推力位置,并且不影响飞机的继续安全飞行和着陆。

"预定在飞行中使用的涡轮喷气发动机反推力系统"除应具备对仅在地面使用的反推力系统的要求外,为了确保飞行安全,还需保证在出现故障时,均不会造成不安全的情况。

大多数反推力装置的设计仅供地面使用,在研制反推力装置时,要在避免外来物吸入发动机、飞机表面的喷流冲击以及保证飞机操纵能力的前提下,重点关注其在着陆滑跑过程中能否提供较高的减速力。此外,在飞机系统研制时通常要为操纵品质和机动性等情况提供足够的横向和航向操纵裕度。早期的以涡轮喷气发动机为动力的飞机设计中,操纵系统设计和反推力装置特性的组合所产生的操纵裕度,使飞机能够从非指令的空中推力反向状态改出。由于运输类飞机的典型构型已发展为采用高涵道比发动机作为动力,因此其对空中推力反向情况的操纵裕度已经下降。任何时候需要使用到反推力装置时,关注的焦点仍然是限制反推力装置的任何不利影响。运输类飞机适航标准中第25.933(a)(1)(ii)目规定"反推力装置处于任何可能的位置时,飞机能继续安全飞行和着陆"。

高涵道比涡轮喷气发动机在空中推力反向情况下的飞机操纵裕度下降,且验证反推力装置处于任何可能的位置时,飞机可继续安全飞行和着陆的难度很大,涡轮喷气发动机飞机通常设计成不在空中使用反推,故第25.933(a)(2)项通常不适用;若反推力系统可在空中使用,则需参考第25.933(a)(1)项符合性验证的操纵性选项进行符合性验证。此外,第25.933(b)款为螺旋桨反推力系统的要求。因此,本文仅针对预期在地面使用的发动机反推力系统,说明其适用条款相应的符合性验证思路、符合性验证说明、符合性文件清单和符合性合格判据等。

2.2 相关条款

与第25.933条相关的条款如表2-1所示。

表2-1 第25.933条相关条款

序 号	相关条款	相 关 性
1	第25.901条	第25.901(c)款要求:任何单个失效或故障或可能的失效组合都不会危及飞机的安全运行
2	第25.903条	第25.903(d)(1)项要求:采取设计预防措施,在发动机转子损坏时,对飞机的危害减至最小
3	第25.1155条	第25.1155条要求:用于反推力和低于飞行状态的桨距调定的每一操纵器件,均必须有防止被误动的措施。该措施在飞行慢车位置必须有确实的锁或止动器,而且必须要求机组采取另外明显动作,才能将操纵器件从飞行状态(对于涡轮喷气发动机飞机为正推力状态)的位置移开
4	第25.1305条	第25.1305(d)款要求:当反推力装置处于下列状态时,位置指示装置向飞机机组发出指示:1) 未处于所选位置,和2) 对于每台装有反推力装置的发动机,处于反推力位置
5	第25.1309条	第25.1309(b)款要求:对每种失效状态的概率及其严重性之间合理而可接受的反比关系提出一般要求

3 验证过程

3.1 验证对象

第25.933条的验证对象为反推力系统。

3.2 符合性验证思路

在表明对第25.933(a)(1)项的符合性时,由于选择操纵性选项,因此直接证明符合第25.933(a)(1)项有一定难度,且需要大量的试验和/或分析表明飞机在正常飞行包线内是可操纵的。近年来,国内外运输类飞机在进行型号合格审定时,均根据第 21.21 条的规定,验证反推力系统的设计具有与条款要求等效的安全水平。通过系统描述、分析/计算和包括平均风险分析、特殊风险分析(specific risk analysis)等的安全性评估以及设备合格鉴定表明不会发生非指令的空中推力反向。

对于第 25.933(a)(3)项的符合性验证,需通过系统描述、分析/计算、地面试验和飞行试验证明在反推力系统故障时,发动机不会产生大于慢车状态的推力;或需通过飞行试验证明仅依靠气动力就可以维持飞机的航向操纵。

3.3　符合性验证方法

通常,针对第 25.933 条的符合性验证方法如表 3-1 所示。

表 3-1　建议的符合性方法

条款号	专业	符合性方法										备注
		0	1	2	3	4	5	6	7	8	9	
第 25.933(a)(1)项	动力装置		1	2	3						9	
第 25.933(a)(3)项	动力装置		1				5	6				
第 25.933(a)(3)项	操　稳			2								

3.4　符合性验证说明

3.4.1　第 25.933(a)(1)项符合性验证说明

第 25.933(a)(1)项要求符合性验证途径包括:

1) 操纵性选项

验证飞机在出现空中推力反向后能继续飞行和着陆。在进行验证时,必须考虑飞机的结构完整性、性能和操纵品质等方面。

2) 可靠性选项

验证不会发生非指令的空中推力反向。在进行验证时,必须考虑系统可靠性、可维护性和故障容错性、结构完整性以及对各类特定风险(如发动机转子非包容性损坏)的防护。

3) 操纵性/可靠性的组合选项

在飞机的整个使用寿命期限内,如飞机可能在任何时候出现在可操纵包线范围外的非指令推力反向时,必须在计及相关风险暴露时间等,表明在可操纵包线范围外的可靠性符合要求。如表明飞机在某个给定的相关风险暴露时间的限制飞行包线内不会出现非指令推力反向时,则必须验证飞机在该飞行包线范围外的可操纵性。

4) 等效安全判定

由于选择操纵性选项,因此直接证明符合第 25.933(a)(1)项有一定难度,且需要大量的试验和/或分析表明飞机在正常飞行包线内是可操纵的。近年来,国内外运输类飞机在进行型号合格审定时,均根据第 21.21 条的规定,验证反推力系统的设计具有与条款要求等效的安全水平。当采用验证不会发生非指令的空中推力反向来进行等效安全判定时,需要进行如下的工作。

(1) 严格的定性安全性分析,以表明不存在单点失效或故障(不考虑其发生概率)导致灾难性的空中推力反向。除了传统的故障模式和影响分析(FMEA)外,还应进行自上而下的分析(至少到部件级),以保证能确认任何隐蔽的单点故障。

(2) 根据 AC25.1309 - 1A 进行平均风险分析,预测在飞机机队服役周期内,不会发生灾难性的空中推力反向。

(3) 特殊风险分析(specific risk analysis),预测每次飞行的最初阶段飞机能够持续满足上述(1)的安全性分析中"没有单点失效或故障"的标准,并且灾难性的空中推力反向的风险程度低于 1×10^{-6}/飞行小时。该分析仅在系统设计使故障存在时间超过一个起落时才需进行。该分析必须考虑飞机预期的机队寿命中会出现的所有不是通过 MMEL 限制派遣的构型(包括潜在故障)。为了达到该分析的目的,应假设发生概率大于 1×10^{-8}/飞行小时的某种构型会出现,除非可通过规定生产限制或使用限制来证明总的机队暴露时间更低。该分析对于辅助 MMEL 和 MRB 评估是一个前所未有的工具。

(4) 验证那些会使安全性预测变得无效的影响已被识别,并且已在飞机整个机队寿命中确定和实施了管理这些影响的可接受的方法。

第 25.933(a)(1)项等效安全判定相关的各项验证工作具体内容包括:

1) MOC1 验证内容

通过系统描述说明反推力装置设置有多道防线,防止反推力装置意外打开。反推力装置有多重防线来防止反推力装置空中打开,如反推力有多重机械锁来使反推力装置锁定在收起位置。反推力装置的多重道机械锁由多个独立的液压指令等实现控制。反推力装置设计可以防止反推力装置空中打开。

2) MOC2 验证内容

对防止反推力装置打开的防线设计进行分析,表明反推力装置设计能够防止反推力装置空中展开,与符合适航条款第 25.933(a)(1)项具有等效安全水平。

3) MOC3 验证内容

根据 AC25.1309 - 1A "System Design and Analysis"(系统设计和分析)建议的风险评估方法,通过对故障模式及其影响分析(FMEA)结果的分析表明反推力装置所有部件的故障模式对应危害等级均为Ⅲ类或Ⅲ类以下,不存在导致灾难或危险的单点故障。

通过故障树定量分析,确认发生非指令反推展开的概率为 10^{-9}/飞行小时量级,满足 FHA 确立的安全性要求。

按照 AC20 - 128A "Design Considerations for Minimizing Hazards Caused by Uncontained Turbine Engine and Auxiliary Power Unit Rotor Failure"(减少非包容性涡轮发动机和 APU 转子破损危害的设计考虑)中建议的设计措施,合理布置

反推力装置锁定机构,使得单个转子的碎片不会导致所锁定机构都失效。并按照规定的发动机非包容性损坏的风险分析方法,分析在发生发动机非包容性损坏后,转子碎片对反推力装置的锁定结构、液压作动部件等的影响,进而表明飞机发生灾难性失效状态的平均概率满足 AC20-128A 中规定的定量要求。

此外,反推力系统的锁定机构通常均布置在到发动机中心线的距离等于或小于最大的带叶片转子的直径范围内。根据 AC20-128A,还需考虑一个轮盘的多块轮盘碎片同时飞出的影响。

对因其失效会导致非指令的反推展开的所有反推力系统部件的潜在失效进行了特殊风险分析。确认在飞行前已存在一个潜在失效时,飞机满足不会因单点故障导致反推非指令展开,并且灾难性的空中反推力意外展开的风险程度低于 1×10^{-6}/飞行小时。

根据上述安全性评估和预测,导出的反推力作动系统维修任务,在飞机整个机队运营中,按照要求进行反推力作动系统的检查和维修,可保证上述安全性评估和预测的有效性。

4) MOC9 验证内容

对反推力装置组成的设备进行合格鉴定,确认在预期的使用环境下,相关设备能完成预定的功能,以表明设备本身的符合性。

3.4.2　第 25.933(a)(3)项符合性验证说明

第 25.933(a)(3)项对应的各项验证工作的具体内容包括:

1) MOC1 验证内容

通过系统描述说明反推力装置的设计,为防止单发反推力装置因故障未展开,出现一台发动机正推力、一台发动机最大反推力这种临界不对称推力的情形,发动机控制系统在反推功率控制逻辑上设有不对称反推力保护措施,使发动机不会产生大于慢车的推力。

2) MOC2 验证内容

对最临界不对称反推力情况(即一发最大反推力,一发正慢车推力)进行评估,确认推力产生的不对称力矩是否可以使用最大方向舵偏度产生的偏航力矩来平衡。评估时需考虑包括中断起飞和着陆减速的使用情况及反推力装置的使用限制。

3) MOC5 验证内容

需进行反推不对称打开功能验证试验,试验操作人员模拟一台发动机反推力装置故障,操作油门杆到最大反推位置,以确认两台发动机均未产生大于慢车状态的推力,发动机不对称推力保护功能正常。

4) MOC6 验证内容

需进行反推力装置工作检查试验,驾驶员模拟一台发动机反推力装置故障,在着陆过程中,操作双发位于最大反推位置,确认两台发动机均未产生大于慢车状态的推力,发动机不对称推力保护功能正常。或发动机在产生大于慢车状态推力的情况下,飞机仅依靠方向舵等气动部件的作动即可保证飞机的航向操纵。

3.5　符合性文件清单

通常,针对第 25.933 条的符合性文件清单如表 3 - 2 所示。

表 3 - 2　建议的符合性文件清单

序　号	符 合 性 报 告	符合性方法
1	反推力系统描述	MOC1
2	反推力系统地面控制能力分析报告	MOC2
3	最大不对称反推力状态下的飞机纠偏能力计算分析报告	MOC2
4	反推力系统安全性评估报告	MOC3
5	动力装置机上地面试验大纲	MOC5
6	动力装置机上地面试验报告	MOC5
7	动力装置飞行试验大纲	MOC6
8	动力装置飞行试验报告	MOC6
9	反推力装置设备合格鉴定试验大纲	MOC9
10	反推力装置设备合格鉴定报告	MOC9

4　符合性判据

4.1　对于第 25.933(a)(1)项

对于第 25.933(a)(1)项,在进行等效安全判定时,判定以下条件满足,则符合条款要求:

(1) 不存在单点失效或故障(不考虑其发生概率)导致灾难性的空中推力反向。

(2) 在飞机机队服役周期内,不会发生灾难性的空中推力反向。

(3) 进行特定风险评估,表明每次飞行的最初阶段飞机能够持续满足"没有单点失效或故障"的标准,并且灾难性的空中推力反向的风险程度低于 1×10^{-6}/飞行小时。

4.2　对于第 25.933(a)(3)项

对于第 25.933(a)(3)项,判定以下条件之一满足,则符合条款要求:

(1) 发动机不会产生大于慢车状态的推力;飞机在不对称反推力状态下,具有足够的航向操纵能力。

(2) 仅依靠气动力可维持飞机的航向操纵。

参考文献

[1]　14 CFR 修正案 25 - 11 Aircraft Propulsion System Design Requirements [S].

［2］ 14 CFR 修正案 25 - 38 Airworthiness Review Program，Amendment No. 3：Miscellaneous Amendments ［S］.

［3］ 14 CFR 修正案 25 - 40 Airworthiness Review Program，Amendment No. 4：Powerplant Amendments ［S］.

［4］ 14 CFR 修正案 25 - 72 Special Review：Transport Category Airplane Airworthiness Standards ［S］.

［5］ FAA. AC25. 1309 - 1A System Design and Analysis ［S］. 1988.

［6］ FAA. AC20 - 128A Design Considerations for Minimizing Hazards Caused by Uncontained Turbine Engine and Auxiliary Power Unit Rotor Failure ［S］. 1997.

［7］ FAA. TC6918SE - T - P - 2 Information：Equivalent Level of Safety (EOLS) Finding for Flight Critical Thrust Reverser on the Boeing Model 787 - 8 Airplane，FAA project NO. TC6918SE - T ［Z］. FAA，2011.

［8］ 毛文懿，杨铁链，李涛，等. 反推力装置适航符合性验证思路研究［J］. 航空科学技术，2014 (7)：34 - 37.

运输类飞机适航标准
第25.934条符合性验证

1 条款介绍

1.1 条款原文

第25.934条　涡轮喷气发动机反推力装置系统试验

装在涡轮喷气发动机上的反推力装置必须满足中国民用航空规章第33.97条的有关要求。

〔中国民用航空局1995年12月18日第二次修订〕

1.2 条款背景

第25.934条要求所有安装在涡轮喷气发动机上的反推力系统必须满足第33.97条的要求,以确保同样的试验要求应用于飞机、发动机制造商及其他申请人。该条款明确了安装在涡轮喷气发动机上的反推力装置的验证要求与33部要求的关系。

1.3 条款历史

第25.934条在CCAR25部初版首次发布,截至CCAR-25-R4,该条款共修订过1次,如表1-1所示。

表1-1　第25.934条条款历史

第25.934条	CCAR25部版本	相关14 CFR修正案	备　注
首次发布	初版	25-23	
第1次修订	R2	——	

1.3.1 首次发布

1985年12月31日发布了CCAR25部初版,其中包含第25.934条,该条款参考FAA发布的14 CFR修正案25-23所增加的§25.934的内容制定。

1970年,FAA发布14 CFR修正案25-23,增加§25.934,以要求装在涡轮喷气发动机上的反推力装置必须满足§33.97的相关要求。

1.3.2　第1次修订

1995年12月18日发布的CCAR-25-R2对第25.934条进行了第1次修订,修订前条款表述为"装在涡轮发动机上的反推力装置必须满足发动机适航标准中的有关要求",本次修订明确了所涉及的CCAR33部条款为第33.97条。

2　条款解读

2.1　条款要求

涡轮喷气发动机反推力装置系统是指通过某种方式改变发动机喷气流方向,使作用在发动机上的力沿着与正常前进推力相反的方向产生推力分量,给飞机提供减速的气动阻力。

本条款要求必须在发动机安装了反推力装置的情况下进行CCAR33部规定的持久、校准、工作和振动试验,以证实反推力装置耐久性和功能特性,以及与发动机的工作匹配性。

2.2　相关条款

与第25.934条相关的条款如表2-1所示。

表2-1　第25.934条相关条款

序　号	相关条款	相　关　性
1	第25.903条	第25.903(a)款要求每型发动机必须有型号合格证

3　验证过程

3.1　验证对象

第25.934条的验证对象为反推力系统。

3.2　符合性验证思路

如果发动机制造商已完成第33.97条要求的各项试验,则只需将发动机供应商提供的相关试验报告作为支持材料,编制设备鉴定总结报告。

如反推力装置未随发动机一起验证,则需按第33.97条和AC20-18A "Qualification Testing of Turbojet Engine Thrust Reversers"(涡轮发动机反推力装置鉴定试验)的要求进行补充验证。

3.3　符合性验证方法

通常,针对第25.934条的符合性验证方法如表3-1所示。

表 3-1   建议的符合性方法

条 款 号	专 业	符 合 性 方 法										备 注
		0	1	2	3	4	5	6	7	8	9	
第 25.934 条	动力装置										9	

3.4   符合性验证说明

如发动机制造商已完成第 33.97 条要求的各项试验,则只需根据发动机供应商提供的发动机型号合格证(TC)和型号合格证数据单(TCDS),以及发动机供应商在进行发动机持久、校准、工作、振动试验和反推力装置本身的耐久性试验的试验报告编制设备鉴定报告,否则需根据第 33.97 条的要求对反推力装置进行设备鉴定试验,以确认对条款要求的符合性。反推力装置试验项目包括:

(1) 动力装置系统和反推力装置一起完成的持久性试验,试验后对反推力装置的检查,未发现不可接受的情况。

(2) 第 33.85 条校准试验的性能结果是第 33.87 条持久试验的重要部分,通过持久试验前、后分别进行的推力校准试验进行确定;通过对两次校准试验结果的对比分析,确认对第 33.87 条的符合性。

(3) 发动机反推力装置完成了 33 部规定的振动试验,试验后的检查未发现不可接受的情况。

反推力装置安装在发动机上进行了持久性试验,包括从飞行慢车的正推力到最大反推力的试验 175 次,从额定起飞推力到最大反推力的试验 25 次(从不同的正推力到最大反推力的试验 10 次,从不同的反推力到最大起飞推力的试验 15 次),最大起飞推力到最大反推力 25 次,试验后的检查确认相关的试验件结构和功能均处于良好状态。

3.5   符合性文件清单

通常,针对第 25.934 条的符合性文件清单如表 3-2 所示。

表 3-2   建议的符合性文件清单

序 号	符 合 性 报 告	符合性方法
1	发动机型号合格证、型号合格证数据单	MOC9
2	发动机和反推力装置试验总结报告	MOC9

4   符合性判据

对于第 25.934 条,判定以下条件满足,则符合条款要求:

(1) 发动机已取得型号合格证(TC)。

(2) 已完成第 33.97 条要求的各项试验,包括反推力装置跟随发动机完成的持久、校准、工作、振动试验和反推力装置本身的耐久性试验，试验结果符合要求。

参考文献

［1］ 14 CFR 修正案 25 - 23 Transport Category Airplane Type Certification Standards ［S］.

［2］ FAA. AC20 - 18B Qualification Testing of Turbojet Engine Thrust Reversers ［S］. 2015.

［3］ FAA. AC33 - 2B Aircraft Engine Type Certification Handbook ［S］. 1997.

运输类飞机适航标准
第 25.939 条符合性验证

1 条款介绍

1.1 条款原文

第 25.939 条 涡轮发动机工作特性

(a) 必须在飞行中检查涡轮发动机的工作特性,以确认在飞机和发动机使用限制范围内的正常和应急使用期间,不会出现达到危险程度的不利特性(如失速、喘振或熄火)。

(b)〔备用〕

(c) 在正常运行期间,涡轮发动机进气系统不得由于气流畸变的影响而引起有害于发动机的振动。

1.2 条款背景

第 25.939 条的目的是确认所有运输类飞机上的涡轮发动机和辅助动力装置,在飞机和发动机气动、推进和结构限制内的正常和应急使用期间,能连续的安全工作。

1.3 条款历史

第 25.939 条在 CCAR25 部初版首次发布,截至 CCAR - 25 - R4,该条款未进行过修订,如表 1 - 1 所示。

表 1 - 1 第 25.939 条条款历史

第 25.939 条	CCAR25 部版本	相关 14 CFR 修正案	备 注
首次发布	初版	25 - 11,25 - 40	

1985 年 12 月 31 日发布了 CCAR25 部初版,其中包含第 25.939 条,该条款参考 1964 年 12 月 24 日发布的 14 CFR 25 部中的 §25.939,并结合 FAA 发布的 14 CFR 修正案 25 - 11 和修正案 25 - 40 的内容制定。

1967 年,FAA 发布 14 CFR 修正案 25 - 11,在 §25.939 中增加了 §25.939(b)

和(c),分别给出了对负加速度和振动的要求。虽然33部取证过程中进行了发动机振动试验,但还是需要增加§25.939(c)要求,以保证发动机安装及机身效应(可能引起气流畸变)不会产生任何不可预见的发动机振动问题。

1977年,FAA发布14 CFR修正案25-40,将负加速度的要求从§25.939(b)修订为§25.943,并删除原§25.939(b)。

2 条款解读

2.1 条款要求

发动机的不良工作特性范围从轻度到重度。为了确定可接受的工作特性,按严重程度分为3等。

2.1.1 轻度不良工作特性

轻度不良工作特性包括:压气机轻微的失速;轻度的可听见喘振;觉察不到的功率损失;无发动机损坏;应能立即恢复到正常工作状态。发动机工作不稳定性是短暂的,强度轻微,不要求驾驶员采取改出工作。

2.1.2 中度不良工作特性

中度不良工作特性包括:可听见的喘振和压气机失速;瞬时推力降低;连续超出发动机工作极限,达到批准的瞬态限制;瞬时转速下降至慢车到慢车以下;发动机加速减慢。为了恢复到发动机稳定工作,通常不需要移动油门杆,如局方和发动机制造商同意,则可允许油门杆稍稍移动;只要求驾驶员采取简单和本能的操作,而操作程序要作为飞行机组的训练内容的一部分。发动机不会损坏,且具有恢复至最大推力状态的能力,而不会因此超出发动机的任何限制。

2.1.3 重度不良工作特性

重度不良工作特性通常以能引起飞机性能和操纵变差的可听见的高声喘振为特征。具有以下1种或多种特征:

(1)发动机失速或喘振,为改出或试图改出这种状态要求油门杆做大幅度迅速操作,或对发动机其他控制器进行调整。

(2)较大且持续的推力损失。

(3)发动机熄火或要求发动机停车。

(4)发动机损坏。

(5)发动机出现要求降低功率或停车的振动。

(6)导致危险的客舱失压的发动机状态。

(7)发动机转子加速故障。

2.2 相关条款

与第25.939条相关的条款如表2-1所示。

表 2 - 1   第 25.939 条相关条款

序　号	相 关 条 款	相　关　性
1	第 25.1091 条	第 25.1091(a)(1)项要求：发动机和辅助动力装置的进气系统在申请合格审定的每种运行条件下，必须能够供给发动机和辅助动力装置所需的空气量
2	第 25.1521 条	第 25.1521 条要求：制定动力装置限制，该限制不得超过发动机或螺旋桨型号合格证中的相应限制，也不得超过作为符合 CCAR25 部任何其他要求依据的限制值

3 验证过程

3.1 验证对象

第 25.939 条的验证对象为动力装置系统、辅助动力装置系统。

3.2 符合性验证思路

为验证对第 25.939 条的符合性，需采用说明性文件、地面试验、飞行试验来表明发动机的工作特性不会达到危险程度的不利特性，且不会因进气畸变的影响而引起有害于发动机的振动。

3.3 符合性验证方法

通常，针对第 25.939 条的符合性验证方法如表 3 - 1 所示。

表 3 - 1   建议的符合性方法

条　款　号	专　业	符 合 性 方 法										备　注
		0	1	2	3	4	5	6	7	8	9	
第 25.939(a)款	动力装置		1				5	6					
第 25.939(a)款	AP		1				5	6					
第 25.939(c)款	动力装置						5	6					
第 25.939(c)款	APU		1				5	6					

3.4 符合性验证说明

1) MOC1 验证过程

通过系统描述文件等表明发动机进气系统具有高总压恢复系数、小的巡航溢流阻力和可在大侧风和大攻角下具有较小的畸变，在设计上保证发动机在正常使用包线范围内，不会出现达到危险程度的不利特性。

通过系统描述文件等表明在飞机和 APU 使用限制范围内的正常和应急期间，APU 不会出现达到危险程度的不利特性（如失速、喘振或熄火）；APU 进气系统不会由于气流畸变的影响而引起有害于 APU 的振动，APU 不会超过 TSO 规定的临界频率和振幅。

2) MOC5 验证过程

进行发动机工作特性地面试验,完成模拟冷发起飞、发动机快速加减速及遭遇加速试验。从试验主要参数的时间历程曲线分析,确认试验操作满足大纲的规定,发动机工作参数能够及时地响应油门杆动作,转速跟随性良好,工作稳定,没有出现加速缓慢、不能加速、转速摆动、超温、失速、喘振以及熄火等不利的异常现象;高压压气机出口压力(PS3)、油气比(Wf/PS3)、低压转子转速(N1)振动值及高压转子转速(N2)振动值的趋势表明:这些参数的变化连续稳定,未发现高频脉动,振动值在正常允许的范围内。

进行进气畸变地面试验。完成无风、90°侧风、180°尾风和270°侧风条件试验点。确认在发动机地面风速风向运行包线内,发动机在慢加减速、快加减速及各个台阶转速试验中运行正常。

进行控制与操纵地面试验,完成起飞参数设置、自动起飞推力控制系统(ATTCS)功能验证、发动机加速和减速、N1 目标值验证、大气数据计算机(ADC)故障模拟验证及反推不对称打开功能验证等试验。在试验过程中,发动机 N1 转速按照油门杆操纵的要求匹配目标转速,没有出现转子加速缓慢或不能加速、超转、喘振、熄火和排气超温等异常现象。

对于 APU,进行包括常温条件、高温条件和高寒条件下的 APU 工作特性地面试验。验证在各种环境与工作状态条件下,APU 的运行没有出现达到危险程度的不利特性(如失速、喘振或熄火);APU 的振动值在使用限制范围之内。

3) MOC6 验证过程

进行发动机工作特性试飞。通过试验中试验发动机的主要参数时间历程曲线,确认发动机工作参数能够及时地响应油门杆动作,转速跟随性良好,工作稳定,没有出现加速缓慢、不能加速、转速摆动、超温、失速、喘振以及熄火等不利的异常现象,没有出现不可接受的不良工作特性。通过对所有试验点的试验发动机 N1、N2 振动值的分析,确认振动值在正常允许的范围内,始终低于告警阈值,未发现因进气畸变产生有害于发动机的振动。

进行进气畸变试飞。完成失速告警、机动飞行、侧滑、无风天起飞着陆和中断起飞等进气畸变试验点。确认发动机工作参数均能够及时地响应油门杆动作,转速跟随性良好,工作稳定,没有出现加速缓慢、不能加速、转速摆动、超温、失速、喘振以及熄火等不利的异常现象。从试验发动机 N1、N2 振动值的趋势看,振动值在正常允许的范围内,始终低于告警阈值,未因进气畸变产生有害于发动机的振动。

进行反推力装置工作检查试飞。在试验过程中,双侧发动机工作正常,无振动超限、超温、失速、喘振以及熄火等不利的异常现象。

进行发动机性能特性—高原起飞推力限制参数验证飞行。在试飞中,没有出现超温、超转、发动机加速缓慢或不加速、转速急剧下降、喘振及熄火等工作不稳定现象。

进行发动机控制与操纵试飞。在试验过程中发动机按照油门杆操纵要求跟随目标转速,发动机无失速、喘振以及熄火等不利的异常现象。

对于 APU,进行 APU 工作特性飞行试验,包括起飞过程中的 APU 工作特性飞行试验、不同飞行高度下不同负载时的 APU 工作特性飞行试验及特殊飞行姿态(如侧滑)的工作特性飞行试验,验证 APU 的运行没有出现失速、喘振或熄火等危险程度的不利特性;APU 的振动值在使用限制范围之内。

3.5　符合性文件清单

通常,针对第 25.939 条的符合性文件清单如表 3-2 所示。

表 3-2　建议的符合性文件清单

序　号	符 合 性 报 告	符合性方法
1	动力装置系统描述	MOC1
2	辅助动力装置系统描述	MOC1
3	动力装置系统地面试验大纲	MOC5
4	动力装置系统地面试验报告	MOC5
5	辅助动力装置系统地面试验大纲	MOC5
6	辅助动力装置系统地面试验报告	MOC5
7	动力装置系统飞行试验大纲	MOC6
8	动力装置系统飞行试验报告	MOC6
9	辅助动力装置系统飞行试验大纲	MOC6
10	辅助动力装置系统飞行试验报告	MOC6

4　符合性判据

对于第 25.939 条,判定以下条件满足,则符合条款要求:

(1) 确认在整个发动机/APU 和飞机工作限制范围内,发动机/APU 工作正常和应急使用期间,不会出现有害的特性。

(2) 发动机/APU 进气系统不会由于进气畸变而引起有害于发动机/APU 的振动。

参考文献

[1]　14 CFR 修正案 25-11 Aircraft Propulsion System Design Requirements [S].

[2]　14 CFR 修正案 25-40 Airworthiness Review Program,Amendment No. 4:Powerplant Amendments [S].

[3]　FAA. AC25.939-1 Evaluating Turbine Engine Operating Characteristics [S]. 1986.

运输类飞机适航标准
第 25.943 条符合性验证

1 条款介绍

1.1 条款原文

第 25.943 条　负加速度

当飞机在第 25.333 条规定的飞行包线内作负加速度时,发动机、经批准在飞行中使用的辅助动力装置,或者与动力装置或辅助动力装置有关的任何部件或系统不得出现危险的故障。必须按预计的负加速度最长持续时间表明满足上述要求。

1.2 条款背景

第 25.943 条的目的是确保飞机在负加速度条件下飞行时,不会导致发动机、辅助动力装置(APU)或与其工作相关的任何部件或系统出现任何危险的故障。

1.3 条款历史

第 25.943 条在 CCAR25 部初版首次发布,截至 CCAR - 25 - R4,该条款未进行过修订,如表 1 - 1 所示。

表 1 - 1　第 25.943 条条款历史

第 25.943 条	CCAR25 部版本	相关 14 CFR 修正案	备　注
首次发布	初版	25 - 40	

1985 年 12 月 31 日发布了 CCAR25 部初版,其中包含第 25.943 条,该条款参考 FAA 发布的 14 CFR 修正案 25 - 40 所增加的 §25.943 的内容制定。

1977 年,FAA 发布 14 CFR 修正案 25 - 40,对负加速度相关条款进一步修订,以引入对辅助动力装置(APU)的相关要求,明确该要求也适用于活塞发动机;并将负加速度相关要求纳入新的 §25.943 中。

2　条款解读

2.1　条款要求

飞机在第 25.333 条规定的飞行包线范围内做负加速度机动飞行时，不得产生危险的故障；负加速度试验时，通常每次在 −1g 到 0 之间的负加速度持续时间最少 7 秒，累计在负加速度条件下飞行的时间总共 20 秒。

"危险的故障"应指引起发动机推力损失或持续的发动机故障，或引起发动机附件或系统工作不正常，如熄火、喘振、失速、供油中断和发电机故障等。

从条款字面理解，CCAR25 部第 25.943 条和 14 CFR PART 25 §25.943 适用于发动机、APU 以及与动力装置或辅助动力装置有关的任何部件或系统。通过分析相关的适航取证资料可知，第 25.943 条相关的系统还包括：动力装置、辅助动力装置、燃油、液压和电源等。

2.2　相关条款

与第 25.943 条相关的条款如表 2 - 1 所示。

表 2 - 1　第 25.943 条相关条款

序　号	相 关 条 款	相　　关　　性
1	第 25.333 条	第 25.333 条飞行机动包线要求：飞机在包线边界上和边界内的空速和载荷系数的任一组合必须满足强度要求，在飞机使用限制中的各种载荷系数和空速组合时不允许超出该机动包线范围

3　验证过程

3.1　验证对象

第 25.943 条的验证对象为动力装置系统、燃油系统、液压系统、电源系统和辅助动力装置系统。

3.2　符合性验证思路

通过动力装置系统、燃油系统、液压系统、电源系统、辅助动力装置系统的设计描述文件，表明其系统设计能满足负加速度下工作的要求。按 AC25 - 7C "Flight Test Guide for Certification for Transport Category Airplane"（运输类飞机合格审定飞行试验指南）建议的方法进行飞行试验，表明飞机各系统满足在负加速度下的工作要求。对包含液体工质的设备进行设备合格鉴定，确认在负加速度情况下，设备能满意的工作。

3.3 符合性验证方法

通常,针对第25.943条的符合性验证方法如表3-1所示。

表3-1　建议的符合性方法

条 款 号	专 业	符 合 性 方 法										备　注
		0	1	2	3	4	5	6	7	8	9	
第25.943条	电源系统							6			9	
第25.943条	燃油系统		1					6			9	
第25.943条	液压系统							6				
第25.943条	动力装置		1					6			9	
第25.943条	辅助动力装置		1					6				

3.4 符合性验证说明

3.4.1 MOC1 验证过程

通过动力装置系统描述,说明其设计特点能够使得进入发动机的燃油中不会出现气穴问题,确保危险量的空气不会进入发动机燃油系统,导致燃烧室的供油中断而出现熄火。

通过燃油系统描述,说明燃油箱设计,燃油泵安装位置,燃油供油管路布置等保证了负加速度飞行时,燃油系统仍能持续给发动机和辅助动力装置提供100%所需的燃油流量。

通过APU系统描述,说明对于在负加速度条件下APU各系统的功能特性,APU主要受影响的系统为APU滑油系统,APU滑油系统在规定的负加速运行过程中可正常工作。

3.4.2 MOC6 验证过程

进行负加速度飞行试验,以演示满足第25.943条的要求。运输类飞机负加速度飞行试验通常在约15 000英尺、空速250~300节条件下进行。飞机先进行小的俯冲之后拉起,然后再推杆以产生负加速度。

飞机在发动机以最大连续推力状态工作,以及辅助动力装置在正常负载条件下工作(如果飞行中可使用)时,在飞行包线范围内以临界的负加速度飞行。每个试验条件下持续时间在−1.0g~0之间最少为7秒,累计在负加速度条件下飞行的时间总共20秒。在两次负加速度动作之间的时间尽可能地短。试飞时应在尽量靠近飞机的重心位置处测量加速度。

在进行负加速度试飞时,需考虑发动机附件的形态,如整体驱动发电机(IDG)处于满负载状态;试验发动机滑油箱油量应为最小可用滑油量,试验发动机对应燃油箱油位低于半箱燃油位。相对于潜在的油泵气穴现象,应使用最临界燃油进行试验。针对液压系统的考核,需将液压油箱油位设置在允许的最低油位。

在负加速度试飞过程中,需确认动力装置、APU、液压系统、电源系统、燃油系统能够正常工作,无非预期的告警信息出现。

3.4.3　MOC9 验证过程

对于动力装置系统,引用发动机 33 部取证试验中用于验证第 33.71(a)款的滑油中断试验,表明发动机在滑油供油中断后的有限时间内运行正常。

对于电源系统,对 APU 发电机和 IDG 进行姿态鉴定试验,通过零加速度和负加速度情况的试验以确认设备能满意的工作。

对于燃油系统,对燃油泵等进行负加速度设备鉴定试验,确认燃油泵在负加速度状态下输出的燃油流量和压力满足要求。

3.5　符合性文件清单

通常,针对第 25.943 条的符合性文件清单如表 3-2 所示。

表 3-2　建议的符合性文件清单

序　号	符 合 性 报 告	符合性方法
1	燃油系统描述	MOC1
2	动力装置系统描述	MOC1
3	电源系统试飞大纲	MOC6
4	电源系统试飞报告	MOC6
5	燃油系统试飞大纲	MOC6
6	燃油系统试飞报告	MOC6
7	液压系统试飞大纲	MOC6
8	液压系统试飞报告	MOC6
9	动力装置系统试飞大纲	MOC6
10	动力装置系统试飞报告	MOC6
11	辅助动力装置系统试飞大纲	MOC6
12	辅助动力装置系统试飞报告	MOC6
13	动力装置系统设备鉴定试验大纲	MOC9
14	动力装置系统设备鉴定试验报告	MOC9
15	电源系统设备鉴定试验大纲	MOC9
16	电源系统设备鉴定试验报告	MOC9
17	燃油系统设备鉴定试验大纲	MOC9
18	燃油系统设备鉴定试验报告	MOC9

4　符合性判据

对于第 25.943 条,判定以下条件满足,则符合条款要求:

(1) 动力装置系统、燃油系统的设计充分考虑了负加速度运行的影响,从设计角度确定了相应的补偿措施。

（2）动力装置系统、辅助动力装置系统、燃油系统、液压系统和电源系统在负加速度飞行状态下能正常工作。

（3）动力装置、燃油和液压系统的设备在负加速度鉴定试验时，设备的工作特性正常。

参考文献

［1］ 14 CFR 修正案 25 - 40 Airworthiness Review Program，Amendment No. 4：Powerplant Amendments［S］.

［2］ FAA. AC25 - 7C Flight Test Guide for Certification of Transport Category Airplanes［S］. 2012.

［3］ FAA. AC25. 1435 - 1 Hydraulic System Certification Tests and Analysis［S］. 2001.

［4］ FAA. AC25. 735 - 1 Brakes and Braking Systems Certification Tests and Analysis［S］. 2002.

运输类飞机适航标准
第 25.951 条符合性验证

1 条款介绍

1.1 条款原文

第 25.951 条　总则

（a）燃油系统的构造和布置，在每种很可能出现的运行情况下，包括申请审定的飞行中允许发动机或辅助动力装置工作的任何机动飞行，必须保证以发动机和辅助动力装置正常工作所需的流量和压力向其供油。

（b）燃油系统的布置，必须使进入系统的空气不会造成下列情况：

（1）活塞发动机出现 20 秒钟以上的功率中断；

（2）涡轮发动机出现熄火。

（c）用于涡轮发动机的燃油系统在使用下述状态的燃油时，必须能在其整个流量和压力范围内持续工作：燃油先在 27℃（80℉）时用水饱和，并且每 10 升燃油含有所添加的 2 毫升游离水（每 1 美加仑含 0.75 毫升），然后冷却到在运行中很可能遇到的最临界结冰条件。

（d）对于以涡轮发动机为动力的飞机，每一燃油系统必须满足中国民用航空局有关涡轮发动机飞机燃油排泄污染的要求。

〔中国民用航空局 1995 年 12 月 18 日第二次修订〕

1.2 条款背景

第 25.951 条的目的是确保飞机燃油系统以保持发动机和 APU 正常工作的流量和压力供油。

1.3 条款历史

第 25.951 条在 CCAR25 部初版首次发布，截至 CCAR-25-R4，该条款共修订过 1 次，如表 1-1 所示。

1.3.1 首次发布

1985 年 12 月 31 日发布了 CCAR25 部初版，其中包含第 25.951 条，该条款参考 1964 年 12 月 24 日发布的 14 CFR PART 25 中的第 25.951 条，并结合 14 CFR

修正案 25 - 23、修正案 25 - 36 和修正案 25 - 38 的内容制定。

表 1 - 1 第 25. 951 条条款历史

第 25. 951 条	CCAR25 部版本	相关 14 CFR 修正案	备 注
首次发布	初版	25 - 23,25 - 36,25 - 38	
第 1 次修订	R2	25 - 73	

1970 年,FAA 发布 14 CFR 修正案 25 - 23,提出修订 §25.951(b)以解决空气进入燃油系统后带来的相关危险。

1974 年,FAA 发布 14 CFR 修正案 25 - 36,将 §25.977(b)、§25.997(b)移至本条,变为 §25.951(c),目的是将与燃油系统结冰相关的所有要求集中放入一个条款中。并明确结冰要求仅适用于涡轮发动机飞机,因结冰是涡轮燃油特有现象。

1977 年,FAA 发布 14 CFR 修正案 25 - 38,以包含对 APU 供油的要求。

1.3.2 第 1 次修订

1995 年 12 月 18 日,在 CCAR25 部第 2 次修订时,CAAC 对第 25.951 条进行修订。本次修订参考 FAA 发布的 14 CFR 修正案 25 - 73 的修订内容,增加 §25.951(d),对于以涡轮发动机为动力的飞机,要求燃油系统满足中国民用航空局有关涡轮发动机飞机燃油排泄污染的要求。

2 条款解读

2.1 条款要求

每种很可能出现的运行情况,一般包括:

(1) 起飞和爬升阶段的油箱向发动机的供油。

(2) 起飞和爬升阶段的超控供油。

(3) 巡航和爬升阶段的交输供油。

(4) 爬升和平飞阶段的发动机吸力供油。

(5) 热气候条件下的系统供油。

(6) 高含水量结冰条件下的系统供油。

(7) 飞机负过载时的系统供油。

(8) 地面和空中的 APU 供油。

可能的机动飞行情况包括以飞机允许的最大俯仰角快速下降和拉起,以 30°或 45°横滚角保持盘旋飞行等。

试验时,在各种飞行状态下燃油系统提供的流量和压力必须满足发动机使用要求。除吸力供油外,试验期间不应出现低压警告,其他所有指标均应符合设计要求。

燃油系统的布置必须防止过量的空气进入供油系统,以免造成发动机供油不足而熄火。

第 25.951(c)款要求在燃油结冰条件下,燃油系统能在其整个流量和压力范围内"持续"工作(sustained operation),系指燃油系统以规定的流量和压力供油的功能应得以维持及不得中断,但不必强求系统部件是否连续工作(continuous operation)。

对于燃油系统结冰条件验证而言,最临界结冰条件根据该机型合格审定申请批准的运行环境条件确定。

燃油系统必须满足有关涡轮发动机飞机燃油排泄污染的要求。

第 25.951(b)(1)项为对活塞式发动机的要求,考虑到新研运输类飞机通常不再选用活塞式发动机提供动力,故本文后续章节将不再展开对此条款进行说明。

2.2 相关条款

与第 25.951 条相关的条款如表 2-1 所示。

表 2-1 第 25.951 条相关条款

序 号	相 关 条 款	相 关 性
1	第 25.943 条	第 25.943 条要求:当飞机在第 25.333 条规定的飞行包线内作负加速度时,与动力装置或辅助动力装置有关的任何部件或系统不得出现危险的故障
2	第 25.952 条	第 25.952(a)款要求:必须用分析和必要的试验表明燃油系统在各种可能的运行条件下功能正常
3	第 25.955 条	第 25.955(a)款要求:在每种预定的运行条件和机动飞行中,燃油系统必须至少提供 100% 所需的燃油流量
4	第 25.961 条	第 25.961 条要求:飞机在热气候条件下运行时,燃油系统必须工作良好
5	第 25.991 条	第 25.991 条要求:明确对主油泵进行定义,并对应急泵做出明确要求
6	第 34.11 条	第 34.11 条要求:航空燃气涡轮发动机不得向大气排放燃油排泄物。本条旨在防止发动机停车后有意将燃油喷嘴总管中排出的燃油排泄到大气中

3 验证过程

3.1 验证对象

第 25.951 条的验证对象为燃油系统。

3.2 符合性验证思路

为验证对第 25.951 条的符合性,需采用设计描述文件,说明燃油系统的设计和布置可保证在持续为发动机和辅助动力装置供油。采用实验室试验,检查燃油系统在低温结冰情况下的供油性能。采用机上地面试验,确认发动机运转良好,燃油流量和供油压力均保持正常。采用飞行试验,包括正常供油、吸力供油及热气候条件下的供油和负过载下的供油等试验项目,确认燃油系统功能正常,发动机能良好运转。引用发动机 33 部取证及 APU 取 TSOA 时产生的符合性证据,支持表明发动机燃油系统的符合性。

3.3　符合性验证方法

通常,针对第 25.951 条的符合性验证方法如表 3 - 1 所示。

表 3 - 1　建议的符合性方法

条 款 号	专业	符合性方法										备 注
		0	1	2	3	4	5	6	7	8	9	
第 25.951(a)款	动力装置		1								9	
第 25.951(a)款	燃　油		1				5	6				
第 25.951(b)(2)项	燃　油		1					6				
第 25.951(b)(2)项	动力装置		1					6				
第 25.951(c)款	燃　油		1			4						
第 25.951(c)款	动力装置		1								9	
第 25.951(d)款	动力装置		1									

3.4　符合性验证说明

3.4.1　MOC1 验证过程

每个集油箱内的两台交流电动泵互为热备份,当其中一台交流电动泵发生故障时,与其并联的另外一台交流电动泵也可以独立担负起在各种状态向发动机提供所需燃油的任务。当所有的交流电动泵全部失效的状态下,通过吸力供油口,发动机燃油泵具备吸力供油的能力。

两台交流电动泵并列布置在集油箱中,并在集油箱近底部设置有吸力供油口,飞行过程中集油箱可以保持较高油面,将油泵入口与吸力供油口浸入油面之下,确保供油系统不会吸入过多空气而导致发动机熄火。

发动机燃油系统中两级燃油泵(低压离心泵和高压齿轮泵)的设计特点能够使得进入发动机的燃油中不会出现气穴问题,确保不会有危险量的空气进入发动机燃油系统,不会导致燃烧室的供油中断而出现熄火。

为了防止杂物进入交流电动泵、直流电动泵引发故障,在泵入口处安装了筒形滤网。交流电动泵滤网的直径大于燃油箱出油口的直径。此外,安装了盒形吸力供油口滤网,在吸力供油情况下防止可能损坏发动机的大体积物体或碎片进入发动机。

3.4.2　MOC4 验证过程

燃油系统结冰验证通常需参考 ARP1401 "Aircraft Fuel System and Component

Icing Test"中定义的程序开展。燃油系统结冰试验采用无防冰添加剂的燃油作为试验油液。在进行燃油配置时将分析和确认试验燃油无防冰添加剂。在参考 ARP1401 定义的燃油配置方法,将燃油中配置到条款要求的含水量后,进行高含水量结冰条件下燃油系统供油实验室试验,对结冰试验的燃油温度和环境温度进行调节,在包括 $-11\ ^\circ\!\mathrm{C}(13\ ^\circ\!\mathrm{F})$ 等临界结冰温度条件下进行燃油系统供油性能试验。试验过程中,通常可通过控制发动机燃油消耗模拟泵和 APU 燃油消耗模拟泵的流量模拟飞机飞行剖面内各个阶段燃油的消耗,确认发动机和 APU 入口处的供油压力不低于发动机和 APU 规定的最小燃油压力。此外,需对 AC 泵、DC 泵和吸力供油入口滤网、供油管路内壁的结冰情况进行检查,确认不会因燃油结冰的脱落堵塞供油管路。

3.4.3　MOC5 验证过程

进行供油性能地面试验。根据飞机燃油系统预期的使用状态,通常需设置发动机对应燃油系统的多个燃油泵分别处于全部打开、部分打开、全部关闭(对应吸力供油)状态,并考察发动机的工作状态分别设置在慢车、巡航、最大连续、快速加减速等不同推力状态下飞机燃油系统的工作情况。通过分析试验数据表明:燃油系统的正常供油、单泵供油和吸力供油性能良好,符合设计要求。对于双发飞机,在交输供油试验中,使用单侧油箱的双泵给双发供油,确认发动机在各状态下均运转良好,燃油流量保持正常。

3.4.4　MOC6 验证过程

进行燃油系统正常供油性能、一台燃油泵失效时供油、交输供油、吸力供油、单发供油科目试飞。在进行飞行试验时,需分别设置发动机对应燃油系统的多个燃油泵分别处于全部打开、部分打开、全部关闭(对应吸力供油)状态,以模拟燃油系统正常供油性能、一台燃油泵失效时供油、交输供油、吸力供油、单发供油状态,然后,在如 5 000 英尺、25 000 英尺、35 000 英尺等典型飞行高度上,调整飞机速度为 $1.3V_{SR}$,发动机油门杆置于"慢车"位,快速推发动机油门杆至"最大推力"位置,飞机平飞加速,当速度达到 V_{MO}/M_{MO} 时快速收油门杆到"慢车"位,稳定平飞,调整双发推力至"巡航"状态,稳定平飞;通过分析试验数据表明:在各种可能出现的运行情况下,燃油系统功能正常。在试验过程中,非试验发动机对应燃油系统的工作设置为正常供油状态,以确保飞行安全。

3.4.5　MOC9 验证过程

第 25.951(a)款与 33 部第 33.67(a)款的要求一致,第 25.951(c)款与 33 部第 33.67(b)(4)(ii)目的要求一致。使用发动机取得 33 部 TC 证的符合性证据来支持表明符合性。

引用辅助动力装置取 TSOA 时的相关符合性证据,验证 APU 燃油系统的在结冰条件下的性能。

3.5 符合性文件清单

通常,针对第 25.951 条的符合性文件清单如表 3 - 2 所示。

表 3 - 2 建议的符合性文件清单

序 号	符 合 性 报 告	符合性方法
1	燃油系统描述	MOC1
2	燃油系统结冰实验室试验大纲	MOC4
3	燃油系统结冰实验室试验报告	MOC4
4	燃油系统地面试验大纲	MOC5
5	燃油系统地面试验报告	MOC5
6	燃油系统飞行试验大纲	MOC6
7	燃油系统飞行试验报告	MOC6
8	发动机型号合格证数据单	MOC9
9	辅助动力装置 TSOA	MOC9

4 符合性判据

对于第 25.951 条,判定以下条件满足,则符合条款要求:

(1) 燃油系统设计能保证在飞机所有可能出现的运行情况下,为发动机和辅助动力装置的正常工作供给适量的燃油。

(2) 进入系统的空气不会导致涡轮发动机熄火。

(3) 能防止由于结冰状态造成的故障。

(4) 满足燃油排泄的相关要求。

参考文献

[1] 14 CFR 修正案 25 - 23 Transport Category Airplane Type Certification Standards [S].

[2] 14 CFR 修正案 25 - 36 Aircraft and Aircraft Engines, Certification Procedures and Type Certification Standards [S].

[3] 14 CFR 修正案 25 - 38 Airworthiness Review Program, Amendment No. 3: Miscellaneous Amendments [S].

[4] 14 CFR 修正案 25 - 73 Fuel Venting and Exhaust Emission Requirements for Turbine Engine Powered Airplanes [S].

[5] CCAR - 33 - R2 航空发动机适航规定 [S]. 北京:中国民用航空局,2012.

运输类飞机适航标准
第 25.952 条符合性验证

1 条款介绍

1.1 条款原文

第 25.952 条 燃油系统分析和试验

（a）必须用分析和适航当局认为必要的试验表明燃油系统在各种可能的运行条件下功能正常。如果需要进行试验，则试验时必须使用飞机燃油系统或能复现燃油系统被试部分工作特性的试验件。

（b）对于以燃油作为工作液的任何热交换器，其很可能发生的失效不得造成危险情况。

1.2 条款背景

第 25.952 条的目的是明确要求使用分析和/或试验的手段验证飞机燃油系统在每种可能运行情况下（包括机动飞行、失效情况等）工作正常；热交换器的失效应不影响燃油系统的功能。

1.3 条款历史

第 25.952 条在 CCAR25 部初版首次发布，截至 CCAR-25-R4，该条款未进行过修订，如表 1-1 所示。

表 1-1 第 25.952 条条款历史

第 25.952 条	CCAR25 部版本	相关 14 CFR 修正案	备　注
首次发布	初版	25-40	

1985 年 12 月 31 日发布了 CCAR25 部初版，其中包含第 25.952 条，该条款参考 FAA 发布的 14 CFR 修正案 25-40 所增加的 §25.952 的内容制定。

1977 年，FAA 发布 14 CFR 修正案 25-40，新增 §25.952，要求通过分析，且如有必要，需对整个燃油系统或模拟系统进行试验，以揭示燃油系统各部分在功能上是否存在问题；并对以燃油为工作液的热交换器提出了要求。

2　条款解读

2.1　条款要求

条款要求使用分析和/或试验的手段验证飞机燃油系统在每种可能运行情况下(包括机动飞行和失效情况等)工作正常。

须对以燃油为介质的热交换器的失效模式及其影响进行分析或试验确认,表明热交换器具有失效—安全特征,其失效(燃油污染以及其他可能的失效)不会导致危险情况发生。

由于热交换器污染或其他可能失效是否会造成危险情况完全取决于某一特定的飞机安装,因此第25.952(b)款也适用于发动机安装的热交换器。

2.2　相关条款

与第25.952条相关的条款如表2-1所示。

表 2-1　第 25.952 条相关条款

序　号	相关条款	相　关　性
1	第25.943条	第25.943条负加速度要求:当飞机在第25.333条规定的飞行包线内作负加速度时,与动力装置或辅助动力装置有关的任何部件或系统不得出现危险的故障
2	第25.951条	第25.951(a)款燃油系统总则要求:燃油系统的构造和布置,在每种很可能出现的运行情况下,包括申请审定的飞行中允许发动机或辅助动力装置工作的任何机动飞行,必须保证以发动机和辅助动力装置正常工作所需的流量和压力向其供油
3	第25.955条	第25.955(a)款燃油流量要求:在每种预定的运行条件和机动飞行中,燃油系统必须至少提供100%所需的燃油流量
4	第25.961条	第25.961条燃油系统在热气候条件下的工作要求:飞机在热气候条件下运行时,燃油系统必须工作良好
5	第25.1301条	第25.1301(a)款功能和安装要求:所安装的每项设备必须在安装后功能正常

3　验证过程

3.1　验证对象

第25.952条的验证对象为燃油系统。

3.2　符合性验证思路

为验证对第25.952条的符合性,需采用设计描述文件,对发动机燃/滑油热交换器的设计特征进行说明。采用计算/分析,确认处于高、低温环境中时,发动机燃油系统能正常工作。通过对以燃油为介质的热交换器的失效影响分析,表明热交换器具有失效-安全特征,其失效(燃油污染以及其他可能的失效)不会导致危险情况发生。采用机上地面试验,确认发动机运转良好,燃油流量、供油压力均保持正常。采用飞行试验,包括在正常供油、吸力供油、热气候条件下的供油和负过载下的供油等试验项目,确认燃油系统功能正常,发动机能良好运转。

3.3 符合性验证方法

通常,针对第 25.952 条的符合性验证方法如表 3-1 所示。

表 3-1 建议的符合性方法

条 款 号	专 业	符 合 性 方 法										备 注
		0	1	2	3	4	5	6	7	8	9	
第 25.952(a)款	燃油系统					4	5	6				
第 25.952(a)款	动力装置			2								
第 25.952(b)款	燃油系统			2								
第 25.952(b)款	动力装置		1									

3.4 符合性验证说明

3.4.1 第 25.952(a)款符合性验证说明

1) MOC2 验证过程

通过综合飞机油箱至发动机间燃油管路布置环境、发动机燃油系统布置、飞机燃油系统结冰试验和发动机燃油系统结冰试验结果进行分析,确认在最严酷的结冰状态下,发动机燃油系统仍可正常工作。从发动机燃油系统工作温度不超限的角度对燃油高温方面进行分析,对发动机燃油系统在高温状态下的燃油箱出口和飞机/发动机燃油系统吊挂接口处的燃油温度进行分析,确认进入发动机燃油系统的燃油温度不会超过发动机手册限制值,燃油系统在高温运行条件下功能正常。

2) MOC4 验证过程

燃油系统结冰验证通常需参考 ARP1401 "Aircraft Fuel System and Component Icing Test"中定义的程序开展。燃油系统结冰试验采用无防冰添加剂的燃油作为试验油液。在进行燃油配置时将分析和确认试验燃油无防冰添加剂。在参考ARP1401 定义的燃油配置方法,将燃油中配置到条款要求的含水量后,进行高含水量结冰条件下燃油系统供油实验室试验,对结冰试验的燃油温度和环境温度进行调节,在包括−11℃(13℉)等临界结冰温度条件下进行燃油系统供油性能试验。试验过程中,通常可通过控制发动机燃油消耗模拟泵和 APU 燃油消耗模拟泵的流量模拟飞机飞行剖面内各个阶段燃油的消耗,确认发动机和 APU 入口处的供油压力不低于发动机和 APU 规定的最小燃油压力。此外,需对 AC 泵、DC 泵和吸力供油入口滤网、供油管路内壁的结冰情况进行检查,确认不会因燃油结冰的脱落堵塞供油管路。

3) MOC5 验证过程

进行供油性能地面试验。根据飞机燃油系统预期的使用状态,通常需设置发动机对应燃油系统的多个燃油泵分别处于全部打开、部分打开、全部关闭(对应吸力供油)状态,并考察发动机的工作状态分别设置在慢车、巡航、最大连续、快速加减速等不同推力状态下飞机燃油系统的工作情况。通过分析试验数据表明:燃油系统的正常供油、单泵供油和吸力供油性能良好,符合设计要求。对于双发飞机,在交输供油试验中,使用单侧油箱的双泵给双发供油,确认发动机在各状态下均运转良好,燃油流量保持正常。

4) MOC6 验证过程

进行燃油系统正常供油性能、一台燃油泵失效时供油、交输供油、吸力供油、单发供油科目试飞。在进行飞行试验时,需分别设置发动机对应燃油系统的多个燃油泵分别处于全部打开、部分打开、全部关闭(对应吸力供油)状态,以模拟燃油系统正常供油性能、一台燃油泵失效时供油、交输供油、吸力供油、单发供油状态,然后,在如 5 000 英尺、25 000 英尺、35 000 英尺等典型飞行高度上,调整飞机速度为 $1.3V_{SR}$,发动机油门杆置于"慢车"位,快速推发动机油门杆至"最大推力"位置,飞机平飞加速,当速度达到 V_{MO}/M_{MO} 时快速收油门杆到"慢车"位,稳定平飞,调整双发推力至"巡航"状态,稳定平飞;通过分析试验数据表明:在各种可能出现的运行情况下,燃油系统功能正常。在试验过程中,非试验发动机对应燃油系统的工作设置为正常供油状态,以确保飞行安全。

3.4.2 第 25.952(b)款符合性验证说明

1) MOC1 验证过程

采用动力装置系统设计描述文件说明以燃油作为工作液的热交换器,如:发动机的燃/滑油热交换器以燃油作为工作液与滑油进行换热。一般,热交换器的失效主要为内部泄漏,使滑油混入燃油中或燃油混入滑油中。滑油混入燃油将导致发动机滑油消耗量的增大。须在系统设计描述文件中明确,若发动机滑油量低于告警值,将在飞机驾驶舱发动机指示和机组告警系统(EICAS)上出现滑油油量低的告警信息,在飞行手册中说明飞行员将采取备降等措施,确保不会造成飞行危险。燃油混入滑油将导致发动机润滑效率下降、油池结焦、滑油管路积炭等问题,可能导致滑油系统温度升高,需说明发动机滑油温度连续超过告警值,飞机驾驶舱 EICAS 上将出现告警信息,以提醒飞行员采取相应措施应对。

2) MOC2 验证过程

飞机燃油箱内除了燃油系统,通常还布置有液压系统管路与液压油-燃油散热器,燃油为液压油提供散热。针对热交换器表面超温后对燃油箱安全的影响,确认燃油箱内液压系统热交换器表面温度不会超过 400°F 的临界温度,满足燃油箱点燃防护设计要求,不会成为点火源。针对液压油泄漏污染燃油后引发对发动机的影响,按最严苛情况分析,在液压能源系统泄漏的情况下,计算液压油在燃油中的比重,确认此种污染水平不会影响发动机的正常工作状态,表明液压油泄漏不会对飞机造成危险性情况。

3.5 符合性文件清单

通常,针对第 25.952 条的符合性文件清单如表 3-2 所示。

表 3-2 建议的符合性文件清单

序 号	符 合 性 报 告	符合性方法
1	动力装置系统设计描述	MOC1
2	发动机燃油/滑油热交换器影响分析报告	MOC2
3	燃油/液压油换热器影响分析报告	MOC2
4	燃油系统实验室试验大纲	MOC4
5	燃油系统实验室试验报告	MOC4
6	燃油系统机上地面试验大纲	MOC5
7	燃油系统机上地面试验报告	MOC5
8	燃油系统飞行试验大纲	MOC6
9	燃油系统飞行试验报告	MOC6

4 符合性判据

对于第 25.952 条,判定以下条件满足,则符合条款要求:

(1)燃油系统在每种可能运行情况下功能正常。

(2)不会因任何以燃油为工质的热交换器的失效而对发动机和飞机的工作/运行造成危险。

参考文献

[1] 14 CFR 修正案 25-40 Airworthiness Review Program,Amendment No. 4: Powerplant Amendments [S].

[2] FAA. AC25-8 Auxiliary Fuel System Installations [S]. 1986.

[3] FAA. AC25.981-1C Fuel Tank Ignition Source Prevention Guidelines [S]. 2008.

[4] FAA. AC20-128A Design Considerations for Minimizing Hazards Caused by Uncontained Turbine Engine and Auxiliary Power Unit Rotor Failure [S]. 1997.

运输类飞机适航标准
第 25.953 条符合性验证

1 条款介绍

1.1 条款原文

第 25.953 条 燃油系统的独立性

燃油系统必须满足第 25.903(b) 条的要求,为此可采用下列任何一种方法:

(a) 系统向每台发动机的供油,能够不涉及该系统向其它发动机供油的任何部分;

(b) 任何其它可接受的方法。

1.2 条款背景

第 25.953 条的目的是确保每台发动机(包括辅助动力装置)对应的燃油系统从飞机燃油箱至发动机设计成各自独立的和相互隔离的。

1.3 条款历史

第 25.953 条在 CCAR25 部初版首次发布,截至 CCAR - 25 - R4,该条款未进行过修订,如表 1-1 所示。

表 1-1 第 25.953 条条款历史

第 25.953 条	CCAR25 部版本	相关 14 CFR 修正案	备　注
首次发布	初版	—	

1985 年 12 月 31 日发布了 CCAR25 部初版,其中包含第 25.953 条,该条款参考 1964 年 12 月 24 日发布的 14 CFR PART 25 中的 §25.953 的内容制定。

2 条款解读

2.1 条款要求

运输类飞机以往的服役历史表明,在飞行各个阶段都发生过由于从油箱至发动机的燃油系统的功能丧失,而导致多台发动机同时故障或失效的事件。发动机故障或失效多由设计不当、影响不只一台发动机的单点故障以及燃油系统管理不当所致。如增压式燃油系统的通气压力调节释压活门失效;在吸力供油极限高度之上,进行吸力供油操作等。

本条款要求确保燃油箱至发动机的燃油系统设计成各自独立的和相互隔离的。

一台发动机对应的燃油系统失效或故障,不致妨碍其余发动机的燃油供给,或需要机组成员立即采取动作以保证继续安全运行。

2.2 相关条款

与第 25.953 条相关的条款如表 2-1 所示。

表 2-1 第 25.953 条相关条款

序 号	相关条款	相 关 性
1	第 25.903 条	第 25.903(b)款发动机的隔离要求:各动力装置的布置和相互隔离,必须至少能在一种运行形态下,使任一发动机或任一能影响此发动机的系统失效或故障时,不致妨碍其余发动机继续安全运转,或需要任何机组成员立即采取动作以保证继续安全运行

3 验证过程

3.1 验证对象

第 25.953 条的验证对象为燃油系统。

3.2 符合性验证思路

为验证对第 25.953 条的符合性,需采用设计描述文件说明每台发动机有独立的燃油供给系统。

3.3 符合性验证方法

通常,针对第 25.953 条的符合性验证方法如表 3-1 所示。

表 3-1 建议的符合性方法

条 款 号	专 业	符 合 性 方 法										备 注
		0	1	2	3	4	5	6	7	8	9	
第 25.953 条	燃油系统		1									

3.4 符合性验证说明

不同发动机对应的供油系统是完全独立的,如左侧发动机供油系统给左侧发动机提供燃油,右侧发动机供油系统给右侧发动机提供燃油,左、右侧发动机供油系统仅通过交输供油切断阀相连,且正常情况下交输供油切断阀处于关闭状态;在飞行过程中,左、右机翼油箱内的燃油不允许转输;在需要交输供油时,可以通过驾驶舱控制交输供油阀和燃油泵,实现一侧油箱向两台发动机供油或两侧油箱向一台发动机供油。

APU 供油系统与同侧发动机供油系统是相互独立,在 APU 供油管路上安装了 APU 供油切断阀,用于需要时切断 APU 燃油的供给;关闭 APU 供油切断阀不会影响发动机的供油。

3.5　符合性文件清单

通常,针对第 25.953 条的符合性文件清单如表 3-2 所示。

表 3-2　建议的符合性文件清单

序　号	符 合 性 报 告	符合性方法
1	燃油系统描述	MOC1

4　符合性判据

对于第 25.953 条,判定以下条件满足,则符合条款要求: 燃油系统独立地向每台发动机供油。

参考文献

[1]　FAA. AC29-2B Certification of Transport Category Rotorcraft [S]. 1997.

运输类飞机适航标准 第 25.954 条符合性验证

1 条款介绍

1.1 条款原文

第 25.954 条　燃油系统的闪电防护

燃油系统的设计和布局,必须防止由于下列原因而点燃系统内的燃油蒸气:

(a) 雷击附着概率高的区域直接被闪击;

(b) 扫掠雷击可能性高的区域被扫掠雷击;

(c) 燃油通气口处的电晕放电和流光。

1.2 条款背景

第 25.954 条的目的是防止某些易受雷击的区域在遭受雷击时,导致燃油系统内的燃油蒸气被点燃,进而引发灾难性后果。

1.3 条款历史

第 25.954 条在 CCAR25 部初版首次发布,截至 CCAR - 25 - R4,该条款未进行过修订,如表 1-1 所示。

表 1 - 1　第 25.954 条条款历史

第 25.954 条	CCAR25 部版本	相关 14 CFR 修正案	备　注
首次发布	初版	25 - 14	

1985 年 12 月 31 日发布了 CCAR25 部初版,其中包含第 25.954 条,该条款参考 FAA 发布的 14 CFR 修正案 25 - 14 所增加的 §25.954 的内容制定。

1967 年,FAA 发布 14 CFR 修正案 25 - 14,增加 §25.954,以明确对燃油系统的闪电防护要求。

2 条款解读

2.1 条款要求

飞机在雷暴区内或周边飞行时,经常会被闪电直接击中或处于闪击点附近,因此,可能在飞机上产生电晕放电或流光。闪电对燃油系统无论是直接还是间接的影响导致燃油蒸气点燃,对于飞机来说都是灾难性的。

闪电可能产生数千安培电流,其在油箱内即使产生 0.2 毫焦的火花放电也可能引发着火或爆炸。

任何时候都要防止闪电产生的电晕放电和流光发生在有燃油蒸气的地方(如通气口处),否则可能点燃燃油蒸气,导致灾难性事故。

燃油系统及其附件位于不同分区内,应采用不同的闪电防护措施。

2.2 相关条款

与第 25.954 条相关的条款如表 2-1 所示。

表 2-1 第 25.954 条相关条款

序　号	相 关 条 款	相　　关　　性
1	第 25.581 条	第 25.581 条闪电防护要求:飞机必须具有防止闪电引起的灾难性后果的保护措施
2	第 25.1316 条	第 25.1316 条系统闪电防护要求:飞机上执行关键或重要功能的电子电气系统的工作免受闪电的不利影响(间接效应影响)

3 验证过程

3.1 验证对象

第 25.954 条的验证对象为燃油系统。

3.2 符合性验证思路

为验证对第 25.954 条的符合性,需采用设计描述文件,通过燃油系统设计图和安装,以及与以前批准过的布置设计的相似性,说明燃油系统的设计和布置可以防止由于闪电点燃燃油蒸气。采用实验室试验,验证所有外部安装的燃油系统部件在遭受电晕和流光时不会在油箱内部产生点火源。采用机上检查,对燃油系统部件的布置位置和安装进行确认。采用部件鉴定试验,按照燃油系统部件所布置的闪电分区,采用对应的闪电波形进行雷电直接效应试验,确认燃油系统部件的符合性。

3.3 符合性验证方法

通常,针对第 25.954 条的符合性验证方法如表 3-1 所示。

表 3-1　建议的符合性方法

条款号	专业	符合性方法										备注
		0	1	2	3	4	5	6	7	8	9	
第 25.954 条	燃油		1			4			7		9	

3.4　符合性验证说明

3.4.1　MOC1 验证过程

引用经确认的飞机闪电分区定义,对燃油系统部件的布置位置合理性进行确认。燃油箱通常采用机翼整体结构油箱,燃油箱蒙皮若为铝合金,蒙皮厚度应大于2 毫米。飞机燃油箱 NACA 通气口通常安装在通气油箱的下壁板,尽可能将其布置在闪电防护 3 区内。在 NACA 通气口集成有火焰抑制器,如果通气口外发生点燃危险,则至少在 2.5 分钟内火焰抑制器可以防止火焰进入通气系统。

3.4.2　MOC4 验证过程

进行机翼油箱通气口盖电晕流光试验。根据试验过程的照相记录,在试验件前后缘出现电晕流光的情况下,验证通气口的出口处未出现电晕流光,满足第 25.954(c)款的要求。

进行机翼整体油箱检修口盖和通气口盖的雷电流传导试验。在试验过程中,未见火花,同时未测量到即时温度升高,表明机翼整体油箱检修口盖和通气口盖的雷电防护设计满足雷电防护安全性要求,满足第 25.954(c)款的要求。

3.4.3　MOC7 验证过程

对燃油系统(包括燃油箱)进行机上检查,确认燃油系统部件的布置区域和飞机闪电分区的关系符合燃油箱点火源防护的设计准则。如:确认燃油箱通气口布置位置;布置于飞机外表面的燃油系统部件安装位置,机身内燃油管路、部件安装的电搭接设计;确认通气管路上装有火焰抑制器等防护特征的具体安装、布置。

3.4.4　MOC9 验证过程

对燃油系统所有安装在机身表面的设备进行设备合格鉴定,确认设备满足RTCA DO-160 第 23 章雷电直接效应的要求。

3.5　符合性文件清单

通常,针对第 25.954 条的符合性文件清单如表 3-2 所示。

表 3-2　建议的符合性文件清单

序号	符合性报告	符合性方法
1	燃油系统描述	MOC1
2	燃油箱结构闪电实验室试验大纲	MOC4
3	燃油箱结构闪电实验室试验报告	MOC4

（续表）

序　号	符 合 性 报 告	符合性方法
4	燃油系统机上检查大纲	MOC7
5	燃油系统机上检查报告	MOC7
6	燃油系统设备合格鉴定试验大纲	MOC9
7	燃油系统设备合格鉴定试验报告	MOC9

4　符合性判据

对于第 25.954 条，判定以下条件满足，则符合条款要求：

（1）燃油系统设计不会在油箱内产生电弧放电。

（2）闪电不会穿透油箱壁板或在口盖内侧产生不可接受的热点温度。

（3）安装在机身表面的燃油系统设备满足 RTCA DO‐160 第 23 章雷电直接效应的要求。

参考文献

［1］　14 CFR 修正案 25‐14 Fuel System Lightning Protection ［S］.

［2］　FAA. AC20‐53B Protection of Aircraft Fuel Systems Against Fuel Vapor Ignition Caused by Lightning ［S］. 2006.

［3］　FAA. AC25.981‐2A Fuel Tank Flammability Reduction Means ［S］. 2008.

［4］　FAA. AC25.981‐1C Fuel Tank Ignition Source Prevention Guidelines ［S］. 2008.

［5］　RTCA. DO‐160G Environmental Conditions and Test Procedures for Airborne Equipment ［S］. RTCA，2010.

运输类飞机适航标准
第 25.955 条符合性验证

1 条款介绍

1.1 条款原文

第 25.955 条　燃油流量

（a）在每种预定的运行条件和机动飞行中,燃油系统必须至少提供 100% 所需的燃油流量,必须按如下规定来表明符合性:

（1）向发动机供油时,燃油压力必须在发动机型号合格证规定的限制范围以内;

（2）油箱内的燃油量不得超过第 25.959 条制定的该油箱不可用油量与验证本条符合性所需的油量之和;

（3）按每种运行条件和姿态验证本条符合性时所需的每一主燃油泵,必须投入使用。此外,还必须验证相应的应急泵代替投入使用的主燃油泵的工作情况;

（4）如果装有燃油流量计,必须使其停止工作,燃油必须流经该流量计或其旁路。

（b）如果一台发动机可以由一个以上的油箱供油,则应满足下列要求:

（1）对于活塞发动机,向发动机供油的任一油箱内可用燃油耗尽而使该发动机功能明显不正常时,在转由其它还有可用燃油的油箱供油后 20 秒钟内,燃油系统必须向该发动机供应足够压力的燃油;

（2）对于涡轮发动机,燃油系统除了应具备合适的手动转换供油能力外,还必须设计成,在正常运行过程中,当向发动机供油的任一油箱内可用燃油耗尽,但通常只向该发动机供油的其它油箱内还有可用燃油时,能防止该发动机供油中断,而无需飞行机组予以关注。

1.2 条款背景

第 25.955 条“燃油流量”除要求燃油系统在飞机整个运行包线(高度、空速、高温和低温)和所有供油构型下的流量和压力符合发动机制造厂要求外,还要求燃油系统具有人工转换供油能力以及在非主燃油箱燃油消耗完后自动转换为主油箱供油的能力,转换期间不得出现供油中断。

1.3 条款历史

第25.955条在CCAR25部初版首次发布,截至CCAR-25-R4,该条款未进行过修订,如表1-1所示。

表1-1 第25.955条条款历史

第25.955条	CCAR25部版本	相关14CFR修正案	备 注
首次发布	初版	25-11	

1985年12月31日发布了CCAR25部初版,其中包含第25.955条,该条款参考1964年12月24日发布的14 CFR PART 25中的§25.955,并结合FAA发布的14 CFR修正案25-11的内容制定。

1967年,FAA发布14 CFR修正案25-11,修订§25.955(b),增加对涡轮发动机的如下要求:在某些特定情况下,当向发动机供油的油箱燃油耗尽时,在转换油箱过程中不得出现供油中断现象;而原先的有关20秒的要求改为仅适用于活塞发动机。

2 条款解读

2.1 条款要求

条款要求通过全尺寸的燃油系统试验证实燃油系统在飞机整个运行包线(高度、空速、高温和低温)和所有供油构型下满足符合发动机制造厂制定的燃油类型、流量和压力;燃油系统具有手动转换供油能力;当向发动机供油的任一油箱内可用燃油耗尽,但通常只向该发动机供油的其他油箱内还有可用燃油时,能防止该发动机供油中断。

验证在各种预计运行情况和机动飞行下,燃油系统至少提供100%所需流量和压力时,须在最小加油量下进行验证,以考察燃油系统工作正常。

第25.955(b)(1)项为对活塞式发动机的要求,考虑到新研运输类飞机通常不再选用活塞式发动机提供动力,故本文后续章节将不再展开对此条款进行说明。

2.2 相关条款

与第25.955条相关的条款如表2-1所示。

表2-1 第25.955条相关条款

序 号	相关条款	相 关 性
1	第25.943条	第25.943条负加速度要求:当飞机在第25.333条规定的飞行包线内作负加速度时,与动力装置或辅助动力装置有关的任何部件或系统不得出现危险的故障

序　号	相关条款	相　关　性
2	第 25.951 条	第 25.951(a) 款燃油系统总则要求：燃油系统的构造和布置，在每种很可能出现的运行情况下，包括申请审定的飞行中允许发动机或辅助动力装置工作的任何机动飞行，必须保证以发动机和辅助动力装置正常工作所需的流量和压力向其供油
3	第 25.952 条	第 25.952(a) 款燃油系统分析和试验要求：必须用分析和必要的试验表明燃油系统在各种可能的运行条件下功能正常
4	第 25.959 条	第 25.959 条不可用燃油量要求：为每个燃油箱及其燃油系统附件制定不可用燃油量
5	第 25.961 条	第 25.961 条燃油系统在热气候条件下的工作要求：飞机在热气候条件下运行时，燃油系统必须工作良好
6	第 25.991 条	第 25.991 条燃油泵要求：明确对主油泵进行定义，并对应急泵做出明确要求
7	第 25.1587 条	第 25.1587 条要求将满足第 25.955 条的着陆爬升性能数据提供给飞机飞行手册

3　验证过程

3.1　验证对象

第 25.955 条的验证对象为燃油系统。

3.2　符合性验证思路

　　为验证对第 25.955 条的符合性，需采用设计描述文件，说明燃油系统的设计和布置可保证在持续为发动机和辅助动力装置供油。采用机上地面试验，确认发动机运转良好，燃油流量和供油压力均保持正常。采用飞行试验，包括在正常供油、吸力供油、热气候条件下的供油和负过载下的供油等试验项目，确认燃油系统功能正常，发动机能良好运转。

3.3　符合性验证方法

　　通常，针对第 25.955 条的符合性验证方法如表 3-1 所示。

表 3-1　建议的符合性方法

条　款　号	专　业	符　合　性　方　法										备　注
		0	1	2	3	4	5	6	7	8	9	
第 25.955(a)(1)项	燃　油		1				5	6					
第 25.955(a)(2)项	燃　油		1				5	6					
第 25.955(a)(3)项	燃　油		1				5	6					

（续表）

条款号	专业	符合性方法										备注
		0	1	2	3	4	5	6	7	8	9	
第25.955(a)(4)项	燃油		1				5	6				
第25.955(b)(2)项	燃油		1									

3.4　符合性验证说明

1）MOC1 验证过程

通过系统描述文件等说明供油系统设计特征，如：在每个集油箱内设有两台相同的交流电动泵，任何一台交流电动泵能提供单台发动机和APU（若该燃油泵同时还给APU供油）的最大流量需求。在正常操作情况下，飞行机组通过驾驶舱燃油控制面板将所有的交流电动泵全部开启，每个集油箱内的两台交流电动泵给相应一侧的发动机提供满足压力和流量要求的燃油。

每个集油箱内的两台交流电动泵互为热备份，当其中一台交流电动泵发生故障时，与其并联的另外一台交流电动泵也可独立担负起在各种状态向发动机提供所需燃油的任务。

2）MOC5 验证过程

进行供油性能地面试验。根据飞机燃油系统预期的使用状态，通常需设置发动机对应燃油系统的多个燃油泵分别处于全部打开、部分打开、全部关闭（对应吸力供油）状态，并考察发动机的工作状态分别设置在慢车、巡航、最大连续、快速加减速等不同推力状态下飞机燃油系统的工作情况。通过分析试验数据表明：燃油系统的正常供油、单泵供油和吸力供油性能良好，符合设计要求。对于双发飞机，在交输供油试验中，使用单侧油箱的双泵给双发供油，确认发动机在各状态下均运转良好，燃油流量满足发动机、APU 的工作要求。

3）MOC6 验证过程

进行燃油系统正常供油性能、一台燃油泵失效时供油、交输供油、吸力供油、单发供油科目试飞。在进行飞行试验时，需分别设置发动机对应燃油系统的多个燃油泵分别处于全部打开、部分打开、全部关闭（对应吸力供油）状态，以模拟燃油系统正常供油性能、一台燃油泵失效时供油、交输供油、吸力供油、单发供油状态，然后，在如 5 000 英尺、25 000 英尺、35 000 英尺等典型飞行高度上，调整飞机速度为 $1.3V_{SR}$，发动机油门杆置于"慢车"位，快速推发动机油门杆至"最大推力"位置，飞机平飞加速，当速度达到 V_{MO}/M_{MO} 时快速收油门杆到"慢车"位，稳定平飞，调整双发推力至"巡航"状态，稳定平飞；通过分析试验数据表明：在各种可能出现的运行情况下，燃油系统功能正常。在试验过程中，非试验发动机对应燃油系统的工作设置为正常供油状态，以确保飞行安全。

3.5 符合性文件清单

通常,针对第 25.955 条的符合性文件清单如表 3 - 2 所示。

表 3 - 2   建议的符合性文件清单

序　号	符 合 性 报 告	符合性方法
1	燃油系统描述	MOC1
2	燃油系统地面试验大纲	MOC5
3	燃油系统地面试验报告	MOC5
4	燃油系统飞行试验大纲	MOC6
5	燃油系统飞行试验报告	MOC6

4　符合性判据

对于第 25.955 条,判定以下条件满足,则符合条款要求:

(1) 在每种预期的运行条件和机动飞行中,燃油系统能提供 100% 所需的燃油量。

(2) 燃油供油压力满足发动机规定的限制。

(3) 当向发动机供油的任一油箱内可用燃油耗尽,但通常只向该发动机供油的其他油箱内还有可用燃油时,能防止该发动机供油中断。

参考文献

［1］　14 CFR 修正案 25 - 11 Aircraft Propulsion System Design Requirements［S］.

［2］　FAA. AC25 - 8 Auxiliary Fuel System Installations［S］. 1986.

运输类飞机适航标准
第 25.957 条符合性验证

1 条款介绍

1.1 条款原文

第 25.957 条 连通油箱之间的燃油流动

如果飞行中可将燃油从一个油箱泵送到另一个油箱,则油箱通气系统和燃油转输系统的设计,必须使油箱结构不致因输油过量而损坏。

1.2 条款背景

第 25.957 条的目的是确保油箱通气系统能力和传输系统能保证燃油传输需要,不会导致油箱内压力过高而损坏油箱结构,并且应防止燃油通气系统出现溢流。

1.3 条款历史

第 25.957 条在 CCAR25 部初版首次发布,截至 CCAR-25-R4,该条款未进行过修订,如表 1-1 所示。

表 1-1 第 25.957 条条款历史

第 25.957 条	CCAR25 部版本	相关 14 CFR 修正案	备　注
首次发布	初版	—	

1985 年 12 月 31 日发布了 CCAR25 部初版,其中包含第 25.957 条,该条款参考 1964 年 12 月 24 日发布的 14 CFR PART 25 中的 § 25.957 的内容制定。

2 条款解读

2.1 条款要求

如果为持续安全飞行和着陆(如保持重心或保证所需燃油储备)而要求从某一油箱转输燃油,则燃油转输系统必须按第 25.901(c)款要求,设计成不会因单点故障而给飞机造成危害。

如果连通油箱之间的燃油有可能流动,则应演示对确定不可用燃油量所规定的情况下,该流动不足以导致燃油从油箱通气口溢出。

连通油箱之间的燃油流动试验应在油箱满油条件下进行。

现代飞机的燃油系统一般为泵传输系统,压力和流量较大。所以应保证燃油管路通气顺畅,不会因通气管堵塞和通气面积太小而使油箱内产生过高的压力,从而影响燃油传输,甚至破坏油箱结构。

燃油系统一般装有油量控制装置(如浮子切断阀),在加油或燃油传输时,自动控制燃油关断活门或燃油泵工作,防止油面过高,应确保该系统工作安全可靠。

2.2　相关条款

与第 25.957 条相关的条款如表 2-1 所示。

表 2-1　第 25.957 条相关条款

序　号	相关条款	相　　关　　性
1	第 25.975 条	第 25.975(a)款燃油箱的通气要求:每个燃油箱必须从膨胀空间的顶部通气,以便在任何正常飞行情况下都能有效地通气;出口互相连通的油箱,其膨胀空间必须相互连通

3　验证过程

3.1　验证对象

第 25.957 条的验证对象为燃油系统。

3.2　符合性验证思路

为验证对第 25.957 条的符合性,需采用设计描述文件说明燃油箱的设计、燃油通气系统的设计能够保证燃油流动不会导致压差,油箱压力过大,而使结构损坏。通过地面试验验证在燃油箱之间进行燃油转输工作时,油箱压力变化情况;以及监测燃油转输状态时,燃油系统各控制阀门和部件工作情况。

3.3　符合性验证方法

通常,针对第 25.957 条的符合性验证方法如表 3-1 所示。

表 3-1　建议的符合性方法

条　款　号	专　业	符　合　性　方　法										备　注
		0	1	2	3	4	5	6	7	8	9	
第 25.957 条	燃油系统		1				5					

3.4　符合性验证说明

1) MOC1 验证过程

通过对燃油箱通气系统、燃油转输系统的设计和布置说明，表明在设计上所采用的手段，以防止燃油通过通气口溢出，或采取设计预防措施，以防万一输油过量而导致受油油箱结构损伤。如受油油箱设计成采用大口径通气导管或可以将燃油返回原油箱的循环管路，以防止受油油箱输油过量等。或采用浮子开关来切断燃油转输，且该系统的故障不会对飞机安全造成不利影响。

2) MOC5 验证过程

进行燃油转输地面试验，演示连通油箱之间的燃油流动不足以导致燃油从油箱通气口溢出，或导致燃油箱结构损坏。该试验需在油箱满油条件下进行。试验过程中持续检测燃油箱中的压力变化，确认不会因燃油转输导致燃油箱超压；此外，试验过程中需持续观察通气口是否存在燃油溢出的情况。也可采用测量在最严酷的燃油转输条件下的燃油转速速率，确认其不大于压力加油时的燃油流动速率，进而表明飞机燃油箱结构不会因燃油转输而损坏。

3.5　符合性文件清单

通常，针对第 25.957 条的符合性文件清单如表 3-2 所示。

表 3-2　建议的符合性文件清单

序　号	符 合 性 报 告	符合性方法
1	燃油系统描述	MOC1
2	燃油系统地面试验大纲	MOC5
3	燃油系统地面试验报告	MOC5

4　符合性判据

对于第 25.957 条，判定以下条件满足，则符合条款要求：确认不会因燃油转输导致结构损坏，且燃油不会从油箱通气口溢出。

参考文献

[1]　FAA. AC29-2B Certification of Transport Category Rotorcraft [S]. 1997.

运输类飞机适航标准
第25.959条符合性验证

1 条款介绍

1.1 条款原文

第25.959条 不可用燃油量

每个燃油箱及其燃油系统附件的不可用燃油量必须制定为不小于下述油量：对于需由该油箱供油的所有预定运行和机动飞行，在最不利供油条件下，发动机工作开始出现不正常时该油箱内的油量。不必考虑燃油系统部件的失效。

1.2 条款背景

对每个燃油箱及其燃油系统附件所制定的不可用燃油量将用于燃油油量表的标定（第25.1337(b)(1)项和第25.1553条）、飞机空重数据的确定（第25.29(a)(2)项）以及燃油流量的验证（第25.955(a)(2)项）等。

1.3 条款历史

第25.959条在CCAR25部初版首次发布，截至CCAR-25-R4，该条款未进行过修订，如表1-1所示。

表1-1 第25.959条条款历史

第25.959条	CCAR25部版本	相关14 CFR修正案	备　注
首次发布	初版	25-23,25-40	

1985年12月31日发布了CCAR25部初版，其中包含第25.959条，该条款参考1964年12月24日发布的14 CFR PART 25中的§25.959，并结合FAA发布的14 CFR修正案25-23、修正案25-40的内容制定。

1970年，FAA发布14 CFR修正案25-23修订该条款，将发动机工作开始出现不正常作为确定不可用燃油量的判据。

1977年，FAA发布14 CFR修正案25-40，进一步澄清在确定不可用燃油量时，"最不利供油条件"是指在正常的使用情况下，而无须考虑燃油系统部件失效等非正常情况。

2 条款解读

2.1 条款要求

不可用燃油量通常是指在一个燃油箱的不可用燃油量飞行试验完成之后,当飞机处于地面正常水平姿态时,可从燃油箱沉淀槽排出的燃油量(即可排放的不可用燃油),加上驻留在燃油箱内燃油量(即不可排放的不可用燃油)。

由于飞机通常在大尺寸的燃油箱内贮存大量的燃油,即使只有几分之一英寸的燃油平铺在一个大的燃油箱底部,如果向发动机供油的燃油泵不能泵送这些燃油,那么就可能存在大量的不可用燃油。由于在计算执行任务所需的燃油量时,不可能用到这一燃油量,因此不可用燃油量代表飞机的直接重量损失。

"最不利供油条件"不包括正常运行中不太可能遇到的一些极端情况,通常需考虑如下飞行状态:

(1) 最大爬升角爬升。

(2) 下滑着陆。

(3) 单发飞行。

(4) 侧滑飞行。

可在充分分析所研制飞机可能的运行包线,及在包线范围内可能进行的任何机动飞行的飞机姿态(包括俯仰和滚转)后,确定在各种姿态下每个燃油箱的不可用燃油量。

"发动机开始出现不正常"一般为发动机出现供油匮乏的迹象,因燃油流量或压力下降等导致的发动机转速不稳定等。

2.2 相关条款

与第25.959条相关的条款如表2-1所示。

表2-1 第25.959条相关条款

序 号	相 关 条 款	相 关 性
1	第25.29条	第25.29(a)(2)项要求:在称重时飞机上,需装有按第25.959条确定的不可用燃油
2	第25.955条	第25.955(a)(2)项要求:在每种预定的运行条件和机动飞行中,燃油系统必须至少提供100%所需的燃油流量;在表明符合性时,油箱内的燃油量不得超过第25.959条制定的该油箱不可用燃油量与验证第25.955条符合性所需的油量之和
3	第25.1337条	第25.1337(b)(1)项要求:每个燃油油量表必须经过校准,使得在平飞过程中当油箱内剩余燃油量等于按第25.959条确定的不可用燃油量时,其读数为"零"

序　号	相关条款	相　关　性
4	第 25.1553 条	第 25.1553 条要求：如果任一油箱的不可用燃油超过 3.8 升（1 美加仑）或该油箱容量的 5% 中之大者，必须在其油量表上从校准的零读数到平飞姿态下能读得的最小读数用红色弧线标示

3　验证过程

3.1　验证对象

第 25.959 条的验证对象为每个燃油箱及其燃油系统附件内的不可用燃油。

3.2　符合性验证思路

为验证对第 25.959 条的符合性，需采用分析/计算以确定每个燃油箱及其燃油系统附件的不可用燃油量；进行地面试验，测定不可排放的不可用燃油量，并确认分析/计算数据的合理性；通过飞行试验确认分析/计算得到的不可用燃油量数据合理性，对油箱预计使用范围内确定的最大不可用燃油量及姿态进行飞行验证。

3.3　符合性验证方法

通常，针对第 25.959 条的符合性验证方法如表 3-1 所示。

表 3-1　建议的符合性方法

条　款　号	专　业	符 合 性 方 法										备　注
		0	1	2	3	4	5	6	7	8	9	
第 25.959 条	燃油系统			2			5	6					

3.4　符合性验证说明

3.4.1　MOC2 验证过程

对燃油箱的几何形状和燃油系统布置进行分析，以确定被考虑的特定燃油箱的临界条件。在确定临界条件时，需重点关注燃油箱或燃油箱隔舱的几何形状，其相对飞机纵轴的角度，燃油箱出口的位置等。需分析不可用燃油量随飞机姿态的变化情况，应包括进行侧滑以及诸如复飞爬升和加速的动态机动动作时的飞机姿态。可针对特定燃油箱不同设计用途分别加以分析（如主油箱、辅助油箱或巡航油箱等）。例如，对于设计只在巡航阶段使用的辅助油箱，分析时只需基于正常巡航过程中飞机姿态以及飞机允许的重心变化范围来考虑；而对于起飞、爬升、进近和着陆阶段均会使用的主油箱，则必须考虑飞机在这些飞行阶段内的最不利飞机姿态。

在执行分析/计算时,通常首先确定特定燃油箱在各种供油条件下,导致发动机不正常工作的燃油液面;然后,基于飞机油箱结构内型和燃油系统部件的数模,取相应燃油箱作为计算对象,采用CATIA等软件中质量计算功能,对包括地面水平停放、巡航、爬升、下降和侧滑(包括如一侧油箱内所有泵打开及单泵打开)等飞机在各种可能姿态下的油箱不可用燃油量进行计算。

3.4.2　MOC5验证过程

采用地面试验,用于

(1) 测定不可排放的不可用燃油量。

(2) 测定飞机在地面正常水平姿态停放时,燃油箱的不可用燃油量,以确认分析/计算结果的准确性。

(3) 对于在飞行中不易受气动弹性影响(如机翼弯曲或燃油箱变形)的燃油箱,测定其不可用燃油量。

不可排放的不可用燃油是指从燃油系统的沉淀槽放出所有可能排放出的燃油后,仍驻留在燃油箱和系统部件内的燃油。通常在首次向燃油箱加油时,测定不可排放的不可用燃油量。在进行地面试验时,首先,对燃油系统及燃油箱的几何形状进行分析,确定被考虑的特定燃油箱和燃油系统内所有能截留燃油的空间及容积;然后,开始进行不可排放的不可用燃油量测定,即向燃油箱中加入并记录足以充满燃油箱和燃油系统内所有能驻留燃油空间所需的燃油量;从燃油箱中放出并记录可排放的燃油量;计算两者差值即为不可排放燃油量。

对于测定飞机在地面停放姿态下燃油箱的不可用燃油量的地面试验,通常在飞机正常水平姿态停放后,向燃油箱中加入试验所需燃油量,随后,启动发动机并保持在试验设定的工作状态,直至发动机出现不正常状态;关闭发动机;从燃油箱放沉淀槽放出并记录对应油箱的剩余燃油,即为对应姿态的可排放不可用燃油。

3.4.3　MOC6验证过程

针对不可用燃油量的分析结果通常需要通过飞行试验加以验证。在确定燃油箱的最不利供油条件和临界飞行姿态后,进行相应条件下的飞行试验。飞行试验时应考虑如下情况对不可用燃油量的影响:

(1) 飞机在进场和着陆形态下使用时所预期的稳态侧滑。

(2) 对于滚转速率和俯仰速率较高的飞机,需考虑急剧的机动动作。

(3) 需考虑以最大加速度和能达到的最大俯仰姿态的最大上仰速率进行的复飞。

(4) 应考虑紊流的影响。

(5) 如果飞机配备有低油量告警系统,则应证明,利用正常的俯仰姿态,飞机能完成复飞、进场和返航着陆,而没有出现供油中断的情况;这应包括利用自动飞行导引系统完成的复飞。

如果燃油泵失效会导致可用燃油量大幅下降,则不可用燃油量试验应包括确定这种情况下可用燃油量的下降量。飞机飞行手册中应给出燃油泵失效对不可用燃油量的影响,这样,机组成员在制定飞行计划时就可以考虑可用燃油量的下降。

被设计或被限制为仅能在巡航飞行中使用的辅助燃油箱及转输燃油箱(不在起飞和着陆阶段使用),应基于对巡航环境的适当研究,进行确定不可用燃油量的试验。该巡航环境需考虑合理的紊流强度、不对称功率、不利的燃油供给/转输构型等。

进行飞行试验时,待飞机试验侧发动机运行至发动机转速不稳定等不正常状态时,正常关闭发动机;飞机返场着陆;待飞机正常水平姿态停放后,通过燃油箱沉淀槽放液嘴等进行燃油箱放油操作;称重和记录从油箱内放出的燃油量。

3.5　符合性文件清单

通常,针对第 25.959 条的符合性文件清单如表 3 - 2 所示。

表 3 - 2　建议的符合性文件清单

序　　号	符 合 性 报 告	符合性方法
1	不可用燃油量计算分析报告	MOC2
2	燃油系统机上地面试验大纲	MOC5
3	燃油系统机上地面试验报告	MOC5
4	燃油系统飞行试验大纲	MOC6
5	燃油系统飞行试验报告	MOC6

4　符合性判据

对于第 25.959 条,判定以下条件满足,则符合条款要求:

(1) 确认所有向发动机供油的油箱均已制定不可用燃油量。

(2) 确认最不利的燃油供给条件选取合理。

(3) 确认不可用燃油量制定的判据是发动机开始出现不正常时的燃油量。

参考文献

[1]　14 CFR 修正案 25 - 23 Transport Category Airplane Type Certification Standards [S].

[2]　14 CFR 修正案 25 - 40 Airworthiness Review Program, Amendment No. 4: Powerplant Amendments [S].

[3]　FAA. AC25 - 7C Flight Test Guide For Certification Of Transport Category Airplanes [S]. 2012.

[4]　FAA. AC25 - 8 Auxiliary Fuel System Installations [S]. 1986.

[5]　罗伊·兰顿等.飞机燃油系统[M].颜万亿,译.上海:上海交通大学出版社,2010.

运输类飞机适航标准
第 25.961 条符合性验证

1 条款介绍

1.1 条款原文

第 25.961 条 燃油系统在热气候条件下的工作

(a) 飞机在热气候条件下运行时,燃油系统必须工作良好。为验证满足此要求,必须表明在预定的所有运行条件下,燃油系统从油箱出口起到每台发动机止的部分,都经增压而能防止形成油气。否则,必须用爬升来验证,即从申请人选定机场高度爬升到按第 25.1527 条制定为使用限制的最大高度。如果选用爬升试验,则按下列条件进行爬升试验时,不得有气塞或其它不正常现象:

(1) 对于活塞发动机飞机,发动机必须以最大连续功率工作,但在临界高度以下 300 米(1,000 英尺)至临界高度范围内必须使用起飞功率。使用起飞功率的持续时间不得小于起飞时间限制值;

(2) 对于涡轮发动机飞机,发动机必须以起飞功率(推力)工作,持续时间按验证起飞飞行航迹时所选定的值,其余爬升时间,以最大连续功率(推力)工作;

(3) 飞机的重量必须是油箱满油、带有最小机组以及配重(保持重心在允许范围内所需)时的重量;

(4) 爬升空速符合下列规定:

(i) 对于活塞发动机飞机,不得超过从起飞到最大使用高度所规定的最大爬升空速,飞机形态规定如下:

(A) 起落架在收上位置;

(B) 襟翼处于最有利位置;

(C) 整流罩风门(或控制发动机冷却源的其它设施)处于在热天条件下提供足够冷却的位置;

(D) 发动机在最大连续功率限制内工作;

(E) 最大起飞重量;

(ii) 对于涡轮发动机飞机,不得超过从起飞到最大使用高度所规定的最大爬升空速。

(5) 燃油温度必须至少为 43℃(110°F);

(b) 本条(a)规定的试验可以在飞行中进行,也可模拟各种飞行条件在地面进行。如果进行飞行试验时的气候冷到足以影响试验正确实施,则受冷空气影响的燃油箱表面、燃油管路以及燃油系统的其它零部件,必须绝热,以尽可能模拟热气候条件下的飞行。

〔中国民用航空局 2011 年 11 月 7 日第四次修订〕

1.2 条款背景

第 25.961 条规定了燃油系统在热气候条件下工作的具体验证要求和方法,确保在热气候条件下,发动机和 APU 的供油不会出现供油中断现象,并明确了涡轮发动机飞机燃油系统的最低性能要求。

1.3 条款历史

第 25.961 条在 CCAR25 部初版首次发布,截至 CCAR - 25 - R4,该条款未进行过修订,如表 1-1 所示。

表 1-1 第 25.961 条条款历史

第 25.961 条	CCAR25 部版本	相关 14 CFR 修正案	备　　注
首次发布	初版	25 - 11,25 - 57	

1985 年 12 月 31 日发布了 CCAR25 部初版,其中包含第 25.961 条,该条款参考 1964 年 12 月 24 日发布的 14 CFR PART 25 中的 §25.961,并结合 FAA 发布的 14 CFR 修正案 25 - 11、修正案 25 - 57 的内容制定。

1967 年,FAA 发布 14 CFR 修正案 25 - 11,要求表明燃油系统具有直至最大使用高度的热气候条件下工作能力,以及限制涡轮发动机飞机爬升到最大使用高度所规定的爬升速度。

1984 年,FAA 发布 14 CFR 修正案 25 - 57,对 §25.961(a)(4)(i)中活塞发动机飞机的爬升速度要求进行明确。

2 条款解读

2.1 条款要求

由于夏天地面高温、暴晒等原因,因此导致在飞机起飞前油箱燃油温度处于较高的状态。当发动机以大的功率及飞机以大的爬升率爬升时,随着外界大气压力和温度的降低,燃油在管道或燃油泵附近就会产生低压和温降现象,溶解在燃油中的空气和轻质馏分析出,在管道或燃油泵叶轮处形成气塞或气蚀,造成发动机供油中断,从而导致不安全的状态。

气塞的主要原因是爬升率过大,以致迫使热燃油中的气体沸腾析出,阻塞燃油通路。

一般采用爬升试验来验证燃油系统在热气候条件下系统中空气对系统工作的影响。试验时要求燃油温度一般在 43℃ 以上。试验以起飞推力起飞,持续时间按验证航迹时所选定的值,然后以最大连续推力爬升至飞机设计所允许的最大使用高度,期间爬升空速不得超过从起飞到最大使用高度所规定的最大爬升速度,以尽可能模拟热气候条件下的爬升。飞机燃油系统在执行热气候条件下的爬升试验时,不得有气塞或其他不正常现象(通常观察发动机转速或推力变化)。

第 25.961(a)(3)项要求满油进行此项试验,但经验表明这不可能总是最临界的燃油负载。油箱满油会导致燃油泵的压头最大。同时,飞机的重量会影响爬升率,而较高的爬升率会导致单位时间内在供油管路中析出更多的气体。需进行分析以确定使用中很可能发生的燃油量和飞机重量的临界组合。

第 25.961(a)(1)项和第 25.961(a)(4)(i)目为对活塞式发动机的要求,考虑到新研运输类飞机已不再选用活塞式发动机提供动力,故本文后续章节将不针对活塞发动机进行说明。

2.2　相关条款

与第 25.961 条相关的条款如表 2-1 所示。

表 2-1　第 25.961 条相关条款

序　号	相 关 条 款	相　　关　　性
1	第 25.951 条	第 25.951(a)款燃油系统总则要求:燃油系统的构造和布置,在每种很可能出现的运行情况下,包括申请审定的飞行中允许发动机或辅助动力装置工作的任何机动飞行,必须保证以发动机和辅助动力装置正常工作所需的流量和压力向其供油
2	第 25.952 条	第 25.952(a)款燃油系统分析和试验要求:必须用分析和必要的试验表明燃油系统在各种可能的运行条件下功能正常
3	第 25.955 条	第 25.955(a)款燃油流量要求:在每种预定的运行条件和机动飞行中,燃油系统必须至少提供 100% 所需的燃油流量
4	第 25.1527 条	第 25.1527 条周围大气温度和使用高度要求:制定受动力装置的限制所允许运行的最大周围大气温度和最大高度

3　验证过程

3.1　验证对象

第 25.961 条的验证对象为燃油系统。

3.2　符合性验证思路

为验证对第 25.961 条的符合性,需采用设计描述文件来说明燃油系统布置和设计,允许使用的燃油类型等,以表明在热气候条件下的燃油系统工作能力。采用飞行试验来确认飞机在正常供油情况下使用热燃油的最大高度;检查在热燃油条件下,燃油系统的供油性能。

3.3　符合性验证方法

通常,针对第 25.961 条的符合性验证方法如表 3-1 所示。

表 3-1　建议的符合性方法

条　款　号	专　业	符 合 性 方 法										备　注
		0	1	2	3	4	5	6	7	8	9	
第 25.961(a)(2)项	燃油系统		1					6				
第 25.961(a)(3)项	燃油系统		1					6				
第 25.961(a)(4)(ii)目	燃油系统		1					6				
第 25.961(a)(5)项	燃油系统		1					6				
第 25.961(b)款	燃油系统		1									

3.4　符合性验证说明

3.4.1　MOC1 验证过程

通过系统描述等文件说明燃油系统的设计和布置,允许使用的燃油类型等,以确保供油系统可以满足各种运行环境(包括热气候条件)下向发动机和辅助动力装置的供油要求。

3.4.2　MOC6 验证过程

进行热气候燃油试验。试验应在高温季节进行,以减少外界环境对试验正确实施的影响。试验前,燃油箱载油量为半油(比满油更为严苛),试验侧燃油箱装载未经风化的热燃油,燃油温度应大于 43℃,飞机为最小装载时的重量;飞机起飞时,将试验侧发动机推力设置在起飞推力状态(该状态的持续时间按验证起飞航迹所采用的数值确定,之后,将试验侧发动机功率调至最大连续起飞推力状态)。飞机起飞后,按最大爬升空速爬升至静升限;然后,将飞机状态调整为平飞,试验侧发动机以最大连续推力状态继续工作一段时间,以检查燃油系统的工作状态。飞行前/后,需对试验侧燃油箱内燃油样品测量燃油温度、密度和饱和蒸汽压进行采集,确认试验侧燃油箱中燃油状态满足条款要求。通过分析飞行试验数据以表明:在热气候燃油试飞过程中,发动机和 APU 工作正常,燃油系统供油压力与流量满足发动机和 APU 需求,进而表明在热气候条件下燃油系统可工作正常。

3.5 符合性文件清单

通常,针对第 25.961 条的符合性文件清单如表 3-2 所示。

表 3-2 建议的符合性文件清单

序 号	符 合 性 报 告	符合性方法
1	燃油系统描述	MOC1
2	燃油系统飞行试验大纲	MOC6
3	燃油系统飞行试验报告	MOC6

4 符合性判据

对于第 25.961 条,判定以下条件满足,则符合条款要求:

(1) 热气候燃油试验表明在热气候条件下燃油系统工作良好。

(2) 进行飞行试验时,满足如下要求:

(a) 发动机必须以起飞功率(推力)工作,持续时间按验证起飞航迹时所选定的值,其余爬升时间以最大连续功率(推力)工作。

(b) 燃油箱载油量为半油,装载未经风化的热燃油,燃油温度大于 43℃。

(c) 飞机的重量为带有最小机组以及配重时的重量。

(d) 爬升空速不超过从起飞到最大使用高度所规定的最大爬升空速。

参考文献

[1] 14 CFR 修正案 25-11 Aircraft Propulsion System Design Requirements [S].

[2] 14 CFR 修正案 25-57 Aircraft Engine Regulatory Review Program; Aircraft Engine and Related Powerplant Installation Amendments [S].

[3] FAA. AC25-7C Flight Test Guide For Certification Of Transport Category Airplanes [S]. 2012.

运输类飞机适航标准
第 25.963 条符合性验证

1 条款介绍

1.1 条款原文

第 25.963 条　燃油箱：总则

（a）每个燃油箱必须承受运行中可能遇到的振动、惯性、油液及结构的载荷而不损坏。

（b）软油箱必须经过批准，或必须表明适合于其特定用途。

（c）整体油箱必须易于进行内部检查和修理。

（d）机身内的燃油箱在受到第 25.561 条所述应急着陆情况的惯性力作用时，必须不易破裂并能保存燃油。此外，这些油箱的安装位置必须有防护，使油箱不大可能擦地。

（e）油箱口盖必须满足下述准则，以防止燃油的流失量达到危险程度：

（1）位于经验或分析表明很可能遭受撞击的区域内的所有口盖，必须通过分析或试验表明，其遭受轮胎碎块、低能量发动机碎片或其它可能的碎片打穿或造成变形的程度已降至最低。

（2）所有口盖必须耐火。

（f）对于增压燃油箱，必须有具备破损-安全特性措施，防止油箱内外压差过高。

〔中国民用航空局 1995 年 12 月 18 日第二次修订〕

1.2 条款背景

第 25.963 条是对燃油箱的总要求。除对所有的燃油箱规定了必须承受运行中可能遇到的振动、惯性、油液及结构的载荷而不损坏的通用要求外，对软油箱、整体油箱、机身内的油箱、增压油箱和油箱口盖分别提出了具体要求。

1.3 条款历史

第 25.963 条在 CCAR25 部初版首次发布，截至 CCAR - 25 - R4，该条款共修订过 1 次，如表 1 - 1 所示。

表 1 - 1　　第 25.963 条条款历史

第 25.963 条	CCAR25 部版本	14 CFR 修正案	备　注
首次发布	初版	25 - 40	
第 1 次修订	R2	25 - 69	

1.3.1　首次发布

1985 年 12 月 31 日发布了 CCAR25 部初版,其中包含第 25.963 条,该条款参考了 14 CFR 修正案 25 - 40 的要求,将原 §25.963(e) 关于推力或功率增大系统的液箱容量的要求移至 §25.945(e),并把 §25.963(e) 标记为"Reserved";新增 §25.963(f) 关于防增压油箱内外压差过高的要求。

1.3.2　第 1 次修订

1995 年 12 月 18 日发布的 CCAR - 25 - R2 对第 25.963 条进行了第 1 次修订,本次修订参考了 14 CFR 修正案 25 - 69 的内容,将原 §25.963(e) 由"Reserved"改为"油箱口盖必须满足下述准则,以防止燃油的流失量达到危险程度:① 位于经验或分析表明很可能遭受撞击的区域内的所有口盖,必须通过分析或试验表明,其遭受轮胎碎块、低能量发动机碎片或其他可能的碎片打穿或造成变形的程度已降至最低;② 所有口盖必须耐火。"

2　条款解读

2.1　条款要求

第 25.963(a) 款是对燃油箱结构完整性的要求,即为了在使用中不会出现损坏而泄漏燃油,燃油箱必须要能承受运行中可能遇到的振动、惯性、油液及结构的载荷而不损坏。第 25.963(b) 款是对软油箱的要求,软油箱必须获得 TSO 或随机批准;或者符合相关特定用途。第 25.963(c) 款是对整体油箱维修性可达性的要求,要求整体油箱必须易于进行内部检查和修理。第 25.963(d) 款是从飞机适坠性角度提出的油箱完整性要求。第 25.963(e) 款是对油箱口盖提出了防撞击和耐火的要求,以防止燃油的流失量达到危险程度。第 25.963(f) 款是对增压油箱的要求,必须防止增压油箱内外压差过高而导致油箱破坏。

2.2　相关条款

与第 25.963 条相关的条款如表 2 - 1 所示。

表 2 - 1　　第 25.963 条相关的条款

序　号	相关条款	相　关　性
1	第 25.561 条	第 25.561 条是关于应急着陆的总则要求,第 25.963(d) 款验证时引用了第 25.561 条应急着陆情况时的惯性力

3　验证过程

3.1　验证对象

第 25.963 条的验证对象为燃油箱。

3.2　符合性验证思路

针对第 25.963(a)款,说明燃油箱在设计中已按飞行、着陆最严重载荷情况,即飞机载荷包线(包括各种情况的振动载荷)进行设计,且考虑了压力加油的最大压力、飞机各种机动飞行及着陆的惯性载荷及各种振动情况,并通过计算分析或实验室试验进行相应的验证。

针对第 25.963(b)款,通过软油箱的设计描述和鉴定表明软油箱已经过批准或适合于其特定用途。

针对第 25.963(c)款,说明燃油箱及燃油系统部件的安装在设计中已考虑燃油箱结构的可达性和维修性,并通过机上检查进行相应的验证。

针对第 25.963(d)款,说明燃油箱在设计中已考虑燃油箱的适坠性且燃油箱的安装设计使油箱不会擦地,并通过计算分析表明燃油箱在应急着陆情况的惯性力作用时不会破裂。

针对第 25.963(e)款,说明油箱口盖为耐火且在遭受可能的撞击后能防止燃油的流失量达到危险程度,并通过相应的实验室进行验证。

针对第 25.963(f)款,若为增压油箱,说明燃油箱含有释放压装置,能防止燃油箱内外压差高于设计值;否则该条款不适用。

3.3　符合性验证方法

通常,针对第 25.963 条的符合性验证方法如表 3-1 所示。

表 3-1　建议的符合性方法

条　款　号	专　业	符　合　性　方　法										备　注
		0	1	2	3	4	5	6	7	8	9	
第 25.963(a)款	结　构		1									
	强　度			2								
第 25.963(b)款	燃　油		1								9	
第 25.963(c)款	结　构		1						7			
第 25.963(c)款	燃　油		1						7			
第 25.963(d)款	结　构		1									
	强　度			2								
第 25.963(e)款	结　构		1			4						
	强　度					4						
第 25.963(f)款	结　构		1									

3.4 符合性验证说明

3.4.1 第 25.963(a)款符合性验证说明

针对第 25.963(a)款,采用的符合性验证方法包括 MOC1 和 MOC2,各项验证具体工作如下:

1) MOC1 验证过程

在燃油箱设计描述中说明燃油箱结构在飞机载荷包线中可能遇到的振动、惯性、油液及结构的载荷要求,以及压力加油时的油液压力。

2) MOC2 验证过程

通过燃油箱的强度分析计算,表明燃油箱结构能承受运行中可能遇到的最严酷的振动、惯性、油液及结构载荷。

3.4.2 第 25.963(b)款符合性验证说明

针对第 25.963(b)款采用的符合性验证方法包括 MOC1 和 MOC9,各项验证工作具体如下:

1) MOC1 验证过程

在软油箱的设计描述中说明软油箱的产品技术规范以及其预期的用途。

2) MOC9 验证过程

通过软油箱的设备鉴定或已取得的 TSO 批准表明软油箱符合其产品技术规范及其预期的用途。

3.4.3 第 25.963(c)款符合性验证说明

针对第 25.963(c)款,采用的符合性验证方法包括 MOC1 和 MOC7,各项验证工作具体如下:

1) MOC1 验证过程

在燃油系统的设计描述中说明燃油箱内的燃油系统部件的设计及在燃油箱内的安装已考虑可达性和维修性。在燃油箱结构设计描述中说明燃油箱结构设计已考虑可达性和维修性。例如,机翼整体油箱下翼面布置有口盖;在未设口盖的区域,均设有安装维护通路(在肋腹板或展向梁上开有通过孔);整个油箱区域内均可达,易于进行内部检查和修理。

2) MOC7 验证过程

通过机上检查来确认,油箱所有口盖皆可接近;能打开所有口盖,实现油箱内结构、部件、管路、电缆等的检查、维护。表明燃油箱易于进行内部检查和修理。

3.4.4 第 25.963(d)款符合性验证说明

针对第 25.963(d)款采用的符合性验证方法包括 MOC1 和 MOC2,各项验证工作具体如下:

1) MOC1 验证过程

在燃油箱结构设计描述中说明燃油箱结构设计已考虑第 25.561 条所述应急

着陆情况下的惯性力,且燃油箱的安装位置的防护,燃油箱不会擦地。

2) MOC2 验证过程

应通过燃油箱结构的强度校核表明燃油箱结构能承受第 25.561 条所述的惯性力而不会破裂。例如,筛选出中央翼前梁向前 9g 燃油惯性载荷为最严重工况,经强度校核后表明满足静强度要求。

3.4.5　第 25.963(e)款符合性验证说明

针对第 25.963(e)款采用的符合性验证方法包括 MOC1 和 MOC4,各项验证工作具体如下:

1) MOC1 验证过程

在燃油箱口盖的设计描述中说明燃油箱口盖为耐火设计,且已考虑遭受可能的撞击后能防止燃油危险程度的泄漏。

2) MOC4 验证过程

按 AC20 - 135 规定的程序进行燃油箱口盖耐火试验,表明燃油箱口盖在 2 000℉的火焰进行 5 分钟的燃烧没发生烧穿或漏油现象。

通过燃油箱口盖的碎片撞击试验表明燃油箱口盖遭受可能的撞击后能防止的流失量没有达到危险程度。本款中"流失量达到危险程度"的含义理解为一种危险的燃油泄漏,满足下列三个条件之一的泄漏即为危险的燃油泄漏:燃油连续不间断地向外泄漏;或燃油滴漏;或在把泄漏源处外表面的油液擦干后 15 分钟的时间里,泄漏的燃油在飞机表面产生了一个其长度或直径超过 6 英寸的湿区的泄漏。

3.4.6　第 25.963(f)款符合性验证说明

针对第 25.963(f)款采用的符合性验证方法包括 MOC1,验证工作具体如下:若为增压油箱,在燃油箱的设计描述中说明燃油箱含有释压装置,能防止燃油箱内外压差高于设计值。否则该条款不适用。

3.5　符合性文件清单

通常,针对第 25.963 条的符合性文件清单如表 3 - 2 所示。

表 3 - 2　建议的符合性文件清单

序　号	符 合 性 报 告	符合性方法
1	燃油系统描述	MOC1
2	燃油箱结构设计图纸	MOC1
3	燃油箱结构强度校核报告	MOC2
4	油箱口盖防撞击实验室试验大纲	MOC4
5	油箱口盖防撞击实验室试验报告	MOC4
6	油箱口盖耐火实验室试验大纲	MOC4
7	油箱口盖耐火实验室试验报告	MOC4

（续表）

序　号	符 合 性 报 告	符合性方法
8	燃油系统机上检查大纲	MOC7
9	燃油系统机上检查报告	MOC7
10	燃油箱结构机上检查大纲	MOC7
11	燃油箱结构机上检查报告	MOC7
12	软油箱鉴定报告	MOC9

4　符合性判据

针对第 25.963(a)款，需要确认燃油箱运行中振动、惯性、油液及结构的载荷要求，并表明燃油箱可以承受运行中可能遇到的振动、惯性、油液及结构的载荷而不损坏。

针对第 25.963(b)款，需要表明软油箱已经过批准或适合于其特定用途。

针对第 25.963(c)款，需要表明燃油箱是可达和可维修的。

针对第 25.963(d)款，需要表明燃油箱在应急着陆情况的惯性力作用时不会破裂且燃油箱的安装设计使油箱不会擦地。

针对第 25.963(e)款，需要表明燃油箱维护口盖为耐火且在遭受可能的撞击后能防止燃油发生危险程度的泄漏。

针对第 25.963(f)款，需要表明燃油箱能防止燃油箱内外压差高于设计值。

参考文献

[1]　14 CFR 修正案 25 - 40 Airworthiness Review Program，Amendment No. 4：Powerplant Amendments [S].

[2]　14 CFR 修正案 25 - 69 Design Standards for Fuel Tank Access Covers [S].

[3]　FAA. AC25.963 - 1 Fuel Tank Access Covers [S]. 1992.

[4]　FAA. AC25 - 21 Certification of Transport Airplane Structure [S]. 1999.

[5]　FAA. AC25.994 - 1 Design Considerations to Protect Fuel Systems During a Wheels-up Landing [S]. 1986.

[6]　FAA. AC20 - 128A Design Considerations for Minimizing Hazards Caused by Uncontained Turbine Engine and Auxiliary Power Unit Rotor Failure [S]. 1997.

运输类飞机适航标准 第25.965条符合性验证

1 条款介绍

1.1 条款原文

第25.965条 燃油箱试验

(a) 必须用试验表明,装机后的油箱能承受本条(a)(1)或(2)所规定的压力(取大者),而不损坏或漏油。此外,必须用分析或试验表明,受到本条(a)(3)或(4)所规定的压力(取大者)作用的油箱表面,能承受下述压力:

(1) 24.2千帕(0.25公斤/厘米^2;3.5磅/英寸^2)的内部压力;

(2) 在油箱内产生的最大冲压空气压力的125%;

(3) 油箱满油的飞机在最大限制加速度及相应变形时所产生的油液压力;

(4) 飞机滚转和燃油载荷最不利组合时所产生的油液压力。

(b) 每个具有大的无支承(或无加强)平面的金属油箱,如果其损坏或变形可能引起漏油,则必须能承受下列试验或等效试验,而无漏油或油箱壁过度变形:

(1) 必须用完整的油箱连同其支承件作振动试验,试验时的固定方式应模拟实际安装情况;

(2) 除了本条(b)(4)的规定外,油箱必须装有2/3油箱容量的水或其它合适试验液,以不小于0.8毫米(1/32英寸)的振幅(除非证实可采用其它振幅值)振动25小时;

(3) 振动试验频率必须按如下规定:

(i) 如果在发动机正常运转转速范围内,由转速引起的振动频率中没有临界频率,则振动试验频率必须为每分钟2,000周;

(ii) 如果在发动机正常运转转速范围内,由转速引起的振动频率中只有一个临界频率,则必须以此频率作为试验频率;

(iii) 如果在发动机正常运转转速范围内,由转速引起的振动频率中有多个临界频率,则必须以其中最严重的作为试验频率。

(4) 在本条(b)(3)(ii)和(iii)的情况下,必须调整试验时间,使达到的振动循环

数与按本条(b)(3)(i)规定频率在 25 小时内所完成的振动循环数相同;

(5) 试验时,必须以每分钟 16~20 个整循环的速率绕最临界的轴摇晃油箱,摇晃角度为水平面上下各 15°(共 30°),历时 25 小时。如果分别绕不同轴的运动都是临界的,则油箱必须绕每根临界轴摇晃 12.5 小时。

(c) 除非表明安装条件极小可能的相似的同类油箱已有满意的使用经验,否则非金属油箱必须经受本条(b)(5)规定的试验,所用燃油温度为 43℃(110℉)。试验时,必须将有代表性的油箱试件安装在模拟装机情况的支承结构上。

(d) 对于增压燃油箱,必须用分析或试验来表明,油箱能承受地面或飞行中很可能出现的最大压力。

1.2　条款背景

第 25.965 条旨在通过试验确保燃油箱结构的完整性而且在一定条件下不会发生漏油。

1.3　条款历史

第 25.965 条在 CCAR25 部初版首次发布,截至 CCAR-25-R4,该条款未进行过修订,如表 1-1 所示。

表 1-1　第 25.965 条修订说明

第 25.965 条	CCAR25 部版本	相关 14 CFR 修正案	备　注
首次发布	初版	25-11,25-40	

1985 年 12 月 31 日发布了 CCAR25 部初版,其中包含第 25.965 条,该条款参考 14 CFR PART 25 中的 §25.965,1967 年发布的 14 CFR 修正案 25-11 以及 1977 年发布的 14 CFR 修正案 25-40 的内容制定。

14 CFR 修正案 25-11,对 §25.965(b)(3)(i)中的测试频率要求进行了修订。该修正案将原"燃油箱振动试验频率必须为 0.9 倍的发动机最大持续转速"的要求修改为 2 000 转/分钟。

14 CFR 修正案 25-40,对有关动力装置的条款进行了修订,增加了 §25.965 (d),考虑燃油箱增压的影响,要求必须用分析或试验来表明,增压燃油箱能承受地面或飞行中很可能出现的最大压力。

2　条款解读

2.1　条款要求

作用在燃油箱内壁上的载荷有气压载荷和油压载荷。第 25.965(a)款适用于所有类型的燃油箱,第 25.965(a)(1)项和第 25.965(a)(2)项规定了气压载荷,要求必须用试验表明装机后的燃油箱能够承受 24.2 千帕与在油箱内产生的最大冲压空气压力的 125% 两者中的较大者而不损坏或漏油。第 25.965(a)(3)项和第 25.965(a)(4)项规定了油压载荷,第 25.965(a)款要求必须用分析或试验表明该油箱表面在第 25.965(a)(1)项、第 25.965(a)(2)项中取大者加上第 25.965(a)(3)项、第 25.965(a)(4)项中取大者的载荷作用下,不应损坏或者漏油。注意这里考核条件是较为严酷的油压和较为严酷的气压共同作用下,而不是取两者中的较大者。

第 25.965(b)款规定,具有大的无支承(或无加强)平面的金属油箱所承受的气压和油压载荷均由油箱壁承受,油箱壁法向刚度较小,因此必须要做相应的强度考核试验。金属油箱在飞机上用支承件固定,支承件同样受力,与油箱一起组成组合件,这个组合件有统一的刚度和统一的固有振动频率。须把完整的油箱及其支承结构一起作为试验考核对象,而且其安装方式要与真实飞机一致,这样试验的结果才能反映真实飞机的情况。根据 AC29-2C 和 AC27-1B,规定面积超过 14 in×14 in 的平面即可以认为是条款中所指的大的平面。AC23-16A 中明确:燃油箱由宽的没有隔板的平面组成,容积超过 10 加仑就需要进行晃振试验。试验频率的确定需要考虑发动机正常运转转速范围内转动时的振动频率是否有会与燃油箱结构的固有频率发生共振的情况(即存在临界频率)。如果有,那么试验的频率应取该临界频率作为振动频率,且共振时间要使得达到的振动循环数与第 25.965(b)(3)(i)目规定频率在 25 小时内所完成的振动循环数相同。条款还要求,试验时必须以每分钟 16~20 个整循环的速率绕最临界的轴摇晃油箱,最临界的轴需要根据油箱的设计特征来确定。AC27-1B 和 AC29-2C 中说明:对于相近的燃油箱晃振试验要求,可以采用 MIL-T-6396 规范中规定的晃振试验程序开展试验表明对本条款的符合性。

第 25.965(c)款要求适用于非金属油箱(软油箱)。要求除已有满意的使用经验的相同安装的同类软油箱外,一般设计的软油箱必须要做晃动试验,且其试验件安装必须模拟飞机的真实安装情况。

第 25.965(d)款适用于增压燃油箱,要求必须用分析或试验来表明,油箱能承受地面或飞行中很可能出现的最大压力。地面可能出现的最大压力是在压力加油控制装置发生故障失效时油箱承受的可能最大压力;空中出现的油箱最大压力是飞机在同一飞行状态时,在油箱所有可能运行的工作状态下,油箱气压和油压载荷叠加后的最大值。

2.2　相关条款

第 25.965 条无相关条款。

3　验证过程

3.1　验证对象

第 25.965 条的验证对象为飞机燃油箱结构。

3.2　符合性验证思路

针对第 25.965(a)款,通过 MOC2 分析/计算对油箱局部结构进行强度校核,表明结构满足结构强度要求;通过 MOC4 油箱冲压、密封实验室试验,表明对本款所规定的油箱承受压力要求的符合性。

针对第 25.965(b)(c)款,要么通过 MOC2 相似性分析,利用具有相同安装的同类软油箱的成功服役经验来表明符合性,要么采用 MOC4 实验室油箱晃动试验,验证油箱模拟真实安装条件下对本款的符合性。

针对第 25.965(d)款,对于增压燃油箱,条款要求很明确,必须通过 MOC2 计算飞机油箱预期可能承受的最大压力以及 MOC4 实验室油箱压力试验的方法,表明油箱能承受地面或飞行中很可能出现的最大压力。

3.3　符合性验证方法

通常,针对第 25.965 条的符合性验证方法如表 3-1 所示。

表 3-1　建议的符合性方法表

条 款 号	专 业	符 合 性 方 法										备 注
		0	1	2	3	4	5	6	7	8	9	
第 25.965(a)款	强　度			2		4						
第 25.965(b)款	强　度					4						
第 25.965(c)款	强　度					4						如满足条件,也可通过相似性分析表明符合性 MOC2
第 25.965(d)款	强　度			2		4						

3.4　符合性验证说明

3.4.1　第 25.965(a)款验证

确定燃油箱承受的最大内部气压载荷和油液压力载荷;通过气密、充压实验室试验表明油箱在最大气压载荷下无损坏或漏油。通过分析计算或者实验室试验表明油箱表面可以承受叠加后的最大内部气压载荷和最大油液压力载荷。

油箱舱气密试验考核对象为机翼整体油箱结构。试验过程首先拆下与充气口盖相应的油箱口盖,装上充气口盖;然后安装地面试验充压加载系统设备;打开加油切断阀,关闭发动机、APU 供油切断阀;冲入三分之二容积燃油并测量;封堵通气口盖上的通气口;对整体油箱所有外表面油液高度以上刷涂渗漏试验起泡液,油液高度以下涂白垩粉,通气油箱刷涂起泡液,需覆盖所有连接缝和紧固件。向机翼整体油箱充入 24.2 千帕或最大冲压空气压力的 125% (取大者)的空气压力,检查充气设备及整体油箱是否漏气、漏油并记录;若油箱发现有漏气、漏油,应立即停止充气,对每个泄漏源位置做好标记,待所有泄漏源排故完成后,记录下泄漏源的位置以及排故措施,并重新进行操作;若未发现油箱有漏油、漏气现象,则保持油箱内空气压力稳定在 24.2 千帕或最大冲压空气压力的 125%(取大者)后断开外来气源,并记录;保持油箱内压力 24.2 千帕或最大冲压空气压力的 125%(取大者)在 15 分钟不下降的情况下,油箱不泄漏,则释放燃油箱内的空气压力;拆除所有油箱口盖,检查油箱结构内、外表面及其结构上的所有连接区域的紧固件,是否发生有害的永久变形、破坏或者铆钉脱落等情况;拆除试验设备,安装好口盖,进行清洗,恢复试验前状态。试验结束后,油箱无损坏或漏油,则试验成功。在试验过程中,允许对因密封等工艺原因造成的渗漏采取排故措施。

进行油箱充压试验时,飞机采用前、主起悬空支持,使飞机处于悬空状态。在每个约束点上都安装载荷传感器,对约束点的载荷进行监控。试验充压载荷分限制载荷和极限载荷两个阶段加载。机翼油箱舱充压试验采用充水充气方式对机翼油箱舱加压,试验机上设计有充气口、进水口、放水口以及合适的测压点若干,试验机上布置足够的应变测量点,试验前应考虑试验过程中可能的损坏情况。同时,试验前通常要进行预试,预试载荷通常为极限载荷的 40%,每级载荷增量 5%,加载及退载过程中,逐级测量应变,并全程录像,限制载荷保载 30 秒,极限载荷保载 3 秒。应变数据处理考虑剔除无效数据,数据做线性化处理,将应变数据转换成应力数据,然后绘制应变-载荷曲线,判断是否满足条款要求。另外还要考虑飞机在最大限制加速度情况下(例如垂向 2.5g 情况)由于机翼变形造成油箱局部存在临界油压的情况。

3.4.2 第 25.965(b)(c)款验证

除非有安装条件相似的同类油箱的满意使用经验,否则必须进行摇晃试验,表明无漏油情况发生。通过晃振试验表明大的无支承(或无加强)平面的金属油箱不会发生漏油,油箱壁无过度变形。金属油箱通常在飞机上用支承件固定,油箱同支承件一起参与承力,实际上已成为一个组合件,它们具有统一的刚度和固有振动频率,用完整的金属油箱及其支承件一起做晃振试验,且必须装在模拟装机情况下的支承结构上,试验结果才符合飞机的实际情况。

3.4.3 第 25.965(d)款验证

确定地面或飞行中出现的最大压力,进行分析计算和实验室试验,表明油箱无漏油或过度变形。在油箱晃振试验时,如果油箱壁较薄,例如厚度小于 0.05 英寸,则最好考虑燃油中可能存在的水或者其他污染物对油箱的腐蚀作用,以进一步减小飞机服役中油箱漏油的情况发生。

3.5 符合性文件清单

通常,针对第 25.965 条的符合性文件清单如表 3-2 所示。

表 3-2　建议的符合性文件清单

序　号	符 合 性 报 告	符合性方法
1	油箱结构静强度校核报告	MOC2
2	非金属油箱相似性分析报告	MOC2
3	增压油箱临界载荷强度校核报告	MOC2
4	油箱密封试验大纲	MOC4
5	油箱密封试验报告	MOC4
6	油箱冲压试验大纲	MOC4
7	油箱冲压试验报告	MOC4
8	油箱晃振试验报告	MOC4

4　符合性判据

（1）燃油箱结构能够承受限制 30 秒，结构无有害的永久变形且不漏油。

（2）结构能够承受极限载荷 3 秒不破坏且不漏油。

参考文献

［1］　14 CFR 修正案 25-11 Aircraft Propulsion System Design Requirements ［S］.

［2］　14 CFR 修正案 25-40 Airworthiness Review Program，Amendment No. 4：Powerplant Amendments ［S］.

［3］　FAA. AC27-1B Certification of Normal Category Rotorcraft ［S］.

［4］　FAA. AC29-2C Certification of Transport Category Rotorcraft ［S］.

［5］　FAA. AC23-16A Power plant Guide for Certification of Part 23 Airplanes and Airships ［S］.

运输类飞机适航标准
第 25.967 条符合性验证

1 条款介绍

1.1 条款原文

第 25.967 条　燃油箱安装

(a) 每个燃油箱的支承必须使油箱载荷(由油箱内燃油重量引起)不集中作用在无支承的油箱表面,此外,还必须符合下列规定:

(1) 如有必要,必须在油箱与其支承件之间设置隔垫,以防擦伤油箱;

(2) 隔垫必须不吸收液体,或经处理后不吸收液体;

(3) 如果使用软油箱,则软油箱的支承必须使其不必承受油液载荷;

(4) 每个油箱舱内表面必须光滑,而且不具有会磨损软油箱的凸起物,除非满足下列要求之一:

(i) 在凸起物处,具有保护软油箱的措施;

(ii) 软油箱本身构造具有这种保护作用。

(b) 贴近油箱表面的空间必须通大气,以防止由于轻微泄漏而造成油气聚积。如果油箱装在密封的油箱舱内,可以仅用排漏孔通大气,但排漏孔的尺寸必须足以防止飞行高度变化而引起的过压。

(c) 每个油箱的位置必须满足第 25.1185(a) 条的要求。

(d) 直接位于发动机舱主要空气出口后面的发动机短舱蒙皮,不得作为整体油箱的箱壁。

(e) 燃油箱与载人舱的隔离,必须采用防油气及防燃油的隔罩。

1.2 条款背景

第 25.967 条是对燃油箱安装的要求,降低燃油箱发生泄漏时对飞机安全的影响。

1.3 条款历史

第 25.967 条在 CCAR25 部初版首次发布,截至 CCAR-25-R4,该条款未进行过修订,如表 1-1 所示。

表 1-1 第 25.967 条条款历史

第 25.967 条	CCAR25 部版本	相关 14 CFR 修正案	备 注
首次发布	初版	—	

1985 年 12 月 31 日发布了 CCAR25 部初版,其中包含第 25.967 条,该条款参考 14 CFR PART 25 中的 §25.967 的内容制定。

2 条款解读

2.1 条款要求

第 25.967(a)款是对燃油箱支承的要求以保证油箱的完整性:需保证油箱载荷不集中作用于无支承的油箱表面,并按需在油箱及其支承件之间使用隔垫以及油箱舱内表面必须光滑等以免擦伤油箱。第 25.967(b)款是燃油箱表明通大气的要求,防止由于燃油轻微泄漏造成油气聚积而对飞机安全造成危害。第 25.967(c)款是从可燃液体防火角度提出的对燃油箱位置的要求,需满足第 25.1185(a)款关于可燃液体容器不得安置在指定火区内的要求。第 25.967(d)款是对燃油箱壁的要求,直接位于发动机舱主要空气出口后面的发动机短舱蒙皮,不得作为整体油箱的箱壁。第 25.967(e)款是对燃油箱与载人舱的隔离的要求。

2.2 相关条款

与第 25.967 条相关的条款如表 2-1 所示。

表 2-1 第 25.967 条相关的条款

序 号	相 关 条 款	相 关 性
1	第 25.1185 条	第 25.967(c)款关于燃油箱位置的要求中,引用了第 25.1185 (a)款是关于可燃液体容器的要求

3 验证过程

3.1 验证对象

第 25.967 条的验证对象为燃油箱结构。

3.2 符合性验证思路

针对第 25.967(a)款,目前大型飞机燃油箱一般都为整体油箱,飞机结构作为油箱的组成部分,不适用本条款。对于独立的油箱或软油箱来说,油箱载荷集中作用在油箱支承部位;有必要时,必须在油箱与其支承件之间设置无液体吸收特性的隔垫,以防擦伤油箱;对于软油箱,则软油箱的支承必须使其不必承受油液载荷；每个油箱舱内表面必须光滑，而且不具有会磨损软油箱的凸起物，以免擦伤油箱。

针对第 25.967(b)款，说明所有油箱外部表面没有空间或者表面空间与大气相通。

针对第 25.967(c)款，一般直接说明燃油箱安装在指定火区范围之外。

针对第 25.967(d)款，一般直接说明发动机短舱没有作为燃油箱的箱壁。

针对第 25.967(e)款，需要说明燃油箱与载人舱的隔离措施。

3.3　符合性验证方法

通常，针对第 25.967 条的符合性验证方法如表 3-1 所示。

表 3-1　建议的符合性方法

条　款　号	专　业	符 合 性 方 法										备　注
		0	1	2	3	4	5	6	7	8	9	
第 25.967(a)款	结　构		1									
第 25.967(b)款	结　构		1									
第 25.967(c)款	结　构		1						7			
第 25.967(d)款	结　构		1									
第 25.967(e)款	结　构		1						7			

3.4　符合性验证说明

3.4.1　第 25.967(a)款符合性验证说明

针对第 25.967(a)款，采用的符合性验证方法包括 MOC1，验证具体工作如下：对于燃油箱为整体油箱的，在燃油箱设计描述中说明飞机结构作为油箱的组成部分，不适用本条款。或者，对于独立的油箱或软油箱，通过油箱的支承设计说明油箱载荷集中作用在油箱支承部位；在油箱与其支承件之间设置无液体吸收特性的隔垫，以防擦伤油箱；对于软油箱，说明软油箱的支承设计使其没有承受油液载荷；每个油箱舱内表面必须光滑，而且不具有会磨损软油箱的凸起物。

3.4.2　第 25.967(b)款符合性验证说明

针对第 25.967(b)款采用的符合性验证方法包括 MOC1，验证工作具体如下：在燃油箱设计描述说明燃油箱外面的设计特征，若燃油箱周围存在可能聚集燃油空间的区域，则说明该区域是与外界大气相通的，不会聚集油气。

3.4.3　第 25.967(c)款符合性验证说明

针对第 25.967(c)款，采用的符合性验证方法包括 MOC1 和 MOC7，各项验证工作具体如下：

1) MOC1 验证过程

在燃油箱的设计描述中说明燃油箱的安装位置在指定火区范围之外。

2) MOC7 验证过程

通过机上检查来确认燃油箱的安装不在指定火区里面。

3.4.4　第 25.967(d)款符合性验证说明

针对第 25.967(d)款采用的符合性验证方法包括 MOC1,验证工作具体如下:在燃油箱结构设计描述中说明没有采用发动机短舱作为燃油箱的箱壁。

3.4.5　第 25.967(e)款符合性验证说明

针对第 25.967(e)款采用的符合性验证方法包括 MOC1 和 MOC7,各项验证工作具体如下:

1) MOC1 验证过程

在燃油箱结构的设计描述说明中燃油箱与载人舱之间的相对位置以及相应的隔离措施。

2) MOC7 验证过程

通过机上检查确认,燃油箱与载人舱之间的相对位置,对于与载人舱相邻的中央翼油箱需检查确认之间是否有有效的隔离措施。

3.5　符合性文件清单

通常,针对第 25.967 条的符合性文件清单如表 3-2 所示。

表 3-2　建议的符合性文件清单

序　号	符 合 性 报 告	符合性方法
1	燃油箱结构设计描述	MOC1
2	燃油箱结构机上检查大纲	MOC7
3	燃油箱结构机上检查报告	MOC7

4　符合性判据

针对第 25.967(a)款,整体油箱不适用;对于独立的油箱,载荷没有集中作用在油箱无支承的表面;油箱与支承件有防止油箱擦伤的措施;若有隔垫,隔垫没有吸附液体的特性;对于软燃油箱,软油箱的支承不承受油液载荷;油箱舱内表面必须光滑或突起的地方有采取可行的设计保护措施防止油箱擦伤。

针对第 25.967(b)款,表明油箱外表面无空间或与大气相通。

针对第 25.967(c)款,表明燃油箱在指定火区之外。

针对第 25.967(d)款,表明没有采用发动机短舱蒙皮作为整体油箱的箱壁。

针对第 25.967(e)款,表明燃油箱与载人舱有较远的距离,或对于与载人舱相邻的燃油箱有有效的隔离措施。

参考文献

[1]　FAA. AC25 – 8 Auxiliary Fuel System Installations [S]. 1986.

[2]　FAA. TSO – C80 Flexible Fuel and Oil Cell Material [S]. 1964.

运输类飞机适航标准
第 25.969 条符合性验证

1 条款介绍

1.1 条款原文

第 25.969 条　燃油箱的膨胀空间

每个燃油箱都必须具有不小于 2‰ 油箱容积的膨胀空间,必须使飞机处于正常地面姿态时,不可能由于疏忽而使所加燃油占用膨胀空间。对于压力加油系统,表明满足本条要求时,可以利用符合第 25.979(b) 条的装置。

1.2 条款背景

第 25.969 条的目的是燃油箱须留有足够的空间以防止由于燃油热膨胀,导致燃油溢出或损坏燃油箱结构。

1.3 条款历史

第 25.969 条在 CCAR25 部初版首次发布,截至 CCAR - 25 - R4,该条款未进行过修订,如表 1 - 1 所示。

表 1 - 1　第 25.969 条条款历史

第 25.969 条	CCAR25 部版本	相关 14 CFR 修正案	备　　注
首次发布	初版	25 - 11	

1985 年 12 月 31 日发布了 CCAR25 部初版,其中包含第 25.969 条,该条款参考 14 CFR 修正案 25 - 11 的内容制定。14 CFR 修正案 25 - 11 对 § 25.969 进行了修订,以增加参考 § 25.979(b) 关于压力加油切断的条款规定。

2 条款解读

2.1 条款要求

第 25.969 条要求分为两点:一是燃油箱需要有足够的膨胀空间;二是有措施防止加燃油时占用膨胀空间。

2.2　相关条款

与第 25.969 条相关的条款如表 2-1 所示。

表 2-1　第 25.969 条相关条款

序 号	相 关 条 款	相　　关　　性
1	第 25.979 条	第 25.969 条对压力加油系统的要求中,提出可以用第 25.979(b)款要求的自动切断装置来表明符合性

3　验证过程

3.1　验证对象

第 25.969 条的验证对象为燃油系统和燃油箱结构。

3.2　符合性验证思路

针对第 25.969 条,需要说明燃油箱结构设计中,燃油箱的膨胀空间不小于 2%油箱容积,且燃油系统的加油系统设计有自动切断措施可以确保在加油过程中,当燃油量达到设计最大载油量时,能自动切断加油。

3.3　符合性验证方法

通常,针对第 25.969 条的符合性验证方法如表 3-1 所示。

表 3-1　建议的符合性方法

条　款　号	专　业	符 合 性 方 法										备　注
		0	1	2	3	4	5	6	7	8	9	
第 25.969 条	结　构		1									
第 25.969 条	燃　油		1				5					

3.4　符合性验证说明

针对第 25.969 条,采用的符合性验证方法包括 MOC1 和 MOC5,各项验证具体工作如下:

1) MOC1 验证过程

通过燃油系统的设计描述和燃油箱结构图纸,说明燃油箱膨胀空间的设计以及防止所加燃油占用膨胀空间的措施。例如,机翼油箱高油位浮子阀安装在每个油箱内部的设计最大载油量处,高油位浮子阀的切断位置到燃油溢出油箱的位置,为燃油箱膨胀空间的容积,相应的容积大于 2%的油箱容积。高油位浮子阀控制加油切断阀的开或关。高油位浮子阀的浮子由油箱中的加油电磁阀或燃油液面来控制,当燃油液面超过高油位浮子阀切断位置时,高油位浮子阀会自动关闭加油切断阀,能避免由于疏忽而使所加燃油占用膨胀空间。

2) MOC5 验证过程

通过燃油箱膨胀空间地面试验,表明燃油膨胀空间大于 2% 的油箱容积,并且在试验过程中,当加油至高油面时,压力加油系统均自动切断。

3.5 符合性文件清单

通常,针对第 25.969 条的符合性文件清单如表 3-2 所示。

表 3-2 建议的符合性文件清单

序 号	符 合 性 报 告	符合性方法
1	燃油系统设计描述	MOC1
2	燃油箱结构图纸	MOC1
3	燃油系统地面试验大纲	MOC5
4	燃油系统地面试验报告	MOC5

4 符合性判据

针对第 25.969 条,燃油膨胀空间大于 2% 的油箱容积,并且当加油至燃油箱膨胀空间时,压力加油系统均自动切断。

参考文献

[1] 14 CFR 修正案 25-11 Aircraft Propulsion System Design Requirements [S].
[2] FAA. AC25-8 Auxiliary Fuel System Installations [S]. 1986.

运输类飞机适航标准
第 25.971 条符合性验证

1 条款介绍

1.1 条款原文

第 25.971 条　燃油箱沉淀槽

(a) 每个燃油箱均必须有沉淀槽,其有效容积在正常地面姿态时不小于油箱容积的 0.10% 或 0.24 升(1/16 美加仑)(两者中取大值),除非所制定的使用限制保证在服役中积水不会超过沉淀槽的容积。

(b) 在飞机处于地面姿态时,每个燃油箱必须使任何危险量的水从该油箱任何部分均能排入其沉淀槽。

(c) 每个燃油箱沉淀槽均必须具有符合下列要求的可接近的放液嘴:

(1) 在地面上可以完全放出沉淀槽内的液体;

(2) 排放液能避开飞机各个部分;

(3) 具有手动或自动的机构,能确实地锁定在关闭位置。

1.2 条款背景

第 25.971 条是对燃油箱沉淀槽的要求,保证燃油箱设计成能收集、隔离和排出由于加油、燃油通气和凝结过程而进入燃油箱的水,并且确保水分收集空间的尺寸满足最小尺寸要求,以保证油箱内收集的所有水分都能排出油箱,而不会导致危险量的水被供往发动机或其他重要设备如 APU 使用。

1.3 条款历史

第 25.971 条在 CCAR25 部初版首次发布,截至 CCAR - 25 - R4,该条款未进行过修订,如表 1 - 1 所示。

表 1 - 1　第 25.971 条条款历史

第 25.971 条	CCAR25 部版本	相关 14 CFR 修正案	备　注
首次发布	初版	—	

1985 年 12 月 31 日发布了 CCAR25 部初版,其中包含第 25.971 条,该条款参考 14 CFR PART 25 中的§25.971 的内容制定。

2 条款解读

2.1 条款要求

第 25.971(a)款是对燃油箱沉淀槽容积的要求,确保能积存服役过程中产生的积水。第 25.971(b)款是对燃油箱排水的要求,确保每个燃油箱中危险量的水能从油箱任何部分排入沉淀槽。第 25.971(c)款是对燃油箱沉淀槽放液嘴的要求,确保能完全放出沉淀槽内的液体,排液能避开飞机各个部分,且沉淀槽能手动或自动确实地锁定在关闭位置。

2.2 相关条款

第 25.971 条无相关的条款。

3 验证过程

3.1 验证对象

第 25.971 条的验证对象为燃油系统和燃油箱结构。

3.2 符合性验证思路

针对第 25.971(a)款,说明燃油箱结构设计中,已保证燃油箱沉淀槽容积不小于油箱容积的 0.10%或 0.24 升(1/16 美加仑)(两者中取大值);并进行地面试验确认沉淀槽容积。

针对第 25.971(b)款,说明在燃油箱结构设计中,已设计有排水孔,在飞机处于地面姿态时水能通过重力作用从排水孔中流入沉淀槽。

针对第 25.971(c)款,说明在燃油系统设计中,燃油箱沉淀槽的放液嘴是可接近的,且排液能直接或通过 GSE 设备避开飞机的各部位,沉淀阀能够自动可靠地锁定;并进行地面试验确认放液嘴的设计符合性。

3.3 符合性验证方法

通常,针对第 25.971 条的符合性验证方法如表 3-1 所示。

表 3-1　建议的符合性方法

条 款 号	专 业	符 合 性 方 法										备 注
		0	1	2	3	4	5	6	7	8	9	
第 25.971(a)款	燃　油		1				5					
第 25.971(b)款	燃　油		1									
第 25.971(c)款	燃　油		1				5					

3.4 符合性验证说明

3.4.1 第 25.971(a)款符合性验证说明

针对第 25.971(a)款,采用的符合性验证方法包括 MOC1 和 MOC5,各项验证具体工作如下:

1) MOC1 验证过程

在燃油箱设计描述中说明燃油箱沉淀槽容积不小于油箱容积的 0.10% 或 0.24升(1/16 美加仑)(两者中取大值)。例如,燃油箱沉淀槽为在放沉淀阀排放位置附近的载油空间,其容积大于油箱容积的 0.10% 或 0.24 升(1/16 美加仑)(两者中取大值)。

2) MOC5 验证过程

通过沉淀槽容量地面试验,表明燃油箱沉淀槽容量大于条款要求油箱总油量的 0.1% 或 0.24 L(两者中取大值)。

3.4.2 第 25.971(b)款符合性验证说明

针对第 25.971(b)款,采用的符合性验证方法包括 MOC1,验证具体工作如下:在燃油系统设计描述中说明已保证在飞机处于地面姿态时,每个燃油箱可使任何危险量的水从该油箱任何部分均能排入其沉淀槽。例如,各油箱的最低点均设计有放沉淀阀。在飞机处于地面姿态时,因密度大于燃油,油箱内的沉积水皆可以沉至油箱底部,并依靠自身重力,通过油箱结构上的开孔流至各放沉淀阀处。为确保水从燃油箱的各个地方流向放沉淀阀,防止水在燃油箱内的聚集,尽量减少燃油箱内不可排出的水分,在燃油箱内底部下壁板所有的肋和长桁等都设有排水孔。

3.4.3 第 25.971(c)款符合性验证说明

针对第 25.971(c)款,采用的符合性验证方法包括 MOC1 和 MOC5,各项验证具体工作如下:

1) MOC1 验证过程

在燃油系统设计描述中说明放液嘴设计确保能完全放出沉淀槽内的液体,排液能避开飞机各个部分,且沉淀槽能手动或自动确实地锁定在关闭位置。例如,放沉淀阀的主要功能是允许地勤人员排放可能沉积在油箱底部的水分。各放沉淀阀可直接接近并进行放沉淀操作,排放的液体能避开飞机的各个部分;或者放沉淀阀可通过专门的地面 GSE 设备,排放的液体能避开飞机的各个部分。放沉淀阀通过专用工具顶起活塞旋转打开,实现地面正常维护时燃油箱沉淀槽内液体的排放。排放完成后,通过专用工具顶起活塞旋转,弹簧作动的活塞自动将放沉淀阀锁定在关闭位置。

2) MOC5 验证过程

通过放沉淀阀位置地面试验,表明各放沉淀阀能够完全放出沉淀槽中的液体,放出时,燃油能避开飞机的任何部位,能进行手动关闭,且不渗油;或借助 GSE 设备进行放油,燃油未喷洒在飞机维修口盖的舱体内,同样能进行手动关闭,且不渗油。

3.5 符合性文件清单

通常,针对第25.971条的符合性文件清单如表3-2所示。

表3-2 建议的符合性文件清单

序　号	符 合 性 报 告	符合性方法
1	燃油系统设计描述	MOC1
2	燃油系统地面试验大纲	MOC5
3	燃油系统地面试验报告	MOC5

4 符合性判据

4.1 第25.971(a)款

针对第25.971(a)款,燃油箱沉淀槽容量大于条款要求的油箱总油量的0.1%或0.24 L(两者中取大值)。

4.2 第25.971(b)款

针对第25.971(b)款,在飞机处于地面姿态时,每个燃油箱可使任何危险量的水从该油箱任何部分均能排入其沉淀槽。

4.3 第25.971(c)款

针对第25.971(c)款,每个燃油箱沉淀槽均具有符合下列要求的可接近的放液嘴:

(1) 在地面上可以完全放出沉淀槽内的液体。

(2) 排放液能避开飞机各个部分。

(3) 放液嘴能手动或自动确实地锁定在关闭位置。

参考文献

[1] FAA. AC29-2B Certification of Transport Category Rotorcraft [S]. 1997.

运输类飞机适航标准
第 25.973 条符合性验证

1 条款介绍

1.1 条款原文

第 25.973 条　油箱加油口接头

每个燃油箱加油口接头必须能防止燃油流入油箱外飞机的任何部分。此外：

(a)〔备用〕

(b) 每个能明显积存燃油的凹型加油口接头，必须有放液嘴，其排放液应能避开飞机各个部份①；

(c) 每个加油口盖必须有耐燃油密封件；

(d) 每一加油点均必须有使飞机与地面加油设备电气搭铁的设施。

〔中国民用航空局 1995 年 12 月 18 日第二次修订，2011 年 11 月 7 日第四次修订〕

1.2 条款背景

第 25.973 条是对燃油箱加油口接头的要求，保证加油口设计和布置成，使燃油不会流入除油箱外的飞机其他部分，且加油口盖能有效封严，防止燃油外泄。加油口还必须具有搭接设施，使飞机能与地面加油设备有效搭接。

1.3 条款历史

第 25.973 条在 CCAR25 部初版首次发布，截至 CCAR - 25 - R4，该条款共修订过 2 次，如表 1 - 1 所示。

表 1 - 1　第 25.973 条条款历史

第 25.973 条	CCAR25 部版本	相关 14 CFR 修正案	备　注
首次发布	初版	25 - 40	
第 1 次修订	R2	25 - 72	
第 2 次修订	R4	25 - 115	

① 应为"部分"，原条款如此。——编注

1.3.1 首次发布

1985年12月31日发布了CCAR25部初版,其中包含第25.973条,该条款参考了14 CFR修正案25-40的内容。14 CFR修正案25-40增加了§25.973(d)的要求。

1.3.2 第1次修订

1995年12月18日发布的CCAR-25-R2对第25.973条进行了第1次修订,本次修订参考了14 CFR修正案25-72的内容:删除了原§25.973(a)。

1.3.3 第2次修订

2011年11月7日发布的CCAR-25-R4对第25.973条进行了第2次修订,本次修订参考了14 CFR修正案25-115的内容:删除原§25.973(d)中"除压力加油点外"的文字。

2 条款解读

2.1 条款要求

第25.973(b)款是加油口接头的排液要求。第25.973(c)款是对加油口盖密封件的要求。第25.973(d)款是加油点电搭接的要求。

2.2 相关条款

第25.973条无相关的条款。

3 验证过程

3.1 验证对象

第25.973条的验证对象为燃油系统。

3.2 符合性验证思路

针对第25.973(b)款,说明压力加油接头的布置可防止燃油流入油箱外飞机的任何部分;且每个能明显积存燃油的凹型加油口接头,有放液嘴,其排放液应能避开飞机各个部分。

针对第25.973(c)款,说明每个加油口盖有耐燃油密封件。

针对第25.973(d)款,说明每一加油点有电搭接措施。

3.3 符合性验证方法

通常,针对第25.973条的符合性验证方法如表3-1所示。

3.4 符合性验证说明

3.4.1 第25.973(b)款符合性验证说明

针对第25.973(b)款,采用的符合性验证方法包括MOC1,验证具体工作如下:在燃油系统设计描述中说明燃油箱加油口接头能防止燃油流入油箱外飞机的任何

表 3 - 1　建议的符合性方法

条　款　号	专　业	符 合 性 方 法										备　注
		0	1	2	3	4	5	6	7	8	9	
第 25.973(b)款	燃　油		1									
第 25.973(c)款	燃　油		1						7			
第 25.973(d)款	燃　油		1						7			

部分。例如,压力加油接头包括一个转接头和一个接头口盖。转接头内部安装了弹簧提升阀,作为加油的入口阀。在通常情况下,提升阀是常闭的,阻止燃油从加油总管经加油接头向外反流;当地面加油车的加油插头插入加油接头时,提升阀被打开,随着加油完成,加油车的加油插头拔出,提升阀重新自动关闭密封,允许加油插头在插入或离开加油接头时有很少的燃油溢出;加油接头上带有口盖,当提升阀发生故障时,可以防止燃油从加油管路中向外溢出。

　　压力加油接头在断开地面油车的连接后能够实现自密封,当加油接头的自密封失效时,加油接头上的口盖能防止燃油溢出,不会在加油口处积存燃油。

　　3.4.2　第 25.973(c)款符合性验证说明

　　针对第 25.973(c)款,采用的符合性验证方法包括 MOC1 和 MOC7,各项验证具体工作如下:

　　1) MOC1 验证过程

　　在燃油系统设计描述中说明每个加油口盖有耐燃油密封件。例如,压力加油口盖和重力加油口盖与口座之间均有耐燃油的密封胶圈。

　　2) MOC7 验证过程

　　通过燃油系统机上检查,确认压力加油口和重力加油口的口盖与口座之间均有密封胶圈。

　　3.4.3　第 25.973(d)款符合性验证说明

　　针对第 25.973(d)款,采用的符合性验证方法包括 MOC1 和 MOC7,各项验证具体工作如下:

　　1) MOC1 验证过程

　　在燃油系统设计描述中说明每一加油点均有使飞机与地面加油设备电气搭铁的设施。例如,在压力加油接头附近设有压力加油电搭接点,重力加油口附近有接地插座。

　　2) MOC7 验证过程

　　通过燃油系统机上检查,确认压力加油口和重力加油口附近皆有电搭接插座,且距离适合,便于操作。

3.5　符合性文件清单

　　通常,针对第 25.973 条的符合性文件清单如表 3 - 2 所示。

表 3-2 建议的符合性文件清单

序　号	符 合 性 报 告	符合性方法
1	燃油系统设计描述	MOC1
2	燃油系统机上检查大纲	MOC7
3	燃油系统机上检查报告	MOC7

4 符合性判据

针对第 25.973(b)款,加油口接头的布置可防止燃油流入油箱外飞机的任何部分,且不会积存燃油或者每个能明显积存燃油的凹型加油口接头,有放液嘴,其排放液应能避开飞机各个部分。

针对第 25.973(c)款,每个加油口盖有耐燃油密封件。

针对第 25.973(d)款,每一加油点有电搭接措施。

参考文献

[1] 14 CFR 修正案 25-40 Airworthiness Review Program,Amendment No. 4:Powerplant Amendments [S].

[2] 14 CFR 修正案 25-72 Special Review:Transport Category Airplane Airworthiness Standards [S].

[3] 14 CFR 修正案 25-115 Miscellaneous Flight Requirements;Powerplant Installation Requirements;Public Address System;Trim Systems and Protective Breathing Equipment;and Powerplant Controls [S].

[4] FAA. AC25.981-1C Fuel Tank Ignition Source Prevention Guidelines [S]. 2008.

运输类飞机适航标准 第25.975条符合性验证

1 条款介绍

1.1 条款原文

第25.975条 燃油箱的通气和汽化器蒸气的排放

(a) 燃油箱的通气 每个燃油箱必须从膨胀空间的顶部通气,以便在任何正常飞行情况下都能有效地通气。此外,应满足下列要求:

(1) 每个通气口的位置必须能避免被污物或结冰堵塞;

(2) 每个通气口的位置必须能防止正常运行时产生燃油虹吸;

(3) 在下列情况下,通气量和通气压力必须使燃油箱内外压差保持在可接受的范围内:

(i) 正常飞行;

(ii) 最大升、降速率;

(iii) 压力加油和抽油(如果适用)。

(4) 对于出口互相连通的油箱,其膨胀空间必须相互连通;

(5) 飞机处于地面姿态或水平飞行姿态时,任何通气管路中都不得有会积水的部位,如果具有放液设施则除外;

(6) 通气或放液设施的终端不得位于下列各处:

(i) 从通气管出口排出的燃油会引起着火危险之处;

(ii) 油气可能进入载人舱之处。

(b) 汽化器蒸气的排放 每个具有蒸气消除器接头的汽化器,必须有排放管将蒸气引回到某一燃油箱内。此外,应满足下列要求:

(1) 每一排放系统必须具有防止被结冰堵塞的措施;

(2) 如果装有多个燃油箱,并且各燃油箱的使用必需按一定顺序,则必须将每根蒸气排放回输管引回到供起飞着陆用的燃油箱。

1.2 条款背景

第25.975条是对燃油箱的通气和汽化器蒸气的排放的要求,目的是确保在飞机所有预期运行条件下,燃油箱能有效通气,保证燃油箱内外压差在可以接受的范围,并需防止危险量的燃油从通气口溢出。

1.3　条款历史

第25.975条在CCAR25部初版首次发布,截至CCAR-25-R4,该条款未进行过修订,如表1-1所示。

表1-1　第25.975条条款历史

第25.975条	CCAR25部版本	相关14 CFR修正案	备　注
首次发布	初版	—	

1985年12月31日发布了CCAR25部初版,其中包含第25.975条,该条款参考1964年12月24日发布的14 CFR PART 25中的§25.975的内容制定。

2　条款解读

2.1　条款要求

第25.975(a)款是对燃油箱通气的要求,任何正常飞行情况下都能有效地通气,通气量和通气压力必须使燃油箱内外压差保持在可接受的范围内,以避免损坏油箱;通气口的布置必须能防止被污物或结冰堵塞,且能防止正常运行时产生的燃油虹吸,此外还应防止可能由通气口排出或溢出的燃油引起着火危险,或者流入飞机载人舱。对于出口互相连通的油箱,其膨胀空间必须相互连通。飞机处于地面姿态或水平飞行姿态时,任何通气管路中都不得存有积水。第25.975(b)款是对汽化器蒸气的排放的要求,必须有排放管将蒸气引回到燃油箱内。第25.975(b)款,一般是对活塞发动机飞机的要求,故本文后续章节将不针对此款进行说明。

2.2　相关条款

第25.975条无相关的条款。

3　验证过程

3.1　验证对象

第25.975条的验证对象为燃油系统。

3.2　符合性验证思路

针对第25.975(a)款,说明燃油系统设计中,每个燃油箱膨胀空间的顶部设置有通气管,出口互相连通的各油箱通气管均相互连通,可以在任何正常飞行情况下都能有效地通气。每个通气口的位置能避免被污物或结冰堵塞;每个通气口的位置能防止正常运行时产生燃油虹吸;通气量和通气压力可以保证燃油箱内外压差保持在燃油箱可接受的范围内;通气管路中设计有排液嘴,可以排除可能的积水;通气或放液设施的终端,不会引起着火危险,不会使油气进入载人舱。

3.3 符合性验证方法

通常,针对第 25.975 条的符合性验证方法如表 3-1 所示。

表 3-1 建议的符合性方法

条 款 号	专 业	符 合 性 方 法										备 注
		0	1	2	3	4	5	6	7	8	9	
第 25.975(a)(1)项	燃 油		1					6				
第 25.975(a)(2)项	燃 油		1					6				
第 25.975(a)(3)项	燃 油		1				5	6				
第 25.975(a)(4)项	燃 油		1									
第 25.975(a)(5)项	燃 油		1						7			
第 25.975(a)(6)项	燃 油		1									

3.4 符合性验证说明

3.4.1 第 25.975(a)(1)项符合性验证说明

针对第 25.975(a)(1)项,采用的符合性验证方法包括 MOC1 和 MOC6,各项验证具体工作如下:

1) MOC1 验证过程

在燃油箱设计描述中说明任何正常飞行情况下都能有效地通气。例如,说明机翼油箱外侧设计有通气浮子阀与通气油箱相连,通气浮子阀安装在机翼油箱最外侧肋的顶部,确保飞机在任何正常飞行情况下能有效地通气。机翼油箱内侧通过主通气管路与通气油箱相连,主通气管路在机翼翼根处分为两个支路,一个支路确保向油箱靠近中央翼部分通气,一个支路确保向油箱机翼翼根处通气。两个支路的通气出口设置在油箱的顶部。两个支路的通气出口对角设置,确保飞机在各种飞行姿态下,燃油箱至少有一个通气入口是畅通的。所以,燃油箱通气系统设计确保了每个燃油箱均能从膨胀空间的顶部通气,确保飞机在任何正常飞行情况下能有效地通气。

机翼油箱内侧两个支路的通气出口设置在油箱的顶部,降低了燃油进入通气管路的概率,每个支路的通气管出口直径都小于主通气管直径的设计,可以防止进入支路的杂物堵塞主通气管;机翼油箱外侧通气浮子阀安装在最外侧肋的顶部,且通气浮子阀能阻止机翼油箱燃油流向通气油箱;通气管浮子排液阀安装在主通气管路的最低点处,当油面下降浮子排液阀露出油面时,浮子随液面下降开启阀门,使可能进入通气管路的燃油和水分等液体排回至油箱;当油面上升浮子排液阀浸入油面时,浮子随液面上升关闭排漏阀,防止燃油进入通气管路溢至通气油箱,浮子排液阀的设置可以有效防止油液和水分滞留通气管路并结冰堵塞;NACA 通气口安装在通气油箱的下壁板,NACA 通气口的布置位置能有效避免被污物或结冰堵塞,NACA 口每个火焰抑制器设有旁通阀,在火焰抑制器堵塞情况下,旁通阀打开,确保燃油箱通气。

2) MOC6 验证过程

通过燃油箱通气系统试飞,表明在试验过程中通气口没有被污物或结冰堵塞。

3.4.2 第 25.975(a)(2)项符合性验证说明

针对第 25.975(a)(2)项,采用的符合性验证方法包括 MOC1 和 MOC6,各项验证具体工作如下:

1) MOC1 验证过程

在燃油箱设计描述中说明通气口的位置必须能防止正常运行时产生燃油虹吸。例如,机翼油箱内侧两个支路的通气出口设置在油箱的顶部,防止燃油虹吸和溢出;机翼油箱外侧通气浮子阀安装在最外侧肋的顶部,且通气浮子阀能阻止机翼油箱燃油流向通气油箱;NACA 口和火焰抑制器的垂直安装设计及机翼上反角的设计,在正常运行情况下,不会由通气口产生燃油虹吸。

2) MOC6 验证过程

通过燃油箱通气系统试飞,表明在试验过程中通气口没有产生燃油虹吸。

3.4.3 第 25.975(a)(3)项符合性验证说明

针对第 25.975(a)(3)项,采用的符合性验证方法包括 MOC1、MOC5 和 MOC6,各项验证具体工作如下:

1) MOC1 验证过程

在燃油箱设计描述中说明通气量和通气压力必须使燃油箱内外压差保持在可接受的范围内。例如,说明在正常工作状态下,燃油箱内外压差保持范围;在压力加油切断装置失效油箱溢油故障状态下,燃油箱内外压差保持在范围。NACA 口上安装了火焰抑制器,每个火焰抑制器设有旁通阀,在火焰抑制器堵塞情况下,旁通阀打开,保证燃油箱内外的压差在结构允许的范围内;主通气管路除满足油箱通气的要求外,在加油切断阀失效的故障状态下,提供足够的排油能力,燃油经过主通气管路排出,保证燃油箱的内外压差在结构允许的范围以内。

2) MOC5 验证过程

通过吸力放油地面试验、压力加油系统及冲击压力地面试验,表明压力加油和抽油时,燃油箱内气压均满足设计要求。

3) MOC6 验证过程

通过燃油箱通气系统试飞,表明在飞机正常飞行,最大爬升和最大下降时,燃油箱内气压变化平稳,满足设计要求。

3.4.4 第 25.975(a)(4)项符合性验证说明

针对第 25.975(a)(4)项,采用的符合性验证方法包括 MOC1,验证具体工作如下：在燃油箱设计描述中说明出口互相连通的油箱,其膨胀空间必须相互连通。例如,燃油箱内顶部上壁板所有的肋和长桁等都设有通气孔,保证了油箱各隔间膨胀空间的串通。

3.4.5　第 25.975(a)(5)项符合性验证说明

针对第 25.975(a)(5)项,采用的符合性验证方法包括 MOC1 和 MOC7,各项验证具体工作如下:

1) MOC1 验证过程

在燃油箱设计描述中说明飞机处于地面姿态或水平飞行姿态时,任何通气管路中都不得有会积水的部位。例如,主通气管路的最低点处安装了通气管路浮子排液阀,当油面上升时,通气管路浮子排液阀关闭,防止燃油进入通气管路;当油面下降时,通气管路浮子排液阀打开,使可能进入通气管路的燃油排出。

2) MOC7 验证过程

通过燃油系统机上检查,确认:

(1) 通气管路无多处高低起伏布置,不存在易积水的部位。

(2) 通气管路最低点设有浮子排液阀。

3.4.6　第 25.975(a)(6)项符合性验证说明

针对第 25.975(a)(6)项,采用的符合性验证方法包括 MOC1,验证具体工作如下:在燃油箱设计描述中说明通气口的布置可防止可能由通气口排出或溢出的燃油引起着火危险,或者流入飞机载人舱。例如,NACA 口集成有火焰抑制器,NACA 通气口外侧的闪电或者火花不会导致通气油箱着火的危险;NACA 气口的位置距离机身很远,从 NACA 口泄漏的燃油蒸气不会进入载人舱。

3.5　符合性文件清单

通常,针对第 25.975 条的符合性文件清单如表 3 - 2 所示。

表 3 - 2　建议的符合性文件清单

序　号	符 合 性 报 告	符合性方法
1	燃油系统设计描述	MOC1
2	燃油系统通气系统地面试验大纲	MOC5
3	燃油系统通气系统地面试验报告	MOC5
4	燃油系统通气系统试飞大纲	MOC6
5	燃油系统通气系统试飞报告	MOC6
6	燃油系统机上检查大纲	MOC7
7	燃油系统机上检查报告	MOC7

4　符合性判据

针对第 25.975(a)款,每个燃油箱膨胀空间的顶部设置有通气管,出口互相连通的各油箱通气管均相互连通,可以在任何正常飞行情况下都能有效地通气。每个通气口的位置能避免被污物或结冰堵塞;每个通气口的位置能防止正常运行时产生燃油虹吸;通气量和通气压力可以保证燃油箱内外压差保持在燃油箱可接受的范围内;通气管路中设计有排液嘴,可以排除可能的积水;通气或放液设施的终端,不会引起着火危险,不会使油气进入载人舱。

参考文献

[1]　FAA. AC25.1419 - 1A Certification of Transport Category Airplanes for Flight in Icing Conditions [S]. 2004.

运输类飞机适航标准 第25.977条符合性验证

1 条款介绍

1.1 条款原文

第25.977条 燃油箱出油口

(a) 燃油箱出油口或增压泵都必须装有符合下列规定的燃油滤网:

(1) 对于活塞发动机飞机,该滤网为8~16目/英寸;

(2) 对于涡轮发动机飞机,该滤网能阻止可能造成限流或损坏燃油系统任何部件的杂物通过。

(b) 〔备用〕

(c) 每个燃油箱出油口滤网的流通面积,必须至少是出油口管路截面积的5倍。

(d) 每个滤网的直径,必须至少等于燃油箱出油口直径。

(e) 每个指形滤网必须便于检查和清洗。

1.2 条款背景

第25.977条是对燃油箱出油口的要求,目的是保证在燃油系统中结冰或燃油箱中杂质不会导致燃油流量受阻或受限制,或造成燃油系统其他部件损坏。

1.3 条款历史

第25.977条在CCAR25部初版首次发布,截至CCAR-25-R4,该条款未进行过修订,如表1-1所示。

表1-1 第25.977条条款历史

第25.977条	CCAR25部版本	相关14 CFR修正案	备 注
首次发布	初版	25-11,25-36	

1985年12月31日发布了CCAR25部初版,其中包含第25.977条,该条款参考了14 CFR修正案25-11和25-36的内容。

14 CFR修正案25-11修订了§25.977,要求涡轮燃油系统的燃油箱出油口滤网的目数必须足够精细,以阻止可能造成限流或损坏燃油系统任何部件的杂物通过。涡轮燃油系统必须具有能够保证在主滤网被冰阻塞时不间断供油的备用措施。这个备用措施提供的对燃油系统部件的防护程度等同于主滤网所提供的防护程度。

14 CFR 修正案 25 - 36 修订了 §25.977,将本条款 §25.977(b) 关于结冰保护的要求移至新增的 §25.951(c) 中。

2　条款解读

2.1　条款要求

第 25.977(a) 款是对燃油箱出油口的要求,必须有滤网。第 25.977(c) 款是对出油口滤网流通面积的要求,必须至少是出油口管路截面积的 5 倍。第 25.977(d) 款是对出油口滤网直径的要求,必须至少等于燃油箱出油口直径。第 25.977(e) 款是对指形滤网的要求,必须便于检查和清洗。涡轮发动飞机燃油系统设计通常不再使用指形滤网。

2.2　相关条款

第 25.977 条无相关的条款。

3　验证过程

3.1　验证对象

第 25.977 条的验证对象为燃油系统。

3.2　符合性验证思路

针对第 25.977(a) 款,说明燃油箱出油口或增压泵装有燃油滤网:对于活塞发动机飞机,该滤网为 8～16 目/英寸;对于涡轮发动机飞机,该滤网能阻止可能造成限流或损坏燃油系统任何部件的杂物通过。

针对第 25.977(c) 款,说明每个燃油箱出油口滤网的流通面积,必大于出油口管路截面积的 5 倍。

针对第 25.977(d) 款,说明每个滤网的直径,大于或等于燃油箱出油口直径。

针对第 25.977(e) 款,说明每个指形滤网必须便于检查和清洗。

3.3　符合性验证方法

通常,针对第 25.977 条的符合性验证方法如表 3-1 所示。

表 3-1　建议的符合性方法

条　款　号	专　业	符合性方法										备　注
		0	1	2	3	4	5	6	7	8	9	
第 25.977(a) 款	燃　油		1						7			

条　款　号	专　业	符 合 性 方 法										备　注
		0	1	2	3	4	5	6	7	8	9	
第 25.977(c)款	燃　油		1									
第 25.977(d)款	燃　油		1									
第 25.977(e)款	燃　油		1						7			

3.4　符合性验证说明

3.4.1　第 25.977(a)款符合性验证说明

针对第 25.977(a)款,采用的符合性验证方法包括 MOC1 和 MOC7,各项验证具体工作如下:

1) MOC1 验证过程

在燃油系统设计描述中说明各燃油泵入口处和吸力供油口处均安装有滤网。对于活塞发动机飞机,需说明该滤网的规格在 8～16 目/英寸内;对于涡轮发动机飞机,需说明该滤网的滤通能力能阻止可能造成限流或损坏燃油系统任何部件的杂物通过。

2) MOC7 验证过程

通过燃油系统机上检查,确认直流电动泵、交流电动泵和吸力供油口燃油入口皆安装有足够滤通能力的滤网。

3.4.2　第 25.977(c)款符合性验证说明

针对第 25.977(c)款,采用的符合性验证方法包括 MOC1,验证具体工作如下:在燃油系统设计描述中说明滤网和泵出口管路的流通面积,并说明滤网流通面积为出油口管路截面积的 5 倍以上。

3.4.3　第 25.977(d)款符合性验证说明

针对第 25.977(d)款,采用的符合性验证方法包括 MOC1,验证具体工作如下:在燃油系统设计描述中说明滤网和燃油箱出油口的直径,并说明每个滤网的直径,大于或等于燃油箱出油口直径。

3.4.4　第 25.977(e)款符合性验证说明

针对第 25.977(e)款,若装有指形滤网,将采用的符合性验证方法包括 MOC1 和 MOC7,验证具体工作如下:

1) MOC1 验证过程

在燃油系统设计描述中说明每个指形滤网必须便于检查和清洗。

2) MOC7 验证过程

通过燃油系统机上检查,确认每个指形滤网是可达的。

3.5 符合性文件清单

通常,针对第 25.977 条的符合性文件清单如表 3-2 所示。

表 3-2 建议的符合性文件清单

序 号	符 合 性 报 告	符合性方法
1	燃油系统设计描述	MOC1
2	燃油系统机上检查大纲	MOC7
3	燃油系统机上检查报告	MOC7

4 符合性判据

针对第 25.977(a)款,燃油箱出油口或增压泵装有燃油滤网,对于活塞发动机飞机,该滤网在 8~16 目/英寸范围内;对于涡轮发动机飞机,该滤网能阻止可能造成限流或损坏燃油系统任何部件的杂物通过。

针对第 25.977(c)款,每个燃油箱出油口滤网的流通面积大于出油口管路截面积的 5 倍。

针对第 25.977(d)款,每个滤网的直径大于或等于燃油箱出油口直径。

针对第 25.977(e)款,每个指形滤网便于检查和清洗。

参考文献

[1] 14 CFR 修正案 25 - 11 Aircraft Propulsion System Design Requirements [S].
[2] 14 CFR 修正案 25 - 36 Aircraft and Aircraft Engines,Certification Procedures and Type Certification Standards [S].

运输类飞机适航标准
第 25.979 条符合性验证

1 条款介绍

1.1 条款原文

第 25.979 条 压力加油系统

对于压力加油系统,采用下列规定:

(a) 每一压力加油系统燃油歧管接头必须有措施,能够在燃油进口阀一旦失效时防止危险量的燃油从系统中溢出;

(b) 必须装有自动切断设施,用以防止每个油箱内的燃油量超过该油箱经批准的最大载油量。该设施必须满足下列要求:

(1) 在油箱每次加油前,能够检查切断功能是否正常;

(2) 在每个加油点处,当油箱达到经批准的最大装油量而切断装置未能切断油流时,应有指示。

(c) 必须具有在本条(b)规定的自动切断设施失效后,能防止损坏燃油系统的措施;

(d) 飞机压力加油系统(不包括燃油箱和燃油箱通气口)必须能承受的极限载荷,为加油时很可能出现的最大压力(包括波动压力)所引起载荷的 2 倍。必须按各油箱阀有意或无意关闭的任何组合来确定最大波动压力;

(e) 飞机抽油系统(不包括燃油箱和燃油箱通气口)必须能承受的极限载荷,为飞机加油接头处最大允许抽油压力(正或负)所引起载荷的 2 倍。

〔中国民用航空局 1995 年 12 月 18 日第二次修订〕

1.2 条款背景

第 25.979 条是对压力加油系统的要求,目的是保证压力加油系统能够在进口阀一旦失效在打开位时防止危险量的燃油溢出;能够控制每个油箱达到批准的最大加油量;以及能够防止压力加油系统加油或抽油时对燃油系统造成损坏。

1.3 条款历史

第 25.979 条在 CCAR25 部初版首次发布,截至 CCAR - 25 - R4,该条款共修订过 1 次,如表 1 - 1 所示。

表 1 - 1 第 25.979 条条款历史

第 25.979 条	CCAR25 部版本	相关 14 CFR 修正案	备　　注
首次发布	初版	25 - 11,25 - 38	
第一次修订	R2	25 - 72	

1.3.1 首次发布

1985 年 12 月 31 日发布了 CCAR25 部初版,其中包含第 25.979 条,该条款参考了 14 CFR 修正案 25 - 11 和 14 CFR 修正案 25 - 38 的内容。

14 CFR 修正案 25 - 11 修订了 §25.979:覆盖整个压力加油系统;取消参考燃油接近盖板;对防止超压损坏的措施有更全面的描述;要求该措施在加油系统的设计最大加油速度和压力下符合要求。

14 CFR 修正案 25 - 38 修订了 §25.979:增加(d)款和(e)款,明确对压力加油部件的最低设计要求。

1.3.2 第 1 次修订

1995 年 12 月 18 日发布的 CCAR - 25 - R2 对第 25.979 条进行了第 1 次修订,本次修订参考了 14 CFR 修正案 25 - 72 的内容,对 §25.979(b)(2)中的最大载油量进行了澄清和修订。

2 条款解读

2.1 条款要求

第 25.979(a)款是对压力加油系统接头的要求,防止燃油进口阀失效时溢出危险量的燃油。第 25.979(b)款是对压力加油系统自动切断措施的要求,在燃油箱加油超量时能自动切断加油。第 25.979(c)款是对压力加油系统自动切断措施失效后的要求,在燃油箱加油超量时能自动切断加油。第 25.979(d)款是对压力加油系统强度的要求。第 25.979(e)款是对抽油系统强度的要求。

2.2 相关条款

第 25.979 条无相关的条款。

3 验证过程

3.1 验证对象

第 25.979 条的验证对象为燃油系统。

3.2 符合性验证思路

针对第 25.979(a)款,需要说明压力加油系统燃油歧管接头能够在燃油进口阀一旦失效时防止危险量的燃油从系统中溢出。

针对第 25.979(b)款,需要说明压力加油系统自动切断设施,可以防止每个油箱内的燃油量超过该油箱经批准的最大载油量。

针对第 25.979(c)款,燃油箱的设计可以防止自动切断设施失效后,继续加油对燃油系统的损坏。

针对第 25.979(d)款和(e)款,需要表明压力加油系统和抽油系统能承受相应的极限载荷。

3.3 符合性验证方法

通常,针对第 25.979 条的符合性验证方法如表 3-1 所示。

表 3-1 建议的符合性方法

条 款 号	专 业	符 合 性 方 法										备 注
		0	1	2	3	4	5	6	7	8	9	
第 25.979(a)款	燃 油		1									
第 25.979(b)款	燃 油		1				5					
第 25.979(c)款	燃 油		1				5					
第 25.979(d)款	燃 油		1				5				9	
第 25.979(e)款	燃 油		1				5				9	

3.4 符合性验证说明

3.4.1 第 25.979(a)款符合性验证说明

针对第 25.979(a)款,采用的符合性验证方法包括 MOC1,验证具体工作如下:在燃油系统设计描述中说明加/放油接头的设计能防止燃油从加油管路中向外溢出。例如,加/放油接头上带有口盖,当进口阀发生故障时,能防止燃油从加油管路中向外溢出。

3.4.2 第 25.979(b)款符合性验证说明

针对第 25.979(b)款,采用的符合性验证方法包括 MOC1 和 MOC5,各项验证具体工作如下:

1) MOC1 验证过程

在燃油系统设计描述中说明压力加油系统自动切断设施,可以防止每个油箱内的燃油量超过该油箱经批准的最大载油量。例如,当燃油箱内的燃油达到预定的油量时,燃油量测量系统发出信号打开加油电磁阀,通过高油位浮子阀的控制端口控制浮子的浮起,从而关闭加油切断阀。当加油电磁阀自动切断失效后,燃油箱内的燃油液面上升到油箱最大装载油量时(高油位浮子阀安装处),浮子上升浮起,控制加油切断阀关闭,以防止加入的燃油超过该油箱经过批准的最大装载油量。在燃油箱每次加油前,当加油接头处有压力时,压力加油系统就对加油自动切断的功能进行预检,加/放油控制面板上的指示灯提供预检的确认,加油操作人员必须确认加/放油控制面板上加油切断阀关闭的指示灯点亮后才能开始加油操作。当油箱内的燃油量达到经批准的最大载油量而高油位浮子阀未能切断油流时,在加/放油控制面板上会出现相应的溢油指示,以提醒操作人员立刻停止加油操作。

2) MOC5 验证过程

通过燃油系统高油面指示地面试验,表明当油箱达到经批准的最大载油量而切断装置未能切断油流时,加油面板有相关指示。

3.4.3　第 25.979(c)款符合性验证说明

针对第 25.979(c)款,采用的符合性验证方法包括 MOC1 和 MOC5,各项验证具体工作如下:

1) MOC1 验证过程

在燃油系统设计描述中说明当油箱内的燃油量达到最大载油量仍未及时切断加油,燃油将会占据膨胀空间并从通气管路溢出至通气油箱,直至通气油箱油面高于通气口时而溢出机外,此过程不会对燃油系统造成损坏。

2) MOC5 验证过程

通过燃油系统压力加油切断阀失效地面试验,表明当油面至高油位而加油切断阀失效时,油面继续升高至通气管路通气口高度,可由通气管路经通气油箱向机外溢油。在试验中中央翼油箱气压、机翼外侧油箱气压、集油箱底部的油压和重力加油口盖处压力等均不超过设计限定压力值,满足设计要求。

3.4.4　第 25.979(d)款符合性验证说明

针对第 25.979(d)款,采用的符合性验证方法包括 MOC1、MOC5 和 MOC9,各项验证具体工作如下:

1) MOC1 验证过程

在燃油系统设计描述中说明压力加油系统工作最大压力值,加油时最大冲击压力值,压力加油系统极限压力设计超过工作最大压力的 2 倍。

2) MOC5 验证过程

通过燃油系统压力加油系统及冲击压力地面试验,表明在手动加油试验和自动加油试验中,系统最大冲击压力的 2 倍也均不超过压力加油系统设计限定值。

3) MOC9 验证过程

通过燃油系统压力加油系统加/放油接头、管路、阀门等部件的鉴定试验,确认压力加油系统加/放油接头、管路、阀门等部件可承受的最大加油压力值。

3.4.5　第 25.979(e)款符合性验证说明

针对第 25.979(e)款,采用的符合性验证方法包括 MOC1、MOC5 和 MOC9,各项验证具体工作如下:

1) MOC1 验证过程

在燃油系统设计描述中说明抽油系统工作最大压力值,加油时最大冲击压力值,抽油系统极限压力设计超过工作最大压力的 2 倍。

2) MOC5 验证过程

通过燃油系统吸力放油地面试验,表明在吸力放油地面试验中,系统最大冲击压力的 2 倍也均不超过设计限定值,满足设计要求。

3) MOC9 验证过程

通过燃油系统压力加油系统加/放油接头、管路、阀门等部件的鉴定试验,确认压力加油系统加/放油接头、管路、阀门等部件可承受的最大抽油压力值。

3.5 符合性文件清单

通常,针对第 25.979 条的符合性文件清单如表 3 - 2 所示。

表 3 - 2 建议的符合性文件清单

序 号	符 合 性 报 告	符合性方法
1	燃油系统设计描述	MOC1
2	燃油系统地面试验大纲	MOC5
3	燃油系统地面试验报告	MOC5
4	燃油系统设备鉴定综述报告	MOC9

4 符合性判据

针对第 25.979(a)款,压力加油系统燃油歧管接头能够在燃油进口阀一旦失效时防止危险量的燃油从系统中溢出。

针对第 25.979(b)款,压力加油系统自动切断设施可以防止每个油箱内的燃油量超过该油箱经批准的最大载油量。

针对第 25.979(c)款,燃油箱的设计可以防止自动切断设施失效后,继续加油对燃油系统的损坏。

针对第 25.979(d)款和(e)款,压力加油系统和抽油系统能承受相应的最大载荷的 2 倍。

参考文献

[1] 14 CFR 修正案 25 - 11 Aircraft Propulsion System Design Requirements [S].

[2] 14 CFR 修正案 25 - 38 Airworthiness Review Program, Amendment No. 3: Miscellaneous Amendments [S].

[3] 14 CFR 修正案 25 - 72 Special Review: Transport Category Airplane Airworthiness Standards [S].

运输类飞机适航标准
第25.981条符合性验证

1 条款介绍

1.1 条款原文

第25.981条 燃油箱点燃防护

（a）在可能由于燃油或其蒸气的点燃导致灾难性失效发生的燃油箱或燃油箱系统内的任一点不得有点火源存在。必须通过以下表明：

（1）确定燃油箱或燃油箱系统的最高温度低于预期燃油箱内燃油的最低自燃温度，并留有安全裕度。

（2）证实其内的燃油可能被点燃的每个油箱内，任何一处的温度不会超过本条（a）（1）确定的温度。如果某些部件的工作、失效或故障可能提高油箱内部的温度，则必须在每一部件所有可能的工作、失效和故障条件下验证本条。

（3）证实点火源不会由每个单点失效、每个单点失效与每个没有表明为概率极小的潜在失效条件的组合或者所有没有表明为极不可能的失效组合引起。必须考虑制造偏差、老化、磨损、腐蚀以及可能的损伤的影响。

（b）除本条（b）（2）和（c）规定的以外，一架飞机上每一燃油箱的机队平均可燃性暴露时间均不得超过本部附录N中定义的可燃性暴露评估时间（FEET）的3%，或所评估机型机翼燃油箱的可燃性暴露时间，取较大者。如果机翼不是传统的非加热铝制机翼，则必须在假定的、与传统的非加热铝制机翼油箱等效的基础上进行分析。

（1）机队平均可燃性暴露时间应按照本部附录N来确定。必须按照中国民用航空局适航部门认可的方法和程序进行评估。

（2）除主燃油箱以外，飞机上的任何燃油箱，只要有部分位于机身轮廓线以内，就必须满足本部附录M规定的可燃性暴露标准。

（3）本段用到的术语：

（i）等效的传统非加热铝制机翼燃油箱，是一个位于亚音速飞机非加热半硬壳式铝制机翼内的整体油箱，该机翼在气动性能、结构能力、油箱容量以及油箱构型上与所设计的机翼相当。

（ⅱ）机队平均可燃性暴露在本部附录 N 中定义,是指在一个机型机队运行的各个航段距离范围内,每个燃油箱的空余空间处于可燃状态的时间比例。

（ⅲ）主燃油箱指直接向一台或多台发动机供油,并且在每次飞行过程中持续保持所需燃油储备的燃油箱。

（c）本条（b）不适用于采用减轻燃油蒸气点燃影响措施的燃油箱,该措施使得燃油蒸气点燃所造成的损伤不会妨碍飞机继续安全飞行和着陆。

（d）必须建立必要的关键设计构型控制限制（CDCCL）、检查或其它程序,以防止依照本条（a）的燃油箱系统内形成点火源;油箱可燃性暴露时间超过本条（b）的允许值;以及按照本条（a）或（c）采用的任何措施的性能和可靠性的降低。这些 CDCCL、检查和程序必须纳入第 25.1529 条所要求的持续适航文件的适航限制部分。飞机上可预见的维修行为、修理或改装会危及关键设计构型控制限制的区域内,必须设置识别这些关键设计特征的可视化措施（如用导线的颜色编码识别隔离限制）。这些可视化措施也必须被认定为 CDCCL。

〔中国民用航空局 2011 年 11 月 7 日第四次修订〕

1.2　条款背景

第 25.981 条的目的是防止在飞机正常工作和失效情况下可能存在的热表面或其他潜在点火源出现,同时结合对燃油箱内可燃环境的控制,降低燃油箱的可燃暴露程度,防止灾难性的燃油箱爆炸事故发生。

1.3　条款历史

第 25.981 条在 CCAR25 部初版首次发布,截至 CCAR - 25 - R4,该条款共修订过 1 次,如表 1 - 1 所示。

表 1 - 1　第 25.981 条条款历史

第 25.981 条	CCAR25 部版本	相关 14 CFR 修正案	备　注
首次发布	初版	25 - 11	
第 1 次修订	R4	25 - 102,25 - 125	

1.3.1　首次发布

1985 年 12 月 31 日发布了 CCAR25 部初版,其中包含第 25.981 条,该条款参考 FAA 发布的 14 CFR 修正案 25 - 11 所增加的 §25.981 的内容制定。

1967 年,FAA 发布 14 CFR 修正案 25 - 11,新增 §25.981,要求制定燃油箱内允许的最高温度,以防止自燃。

1.3.2　第 1 次修订

2011 年 11 月 7 日发布的 CCAR - 25 - R4 对第 25.981 条进行了第 1 次修订,

本次修订参考了 FAA 发布的 14 CFR 修正案 25‑102 和修正案 25‑125 的内容：

（1）将原条(a)款和(b)款的要求体现在(a)(1)项和(a)(2)项中。

（2）新增(a)(3)项，要求排除点火源。

（3）新增(b)款，要求降低燃油箱内的可燃蒸气。

（4）新增(c)款，要求减少点燃可燃蒸气的影响。

（5）新增(d)款，要求在§25.1529"持续适航文件"要求的适航限制部分中给出关键设计构型控制限制(CDCCL)、检查或其他程序，防止燃油箱系统内形成点火源。并且，要求在 CDCCL 区域内设置用于维修等的可视化措施。

2001 年，FAA 发布的 14 CFR 修正案 25‑102，要求在各种失效情况下燃油箱内不得出现点火源；同时，要求申请人须针对点火源防护相关的设计特征制定关键设计构型控制限制(CDCCL)并制定与安全性相关关键的检查和维护指令，并纳入持续适航文件对燃油箱系统的适航限制章节中；此外，还提议采取可行措施降低燃油箱可燃性或者点燃后可防止灾难性损伤发生的措施。

2008 年，FAA 发布的 14 CFR 修正案 25‑125，再次对§25.981 进行修订，并在 25 部中新增附录 M 和附录 N。强化对燃油箱内可燃环境的控制，明确提出了燃油箱可燃暴露程度可接受的、具体的量化指标和分析方法；对于可燃暴露超标的燃油箱设计，要求通过显著降低燃油箱暴露在可燃蒸气环境中的程度，实施降低可燃性的措施(FRM)或有效减轻点燃影响的措施(IMM)。

2　条款解读

2.1　条款要求

燃油系统包括处于燃油箱结构或燃油箱系统内的任何部件，及那些连接、穿透或位于燃油箱内的任何其他飞机结构或系统部件。

需防止油箱内及邻近部位存在可能点燃油箱内燃油蒸气的热表面，即燃油箱内的最高温度应低于预定使用的燃油的自燃温度，并留有一定的安全余量。JET A 航空煤油的自燃温度为 435°F，而 JP4 为 468°F，一般规定燃油箱内最高温度不超过 400°F，即留有 30~50°F 的安全余量。

应防止由于燃油箱内或临界部位燃油系统的单故障、潜在故障以及组合故障导致形成点火源。

在点火源防护基础上，进一步强化对燃油箱内可燃环境的控制，并明确要求降低燃油箱可燃性至可接受的水平(定量指标 3%)，通过显著降低飞机燃油箱内无油空间中可燃油气混合气的可燃性或有效减轻点燃后对飞行安全的影响，从根本上解决燃油箱防爆安全的问题。

必须制定 CDCCL 和强制性维护、检查措施，防止降低可燃性措施(FRM)、点火源防护措施及减轻点燃影响的措施(IMM)的性能退化和可靠性降低。

第 25.981(c)款明确第 25.981(b)款不适用于采用减轻燃油蒸气点燃影响措施的燃油箱。考虑到现有技术水平,运输类飞机均未采用减轻燃油蒸气点燃影响措施,故本文后续章节将不针对第 25.981(c)款进行说明。

2.2 相关条款

与第 25.981 条相关的条款如表 2-1 所示。

表 2-1 第 25.981 条相关条款

序 号	相关条款	相 关 性
1	第 25.901 条	第 25.901(c)款动力装置安装要求:确认任何单个失效或故障或可能的失效组合都不会危及飞机的安全运行
2	第 25.954 条	第 25.954 条燃油系统的闪电防护要求:燃油系统的设计和布局,必须防止因遭受闪电的影响而点燃系统内的燃油蒸气
3	第 25.1529 条	第 25.1529 条持续适航文件要求:申请人必须根据本部附录 H 编制适航当局可接受的持续适航文件。持续适航文件必须包含标题为适航限制的部分,该部分必须规定对燃油箱系统的每一个强制性的更换时间、结构检查时间间隔以及所有关键设计构型控制限制
4	第 25.1705 条	第 25.1705 条系统和功能:EWIS(b)款:对于适用第 25.981 条的系统,EWIS 的部件及相关的这些系统必须被视为该系统的一个组成部分,并且必须表明对该系统对第 25.981 条的符合性

3 验证过程

3.1 验证对象

第 25.981 条的验证对象为燃油系统。

3.2 符合性验证思路

针对第 25.981(a)(1)项,采用设计描述文件说明燃油系统适用的燃油类型,且在各种情况下燃油箱或燃油箱系统的最高温度不超过 $400°F$,满足温度限制要求。

针对第 25.981(a)(2)项和(a)(3)项,按燃油箱周围各系统分工,各系统分别完成点火源关系梳理;针对所确定的点火源及其对应的失效模式,梳理对应的防护设计特征,完成定性/定量安全性评估;针对所确定的点火源及其对应的失效模式,建立导致点火源失效对应的故障树;针对每一种可能导致燃油箱内出现点火源的失效,确认防护设计特征的独立性。

针对第 25.981(b)款,通过设计描述文件等说明惰化系统的设计、构造可以有效地控制燃油箱可燃性水平。对于外翼油箱,通常通过分析说明外翼油箱为传统的非加热铝质机翼油箱表明外翼油箱的符合性。针对位于机身轮廓内的燃油箱的可燃性的符合性,通过蒙特卡罗分析,结合惰化系统的降低可燃性措施(FRM)模型,按照附录 N 的要求验证中央翼燃油箱的机队平均可燃性暴露时间不超过附录 M 定义的数值,并利用试验数据对模型中的参数进行验证。

针对第 25.981(d)款,针对每一种导致点火源的失效,确认防护设计特征的独立性受磨损、老化、腐蚀及可能损伤等影响的情况;确认可能导致燃油箱可燃性暴露水平超过第 25.981(b)款规定的影响因素。制定 CDCCL、检查或其他程序。

3.3 符合性验证方法

通常,针对第 25.981 条的符合性验证方法如表 3-1 所示。

表 3-1   建议的符合性方法

条 款 号	专 业	符合性方法										备 注
		0	1	2	3	4	5	6	7	8	9	
第 25.981(a)(1)项	燃油系统		1									
第 25.981(a)(2)项	惰化系统		1		3						9	
第 25.981(a)(3)项	惰化系统		1	2	3	4			7		9	
第 25.981(b)款	惰化系统		1	2				6			9	
第 25.981(d)款	惰化系统		1	2	3				7			
第 25.981(a)(2)项	燃油系统		1	2	3						9	
第 25.981(a)(3)项	燃油系统		1	2	3	4			7		9	
第 25.981(d)款	燃油系统		1						7			
第 25.981(a)(2)项	EWIS		1		3						9	
第 25.981(a)(3)项	EWIS		1		3				7		9	
第 25.981(d)款	EWIS		1						7			
第 25.981(a)(2)项	液压系统		1	2	3						9	
第 25.981(a)(3)项	液压系统		1		3	4			7			
第 25.981(d)款	液压系统		1		3				7			
第 25.981(a)(3)项	结构		1	2	3	4			7			
第 25.981(d)款	结构		1	2	3				7			
第 25.981(a)(2)项	空调系统		1								9	
第 25.981(a)(3)项	空调系统		1		3							
第 25.981(d)款	空调系统		1						7			
第 25.981(a)(2)项	气源系统		1								9	
第 25.981(a)(3)项	气源系统		1		3							
第 25.981(d)款	气源系统		1						7			
第 25.981(a)(2)项	防冰系统		1								9	
第 25.981(a)(3)项	防冰系统		1		3							
第 25.981(d)款	防冰系统		1						7			
第 25.981(a)(2)项	照明系统		1		3						9	
第 25.981(a)(3)项	照明系统		1		3							

（续表）

条 款 号	专 业	符 合 性 方 法										备 注
		0	1	2	3	4	5	6	7	8	9	
第 25.981(d)款	照明系统		1						7			
第 25.981(a)(2)项	飞控系统		1								9	
第 25.981(a)(3)项	飞控系统		1								9	
第 25.981(d)款	飞控系统		1						7			
第 25.981(a)(2)项	高升力系统		1								9	
第 25.981(a)(3)项	高升力系统		1								9	
第 25.981(d)款	高升力系统		1						7			
第 25.981(a)(2)项	起落架系统		1	2							9	
第 25.981(a)(3)项	防火系统				3							

3.4 符合性验证说明

3.4.1 第 25.981(a)款符合性验证说明

1) MOC1 验证过程

通过设计描述文件等说明燃油箱和燃油箱系统内可能出现的最高温度目前定为 400℉。燃油系统适用的燃油类型为 JETA、JETA-1 和 3 号喷气燃料,在各种情况下燃油箱或燃油箱系统的最高温度不超过 400℉,满足温度限制要求。

燃油箱系统内部区域,包括燃油箱结构、EWIS、燃油系统、惰化系统、液压系统,分别从设计安全性和安装两个方面进行考虑,确保不会在油箱内出现点火源和超过 400 ℉的高温。燃油箱内能产生热量的部件通常包括:交流电动泵、直流电动泵以及布置在油箱内的液压系统热交换器和液压管路等。通过液压系统热分析,在导致热交换器内油温上升最严酷的情况下,液压系统处于油箱内的热交换器和管路的表面温度在各种情况下均不会超过 400℉。对于直流电动泵和交流电动泵,通常通过如下设计特征来保证其温度不会超温。

(1) 交流电动泵采用了 400 Hz,三相供电电流下两极工作运转的特征,若缺失一相供电,泵就不会运转,保证了泵和线缆不会过热。

(2) 直流电动泵和交流电动泵均通过特殊的设计保证了泵筒外壁温度任何时刻都不会超过 400℉,其中交流电动泵是通过加装热熔丝来实现,直流电动泵是通过加装热保护复位器来保证不会超温。同时,任意一个泵的这些装置失效后就会触发发动机指示和机组告警系统(EICAS)显示告警信息。

(3) 燃油泵叶片采用铝合金机加而成,表面阳极化以提高耐腐蚀能力,这种叶片在轴承破坏和机械磨损的故障状态下也不会产生不安全升温。

(4) 燃油泵叶片作为唯一没有包括在防爆区域内的油泵传递能量的部件,即使在极度失效情况下,叶片也不会产生火花,导致不安全状况。

（5）燃油泵电机采用碳衬套轴承以提高寿命和干运转能力，泵的干运转操作基于 MIL-P-5238 设计。直流电动泵和交流电动泵均为满足防爆要求的部件。

（6）燃油泵供电线路与测量系统线缆采用分离设计，即泵供电电缆系统布置在油箱外。通过设备鉴定试验验证，保证了交流电动泵和直流电动泵温度不会超温。

燃油箱系统外部区域，主要考虑燃油箱周围系统在正常及失效状态下对燃油箱壁面造成的加热影响，确保燃油箱不会超过 400°F 的高温。通常涉及的系统包括空调系统、气源系统、机翼防冰系统、照明系统、主飞控系统、高升力系统、起落架系统、液压系统和油箱外部附近的电缆。燃油箱系统外的部件（包括燃油箱附近所有和燃油箱没有直接接触的电缆、设备、管路等），按照"电弧、电火花""摩擦火花""细丝加热""热表面"四种失效影响梳理可能导致点火源的设备及相应的失效模式，确认系统设计以将点火源出现的概率减至最低。

对于燃油箱结构的闪电防护，由于燃油箱结构闪电防护特征的失效，如帽形密封件的脱胶和松动，以及紧固件与蒙皮结构连接的破损等为潜在失效，无法通过安装监控设备及时发现失效，也无法通过定期检查保持闪电防护特征的持续有效，因此目前的技术水平无法使飞机燃油箱结构设计完全符合第 25.981(a)(3) 项要求，通常需对燃油箱结构闪电防护设计申请豁免。

2）MOC2 验证过程

分析确认燃油系统及燃油箱周围各系统的设计防护特征的状态，对于部分点火源防护设计特征，通过分析的方法表明足以防止燃油系统内出现点火源。

3）MOC3 验证过程

对飞机燃油箱系统内及其周围可能的点火源进行清理，针对每一种可能导致燃油箱内出现点火源的失效，确认防护设计特征的独立性：

（1）确认不会因单一失效导致点火源。

（2）确认不会因单一失效与单个潜在失效（不是概率极小的）组合导致点火源（此步骤同时为 CCMR 项目确定提供输入）。

（3）确认所有可能导致点火源的每一失效组合的发生概率小于 1×10^{-9}。

针对潜在点火源进行点燃防护安全性分析和评估，可能存在的点火源示例如表 3-2 所示。

表 3-2　燃油箱潜在点火源示例

位　置	潜 在 点 火 源	相 关 系 统
油箱内	直流电动泵、交流电动泵（没有供电线缆进入油箱）	燃油系统
	燃油量测量系统	
	燃油切断阀	
	管路及部件的电搭接	
	液压热交换器及管路	液压系统

（续表）

位　　置	潜 在 点 火 源	相 关 系 统
油箱外	引气防冰系统管路	空调、气源、防冰系统
	布置在油箱附近的作动器等一些运动部件	起落架系统
		飞控系统
		高升力系统
	照明系统的着陆灯等	照明系统
	油箱周围线缆的布置和保护	EWIS
	燃油箱周围的过热探测线	防火系统
	惰化系统热交换器等	惰化系统
环境	油箱结构、部件的闪电效应、EMI/HIRF 等	结构

　　根据对潜在点火源防护的分析评估结果，表明除燃油箱结构闪电防护特征外，处于燃油箱系统内及其周围的各系统及部件满足燃油箱安全性要求。

　　4）MOC4 验证过程

　　对防止产生点火源的防护特征有效性进行实验室试验确认，典型的，如进行燃油泵供电线路接地故障中断继电器短路试验。在室温下通过模拟燃油泵供电线路发生接地故障的方法，在分别接入 GFI 和普通继电器的条件下，对模拟燃油泵负载输入端进行对地短路试验，通过对比分析以证明所选 GFI 具有快速响应的特性。试验选取 A 相负载供电电缆上的 3 个典型点（GFI 输出端、GFI 输出线路中间点和燃油泵输入端）模拟短路。试验结果表明可燃液体泄漏区（左、右燃油箱附近）的燃油泵供电线路处于本次试验电路的中间点和燃油泵输入端之间，此区间的保护特性完全满足试验大纲判据要求，具备快速响应的特性。安装有 GFI 的燃油泵供电电路保护系统的设计能够满足燃油系统的设计要求。

　　对所有点火源防护设计特征的有效性进行验证，确认燃油箱内的各系统部件和典型安装不会出现点火源。考虑因闪电产生的点火能量导致燃油箱点燃，并考虑各种可能导致点火源的故障及故障组合。

　　5）MOC7 验证过程

　　检查所有与燃油箱点火源防护相关的设计特征及其安装，确认与用于表明条款符合性的设计特征的一致性，且不存在不安全状态；对所制定维修任务对应的部件可达性进行确认。

　　6）MOC9 验证过程

　　对处于燃油箱内或燃油箱周围的各设备进行设备合格鉴定，通过如 DO‐160 中第 9 章爆炸大气试验，燃油泵干转试验等表明所有设备是防爆安全的。

3.4.2　第 25.981(b)款符合性验证说明

1) MOC1 验证过程

通过惰化系统设计描述文件等说明惰化系统的设计、构造可以对燃油箱充入合适浓度的富氮气体,以有效地控制燃油箱可燃性水平。

2) MOC2 验证过程

对于位于机身轮廓线内的燃油箱,通过基于 FAA 发布的蒙特卡罗计算程序,采用通过飞行试验验证后的惰化系统的燃油箱可燃性模型和燃油箱热模型计算燃油箱可燃暴露率,确认燃油箱可燃性暴露水平满足条款要求。

对于机翼金属燃油箱,通过分析说明其等效为传统非加热铝质机翼油箱。

对于非金属机翼燃油箱,若无法表明其可等效为传统非加热铝质机翼油箱。则也需采用蒙特卡罗计算程序,证明机翼燃油箱的可燃性暴露水平满足条款要求。

3) MOC6 验证过程

按典型飞行任务剖面飞行,分别在常温(地面大气温度 15℃±5℃)和热天(地面大气温度高于 27℃)条件下进行短航程和长航程剖面飞行。采集燃油温度、燃油箱壁面温度等参数,即通过试飞的结果证明燃油箱热模型的合理性、有效性与正确性。

进行燃油箱氧气浓度飞行试验,通过布置在燃油箱内的氧气浓度采集传感器采集在不同飞行包线下,燃油箱内的氧气浓度数值,验证蒙特卡罗分析所需的燃油箱可燃性模型的准确性。

进行惰化系统功能验证试验,确认惰化系统的工作状态及工作情况,验证其能在各种预期的运行条件下,满意地工作。

4) MOC9 验证过程

对惰化系统部件进行设备合格鉴定,确认惰化系统设备满足相应的环境设备鉴定等级的试验要求,惰化系统该部件可在预期的运行环境下可靠地工作。

3.4.3　第 25.981(d)款符合性验证说明

1) MOC1 验证过程

通过设计描述文件表明燃油系统制定了相应的适航性限制,具体包括关键设计构型控制限制、程序和必要的检查。

2) MOC2 验证过程

分析确认燃油系统内部/外部防止点火源产生的多重设计裕度以及可靠的检查维护程序,以保证设计特征的保护。

3) MOC3 验证过程

为防止燃油箱系统点火源的形成,保证设计特征的完整性,通过对安全性评估结果的梳理,将关键点火源防护特征定义为关键设计构型控制限制项目(CDCCL)。为保证点火源防护的关键构型设计特征等的有效性和完整性,通过分析产生相应的维修任务,对点火源防护特征进行定期的检查和维护。将关键设计构型控制限制项目(CDCCL)及对点火源防护特征进行定期的检查和维护纳入持续适航文件的适航限制部分(ALS)。

4) MOC7 验证过程

进行机上检查,对所制定维修任务所对应部件的可达性、可实施性进行确认。

3.5　符合性文件清单

通常,针对第 25.981 条的符合性文件清单如表 3-3 所示。

表 3-3　建议的符合性文件清单

序　号	符 合 性 报 告	符合性方法
1	惰化系统描述文档	MOC1
2	惰化系统设备合格鉴定试验大纲	MOC9
3	惰化系统设备合格鉴定试验报告	MOC9
4	惰化系统点火源防护安全性评估	MOC3
5	燃油箱可燃性蒙特卡罗计算分析报告	MOC2
6	惰化系统实验室试验大纲	MOC4
7	惰化系统实验室试验报告	MOC4
8	惰化系统机上检查大纲	MOC7
9	惰化系统机上检查报告	MOC7
10	惰化系统飞行试验大纲	MOC6
11	惰化系统飞行试验报告	MOC6
12	燃油系统描述	MOC1
13	燃油系统设备合格鉴定试验大纲	MOC9
14	燃油系统设备合格鉴定试验报告	MOC9
15	燃油系统点火源防护安全性评估	MOC3
16	燃油系统点火源失效计算分析报告	MOC2
17	燃油系统实验室试验大纲	MOC4
18	燃油系统实验室试验报告	MOC4
19	燃油系统机上检查大纲	MOC7
20	燃油系统机上检查报告	MOC7
21	EWIS 系统描述	MOC1
22	EWIS 系统设备合格鉴定试验大纲	MOC9
23	EWIS 系统设备合格鉴定试验报告	MOC9
24	EWIS 系统点火源防护安全性评估	MOC3
25	EWIS 系统机上检查大纲	MOC7
26	EWIS 系统机上检查报告	MOC7
27	液压系统描述	MOC1
28	液压系统设备合格鉴定试验大纲	MOC9
29	液压系统设备合格鉴定试验报告	MOC9
30	液压系统点火源防护安全性评估	MOC3

序　号	符 合 性 报 告	符合性方法
31	液压系统点火源失效计算分析报告	MOC2
32	液压系统实验室试验大纲	MOC4
33	液压系统实验室试验报告	MOC4
34	液压系统机上检查大纲	MOC7
35	液压系统机上检查报告	MOC7
36	结构点火源防护描述	MOC1
37	结构点火源防护安全性评估	MOC3
38	结构点火源失效计算分析报告	MOC2
39	结构点火源实验室试验大纲	MOC4
40	结构点火源实验室试验报告	MOC4
41	结构点火源机上检查大纲	MOC7
42	结构点火源机上检查报告	MOC7
43	结构点火源防护安全性评估	MOC3
44	结构点火源失效计算分析报告	MOC2
45	环控系统描述	MOC1
46	环控系统设备合格鉴定试验大纲	MOC9
47	环控系统设备合格鉴定试验报告	MOC9
48	环控系统点火源防护安全性评估	MOC3
49	环控系统机上检查大纲	MOC7
50	环控系统机上检查报告	MOC7
51	照明系统描述	MOC1
52	照明系统设备合格鉴定试验大纲	MOC9
53	照明系统设备合格鉴定试验报告	MOC9
54	照明系统点火源防护安全性评估	MOC3
55	照明系统机上检查大纲	MOC7
56	照明系统机上检查报告	MOC7
57	飞控系统描述	MOC1
58	飞控系统设备合格鉴定试验大纲	MOC9
59	飞控系统设备合格鉴定试验报告	MOC9
60	飞控系统机上检查大纲	MOC7
61	飞控系统机上检查报告	MOC7
62	高升力系统描述	MOC1
63	高升力系统设备合格鉴定试验大纲	MOC9
64	高升力系统设备合格鉴定试验报告	MOC9
65	高升力系统机上检查大纲	MOC7
66	高升力系统机上检查报告	MOC7
67	起落架系统描述	MOC1
68	起落架系统设备合格鉴定试验大纲	MOC9

（续表）

序　号	符　合　性　报　告	符合性方法
69	起落架系统设备合格鉴定试验报告	MOC9
70	起落架点火源失效计算分析报告	MOC2
71	防火系统点火源防护安全性评估	MOC3

4　符合性判据

对于第 25.981 条，判定以下条件满足，则符合条款要求：

（1）制定的燃油箱或燃油箱系统内的最高温度相对所选用的燃油的自燃温度低 30～50℉。

（2）燃油箱或燃油箱系统内不会因单点失效、每个单点失效与每个没有表明为概率极小的潜在失效的组合或者所有没有表明为极不可能地失效组合引起点火源。

（3）机队平均可燃性暴露时间不超过 3%，满足附录 M 的可燃性暴露要求。

（4）已制定关键设计构型控制限制（CDCCL）、检查或其他程序，来维持设计特征。

参考文献

［1］ 14 CFR 修正案 25 - 11 Aircraft Propulsion System Design Requirements [S].

［2］ 14 CFR 修正案 25 - 102 Transport Airplane Fuel Tank System Design Review, Flammability Reduction, and Maintenance and Inspection Requirements [S].

［3］ 14 CFR 修正案 25 - 125 Reduction of Fuel Tank Flammability in Transport Category Airplanes [S].

［4］ FAA. AC25.981 - 1C Fuel Tank Ignition Source Prevention Guidelines [S]. 2008.

［5］ FAA. AC25.981 - 2A Fuel Tank Flammability Reduction Means [S]. 2008.

［6］ FAA. AC25 - 16 Electrical Fault and Fire Prevention and Protection [S]. 1991.

［7］ FAA. AC20 - 53B Protection of Aircraft Fuel Systems Against Fuel Vapor Ignition Caused by Lightning [S]. 2006.

［8］ FAA. AC20 - 136B Aircraft Electrical and Electronic System Lightning Protection [S]. 2011.

［9］ FAA. AC25.1701 - 1 Certification of Electrical Wiring Interconnection Systems on Transport Category Airplanes [S]. 2007.

［10］ CAAC. AC - 91 - 11 航空器的持续适航文件要求[Z]. 中国民用航空局,2008.

［11］ FAA. ANM112 - 05 - 001 Policy Statement on Process for Developing SFAR88-related Instruction for Maintenance and Inspection of Fuel Tank Systems [Z]. FAA, 2004.

［12］ RTCA. DO - 160G Environmental Conditions and Test Procedures for Airborne Equipment [S]. RTCA, 2010.

运输类飞机适航标准
第25.991条符合性验证

1 条款介绍

1.1 条款原文

第25.991条 燃油泵

（a）主油泵 发动机正常运转所需的或满足本分部燃油系统要求所需的燃油泵即为主燃油泵（本条（b）要求的除外）。每个正排量式主燃油泵必须具有旁路设施，批准作为发动机组成部分的注射泵（不在汽化器内完成注油时，此泵为注油提供适当的流量和压力）除外。

（b）应急泵 必须具有应急泵（或通过其它主油泵），在任一主油泵（批准作为发动机组成部分的燃油注射泵除外）失效后，能立即向相应发动机供油。

〔中国民用航空局2011年11月7日第四次修订〕

1.2 条款背景

第25.991条对主油泵进行了定义，此外，给出对应急泵的明确的要求。

1.3 条款历史

第25.991条在CCAR25部初版首次发布，截至CCAR-25-R4，该条款未进行过修订，如表1-1所示。

表1-1 第25.991条条款历史

第25.991条	CCAR25部版本	相关14 CFR修正案	备 注
首次发布	初版	—	

1985年12月31日发布了CCAR25部初版，其中包含第25.991条，该条款参考1964年12月24日发布的14 CFR PART 25中的§25.991的内容制定。

2 条款解读

2.1 条款要求

飞机主燃油泵包括在飞机预计运行的环境温度、飞行高度、燃油温度、燃油压力和燃油种类等条件下,发动机或燃油系统正常工作时所需要的所有燃油泵。

对于飞机的主油泵,如果是正排量泵,则必须具有燃油旁路措施,以保证燃油流经失效的主油泵而不应受其阻止。但对于某些活塞式发动机上使用的燃油注射泵,以及目前涡轮发动机上使用的高压正排量泵,可以无须旁路。

主油泵必须配置有应急泵,除非是注射泵或涡轮发动机上使用的高压正排量泵。

作为主油泵备份的应急泵,必须保持持续工作或能自动投入工作,以保证发动机的连续正常运转。

对于多发飞机将其他主油泵作为本条款所要求的应急泵使用,则须确保作为应急泵的主油泵在临界压力/流量条件下,具有同时保障两台发动机供油的能力。

2.2 相关条款

与第 25.991 条相关的条款如表 2-1 所示。

表 2-1 第 25.991 条相关条款

序 号	相 关 条 款	相 关 性
1	第 25.903 条	第 25.903(b)款发动机的隔离要求:各动力装置的布置和相互隔离,必须至少能在一种运行形态下,使任一发动机或任一能影响此发动机的系统失效或故障时,不致妨碍其余发动机继续安全运转,或需要任何机组成员立即采取动作以保证继续安全运行
2	第 25.951 条	第 25.951(a)款燃油系统总则要求:燃油系统的构造和布置,在每种很可能出现的运行情况下,包括申请审定的飞行中允许发动机或辅助动力装置工作的任何机动飞行,必须保证以发动机和辅助动力装置正常工作所需的流量和压力向其供油
3	第 25.955 条	第 25.955(a)款燃油流量要求:在每种预定的运行条件和机动飞行中,燃油系统必须至少提供 100% 所需的燃油流量。在表明符合性时,按每种运行条件和姿态验证本条符合性时所需的每一主燃油泵,必须投入使用。此外,还必须验证相应的应急泵代替投入使用的主燃油泵的工作情况

3 验证过程

3.1 验证对象

第 25.991 条的验证对象为燃油泵。

3.2 符合性验证思路

为验证对第 25.991 条的符合性,需采用设计描述文件来说明燃油系统燃油泵的布置;主油泵具有旁路措施,应急泵能自动投入工作,而且主油泵和应急泵的性能参数符合发动机正常工作的要求。通过飞行试验表明燃油系统可在任一燃油泵失效后持续向发动机供油。

3.3 符合性验证方法

通常,针对第25.991条的符合性验证方法如表3-1所示。

表3-1　建议的符合性方法

条 款 号	专 业	符 合 性 方 法										备 注
		0	1	2	3	4	5	6	7	8	9	
第25.991(a)款	燃油系统		1									
第25.991(b)款	燃油系统		1					6				

3.4 符合性验证说明

1) MOC1 验证过程

通过系统描述文件等说明对条款要求的符合性,如飞机每个集油箱内都有两个燃油泵,其中一个作为条款要求的主油泵,另一个为应急泵。在主燃油泵设置有旁路通道,在主燃油泵失效时,仍可利用发动机高压泵等的引射作用通过旁路通道为发动机提供燃油。每个集油箱内的两台交流电动泵互为热备份,当其中一台交流电动泵发生故障时,与其并联的另外一台交流电动泵也可以独立担负起在各种状态向发动机提供所需燃油的任务。

2) MOC6 验证过程

通常,飞机每台发动机均通过对应燃油箱内同时工作的两台燃油泵提供燃油,两台燃油泵互为热备份。每一台燃油泵均可满足对应发动机的供油需求,因此,需进行一台燃油泵失效时供油飞行试验,将试验侧发动机对应的燃油箱内一台燃油泵关闭,仅使用一台燃油泵给对应发动机供油,在如5 000英尺、25 000英尺、35 000英尺等典型飞行高度上,调整飞机速度为 $1.3V_{SR}$,发动机油门杆置于"慢车"位,快速推发动机油门杆至"最大推力"位置,飞机平飞加速,当速度达到 V_{MO}/M_{MO} 时快速收油门杆到"慢车"位,稳定平飞,调整双发推力至"巡航"状态,稳定平飞;以验证单台燃油泵的供油能力,表明燃油系统可在任一台燃油泵失效后持续向发动机提供满足其工作所需的流量、压力的燃油。

3.5 符合性文件清单

通常,针对第25.991条的符合性文件清单如表3-2所示。

表3-2　建议的符合性文件清单

序 号	符合性报告	符合性方法
1	燃油系统描述	MOC1
2	燃油系统飞行试验大纲	MOC6
3	燃油系统飞行试验报告	MOC6

4　符合性判据

对于第 25.991 条,判定以下条件满足,则符合条款要求:

(1) 正排量燃油泵具有旁路设施。

(2) 设置有应急泵,且在主燃油泵失效时能立即向发动机供油。

(3) 完成飞行试验,结果证明应急泵运行功能正常,满足发动机供油要求。

参考文献

[1]　FAA. AC29‐2B Certification of Transport Category Rotorcraft [S]. 1997.

运输类飞机适航标准
第 25.993 条符合性验证

1 条款介绍

1.1 条款原文

第 25.993 条　燃油系统导管和接头

（a）每根燃油导管的安装和支承,必须能防止过度的振动,并能承受燃油压力及加速度飞行所引起的载荷。

（b）连接在可能有相对运动的飞机部件之间的每根燃油导管,必须用柔性连接。

（c）燃油管路中可能承受压力和轴向载荷的每一柔性连接,必须使用软管组件。

（d）软管必须经过批准,或必须表明适合于其特定用途。

（e）暴露在高温下可能受到不利影响的软管,不得用于在运行中或发动机停车后温度过高的部位。

（f）机身内每根燃油导管的设计和安装,必须允许有合理程度的变形和拉伸而不漏油。

〔中国民用航空局 2011 年 11 月 7 日第四次修订〕

1.2 条款背景

第 25.993 条明确了运输类飞机燃油系统,包括燃油通气、压力加油和应急放油系统的导管和接头的设计要求。

1.3 条款历史

第 25.993 条在 CCAR25 部初版首次发布,截至 CCAR - 25 - R4,该条款共修订过 1 次,如表 1 - 1 所示。

表 1 - 1　第 25.993 条条款历史

第 25.993 条	CCAR25 部版本	相关 14 CFR 修正案	备　注
首次发布	初版	25 - 15	
第 1 次修订	R4	—	

1.3.1 首次发布

1985 年 12 月 31 日发布了 CCAR25 部初版,其中包含第 25.993 条,该条款参考 1964 年 12 月 24 日发布的 14 CFR PART 25 中的§25.993,并结合 FAA 发布的 14 CFR 修正案 25 – 15 的内容制定。

1967 年,FAA 发布 14 CFR 修正案 25 – 15,新增§25.993(f)。该新增条款要求位于机身内的燃油导管的设计和安装,必须允许有合理程度的变形和拉伸而不会漏油。

1.3.2 第 1 次修订

2011 年 11 月 7 日发布的 CCAR – 25 – R4 对第 25.993 条进行了第 1 次修订,将"每根燃油导管的安装的支承"改为"每根燃油导管的安装和支承"。

2 条款解读

2.1 条款要求

燃油导管的安装和支承必须能防止过度振动,能承受加速度飞行的过载和燃油压力。

存在相对位移的部位的燃油导管和通气管应使用柔性连接或软管。

使用的软管必须经过批准(如满足 TSO – C53a 要求),使用于高温部位的软管必须是高温软管。

位于机身内的燃油导管必须在出现合理程度的变形和拉伸时不出现漏油。此处"合理程度的变形和拉伸"应指在机轮收起状态下飞机可生存坠撞着陆时,由于相邻飞机结构和元件的变形,因此可能导致的燃油导管变形和拉伸量。

燃油及其通气管路布置应确保不与操纵钢索、机身结构或附近导线相磨碰;燃油管路布置应避免位于高温热源或电源导线附近,确实无法避开电源导线时,也应合理布置使燃油泄漏不会滴落在导线上;燃油柔性管路应确保全程合理支承;燃油导管布置还应考虑适坠性要求,采取相关预防措施,尽可能减小在可生存坠撞着陆情况下飞机着火危险。

2.2 相关条款

与第 25.993 条相关的条款如表 2 – 1 所示。

表 2 – 1 第 25.993 条相关条款

序　号	相 关 条 款	相　关　性
1	第 25.863 条	第 25.863 条可燃液体的防火要求:尽量减少液体和蒸气点燃的概率
2	第 25.963 条	第 25.963(d)款燃油箱总则要求:在应急着陆情况下,保持燃油箱的完整性

（续表）

序　号	相关条款	相　关　性
3	第 25.994 条	第 25.994 条燃油系统部件的防护要求：对发动机短舱内或机身内的燃油系统部件进行保护，以防止在有铺面的跑道上机轮收起着陆时，发生燃油喷溅足以造成起火的损坏
4	第 25.1183 条	第 25.1183(a)款输送可燃液体的组件要求：在易受发动机着火影响的区域内输送可燃液体的每一导管、接头和其它组件，以及在指定火区内输送或容纳可燃液体的每一组件，均必须是耐火的
5	第 25.1041 条	第 25.1041 条冷却总则要求：动力装置部件的温度均保持在对这些部件所制定的温度限制以内
6	第 25.1043 条	第 25.1043 条冷却试验要求：必须在地面、水面和空中的临界运行条件下进行试验，以表明满足第 25.1041 条的要求
7	第 25.1045 条	第 25.1045 条冷却试验程序要求：必须按相应于有关性能要求的起飞、爬升、航路和着陆飞行阶段来表明符合第 25.1041 条的规定。进行冷却试验时，飞机的形态和运行条件均必须取每一飞行阶段中对于冷却是临界的情况。对于冷却试验，当温度变化率小于每分钟 $1.1\,^{\circ}\text{C}(2\,^{\circ}\text{F})$ 时，则认为温度已达到"稳定"

3　验证过程

3.1　验证对象

第 25.993 条的验证对象为燃油系统导管和接头。

3.2　符合性验证思路

为验证对第 25.993 条的符合性，需采用设计描述文件来说明燃油系统管路的安装和布置能承受预期的振动和载荷；说明燃油系统采用的柔性连接和布置；说明机身内燃油导管防止因变形和拉伸而导致的漏油的设计特征。通过分析/计算表明在可生存坠撞情况下，机身内燃油导管能承受可能的拉伸和变形而不漏油。通过机上地面试验、飞行试验对软管的安装环境温度进行确认，确保所选用的软管能完成预期的功能。通过机上检查来对燃油系统安装和布置的合理性进行确认。通过设备合格鉴定表明柔性接头能满足要求；表明软管已经过批准。

3.3　符合性验证方法

通常，针对第 25.993 条的符合性验证方法如表 3-1 所示。

3.4　符合性验证说明

3.4.1　MOC1 验证过程

飞机的燃油通气、除水、发动机供油、APU 供油、加/放油及压力指示各子系统

表 3 - 1　建议的符合性方法表

条 款 号	专 业	符合性方法										备 注
		0	1	2	3	4	5	6	7	8	9	
第 25.993(a)款	燃油系统		1						7			
第 25.993(a)款	动力装置		1									
第 25.993(b)款	燃油系统		1						7		9	
第 25.993(b)款	动力装置		1									
第 25.993(c)款	燃油系统		1						7			
第 25.993(c)款	动力装置		1									
第 25.993(d)款	燃油系统		1									
第 25.993(d)款	动力装置		1								9	
第 25.993(e)款	燃油系统		1									
第 25.993(e)款	动力装置		1				5	6				
第 25.993(f)款	燃油系统		1	2								
第 25.993 条	辅助动力装置		1									

皆包含管路。按其布置位置分为油箱内管路、油箱外管路。其中通气、除水、加/放油及压力指示管路通常位于燃油箱内;发动机供油和 APU 供油管路通常包括油箱内管路和油箱外管路。通过设计图纸、布置方案等表明管路每隔一段距离即有支承,通过过框接头安装在结构上,或者采用卡箍、支架固定在结构上。油箱内管路皆为单层铝合金管,为保证在机体振动、变形情况下燃油管路的安全性、密封性,管路按一定距离分段,段与段之间采用柔性接头连接。柔性接头允许两侧相连管路之间有一定程度的轴向位移和弯曲变形。对于如压力指示管路及加油系统切断阀控制管路的直径较小,且管路较短,可采用固定接头连接。为保证机身内燃油管路的密封性、安全性,自油箱出口至发动机短舱的发动机供油管路及自油箱出口至 APU 舱的 APU 供油管路,都采用不锈钢双层套管形式,管段与管段之间的内、外层皆采用柔性连接,可承受轴向位移与弯曲变形,柔性接头也采用双层不锈钢接头。机身内燃油导管布置在机身主结构附近,并保持足够间隙,在可生存坠撞情况下不会直接承受坠撞载荷。管路设计有多处弯管,为管路提供了一定的沿航线延展变形能力。在主起落架发生超载时,应急断离销会断离以确保起落架和机身结构分离,防止起落架刺穿机身燃油管路而引起着火危险。发动机舱内和 APU 舱内的燃油管路均为耐高温的软管。管路设计考虑了正常状态下的最大压力以及故障状态下的检验压力和爆破压力。

3.4.2　MOC2 验证过程

通过对可生存坠撞工况下的仿真分析,表明在选定的可生存坠撞工况下,飞机机身主承力结构的完整性,燃油管路附近结构变形情况等表明供油管路不会破坏发生燃油泄漏,亦不会有泄漏燃油进入排漏管。对柔性接头,将可生存坠撞工况仿真计算得到的三个方向的最大载荷同时施加在接头细节模型上,计算得到接头的塑性应变结果,表明柔性接头无较大变形,不会产生燃油泄漏。

3.4.3　MOC5 验证过程

进行发动机短舱内的冷却机上地面试验。试验侧发动机加注最小允许滑油量;在外界环境温度相应于海平面条件的环境温度大于 37.8℃ 的条件下,设置试验侧发动机的工作状态(考虑发动机工作状态、轴功率提取状态、引气提取状态等)为相对于冷却而言最临界的状态。在试验过程中,测试并记录试验侧发动机的供油软管温度数据曲线,并按照第 25.1043 条规定的温度修正方法进行修正,确认修正后的发动机燃油软管所处区域的最大环境温度低于燃油软管允许的最高环境温度(通常为 350℉)的要求。

3.4.4　MOC6 验证过程

进行发动机短舱内的冷却飞行试验。飞机的形态和运行条件设置为每一飞行阶段中对于冷却而言临界的状态,如:将飞机重量配置为最大起飞重量,试验侧发动机加注最小允许滑油量等。在进行冷却飞行试验前,发动机在地面慢车状态下运转一段时间,使动力装置部件和发动机所用的液体温度达到稳定。在开始试验的每一飞行阶段前,温度必须达到稳定(除非动力装置部件和发动机所用的液体温度在进入状态下通常不能达到稳定)。试飞过程中,测试并记录试验侧发动机的供油软管温度数据曲线,并按照第 25.1043 条规定的温度修正方法进行修正,确认修正后的发动机燃油软管所处区域的最大环境温度低于燃油软管允许的最高环境温度(通常为 350℉)的要求。

3.4.5　MOC7 验证过程

进行燃油系统机上检查,确认机身内的燃油导管具有适当支承;与结构具有适合的间隙;导管连接形式为柔性。燃油系统与 APU、发动机的连接皆使用软管组件。

3.4.6　MOC9 验证过程

对燃油系统使用的柔性接头和套管柔性接头均按照 AS1650 等标准中的"弯曲试验"的要求进行了设备合格鉴定。

提供软管的 TSO 证书等,证明软管是经过批准的。或采用发动机取 33 部型号合格证的相关符合性证据,支持表明发动机燃油系统的软管已经过设备合格鉴定。

3.5　符合性文件清单

通常,针对第 25.993 条的符合性文件清单如表 3 - 2 所示。

表 3-2 建议的符合性文件清单

序　号	符　合　性　报　告	符合性方法
1	燃油系统描述	MOC1
2	动力装置系统描述	MOC1
3	燃油系统坠撞强度分析报告	MOC2
4	动力装置系统地面试验大纲	MOC5
5	动力装置系统地面试验报告	MOC5
6	动力装置系统飞行试验大纲	MOC6
7	动力装置系统飞行试验报告	MOC6
8	燃油系统机上检查大纲	MOC7
9	燃油系统机上检查报告	MOC7
10	燃油系统设备合格鉴定试验大纲	MOC9
11	燃油系统设备合格鉴定试验报告	MOC9
12	发动机型号合格证数据单	MOC9
13	软管的 TSO 证	MOC9

4　符合性判据

对于第 25.993 条,判定以下条件满足,则符合条款要求:

(1) 燃油导管具有足够的支承,可经受各种载荷和振动。

(2) 在燃油导管承受压力和轴向载荷的燃油导管采用柔性连接。

(3) 软管经过批准;对软管的使用环境温度进行测量,确认所选用的软管在预期的环境中工作正常。

(4) 柔性接头在预期的使用环境中功能正常。

(5) 可生存坠撞情况下的管路变形进行分析或试验,验证燃油导管具有合理程度的变形和拉伸而不漏油。

(6) 完成发动机短舱冷却地面试验、飞行试验,确认发动机燃油软管所处的最大环境温度低于燃油软管允许的最高环境温度。

参考文献

[1]　14 CFR 修正案 25 - 15 Crashworthiness and Passenger Evacuation Standards: Transport Category Airplanes [S].

[2]　FAA. AC25.994 - 1 Design Considerations to Protect Fuel Systems During a Wheels-up Landing [S]. 1986.

[3]　FAA. AC25 - 8 Auxiliary Fuel System Installations [S]. 1986.

[4]　FAA. AC29 - 2B Certification of Transport Category Rotorcraft [S]. 1997.

[5] FAA. AC43. 13 - 1B, CHG 1. Acceptable Methods, Techniques, and Practices —
       Aircraft Inspection and Repair [S]. 2001.

[6] FAA. TSO - C53a Fuel and Engine Oil System Hose Assemblies [S]. 1961.

[7] FAA. TSO - C140 Aerospace Fuel, Engine Oil, and Hydraulic Fluid Hose Assemblies
       [S]. 2002.

[8] SAE. AS1650, Rev. A, Coupling Assembly, Threadless, Flexible, Fixed Cavity, Self -
       Bonding, Procurement Specification [S]. 1999.

[9] SAE. AS1710, Rev. B, Coupling, Fuel, Flexible, Variable Cavity, Threaded Type With
       Ferrules [S]. 1998.

运输类飞机适航标准 第25.994条符合性验证

1 条款介绍

1.1 条款原文

第25.994条　燃油系统部件的防护

必须对发动机短舱内或机身内的燃油系统部件进行保护,以防止在有铺面的跑道上机轮收起着陆时,发生燃油喷溅足以造成起火的损坏。

1.2 条款背景

第25.994条的目的是要求对位于机身内和发动机短舱内的燃油系统导管和部件加以防护,避免在异常着陆受到撞击情况下燃油溢出导致着火的危险。

1.3 条款历史

第25.994条在CCAR25部初版首次发布,截至CCAR-25-R4,该条款未进行过修订,如表1-1所示。

表1-1　第25.994条条款历史

第25.994条	CCAR25部版本	相关14 CFR修正案	备　注
首次发布	初版	25-23,25-57	

1985年12月31日发布了CCAR25部初版,其中包含第25.994条,该条款参考FAA发布的14 CFR修正案25-23和修正案25-57的内容制定。

1970年,FAA发布14 CFR修正案,新增§25.994,以要求对位于发动机短舱或机身内的燃油系统部件进行必要防护,从而防止在机轮收起状态下着陆时造成燃油系统部件损伤而可能导致燃油排出的情况。

1984年,FAA发布14 CFR修正案25-57对条款要求加以澄清,即燃油系统需要加以保护以防止在有铺面的跑道上机轮收起着陆时发生燃油喷溅。

2 条款解读

2.1 条款要求

在飞机机轮收起着陆后,如果位于发动机短舱内或机身内的燃油系统部件遭到的损坏达到有燃油泄漏的程度,则燃油是起火的最可能的原因。

必须对位于发动机短舱或机身内的燃油系统部件进行保护;对于不能设置得使其在飞机机轮收起着陆时免遭损坏的那些燃油系统部件,则应设计成使喷溅和漏入存在潜在点火源的区域的燃油量减至最少。

有铺面的跑道一般指水泥跑道或沥青跑道。

5英尺/秒的下降率是第25.994条中机轮收起着陆条件的设计下降率。

满足该条款的要求,可采用其他相似机型已获批准的发动机短舱、机身内燃油导管布局的设计方式,借用其服役经验,采用相似性分析方法验证条款的符合性。

2.2 相关条款

与第25.994条相关的条款如表2-1所示。

表2-1 第25.994条相关条款

序 号	相 关 条 款	相 关 性
1	第25.863条	第25.863条可燃液体的防火要求:尽量减少液体和蒸气点燃的概率
2	第25.963条	第25.963(d)款燃油箱总则要求:在应急着陆情况下,保持燃油箱的完整性
3	第25.993条	第25.993条燃油系统导管和接头(f)款要求:机身内的燃油导管必须在出现合理程度的变形和拉伸时不出现漏油
4	第25.721条	第25.721条起落架总则要求:主起落架系统必须设计成,在起飞和着陆过程中起落架因超载而损坏的状态,不可能导致燃油系统任何部分溢出足够量的燃油构成起火危险;在任何一个或几个起落架未放下时,飞机在受操纵情况下在有铺面的跑道上着陆,其结构部件的损坏很不可能导致溢出足够量的燃油构成起火危险

3 验证过程

3.1 验证对象

第25.994条的验证对象为位于发动机短舱内或机身内的燃油系统部件。

3.2 符合性验证思路

为验证对第25.994条的符合性,需采用设计描述文件来表明已采取所有可能的措施来对发动机短舱内和机身内的燃油系统部件和管路进行防护,以减少燃油喷溅。通过分析/计算来确认在机轮收起着陆情况下,机身内的燃油导管能够承受相应的变形而不损坏;采用机上检查来确认防止燃油系统部件和管路损伤的设计特征的有效性。

3.3 符合性验证方法

通常,针对第 25.994 条的符合性验证方法如表 3 - 1 所示。

表 3 - 1 建议的符合性方法

条 款 号	专 业	符 合 性 方 法										备 注
		0	1	2	3	4	5	6	7	8	9	
第 25.994 条	动力装置		1									
第 25.994 条	燃油系统		1	2					7			

3.4 符合性验证说明

3.4.1 MOC1 验证过程

通过设计描述文件,表明机身内的燃油导管采用双层套管,且进行排漏设计,以保证在有铺面的跑道上机轮收起着陆时,能避免机身燃油导管的泄漏造成起火危险。机身内燃油导管布置在机身主结构附近,并保持足够间隙,在可生存坠撞情况下不会直接承受坠撞载荷;管路设计具有多处弯管,为管路提供了一定的沿航向延展变形能力。在主起落架发生超载时,应急断离销会按设定顺序断离以确保起落架和机身结构分离,防止起落架刺穿机身燃油管路而致起火危险。燃油切断阀布置在中央翼燃油箱后梁上,远离机身下表面,以保证在机轮收起着陆时,从燃油管路中溅出或泄漏出来的燃油量最少。位于发动机短舱内的燃油管和燃油系统部件布置得使在机轮收起着陆时燃油管或部件损伤引起的燃油喷溅不可能溅到发动机的高温表面。

3.4.2 MOC2 验证过程

通过对下沉速度 5 英尺/秒、俯仰角为 0° 和最大设计着陆重量的可控状态机轮收起着陆工况的坠撞仿真分析,确认在机轮收起着陆过程中,油箱底部、油箱后梁以及机身底部的燃油部件附近结构未出现塑性应变;燃油管路及部件附近的结构变形很小;供油管路未出现塑性应变,不会发生燃油泄漏。

3.4.3 MOC7 验证过程

进行燃油系统机上检查,以确认中后机身内的供油管路皆为双层套管,管路为柔性连接,接头处连接排漏管;供油管路穿过机身结构,由机身结构保护;导管与结构间隙满足要求;燃油系统部件布置远离可能受到碰撞的区域和远离因结构变形可能引起挤压、断裂、戳破,或在管路上产生大的拉伸载荷的区域。

3.5 符合性文件清单

通常,针对第 25.994 条的符合性文件清单如表 3 - 2 所示。

表 3 - 2　建议的符合性文件清单

序　号	符 合 性 报 告	符合性方法
1	燃油系统描述	MOC1
2	动力装置系统描述	MOC1
3	燃油系统坠撞强度分析报告	MOC2
4	燃油系统机上检查大纲	MOC7
5	燃油系统机上检查报告	MOC7

4 符合性判据

对于第 25.994 条,判定以下条件满足,则符合条款要求:

(1) 飞机的燃油系统设计在机轮收起着陆期间和之后,从损坏的部件中溅出或泄漏出来的燃油量最少。

(2) 燃油管和燃油系统部件设置和安排远离可能受到碰撞的区域和远离因结构变形可能引起挤压、断裂、戳破或在管路上产生大的拉伸载荷的区域。

(3) 燃油管的构造能保护其在机轮收起着陆期间和之后的完整性。采用柔性和能伸展的软管,或者燃油管设计成能随变形后的结构进行伸缩或移动,其伸展或移动量大致等于为防止在大的拉伸载荷或剪切载荷作用下遭到损坏所要求的量。柔性管设计成和能适合于吸收由导致结构损坏的直接碰撞可能传给部件或燃油管的能量。

(4) 位于发动机短舱内的燃油管和燃油系统部件尽一切可能地设置和进行保护,使其在机轮收起着陆时燃油管或部件损伤引起的燃油喷溅不可能溅到发动机的高温表面(400℉以上)。

(5) 在机轮收起着陆时易受损坏的发动机短舱、吊架和飞机机身区域内,将燃油管和导线绝缘、隔离开来,并尽最大可能将其安置得使喷溅出来的燃油流入有潜在点火源地区的危害减至最低。

(6) 燃油切断阀未布置在发动机短舱、吊架区域或靠近发动机进气口和排气装置附近。

参考文献

[1]　14 CFR 修正案 25 - 23 Transport Category Airplane Type Certification Standards [S].

[2]　14 CFR 修正案 25 - 57 Aircraft Engine Regulatory Review Program; Aircraft Engine and Related Powerplant Installation Amendments [S].

［3］ FAA. AC25 - 8 Auxiliary Fuel System Installations ［S］. 1986.

［4］ FAA. AC25. 994 - 1 Design Considerations to Protect Fuel Systems During a Wheels-up Landing ［S］. 1986.

运输类飞机适航标准
第 25.995 条符合性验证

1 条款介绍

1.1 条款原文

第 25.995 条 燃油阀

除了满足第 25.1189 条对切断措施的要求外,每个燃油阀还必须符合下列规定:

(a)〔备用〕

(b) 阀门的支承应使阀门工作或加速度飞行所造成的载荷不会传给与阀门相连的导管。

1.2 条款背景

第 25.995 条的目的是确保阀门工作或加速度飞行所造成的载荷不会传给与之相连接的管路。防止因传递的载荷损坏燃油管路,进而导致燃油泄漏。

1.3 条款历史

第 25.995 条在 CCAR25 部初版首次发布,截至 CCAR-25-R4,该条款未进行过修订,如表 1-1 所示。

表 1-1 第 25.995 条条款历史

第 25.995 条	CCAR25 部版本	相关 14 CFR 修正案	备 注
首次发布	初版	25-40	

1985 年 12 月 31 日发布了 CCAR25 部初版,其中包含第 25.995 条,该条款参考 1964 年 12 月 24 日发布的 14 CFR PART 25 中的 §25.995,并结合 FAA 发布的 14 CFR 修正案 25-40 的内容制定。

1977 年,FAA 发布 14 CFR 修正案 25-40,删除了 §25.995(a) 的要求,将该款要求放入 §25.1141"动力装置的操纵器件:总则"中。

2 条款解读

2.1 条款要求

燃油阀通常与燃油管路相连接,需要对阀门的安装提出要求,以确保阀门工作或加速度飞行所造成的载荷不会传给与之相连接的管路。

燃油阀除须满足条款第 25.1189 条"切断措施"的防火切断相关要求外,还必须保证其安装得使工作中或过载状态下载荷不会传给与阀门相连的导管。

2.2 相关条款

与第 25.995 条相关的条款如表 2-1 所示。

表 2-1 第 25.995 条相关条款

序 号	相 关 条 款	相 关 性
1	第 25.1189 条	第 25.1189 条切断措施:对燃油切断措施的功能和防火安全提出了要求

3 验证过程

3.1 验证对象

第 25.995 条的验证对象为燃油阀。

3.2 符合性验证思路

为验证对第 25.995 条的符合性,需采用设计描述文件和机上检查来确认作为切断装置的阀门符合第 25.1189 条对切断措施的要求,且阀门的安装不会将载荷传递给与之相连接的导管。

3.3 符合性验证方法

通常,针对第 25.995 条的符合性验证方法如表 3-1 所示。

表 3-1 建议的符合性方法

条 款 号	专 业	符 合 性 方 法										备 注
		0	1	2	3	4	5	6	7	8	9	
第 25.995 条	燃油系统		1						7			

3.4 符合性验证说明

3.4.1 MOC1 验证过程

通过设计描述文件,系统安装图及安装说明书等表明发动机燃油切断阀、APU 燃油切断阀、交输供油切断阀、压力放油切断阀等均安装在燃油箱结构上,说明燃油切断阀工作或加速度飞行所造成的载荷不会传给与切断阀相连的管路。燃油切断阀按照第25.1189条的要求设计。

3.4.2　MOC7验证过程

通过燃油系统机上检查，确认发动机燃油切断阀、APU燃油切断阀、交输供油切断阀、压力放油切断阀和加油切断阀等皆可靠地固定在燃油箱结构上。

3.5　符合性文件清单

通常，针对第25.995条的符合性文件清单如表3-2所示。

表3-2　建议的符合性文件清单

序　号	符 合 性 报 告	符合性方法
1	燃油系统描述	MOC1
2	燃油系统机上检查大纲	MOC7
3	燃油系统机上检查报告	MOC7

4　符合性判据

对于第25.995条，判定以下条件满足，则符合条款要求。

（1）作为切断装置的阀门符合第25.1189条对切断措施的要求。

（2）阀门可靠地安装在飞机结构上，阀门工作或加速飞行所造成的载荷不会传给与切断阀相连的管路。

参考文献

［1］　14 CFR 修正案 25-40 Airworthiness Review Program，Amendment No. 4：Powerplant Amendments ［S］.

运输类飞机适航标准
第 25.997 条符合性验证

1 条款介绍

1.1 条款原文

第 25.997 条　燃油滤网或燃油滤

燃油箱出油口与燃油计量装置入口,或与发动机传动的正排量泵入口(两种入口中取距油箱出口较近者)之间,必须设置满足下列要求的燃油滤网或燃油滤:

(a) 便于放液和清洗,且必须有易于拆卸的网件或滤芯;

(b) 具有沉淀槽和放液嘴。如果滤网或油滤易于拆卸进行放液,则不需设置放液嘴;

(c) 安装成不由相连导管或滤网(或油滤)本身的入口(或出口)接头来承受其重量,除非导管或接头在所有载荷情况下均具有足够的强度余量;

(d) 具有足够的滤通能力(根据发动机的使用限制),以便在燃油脏污程度(与污粒大小和密度有关)超过有关适航标准对发动机所规定的值时,保证发动机燃油系统的功能不受损害。

1.2 条款背景

第 25.997 条的目的是保证进入发动机、辅助动力装置的燃油清洁度。

1.3 条款历史

第 25.997 条在 CCAR25 部初版首次发布,截至 CCAR - 25 - R4,该条款未进行过修订,如表 1 - 1 所示。

表 1 - 1　第 25.997 条条款历史

第 25.997 条	CCAR25 部版本	相关 14 CFR 修正案	备　注
首次发布	初版	25 - 23,25 - 36,25 - 57	

1985 年 12 月 31 日发布了 CCAR25 部初版,其中包含第 25.997 条,该条款参考 1964 年 12 月 24 日发布的 14 CFR PART 25 中的 § 25.997,并结合 FAA 发布

的 14 CFR 修正案 25 - 23、修正案 25 - 36 和修正案 25 - 57 的内容制定。

1970 年，FAA 发布 14 CFR 修正案 25 - 23，将 §25.997(a)中"发动机驱动泵"改为"发动机驱动的正排量泵"，以取消在燃油箱和非正排量泵之间安装滤网或燃油滤的要求。

1974 年，FAA 发布 14 CFR 修正案 25 - 36，要求配备燃油滤网或燃油滤，以保护燃油计量装置和发动机传动的正排量泵；改写 §25.997(b)；将原 §25.997(b)移至 §25.951(c)中；并增加对沉淀槽和放液嘴的要求。

1984 年，FAA 发布 14 CFR 修正案 25 - 57，将 §25.997(d)中对网孔的要求删除，并对 §25.997(c)进行更新，明确导管或接头在所有载荷情况下均具有足够的强度余量的可以不满足此条款要求。

2　条款解读

2.1　条款要求

本条款对主燃油滤或滤网的构造和安装以及滤通能力、滤网目数均做出要求，以保证满足发动机正常工作需要。

条款要求的"足够的滤通能力"是指当驾驶舱内的油滤堵塞指示器首次出现堵塞指示时，燃油滤的剩余滤通能力至少应能保证在预期最长航段一半时间（在预期飞机使用情况下）内，发动机能够持续满意运转。

主燃油滤或滤网应具有堵塞指示器（驾驶舱指示），在燃油脏污程度超过发动机使用规定之前给出指示；燃油脏污程度与燃油中污粒大小和密度有关。

如果油滤同时满足 CCAR25 部和 CCAR33 部条款要求，则可以只采用一个油滤（通常位于发动机高压燃油泵入口）。

2.2　相关条款

与第 25.997 条相关的条款如表 2 - 1 所示。

表 2 - 1　第 25.997 条相关条款

序　号	相 关 条 款	相　　关　　性
1	第 25.1305 条	第 25.1305(c)(6)项动力装置仪表要求：对于第 25.997 条要求的燃油滤网或燃油滤，要求有一个指示器，在滤网或油滤的脏污程度影响第 25.997(d)款规定的滤通能力之前即指示出现脏污

3　验证过程

3.1　验证对象

第 25.997 条的验证对象为燃油滤网/燃油滤。

3.2　符合性验证思路

对于新的涡轮喷气发动机飞机,通常只在发动机高压泵入口安装一个燃油滤来同时满足 CCAR25 部和 CCAR33 部的要求;辅助动力装置也安装有一个同时满足 CCAR25 部和 TSO 标准要求的燃油滤网。因此,需通过安装图纸、技术方案等来表明动力装置和 APU 设置有燃油滤网或燃油滤,且燃油滤满足条款的相关要求。通过机上检查来确认燃油滤网或燃油滤易于拆装和清洗,并有结构进行承力。通过设备合格鉴定,即发动机 CCAR33 部取证和 APU 取 TOSA 时的相关验证结果支持表明燃油滤通能力能保证发动机燃油系统的功能不受损害。

3.3　符合性验证方法

通常,针对第 25.997 条的符合性验证方法如表 3 - 1 所示。

表 3 - 1　建议的符合性方法

条　款　号	专　业	符 合 性 方 法										备　注
		0	1	2	3	4	5	6	7	8	9	
第 25.997 条	燃油系统		1									
第 25.997 条	动力装置		1						7		9	
第 25.997 条	辅助动力装置		1						7		9	

3.4　符合性验证说明

3.4.1　MOC1 验证过程

通过燃油系统的设计和安装图的描述,说明燃油系统未设置燃油滤网或燃油滤,相关的验证工作由动力装置和辅助动力装置完成。

对动力装置的设计特征进行描述,在飞机燃油系统的发动机供油切断阀下游到发动机高压齿轮泵入口之间设置有发动机燃油滤网;滤网易于拆装清洗;滤网安装在其他结构上,由结构承力;滤网滤通能力满足发动机使用要求。所有燃油进入发动机燃油计量单元前经过燃油滤进行过滤。燃油滤具备旁通功能以在油滤堵塞时保证发动机的燃油供应,燃油滤的过滤等级能够保证对燃油系统部件的保护。

对辅助动力装置的设计特征进行描述,在飞机燃油系统的 APU 供油切断阀下游到 APU 燃油泵入口之间设置有燃油过滤器,过滤器易于拆装清洗;过滤器安装在 APU 的燃油模块组件上,由燃油模块组件承力;过滤器滤通能力满足 APU 使用要求。燃油过滤器滤通能力根据 APU 使用要求设计,满足 TSO 的要求。

3.4.2　MOC7 验证过程

通过对动力装置和辅助动力装置的燃油滤网或燃油滤的机上检查,确认发动机高压齿轮泵入口前安装有燃油滤网;滤网易于拆装;滤网安装在其他结构上,由结构进行承力。确认 APU 燃油泵入口安装有燃油过滤器;过滤器易于拆装清洗;

过滤器安装在燃油模块组件上,由结构进行承力。

3.4.3 MOC9 验证过程

发动机燃油滤网和燃油滤在发动机 CCAR33 部取证时,通过了最严酷杂质污染等级下的污染处理能力试验。

提供 APU 在取得 TSOA 证,证明 APU 满足了 TSO 中对燃油滤的相关要求。

3.5 符合性文件清单

通常,针对第 25.997 条的符合性文件清单如表 3-2 所示。

表 3-2 建议的符合性文件清单

序 号	符 合 性 报 告	符合性方法
1	燃油系统描述	MOC1
2	动力装置系统描述	MOC1
3	辅助动力装置系统描述	MOC1
4	动力装置系统机上检查大纲	MOC7
5	动力装置系统机上检查报告	MOC7
6	辅助动力装置系统机上检查大纲	MOC7
7	辅助动力装置系统机上检查报告	MOC7
8	发动机 CCAR33 部型号合格证数据单	MOC9
9	辅助动力装置 TSOA	MOC9

4 符合性判据

对于第 25.997 条,判定以下条件满足,则符合条款要求:

(1) 在燃油箱出口与燃油计量装置或正排量泵之间安装了燃油滤网或燃油滤。

(2) 燃油滤网或燃油滤易于拆卸、清洗(如燃油滤网或燃油滤不便于拆卸,还需设置放液嘴)。

(3) 燃油滤网或燃油滤不为承载安装。

(4) 燃油滤网或燃油滤的滤通能力能确保发动机燃油系统功能不受损害。

(5) 发动机取得 CCAR33 部 TC 证。

(6) 辅助动力装置取得相应的 TSOA。

参考文献

[1] 14 CFR 修正案 25-23 Transport Category Airplane Type Certification Standards [S].

[2] 14 CFR 修正案 25-36 Aircraft and Aircraft Engines, Certification Procedures and Type Certification Standards [S].

[3] 14 CFR 修正案 25-57 Aircraft Engine Regulatory Review Program; Aircraft Engine and

Related Powerplant Installation Amendments [S].

[4]　FAA. AC29 - 2B Certification of Transport Category Rotorcraft [S]. 1997.

[5]　FAA. AC33 - 2B Aircraft Engine Type Certification Handbook [S]. 1997.

运输类飞机适航标准
第 25.999 条符合性验证

1 条款介绍

1.1 条款原文

第 25.999 条　燃油系统放液嘴

(a) 必须利用燃油滤网和油箱沉淀槽放液嘴完成燃油系统的放液。

(b) 本条(a)要求的每个放液嘴必须满足下列要求:

(1) 使排放液避开飞机各个部分;

(2) 有手动或自动的机构,能确实地锁定在关闭位置;

(3) 具有满足下列要求的放液阀:

(i) 易于接近并易于打开和关闭;

(ii) 阀门位置或其防护措施,能在起落架收起着陆时防止燃油喷溅。

1.2 条款背景

第 25.999 条的目的是对燃油系统放液嘴和放油阀及其安全排放、可靠锁定和在起落架收起着陆时的安全防护提出相关要求。

1.3 条款历史

第 25.999 条在 CCAR25 部初版首次发布,截至 CCAR-25-R4,该条款未进行过修订,如表 1-1 所示。

表 1-1　第 25.999 条条款历史

第 25.999 条	CCAR25 部版本	相关 14 CFR 修正案	备　注
首次发布	初版	25-38	

1985 年 12 月 31 日发布了 CCAR25 部初版,其中包含第 25.999 条,该条款参考 1964 年 12 月 24 日发布的 14 CFR PART 25 中的 §25.999,并结合 FAA 发布的 14 CFR 修正案 25-38 的内容制定。

1977 年,FAA 发布 14 CFR 修正案 25-38,增加要求,必须具有易于接近并易于打开和关闭的放液阀,且阀门位置或防护措施能在起落架收起着陆时防止燃油喷溅。

2 条款解读

2.1 条款要求

飞机和发动机应分别能通过燃油箱沉淀槽放液嘴和燃油滤沉淀槽放液嘴进行放液,以确保燃油箱内收集的所有水分、杂质都能排出燃油箱,而不会导致危险量的水被供往发动机或其他重要设备如辅助动力装置使用;或能分离燃油中的杂质(包括固态和液态的杂质)等。

放液阀必须易于打开和关闭,并能可靠锁定于关闭位。

放液阀的安装位置或其阀门的设计,必须防止在机轮收起着陆时发生燃油喷溅。

放液阀应易于接近,且必须使排放液体能避开飞机各部分。

如果燃油滤网或燃油滤便于拆卸进行放液,则不需要设置放液嘴。

2.2 相关条款

与第 25.999 条相关的条款如表 2-1 所示。

表 2-1 第 25.999 条相关条款

序 号	相关条款	相 关 性
1	第 25.971 条	第 25.971 条燃油箱沉淀槽:每个燃油箱沉淀槽均必须具有符合要求的可接近的放液嘴

3 验证过程

3.1 验证对象

第 25.999 条的验证对象为燃油系统放液嘴。

3.2 符合性验证思路

通过对燃油箱的放沉淀设计原理,燃油箱安装图中放沉淀阀的布置,燃油滤网和燃油滤的布置、拆装特性和结构特点的说明来表明符合性。

通过地面试验,验证沉淀阀的布置能完全收集油箱中的水分等杂质,并可靠排出,排放液避开飞机各个部分;实际操作确认放沉淀阀易于接近,并能人工或自动锁定在关闭位。

3.3 符合性验证方法

通常,针对第 25.999 条的符合性验证方法如表 3-1 所示。

表 3 - 1　建议的符合性方法

条　款　号	专　业	符 合 性 方 法										备　注
		0	1	2	3	4	5	6	7	8	9	
第 25.999 条	燃　油		1				5					

3.4　符合性验证说明

3.4.1　MOC1 验证过程

通过燃油系统设计和安装图说明安装有燃油排放措施,放油阀易于打开和关闭。

放油阀能可靠锁定于关闭位。可采用满足 MIL - V - 25023B 或 TSO - C76 或与之等效的标准的弹簧加载阀,使用人员可以目视确定阀是否正确的关闭和锁紧。且在预计的使用情况下,阀不会被无意地打开。

通常针对起落架可收起的飞机,将燃油放油阀设计成安装内凹于飞机外表面。

3.4.2　MOC5 验证过程

进行燃油系统放沉淀机上地面试验,确认放油阀能正常开启和关闭,并能可靠锁定在关闭位;排放液不会排到飞机其他部分;确认放油阀易于接近;确认放液阀的安装位置和/或防护,足以保证在机轮收起着陆时,不会导致放油阀受损发生燃油喷溅。

安装在外翼下壁板的放沉淀阀可直接接近并进行放沉淀操作,排放的液体能避开飞机的各个部分;安装在位于机身轮廓线内的燃油箱下壁板的放沉淀阀,如通过鼓包区口盖接近并进行放沉淀操作,则需要通过专门的地面支持设备(GSE)进行放液,确保排放的液体能避开飞机的各个部分。

3.5　符合性文件清单

通常,针对第 25.999 条的符合性文件清单如表 3 - 2 所示。

表 3 - 2　建议的符合性文件清单

序　号	符 合 性 报 告	符合性方法
1	燃油系统描述	MOC1
2	燃油系统机上地面试验大纲	MOC5
3	燃油系统机上地面试验报告	MOC5

4　符合性判据

对于第 25.999 条,判定以下条件满足,则符合条款要求:

(1) 放液阀的排放液能避开飞机的各部分。

(2) 放液阀能确实地锁定在关闭位置。

（3）放液阀易于接近。

（4）在起落架收起着陆时,放液阀不会损坏。

参考文献

［1］ 14 CFR 修正案 25 - 38 Airworthiness Review Program，Amendment No. 3：Miscellaneous Amendments

［2］ FAA. AC29 - 2B Certification of Transport Category Rotorcraft ［S］. 1997.

［3］ FAA. AC20 - 119 Fuel Drain Valves ［S］. 1983.

［4］ TSO - C76a Fuel Drain Valves ［S］. 2007.

运输类飞机适航标准 第25.1001条符合性验证

1 条款介绍

1.1 条款原文

第25.1001条 应急放油系统

(a) 飞机必须设置应急放油系统,除非证明该飞机在下述条件下能满足第25.119条和第25.121(d)条的爬升要求:飞机重量为最大起飞重量减去15分钟飞行(包括在出航机场起飞、复飞和着陆)所需燃油的实际重量或计算重量,而飞机形态、速度和功率(推力)满足本部有关的起飞、进场和着陆爬升性能要求。

(b) 如果要求设置应急放油系统,则该系统必须能从本条(a)给定的重量开始,在15分钟内放出足够量的燃油,使飞机能满足第25.119条和第25.121(d)条的爬升要求,假定应急放油在本条(c)所述飞行试验的最不利条件(重量条件除外)下进行。

(c) 必须从最大起飞重量开始,在襟翼和起落架收起形态以及下列飞行条件下演示应急放油:

(1) 以 $1.3V_{SR1}$ 速度无动力下滑;

(2) 临界发动机停车,其余发动机为最大连续功率(推力),以单发停车最佳爬升率的速度爬升;

(3) 以 $1.3V_{SR1}$ 速度平飞,如果本条(c)(1)和(2)规定条件下的试验结果表明该情况可能是临界的。

(d) 在本条(c)所述飞行试验中,必须表明下列各点:

(1) 应急放油系统及其使用无着火危险;

(2) 放出的燃油应避开飞机的各个部分;

(3) 燃油和油气不会进入飞机的任何部位;

(4) 应急放油对飞行操纵性没有不利影响。

(e) 对于活塞发动机飞机,必须具有措施,防止将起飞着陆所用的油箱中的燃油放油至低于以75%最大连续功率飞行45分钟所需油量。如果装有与应急放油主控制器相独立的辅助控制器,则可将应急放油系统设计成利用应急放油辅助控制器放出余下的燃油。

(f) 对于涡轮发动机飞机,必须具有措施,防止将起飞着陆所用油箱内的燃油应急放到小于从海平面爬升到 3,000 米(10,000 英尺),然后再以最大航程速度巡航 45 分钟的需用油量。但是,如果装有与应急放油主控制器相独立的辅助控制器,则可将应急放油系统设计成利用应急放油辅助控制器放出余下的燃油。

(g) 应急放油阀的设计,必须允许飞行人员在应急放油过程中的任何时刻都能关闭放油阀。

(h) 除非表明改变机翼或其周围气流的任何手段(包括襟翼、缝翼和前缘襟翼)的使用,对应急放油无不利影响,否则必须在应急放油控制器近旁设置标牌,警告飞行机组成员:在使用改变气流手段的同时,不得应急放油。

(i) 应急放油系统的设计,必须使系统中任何有合理可能的单个故障,不会由于不对称放油或不能放油而造成危险。

〔中国民用航空局 2011 年 11 月 7 日第四次修订〕

1.2　条款背景

第 25.1001 条规定了运输类飞机不设置应急放油系统时对飞机起飞、进场和着陆爬升性能的要求,设置应急放油系统时对应急放油系统放油率、系统的布置、控制器和放油阀等的要求与安全性要求,以及进行飞行试验验证的要求。

1.3　条款历史

第 25.1001 条在 CCAR25 部初版首次发布,截至 CCAR - 25 - R4,该条款共修订过 1 次,如表 1 - 1 所示。

表 1 - 1　第 25.1001 条条款历史

第 25.1001 条	CCAR25 部版本	相关 14 CFR 修正案	备　　注
首次发布	初版	—	
第 1 次修订	R4	25 - 108	

1.3.1　首次发布

1985 年 12 月 31 日发布了 CCAR25 部初版,其中包含第 25.1001 条,该条款参考 14 CFR PART 25 中的 §25.1001 的内容制定。

1.3.2　第 1 次修订

2011 年 11 月 7 日发布的 CCAR - 25 - R4 对第 25.1001 条进行了第 1 次修订,本次修订参考了 14 CFR 修正案 25 - 108 的内容,对(c)款应急放油飞行演示中飞行速度的要求,由原来的 $1.4V_{S1}$ 修订为 $1.3V_{SR1}$。

2　条款解读

2.1　条款要求

2.1.1　确定是否需要安装应急放油系统

从满足适航要求的角度考虑,应根据第 25.1001(a)款来确定飞机是否需要安装应急放油系统。如果飞机在最大起飞重量减去 15 分钟飞行所需燃油后的重量情况下能满足第 25.119 条和第 25.121(d)款的爬升梯度要求,则可不需要应急放油系统。第 25.119 条要求全发工作情况下飞机的着陆爬升梯度不得小于 3.2%;第 25.121(d)款要求单发停车情况下飞机的进近爬升梯度对于双发飞机不得小于 2.1%,对于三发飞机不得小于 2.4%,对于四发飞机不得小于 2.7%。

除爬升能力之外,AC25 - 7B"运输类飞机飞行试验指南"指出:"Airplanes should also be investigated for other elements that may limit their ability to safely accomplish an immediate return landing without a fuel jettisoning system."(没有应急放油系统的情况下,还应对飞机其他因素进行详细的检查,这些因素可能使飞机安全完成立即返场着陆的能力受到限制。)即对于没有应急放油系统的飞机,还需对返场着陆能力进行检查。与飞机返场着陆能力相关的条款要求包括着陆场长、襟翼标牌速度、轮胎刹车能量要求、轮胎速度、操纵能力及系统安全性、操作程序和飞机维修要求等。

2.1.2　应急放油系统的验证要求

如果飞机安装了应急放油系统,则需在第 25.1001(a)款的基础上满足第 25.1001(b)款至第 25.1001(i)款的要求。

第 25.1001(b)款规定了确定应急放油系统最低流量率的条件。设置有应急放油系统的飞机,应保证在 30 分钟飞行时间内,其中 15 分钟为实际应急放油时间,放出足够量的燃油,以满足条款爬升要求。

第 25.1001(c)款提出了应急放油飞行演示验证的重量、飞机形体以及飞行条件要求。

第 25.1001(d)款提出了应结合第 25.1001(c)款的飞行试验,检查确认应急放油不能使飞机有着火危险或对飞机操纵有不利影响。

第 25.1001(e)款和(f)款分别对活塞发动机飞机与涡轮发动机飞机提出了防止应急放油系统过度放油的要求。

第 25.1001(g)款要求飞行人员能在应急放油过程中随时关闭应急放油系统。

第 25.1001(h)款要求设置标牌以警告飞行人员,禁止在操纵襟缝翼等改变机翼或其周围气流的任何手段的同时进行应急放油,除非能表明对应急放油无不利影响。

第 25.1001(i)款要求应急放油系统的设计应具有足够的安全裕度,保证在合理可能的单个故障情况下,不会由于不能放油或不对称放油而造成危险。此处"合理可能的单个故障"不包括典型的单点故障(典型的单点故障不考虑故障发生概率),指可预见的发生概率大于 10^{-5} 的单个故障。

2.2 相关条款

与第 25.1001 条相关的条款如表 2-1 所示。

表 2-1 第 25.1001 条相关条款

序　号	相 关 条 款	相　　关　　性
1	第 25.119 条	第 25.119 条规定了飞机全发着陆爬升梯度的要求
2	第 25.121(d) 款	第 25.121(d) 款规定了飞机单发进场爬升梯度的要求

3 验证过程

3.1 验证对象

对于未安装应急放油系统的飞机,第 25.1001 条的验证对象为飞机,主要验证飞机的起飞、进场和着陆爬升性能,以及返场着陆能力。

对于安装应急放油系统的飞机,第 25.1001 条的验证对象为应急放油系统。

3.2 符合性验证思路

3.2.1 针对无应急放油系统飞机的验证

针对无应急放油系统的飞机,应根据第 25.1001(a) 款及其所引用的第 25.119 条和第 25.121(d) 款对飞机的爬升能力进行验证,以及根据与审查方讨论制定的关于返场着陆的专门要求(可通过问题纪要等形式制定),对飞机的返场着陆能力进行验证。

3.2.2 针对有应急放油系统飞机的验证

针对安装了应急放油系统的飞机,应根据第 25.1001(b) 款至(i)款的要求对该系统进行验证。

针对第 25.1001(b) 款,需通过计算分析表明在最不利飞机构型条件下,应急放油系统能在 15 分钟内完成放油至所需油量以满足第 25.119 条和第 25.121(d) 条的爬升要求,并通过飞行试验进行相应的验证。

针对第 25.1001(c) 款,需要在要求的重量、飞机形体以及飞行条件下进行飞行试验,演示应急放油。

针对第 25.1001(d) 款,需通过应急放油飞行试验,演示在合理预期的飞行条件下,应急放油系统能在规定的时间内放出规定量的燃油,放出的燃油油雾没有进入飞机其他部位,无着火或对飞行操纵品质有不利影响的危险情况发生。

针对第 25.1001(e) 款,需要说明系统具有防止将起飞着陆所用油箱内的燃油应急放到针对活塞发动机飞机规定的油量以下的措施。

针对第 25.1001(f)款,需要说明系统具有防止将起飞着陆所用油箱内的燃油应急放到针对涡轮发动机飞机规定的油量以下的措施。

针对第 25.1001(g)款,需要通过系统描述表明飞行人员能在应急放油过程中随时关闭应急放油系统,并通过飞行试验验证。

针对第 25.1001(h)款,需要通过试飞验证,在操纵襟/缝翼放下情况下,应急放油操作不会受到不利影响;否则应在应急放油操纵器旁设置警告标牌,提示机组在使用襟/缝翼时不得操作应急放油。如设置了应急放油警告标牌,需要通过机上检查确认。

针对第 25.1001(f)款,通过安全性分析,对应急放油系统相关的安全分析,结合应急放油飞行试验结果,确定应急放油系统中任何合理可能的单一故障,都不会由于不对称放油或不能放油而造成危险。

3.3 符合性验证方法

通常,针对第 25.1001 条的符合性验证方法如表 3 - 1 所示。

表 3 - 1 建议的符合性方法

条 款 号	专 业	符 合 性 方 法										备 注
		0	1	2	3	4	5	6	7	8	9	
第 25.1001(a)款	性 能		1	2									无应急放油系统适用
第 25.1001(b)款	燃 油			2									
第 25.1001(b)款	性 能			2				6					
第 25.1001(c)款	燃 油							6					
第 25.1001(d)款	燃 油			2				6					
第 25.1001(e)款	燃 油		1	2									活塞发动机适用
第 25.1001(f)款	燃 油		1	2									涡轮发动机适用
第 25.1001(g)款	燃 油		1					6					
第 25.1001(h)款	燃 油		1					6	7				
第 25.1001(i)款	燃 油				3								

3.4 符合性验证说明

3.4.1 无应急放油系统飞机的爬升性能和返场着陆能力验证

当飞机未安装应急放油系统时,只需满足第 25.1001(a)款的要求,采用的符合性方法包括 MOC1 和 MOC2,各项验证工作具体如下:

1) MOC1 验证过程

在设计描述中说明飞机未安装应急放油系统也可以满足 §25.119 全发着陆爬

升和 §25.121(d)单发失效进场爬升梯度的要求。

2) MOC2 验证过程

通过计算在起飞、进近和着陆的各种构型定义下,各阶段受爬升梯度限制的起飞限重以及着陆限重。若起飞限重与着陆限重的差值小于 15 分钟飞行(包括在出航机场起飞、复飞和着陆)所需燃油的重量,则表明符合条款要求的爬升能力要求。

按飞机重量为 RTO 刹车能量限重减去 15 分钟飞行(包括在出航机场起飞、复飞和着陆)所需燃油的重量,计算飞机应急返场着陆所需刹车能量,如果该刹车能力小于刹车系统吸收能力的能力范围,则表明满足最大刹车能量的限制。

按飞机重量为 RTO 刹车能量限重减去 15 分钟飞行(包括在出航机场起飞、复飞和着陆)所需燃油的重量,计算飞机应急返场着陆时的最大轮速,如果该轮速小于飞机最大轮速限制,则表明满足最大轮速限制。

以飞机起飞结构限重或爬升梯度限重(取小值)减去 15 分钟飞行(包括在出航机场起飞、复飞和着陆)所需燃油的重量,计算飞机进近爬升速度和着陆复飞的速度,并将这些速度与飞机襟翼标牌速度进行比较,如果在飞机运行包线内,则表明能满足襟翼标牌速度限制要求。

以飞机起飞结构限重或爬升梯度限重(取小值)减去 15 分钟飞行(包括在出航机场起飞、复飞和着陆)所需燃油的重量,计算飞机在各种着陆构型下,在干跑道、湿跑道以及减速板不工作情况的着陆距离。如果飞机的返场着陆距离均不超过其起飞所需距离。则表明能够满足返场着陆距离要求。

对大重量下飞机应急返场并考虑飞机滑跑和刚起飞时可能出现的各种故障情况,包括升降舵卡阻及漂浮、副翼卡阻及漂浮、方向舵卡阻、襟/缝翼卡阻、单发失效和双发失效等,对操纵性和稳定性进行分析,以确认在这些故障情况下飞机纵向及横航向机动性满足要求。

3.4.2 应急放油系统的验证说明

当飞机安装应急放油系统时,采用的符合性验证方法包括 MOC1、MOC2、MOC3、MOC6 和 MOC7,各项验证工作具体如下:

1) MOC1 验证过程

在设计说明中,通过燃油应急放油系统设计、工作原理和安装图,说明系统能完成应急放油功能,并能在放油过程中随时关闭放油,并且放油时燃油能避开飞机各个部分,而无着火危险;此外,还应通过应急放油系统工作原理和设计,说明系统具有防止将起飞着陆所用油箱内的燃油应急放到第 25.1001(f)款规定的油量以下的措施。

2) MOC2 验证过程

通过分析/计算表明在最不利飞机构型条件下,应急放油系统应能在 15 分钟内完成放油至所需油量;以及确定应急放油可能导致的飞机重量、重心和燃油不平衡等情况不会对飞行操作性能带来不利影响。

3) MOC3 验证过程

通过应急放油系统安全性分析,表明应急放油系统的设计有足够的安全裕度,保证在合理可能的单点故障失效情况下,不会由于不能放油或不对称放油而造成危险。故障失效分析要仔细考虑其他系统失效对于应急放油系统操作的可能影响。对于典型的单个部件故障,比如放油阀、泵、开关、传感器等,表明采用了冗余和失效安全设计特征,以使系统在出现单个故障时还能实施应急放油。

4) MOC6 验证过程

应急放油系统飞行试验的基本目的在于,验证最低应急放油速率能使飞机安全完成立即返航着陆,并确定在合理预期的使用条件下在规定的时间限制内可以安全地放掉所要求数量的燃油,而不会引起着火、爆炸或者对飞行品质产生不利的影响。

(1) 空中放油速率。

(a) 在确定最低应急放油速率时,选择临界的油箱、油箱组合或供油形态来演示应急放油率。

(b) 确定飞机姿态或形态是否对应急放油速率有影响。

(c) 演示为防止将起飞和着陆用油箱内的燃油应急放至满足第 25.1001(e)款和(f)款要求的油面以下的措施是有效的。

(d) 演示应急放油系统的工作不会对发动机(以及辅助动力装置——如果安装且批准在飞行中使用)的工作造成不利影响。

(2) 起火危险。

(a) 应演示从飞机两侧所有正常使用的油箱或油箱组合应急放油的燃油流谱,不管两侧是否是对称的。

(b) 按第 25.1001(d)(1)项至(3)项中规定的条件演示应急放油的流谱。在飞行条件下进行使用中预期的稳态侧滑。

(c) 在应急放油时或在应急放油结束之后,液态或气态燃油不应撞击到飞机的任何外表面上。为进行检测,可使用染色的燃油,或者飞机表面进行处理,使得飞机表明遇到液态或气态燃油能改变其外观。其他等效的探测方法也是可以接受的。

(d) 在应急放油期间或应急放油结束之后,确认液态或气态燃油没有进入飞机的任何部位。可以根据气味、易燃混合物探测器或者通过目视检查来对燃油进行探测。对于增压飞机,这种检查在飞机不增压的情况下进行。

(e) 在应急放油阀门关闭之后,确认无燃油泄漏的迹象。

(f) 在机翼襟翼处于所有可用位置,以及在从每个位置转换到下一个位置期间进行试验。确认如果存在机翼操纵面(襟翼和缝翼等)位置可能对燃油流谱产生不利的影响,以及导致燃油撞击到飞机表面的任何迹象,此时在飞机上安装标牌并在飞机飞行手册中给出限制。

（3）操纵

（a）应研究应急放油试验时飞机操纵品质的变化（包括非对称应急放油）。

（b）应在飞行中演示中断应急放油。

5）MOC7 验证过程

如设置了应急放油警告标牌，通过机上检查来确认该标牌能够提示机组在使用襟/缝翼时不得操作应急放油。

3.5　符合性文件清单

通常，针对第 25.1001 条的符合性文件清单如表 3-2 所示。

表 3-2　建议的符合性文件清单

序　号	符 合 性 报 告	符合性方法
1	应急放油系统描述	MOC1
2	应急放油系统分析/计算报告	MOC2
3	应急放油系统安全性分析报告	MOC3
4	应急放油系统飞行试验大纲	MOC6
5	应急放油系统飞行试验报告	MOC6
6	应急放油系统机上检查大纲	MOC7
7	应急放油系统机上检查报告	MOC7

4　符合性判据

4.1　对于未安装应急放油系统的飞机

符合性判据为飞机的起飞、进场和着陆爬升性能满足第 25.119 条和第 25.121（d）款的要求，即全发工作情况下飞机的着陆爬升梯度不得小于 3.2%，对于三发飞机不得小于 2.4%，对于四发飞机不得小于 2.7%，以及具备足够的返场着陆能力不会导致不安全状况。

4.2　对于安装应急放油系统的飞机

符合性判据为应急放油系统能够在 15 分钟内放出足够的燃油，并且不会导致起火危险，不会对操纵品质产生不利影响，以及具有防止过度放油的措施并能在空中由飞行人员随时关闭。

通过计算/分析能够表明：在最不利的飞机构型条件下，应急放油系统能在 15 分钟内完成放油至所需油量；应急放油导致的飞机重量、重心和燃油不平衡等情况不会对飞行操纵性能带来不利影响。

在安全性分析中，应表明系统中任何合理可能的单一故障，都不会由于不对称放油或不能放油而造成危险。

通过应急放油飞行试验，演示在合理预期的飞行条件下，应急放油系统能在规定的时间内放出规定量的燃油,放出的燃油油雾没有进入飞机的其他部位,无着火或对飞机操纵品质有不利影响的危险情况发生。在飞行试验中,还应演示在应急放油过程中中断放油,实施人工关闭放油阀的操作的有效性。在操纵襟/缝翼放下的情况下,应急放油操作不会受到不利影响。或者,通过机上检查确定在应急放油操纵器旁设置了警告标牌,提示机组在使用襟/缝翼时,不得操作应急放油。

参考文献

[1]　14 CFR 修正案 25 - 108 1 - g Stall Speed as the Basis for Compliance With Part 25 of the Federal Aviation Regulations [S].

[2]　FAA. AC25 - 7C Flight Test Guide For Certification Of Transport Category Airplanes [S]. 2012.

[3]　FAA. AC25. 735 - 1 Brakes and Braking Systems Certification Tests and Analysis [S]. 2002.

运输类飞机适航标准 第 25.1011 条符合性验证

1 条款介绍

1.1 条款原文

第 25.1011 条 总则

（a）每台发动机必须有独立的滑油系统，在不超过安全连续运转温度值的情况下，能向发动机供给适量的滑油。

（b）可用滑油量不得小于飞机在临界运行条件下的续航时间与同样条件下批准的发动机最大允许滑油消耗量的乘积，加上保证系统循环的适当余量。对于活塞发动机飞机，可用下列燃油/滑油容积比来代替按飞机航程计算滑油需用量的理论分析：

（1）对于没有备用滑油或滑油转输系统的飞机，燃油/滑油容积比为 30∶1；

（2）对于具有备用滑油或滑油转输系统的飞机，燃油/滑油容积比为 40∶1。

（c）如果经过发动机实际滑油消耗数据的证实，可以采用大于本条（b）（1）和（2）规定的燃油/滑油容积比。

1.2 条款背景

第 25.1011 条旨在确保每台发动机拥有合理的滑油量，以便飞机完成预定任务。

1.3 条款历史

第 25.1011 条在 CCAR25 部初版首次发布，截至 CCAR－25－R4，该条款未进行过修订，如表 1－1 所示。

表 1－1 第 25.1011 条条款历史

第 25.1011 条	CCAR25 部版本	相关 14 CFR 修正案	备　　注
首次发布	初版	—	

1985 年 12 月 31 日发布了 CCAR25 部初版，其中包含第 25.1011 条，该条款参

考 1964 年 12 月 24 日发布的 14 CFR PART 25 部中的 § 25.1011 的内容制定。

2　条款解读

2.1　条款要求

多发飞机的每台发动机必须具有独立的滑油系统，以免因某一台发动机的滑油系统故障而影响其他发动机的工作。

滑油系统能保证供给发动机适量的滑油，而且滑油温度不得超过安全连续运转温度值。

确定可用滑油量必须考虑飞机临界运行条件。临界运行条件包括当一台发动机不工作时，向可工作的发动机供给的可用滑油必须满足飞机后续持续运行的需要。

2.2　相关条款

与第 25.1011 条相关的条款如表 2-1 所示。

表 2-1　第 25.1011 条相关条款

序　号	相关条款	相　关　性
1	第 25.1013 条	第 25.1013 条规定滑油箱的安装、膨胀空间、加油接头、通气和出油口等相关要求
2	第 25.1015 条	第 25.1015 条规定滑油箱试验应满足的相关要求
3	第 25.1017 条	第 25.1017 条规定滑油导管和接头的防火及通气等相关要求
4	第 25.1019 条	第 25.1019 条规定滑油滤网或滑油滤的滤通能力及指示告警灯相关要求
5	第 25.1021 条	第 25.1021 条规定滑油系统放油嘴的相关要求
6	第 25.1023 条	第 25.1023 条规定滑油散热器的结构和防火等相关要求

3　验证过程

3.1　验证对象

第 25.1011 条的验证对象为滑油系统。

3.2　符合性验证思路

针对第 25.1011(a) 款，通过系统描述和分析计算来表明滑油系统满足相关要求，并通过地面试验、飞行试验和设备鉴定来验证这些要求得到满足。

针对第 25.1011(b) 款，通过系统描述和分析计算来表明滑油系统的滑油量满足相关要求。

3.3　符合性验证方法

通常，针对第 25.1011 条的符合性验证方法如表 3-1 所示。

表 3 - 1　建议的符合性方法

条　款　号	专　业	符 合 性 方 法										备　注
		0	1	2	3	4	5	6	7	8	9	
第 25.1011(a)款	动力装置		1	2			5	6				
第 25.1011(a)款	辅助动力装置		1	2			5	6				9	
第 25.1011(b)款	动力装置		1	2								
第 25.1011(b)款	辅助动力装置		1	2								

3.4　符合性验证说明

3.4.1　第 25.1011(a)款符合性验证说明

针对第 25.1011(a)款,采用的符合性验证方法包括 MOC1、MOC2、MOC5、MOC6 和 MOC9,验证具体工作如下:

1) MOC1 验证过程

采用系统设计描述明确飞机安装的发动机具有独立的滑油系统,该系统向发动机的转子轴承、内部齿轮箱、传动齿轮箱和附件齿轮箱中轴承、齿轮副和密封提供冷却及润滑,并同时与发动机燃油系统中的燃油进行热交换,以保证在整个温度包线范围内发动机正常运行。滑油系统随发动机完成 33 部的适航取证工作。飞机 APU 滑油系统是一个独立的、自滤和自冷却系统。APU 工作过程中,FADEC 监控滑油系统,以保证正常的滑油温度和压力,当滑油压力低于规定值、滑油温度高于规定值时,根据工作模式,FADEC 控制 APU 自动停车。

2) MOC2 验证过程

采用计算分析方法,计算滑油的消耗量,计算时考虑动力装置系统的滑油温度数据,保证最大滑油温度值低于限制值。

3) MOC5 验证过程

在机上地面试验中,针对飞机短舱内的冷却功能开展试验,采集动力装置系统的滑油温度、燃油温度数据。

同时完成辅助动力装置冷却系统机上地面试验,在试验过程中 APU 系统正常工作,滑油温度试验测量值符合第 25.1043 条外推至飞机温度包线最高温度校正结果在限制温度以下的要求。

4) MOC6 验证过程

针对飞机发动机进行短舱内冷却飞行试验,采集动力装置系统的滑油温度和燃油温度数据。

同时完成辅助动力装置冷却系统飞行试验,确认试飞过程中 APU 系统正常工作,试飞过程中测得的滑油温度值符合依据第 25.1043 条外推至飞机温度包线最高温度校正结果在限制温度以下。

5) MOC9 验证过程

APU 具有独立的滑油系统,通过 APU 的规定时间的耐久性试验及 APU 性能验证试验予以验证,APU 的滑油系统能够正常提供滑油且无超温和欠压现象的发生。

3.4.2 第 25.1011(b)款符合性验证说明(仅针对涡轮发动机说明)

针对第 25.1011(b)款,采用的符合性验证方法包括 MOC1 和 MOC2,各项验证工作具体如下:

1) MOC1 验证过程

采用滑油系统设计描述说明正常运行情况下,保证发动机可持续工作的要求。确保当飞机滑油箱内油量降低至告警滑油量值时,发动机仍能够正常工作。说明滑油系统设计中纳入了第 121.637 条中对起飞备降机场的要求:起飞备降机场对于双发飞机,备降机场与起飞机场的距离不大于飞机使用一发失效的巡航速度在静风条件下飞行 1 小时的距离。明确飞机在出现最小滑油油量告警后能够继续飞行的时间要求。说明当飞机出现滑油油量低告警时,发动机能够持续工作的时间。

2) MOC2 验证过程

采用计算分析确定飞机 APU 滑油系统滑油箱正常满位滑油容量、允许的最小滑油容量、APU 滑油系统可用滑油量。

3.5 符合性文件清单

通常,针对第 25.1011 条的符合性文件清单如表 3-2 所示。

表 3-2 建议的符合性文件清单

序 号	符 合 性 报 告	符合性方法
1	动力装置/APU 滑油系统设计描述	MOC1
2	动力装置/APU 系统可用滑油量分析报告	MOC2
3	动力装置/APU 机上地面试验大纲	MOC5
4	动力装置/APU 机上地面试验报告	MOC5
5	动力装置/APU 试飞大纲	MOC6
6	动力装置/APU 试飞报告	MOC6
7	动力装置/APU 设备鉴定大纲	MOC9
8	动力装置/APU 设备鉴定报告	MOC9
9	APU 的 TSOA	MOC9

4 符合性判据

4.1 针对第 25.1011(a)款

确认滑油系统是一个独立的滑油系统,且在不超过安全连续运转温度值的情况下,能向发动机供给适量的滑油。

4.2　针对第 25.1011(b)款

确认滑油系统的可用滑油量大于飞机在临界运行条件下的续航时间与同样条件下批准的发动机最大允许滑油消耗量的乘积,加上保证系统循环的适当余量。

参考文献

[1]　FAA. AC23. 1011 - 1 Procedures for Determining Acceptable Fuel/Oil Ratio as Required by FAR § 23. 1011(b) [S]. 1983.

运输类飞机适航标准
第 25.1013 条符合性验证

1 条款介绍

1.1 条款原文

第 25.1013 条 滑油箱

(a) 安装 滑油箱的安装必须满足第 25.967 条的要求。

(b) 膨胀空间 必须按下列要求保证滑油箱的膨胀空间:

(1) 用于活塞发动机的每个滑油箱,必须具有不小于 10% 油箱容积或 1.9 升 (0.5 美加仑) 的膨胀空间 (取大值);用于涡轮发动机的每个滑油箱,必须具有不小于 10% 油箱容积的膨胀空间;

(2) 不与发动机直接相连的每个备用滑油箱,可以具有不小于 2% 滑油箱容积的膨胀空间;

(3) 必须使飞机处于正常地面姿态时,不可能由于疏忽而使所加滑油占用膨胀空间。

(c) 加油接头 每个能明显积存滑油的凹型滑油箱加油接头,必须有放油嘴,其排放液应能避开飞机各个部分。此外,每个滑油箱加油口盖必须有耐滑油密封件。

(d) 通气 滑油箱必须按下列要求通气:

(1) 滑油箱必须从膨胀空间的顶部通气,以便在任何正常飞行条件下都能有效地通气;

(2) 滑油箱通气口的布置,必须使可能冻结和堵塞管路的冷凝水蒸气不会聚积在任何一处。

(e) 出油口 必须具有防止任何外来物进入滑油箱本身或进入滑油箱出油口的措施,以免妨碍滑油在系统中流动,滑油箱出油口不得用在任一工作温度下会使滑油流量减到低于安全值的滤网或护罩加以包覆。用于涡轮发动机的滑油箱出油口处,必须装有切断阀,如果滑油系统的外露部分(包括滑油箱支架)是防火的则除外。

（f）软滑油箱　软滑油箱必须经过批准，或必须表明适合其特定用途。

〔中国民用航空局 1995 年 12 月 18 日第二次修订，2011 年 11 月 7 日第四次修订〕

1.2　条款背景

第 25.1013 条旨在对发动机和 APU 滑油箱安装的安全性、膨胀空间、加油接头、通气、出油口等提出要求。

1.3　条款历史

第 25.1013 条在 CCAR25 部初版首次发布，截至 CCAR－25－R4，该条款共修订过 2 次，如表 1－1 所示。

表 1－1　第 25.1013 条条款历史

第 25.1013 条	CCAR25 部版本	相关 14 CFR 修正案	备　注
首次发布	初版	—	
第 1 次修订	R2	25－72	
第 2 次修订	R4	—	

1.3.1　首次发布

1985 年 12 月 31 日发布了 CCAR25 部初版，其中包含第 25.1013 条，该条款参考 1964 年 12 月 24 日发布的 14 CFR PART 25 部中的 §25.1013 的内容制定。

1.3.2　第 1 次修订

1995 年 12 月 18 日发布的 CCAR－25－R2 对第 25.1013 条进行了第 1 次修订，本次修订参考了 14 CFR PART 25 部修正案 25－72 的内容：

（1）（a）款删除了关于活塞式发动机整体滑油收油池的一句话，但该条款涉及的要求仍然存在于 §25.1183（a）中。

（2）删除了本条（c）（1）项，但该款涉及的要求仍然保留在 §25.1013（c）中，并对本条（c）款文字做了若干调整。

（3）删除了本条（c）（2）项，但该款涉及的要求仍然反映在 §25.1557（b）（2）中。

1.3.3　第 2 次修订

2011 年 11 月 7 日发布的 CCAR－25－R4 对第 25.1013 条进行了第 2 次修订，本次仅文字修订：在第 25.1013（e）款中，将"包复"更改为"包覆"。

2　条款解读

2.1　条款要求

滑油箱的安装需满足第 25.967 条的要求。

滑油箱膨胀空间是为滑油受热膨胀和回油中吸收的空气所需预留的空间。如果膨胀空间不足,则会导致滑油从通气管溢出,增加滑油耗量。

加油接头需有放油嘴,并满足条款相关要求。

滑油箱通气和通气口的要求,需保证冷凝水蒸气不会聚积。

滑油通气管路可以从油箱接至发动机,然后再从发动机通至大气,这样可避免滑油从油箱中冒出,也减少了空气中的灰尘和水分落入油箱中。

有相关措施防止外来物进入滑油箱出油口。

2.2 相关条款

与第25.1013条相关条款如表2-1所示。

表2-1 第25.1013条相关条款

序 号	相关条款	相 关 性
1	第25.967条	第25.967条规定燃油箱的安装、安装位置等规范和要求,适用于滑油箱的安装
2	第25.1185条	第25.1185条规定装有可燃液体的油箱或容器的规范和要求,适用于滑油箱的安装
3	第25.1011条	第25.1011条规定滑油系统总则,给出了滑油系统的总要求
4	第25.1015条	第25.1015条规定滑油箱试验应满足的相关要求
5	第25.1017条	第25.1017条规定滑油导管和接头的防火及通气等相关要求
6	第25.1019条	第25.1019条规定滑油滤网或滑油滤的滤通能力及指示告警灯相关要求
7	第25.1021条	第25.1021条规定滑油系统放油嘴的相关要求
8	第25.1023条	第25.1023条规定滑油散热器的结构和防火等相关要求

3 验证过程

3.1 验证对象

第25.1013条的验证对象为滑油系统的滑油箱。

3.2 符合性验证思路

针对第25.1013(a)款,通过系统设计描述来表明滑油箱安装满足相关要求。

针对第25.1013(b)款,通过系统设计描述来表明滑油箱的膨胀空间满足相关要求。

针对第25.1013(c)款,通过系统设计描述来表明滑油箱加油接头满足相关要求,并通过机上检查来验证这些要求得到满足。

针对第25.1013(d)款,通过系统设计描述来表明滑油箱的通气满足相关要求。

针对第 25.1013(e)款，通过系统设计描述来表明滑油箱的出油口满足相关要求。

3.3　符合性验证方法

通常，针对第 25.1013 条的符合性验证方法如表 3-1 所示。

表 3-1　建议的符合性方法

条　款　号	专　业	符 合 性 方 法										备　注
		0	1	2	3	4	5	6	7	8	9	
第 25.1013(a)款	动力装置		1									
第 25.1013(b)(1)项	动力装置		1									
第 25.1013(b)(2)项	动力装置		1									
第 25.1013(b)(3)项	动力装置		1									
第 25.1013(c)款	动力装置		1						7			
第 25.1013(d)款	动力装置		1									
第 25.1013(e)款	动力装置		1									

3.4　符合性验证说明

3.4.1　第 25.1013(a)款符合性验证说明

针对第 25.1013(a)款，采用的符合性验证方法包括 MOC1，验证具体工作如下：第 25.1013(a)款要求滑油箱的安装必须满足第 25.967 条的要求，第 25.967 条主要针对飞机燃油箱，其中部分条款适用于发动机滑油箱。发动机滑油箱对第 25.967 条的符合性验证过程，如表 3-2 所示。

表 3-2　发动机滑油箱对第 25.967 条的符合性验证过程

适 用 条 款	条 款 内 容	发动机滑油箱符合性验证过程
第 25.967(a)(1)项	每个燃油箱的支承必须使油箱载荷(由油箱内燃油重量引起)不集中作用在无支承的油箱表面,此外,还必须符合下列规定:如有必要,必须在油箱与其支承件之间设置隔垫,以防擦伤油箱	滑油箱通过顶部一个和下部两个安装节安于发动机风扇机匣上。整个滑油箱无支承的表面仅为滑油箱的正面,滑油箱内部的滑油重量载荷并未作用于此表面。固定于风扇机匣上的安装节的耳片与滑油箱上的安装节的耳片通过螺栓和螺母进行硬连接,仅两个安装节的耳片直接存在接触,接触面远离滑油箱表面,无须设置隔垫
第 25.967(a)(2)项	隔垫必须不吸收液体,或经处理后不吸收液体	不适用 发动机滑油箱无隔垫

适 用 条 款	条 款 内 容	发动机滑油箱符合性验证过程
第 25.967(a)(3)项	如果使用软油箱,则软油箱的支承必须使其不必承受油液载荷	不适用 发动机滑油箱不是软油箱
第 25.967(a)(4)项	每个油箱舱内表面必须光滑,而且不具有会磨损软油箱的凸起物,除非满足下列要求之一: (1) 在凸起物处,具有保护软油箱的措施 (2) 软油箱本身构造具有这种保护作用	发动机滑油箱为硬油箱,内表面光滑,无凸起处
第 25.967(b)款	贴近油箱表面的空间必须通大气,以防止由于轻微泄漏而造成油气聚积。如果油箱装在密封的油箱舱内,可以仅用排漏孔通大气,但排漏孔的尺寸必须足以防止飞行高度变化而引起的过压	发动机滑油箱处于风扇舱内部,风扇舱为开放式环境,与外界大气相连。滑油箱表面空间与大气相连,不会造成油气的聚积
第 25.967(c)款	每个油箱的位置必须满足第 25.1185(a)款的要求	见本表对 25.1185(a)款的符合性说明
第 25.967(d)款	直接位于发动机舱主要空气出口后面的发动机短舱蒙皮,不得作为整体油箱的箱壁	发动机滑油箱为单独箱式结构,未使用发动机短舱蒙皮作为箱壁
第 25.967(e)款	燃油箱与载人舱的隔离,必须采用防油气及防燃油的隔罩	发动机滑油箱布置于风扇舱内部,远离飞机客舱
第 25.1185(a)款	除第 25.1183(a)款所规定的整体滑油收油池外,作为装有可燃液体或气体的系统一部分的油箱或容器,不得安置在指定火区内,除非所装的液体、系统的设计、油箱所采用的材料、切断装置以及所有的连接件、导管和控制装置所提供的安全度,与油箱或容器安置在该火区外的安全度相同	滑油箱虽然位于发动机风扇舱(火区)内,但滑油箱材料、滑油箱安装节、连接滑油箱的滑油管路、滑油管路接头、滑油管路支架均是防火的,且滑油系统中无切断装置和控制装置

综上所述,飞机发动机滑油箱满足第 25.1013(a)款的要求。

3.4.2　第 25.1013(b)款符合性验证说明

针对第 25.1013(b)款,采用的符合性验证方法包括 MOC1,验证具体工作如下:采用系统设计描述说明飞机发动机滑油箱滑油溢出油量体积和滑油箱物理体积等的设计情况,同时设定滑油箱顶部的物理膨胀空间占滑油箱物理体积的百分比不低于10%,说明当飞机处于正常的地面姿态时,滑油箱在飞机上的安装状态与发动机进行实验室试验时的水平台架状态保持一致,该试验已验证滑油液面不会侵占膨胀空间。说明滑油箱在适当体积处设置有溢油口,能够将多余滑油由溢油口通过排液系统排出短舱外,防止地面维护人员加注滑油时疏忽操作,多加注滑油而侵占滑油箱膨胀空间。

3.4.3　第 25.1013(c)款符合性验证说明

针对第 25.1013(c)款,采用的符合性验证方法包括 MOC1 和 MOC7,验证工作具体如下:

1) MOC1 验证过程

采用系统设计描述说明发动机滑油箱通过油箱顶部的重力加油口和油箱正面的压力加油口进行滑油加注。压力加油口和重力加油口的周围设计有可能积存滑油的凹槽,保证加油时未能加注进入油口的滑油能够流入凹槽而不会污染滑油箱或附近其他部件表面。此凹槽底部与排液系统相连接,能够及时排走可能积存的滑油,通过排液管路从风扇舱底部的排液口排出短舱,并避开飞机的各个部分。滑油箱压力加油口使用快卸接头形式与加油设备相连,可锁定的压力加油口盖和滑油箱加油口底部的舌形单向阀能够保证加油口盖为合理密封时滑油不会泄漏;同时人工和压力加油口盖上均设置有耐滑油的 O 型密封圈,可以防止滑油泄漏。

2) MOC7 验证过程

在飞机上安排进行了动力装置滑油系统部件机上检查。针对第 25.1013(c)条要求,应检查确认:人工加油口盖处可能存积滑油的凹形槽通过排液系统可以将滑油排出机外,压力加油接头位置不存在存积滑油的可能,加油口盖具有密封圈。

3.4.4　第 25.1013(d)款符合性验证说明

针对第 25.1013(d)款,采用的符合性验证方法包括 MOC1,验证工作具体如下:采用系统设计描述说明滑油箱内部的油气分离器设置成将回油路中的气体分离,并通过设置于滑油箱膨胀空间顶部的排气路通入前收油池,由中央通气管排出,保证飞机在姿态包线内以任何姿态飞行时滑油箱均能够有效通气。滑油箱的整个通气管路的布置没有凹陷处,可以防止冷凝水蒸气的聚积。

3.4.5　第 25.1013(e)款符合性验证说明

第 25.1013(e)款采用的符合性验证方法包括 MOC1,具体验证工作如下:采用系统设计描述说明飞机发动机滑油箱重力加油口应设置有金属滤网,能够防止人工加油时异物进入滑油箱。滑油箱出口与滑油系统管路直接连接,出口处无开口,且未设置任何滤网,外界异物不会进入滑油箱。发动机滑油系统的外露部件、滑油箱、滑油箱安装节、滑油管路、管路接头和管路支架等均是防火的,未设置切断阀。

3.5　符合性文件清单

通常,针对第 25.1013 条的符合性文件清单如表 3-3 所示。

表 3-3   建议的符合性文件清单

序 号	符 合 性 报 告	符合性方法
1	动力装置滑油系统设计描述	MOC1
2	动力装置滑油系统机上检查大纲	MOC7
3	动力装置滑油系统机上检查报告	MOC7

4   符合性判据

4.1   针对第 25.1013(a)款

确认滑油箱的安装满足第 25.967 条中油箱支承、油箱通气、油箱位置、油箱与发动机排气区域和客舱距离等相关要求。

4.2   针对第 25.1013(b)款

确认滑油箱的膨胀空间满足不小于 10％油箱容积,且飞机在正常地面姿态时,不可能由于疏忽使所加滑油占用膨胀空间等相关要求。

4.3   针对第 25.1013(c)款

确认滑油箱加油接头有放油嘴,排放液能避开飞机各个部分,加油口盖有耐滑密封件。

4.4   针对第 25.1013(d)款

确认滑油箱从膨胀空间的顶部通气,且在任何正常飞行条件下都能有效通气,冷凝水蒸气不会聚积在滑油箱的任何一处。

4.5   针对第 25.1013(e)款

确认滑油箱的出油口满足防止外来物进入、安装切断阀等相关要求,出油口滤网或护罩满足要求。

参考文献

[1]   14 CFR 修正案 25 - 72 Special Review:Transport Category Airplane Airworthiness Standards [S].

[2]   FAA. AC20 - 135 Powerplant Installation and Propulsion System Component Fire Protection Test Methods, Standards, and Criteria [S]. 1990.

运输类飞机适航标准
第 25.1015 条符合性验证

1 条款介绍

1.1 条款原文

第 25.1015 条 滑油箱试验

滑油箱必须按下列要求设计和安装：

(a) 能承受运行中可能遇到的各种振动、惯性和液体载荷而不损坏；

(b) 除试验压力和试验液按下列规定外,应满足第 25.965 条的要求：

(1) 试验压力

(i) 对于涡轮发动机的增压油箱,用不小于 34.5 千帕(0.35 公斤/厘米^2;5 磅/英寸^2)的压力加上油箱的最大工作压力来代替第 25.965(a)条中规定的试验压力；

(ii) 对于所有其它的油箱,用不小于 34.5 千帕(0.35 公斤/厘米^2;5 磅/平方英寸^2)的压力来代替第 25.965(a)条中规定的试验压力。

(2) 试验液必须用温度为 120℃(250°F)的滑油来代替第 25.965(c)条中规定的液体。

1.2 条款背景

第 25.1015 条旨在确保滑油箱设计和安装能承受飞机运行中可能遇到的振动、过载和液体载荷而不损坏,以保证滑油箱的完整性。同时试验压力和试验液,需满足适航要求,以及满足第 25.965 条的要求。

1.3 条款历史

第 25.1015 条在 CCAR25 部初版首次发布,截至 CCAR - 25 - R4,该条款未进行过修订,如表 1 - 1 所示。

表 1 - 1 第 25.1015 条条款历史

第 25.1015 条	CCAR25 部版本	相关 14 CFR 修正案	备 注
首次发布	初版	—	

1985年12月31日发布了CCAR25部初版,其中包含第25.1015条,该条款参考了14 CFR PART 25中的§25.1015的内容制定。

2 条款解读

2.1 条款要求

采用"主制造商—供应商"模式研发制造的飞机、滑油箱作为发动机组成部分,结合发动机合格审定一并完成审定。

滑油箱在运行中承受的各种振动、惯性和液体载荷需满足飞机级的载荷要求,且在运行中不能损坏。

滑油箱的试验压力应用不小于34.5千帕(0.35公斤/厘米^2;5磅/英寸^2)的压力加上油箱的最大工作压力来代替第25.965(a)款中规定的试验压力。

滑油箱试验液应用120℃(250℉)的滑油来代替第25.965(c)款中规定的液体。

第25.965(a)款要求必须用试验表明装机后的燃油箱能承受24.2千帕的内部压力与在油箱内产生的最大冲压空气压力的125%的大者,油箱不损坏或漏油。

第25.965(b)款规定了需要进行振动试验的燃油箱类型,即每个具有大的无支承(或无加强)平面的金属油箱。

第25.965(c)款适用于非金属油箱,如果没有安装条件相似的同类油箱的满意使用经验,必须进行摇晃试验,且所用燃油温度为43℃(110℉),试验时油箱试件必须安装在模拟装机情况的支承结构上。

第25.965(d)款适用于增压燃油箱,要求用分析的方法或试验来表明,增压燃油箱能承受地面或飞行中很可能出现的最大压力。

2.2 相关条款

与第25.1015条相关的条款如表2-1所示。

表2-1 第25.1015条相关条款

序　号	相关条款	相　关　性
1	第25.965条	第25.965条规定燃油箱试验的规范和要求,适用于滑油箱的安装
2	第25.1011条	第25.1011条规定滑油系统总则,给出了滑油系统的总要求
3	第25.1013条	第25.1013条规定滑油箱的安装、膨胀空间、加油接头、通气和出油口等相关要求
4	第25.1017条	第25.1017条规定滑油导管和接头的防火及通气等相关要求
5	第25.1019条	第25.1019条规定滑油滤网或滑油滤的滤通能力及指示告警灯相关要求

序　号	相关条款	相　关　性
6	第 25.1021 条	第 25.1021 条规定滑油系统放油嘴的相关要求
7	第 25.1023 条	第 25.1023 条规定滑油散热器的结构和防火等相关要求

3　验证过程

3.1　验证对象

第 25.1015 条的验证对象为滑油系统的滑油箱。

3.2　符合性验证思路

针对第 25.1015(a)款,需要通过分析说明来表明 CCAR25 部的相关要求已在 CCAR33 部里均有体现,通过计算分析试验结果来表明滑油箱的运行满足相关要求。

针对第 25.1015(b)款,需要通过分析说明来表明 CCAR25 部的相关要求已在 CCAR33 部里均有体现,通过计算分析试验结果来表明滑油箱满足相关要求。

3.3　符合性验证方法

通常,针对第 25.1015 条的符合性验证方法如表 3-1 所示。

表 3-1　建议的符合性方法

条　款　号	专　业	符 合 性 方 法										备　注
		0	1	2	3	4	5	6	7	8	9	
第 25.1015(a)款	动力装置		1	2								
第 25.1015(b)款	动力装置		1	2								

3.4　符合性验证说明

3.4.1　第 25.1015(a)款符合性验证说明

针对第 25.1015(a)款,采用的符合性验证方法包括 MOC1 和 MOC2,验证具体工作如下:

1) MOC1 验证过程

在飞机设计过程中,相关技术文件中应定义对发动机上安装部件的载荷要求,要求发动机和吊挂中的安装设备满足 RTCA DO-160D 中的振动曲线要求(振动、惯性和液体载荷要求)。主制造商将飞机的振动和惯性载荷要求传递给发动机供应商,作为滑油箱设计和滑油箱相关试验的振动及惯性载荷要求输入。对于滑油散热器的液体压力载荷,由于整个发动机燃油和滑油系统的最大液体压力载荷(包括装机状态)均由发动机供应商进行定义,因此滑油散热器的液体压力载荷同样由供应商定义。

主制造商通过符合性说明表明供应商确认滑油箱的设计载荷输入已覆盖主制造商的载荷要求,同时滑油箱鉴定试验和发动机台架试验中的振动、惯性和液体载荷要求和试验量值也已经覆盖主制造商的载荷要求,发动机滑油箱能够承受运行中可能遇到的各种振动、惯性和液体载荷而不损坏,满足第25.1015(a)款的要求。

2) MOC2 验证过程

滑油箱随发动机单独取证,其间已完成滑油箱鉴定试验、发动机台架振动试验等多项试验。主制造商通过计算分析来表明滑油箱鉴定试验和发动机台架试验中的振动、惯性和液体载荷要求和试验量值已经覆盖主制造商的载荷要求,发动机滑油箱能够承受运行中可能遇到的各种振动、惯性和液体载荷而不损坏,满足第25.1015(a)款的要求。

3.4.2 第 25.1015(b)款的符合性验证说明

针对第25.1015(b)款,采用的符合性验证方法包括 MOC1 和 MOC2,验证具体工作如下:

1) MOC1 验证过程

发动机滑油箱为增压油箱,随发动机单独取证过程中通过滑油箱压力试验完成了对"每个增压的滑油箱在受到最大工作温度和不低于 34.5 千帕(0.35 公斤/厘米^2;5 磅/英寸^2)的内部压力加上该油箱的最大工作压力时不得发生泄漏"的验证,通过分析说明来表明其满足 CCAR25 部的相关要求,滑油箱压力试验中的压力和温度应均能够满足第25.1015(b)款的要求。

2) MOC2 验证过程

发动机滑油箱随发动机单独取证过程中,通过滑油箱压力试验完成了对"每个增压的滑油箱在受到最大工作温度和不低于 34.5 千帕(0.35 公斤/厘米^2;5 磅/英寸^2)的内部压力加上该油箱的最大工作压力时不得发生泄漏"的验证,通过对比计算分析来表明滑油箱压力试验中的压力和温度应均能够满足第25.1015(b)款的要求,试验结果表明滑油箱无任何损坏或漏油,满足第25.1015(b)款的要求。

3.5 符合性文件清单

通常,针对第25.1015条的符合性文件清单如表3-2所示。

表 3-2 建议的符合性文件清单

序 号	符 合 性 报 告	符合性方法
1	动力装置滑油系统描述	MOC1
2	动力装置滑油箱试验计算分析报告	MOC2

4 符合性判据

4.1 针对第 25.1015(a)款

（1）确认供应商所完成的发动机取证过程的结果。

（2）确认完成的滑油箱相关试验结果表明滑油箱可承受运行中的各种振动、惯性和液体载荷，而无损坏。

4.2 针对第 25.1015(b)款

（1）确认供应商所完成的发动机取证结果。

（2）供应商完成的滑油箱的试验满足第 25.965 条的要求。

（3）上述试验的压力满足：① 对于涡轮发动机的增压油箱：采用不小于 34.5 千帕(0.35 公斤/厘米²；5 磅/英寸²)的压力加上该油箱的最大工作压力；② 对于其他油箱：采用不小于 34.5 千帕(0.35 公斤/厘米²；5 磅/英寸²)的压力。

（4）确定试验液体为温度为 120℃(250℉)的滑油。

参考文献

［1］　FAA. AC29 - 2B Certification of Transport Category Rotorcraft ［S］. 1997.

运输类飞机适航标准
第 25.1017 条符合性验证

1 条款介绍

1.1 条款原文

第 25.1017 条　滑油导管和接头

（a）滑油导管必须满足第 25.993 条的要求，而在指定火区内的滑油导管和接头还必须满足第 25.1183 条的要求。

（b）通气管必须按下列要求布置：

（1）可能冻结和堵塞管路的冷凝水蒸气不会聚积在任何一处；

（2）在出现滑油泡沫或由此引起排出的滑油喷溅到驾驶舱风挡上时，通气管的排放物不会构成着火危险；

（3）通气管不会使排放物进入发动机进气系统。

1.2 条款背景

第 25.1017 条规定了关于滑油导管和接头的设计要求，以确保滑油系统管路安装的防火完整性及正常工作。

1.3 条款历史

第 25.1017 条在 CCAR25 部初版首次发布，截至 CCAR-25-R4，该条款未进行过修订，如表 1-1 所示。

表 1-1　第 25.1017 条条款历史

第 25.1017 条	CCAR25 部版本	相关 14 CFR 修正案	备　注
首次发布	初版	—	

1985 年 12 月 31 日发布了 CCAR25 部初版，其中包含第 25.1017 条，该条款参考 1964 年 12 月 24 日发布的 14 CFR PART 25 中的 §25.1017 的内容制定。

2 条款解读

2.1 条款要求

滑油导管及其安装和支承必须满足第 25.993 条的要求,即必须能防止过度振动,能承受加速度飞行的过载和滑油压力。

考虑到发动机和滑油散热器之间,以及发动机和防火墙之间可能存在相对位移,因此这些部位的滑油管路和通气管应使用软管和柔性连接。

使用的软管必须经过批准(如满足 TSO-C53a 要求)。

位于指定火区内的滑油导管和接头必须满足第 25.1183 条要求,即达到防火要求(在 2 000°F 下暴露 15 分钟)。

通气管应合理布置,防止冷凝水积聚于低处,可能冻结或堵塞通气管路;通气管出口应考虑结冰防护,并防止排出物造成着火危险或进入发动机进气系统。

2.2 相关条款

与第 25.1017 条相关的条款如表 2-1 所示。

表 2-1 第 25.1017 条相关条款

序 号	相关条款	相 关 性
1	第 25.993 条	第 25.993 条规定燃油系统导管和接头的安装、连接的要求,适用于滑油导管和接头的安装
2	第 25.1183 条	第 25.1183 条规定输送可燃液体的组件的相关要求,适用于滑油导管和接头的安装
3	第 25.1011 条	第 25.1011 条规定滑油系统总则,给出滑油系统的总要求
4	第 25.1013 条	第 25.1013 条规定滑油箱的安装、膨胀空间、加油接头、通气和出油口等相关要求
5	第 25.1015 条	第 25.1015 条规定滑油箱试验应满足的相关要求
6	第 25.1019 条	第 25.1019 条规定滑油滤网或滑油滤的滤通能力及指示告警灯相关要求
7	第 25.1021 条	第 25.1021 条规定滑油系统放油嘴的相关要求
8	第 25.1023 条	第 25.1023 条规定滑油散热器的结构和防火等相关要求

3 验证过程

3.1 验证对象

第 25.1017 条的验证对象为滑油系统的滑油导管和接头。

3.2 符合性验证思路

针对第 25.1017(a)款,需要通过系统设计描述来表明滑油导管设计满足相关要求,并通过设备鉴定来验证这些要求得到满足。

针对第 25.1017(b)款,需要通过系统设计描述来表明滑油导管的布置满足相关要求,并通过机上检查和设备鉴定来验证这些要求得到满足。

3.3　符合性验证方法

通常,针对第 25.1017 条的符合性验证方法如表 3-1 所示。

表 3-1　建议的符合性方法

条 款 号	专 业	符 合 性 方 法										备 注
		0	1	2	3	4	5	6	7	8	9	
第 25.1017(a)款	动力装置		1									
第 25.1017(a)款	辅助动力装置		1								9	
第 25.1017(b)款	动力装置		1						7			
第 25.1017(b)款	辅助动力装置		1								9	

3.4　符合性验证说明

3.4.1　第 25.1017(a)款符合性验证说明

针对第 25.1017(a)款,采用的符合性验证方法包括 MOC1 和 MOC9,验证具体工作如下:

1) MOC1 验证过程

采用系统设计描述说明第 25.1017(a)款要求的滑油管路和接头按下表内容满足第 25.993 条和第 25.1183 条的要求。发动机滑油管路和接头对第 25.993 条和第 25.1183 条的符合性验证过程,如表 3-2 所示。

表 3-2　发动机滑油管路和接头对第 25.993 条和第 25.1183 条符合性验证过程

适 用 条 款	条 款 内 容	发动机滑油箱符合性验证过程
第 25.993(a)款	每根燃油导管的安装的支承,必须能防止过度的振动,并能承受燃油压力及加速度飞行所引起的载荷	制造商采用相关系统设计描述说明对发动机上的安装部件振动载荷需满足 DO-160D 中振动曲线的要求,该要求已传递给发动机制造商作为滑油管路和接头的设计输入 发动机滑油管路通过卡箍和支架固定安装于发动机机匣上,随发动机通过了适航标准 33 部的台架振动试验,验证了滑油导管和接头的安装支承能够承受 DO-160D 中的振动曲线要求而无损坏 发动机制造商依据飞机制造商的要求定义滑油系统管路的最大压力载荷要求,该要求已考虑发动机装机后加速飞行引起的载荷。在发动机 33 部取证过程中,耐久性试验结果表明滑油管路能够承受最大的压力载荷要求

（续表）

适 用 条 款	条 款 内 容	发动机滑油箱符合性验证过程
		在飞机进行的负加速试飞、失速试飞等试验中，滑油系统管路和接头工作正常，未出现任何破损或渗漏，滑油管路能够承受滑油压力及加速度飞行所引起的载荷
第 25.993(b)款	连接在可能有相对运动的飞机部件之间的每根燃油导管，必须用柔性连接	发动机滑油泵和滑油管路、滑油箱与滑油管路之间存在可能的相对运动，使用软管连接软管归属于 33 部发动机部件，在完成 33 部取证时，得到适航当局的批准
第 25.993(c)款	燃油管路中可能承受压力和轴向载荷的每一柔性连接，必须使用软管组件	
第 25.993(d)款	软管必须经过批准，或必须表明适合于其特定用途	
第 25.993(e)款	暴露在高温下可能受到不利影响的软管，不得用于在运行中或发动机停车后温度过高的部位	发动机软管处于风扇舱，滑油软管附近的工作环境最大温度均满足温度要求。并已在飞机动力装置短舱通风冷却 MOC5 地面试验中进行验证，符合要求
第 25.993(f)款	机身内每根燃油导管的设计和安装，必须允许有合理程度的变形和拉伸而不漏油	不适用 发动机滑油管路位于短舱内，没有布置于机身内
第 25.1183(a)款	除本条(b)规定者外，在易受发动机着火影响的区域内输送可燃液体的每一导管、接头和其它组件，以及在指定火区内输送或容纳可燃液体的每一组件，均必须是耐火的，但是指定火区内的可燃液体箱和支架必须是防火的或用防火罩防护，如果任何非防火零件被火烧坏后不会引起可燃液体渗漏或溅出则除外。上述组件必须加防护罩或安置得能防止点燃漏出的可燃液体。活塞发动机上容量小于 23.7 升(25 夸脱)的整体滑油池不必是防火的，也不必用防火罩防护	不适用 见第 25.1183(b)款验证

（续表）

适 用 条 款	条 款 内 容	发动机滑油箱符合性验证过程
第 25.1183(b)款	本条（a）不适用于下列情况： （1）已批准作为型号审定合格的发动机一部分的导管、接头和组件 （2）破损后不会引起或增加着火危险的通风管和排放管及其接头	滑油管路和接头作为发动机的一部分，已完成 33 部发动机型号审定工作，取得适航证

通过以上的符合性验证过程，飞机发动机滑油导管和接头，能满足第 25.1017 (a)款的要求。

飞机 APU 滑油系统为 APU 本体的一部分，是一个独立的、自滤和自冷却系统，滑油系统不存在与飞机的接口，无柔性连接部件。滑油导管符合第 25.993 条的要求；滑油系统的导管组件仅后轴承输油管组件位于齿轮箱外部，该管路组件的材料为不锈钢，符合第 25.1183 条防火要求。

2）MOC9 验证过程

APU 为 TSO 产品，需完成其技术标准所要求的验证（包括验证 APU 整体设计满足飞机规定的载荷要求，APU 滑油导管接头材料的选取满足防火要求），获得 TSOA。如果 APU 为其他国制造，则需获得制造国的 TSOA，再获得中国局方的批准。

3.4.2　第 25.1017(b)款符合性验证说明

针对第 25.1017(b)款，采用的符合性验证方法包括 MOC1、MOC7 和 MOC9，验证具体工作如下：

1）MOC1 验证过程

采用系统设计描述说明飞机发动机滑油系统设置有通气路用于排出滑油中混有的气体。发动机内部的前、后收油池均设置有随高压转子轴转动的油气分离器，将完成轴承润滑工作后滑油中混有的空气进行分离，分离出的空气通过中央通气管从发动机尾喷管的出口排出。滑油箱内部的进油口下方设置有油气分离器，将返回滑油箱的滑油中混有的气体进行分离。气体通过滑油箱顶部的通气管通入发动机内部前收油池，与前油池转动油气分离器分离出的空气混合，由中央通气管从发动机尾喷管的出口排出。

飞机发动机尾喷管出口位于发动机轴向的末端，保证中央通气管的排出物不会进入发动机的进气系统。发动机尾喷口位于飞机尾部，远离驾驶舱风挡，能够保证中央通气管的排出物不会喷溅至驾驶舱风挡上。同时，滑油系统的通气管路布置顺滑，无任何凹陷处，不会聚积冷凝水蒸气。

采用系统设计描述说明 APU 滑油系统作为一个封闭的系统,通气管可分别将废气(直接或间接)引至排气口处,废气可在引射作用下排出机外,避免了着火与进入进气系统的可能性。对于冷凝水蒸气,滑油系统为封闭的系统,滑油箱及管路内部不会产生冷凝水蒸气;对于外界的冷凝水蒸气,可通过 APU 齿轮箱通气管和前轴承通气管的位置布置,避免可能的冷凝水聚积,即使水蒸气在管路内壁形成冷凝水,也会沿通气管流出。

2) MOC7 验证过程

在飞机上进行动力装置滑油系统部件机上检查。通过检查确认:滑油箱通气管密封且不存在凹陷处,中央通气管出口位置远离飞机驾驶舱风挡,中央通气管出口位置远离发动机进气系统。

3) MOC9 验证过程

APU 滑油系统通气管已包含在 APU 设计中,APU 为 TSO 产品,需完成其技术标准所要求的验证,获得 TSOA。如果 APU 为其他国制造,则需获得制造国的 TSOA,再获得中国局方的批准。

3.5 符合性文件清单

通常,针对第 25.1017 条的符合性文件清单如表 3-3 所示。

表 3-3 建议的符合性文件清单

序 号	符 合 性 报 告	符 合 性 方 法
1	动力装置滑油系统设计描述	MOC1
2	动力装置滑油系统部件机上检查大纲	MOC7
3	动力装置滑油系统部件机上检查报告	MOC7
4	动力装置设备鉴定大纲	MOC9
5	动力装置设备鉴定报告	MOC9
6	APU 的 TSOA	MOC9

4 符合性判据

4.1 针对第 25.1017(a)款

确认滑油导管满足第 25.993 条中要求的能防止过度振动、滑油管路和通气管使用软管和柔性连接,满足第 25.1183 条中要求的在 2 000°F 下暴露 15 分钟的防火要求。APU 获得 TSOA。

4.2 针对第 25.1017(b)款

确认滑油导管的布置能防止冷凝水积聚与低处而冻结或堵塞通气管路、满足结冰保护及防止异物进入等相关要求。APU 获得 TSOA。

参考文献

［1］ FAA. AC29 - 2B Certification of Transport Category Rotorcraft ［S］. 1997.

［2］ Advisory Circular 43. 13 - 1A. Acceptable Methods，Techniques，and Practices — Aircraft Inspection and Repair ［S］. 1972.

运输类飞机适航标准
第 25.1019 条符合性验证

1 条款介绍

1.1 条款原文

第 25.1019 条 滑油滤网或滑油滤

（a）每台涡轮发动机安装,必须包括能过滤发动机全部滑油并满足下列要求的滑油滤网或滑油滤:

（1）具有旁路的滑油滤网或滑油滤,其构造和安装必须使得在该滤网或油滤完全堵塞的情况下,滑油仍能以正常的速率流经系统的其余部分;

（2）滑油滤网或滑油滤必须具有足够的滤通能力(根据发动机的使用限制),以便在滑油脏污程度(与污粒大小和密度有关)超过发动机适航标准对发动机所规定的值时,保证发动机滑油系统功能不受损害;

（3）滑油滤网或滑油滤(除非将其安装在滑油箱出口处)必须具有指示器,在脏污程度影响本条(a)(2)规定的滤通能力之前作出指示;

（4）滑油滤网或滑油滤旁路的构造和安装,必须通过其适当设置使聚积的污物逸出最少,以确保聚积的污物不致进入旁通油路;

（5）不具备旁路的滑油滤网或滑油滤(装在滑油箱出口处除外),必须具有将滑油滤网或滑油滤与第 25.1305(c)(7)条中要求的警告系统相连的措施。

（b）使用活塞发动机的动力装置安装中,滑油滤网或滑油滤的构造和安装,必须使得在该滤网或油滤滤芯完全堵塞的情况下,滑油仍能以正常的速率流经系统的其余部分。

1.2 条款背景

第 25.1019 条的目的是保护发动机免受污染滑油的影响。

1.3 条款历史

第 25.1019 条在 CCAR25 部初版首次发布,截至 CCAR-25-R4,该条款未进行过修订,如表 1-1 所示。

1985 年 12 月 31 日发布了 CCAR25 部初版,其中包含第 25.1019 条,该条款参考 1964 年 12 月 24 日发布的 14 CFR PART 25 中的 §25.1019 的内容制定。

表 1-1 第 25.1019 条条款历史

第 25.1019 条	CCAR25 部版本	相关 14 CFR 修正案	备 注
首次发布	初版	—	

2 条款解读

2.1 条款要求

一般滑油滤网或滑油滤是发动机的配套设备,随发动机合格审定进行符合性审查。

本条款对发动机滑油滤网或滑油滤的滤通能力做出要求,以保证满足发动机正常工作需要。

对于具有旁路的滑油滤网或滑油滤,应具有脏污指示器,在脏污程度超过发动机使用规定值之前给出指示;同时保证在滤网或油滤完全堵塞情况下,滑油仍能正常流经系统其余部分。

滑油滤网或滑油滤旁路的设计和布置应确保积聚的污物溢出最少,不致进入旁路油路。后续章节中仅针对涡轮发动机说明。

2.2 相关条款

与第 25.1019 条相关的条款如表 2-1 所示。

表 2-1 第 25.1019 条相关条款

序 号	相关条款	相 关 性
1	第 25.1305 条	第 25.1305 条规定动力装置仪表的相关规范和要求,适用于滑油系统的安装
2	第 25.1011 条	第 25.1011 条规定滑油系统总则,给出了滑油系统的总要求
3	第 25.1013 条	第 25.1013 条规定滑油箱的安装、膨胀空间、加油接头、通气和出油口等相关要求
4	第 25.1015 条	第 25.1015 条规定滑油箱试验应满足的相关要求
5	第 25.1017 条	第 25.1017 条规定滑油导管和接头的防火及通气等相关要求
6	第 25.1021 条	第 25.1021 条规定滑油系统放油嘴的相关要求
7	第 25.1023 条	第 25.1023 条规定滑油散热器的结构和防火等相关要求

3 验证过程

3.1 验证对象

第 25.1019 条的验证对象为滑油系统的滑油滤网或滑油滤。

3.2　符合性验证思路

针对第 25.1019(a)款,需要通过系统设计描述来表明滑油系统安装的滑油滤网或滑油滤满足相关要求,并通过设备鉴定来验证这些要求得到满足。

3.3　符合性验证方法

通常,针对第 25.1019 条的符合性验证方法如表 3-1 所示。

表 3-1　建议的符合性方法

条　款　号	专　业	符 合 性 方 法										备　注
		0	1	2	3	4	5	6	7	8	9	
第 25.1019(a)款	动力装置		1									
第 25.1019(a)款	辅助动力装置		1								9	

3.4　符合性验证说明

针对第 25.1019(a)款,采用的符合性验证方法包括 MOC1 和 MOC9,验证具体工作如下:

1) MOC1 验证过程

采用系统设计描述说明发动机滑油滤组件安装在附件装置前表面滑油泵上,处于供油路的滑油泵下游、主燃/滑油热交换器上游。滑油滤设置有旁通油路,确保滑油滤的滤芯出现堵塞时,滑油仍能够以正常的速率和流量向发动机进行全流量供应。发动机滑油滤组件属于随发动机完成 CCAR33 部的取证的发动机附件,已符合第 33.71(b)(1)项的要求,该要求与第 25.1019(a)(1)项的要求一致。

同理,还符合第 33.71(b)(2)项、第 33.71(b)(3)项和第 33.71(b)(5)项等要求。第 33.71(b)(2)项和第 33.71(b)(3)项的要求叠加后能够覆盖第 25.1019(a)(2)项的要求,第 33.71(b)(5)项与第 25.1019(a)(4)项的要求一致。因此,当发动机获得 TC 证后,其滑油滤组件符合第 25.1019(a)(2)项和第 25.1019(a)(4)项要求。

滑油滤的旁通油路上安装有压差开关和旁通阀门,其由 DCU 的正常汇流条供应直流电。滑油滤压差开关对滑油滤进口和出口的压差进行测量,并实时通过 DCU 向 FADEC 传递压差信号。当滑油滤进出口压差增大至规定值时,FADEC 触发飞机驾驶舱的告警。在发动机冷起动状态下,当滑油温度低于一定温度时,该压差开关的功能将被抑制,以确保不会出现低温状态下的滑油滤堵塞的误告警,可满足第 25.1019(a)(3)项的要求。

采用系统设计描述说明 APU 滑油系统中有一个能过滤全部滑油的滑油滤。滑油滤设有旁路阀,当滑油滤堵塞的情况下,滑油可通过旁路阀进入系统管路。滑油滤旁路时,APU FADEC 将滑油旁路的告警信息发送至驾驶舱。

2) MOC9 验证过程

APU 为 TSO 产品,需完成其技术标准所要求的验证(滑油系统耐久性试验),获得 TSOA。如果 APU 为其他国制造,则需获得制造国的 TSOA,再获得中国局方的批准。

3.5 符合性文件清单

通常,针对第 25.1019 条的符合性文件清单如表 3-2 所示。

表 3-2 建议的符合性文件清单

序 号	符 合 性 报 告	符合性方法
1	动力装置滑油系统设计描述	MOC1
2	动力装置设备鉴定大纲	MOC9
3	动力装置设备鉴定报告	MOC9
4	APU 的 TSOA	MOC9

4 符合性判据

针对第 25.1019(a)款:

(1)针对每台发动机均安装有滑油滤网或滑油滤。

(2)发动机滑油滤网或滑油滤的滤通能力得到验证,能保证发动机的正常工作。

(3)发动机滑油滤网或滑油滤设置有指示器,标识油液的脏污情况。

(4)确认滑油系统设置滑油滤网或滑油滤旁路的构造和安装,能保证聚积的污物逸出最少,聚积的污物不会进入旁通油路。

(5)发动机按 CCAR33 部取得 TC 证。

(6)APU 取得 TSOA 证。

参考文献

[1] FAA memorandum. Methods of Compliance with FAR §23.1019(a)(3) and §25.1019 (a)(3): Indication of Oil Screen Contamination [S]. 1981.

[2] FAA letter. Use of Pop-Out Indicators for Compliance with §25.1019(a)(3) [S]. 1985.

[3] FAA Certification Review Item. Oil Filter Bypass Indication Requirements for Auxiliary Power Unit (APU) [S]. 1994.

[4] FAA Equivalent Safety Finding. Warning Means for Engine Oil Filter Contamination [S]. 1995.

[5] FAA Issue Paper. Oil Filter Indication for Secondary Filter [S]. 1995.

运输类飞机适航标准 第 25.1021 条符合性验证

1 条款介绍

1.1 条款原文

第 25.1021 条 滑油系统放油嘴

必须具有能使滑油系统安全排放的一个(或几个)放油嘴。每个放油嘴必须满足下列要求:

(a) 是可达的;

(b) 有手动或自动的机构,能将其确实地锁定在关闭位置。

1.2 条款背景

第 25.1021 条的目的是对滑油系统放油嘴提出了相关设计要求。

1.3 条款历史

第 25.1021 条在 CCAR25 部初版首次发布,截至 CCAR - 25 - R4,该条款未进行过修订,如表 1 - 1 所示。

表 1 - 1 第 25.1021 条条款历史

第 25.1021 条	CCAR25 部版本	相关 14 CFR 修正案	备 注
首次发布	初版	—	

1985 年 12 月 31 日发布了 CCAR25 部初版,其中包含第 25.1021 条,该条款参考 1964 年 12 月 24 日发布的 14 CFR PART 25 中的 §25.1021 的内容制定。

2 条款解读

2.1 条款要求

本条款结合第 25.993 条"燃油系统导管和接头"、第 25.1017 条"滑油导管和接头"及第 25.1183 条"输送可燃液体的部件"这几个条款的审定一起进行符合性审查。

一般本条款在发动机审定中得到覆盖,但需进行安装符合性的检查和确认。

2.2　相关条款

与第 25.1021 条相关的条款如表 2-1 所示。

表 2-1　第 25.1021 条相关条款

序　号	相 关 条 款	相　　关　　性
1	第 25.993 条	第 25.993 条规定燃油系统导管和接头的相关规定和要求,适用于滑油系统放油嘴
2	第 25.1011 条	第 25.1011 条规定滑油系统总则,给出了滑油系统的总要求
3	第 25.1013 条	第 25.1013 条规定滑油箱的安装、膨胀空间、加油接头、通气和出油口等相关要求
4	第 25.1015 条	第 25.1015 条规定滑油箱试验应满足的相关要求
5	第 25.1017 条	第 25.1017 条规定滑油导管和接头的相关规定和要求,适用于滑油系统放油嘴
6	第 25.1019 条	第 25.1019 条规定滑油滤网或滑油滤的滤通能力及指示告警灯相关要求
7	第 25.1023 条	第 25.1023 条规定滑油散热器的结构和防火等相关要求
8	第 25.1183 条	第 25.1183 条规定输送可燃液体的组件的相关规范和要求,适用于滑油系统放油嘴

3　验证过程

3.1　验证对象

第 25.1021 条的验证对象为滑油系统放油嘴。

3.2　符合性验证思路

针对第 25.1021 条,通过系统设计描述来表明滑油系统放油嘴箱满足相关要求,并通过机上检查和设备鉴定来表明这些要求得到满足。

3.3　符合性验证方法

通常,针对第 25.1021 条的符合性验证方法如表 3-1 所示。

表 3-1　建议的符合性方法

条 款 号	专　业	符 合 性 方 法										备　注
		0	1	2	3	4	5	6	7	8	9	
第 25.1021 条	动力装置		1						7			
第 25.1021 条	辅助动力装置		1								9	

3.4　符合性验证说明

第 25.1021 条符合性验证说明。针对第 25.1021 条,采用的符合性验证方法包

括 MOC1、MOC7 和 MOC9,验证具体工作如下:

1) MOC1 验证过程

采用系统设计描述说明飞机装配的发动机滑油箱放油嘴位于滑油箱底部,打开短舱风扇罩即可接近。放油嘴由螺栓堵头堵住,以避免滑油泄漏,堵头通过保险丝固定。

同时,采用系统设计描述说明飞机 APU 滑油系统设有磁性放油嘴,磁性放油嘴安装在齿轮箱的底部,可以放出滑油箱内的滑油。放油嘴的位置处于 APU 本体的下方,维护人员打开 APU 舱门即可对其维护,应具有良好的可达性。

2) MOC7 验证过程

在飞机上进行动力装置滑油系统部件机上检查。检查确认:滑油箱排液孔位于滑油箱底部,打开风扇舱后可接近;排液孔螺栓堵头使用保险丝可靠固定。打开 APU 舱门,检查 APU 所带滑油箱放油嘴的可达性。

3) MOC9 验证过程

APU 滑油系统的放油嘴已包含在 APU 设计中,APU 为 TSO 产品,需完成其技术标准所要求的验证,获得 TSOA。如果 APU 为其他国制造,则需获得制造国的 TSOA,再获得中国局方的批准。

3.5 符合性文件清单

通常,针对第 25.1021 条的符合性文件清单如表 3-2 所示。

表 3-2 建议的符合性文件清单

序 号	符 合 性 报 告	符合性方法
1	动力装置滑油系统设计描述	MOC1
2	动力装置滑油系统部件机上检查大纲	MOC7
3	动力装置滑油系统部件机上检查报告	MOC7
4	动力装置设备鉴定大纲	MOC9
5	动力装置设备鉴定报告	MOC9
6	APU 的 TSOA	MOC9

4 符合性判据

针对第 25.1021 条:确认滑油系统设置了放油嘴,并确认其可达性,确认 APU 获得 TSOA。

参考文献

[1] FAA. AC27-1 C3 Certification of Normal Category Rotorcraft [S]. 1991.

运输类飞机适航标准
第 25.1023 条符合性验证

1 条款介绍

1.1 条款原文

第 25.1023 条 滑油散热器

（a）滑油散热器必须能承受在运行中可能遇到的振动、惯性以及滑油压力载荷而不损坏。

（b）滑油散热器空气管的设置，必须使得在着火时，从发动机短舱正常开口冒出的火焰不会直接冲到散热器上。

1.2 条款背景

第 25.1023 条的目的是对滑油系统的滑油散热器提出了相关要求。

1.3 条款历史

第 25.1023 条在 CCAR25 部初版首次发布，截至 CCAR－25－R4，该条款未进行过修订，如表 1－1 所示。

表 1－1 第 25.1023 条条款历史

第 25.1023 条	CCAR25 部版本	相关 14 CFR 修正案	备 注
首次发布	初版	—	

1985 年 12 月 31 日发布了 CCAR25 部初版，其中包含第 25.1023 条，该条款参考 1964 年 12 月 24 日发布的 14 CFR PART 25 中的 §25.1023 的内容制定。

2 条款解读

2.1 条款要求

该条款是对于滑油散热器及安装的强度和防火要求，其功能和符合性验证结合第 25.1011 条"总则"进行。对于与发动机一起完成合格审定的滑油散热器，则通过发动机厂家提供的合格证明文件和设计说明资料表明符合性。

2.2 相关条款

与第 25.1023 条相关的条款如表 2-1 所示。

表 2-1 第 25.1023 条相关条款

序 号	相关条款	相 关 性
1	第 25.1011 条	第 25.1011 条规定滑油系统总则,给出滑油系统的总要求
2	第 25.1013 条	第 25.1013 条规定滑油箱的安装、膨胀空间、加油接头、通气和出油口等相关要求
3	第 25.1015 条	第 25.1015 条规定滑油箱试验应满足的相关要求
4	第 25.1017 条	第 25.1017 条规定滑油导管和接头的防火及通气等相关要求
5	第 25.1019 条	第 25.1019 条规定滑油滤网或滑油滤的滤通能力及指示告警灯相关要求
6	第 25.1021 条	第 25.1021 条规定滑油系统放油嘴的相关要求

3 验证过程

3.1 验证对象

第 25.1023 条的验证对象为发动机和 APU 的滑油散热器。

3.2 符合性验证思路

针对第 25.1023(a)款,通过系统设计描述来表明滑油散热器满足相关要求,并通过设备鉴定来验证这些要求得到满足。

针对第 25.1023(b)款,通过系统设计描述来表明滑油散热器空气管满足相关要求。

3.3 符合性验证方法

通常,针对第 25.1023 条的符合性验证方法如表 3-1 所示。

表 3-1 建议的符合性方法

条 款 号	专 业	符 合 性 方 法										备 注
		0	1	2	3	4	5	6	7	8	9	
第 25.1023(a)款	动力装置		1									
第 25.1023(a)款	辅助动力装置		1								9	
第 25.1023(b)款	动力装置		1									

3.4 符合性验证说明

3.4.1 第 25.1023(a)款符合性验证说明

针对第 25.1023(a)款,采用的符合性验证方法包括 MOC1 和 MOC9,验证具体工作如下：

1) MOC1 验证过程

（1）在飞机设计过程中，相关技术文件中定义了对发动机上安装部件的载荷要求，要求发动机和吊挂中的安装设备满足 RTCA DO-160D 中的振动曲线要求，作为滑油散热器的设计要求输入。制造商通过接口文件将飞机的惯性载荷要求传递给发动机/APU 制造商，作为滑油箱设计和滑油箱相关试验的惯性载荷要求输入。对于滑油散热器的液体压力载荷，由于整个发动机燃油和滑油系统的最大液体压力载荷（包括装机状态）均由发动机制造商进行定义，因此滑油散热器的液体压力载荷同样应由其定义。通过发动机和 IDG 滑油散热器针对第 33.91(a) 款的试验结果，可以表明取 33 部完成的验证试验考虑了相应 25 部的要求。发动机完成振动载荷、惯性载荷和压力载荷的试验，可以表明其所带滑油散热器能够承受 CCAR25 部要求的发动机装机后可能遇到的最大振动、惯性和滑油压力载荷。

（2）对于 APU，有如下要求。

振动：APU 产品规范确定了 APU 系统的鉴定要求，对于振动，APU 在进行单独取证的鉴定过程中，通过 APU 自激振动表明对振动的符合性。

惯性载荷：APU 安装系统规范确定了 APU 系统的载荷要求，APU 在进行单独取证的鉴定过程中，并通过分析表明 APU 本体（含安装系统及其他附件）对惯性载荷的符合性。

滑油压力载荷：对于滑油压力载荷的符合性，APU 滑油系统应进行滑油系统耐久性试验，能够表明设计的合理性。

2) MOC9 验证过程

APU 滑油散热器为 APU 的一部分，散热器整体设计满足飞机规定的载荷要求。APU 为 TSO 产品，需完成其技术标准所要求的验证，获得 TSOA。如果 APU 为其他国制造，则需获得制造国的 TSOA，再获得中国局方的批准。

3.4.2　第 25.1023(b) 款符合性验证说明

针对第 25.1023(b) 款，采用的符合性验证方法包括 MOC1，验证具体工作如下：采用系统设计描述说明发动机主燃/滑油热交换器、发动机伺服燃/滑油热交换器、IDG 燃/滑油热交换器和 IDG 空气/滑油冷却器均应采用防火材料，且安装于远离短舱风扇罩上的释压口盖。当出现着火时，短舱正常开口冒出的火焰不会直接冲至滑油散热交换器上。

3.5　符合性文件清单

通常，针对第 25.1023 条的符合性文件清单如表 3-2 所示。

表 3 - 2　建议的符合性文件清单

序　号	符 合 性 报 告	符合性方法
1	动力装置滑油系统描述	MOC1
2	动力装置设备鉴定大纲	MOC9
3	动力装置设备鉴定报告	MOC9
4	APU 的 TSOA	MOC9

4　符合性判据

4.1　针对第 25.1023(a)款

滑油散热器在 CCAR33 部验证的结论或 TSO 鉴定结论应能覆盖飞机规定的振动、惯性以及滑油压力载荷。

4.2　针对第 25.1023(b)款

滑油散热器空气管的设置,能使得在着火时,从正常开口冒出的火焰不会直接冲到散热器上。

参考文献

[1]　FAA. AC29 - 2B Certification of Transport Category Rotorcraft [S]. 1997.

运输类飞机适航标准
第 25.1041 条符合性验证

1 条款介绍

1.1 条款原文

第 25.1041 条 总则

在地面、水面和空中运行条件下以及在发动机或辅助动力装置或两者正常停车后,动力装置和辅助动力装置的冷却设施,必须能使动力装置部件、发动机所用的液体以及辅助动力装置部件和所用的液体温度,均保持在对这些部件和液体所制定的温度限制以内。

1.2 条款背景

第 25.1041 条是对飞机动力装置和辅助动力装置冷却设施的总要求。要求飞机动力装置和辅助动力装置在各种运行条件(地面、水面和空中)下,以及两者同时或者分别正常停车后,其冷却设施可使两者的部件和所用液体保持在制定的温度限制以内。

1.3 条款历史

第 25.1041 条在 CCAR25 部初版首次发布,截至 CCAR - 25 - R4,该条款未进行过修订,如表 1-1 所示。

表 1-1 第 25.1041 条条款历史

第 25.1041 条	CCAR25 部版本	相关 FAR 修正案	备 注
首次发布	初版	25 - 38	

1985 年 12 月 31 日发布了 CCAR25 部初版,其中包含第 25.1041 条,该条款参考 14 CFR 修正案 25 - 38(41 FR 55467,1976 - 12 - 20)中 §25.1041 的内容制定。

2 条款解读

2.1 条款要求

第 25.1041 条是冷却条款的总则要求,具体地讲,就是在发动机和辅助动力装置正常工作状态下以及正常停车后,冷却措施应保证有关的部件和液体温度在限制的范围内。因此,冷却措施如何保证冷却的效果,还需要在满足第 25.1043 条"冷却试验"的条件要求,以及满足第 25.1045 条"冷却试验程序"的程序要求。

对于水上飞机和水陆两用飞机,冷却措施应考虑水面运行的条件。对于一般运输类飞机,冷却措施应考虑地面和空中的运行条件。

不仅要求在飞机工作时,而且要求在发动机和辅助动力装置正常停车后,均要充分冷却,但对于非正常停车,如从高功率状态应急停车,随后可能超过温度限制,可不考虑。

温度限制指发动机和辅助动力装置安装手册中规定的介质温度极限;另外,飞行手册中也对环境温度、有关部件温度和介质温度进行了要求。

2.2 相关条款

与第 25.1041 条相关的条款如表 2-1 所示。

表 2-1 第 25.1041 条相关条款

序 号	相 关 条 款	相 关 性
1	第 25.1043 条	需要按照第 25.1043 条冷却试验的试验条件以表明对第 25.1041 条的符合性
2	第 25.1045 条	需要第 25.1045 条冷却试验的试验程序,以表明对第 25.1041 条的符合性
3	第 25.1309 条	第 25.1309 条为安全性要求的通用条款,对动力装置冷却系统的故障概率提出了要求

3 验证过程

3.1 验证对象

第 25.1041 条的验证对象为动力装置和辅助动力装置的冷却系统。

3.2 符合性验证思路

首先需说明动力装置和辅助动力装置冷却系统的构造、原理及工作方式和限制条件,其次通过分析/计算(MOC2)确定动力装置和辅助动力装置在地面和空中运行条件下的温度值与限制条件,再通过地面试验(MOC5)和飞行试验(MOC6)来验证地面和空中运行条件下动力装置/辅助动力装置和液体温度在规定的温度限制内,从而表明动力装置和辅助动力装置的冷却系统能实现正常的功能并且符合条款要求。

3.3 符合性验证方法

通常,针对第 25.1041 条的符合性验证方法如表 3-1 所示。

表 3‑1　建议的符合性方法

条 款 号	专 业	符 合 性 方 法										备 注
		0	1	2	3	4	5	6	7	8	9	
第 25.1041 条	动力装置		1	2			5	6				
第 25.1041 条	辅助动力装置		1	2			5	6				

3.4　符合性验证说明

针对第 25.1041 条,采用的符合性验证方法包括 MOC1、MOC2、MOC5 和 MOC6,各项验证具体工作如下:

3.4.1　MOC1 验证过程

通过设计资料,如动力装置和辅助动力装置的冷却系统的原理图、冷却系统工作要求、动力装置和辅助动力装置的冷却试验的试验条件和试验程序文件,表明该冷却系统的设计满足第 25.1043 条和第 25.1045 条的要求,同时满足第 25.1041 条动力装置和辅助动力装置的温度在温度限制范围内的要求。

3.4.2　MOC2 验证过程

通过分析/计算文件,分析动力装置冷却系统的原理技术,分析确定动力装置和辅助动力装置的冷却试验的试验条件,以及分析偏离(按需)条款所规定的"最高外界大气温度"之后对试验测量值进行合理"温度修正"的方法(根据实际情况决定采用哪种温度修正方法(分别为涡扇发动机或活塞发动机)),包括动力装置和辅助动力装置的舱内环境温度、部件表面温度及其周围环境温度的修正方法,动力装置和辅助动力装置的所用液体温度的修正方法,根据试验结果进行计算并分析结果,确认动力装置和辅助动力装置在各种运行条件及正常停车后,其部件和液体的温度在制定的温度限制范围内。

3.4.3　MOC5 和 MOC6 验证过程

通过地面试验,验证动力装置和辅助动力装置在地面各种工作状态下,风扇舱和核心舱等处的环境温度、发动机部件表面温度及其周围环境温度和液体温度是否在安全运行范围内;通过试飞试验,验证动力装置和辅助动力装置飞行状态下,风扇舱和核心舱等处的环境温度、发动机部件表面温度及其周围环境温度和液体温度在安全运行范围内。

在验证过程中需符合对动力装置和辅助动力装置冷却试验的试验条件和试验程序的要求,从而在满足第 25.1043 条和第 25.1045 条的基础上,满足第 25.1041 条动力装置和辅助动力装置的温度在温度限制范围内的要求。

3.5　符合性文件清单

通常,针对第 25.1041 条的符合性文件清单如表 3‑2 所示。

表 3-2　建议的符合性文件清单

序　号	符 合 性 报 告	符合性方法
1	动力装置冷却系统原理图及系统安装图	MOC1
2	辅助动力装置冷却系统原理图及系统安装图	MOC1
3	动力装置冷却系统计算分析报告	MOC2
4	动力装置冷却机上地面试验大纲	MOC5
5	动力装置冷却机上地面试验报告	MOC5
6	动力装置冷却试飞大纲	MOC6
7	动力装置冷却试飞报告	MOC6
8	辅助动力装置冷却机上地面试验大纲	MOC5
9	辅助动力装置冷却机上地面试验报告	MOC5
10	辅助动力装置冷却试飞大纲	MOC6
11	辅助动力装置冷却试飞报告	MOC6

4　符合性判据

　　第 25.1041 条的符合性判据为：在地面、水面和空中运行条件下以及在发动机或辅助动力装置或两者正常停车后，动力装置和辅助动力装置部件、发动机所用的液体以及辅助动力装置部件和所用的液体温度，均保持在对这些部件和液体所制定的温度限制以内。

参考文献

14 CFR 修正案 25 - 38 Airworthiness Review Program，Amendment No. 3：Miscellaneous Amendments [S].

运输类飞机适航标准
第 25.1043 条符合性验证

1 条款介绍

1.1 条款原文

第 25.1043 条 冷却试验

（a）总则 必须在地面、水面和空中的临界运行条件下进行试验，以表明满足第 25.1041 条的要求，对于这些试验，采用下列规定：

（1）如果在偏离最高外界大气温度的条件下进行试验，则必须按本条（c）和（d）修正所记录的动力装置温度；

（2）根据本条（a）（1）所确定的修正温度，不超过制定的限制；

（3）对于活塞发动机，冷却试验所用的燃油必须是经批准用于该发动机的最低燃油品级，而燃油混合比必须是进行冷却试验的飞行阶段通常使用的调定值。试验程序必须按第 25.1045 条的规定。

（b）最高外界大气温度 相应于海平面条件的最高外界大气温度必须至少规定为 37.8℃（100°F），在海平面以上，假设温度递减率为：高度每增加 1,000 米，温度下降 6.5℃（1,000 英尺，温度下降 3.6°F），一直降到 −56.5℃（−69.7°F）为止，在此高度以上认为温度是恒定的 −56.5℃（−69.7°F）。然而对于冬季使用的装置，申请人可以选用低于 37.8℃（100°F）的相应于海平面条件的最高外界大气温度。

（c）修正系数（气缸筒不适用） 对于规定了温度限制的发动机所用的液体和动力装置部件（气缸筒除外）温度必须进行修正，修正方法为：此温度加上最高外界大气温度与外界空气温度（冷却试验中所记录的部件或液体最高温度首次出现时的外界空气温度）的差值，如果采用更合理的修正方法则除外。

（d）气缸筒温度的修正系数 气缸筒温度必须进行修正，修正方法为：此温度加上最高外界大气温度与外界空气温度（冷却试验中记录的气缸筒最高温度首次出现时的外界空气温度）差值的 70%，如果采用更合理的修正方法则除外。

〔中国民用航空局 2011 年 11 月 7 日第四次修订〕

1.2　条款背景

第 25.1043 条是对飞机动力装置和辅助动力装置的冷却试验的要求。对冷却试验过程中的试验条件、试验设施、冷却所用液体和试验结果修改方法提出了具体要求。

1.3　条款历史

第 25.1043 条在 CCAR25 部初版首次发布，截至 CCAR-25-R4，该条款共修订过 1 次，如表 1-1 所示。

表 1-1　第 25.1043 条条款历史

第 25.1043 条	CCAR25 部版本	14 CFR 修正案	备　注
首次发布	初版	25-42	
第 1 次修订	R4	25-42	

1.3.1　首次发布

1985 年 12 月 31 日发布了 CCAR25 部初版，其中包含第 25.1043 条。该条款参考 14 CFR 修正案 25-42(43 FR 2323，1978-01-16)中 §25.1043 的内容制定，但是(d)款中的气缸温度修正系数为"90%"，而 §25.1043 中为"70%"。对该条款修订的目的是要求发动机冷却试验必须在规定的最高外界大气温度下完成，并提出如果不能满足该条件的情况下，则须按照本条款的要求确定温度修正系数。

1.3.2　第 1 次修订

CAAR25 部在 R4 版时修订了第 25.1043(d)款："气缸温度的修正系数"，将"修正方法为：此温度加上最高外界大气温度与外界空气温度(冷却试验中所记录的部件或液体最高温度首次出现时的外界空气温度)的差值 90%"改为"70%"。修订后与 14 CFR 修正案 25-42 中 §25.1043 的内容保持一致。

2　条款解读

2.1　条款要求

第 25.1043(a)条的要求是在冷却试验过程中，必须确保每个阶段(地面、水面和空中)为临界运行条件。如果偏离了临界运行条件，则必须按本条(c)款和本条(d)款，对记录的动力装置温度进行修正。通常常见的临界运行条件如下所述：

(1) 动力装置的临界运行条件通常为：① 地面大功率开车；② 大功率小速度全发爬升；③ 单发失效时起飞爬升。

(2) 发动机滑油冷却和燃油冷却式滑油系统的临界运行条件为在大功率工况时收油门到慢车状态(放热量最大而燃油量最小)。

（3）空气冷却式滑油系统的临界运行条件为在地面静止条件下以大功率状态工作。该情况下对滑油的加热量大而冷却空气流量相对较少。

第25.1043(a)款中的(1)项至(3)项针对"外界大气温度""修正温度""制定的限制"以及活塞发动机冷却试验"所用的燃油"和"燃油混合比"进行了相应的规定。

第25.1043(b)款规定了动力装置冷却试验的最高外界大气温度条件，即相应于海平面条件的最高外界大气温度必须至少规定为37.8℃(100℉)；因为在实际过程中，通常会选择37.8℃(100℉)或者更高，以使飞机运行在一个较热的大气环境当中。第25.1043(b)款又规定了动力装置冷却试验的最高外界大气温度随高度变化的变化率，即在海平面以上，每升高1 000米，温度递减率为6.5℃(1 000英尺，温度下降3.6℉)，一直降到−56.5℃(−69.7℉)为止。

针对非活塞发动机的动力装置，由于试验环境条件不可能完全符合条款要求，第25.1043(c)款规定了在试验条件偏离情况下的所测得试验值的修正方法，因此该方法不适用于活塞发动机的气缸筒。动力装置舱内环境温度、部件表面温度及其周围环境温度可采用条款要求的修正公式进行修正；燃油喷嘴（因为燃油喷嘴的表面温度受燃油喷嘴内部的燃油流动和舱内环境温度的影响）和液体温度，包括燃油温度、滑油温度和组合驱动发电机滑油温度（由于受环境温度的影响相对较小），可采用其他的修正方法并表明其合理性。

2.2 相关条款

与第25.1043条相关的条款如表2-1所示。

表2-1　第25.1043条相关条款

序　号	相关条款	相　关　性
1	第25.1041条	动力装置的冷却要求总则，需要满足第25.1043条冷却试验和第25.1045条冷却试验程序相关要求，才能表明对第25.1041条的符合性
2	第25.1045条	动力装置的冷却试验程序，需要满足第25.1043条冷却试验和第25.1041条冷却要求总则相关要求，才能表明对第25.1045条的符合性
3	第25.1309条	第25.1309条为安全性要求的通用条款，对动力装置冷却系统的故障概率提出了要求
4	第25.1521条	第25.1521条要求"周围温度限制"须按照第25.1043(b)款制定

3　验证过程

3.1　验证对象

第25.1043条的验证对象为动力装置和辅助动力装置冷却试验。

3.2 符合性验证思路

针对第 25.1043(a)款,需采用系统设计描述、分析/计算、地面试验和飞行试验明确动力装置和辅助动力装置的冷却试验的试验条件(临界运行条件、最高外界大气温度),若试验时偏离了条款所规定的"最高外界大气温度",需对试验测量值进行合理温度修正。

针对第 25.1043(b)款,需采用分析/计算、地面试验和飞行试验明确验证动力装置和辅助动力装置部件不会超过温度限制的条件为条款规定的最高外界大气环境条件。

针对第 25.1043(c)款,需采用分析/计算方法对试验时的环境温度与最高外界大气环境温度的差值进行温度修正。

3.3 符合性验证方法

通常,针对第 25.1043 条的符合性验证方法如表 3-1 所示。

表 3-1   建议的符合性方法

条 款 号	专 业	符 合 性 方 法										备 注
		0	1	2	3	4	5	6	7	8	9	
第 25.1043(a)款	动力装置		1	2			5	6				
第 25.1043(b)款	动力装置			2			5	6				
第 25.1043(c)款	动力装置			2								
第 25.1043 条	辅助动力装置		1				5	6				

3.4 符合性验证说明

3.4.1 第 25.1043(a)款符合性验证说明

针对第 25.1043(a)款,采用的符合性验证方法包括 MOC1、MOC2、MOC5 和 MOC6,各项验证具体工作如下:

1) MOC1 验证过程

通过系统描述文件,对动力装置和辅助动力装置的冷却系统的原理技术进行阐述,对动力装置和辅助动力装置的冷却试验的试验条件(临界运行条件和最高外界大气温度)进行说明,以及对偏离(按需)条款所规定的"最高外界大气温度"之后对试验测量值进行合理"温度修正"的方法(根据实际情况决定该温度修正方法适用何种发动机(涡扇发动机或活塞发动机))进行说明,表明符合性情况,确认符合第 25.1043(a)款。

2) MOC2 验证过程

通过分析/计算文件,分析动力装置和辅助动力装置的冷却系统的原理技术,分析动力装置和辅助动力装置的冷却试验的试验条件,以及分析偏离(按需)条款所规定的"最高外界大气温度"之后对试验测量值进行合理"温度修正"的方法(根据实际情况决定该温度修正方法适用何种发动机(涡扇发动机或活塞发动机)),包括动力装置和辅助动力装置的舱内环境温度、部件表面温度及其周围环境温度的修正方法,动力装置和辅助动力装置的所用液体温度的修正方法,根据试验结果进行计算并分析结果,判断是否动力装置和辅助动力装置正常停车后,条款要求的温度在所制定的温度限制范围内,表明符合第 25.1043(a)款。

当需要对试验测量值进行修正时,可参考(但不仅限于)如下修正方法案例:

(1) 短舱内环境温度、部件表面温度及其周围环境温度采用第 25.1043(c)款中的修正式进行修正,修正式如下所示:

$$T = T_{sc} + (T_{hot} - T_s) \tag{1}$$

式中:T 为修正后的温度,℃;T_{sc} 为实际测量的温度,℃;T_{hot} 为飞机温度包线右边界最大环境温度,℃;T_s 为环境温度,试验中的部件或液体最高温度首次出现时的外界大气温度,℃。其中,T_{hot} 为飞机的温度包线右边界最大环境温度。T_{hot} 的具体温度值与气压高度 H_p 有关。结合第 25.1043(b)款的要求,可采用以下方法来计算 T_{hot} 的温度值。当 $H_p <$ 15 000 英尺时,采用式(2)来计算 T_{hot}。当 15 000 英尺 $< H_p <$ 36 091 英尺时采用式(3)来计算 T_{hot};当 $H_p >$ 36 091 英尺时,T_{hot} 为恒定值 -21.5℃。公式如下:

$$H_p < 15\ 000 \text{ 英尺} \qquad T_{hot} = T_{GE} - 0.006\ 5H_p \times 0.304\ 8 \tag{2}$$

$$15\ 000 \text{ 英尺} < H_p < 36\ 091 \text{ 英尺} \quad T_{hot} = T_{AE} - 0.006\ 5H_p \times 0.304\ 8 \tag{3}$$

$$H_p > 36\ 091 \text{ 英尺} \qquad T_{hot} = -21.5 \tag{4}$$

式中:T_{GE} 为地面飞机包线温度;T_{AE} 为空中飞机包线温度。

(2) 燃油喷嘴(因为燃油喷嘴的表面温度受燃油喷嘴内部的燃油流动和舱内环境温度的影响)的修正式(仅供参考)如下:

$$T = T_{sc} + a(T_{hot} - T_s) \tag{5}$$

式中:$a = \Delta T_{rh} / \Delta T_{rb}$。飞机从慢车稳定状态进入起飞爬升状态后,燃油喷嘴周围舱内环境温度的增加量与燃油喷嘴表面温度的增加量的比值。

(3) 液体温度包括燃油温度、滑油温度和组合驱动发电机滑油温度(由于受环境温度的影响相对较小),可采用更为合理的修正方法,例如(但不仅限于),基于 FlowSim 热模型的修正因子叠加法(仅供参考)。

3) MOC5 验证过程

动力装置和辅助动力装置的冷却地面试验的目的是验证发动机在地面(或水面)临界工作状态下,风扇舱和核心舱的环境温度、发动机附件表面温度及其周围环境温度,液体温度是否在安全运行范围内。表明动力装置和辅助动力装置的冷却试验过程中,地面或水面阶段为临界运行条件,表明符合"最高外界大气温度"试验条件(或者不符合)；表明在偏离(按需)条款所规定的"最高外界大气温度"之后对试验测量值进行合理"温度修正"(根据实际情况决定该温度修正方法适用何种发动机(涡扇发动机或活塞发动机))，地面运行时记录的温度修正到所选择的最高外界温度，不必考虑温度随高度的递减率，表明符合第 25.1043(a)款。

4) MOC6 验证过程

动力装置和辅助动力装置的冷却飞行试验的目的是验证发动机在空中临界运行状态下，风扇舱和核心舱的环境温度、发动机部件表面温度及其周围环境温度，液体温度是否在安全运行范围内。

动力装置冷却试验应在湿度不大的空气中进行，一般不要在雨天进行，飞行试验时也尽量不在多云天进行。为了提供合理地接近于海平面的试验数据，冷却试验应该从实际可能的最低高度开始，通常低于海拔 914.4 米(3 000 英尺)。为了考核最大功率下的冷却能力，通常，如交流发动机、空调组件等附件，均以 100% 的功率工作。在临界结冰温度运行环境下，还应接通整流罩等加热防冰装置。必须在试验前确定发动机临界状态。在试验中使停车杆调至相应状态试验。飞机冷却试验的环境温度低于 37.8℃时，温度修正按第 25.1043(b)款和第 25.1043(c)款要求修正。

在验证过程中，需要表明动力装置和辅助动力装置的冷却试验过程中，空中阶段为临界运行条件，表明符合"最高外界大气温度"试验条件(或者不符合)，表明在偏离(按需)条款所规定的"最高外界大气温度"之后对试验测量值进行合理"温度修正"(根据实际情况决定该温度修正方法适用何种发动机，涡扇发动机或活塞发动机)，表明符合第 25.1043(a)款。

3.4.2　第 25.1043(b)款符合性验证说明

针对第 25.1043(b)款采用的符合性验证方法包括 MOC2、MOC5 和 MOC6，各项验证工作具体如下：

1) MOC2 验证过程

通过分析/计算文件，分析动力装置和辅助动力装置的冷却系统的原理技术，分析动力装置和辅助动力装置的冷却试验的试验条件(最高外界大气温度)，表明符合第 25.1043(b)款。

2) MOC5 验证过程

动力装置和辅助动力装置的冷却地面试验的目的是验证发动机地面(或水面)临界工作状态下，风扇舱和核心舱的环境温度、发动机附件表面温度及其周围环境温度，液体温度是否在安全运行范围内。表明该试验符合"最高外界大气温度"试验条件(或者不符合)，表明符合第 25.1043(b)款。

3) MOC6 验证过程

动力装置和辅助动力装置的冷却飞行试验的目的是验证发动机在空中临界运行状态下，风扇舱和核心舱的环境温度、发动机部件表面温度及其周围环境温度，液体温度是否在安全运行范围内。表明该实验符合"最高外界大气温度"试验条件

（或者不符合），表明符合第 25.1043(b) 款。

3.4.3 第 25.1043(c) 款符合性验证说明

针对第 25.1043(c) 款，采用的符合性验证方法包括 MOC2，各项验证工作具体如下：通过分析/计算文件，分析动力装置和辅助动力装置的冷却系统的原理技术，分析偏离（按需）条款所规定的"最高外界大气温度"之后对试验测量值进行合理"温度修正"的方法（涡扇发动机），包括动力装置舱内环境温度、部件表面温度及其周围环境温度的修正方法，动力装置所用液体温度的修正方法，根据试验结果进行计算并分析结果，判断是否动力装置正常停车后第 1041 条款要求的温度在所制定的温度限制范围内，表明符合第 25.1043(c) 款。具体方法详见第 25.1043(a) 款的 MOC2 验证过程。

3.5 符合性文件清单

通常，针对第 25.1043 条的符合性文件清单如表 3-2 所示。

表 3-2 建议的符合性文件清单

序　号	符 合 性 报 告	符合性方法
1	动力装置冷却系统原理报告	MOC1
2	动力装置冷却系统计算分析报告	MOC2
3	动力装置冷却机上地面试验大纲	MOC5
4	动力装置冷却机上地面试验报告	MOC5
5	动力装置冷却试飞大纲	MOC6
6	动力装置冷却试飞报告	MOC6
7	辅助动力装置冷却机上地面试验大纲	MOC5
8	辅助动力装置冷却机上地面试验报告	MOC5
9	辅助动力装置冷却试飞大纲	MOC6
10	辅助动力装置冷却试飞报告	MOC6

4　符合性判据

针对第 25.1043 条，判据如下：

（1）针对第 25.1043(a) 款，确认 MOC2 中的温度修正方法的正确性；在 MOC5 和 MOC6 中，确认冷却试验在规定的试验条件下进行，确认是否符合"最高外界大气温度"变化的规定，确认动力装置舱内环境温度、部件表面温度及其周围环境温度是否在规定的限制值内。

（2）针对第 25.1043(c) 款，确认非条款要求的修正方法的正确性。

参考文献

［1］ 14 CFR 修正案 25 - 42 Airworthiness Review Program；Amendment No. 6：Flight Amendments

［2］ FAA. AC25.939 - 1 Evaluating Turbine Engine Operating Characteristics ［S］. 1986.

运输类飞机适航标准
第 25.1045 条符合性验证

1 条款介绍

1.1 条款原文

第 25.1045 条　冷却试验程序

（a）必须按相应于有关性能要求的起飞、爬升、航路和着陆飞行阶段来表明符合第 25.1041 条的规定。进行冷却试验时，飞机的形态和运行条件均必须取每一飞行阶段中对于冷却是临界的情况。对于冷却试验，当温度变化率小于每分钟 1.1℃（2℉）时，则认为温度已达到"稳定"。

（b）在拟试验的每一飞行阶段前的进入状态下，温度必须达到稳定，除非动力装置部件和发动机所用的液体温度在进入状态下通常不能达到稳定（对此情况，在拟试验的飞行阶段前，必须通过整个进入状态下的运转，使得在进入时温度达到其自然水平）。在起飞的冷却试验之前，发动机必须在地面慢车状态下运转一段时间，使动力装置部件和发动机所用的液体温度达到稳定。

（c）每一飞行阶段的冷却试验必须连续进行，直到下列任一种状态为止：

（1）部件和发动机所用的液体温度达到稳定；

（2）飞行阶段结束；

（3）达到使用限制值。

（d）对于活塞发动机飞机的冷却试验，可以假设，当飞机达到高于起飞表面 460 米（1,500 英尺）的高度，或达到起飞段的某一点，在该点完成由起飞形态转入航路形态而且速度达到表明符合第 25.121（c）条规定的速度值（两种高度中取高者），起飞段即结束，飞机必须处于下列状态：

（1）起落架在收上位置；

（2）襟翼处于最有利位置；①。

（3）整流罩风门片（或控制发动机冷却源的其它设施）处于热天条件下能提供足够冷却的位置；

---

① 应为"。"，原条款如此。——编注

（4）临界发动机停车，其螺旋桨停转；

（5）其余发动机处于该高度的可用最大连续功率状态。

（e）对于船体式水上飞机和水陆两用飞机，必须以比断阶速度高 5 节的速度顺风滑行 10 分钟来表明冷却情况。

〔中国民用航空局 2011 年 11 月 7 日第四次修订〕

1.2 条款背景

第 25.1045 条对飞机动力装置和辅助动力装置冷却试验的试验程序提出了要求，对试验的飞行阶段、温度变化率、每一飞行阶段的进入和结束给出相应的程序要求。

1.3 条款历史

第 25.1045 条在 CCAR25 部初版首次发布，截至 CCAR - 25 - R4，该条款共修订过 1 次，如表 1 - 1 所示。

表 1 - 1   第 25.1045 条条款历史

第 25.1045 条	CCAR25 部版本	14 CFR 修正案	备 注
首次发布	初版	25 - 57	
第 1 次修订	R4	25 - 57	

1.3.1   首次发布

1985 年 12 月 31 日发布了 CCAR25 部初版，其中包含第 25.1045 条。

1.3.2   第 1 次修订

2011 年 11 月 7 日发布的 CCAR - 25 - R4 对第 25.1045 条进行了第 1 次修订，将"对此情况，在拟试验的起飞阶段前，必须通过整个进入状态下的运转，使得在进入时温度达到其自然水平"中的"起飞阶段"改为"飞行阶段"，修订后与 14 CFR 修正案 25 - 57 中 § 25.1045 的内容保持一致。

2   条款解读

2.1   条款要求

本条款要求的"冷却试验程序"明确：

（1）须完成地面静止、起飞、爬升、巡航和着陆阶段的冷却试验。在上述每一飞行阶段中，飞机的形态和运行条件必须取对应于冷却的临界情况。

（2）在每一飞行阶段之前的进入状态下，要求须达到相应的部件和液体温度稳定。温度稳定的定义为：当温度变化率小于每分钟 1.1℃（2℉）时，则认为温度已达到"稳定"。

（3）对于在每一飞行阶段之前的进入状态下，动力装置部件和液体温度不能达到稳定时，需使其温度达到其自然水平。

（4）在起飞的冷却试验之前发动机必须在地面慢车运转一段时间，以使相应温度达到稳定。

（5）每一飞行阶段的冷却试验必须连续进行，以及冷却试验终止的要求。

2.2　相关条款

与第 25.1045 条相关的条款如表 2-1 所示。

表 2-1　第 25.1045 条相关条款

序　号	相 关 条 款	相　　关　　性
1	第 25.1041 条	动力装置的冷却要求总则，需要满足第 25.1043 条冷却试验和第 25.1045 条冷却试验程序相关要求，才能表明对第 25.1041 条的符合性
2	第 25.1043 条	动力装置的冷却试验，需要满足第 25.1041 条冷却要求总则和第 25.1041 条冷却要求总则相关要求，才能表明对第 25.1043 条的符合性
3	第 25.1309 条	第 25.1309 条为安全性要求的通用条款，对动力装置冷却系统的故障概率提出了要求
4	第 25.121 条	第 25.1045 条要求"……由起飞形态转入航路形态而且速度……"的"速度"必须符合第 25.121(c)款规定的速度值

3　验证过程

3.1　验证对象

第 25.1045 条的验证对象为动力装置和辅助动力装置的冷却试验的试验程序。

3.2　符合性验证思路

为验证飞机动力装置和辅助动力装置在各种运行条件（地面、水面和空中）下，以及两者同时或者分别正常停车后，其冷却设施可使两者的部件和所用液体保持在制定的温度限制，需采用符合第 25.1045 条规定的冷却试验程序开展地面试验和飞行试验进行验证。

3.3　符合性验证方法

通常，针对第 25.1045 条的符合性验证方法如表 3-1 所示。

表 3-1　建议的符合性方法

条　款　号	专　业	符 合 性 方 法										备　注
		0	1	2	3	4	5	6	7	8	9	
第 25.1045(a)款	动力装置						5	6				
第 25.1045(b)款	动力装置						5	6				

条　款　号	专　业	符 合 性 方 法										备　注
		0	1	2	3	4	5	6	7	8	9	
第 25.1045(c) 款	动力装置						5	6				
第 25.1043 条	辅助动力装置						5	6				

3.4　符合性验证说明

在对该条款进行符合性验证时，试验程序如下：

首先在地面试验时，试验发动机从冷态起动后，在慢车下运行，直到发动机部件温度达到稳定；接着使发动机以起飞功率工作，直到发动机规定的最长允许时间为止；再将推力减小到慢车状态，工作 5 分钟；关掉发动机。在此试验中，为了考核最大功率下的冷却能力，通常发动机驱动的附件，如交流发电机和空调组件等均要在 100% 功率下工作。

其次，飞行试验包括在起飞和爬升过程中延长大功率工作时间以模拟热天、最大总重量和一发失效时的爬升情况。

（1）起飞，使试验发动机在起飞功率状态，工作到规定的最长允许时间。然后试验发动机在最大连续状态下，其余发动机按要求调整，达到最大可能的高度。

（2）接着在所有发动机都处于最大连续状态下，以最佳爬升率连续爬升到最大飞行高度。

（3）巡航状态飞行，调整试验发动机到最大连续状态，其余发动机按要求调整，以保持有代表性的飞行马赫数，一直保持到所有温度稳定为止，迅速减至慢车状态。

（4）根据需要，可从巡航高度下滑到某个需要保持的高度，再次稳定平飞，试验发动机仍以最大连续状态工作。此时，开启发动机短舱和整流罩防冰功能，直到发动机舱内部件温度稳定为止。

（5）必要时，使试验发动机油门杆拉回到最小慢车状态，实施最小慢车下降。

（6）正常进场和着陆，若有反推力装置时，应使用反推力装置。

（7）静止后，将试验发动机减到慢车状态，停车。停车后记录发动机舱内的有关温度。直至峰值出现为止（大约 30 分钟的温度数据）。

3.4.1　第 25.1045(a) 款符合性验证说明

针对第 25.1045(a) 款，采用的符合性验证方法包括 MOC5 和 MOC6，各项验证具体工作如下：

1）MOC5 验证过程

在地面试验时，试验发动机从冷态起动后，在慢车下运行，直到发动机部件温度达到稳定（试验中按照条款的要求，温度变化率小于每分钟 1.1℃ 即判断为稳定);接着使发动机以起飞功率工作,直到发动机规定的最长允许时间为止;再将推力减小到慢车状态,工作 5 分钟;关掉发动机。在此试验中,为了考核最大功率下的冷却能力,通常发动机驱动的附件,如交流发电机和空调组件等均要在 100% 功率下工作。

2) MOC6 验证过程

飞行试验包括在起飞和爬升过程中延长大功率工作时间以模拟热天、最大总重量和一发失效时的爬升情况。

通过飞行试验,表明动力装置和辅助动力装置的冷却试验过程中,表明完成了起飞、爬升、巡航和着陆阶段的冷却试验。在上述每一飞行阶段中,飞机的形态和运行条件均取的是对应于冷却的临界情况;温度稳定的定义为当温度变化率小于每分钟 1.1℃(2℉)时,则认为温度已达到“稳定”。

3.4.2 第 25.1045(b)款和(c)款符合性验证说明

针对第 25.1045(b)款和(c)款采用的符合性验证方法包括 MOC5 和 MOC6,各项验证工作具体如下:

1) MOC5 验证过程

通过地面试验,表明动力装置和辅助动力装置的冷却试验过程中,表明在起飞的冷却试验之前发动机符合在地面慢车运转的要求,以使相应温度达到稳定;表明地面阶段的冷却试验连续进行,以及冷却试验的终止条件符合条款要求。

2) MOC6 验证过程

通过飞行试验,表明动力装置和辅助动力装置的冷却试验过程中,在起飞、爬升、巡航和着陆各飞行阶段中,表明在每一飞行阶段之前的进入状态下,动力装置和辅助动力装置的部件和液体温度均已稳定;表明在每一飞行阶段之前的进入状态下,动力装置和辅助动力装置的部件和液体温度不能达到稳定时,具有“使得在进入时温度达到其自然水平”的措施;表明上述每一飞行阶段的冷却试验连续进行,以及冷却试验的终止条件符合条款要求。

3.5 符合性文件清单

通常,针对第 25.1045 条的符合性文件清单如表 3-2 所示。

表 3-2 建议的符合性文件清单

序 号	符 合 性 报 告	符合性方法
1	动力装置冷却机上地面试验大纲	MOC5
2	动力装置冷却机上地面试验报告	MOC5
3	动力装置冷却试飞大纲	MOC6
4	动力装置冷却试飞报告	MOC6
5	辅助动力装置冷却机上地面试验大纲	MOC5

（续表）

序　号	符 合 性 报 告	符合性方法
6	辅助动力装置冷却机上地面试验报告	MOC5
7	辅助动力装置冷却试飞大纲	MOC6
8	辅助动力装置冷却试飞报告	MOC6

4　符合性判据

针对第 25.1045 条，判据如下：

（1）针对第 25.1045(a)款，在 MOC5 中，确认地面阶段中飞机的形态和运行条件取的是对应于冷却的临界情况；在 MOC6 中，确认飞机的形态和运行条件均取的是对应于冷却的临界情况。

（2）针对第 25.1045(b)款，在 MOC5 中，确认在起飞的冷却试验之前发动机符合在地面慢车运转的要求，以使相应温度达到稳定；确认地面阶段的冷却试验连续进行，以及冷却试验的终止条件符合条款要求。在 MOC6 中，确认在每一飞行阶段之前的进入状态下，动力装置和辅助动力装置的部件和液体温度均已稳定；确认在每一飞行阶段之前的进入状态下，动力装置和辅助动力装置的部件和液体温度不能达到稳定时，具有"使得在进入时温度达到其自然水平"的措施。

（3）针对第 25.1045(c)款，在 MOC5 和 MOC6 中，确认地面阶段的冷却试验连续进行，以及冷却试验的终止条件符合条款要求。

参考文献

［1］ 14 CFR 修正案 25 - 57 Aircraft Engine Regulatory Review Program；Aircraft Engine and Related Powerplant Installation Amendments［S］.

［2］ FAA. AC29 - 2A C2 Certification of Transport Category Rotorcraft［S］. 1997.

［3］ FAA. AC23 - 8A C1 Flight Test Guide for Certification of Part 23 Airplanes［S］. 1993.

运输类飞机适航标准第 25.1091 条符合性验证

1 条款介绍

1.1 条款原文

第 25.1091 条 进气

(a) 发动机和辅助动力装置的进气系统,应满足下列要求:

(1) 在申请合格审定的每种运行条件下,必须能够供给该发动机和辅助动力装置所需的空气量;

(2) 当进气系统阀处于任一位置时,必须能够供给正常燃油调节和混合比分配所需的空气量。

(b) 每台活塞发动机必须有一个能防止雨水、冰块或任何其它外来物进入的备用进气源。

(c) 除非具备下列条件下之一,进气口不得开设在发动机整流罩内:

(1) 用防火隔板将整流罩内设置进气口的部分与发动机附件部分隔开;

(2) 对于活塞发动机,具有防止回火火焰的措施。

(d) 涡轮发动机飞机和装有辅助动力装置的飞机,应满足下列要求:

(1) 必须有措施防止由可燃液体系统的放液嘴、通气口或其它部件漏出或溢出的危险量燃油进入发动机或辅助动力装置进气系统;

(2) 飞机必须设计成能防止跑道、滑行道或机场其它工作场地上危险量的水或雪水直接进入发动机或辅助动力装置的进气道,并且进气道的位置或防护必须使其在起飞、着陆和滑行过程中吸入外来物的程度减至最小。

(e) 如果发动机进气系统中的零件和部件有可能被进入进气口的外来物所损坏,则必须通过试验或分析(如果适用)来表明该进气系统的设计能够经受发动机适航标准第 33.76 条、第 33.77 条和第 33.78(a)(1)条外来物吸入试验,而零件或部件的损坏不会造成危害。

〔中国民用航空局 2001 年 5 月 14 日第三次修订〕

1.2 条款背景

第 25.1091 条旨在确保进气道的安全设计和功能,排除外来物的进入,以防引起发动机及 APU(辅助动力装置)失效或故障和机体损伤。

1.3 条款历史

第 25.1091 条在 CCAR25 部初版首次发布,截至 CCAR - 25 - R4,该条款共修订过 1 次,如表 1 - 1 所示。

表 1 - 1 第 25.1091 条条款历史

第 25.1091 条	CCAR25 部版本	14 CFR 修正案	备 注
首次发布	初版	—	
第 1 次修订	R3	25 - 40,25 - 57,25 - 100	

1.3.1 首次发布

1985 年 12 月 31 日发布了 CCAR25 部初版,其中包含第 25.1091 条,该条款参考 1964 年 12 月 24 日发布的 14 CFR PART 25 中的 § 25.1091 的内容制定。

1.3.2 第 1 次修订

2001 年 5 月 14 日发布的 CCAR - 25 - R3 对第 25.1091 条进行了第 1 次修订,本次修订参考了 14 CFR 修正案 25 - 40、14 CFR 修正案 25 - 57 和 14 CFR 修正案 25 - 100 的内容:将 § 25.1091(e) 中的"……表明该进气系统的设计能够经受发动机适航标准中有关的外来物吸入试验……"改为"……表明该进气系统的设计能够经受发动机适航标准 § 33.76、§ 33.77 和 § 33.78(a)(1) 的外来物吸入试验……"。修订后与 14 CFR 修正案中 § 25.1091 内容保持一致。

2 条款解读

2.1 条款要求

第 25.1091(a) 款规定了发动机和辅助动力装置进气系统必须满足的基本要求,即在申请合格审定的每种运行情况下,进气系统提供的空气量都要与发动机和辅助动力装置的要求相匹配,以便确保充分发挥它们的特性并保证稳定地工作。具体地讲,在发动机合格审定要求的所有运行条件范围内,在地面和空中使用的情况下,进气系统都能提供足够量的均匀的气流;对于辅助动力装置,在所有可能的运行条件下,在地面和空中使用时,进气系统都能提供与它相匹配的气流。

第 25.1091(b) 款为针对活塞式发动机要求,此处不解读。

第 25.1091(c) 款要求进气口的位置必须安排得当。在没有用防火隔板将整流罩内设置进气口的部分与发动机部件部分隔开的条件下,进气口不能通到发动机整流罩内。

第 25.1091(d)款要求防止危险量的易燃液体由排油管、通气口或其他可能的来源流出而进入发动机进气道；在设计发动机和辅助动力装置的进气系统时，必须考虑避开任何可能潜在的漏出或溢出的危险量可燃液的轨迹；进气道的设计，必须通过试验证明不会有跑道、滑行道或机场其他工作场地上危险量的水或雪水进入进气道；在进行进气道的位置设计安排或设计防护装置时，必须考虑能使飞机在起飞、着陆和滑行过程中吸入外来物的程度减到最小。

第 25.1091(e)款要求是进气道零部件的设计必须经受得住万一外来物吸入后所造成的损坏，而不会造成危险的后果。特别要考虑的容易损坏的零件和部件如下：进气隔板、隔音衬垫（如果位于易受损处的话）及安装在进气道内的设备等。

2.2 相关条款

与第 25.1091 条相关的条款如表 2－1 所示。

表 2－1 第 25.1091 条相关条款

序 号	相关条款	相 关 性
1	第 25.1309 条	第 25.1309 条为安全性要求的通用条款，对进气系统的故障概率提出了要求
2	第 33.76 条	需表明该进气系统的设计能够经受发动机适航标准第 33.76 条、第 33.77 条和第 33.78 条外来物吸入试验，而零件或部件的损坏不会造成危害
3	第 33.77 条	需表明该进气系统的设计能够经受发动机适航标准第 33.76 条、第 33.77 条和第 33.78 条外来物吸入试验，而零件或部件的损坏不会造成危害
4	第 33.78(a)(1)项	需表明该进气系统的设计能够经受发动机适航标准第 33.76 条、第 33.77 条和第 33.78 条外来物吸入试验，而零件或部件的损坏不会造成危害

3 验证过程

3.1 验证对象

第 25.1091 条的验证对象为发动机和辅助动力装置的进气系统。

3.2 符合性验证思路

针对第 25.1091(a)款，采用设计描述、地面试验、飞行试验表明发动机和辅助动力装置的进气系统能够满足其所需的空气量，以及能够满足正常燃油调节和混合比分配所需的空气量。

针对第 25.1091(c)款，采用设计描述和机上检查表明进气口没有开设在发动机整流罩内；如果进气口必须设置在发动机整流罩内，则用防火隔板将进气口部分与发动机附件部分隔开。

针对第 25.1091(d)(1)项,采用系统设计描述和飞行试验表明发动机和辅助动力装置有措施防止危险量燃油进入进气系统,这些燃油来自可燃液体系统的放液嘴、通气孔或其他部件漏出或溢出。

针对第 25.1091(d)(2)项,采用系统设计描述和飞行试验表明必须有防止工作场地上(跑道、滑行道或机场其他工作场地)的危险量的水或雪水直接进入发动机或辅助动力装置进气道的相关设计;需要说明进气道的位置或防护必须使飞机在运行过程(起飞、着陆和滑行)中,吸入外来物的程度减至最小。

针对第 25.1091(e)款,采用系统设计描述和分析/计算表明进气道结构满足飞机正常运行时的载荷要求,同时进气道结构设计满足外来物体损伤要求。

3.3　符合性验证方法

通常,针对第 25.1091 条的符合性验证方法如表 3-1 所示。

表 3-1　建议的符合性方法

条　款　号	专　业	符 合 性 方 法										备　注
		0	1	2	3	4	5	6	7	8	9	
第 25.1091(a)(1)项	动力装置		1				5	6				
第 25.1091(a)(2)项	动力装置							6				
第 25.1091(c)款	动力装置		1						7			
第 25.1091(d)(1)项	动力装置		1					6				
第 25.1091(d)(2)项	动力装置		1					6				
第 25.1091(e)款	动力装置		1	2								

3.4　符合性验证说明

3.4.1　第 25.1091(a)(1)项符合性验证说明

针对第 25.1091(a)(1)项,采用的符合性验证方法包括 MOC1、MOC5 和 MOC6,各项验证具体工作如下:

1) MOC1 验证过程

通过动力装置冷却系统的系统说明文件,对设计原理和结构形态说明。说明进气道整流罩外表皮的功能与结构形态,及内部整流罩的功能与结构形态,从而能够为发动机提供合适的空气流,以此满足第 25.1091(a)(1)项的要求。

2) MOC5 和 MOC6 验证过程

通过进气畸变地面试验和进气畸变试飞,验证在申请合格审定的每种运行条件下,如无风、侧风和尾风等试验条件,并完成失速告警、机动飞行、侧滑、无风天起飞着陆和中断起飞等进气畸变试验,验证在发动机和辅助动力装置运行包线内,能够满足发动机和辅助动力装置所需的空气量。

通过短舱防冰系统自然结冰条件试飞,验证短舱防冰功能的正常使用对发动机的进气无影响,从而对发动机的工作无影响,满足第 25.1091(a)(1)项的要求。

3.4.2　第 25.1091(c)款符合性验证说明

针对第 25.1091(c)款,采用的符合性验证方法包括 MOC1 和 MOC7,各项验证具体工作如下:

1) MOC1 验证过程

通过动力装置冷却系统的系统说明文件,对设计原理和结构形态说明。说明发动机进气道与发动机整流罩的位置关系,表明进气口的位置已安排得当。满足第 25.1091(c)款的要求。

2) MOC7 验证过程

通过飞机动力装置进气系统及排气系统部件机上检查试验,建议试验步骤如下:

打开风扇罩,目视检查进气道外筒上表面的 NACA 铲形进口是否在火区内,目视检查进气道外筒上表面的 FADEC 冷却用进气口是否连通到风扇区,目视检查位于进气道内筒表面上的 FADEC 用进气开口是否在风扇区内,从而验证进气口的位置符合第 25.1091(c)款的要求。

3.4.3　第 25.1091(d)款符合性验证说明

针对第 25.1091(d)款,采用的符合性验证方法包括 MOC1 和 MOC6,各项验证具体工作如下:

1) MOC1 验证过程

通过动力装置冷却系统的系统说明文件,对设计原理和结构形态说明。说明发动机风扇舱和核心舱所采用的通风方式以防止可燃蒸汽的积聚;说明通过综合考虑机头、机身、机翼和发动机等部件的相对位置,以减少溅水、避免危险量溅水和最低化外来物吸入程度;以满足第 25.1091(d)款的要求。

2) MOC6 验证过程

通过动力装置液体排放试飞、雨天发动机对跑道适应性试飞等试飞试验,表明动力装置系统在飞机各个飞行状态下,能够将舱内预期存在可燃液体有效排出而无积存,且由排液嘴排出的液体既无增加着火的危险,也无进入到发动机进气系统及其他火区通风口的危险;表明可以防止跑道、滑行道或机场其他工作场地上危险量的水或雪水直接进入发动机或辅助动力装置的进气道,并且进气道的位置或防护必须使其在起飞、着陆和滑行过程中吸入外来物的程度减至最小,从而符合第 25.1091(d)款的要求。

3.4.4　第 25.1091(e)款符合性验证说明

针对第 25.1091(e)款,采用的符合性验证方法包括 MOC1 和 MOC2,各项验证具体工作如下:

1) MOC1 验证过程

通过动力装置冷却系统的系统说明文件,对设计原理和结构形态说明。说明进气道结构满足飞机正常运行时的载荷要求,同时进气道结构设计满足外来物体损伤要求;从而符合第25.1091(e)款的要求。

2) MOC2 验证过程

通过对易受外物损伤的发动机部件以及其支承件采用了分析计算,计算分析表明该发动机部件以及其支承件可以承受第33.76条、第33.77条和第33.78(a)(1)项外物吸入测试条件,并且任何部件和组件的失效都不会产生危害性影响,符合第25.1091(e)款的要求。

3.5　符合性文件清单

通常,针对第25.1091条的符合性文件清单如表3-2所示。

表 3 - 2　建议的符合性文件清单

序　号	符 合 性 报 告	符合性方法
1	动力装置进气系统符合性说明和分析报告	MOC1
2	动力装置进气系统外来物损伤分析报告	MOC2
3	动力装置进气畸变地面试验大纲	MOC5
4	动力装置进气畸变地面试验适航符合性分析报告	MOC5
5	动力装置进气畸变飞行试验大纲	MOC6
6	动力装置进气畸变飞行试验适航符合性分析报告	MOC6
7	短舱防冰系统自然结冰条件试飞大纲	MOC6
8	短舱防冰系统自然结冰条件试飞分析报告	MOC6
9	动力装置液体排放试飞大纲	MOC6
10	动力装置液体排放试飞适航符合性分析报告	MOC6
11	雨天动力装置对跑道适应性飞行试验大纲	MOC6
12	雨天动力装置对跑道适应性适航符合性分析报告	MOC6
13	动力装置进气系统及排气系统部件机上检查试验大纲	MOC7
14	动力装置进气系统及排气系统部件机上检查适航符合性报告	MOC7

4　符合性判据

4.1　第25.1091(a)款符合性判据

针对第25.1091(a)款,确认飞机进气道整流罩的外表皮为外部空气流提供气动型面,而内部整流罩带有消音板,并为发动机提供合适的空气流。

确认在无风天条件、90°、180°和270°风向下的进气畸变地面验证试验中,在侧风包线的无操作限制区域内,飞机试验发动机在慢加减速、快加减速及各个台阶转速试验中运行正常。

确认飞机动力装置运行包线内,试验过程中发动机的主要参数,如ITT温度

（涡轮级间温度）、N1 转速、N2 转速、N1 振动和 N2 振动在限制值范围内。

4.2　第 25.1091(c)款符合性判据

针对第 25.1091(c)款，确认短舱防冰系统功能正常，结冰告警后延迟 2 分钟打开短舱防冰系统对发动机工作无影响。

确认飞机发动机进气道没有开设在发动机整流罩内，进气道唇口和前隔板构成的 D 形空间、进气道内筒与进气道外筒之间的区域均为非火区。或者用防火隔板将整流罩内设置进气口的部分与发动机附件部分隔开。

4.3　第 25.1091(d)款符合性判据

针对第 25.1091(d)(1)项，确认发动机和短舱的排液装置均远离进气口，且排液随着气流向后排出。

确认飞机动力装置系统在飞机各个飞行状态下，能够将舱内预期存在可燃液体有效排出而无积存，且由排液嘴排出的液体既无增加着火的危险，也无进入发动机进气系统及其他火区通风口的危险。

针对第 25.1091(d)(2)项，确认飞机在总体设计中，通过综合考虑机头、机身、机翼和发动机等部件的相对位置，在满足总体气动、发动机性能及工作特性等前提条件下，尽量减小发动机吸入飞机溅水的可能，避免有危险量的溅水直接进入发动机，并将吸入外来物的程度减至最低。

确认飞机在 12.7 毫米水深的运营限制下可以确保没有危险量的水直接进入发动机，并且进气道的位置可以使其在起飞、着陆和滑行过程中吸入外来物的程度减至最小，从而保证飞行安全。

4.4　第 25.1091(e)款符合性判据

针对第 25.1091(e)款，确认飞机进气道结构满足飞机正常运行时的载荷要求，同时进气道结构设计满足外来物体损伤要求。

确认外露于进气道的部件及其支承件可以承受第 33.76 条、第 33.77 条和第 33.78(a)(1)项外物吸入测试条件，并且任何部件和组件的失效都不会产生危害性影响。

参考文献

[1]　14 CFR 修正案 25 - 40 Airworthiness Review Program，Amendment No. 4：Powerplant Amendments [S].

[2]　14 CFR 修正案 25 - 57 Aircraft Engine Regulatory Review Program；Aircraft Engine and Related Powerplant Installation Amendments [S].

[3]　14 CFR 修正案 25 - 100 Airworthiness Standards：Bird Ingestion [S].

[4]　FAA. AC20 - 124 Water Ingestion Testing For Turbine Powered Airplanes [S]. 1985.

[5]　Society of Aeronautical Engineers (SAE) AIR 1904. Tire Spray Suppression — Airplane Consideration and Testing For [S]. 1985.

运输类飞机适航标准
第25.1093条符合性验证

1 条款介绍

1.1 条款原文

第25.1093条 进气系统的防冰

（a）活塞发动机 活塞发动机的进气系统必须有防冰和除冰措施。除非用其它方法来满足上述要求，否则必须表明，在温度为−1.1℃（30℉）的无可见水汽的空气中，每架装有高空发动机的飞机，均符合下列规定：

（1）采用普通文氏管式汽化器时，装有预热器，能在发动机以60%最大连续功率运转情况下提供67℃（120℉）的温升；

（2）采用可减少结冰概率的汽化器时，装有预热器，能在发动机以60%最大连续功率运转情况下提供56℃（100℉）的温升。

（b）涡轮发动机

（1）每台涡轮发动机必须能在下列条件下在其整个飞行功率（推力）范围（包括慢车）工作，而发动机、进气系统部件或飞机机体部件上没有不利于发动机运转或引起功率或推力严重损失的冰积聚：

（i）附录C规定的结冰条件；

（ii）为飞机作该类营运所制定的使用限制内的降雪和扬雪情况。

（2）每台涡轮发动机必须在温度−9～−1℃（15～30℉）、液态水含量不小于0.3克/米^3、水呈水滴状态（其平均有效直径不小于20微米）的大气条件下，进行地面慢车运转30分钟，此时可供发动机防冰用的引气处于其临界状态，而无不利影响，随后发动机以起飞功率（推力）作短暂运转。在上述30分钟慢车运转期间，发动机可以按适航当局可接受的方式间歇地加大转速到中等功率（推力）。

（c）增压式活塞发动机 每台装有增压器（对进入汽化器之前的空气进行增压）的活塞发动机，在判断符合本条（a）的规定时，在任何高度上均可利用由此增压所产生的空气温升，只要所利用的温升是在有关的高度和运转条件下因增压而自动获得的。

〔中国民用航空局 1995 年 12 月 18 日第二次修订〕

1.2 条款背景

制定第 25.1093 条的主要目的是确保发动机、进气道/进气系统部件,或飞机机体部件上不会由于聚集冰而对发动机运转产生不利影响或导致严重的功率或推力损失。

1.3 条款历史

第 25.1093 条在 CCAR25 部初版首次发布,截至 CCAR - 25 - R4,该条款共修订过 1 次,如表 1 - 1 所示。

表 1 - 1 第 25.1093 条条款历史

第 25.1093 条	CCAR25 部版本	相关 14 CFR 修正案	备 注
首次发布	初版	25 - 36,25 - 38,25 - 40	
第 1 次修订	R2	25 - 57,25 - 72	

1.3.1 首次发布

1985 年 12 月 31 日发布了 CCAR25 部初版,其中包含第 25.1093 条,该条款参考 1977 年发布的 14 CFR 修正案 25 - 40 中的 §25.1093 的内容制定。

追溯 FAA 的修订历史,在 14 CFR 修正案 25 - 36、25 - 38 和 25 - 40 中,FAA 都对该条款进行了修正。

1974 年 FAA 发布了修正案 25 - 36,其中并未包含降雪和扬雪情况下所有可能情况的技术要求,没有规定具体标准,允许申请人选择对其飞机所预期的限制,并实际验证在这些限制内运行的能力,按此完善了 §25.1093(b)(1) 的表述。

1975 年,FAA 发布规章制定建议公告(NPRM)75 - 10(1975.03.07),建议新增 §23.1093(c) 和 §25.1093(c),14 CFR 修正案 25 - 38(1977.02.01) 遵循了通告 75 - 10 的思想,并完善 §25.1093(c) 书写格式,以保持 §25.1093 书写格式一致。

1975 年,FAA 发布规章制定建议公告(NPRM)75 - 19(1975.05.19),说明要求考虑进气道部件中冰聚积情况,认为这种情况会对发动机运行产生不利影响。该建议明确:设计中必须考虑进气道系统和发动机控制系统部件中冰积聚的影响。14 CFR 修正案 25 - 40(1977.05.02) 遵循了通告 75 - 19 的思想,所以 §25.1093(b) 规定了在批准的飞机包线内所预料的冰和雪引起的冰聚积的要求,必须包括空气进气系统部件。

1.3.2 第 1 次修订

1995 年 12 月 18 日发布的 CCAR - 25 - R2 对第 25.1093 条进行了第 1 次修订,本次修订参考了 14 CFR 修正案 25 - 57 和 25 - 72 的内容,CAAC 与 FAA 的内容一致。

14 CFR 修正案 25 - 57 修订了 § 25. 1093（b）（2），CCAR - 25 - R2 中第 25.1093（b）（2）项即为此修订后的内容。

14 CFR 修正案 25 - 72 要求：在考虑发动机进气系统冰雪脱落对发动机结构和性能的影响时，需增加对飞机机体冰雪脱落的考虑。

2　条款解读

2.1　条款要求

目前民用运输类飞机多采用涡轮发动机，故本文仅解读第 25. 1093（b）款的条款要求，研究第 25. 1093（b）款的符合性验证思路和方法。第 25. 1093（b）款主要对装机发动机在结冰条件和降雪（扬雪）条件下的安全运行提出适航要求。

关于第 25. 1093（b）（1）项，其中术语"进气系统部件"是指飞机机体上能够吸入聚积冰的所有部分；"每台涡轮发动机必须能在下列条件下在其整个飞行功率（推力）范围（包括慢车）工作"是指在油门杆处于慢车止动位置至最大正推力位置；"机体部件"是指其上所积聚的冰能够被发动机吸入的那部分机体。

该款项要求在设计中考虑进气道部件中的冰积聚情况，以及冰积聚对发动机进气系统和控制系统部件的不利影响；因防止飞机在不经意间进入难以预料的结冰环境时，不会发生因发动机结冰引起推力减少而导致不安全的飞行，此时还需考虑机身上冰积聚对发动机的影响。如果机身不能够表明在附录 C 的所有结冰状态下（连续最大结冰、间断最大结冰、最大起飞结冰）不结冰，那么机体制造商就应该以机身上可能积聚冰的最大尺寸来评估 CCAR33 部发动机吸冰试验。此外，还规定了在降雪和扬雪条件下的运行要求，要求申请人在适合的飞机限制条件下证明降雪和扬雪条件下的飞机性能。

关于第 25. 1093（b）（2）项，该款项要求使防冰系统能在临界条件下引气时能够提供防冰保护时，需要慢车状态下的防冰保护，从而验证飞机在起飞前的持续慢车过程中能有效地提供发动机的防冰保护。

对于发动机为尾吊式的飞机，机翼内侧应当作为发动机进气道系统的一部分来对待。解决此问题一般有下列两种符合性方法：证明在发动机慢车状态下，无论什么样的冰（包括回流冰）积聚在机翼上，要么其脱落下来但不会进入发动机，要么破碎成为足够小的冰块从而不会导致发动机损坏或推力丧失；证明机翼内侧防冰系统工作时的温度足以蒸发发动机慢车时的所有水气（这样会有极少或没有回流冰）。

一般来说，当存在可视水气且空气总温小于等于＋10℃时，发动机防冰程序启动。发动机防冰程序旨在预防进气道上的冰聚积。对于机身（主要指机翼）的防冰或除冰，操作程序与发动机的防冰系统程序不同。这样在机身防冰打开后，或者由于防冰打开程序上的不同导致机翼上的冰无意间脱落至发动机中。

飞机在所有发动机动力设置条件下必须满足第 25.1093(b)(1)项的要求。该分析应该包括飞行慢车情况,此时油门杆处于最小止动位。与这些动力设置相关的结冰暴露时间应该适用于附录 C 的水平扩展因子和可能的飞机运行暴露(如稳定飞行、爬升或下降)所规定的结冰范围。在飞行慢车状态下,暴露时间取决于飞机下降剖面的最坏情况(双发在慢车状态,结冰暴露时间最长)。其上面的积聚冰可能被发动机吸入的任何机身部分都应当包含在评估之中。应该重点强调将机翼内侧等同于发动机进气道系统来表明符合性。另外,关于遭遇自然冰的符合性准则,合理的试验程序中应该包括下列三种状态下的自然风扇冰脱落循环试验(进气道防冰打开),这三种状态包括:下降状态(飞行慢车)、等待保持状态(保持水平飞行所需推力)及最大爬升状态,除非存在更临界的发动机推力状态。

针对第 25.1093(b)(2)项中有关地面雾要求的符合性问题,鉴于未安装的发动机可能已经满足第 33.68(b)款的地面雾的符合性要求,所以要满足安装发动机的第 25.1093(b)(2)项中有关地面雾的符合性要求只需要在这些条件下评估发动机进气道防冰系统的性能。此外,关于所有发动机地面动力增加及其相关的时间间隔(例如,每十分钟发动机功率增加到 45%N1),该时间间隔必须符合第 33.68(b)款的发动机地面结冰状态的符合性规定,同时其应当成为飞机飞行手册(AFM)中发动机地面运行的限制。

2.2　相关条款

与第 25.1093 条相关的条款如表 2-1 所示。

表 2-1　第 25.1093 条相关条款

序　号	相　关　条　款	相　　关　　性
1	第 25.1091 条	第 25.1091 条为进气系统的总则性条款,对第 25.1093 条的验证范围提出了要求
2	第 25.1419 条	为飞机防冰总则性要求条款,对第 25.1093 条的验证提出要求和验证方法

3　验证过程

3.1　验证对象

第 25.1093 条的验证对象为发动机、进气道/进气系统部件以及飞机部分机体(积聚冰脱落后可能被发动机吸入的机身部分)。

3.2　符合性验证思路

目前民用运输类飞机多采用涡轮发动机,故条款符合性要求针对第 25.1093(b)款提出。

描述总体布置、机体气动布局、结冰形状等,表明机体不会产生导致发动机严重推力损失的冰积聚。通过对进气整流罩和有关部件进行防冰能力的分析,以及地面试验和飞行试验,来表明进气系统的设计能满足条款提及的防冰要求。

3.3　符合性验证方法

通常,针对第 25.1093(b)款的符合性验证方法如表 3-1 所示。

表 3-1　建议的符合性方法

条　款　号	专　业	符　合　性　方　法										备　注
		0	1	2	3	4	5	6	7	8	9	
第 25.1093(b)(1)项	总　体		1	2				6				
第 25.1093(b)(1)项	防　冰		1	2			5	6				
第 25.1093(b)(1)项	动力装置		1	2			5	6				
第 25.1093(b)(2)项	防　冰		1				5					
第 25.1093(b)(2)项	动力装置		1				5					

3.4　符合性验证说明

针对第 25.1093(b)款,采用的符合性验证方法包括 MOC1、MOC2、MOC5 和 MOC6,各项验证具体工作如下:

3.4.1　MOC1 验证过程

通过系统设计描述说明为发动机短舱防冰系统的设计,在各种可预期的运行条件下,所能完成的预定功能有正确探测短舱结冰情况、正确发出结冰告警、完成引气和防冰功能。

通过用进气道安装图纸和技术条件来说明进气系统的防冰措施,并描述总体布置、机体气动布局、结冰形状等,如某型号飞机短舱防冰系统使用来自预冷器下游的热空气,通过短舱防冰活门后由笛形管喷射到进气道内蒙皮,对蒙皮加热以防止结冰,从工程设计上提供了防冰保护,保证了航空器在非预期进入结冰条件时能够进行飞行操作。

3.4.2　MOC2 验证过程

对飞行 HOLD、APR、NTO、Climb、Cruise、Descent,Approach and Ground Taxing 状态进行分析计算。采 SindaG 模型计算的,得到各个飞行状态在结冰条件下最大结冰层增长厚度。分析中采用包括了 CM 和 IM 包线的所有的设计输入条件。对于所有分析条件,液态水含量根据水滴平均有效直径为 20 微米,且对比相关数据后,从 CCAR25 部附录 C 表格中获取。

再通过冰风洞试验、干空气下短舱防冰飞行试验和自然结冰条件下的短舱防冰飞行试验得到各个飞行状态的试验数据,进行计算模型的算法校正,算法的输入应包括最大间断结冰和连续结冰包线的设计点。

最后采用经冰风洞试验、干空气条件下的短舱防冰飞行试验数据和自然结冰条件下的短舱防冰飞行试验数据验证后的计算模型进行技术分析,表明所有大间断结冰和连续结冰条件下短舱防冰系统的结冰层厚度小于发动机能够吸收最大安全结冰量,满足发动机、进气系统部件或飞机机体部件上没有不利于发动机运转或引起功率或推力严重损失的冰积聚的条款要求。

3.4.3　MOC5 验证过程

通过干空气条件下的短舱防冰地面试验(常温和高温试验)表明,在防冰系统的接通有典型的滞后之后,冰的积聚是可接受的。在缺少其他证据的情况下,在连续最大结冰条件下一般应达到 2 分钟的滞后(到接通防冰系统为止)。如果每次试验结束时有过度的冰积聚,则应当同时改变热流量和气流量,以模拟发动机加速,进而验证积聚冰脱落的形式对发动机是否可接受。

进行结冰条件下短舱防冰系统机上地面试验。对试验环境温度、LWC 和 MVD 在试验前后进行测量,以保证满足条款要求的试验条件。试验需表明,在试验过程中,短舱前缘的防冰区域以及防冰区域下游均没有产生结冰;发动机工作正常;短舱防冰系统没有出现 EICAS 告警信息,满足大纲的要求;试验同时也表明,在地面结冰气象条件下,当发动机 N1 振动值超过 4.0 之后,为保证发动机的安全运行,运营人可以执行脱冰操作。

如果进气道装有可能受冰雾影响的器件或装置,则应对这些器件或装置进行持续 30 分钟最临界引气状态下的地面慢车试验,试验在 $-2℃$ 的大气温度和液态水含量 0.3 克/米^3 的条件下进行,被实验部分的供热应当是发动机处于批准在结冰时使用的最小地面慢车状态下可以提供的供热。试验时的平均有效滴水直径应当是 20 微米。试验终了时,被试验部分上的冰积聚不应当妨碍它的正常功能。如果有冰脱落的话,那么测量其大小,确认其大小没有达到有害于发动机的程度。

综上,通过 MOC5,表明发动机、进气系统部件或飞机机体部件上没有不利于发动机运转或引起功率或推力严重损失的冰积聚,且在第 25.1093(b)(2)项要求的结冰条件下,发动机在最临界引气状态下慢车运行 30 分钟,不会影响发动机的正常工作,以满足条款要求。

3.4.4　MOC6 验证过程

短舱防冰系统自然结冰条件下飞行试验验证全部连续最大结冰条件和间断结冰条件试飞状态点,短舱防冰系统功能正常,结冰告警后延迟打开短舱防冰系统对发动机工作无影响。

按照附录 C 定义的最大连续结冰条件——慢车、待机和爬升功率试验点中,发动机在每种功率状态下分别进行 3 次以上的风扇冰自然脱落,证明发动机在 CCAR25 部附录 C 定义的最大连续结冰条件下具有连续稳定的安全运行能力,发动机部件上没有不利于发动机运转或引起功率或推力严重损失的冰积聚,发动机振动及飞机响应正常,发动机脱冰程序有效。

在 CCAR25 部自然结冰条件下的发动机风扇冰积聚飞行试验中，验证了飞行手册中规定的在附录 C 定义的最大连续结冰条件下，试验发动机分别在空中慢车、待机及最大爬升功率下完成至少 3 次发动机风扇冰自然脱落。试验过程中发动机工作正常，航前航后检查未发现发动机相关部件有超过发动机手册限制的机械损伤，验证了装机状态下的发动机在实际飞行中遭遇最大连续结冰条件时的安全稳定工作能力。

综上，通过 MOC6 表明发动机、进气系统部件或飞机机体部件上没有不利于发动机运转或引起功率或推力严重损失的冰积聚，不会导致不安全飞行。

3.5　符合性文件清单

通常，针对第 25.1093 条的符合性文件清单如表 3-2 所示。

表 3-2　建议的符合性文件清单

序　号	符 合 性 报 告	符合性方法
1	防冰系统设计描述	MOC1
2	发动机进气系统设计描述	MOC1
3	发动机风扇冰积聚分析报告	MOC2
4	自然结冰机体冰脱落分析报告	MOC2
5	防冰系统机上地面试验大纲	MOC5
6	防冰系统机上地面试验报告	MOC5
7	防冰系统试飞大纲	MOC6
8	防冰系统试飞报告	MOC6

4　符合性判据

4.1　第 25.1093(b)(1)项

针对第 25.1093(b)(1)项，系统描述中说明了飞机在经受 CCAR25 附录 C 内规定的严重结冰环境条件时，发动机进气系统和短舱防冰系统的设计能够在各种可预期的运行条件下能完成预定功能。在干空气条件下和自然结冰条件下的短舱防冰地面试验和飞行试验中（MOC5 和 MOC6），可接受的判据如下：

（1）短舱前缘的防冰区域以及防冰区域下游均没有产生不利于发动机运转或引起功率或推力严重损失的冰积聚。

（2）短舱防冰系统没有出现 EICAS 告警信息。

（3）短舱防冰系统工作正常，短舱防冰系统在干空气条件下（包含高温天、常温天）打开，整个飞行阶段中发动机进气道前缘蒙皮内表面均无过热现象。

（4）在全部结冰条件试飞状态点，发动机正常工作。

（5）发动机部件上没有不利于发动机运转或引起功率或推力严重损失的冰积

聚,发动机振动及飞机响应正常,发动机脱冰程序有效。

4.2 第 25.1093(b)(2)项

针对第 25.1093(b)(2)项,系统描述中说明了在结冰天气、降雪和扬雪天气下运行时,防冰系统的设计能在临界条件下引气时能够提供防冰保护。短舱防冰系统的地面试验,其可接受的判据为:

(1)短舱前缘的防冰区域以及防冰区域下游均没有产生不利于发动机运转或引起功率或推力严重损失的冰积聚。

(2)发动机工作正常,能提供正常的起飞推力。

(3)发动机部件上没有不利于发动机运转或引起功率或推力严重损失的冰积聚。

参考文献

[1] 14 CFR 修正案 25 - 57 Aircraft Engine Regulatory Review Program; Aircraft Engine and Related Powerplant Installation Amendments [S].

[2] 14 CFR 修正案 25 - 72 Special Review: Transport Category Airplane Airworthiness Standards [S].

[3] FAA Order 7130.3. Holding Pattern Criteria Handbook [S]. E.53 §25.1093 进气系统的防冰.

[4] FAA. AC20 - 73 Aircraft Ice Protection [S]. 2006.

运输类飞机适航标准
第25.1103条符合性验证

1 条款介绍

1.1 条款原文

第25.1103条　进气系统管道和空气导管系统

（a）处于发动机第一级增压器和辅助动力装置压气机上游的进气系统管道，必须有放液嘴，以防在地面姿态时燃油和水汽积聚到危险程度。放液嘴不得在可能引起着火危险的部位放液。

（b）进气系统管道应满足下列要求：

（1）必须具有足够的强度，能防止进气系统由于正常回火情况而损坏；

（2）进气管道如果位于需要装置灭火系统的任何火区内，必须是耐火的，但辅助动力装置的进气管道在辅助动力装置火区内必须是防火的。

（c）连接在可能有相对运动的部件之间的每根进气管道，必须采用柔性连接。

（d）对于涡轮发动机和辅助动力装置的引气导管系统，如果在空气导管的引气口与飞机的用气装置之间的任一部位上出现导管破损，不得造成危害。

（e）辅助动力装置的进气系统管道，在辅助动力装置舱上游足够长的一段距离上，必须是防火的，以防止热燃气回流烧穿辅助动力装置管道并进入飞机的任何其它隔舱或区域（热燃气进入这些地方会造成危害）。用于制造进气系统管道其它部分和辅助动力装置进气增压室的材料，必须能经受住很可能出现的最热状态。

（f）辅助动力装置的进气系统管道，必须用不会吸收或积存危险量可燃液体（在喘振或回流情况下可能被点燃）的材料来制造。

1.2 条款背景

制定第25.1103条的主要目的是确保涡轮发动机、活塞发动机及辅助动力装置（APU）三者的进气系统管道和引气系统管道不会形成任何危害或不利影响。

1.3 条款历史

第25.1103条在CCAR25部初版首次发布，截至CCAR-25-R4，该条款未修订过，如表1-1所示。

表 1-1 第 25.1103 条条款历史

第 25.1103 条	CCAR25 部版本	相关 14 CFR 修正案	备 注
首次发布	初版	25-23,25-46	

1985 年 12 月 31 日发布了 CCAR25 部初版,其中包含第 25.1103 条,该条款参考 1970 年发布的 14 CFR 修正案 25-23 和 1978 年发布的 25-46 中的§25.1103 的内容制定。

14 CFR 修订案 25-23:增加§25.1103(d),规定引气系统故障不得造成危害。

14 CFR 修正案 25-46:修订了§25.1103(a)、§25.1103(b)(2)和§25.1103 (d),并增加了§25.1103(e)和§25.1103(f)。

2 条款解读

2.1 条款要求

第 25.1103(a)款要求主要针对发动机和辅助动力装置的进气系统管道,在系统设计时,要考虑到不会有燃油和水汽积聚至危险程度,须设有专门的漏油系统收集漏油后排出机外,且放油嘴不能设置在可能引起着火危险的部位。

第 25.1103(b)款是对发动机进气管道的强度要求,要求进气管道必须能承受正常回火的情况。同时提出进气管道设计的耐火与防火要求。要求位于灭火区域的进气管道必须设计成耐火,在辅助动力装置火区内的进气管道必须设计成防火。

第 25.1103(c)款要求进气道如果与可能有相对运动的部件相连时,必须采取柔性连接的形式,以防止由于各部件的相对运动不同而产生裂纹或卡死现象。

第 25.1103(d)款是针对引气导管破损的要求。从发动机和辅助动力装置的起始部位到使用引气的飞机各部位,必须采取有效措施来保证任何导管的破损或故障不会造成危险的结果。过热探测系统可探测发动机和辅助动力装置引气导管的明显泄漏。

第 25.1103(e)款要求为了防止热燃气回流烧穿辅助动力装置进气管道而进入飞机中由于热燃气进入而会产生危险的其他舱或区域;在辅助动力装置舱上游的进气系统管道必须是防火的;用于制造进气管道其他部分和辅助动力装置进气增压室的材料,必须能够经受住可能出现的最热状态。

第 25.1103(f)款要求进气系统管道严禁使用会吸收或积存危险量可燃液体的材料制造,以防在喘振或回流时被点燃。

2.2 相关条款

与第 25.1103 条相关的条款如表 2-1 所示。

表 2 - 1　第 25.1103 条相关条款

序　号	相关条款	相　关　性
1	第 25.1181 条	第 25.1183 条为指定火区范围,明确了第 25.1103 条中提及的动力装置和辅助动力装置火区的范围定义和相关要求
2	第 25.1187 条	为火区的排液和通风的条款要求,对第 25.1103 条的排液和防火提出适航要求
3	第 25.1203 条	为火警探测系统的条款要求,对第 25.1103(d)款中提及的过热探测系统提出明确要求

3　验证过程

3.1　验证对象

第 25.1103 条的验证对象为动力装置系统和辅助动力装置进气系统管道和空气导管系统。

3.2　符合性验证思路

针对第 25.1103(a)款,通过动力装置和辅助动力装置系统设计描述说明进气系统的构型设计不会有燃油和危险量的水积聚。

针对第 25.1103(b)款,为表明对第 25.1103(b)(1)项的符合性,可通过符合性说明和试飞验证来表明进气系统匹配良好,正常情况不会出现回流和喘振。发动机回火情况只发生在活塞发动机,对于涡轮发动机,可通过符合性说明对第 25.1103(b)(1)项的符合性。对于带有消音器的 APU 进气管道,则还需进行强度计算分析和实验室验证试验。为表明对第 25.1103(b)(2)项的符合性,通过进气系统设计描述说明辅助动力装置的进气管道在辅助动力装置火区内是防火的。针对 APU 进气系统部件视情开展部件防火的实验室验证试验。

针对第 25.1103(c)款,通过进气系统设计描述说明在可能有相对运动的部件之间的发动机进气系统、辅助动力装置系统进气管道以及防冰系统、气源系统引气管道之间,采用了柔性连接设计。

针对第 25.1103(d)款,通过进气系统设计描述说明从发动机和辅助动力装置的起始部位到使用引气的飞机各部位,采取了有效措施来保证任何导管的破损或故障不会造成危险。通过气源系统和防冰系统引气导管的区域安全性分析,说明导管破损或故障不会产生危险结果。

针对第 25.1103(e)款,通过实验室试验验证辅助动力装置舱上游的进气系统管道的防火性能,用于制造进气管道其他部分和辅助动力装置进气增压室的材料,能够经受住可能出现的最热状态。

针对第 25.1103(f)款,通过进气系统设计描述说明辅助动力装置进气系统管道使用的材料不会吸收或积存危险量可燃液体。

3.3 符合性验证方法

通常,针对第 25.1103 条的符合性验证方法如表 3-1 所示。

表 3-1　建议的符合性方法

条款号	专业	符合性方法										备注
		0	1	2	3	4	5	6	7	8	9	
第 25.1103(a)款	APU		1									
第 25.1103(a)款	动力装置		1									
第 25.1103(b)(1)项	APU		1	2		4		6				
第 25.1103(b)(2)项	APU		1	2		4						
第 25.1103(c)款	动力装置		1									
第 25.1103(c)款	环控		1						7			
第 25.1103(c)款	APU		1						7			
第 25.1103(d)款	环控		1		3							
第 25.1103(d)款	动力装置		1	2								
第 25.1103(d)款	APU		1	2								
第 25.1103(e)款	APU		1			4						
第 25.1103(f)款	APU		1									

3.4 符合性验证说明

3.4.1　第 25.1103(a)款符合性验证说明

针对第 25.1103(a)款,采用的符合性验证方法包括 MOC1,各项验证具体工作如下:通过动力装置和辅助动力装置系统设计描述说明进气系统的构型设计,从进气系统的原理图、系统结构图以及与之匹配的通风冷却系统和排液系统的设计,来说明不会有燃油和危险量的水积聚。

3.4.2　第 25.1103(b)款符合性验证说明

针对第 25.1103(b)款,采用的符合性验证方法包括 MOC1、MOC2、MOC4 和 MOC6,各项验证工作具体如下:

1) MOC1 验证过程

通过动力装置系统设计描述表明发动机回火情况只发生在活塞发动机上,涡扇/涡轮喷气发动机不存在发动机回火情况。对于辅助动力装置,通过描述进气道的设计构型来表明一般不会发生回流情况,且进气管道及处于辅助动力装置火区内的部件均是选用防火材料制造的。

辅助动力装置系统(APU 系统)进气消音器上布有加强肋,使得消音器有足够的强度来防止由回流、喘振或进气门关闭情况而造成损坏;进气道组件外可能铆接加强肋,使得该组件有足够的强度来防止由回流、喘振或进气门关闭情况而造成损坏。

2) MOC2 验证过程

通过强度计算和设备鉴定试验对 APU 进气消音器进行强度校核和防火验证,得到进气道强度安全系数,表明进气消音器不会由于回火、喘振等情况而损坏。

3) MOC4 验证过程

通过实验室验证试验(可考虑采用相似性分析方法),表明辅助动力系统进气消音器在火区内的部分是防火的。

4) MOC6 验证过程

通过 APU 系统进气系统试飞试验,表明进气系统和 APU 本体匹配良好,没有出现回流和喘振,或者进气管道没有因此而损坏。

3.4.3　第 25.1103(c)款符合性验证说明

针对第 25.1103(c)款,采用的符合性验证方法包括 MOC1 和 MOC7,各项验证工作具体如下:

1) MOC1 验证过程

通过进气系统设计描述说明连接在可能有相对运动的部件之间的发动机进气系统、辅助动力装置系统进气管道以及防冰系统和气源系统引气管道,采用了柔性管或柔性波纹管连接。

2) MOC7 验证过程

通过动力装置系统机上检查,检查连接在可能有相对运动的部件之间的发动机进气系统、辅助动力装置系统进气管道以及防冰系统和气源系统引气管道,采用了柔性管或柔性波纹管连接。

3.4.4　第 25.1103(d)款符合性验证说明

针对第 25.1103(d)款,采用的符合性验证方法包括 MOC1、MOC2 和 MOC3,各项验证工作具体如下:

1) MOC1 验证过程

通过进气系统设计描述说明为防止引气管破裂而造成舱内压力过大,风扇舱和核心舱均设计有压力释放门,一旦引气导管任何部位发生的破损,可自动释放压力,发出警告,故此不会影响发动机、辅助动力装置和气源系统的安全使用。

2) MOC2 验证过程

通过计算分析证明风扇舱和核心舱均设计有压力释放门,管路破裂并且压力释放门打开后,发动机短舱结构满足静强度要求。选取管路破裂后压力和温度最大时的飞机和发动机状态作为短舱静强度校核的输入,采用有限元模型分析方法计算发动机短舱结构满足限制/极限载荷工况的静强度要求。

3) MOC3 验证过程

对气源系统和防冰系统引气导管进行区域安全性分析,并考虑其相关的失效模式和功能危险性分析,说明导管破损或故障不会产生危险结果。

3.4.5　第 25.1103(e)款符合性验证说明

针对第 25.1103(e)款,采用的符合性验证方法包括 MOC1 和 MOC4,各项验证工作具体如下:

1) MOC1 验证过程

通过进气系统设计描述说明辅助动力装置舱上游的进气系统管道选用防火材料制成,说明分析用于制造进气管道其他部分和辅助动力装置进气增压室的材料可能经受的最热环境状态,所选用材料能承受这种极限环境。

2) MOC4 验证过程

通过实验室试验,验证辅助动力装置舱上游的进气系统管道是防火的,能防止热燃气回流烧穿辅助动力装置管道;且在最热状态下验证用于制造进气管道其他部分和辅助动力装置进气增压室的材料的热承受能力。

3.4.6　第 25.1103(f)款符合性验证说明

针对第 25.1103(f)款,采用的符合性验证方法包括 MOC1,各项验证工作具体如下:通过进气系统设计描述说明制造辅助动力装置舱的进气系统管道的材料,其特性能保证不会吸收或积存危险量的可燃液体。

3.5　符合性文件清单

通常,针对第 25.1103 条的符合性文件清单如表 3-2 所示。

表 3-2　建议的符合性文件清单

序　号	符 合 性 报 告	符合性方法
1	动力装置/辅助动力装置进气系统设计描述	MOC1
2	动力装置/辅助动力装置排液系统设计描述	MOC1
3	动力装置/辅助动力装置短舱通风冷却系统设计描述	MOC1
4	空气管理系统设计描述	MOC1
5	动力装置/辅助动力装置引气系统计算分析报告	MOC2
6	空气管理系统功能危险性分析	MOC3
7	空气管理系统安全性分析报告	MOC3
8	辅助动力装置进气系统管道防火实验室试验大纲和实验室试验报告	MOC4
9	辅助动力装置进排气系统试飞大纲和试飞报告	MOC6
10	动力装置/辅助动力装置进排气系统航空器检查大纲和航空器检查报告	MOC7
11	辅助动力装置进气系统设备鉴定试验大纲和实验室试验报告	MOC9

4　符合性判据

4.1　第 25.1103(a)款

针对第 25.1103(a)款,可接受的符合性判据如下:动力装置和辅助动力装置系统设计描述说明进气系统的构型设计,可保证不会有燃油和危险量的水积聚情况发生。

4.2　第 25.1103(b)款

针对第 25.1103(b)款,可接受的符合性判据如下:

(1) 进气系统不会由于正常回火情况而损坏。

(2) 位于需要装置灭火系统的任何火区内的进气管道,采用耐火材料制成,辅助动力装置的进气管道具备在辅助动力装置火区内的防火能力。

(3) 进气系统与 APU 本体匹配良好,没有出现回流和喘振的现象。

4.3　第 25.1103(c)款

针对第 25.1103(c)款,可接受的符合性判据为:连接在可能有相对运动的部件之间的发动机进气系统、辅助动力装置系统进气管道以及防冰系统、气源系统引气管道,均采用了柔性连接。

4.4　第 25.1103(d)款

针对第 25.1103(d)款,可接受的符合性判据如下:

(1) 从发动机和辅助动力装置的起始部位到使用引气的飞机各部位,设计了有效措施来保证任何导管的破损或故障不会造成危险的结果。

(2) 发动机短舱结构能满足管路破裂情况下的强度要求。

(3) 管路的安全性分析能满足失效等级的概率要求。

4.5　第 25.1103(e)款

针对第 25.1103(e)款,可接受的符合性判据如下:

(1) 辅助动力装置舱上游的进气系统管道是防火的,可保证不会发生热燃气回流烧穿辅助动力装置进气道而进入飞机其他区域。

(2) 进气系统管路有足够的热冗余,可承受最热状态。

4.6　第 25.1103(f)款

针对第 25.1103(f)款,可接受的判据为:采用的进气系统管道的材料具备不吸收或积存危险量可燃液体的材料,不存在热燃气回流时被点燃的风险。

参考文献

[1]　14 CFR 修正案 25 - 46 Airworthiness Review Program Amendment No. 7 [S].

运输类飞机适航标准
第 25.1121 条符合性验证

1 条款介绍

1.1 条款原文

第 25.1121 条　总则

对于动力装置和辅助动力装置安装,采用下列规定:

(a) 排气系统必须确保安全地排出废气,没有着火危险,在任何载人舱内也没有一氧化碳污染。为了进行测试,可使用任何可接受的一氧化碳检测方法,来表明不存在一氧化碳;

(b) 表面温度足以点燃可燃液体或蒸气的每个排气系统零件,其安置或屏蔽必须使得任何输送可燃液体或蒸气系统的泄漏,不会由于液体或蒸气接触到排气系统(包括排气系统的屏蔽件)的任何零件引起着火;

(c) 凡可能受到热废气冲击或受到排气系统零件高温影响的每个部件,均必须是防火的。必须用防火的屏蔽件将所有排气系统部件与邻近的飞机部分(位于发动机和辅助动力装置舱之外的)相隔开;

(d) 废气排放时不得使任何可燃液体通气口或放油嘴有着火危险;

(e) 废气不得排到所引起的闪光会在夜间严重影响驾驶员视觉的地方;

(f) 所有排气系统部件均必须通风,以防某些部位温度过高;

(g) 各排气管罩必须通风或绝热,以免在正常运行中温度高到足以点燃排气管罩外的任何可燃液体或蒸气。

〔中国民用航空局 2011 年 11 月 7 日第四次修订〕

1.2 条款背景

制定第 25.1121 条的主要目的是确保排气系统及邻近飞机区域具有足够的防火能力,同时排气不得造成载人舱出现一氧化碳污染和影响驾驶员夜间飞行。

1.3 条款历史

第 25.1121 条在 CCAR25 部初版首次发布,截至 CCAR - 25 - R4,该条款共计修订过 1 次,如表 1 - 1 所示。

表 1-1   第 25.1121 条条款历史

第 25.1121 条	CCAR25 部版本	相关 14 CFR 修正案	备 注
首次发布	初版	25-40	
第 1 次修订	R4	—	

1.3.1   首次发布

1985 年 12 月 31 日发布了 CCAR25 部初版,其中包含第 25.1121 条,该条款参考 1977 年 5 月 2 日发布的 14 CFR 修正案 25-40 中 §25.1121 的内容制定。

14 CFR 修正案 25-40:针对辅助动力装置进行了修订,以明确本条款要求不仅适用于发动机排气系统,同时也适用于 APU 排气系统。同样,也对 §25.1121 (b)进行了修订,以明确排气系统隔离层也应视作排气系统的部件。

1.3.2   第 1 次修订

2011 年 11 月 7 日发布的 CCAR-25-R4 对第 25.1121 条进行了第 1 次修订,本次修订内容:将 §25.1121(a)中"排气系统必须准确安全地排出废气"改为"排气系统必须确保安全地排出废气"。

2   条款解读

2.1   条款要求

第 25.1121(a)款要求,排气系统必须安全地排出废气,废气不能排到飞机和发动机易着火区域,同时排气不得造成载人舱的一氧化碳污染。必须采用可接受的一氧化碳检测方法测量一氧化碳浓度。

第 25.1121(b)款要求,排气系统必须防止可燃液体或蒸汽接触排气系统高温零部件引起着火。

第 25.1121(c)款要求,凡可能承受热废气冲击或排气系统部件高温影响的每个部件都必须是防火的,排气系统与飞机邻近区域间应采用防火隔板隔离。

第 25.1121(d)款要求,废气排放不得引起与任何易燃液体通风或排液有关的着火危险。

第 25.1121(e)款要求,排气排放的位置不得引起严重影响驾驶员的夜间视线而引起操纵困难的眩光。

第 25.1121(f)款要求,所有排气系统部件必须通风,防止发动机和排气系统超温。

第 25.1121(g)款要求,排气管罩必须通风或绝热,确保正常运行中的温度不会高到足以点燃排气管罩外的可燃液体或蒸汽。

2.2   相关条款

与第 25.1121 条相关的条款如表 2-1 所示。

表 2 - 1　第 25.1121 条相关条款

序　号	相 关 条 款	相　关　性
1	第 25.1123 条	第 25.1123 条排气管,是在第 25.1121 条排气总则的基础上对排气管提出更具体的适航要求
2	第 25.863 条	第 25.863 条为可燃液体的防火要求,与第 25.1121(b)款对泄漏可燃液的防火要求有关
3	第 25.831 条	第 25.831 条为通风条款,第 25.1121 条同样也对排气系统提出通风要求,在考虑第 25.1121 条对通风的适航要求时需结合第 25.831 条一并考虑

3　验证过程

3.1　验证对象

第 25.1121 条的验证对象为动力装置和辅助动力装置排气系统。

3.2　符合性验证思路

针对第 25.1121(a)款,通过动力装置/辅助动力装置系统设计描述说明飞机排气系统的组成、工作原理及安装区域,说明一氧化碳的检测要求。通过机上地面试验和飞行试验验证排气系统能安全地排出废气,确认无着火危险。

针对第 25.1121(b)款,通过动力装置/辅助动力装置系统设计描述说明飞机排气系统的安装区域,说明排气系统的废气排放避开了可能引发着火危险的区域。通过对动力装置区域的着火分析,以及排气系统部件表面温度和通风冷却能力等的分析计算,说明可燃液体或蒸汽的泄漏不会接触排气系统可能引发着火的高温表面;并通过机上检查检查排气系统的布置和安装,以及可燃液体和蒸气通气口或放油口的布置,验证无着火的危险。

针对第 25.1121(c)款,通过动力装置/辅助动力装置系统设计描述说明排气系统部件的安装区域,与之相邻的结构与系统件情况,采取的防火设计措施;并通过计算分析凡可能受到热废气冲击的零部件可能遭遇的最严酷环境的温度场,表明该零部件所用的材料及设计都是防火的(在 2 000±50℃下 15 分钟后,仍能满意地执行其预定的设计功能);通过机上检查,确认排气系统与飞机构件之间应用了如防火隔板隔开等措施。

针对第 25.1121(d)款,通过动力装置/辅助动力装置系统设计描述说明排气系统的排气方位,与可燃液体通气口或放油嘴的关系;并通过机上检查,确认可燃液体通气口或放油嘴应避开排气系统废气排放口,验证废气排出时无着火危险。

针对第 25.1121(e)款,通过动力装置/辅助动力装置系统设计描述说明排气系统废气排放的方式与方向;必要时可通过飞行试验来验证夜间飞行排气闪光对驾驶员视觉的影响。

针对第 25.1121(f)款,通过动力装置/辅助动力装置系统设计描述说明排气系统设计的通风措施;必要时可通过计算分析来验证排气系统的通风措施有效,可以防止主排气系统局部高温。

针对第 25.1121(g)款,通过动力装置/辅助动力装置系统设计描述说明排气系统设计的通风和绝热措施;必要时通过通风冷却计算来验证这些措施的有效性。

3.3 符合性验证方法

通常,针对第 25.1121 条的符合性验证方法如表 3-1 所示。

表 3-1 建议的符合性方法

条 款 号	专 业	符合性方法										备 注
		0	1	2	3	4	5	6	7	8	9	
第 25.1121(a)款	动力装置		1				5	6				
第 25.1121(b)款	动力装置		1	2					7			
第 25.1121(c)款	动力装置		1	2					7			
第 25.1121(d)款	动力装置		1						7			
第 25.1121(e)款	动力装置		1									
第 25.1121(f)款	动力装置		1	2								
第 25.1121(g)款	动力装置		1	2								

3.4 符合性验证说明

3.4.1 第 25.1121(a)款符合性验证说明

针对第 25.1121(a)款,采用的符合性验证方法包括 MOC1、MOC5 和 MOC6,各项验证具体工作如下:

1) MOC1 验证过程

通过动力装置/辅助动力装置系统设计描述说明:主排气系统的尾部没有动力装置系统的组件,也不包含可燃液体或者蒸汽的组件,这样排出的气体不会造成火灾;排气系统组件由防火材料组成;描述空调系统引气口的位置,在排气系统之前,排气系统会直接将废气向后排出,废气不会进入到空调系统的进气。

2) MOC5 验证过程

一氧化碳在空气中的浓度超过 $1/20\,000(5 \times 10^{-5})$ 即认为是危险的。进行侧风条件下机上地面试验和顺风条件下机上地面试验,测量发动机排气情况,确认发动机排气测量结果均小于 5×10^{-5},满足条款相关要求。

3) MOC6 验证过程

进行侧风和顺风起飞/着陆条件下试飞,测量发动机排气情况,如果发动机排

气测量结果均小于 $5×10^{-5}$，则满足条款相关要求。

3.4.2　第 25.1121(b)款符合性验证说明

针对第 25.1121(b)款采用的符合性验证方法包括 MOC1、MOC2 和 MOC7，各项验证工作具体如下：

1) MOC1 验证过程

发动机排气系统表面温度足以点燃可燃液体或蒸气的排气系统部件主要是中心体和尾喷口，通过动力装置/辅助动力装置系统设计描述表明：

核心舱最低点处设计排液嘴和排液孔，实现漏液汇总并排于短舱外，在发动机运行时，外涵气流流速比较大且温度低于可燃液体的燃点，不会造成火灾，发动机停车时，汇总漏液直接排到短舱外面，也不会引起火灾。

主排气系统的尾部没有动力装置系统的组件，这样排出的气体不会造成火灾；如果发动机运行时主排气喷管外表面的温度超过了可燃液体的燃点，则可以通过给排气管的外表面足够的通风来保证防火要求。

主排气管的在其最低点最多能聚集的液体，不会造成火灾危害，因为在发动机运行时排出气体的速度很大，同时排气管是防火材料在发动机关车时也能保证防火（因为主喷管暴露在外，该量的可燃液体在喷管表面燃烧时，很快会烧掉，也不会造成危险，主喷管本身是防火材料不助燃），主排气管裸露在机体外面，使得可燃液体不能附着在上面，中心体在其最低点将可燃液体排出。

2) MOC2 验证过程

通过排气系统部件表面温度和通风冷却能力等的分析计算，说明可燃液体或蒸汽的泄漏不会接触排气系统可能引发着火的高温表面，而且排气系统废气排放避开了可能引发着火危险的区域。

3) MOC7 验证过程

检查核心区排液和通风口的布置以及其他系统之间的隔离情况，验证核心区排液和通风口的布置不会产生着火的风险。

3.4.3　第 25.1121(c)款符合性验证说明

针对第 25.1121(c)款，采用的符合性验证方法包括 MOC1、MOC2 和 MOC7，各项验证工作具体如下：

1) MOC1 验证过程

通过动力装置/辅助动力装置系统设计描述说明主排气系统的受热废气冲击或受到气系统高温影响的每个部件都采用防火材料，主排气系统排出的热废气不会冲击或影响飞机机身或者尾翼。

2) MOC2 验证过程

通过计算分析的方法证明凡可能受到热废气冲击的部件都必须是防火的（在 $(2\,000±50)°F$ 下 15 分钟后，仍能满意地执行其预定的设计功能）；排气管可以承受发动机的高温气体冲击。

3) MOC7 验证过程

通过动力装置/辅助动力装置系统机上检查,确认吊挂与核心罩端面有防火墙,吊挂与核心机的端面有防火墙;排气系统各个部件连接处有防火封严;在尾喷管周围固定一个间隔装置,将排气系统部件与周围飞机部件隔开。

3.4.4　第 25.1121(d)款符合性验证说明

针对第 25.1121(d)款,采用的符合性验证方法包括 MOC1 和 MOC7,各项验证工作具体如下:

1) MOC1 验证过程

通过动力装置/辅助动力装置系统设计描述说明:

核心舱最低点处设计排液嘴和排液孔,实现漏液汇总并排于短舱外。在发动机运行时,外涵气流流速比较大且温度低于可燃液体的燃点,不会造成火灾;发动机停车时,汇总漏液直接排到短舱外面,也不会引起火灾。

中央通气口和核心舱通风的废气,直接向后排出,在发动机正常运行的情况下,由于排气速度很大,可燃液体和蒸汽的浓度很低,不会造成火灾。

在主排气管最低点最多能聚集的液体量不会造成火灾危害,同时排气管本身为防火材料制成,即使点燃也不会造成危害。在发动机运行时,由于排出气体速度大于可燃液体驻燃速度,不会引起着火危险。

2) MOC7 验证过程

机上检查,确认可燃液体通气口或放油嘴设置成避开排气系统废气排放口的,不会发生着火危险。

3.4.5　第 25.1121(e)款符合性验证说明

针对第 25.1121(e)款,采用 MOC1 的符合性验证方法,验证工作具体为:通过动力装置/辅助动力装置系统设计描述说明发动机的布置方式,在发动机排放废气引起的闪光,不会通过飞机机体反光,在夜间影响驾驶员视觉。

3.4.6　第 25.1121(f)款符合性验证说明

针对第 25.1121(f)款,采用的符合性验证方法包括 MOC1 和 MOC2,各项验证工作具体如下:

1) MOC1 验证过程

通过动力装置/辅助动力装置系统设计描述说明排气系统部件设置有通风的措施,通常这些通风措施为采用发动机内外涵道的通风气体。

2) MOC2 验证过程

通过计算分析,根据经验证的模型计算得出通风量来验证排气系统的通风措施有效,防止造成主排气系统局部高温。

3.4.7　第 25.1121(g)款符合性验证说明

针对第 25.1121(g)款,采用的符合性验证方法包括 MOC1 和 MOC2,各项验证工作具体为:

1) MOC1 验证过程

通过动力装置/辅助动力装置系统设计描述说明排气系统是否采用排气管罩，确保排气管罩通风或绝热。如果采用排气系统部件均有通风的措施。

2) MOC2 验证过程

如果采用排气管罩，通过计算分析方法，根据经验证的模型计算得出通风冷却效果，说明正常运行中的温度不会高到足以点燃排气管罩外的可燃液体或蒸气。

3.5　符合性文件清单

通常，针对第 25.1121 条的符合性文件清单如表 3-2 所示。

表 3-2　建议的符合性文件清单

序　号	符　合　性　报　告	符合性方法
1	动力装置/辅助动力装置排气系统设计描述	MOC1
2	动力装置/辅助动力装置进排气系统热分析报告	MOC2
3	动力装置/辅助动力装置排气系统地面试验大纲	MOC5
4	动力装置/辅助动力装置排气系统地面试验报告	MOC5
5	动力装置/辅助动力装置排气系统试飞大纲	MOC6
6	动力装置/辅助动力装置排气系统试飞报告	MOC6
7	动力装置/辅助动力装置进排气系统部件机上检查大纲	MOC7
8	动力装置/辅助动力装置进排气系统部件机上检查报告	MOC7

4　符合性判据

4.1　第 25.1121(a)款

针对第 25.1121(a)款，可接受的符合性判据如下：

(1) 发动机运行条件下排出的废气不会产生着火影响。

(2) 发动机侧风和顺风运行条件下，客舱和驾驶舱内的一氧化碳浓度监测结果小于 5×10^{-5}。

4.2　第 25.1121(b)款

针对第 25.1121(b)款，可接受的符合性判据如下：

(1) 排气系统的设计能保证，不会由于泄漏的液体或蒸气接触到排气系统（包括排气系统的屏蔽件）的任何零件引起着火。

(2) 排液系统能保证在最低点将可燃液体排出。

4.3　第 25.1121(c)款

针对第 25.1121(c)款，可接受的符合性判据如下：

(1) 可能受到热废气冲击或受到排气系统零件高温影响的每个部件，均是防火的。

（2）表明排气管能承受高温气体冲击。

4.4　第 25.1121(d)款

针对第 25.1121(d)款，可接受的符合性判据如下：

（1）废气排放时不会使任何可燃液体通气口或放油嘴有着火危险。

（2）排气系统在发动机正常运行和停车情况下，均不会引起火灾。

4.5　第 25.1121(e)款

针对第 25.1121(e)款，可接受的符合性判据如下：发动机产生的废气引起闪光不会在夜间严重影响驾驶员视觉。

4.6　第 25.1121(f)款

针对第 25.1121(f)款，可接受的符合性判据如下：通风的措施可保证不会造成发动机排气系统局部高温。

4.7　第 25.1121(g)款

针对第 25.1121(g)款，可接受的符合性判据如下：排气管罩在正常运行中，其温度不会高到点燃排气管罩外的任何可燃液体或蒸气。

参考文献

［1］　14 CFR 修正案 25 - 40 Airworthiness Review Program，Amendment No. 4：Powerplant Amendments［S］.

［2］　FAA. AC20 - 32B Carbon Monoxide（CO）Contamination in Aircraft Detection and Prevention［S］. 1972.

运输类飞机适航标准
第 25.1123 条符合性验证

1 条款介绍

1.1 条款原文

第 25.1123 条 排气管

对于动力装置和辅助动力装置安装,采用下列规定:

(a)排气管必须是耐热和耐腐蚀的,并且必须有措施防止由于工作温度引起的膨胀而损坏;

(b)排气管的支承,必须能承受运行中会遇到的任何振动和惯性载荷;

(c)连接在可能有相对运动的部件之间的排气管,必须采用柔性连接。

1.2 条款背景

制定第 25.1123 条款主要目的是确保排气管选用的材料应耐热和耐腐蚀,要求排气管支承必须能承受运行中会遇到的振动和惯性载荷,规定连接在有相对运动的部件之间的排气管采用柔性连接。

1.3 修订历史

第 25.1123 条在 CCAR25 部初版首次发布,截至 CCAR - 25 - R4,未进行过修订,如表 1 - 1 所示。

表 1 - 1 第 25.1123 条条款历史

第 25.1123 条	CCAR25 部版本	相关 14 CFR 修正案	备 注
首次发布	初版	25 - 40	

1985 年 12 月 31 日发布了 CCAR25 部初版,其中包含第 25.1123 条,该条款参考 1977 年 5 月 2 日发布的 14 CFR PART 25 修正案 25 - 40 中 §25.1123 的内容制定。

14 CFR 修正案 25 - 40,对 §25.1123 进行了文字修订,加入适用于辅助动力装置的字眼,以明确本条款要求不仅适用于发动机排气系统安装,同时也适用于 APU

排气系统安装。

2　条款描述

2.1　条款要求

第 25.1123(a)款要求排气管必须耐热和耐腐蚀,可以在其使用寿命期(飞机寿命或规定的寿命限制期)内完成其预定功能。同时,为防止热膨胀损坏,还必须考虑有预防热膨胀应力的措施。

第 25.1123(b)款要求排气管的支承,必须能承受运行中会遇到的任何振动和惯性载荷,还应考虑排气气流的载荷、热膨胀的载荷等。

第 25.1123(c)款要求对于运行中存在相对运动的部件之间连接的排气管,必须保证排气管具有足够的柔性。

2.2　相关条款

与第 25.1123 条相关的条款如表 2-1 所示。

表 2-1　第 25.1123 条相关条款

序　号	相 关 条 款	相　　关　　性
1	第 25.1121 条	第 25.1121 条为排气系统的总则条款,对第 25.1123 条排气管的验证提出了要求
2	第 25.305 条	强度和变形条款,对排气管的结构强度验证提出要求和验证方法

3　验证过程

3.1　验证对象

第 25.1123 条的验证对象包括动力装置和辅助动力装置的排气管。

3.2　符合性验证思路

针对第 25.1123(a)款,通过排气管设计描述说明其符合性;对排气管进行高温下强度、应力和膨胀的计算与分析来说明符合性。

针对第 25.1123(b)款,通过排气系统设计描述说明排气管能承受工作中热膨胀、振动和惯性载荷的要求;通过排气系统部件强度的分析计算,说明排气管及其连接和支承能承受工作中的振动和过载。

针对第 25.1123(c)款,通过排气系统设计描述说明其符合性;检查排气系统的布置和安装,具有相对运动的部件间是否采用柔性连接;排气系统部件的支承是否牢靠。

3.3　符合性验证方法

通常,针对第 25.1123 条的符合性验证方法如表 3-1 所示。

表 3-1　建议的符合性方法

条　款　号	专　业	符 合 性 方 法										备　注
		0	1	2	3	4	5	6	7	8	9	
第 25.1123(a)款	动力装置		1	2								
第 25.1123(a)款	APU		1	2								
第 25.1123(b)款	动力装置		1	2								
第 25.1123(b)款	APU		1	2								
第 25.1123(c)款	动力装置		1						7			
第 25.1123(c)款	APU		1						7			

3.4　符合性验证说明

3.4.1　第 25.1123(a)款符合性验证说明

针对第 25.1123(a)款,采用的符合性验证方法包括 MOC1 和 MOC2,各项验证具体工作如下:

1) MOC1 验证过程

通过动力装置系统设计描述说明:

(1) 主排气系统采用的材料是耐热和耐腐蚀的。

(2) 在任何工作情况下,排气管的设计可承受因工作温度引起的热膨胀,不会出现损坏。

2) MOC2 验证过程

通过计算分析表明短舱排气管采用耐热和耐腐蚀的材料,其强度可以保证在热膨胀下不发生破坏。

3.4.2　第 25.1123(b)款符合性验证说明

针对第 25.1123(b)款采用的符合性验证方法包括 MOC1 和 MOC2,各项验证工作具体如下:

1) MOC1 验证过程

通过动力装置系统描述表明排气管的连接和支承能承受工作中的振动和过载。

2) MOC2 验证过程

通过计算分析短舱排气管的支承应满足振动和惯性载荷,可以参考 CCAR33 部中发动机振动(比 DO-160 中振动的要求严酷),可以证明结构满足第 25.1123 条中的振动要求。

3.4.3　第 25.1123(c)款符合性验证说明

针对第 25.1123(c)款,采用的符合性验证方法包括 MOC1 和 MOC7,各项验证工作具体如下:

1) MOC1 验证过程

通过系统设计描述说明排气管之间存在相对运动的情况,对连接在有相对运动的部件之间的排气管,采用了柔性管或柔性波纹管等连接的设计。

3) MOC7 验证过程

通过机上检查,检查排气管的布置和安装,检查具有相对运动的部件间采用的柔性连接是可靠的。

3.5 符合性文件清单

通常,针对第 25.1123 条的符合性文件清单如表 3-2 所示。

表 3-2 建议的符合性文件清单

序 号	符 合 性 报 告	符合性方法
1	APU 系统排气系统设计描述	MOC1
2	动力装置系统排气系统设计描述	MOC1
3	飞机 APU 系统排气管静强度计算分析报告	MOC2
4	动力装置系统排气管静强度计算分析报告	MOC2
5	动力装置系统机上地面航空器检查大纲	MOC7
6	动力装置系统机上地面航空器检查报告	MOC7

4 符合性判据

针对第 25.1123(a)款,可接受的符合性判据为:

(1) 排气管选用耐热和耐腐蚀的材料。

(2) 设计有防止因工作温度引起的膨胀而损坏的措施。

针对第 25.1123(b)款,可接受的符合性判据为:排气管的支承结构设计时考虑了保证其能承受工作中热膨胀、振动和惯性载荷的要求。

针对第 25.1123(c)款,可接受的符合性判据为:排气管的布置和安装合理,其相对运动的部件间采用了柔性连接。

参考文献

[1] 14 CFR 修正案 25 - 40 Airworthiness Review Program, Amendment No. 4: Powerplant Amendments [S].

[2] FAA. AC20 - 135 Powerplant Installation and Propulsion System Component Fire Protection Test Methods, Standards, and Criteria [S]. 1990.

运输类飞机适航标准
第 25.1141 条符合性验证

1 条款介绍

1.1 条款原文

第 25.1141 条 动力装置的操纵器件：总则

动力装置操纵器件的位置、排列和设计，必须符合第 25.777 至 25.781 条的规定，并按第 25.1555 条的要求作标记。此外，还必须满足下列要求：

（a）操纵器件的位置必须保证不会由于人员进出驾驶舱或在驾驶舱内正常活动而使其误动；

（b）柔性操纵器件必须经过批准，或必须表明适合于特定用途；

（c）操纵器件必须具有足够的强度和刚度，能承受工作载荷而不失效和没有过度的变形；

（d）操纵器件必须能保持在任何给定的位置而不需飞行机组成员经常注意，并且不会由于操纵载荷或振动而滑移；

（e）位于指定火区内要求在着火情况下能够工作的每个动力装置操纵器件，必须至少是耐火的。

（f）位于驾驶舱内的动力装置阀门操纵器件必须具有下列措施：

（1）飞行机组可以选择阀门的每个预定位置或者功能；和

（2）向飞行机组指示下列情况：

（i）阀门的所选位置或功能；和

（ii）阀门没有处于预定选择的位置或功能。

〔中国民用航空局 1995 年 12 月 18 日第二次修订，2011 年 11 月 7 日第四次修订〕

1.2 条款背景

第 25.1141 条是对动力装置操纵器件的要求。

1.3 条款历史

第 25.1141 条在 CCAR25 部初版首次发布，截至 CCAR-25-R4，该条款共进行 2 次修订，如表 1-1 所示。

表 1-1　第 25.1141 条条款历史

第 25.1141 条	CCAR25 部版本	相关 14 CFR 修正案	备　注
首次发布	初版	25-11,25-40	
第 1 次修订	R2	25-72	
第 2 次修订	R4	25-115	

1.3.1　首次发布

1985 年 12 月 31 日发布了 CCAR25 部初版,其中包含第 25.1141 条,该条款参考了 14 CFR 修正案 25-11 和 14 CFR 修正案 25-40 的内容。

14 CFR 修正案 25-11 修订了 §25.1141,要求动力装置操纵系统中任何可能的故障或故障组合"不会导致任何功能失效,降低系统的安全性,并且必须通过故障分析、部件试验和模拟环境试验说明系统的符合性"。

14 CFR 修正案 25-40 新增 §25.1141(f)(2)的要求。

1.3.2　第 1 次修订

1995 年 12 月 18 日发布的 CCAR-25-R2 对第 25.1141 条进行了第 1 次修订,本次修订参考了 14 CFR 修正案 25-72 的内容,新增 §25.1141(e)。

1.3.3　第 2 次修订

2011 年 11 月 7 日发布的 CCAR-25-R4 对第 25.1141 条进行了第 2 次修订,本次修订参考了 14 CFR 修正案 25-115 的内容,修订了 §25.1141(f)以与 CS-25 中对应内容相协调一致。

2　条款解读

2.1　条款要求

第 25.1141(a)款是对操纵器件布置的要求,必须保证不会由于人员进出驾驶舱或在驾驶舱内正常活动而使其误动。第 25.1141(b)款是柔性操纵器件的要求,柔性操纵器件必须经过批准,或必须表明适合于特定用途。第 25.1141(c)款是对操纵器件强度和刚度的要求,能承受工作载荷而不失效和没有过度的变形。第 25.1141(d)款是操纵器件位置保持的要求,操纵器件必须能保持在任何给定的位置而不需飞行机组成员经常注意,并且不会由于操纵载荷或振动而滑移。第 25.1141(e)款是对位于火区的操纵器件的要求,位于指定火区内要求在着火情况下能够工作的每个动力装置操纵器件,必须至少是耐火的。第 25.1141(f)款是对驾驶舱内的动力装置阀门操纵器件的要求,位于驾驶舱内的动力装置阀门操纵器件必须具有下列措施:① 飞行机组可以选择阀门的每个预定位置或者功能;② 向飞行机组指示下列情况:(i) 阀门的所选位置或功能;(ii) 阀门没有处于预定选择的位置或功能。

2.2 相关条款

与第 25.1141 条相关的条款如表 2 - 1 所示。

表 2 - 1 第 25.1141 条相关的条款

序 号	相关条款	相 关 性
1	第 25.777 条	第 25.1141 条提出动力装置操纵器件还需符合第 25.777 条的要求
2	第 25.779 条	第 25.1141 条提出动力装置操纵器件还需符合第 25.779 条的要求
3	第 25.781 条	第 25.1141 条提出动力装置操纵器件还需符合第 25.781 条的要求
4	第 25.1555 条	第 25.1141 条提出动力装置操纵器件还需符合第 25.1555 条的要求

3 验证过程

3.1 验证对象

第 25.1141 条的验证对象为动力装置系统。

3.2 符合性验证思路

针对第 25.1141(a)款,说明操纵器件的形状、布置和操作程序满足相关要求,且通过机上检查评估不会由于人员进出驾驶舱或在驾驶舱内正常活动而使其误动。

针对第 25.1141(b)款,说明并验证柔性操纵器件符合其预期的用途。

针对第 25.1141(c)款,说明或通过相应的强度校核表明操纵器件能承受工作载荷而不失效和没有过度的变形。

针对第 25.1141(d)款,说明并验证操纵器件的位置保持能力。

针对第 25.1141(e)款,对于位于指定火区内要求在着火情况下能够工作的每个动力装置操纵器件,说明并验证其至少是耐火。一般动力装置操纵器件均不在火区。

针对第 25.1141(f)款,对于位于驾驶舱内的动力装置阀门操纵器件,说明可以选择阀门的每个预定位置或者功能,并具有相关位置指示功能。

3.3 符合性验证方法

通常,针对第 25.1141 条的符合性验证方法如表 3 - 1 所示。

表 3 - 1 建议的符合性方法

条 款 号	专 业	符 合 性 方 法										备 注
		0	1	2	3	4	5	6	7	8	9	
第 25.1141 条	动力装置		1						7			
第 25.1141(a)款	动力装置		1						7			

条款号	专业	符合性方法										备注
		0	1	2	3	4	5	6	7	8	9	
第25.1141(b)款	动力装置		1								9	
第25.1141(c)款	动力装置		1				5	6			9	
	强度			2								
第25.1141(d)款	动力装置		1				5	6	7			
第25.1141(e)款	动力装置		1									
第25.1141(f)款	动力装置		1						7			

3.4 符合性验证说明

3.4.1 第25.1141条符合性验证说明

针对第25.1141条，采用的符合性验证方法包括MOC1和MOC7，验证具体工作如下：

1) MOC1验证过程

在动力装置系统设计描述中说明动力装置操纵器件的位置、排列和设计，符合第25.777(a)(b)(d)款、第25.779(b)款和第25.781条规定的操纵要求、位置要求和形状要求，并按第25.1555(c)(3)项的要求作了标记。例如，燃油切断装置操纵手柄布置在驾驶舱中央操纵台上，位于油门控制组件的后方，每台发动机对应一个燃油切断装置操纵手柄，分别标有"L""R"标志，符合第25.1555(c)(3)项的要求。

2) MOC7验证过程

通过动力装置系统机上检查，确认动力装置操纵器件其位置操作方便并可防止混淆和误动。

3.4.2 第25.1141(a)款符合性验证说明

针对第25.1141(a)款，采用的符合性验证方法包括MOC1和MOC7，验证具体工作如下：

1) MOC1验证过程

在动力装置设计描述中说明动力装置操纵器件的位置和设计，能防止人员进出驾驶舱或在驾驶舱内正常活动而使其误动。例如，油门控制组件安装在驾驶舱中央操纵台上，每个油门杆对应一台发动机，两个油门杆相互独立，左侧油门杆控制左侧发动机，右侧油门杆控制右侧发动机，不会由于人员进出驾驶舱或在驾驶舱内正常活动而使其误动。

2) MOC7验证过程

通过动力装置系统机上检查，确认动力装置操纵器件其位置操作方便并可防止混淆和误动。

3.4.3　第 25.1141(b)款符合性验证说明

针对第 25.1141(b)款，采用的符合性验证方法包括 MOC1 和 MOC9，各项验证具体工作如下：

1）MOC1 验证过程

在动力装置系统设计描述中说明柔性操纵器件预期的用途，并说明满足其预期的用途。

2）MOC9 验证过程

通过动力装置柔性操纵器件设备鉴定，表明柔性操纵器件满足其预期的用途。

3.4.4　第 25.1141(c)款符合性验证说明

针对第 25.1141(c)款，采用的符合性验证方法包括 MOC1、MOC2、MOC5、MOC6 和 MOC9，各项验证具体工作如下：

1）MOC1 验证过程

在动力装置系统设计描述中说明设计时考虑了预期使用时的强度和刚度要求。

2）MOC2 验证过程

通过动力装置系统操纵器件强度校核，表明动力装置系统操纵器件预期使用时的强度和刚度要求。

3）MOC5 验证过程

通过发动机控制与操纵地面试验，表明在试验过程中动力装置系统操纵器件未因操作出现失效和变形的现象。

4）MOC6 验证过程

通过发动机操纵器件试飞，表明在试验过程中动力装置系统操纵器件未因操作出现失效和变形的现象。

5）MOC9 验证过程

通过发动机操纵器件设备鉴定静载荷试验，表明在试验过程中动力装置系统操纵器件未出现失效和变形的现象。

3.4.5　第 25.1141(d)款符合性验证说明

针对第 25.1141(d)款，采用的符合性验证方法包括 MOC1、MOC5、MOC6 和 MOC7，各项验证具体工作如下：

1）MOC1 验证过程

在动力装置系统设计描述中说明动力装置操纵器件能移动到给定位置，并通过卡位保持在相应位置，无须飞行机组经常关注，也不会由于操纵载荷和振动而进行滑移。例如，油门控制组件设有软卡位，在卡位上需要一定的操纵力来操纵油门杆离开相应卡位；卡位之间的行程中设计有一定的操纵力，确保油门杆能够移动到给定位置，并保持在相应位置，无须飞行机组经常关注，也不会由于操纵载荷和振动而进行滑移。

2) MOC5 验证过程

通过发动机控制与操纵地面试验,表明试验过程中将动力装置操纵器件移动到给定位置,动力装置操纵器件可保持在相应位置,未出现滑移的现象。

3) MOC6 验证过程

通过发动机操纵器件试飞,表明试验过程中将动力装置操纵器件移动到给定位置,动力装置操纵器件可保持在相应位置,未出现滑移的现象。

4) MOC7 验证过程

通过动力装置系统机上检查,确认动力装置操纵器件有卡位。

3.4.6　第 25.1141(e)款符合性验证说明

针对第 25.1141(e)款,采用的符合性验证方法包括 MOC1,验证具体工作如下:在动力装置系统设计描述中说明动力装置系统操纵器件不在火区。

3.4.7　第 25.1141(f)款符合性验证说明

针对第 25.1141(f)款,采用的符合性验证方法包括 MOC1 和 MOC7,验证具体工作如下:

1) MOC1 验证过程

在动力装置系统设计描述中说明位于驾驶舱内的动力装置阀门操纵器件,均可以选择阀门的每个预定位置或者功能,并具有相关位置指示功能。

2) MOC7 验证过程

通过动力装置系统机上检查,确认对于驾驶舱内的动力装置操纵器件操纵的阀门位置,驾驶舱内均有显示。

3.5　符合性文件清单

通常,针对第 25.1141 条的符合性文件清单如表 3-2 所示。

表 3-2　建议的符合性文件清单

序　号	符 合 性 报 告	符合性方法
1	动力装置系统设计描述	MOC1
2	动力装置操纵器件强度校核报告	MOC2
3	动力装置系统地面试验大纲	MOC5
4	动力装置系统地面试验报告	MOC5
5	动力装置系统飞行试验大纲	MOC6
6	动力装置系统飞行试验报告	MOC6
7	动力装置系统机上检查大纲	MOC7
8	动力装置系统机上检查报告	MOC7
9	动力装置操纵器件设备鉴定综述	MOC9

4　符合性判据

针对第 25.1141(a)款,操纵器件的形状、布置和操作程序满足第 25.777 条至第 25.781 条的规定的操纵要求、位置要求和形状要求,并按第 25.1555 条的要求作标记要求,且不会由于人员进出驾驶舱或在驾驶舱内正常活动而使其误动。

针对第 25.1141(b)款,柔性操纵器件被批准符合其预期的用途。

针对第 25.1141(c)款,操纵器件能承受工作载荷而不失效和没有过度的变形。

针对第 25.1141(d)款,操纵器件具有位置保持能力。

针对第 25.1141(e)款,位于指定火区内要求在着火情况下能够工作的每个动力装置操纵器件,至少是耐火。

针对第 25.1141(f)款,位于驾驶舱内的动力装置阀门操纵器件,可以选择阀门的每个预定位置或者功能,并具有相关位置指示功能。

参考文献

[1] 14 CFR 修正案 25 - 11 Aircraft Propulsion System Design Requirements [S].

[2] 14 CFR 修正案 25 - 40 Airworthiness Review Program, Amendment No. 4: Powerplant Amendments [S].

[3] 14 CFR 修正案 25 - 72 Special Review: Transport Category Airplane Airworthiness Standards [S].

[4] 14 CFR 修正案 25 - 115 Miscellaneous Flight Requirements; Powerplant Installation Requirements; Public Address System; Trim Systems and Protective Breathing Equipment; and Powerplant Controls [S].

运输类飞机适航标准
第 25.1142 条符合性验证

1 条款介绍

1.1 条款原文

第25.1142条　辅助动力装置的操纵器件

驾驶舱内必须有起动、停车和应急关断每台机载辅助动力装置的设施。

1.2 条款背景

第25.1142条是对辅助动力装置操纵器件的要求,目的是确保在驾驶舱内有起动、停车和应急关断每台机载辅助动力装置的操纵器件。

1.3 条款历史

第25.1142条在CCAR25部初版首次发布,截至CCAR-25-R4,该条款未进行过修订,如表1-1所示。

表 1-1　第 25.1142 条条款历史

第 25.1142 条	CCAR25 部版本	相关 14 CFR 修正案	备　注
首次发布	初版	25-46	

1985年12月31日发布了CCAR25部初版,其中包含第25.1142条,该条款参考了14 CFR修正案25-46的内容。

在14 CFR 25部适航标准最初发布时,辅助动力装置并未在运输类飞机上广泛使用。随着运输类飞机广泛采用辅助动力装置,FAA通过14 CFR修正案25-46新增§25.1142,要求驾驶舱内需有辅助动力装置操纵器件。截至14 CFR修正案25-144,该条款未进行过修订。

2 条款解读

2.1 条款要求

第25.1142条对辅助动力装置的操纵器件提出了要求,要求在驾驶舱内必须有完成辅助动力装置起动、停车和应急关断每台机载辅助动力装置功能的操纵器件。本条款不适用于飞机外部那些固定、便携或移动的部件(或地面支持设备)。

目前在型号合格审定中通常通过等效安全的形式引入 2001 年 4 月 FAA 关于 APU 安装要求的 14 CFR PART 25 附录 K 草案(NPRM)或者 EASA CS25J1141 的要求。

2.2 相关条款

CCAR25 部中没有与第 25.1142 条要求相关的条款。

3 验证过程

3.1 验证对象

第 25.1142 条的验证对象为辅助动力装置系统。

3.2 符合性验证思路

针对第 25.1142 条,通过辅助动力装置系统描述表明驾驶舱内已布置辅助动力装置系统的起动、停车和应急关断相关操纵器件;并通过地面试验和飞行试验检查确认辅助动力装置系统的操纵器件功能正常。

3.3 符合性验证方法

通常,针对第 25.1142 条的符合性验证方法如表 3-1 所示。

表 3-1　建议的符合性方法

条款号	专业	符合性方法										备注
		0	1	2	3	4	5	6	7	8	9	
第 25.1142 条	APU		1				5	6				

3.4 符合性验证说明

针对第 25.1142 条,采用的符合性验证方法包括 MOC1、MOC5 和 MOC6,各项验证具体工作如下:

1) MOC1 验证过程

在辅助动力装置系统描述说明中驾驶舱内辅助动力装置系统器件(如通常采用一个主开关和一个应急停车开关,主开关实现辅助动力装置系统正常起动、工作和正常停车功能,应急停车开关实现辅助动力装置系统的应急停车功能),并说明辅助动力装置操纵器件能实现起动、停车和应急关断辅助动力装置的功能。

2) MOC5 验证过程

通过在 MOC5 试验中,操作驾驶舱内的辅助动力装置操纵器件,确认操纵器件能在地面起动、停车和应急关断辅助动力装置。

3）MOC6 验证过程

通过在 MOC6 试验中,操作驾驶舱内的辅助动力装置操纵器件,确认操纵器件能在空中起动、停车和应急关断辅助动力装置。

3.5　符合性文件清单

通常,针对第 25.1142 条的符合性文件清单如表 3 - 2 所示。

表 3 - 2　建议的符合性文件清单

序　号	符 合 性 报 告	符合性方法
1	辅助动力装置系统描述	MOC1
2	辅助动力装置系统地面试验大纲	MOC5
3	辅助动力装置系统地面试验报告	MOC5
4	辅助动力装置系统飞行试验大纲	MOC6
5	辅助动力装置系统飞行试验报告	MOC6

4　符合性判据

针对第 25.1142 条,当驾驶舱内布置有辅助动力装置操纵器件,并且操纵器件能在地面和空中正常起动、停车和应急关断辅助动力装置时,就表明辅助动力装置系统操纵器件设计符合第 25.1142 条的要求。

参考文献

［1］　14 CFR 修正案 25 - 46 Airworthiness Review Program Amendment No. 7 ［S］.

［2］　FAA. AC20 - 88A Announcement of Availability of Advisory Circular 20 - 88A；Guidelines on the Marking of Aircraft Powerplant Instruments (Displays) ［S］. 1986.

运输类飞机适航标准 第25.1143条符合性验证

1 条款介绍

1.1 条款原文

第25.1143条 发动机的操纵器件

(a) 每台发动机必须有单独的功率(推力)操纵器件。

(b) 功率(推力)操纵器件的排列必须满足下列要求:

(1) 能单独操纵每台发动机;

(2) 能同时操纵所有的发动机。

(c) 每个功率(推力)操纵器件必须能对其操纵的发动机进行确实和及时反应的操纵。

(d) 如果液体(燃油除外)喷射系统及其控制机构不作为发动机的一部分来提供和批准,则申请人必须表明喷射液体的流量是受到适当控制的。

(e) 如果功率(推力)操纵器件具有切断燃油的特性,则该操纵器件必须有措施防止其误动到断油位置。该措施必须满足下列要求:

(1) 在慢车位置有确实的锁或止动器;

(2) 要用另外的明显动作才能将操纵器件移到断油位置。

1.2 条款背景

第25.1143条是对发动机操纵器件的要求,且要求能预防发动机操纵器件的误操作。

1.3 条款历史

第25.1143条在CCAR25部初版首次发布,截至CCAR-25-R4,该条款未进行修改,如表1-1所示。

1985年12月31日发布了CCAR25部初版,其中包含第25.1143条,该条款参考了14 CFR修正案25-23、14 CFR修正案25-38和14 CFR修正案25-57的内容。

14 CFR修正案25-23新增了§25.1143(e)的要求。

表 1-1 第 25.1143 条条款历史

第 25.1143 条	CCAR25 部版本	相关 FAR 修正案	备 注
首次发布	初版	25-23,25-38,25-57	

14 CFR 修正案 25-38 取消了原 §25.1143(d) 的要求。

14 CFR 修正案 25-57 修改增加了 §25.1143(d) 的要求。

2 条款解读

2.1 条款要求

第 25.1143(a) 款是要求每台发动机必须有单独的操纵器件。第 25.1143(b) 款是对操纵器件排列的要求,要求能单独或同时操纵每台发动机。第 25.1143(c) 款是对操纵灵敏度和跟随性的要求。第 25.1143(d) 款是对除燃油以外的液体喷射系统的要求。第 25.1143(e) 款是对燃油切断装置操纵器件的要求,必须有措施防止其误动到断油位置。

2.2 相关条款

CCAR25 部中没有与第 25.1143 条要求相关的条款。

3 验证过程

3.1 验证对象

第 25.1143 条的验证对象为动力装置系统。

3.2 符合性验证思路

针对第 25.1143(a) 款,说明每台发动机有单独的操纵器件。

针对第 25.1143(b) 款,说明操纵器件排列能单独操纵每台发动机和同时操纵所有发动机。

针对第 25.1143(c) 款,说明功率操纵的灵敏度和跟随性,能保证飞机的使用性能。

第 25.1143(d) 款是对除燃油以外的液体喷射系统的要求(目前运输类飞机一般没有该系统)。

针对第 25.1143(e) 款,说明燃油切断装置操纵器件有措施防止其误动到断油位置,在慢车位置有确实的锁或止动器,且要用另外的明显动作才能将操纵器件移到断油位置。

3.3 符合性验证方法

通常,针对第 25.1143 条的符合性验证方法如表 3-1 所示。

表 3-1　建议的符合性方法

条　款　号	专　业	符 合 性 方 法										备　注
		0	1	2	3	4	5	6	7	8	9	
第 25.1143(a)款	动力装置		1				5					
第 25.1143(b)款	动力装置		1				5					
第 25.1143(c)款	动力装置		1				5					
第 25.1143(d)款	动力装置		1									
第 25.1143(e)款	动力装置		1					6	7			

3.4　符合性验证说明

3.4.1　第 25.1143(a)款符合性验证说明

针对第 25.1143(a)款,采用的符合性验证方法包括 MOC1 和 MOC5,各项验证具体工作如下:

1) MOC1 验证过程

在动力装置系统设计描述中说明油门控制组件安装在驾驶舱中央操纵台上,每个油门杆对应一台发动机,两个油门杆相互独立,左侧油门杆控制左侧发动机,右侧油门杆控制右侧发动机。

2) MOC5 验证过程

通过发动机操纵器件地面试验,表明通过操纵左发油门杆和右发油门杆可使左、右发动机达到预期的工作状态。

3.4.2　第 25.1143(b)款符合性验证说明

针对第 25.1143(b)款,采用的符合性验证方法包括 MOC1 和 MOC5,各项验证具体工作如下:

1) MOC1 验证过程

在动力装置系统设计描述中说明左、右发油门杆之间留有适当的间隙,在设计上既能单独操纵一台发动机,同时也能操纵双发。

2) MOC5 验证过程

通过发动机操纵器件地面试验,表明通过操纵左发油门杆、右发油门杆及同时操纵双发油门杆可操纵相应发动机到达预期的工作状态。

3.4.3　第 25.1143(c)款符合性验证说明

针对第 25.1143(c)款,采用的符合性验证方法包括 MOC1 和 MOC5,各项验证具体工作如下:

1) MOC1 验证过程

在动力装置系统设计描述中说明在整个油门杆操纵范围内,发动机 N1 转速可按照左、右发油门杆操纵的要求,匹配目标 N1 转速。

2) MOC5 验证过程

通过发动机控制与操纵中的加速和减速特性地面试验,表明在整个油门杆操纵范围内,发动机 N1 转速可按照左、右发油门杆操纵的要求,匹配目标 N1 转速,没有出现转子加速缓慢或不能加速、超转、喘振、熄火和排气超温等异常现象。

3.4.4 第 25.1143(d)款符合性验证说明

针对第 25.1143(d)款,采用的符合性验证方法包括 MOC1,验证具体工作如下:在动力装置系统设计描述中说明发动机上没有除燃油以外的液体喷射系统。

3.4.5 第 25.1143(e)款符合性验证说明

针对第 25.1143(e)款,采用的符合性验证方法包括 MOC1、MOC6 和 MOC7,各项验证具体工作如下:

1) MOC1 验证过程

在动力装置系统设计描述中说明发动机通过燃油切断装置切断燃油,燃油切断装置分别在"CUTOFF"和"RUN"位置有止动措施,在每个位置必须提起开关手柄后方可推拉开关。

2) MOC6 验证过程

通过燃油切断装置试飞,表明燃油切断装置可以可靠准确的接通和断开燃油的供给。

3) MOC7 验证过程

通过动力装置系统操纵器件机上检查,确认燃油切断开关在"CUTOFF"位置时,需提起开关方可推拉开关,通过在"RUN"位置操纵燃油切断开关,确认了燃油切断开关在"RUN"位置时,需提起开关方可推拉开关。

3.5 符合性文件清单

通常,针对第 25.1143 条的符合性文件清单如表 3-2 所示。

表 3-2 建议的符合性文件清单

序 号	符 合 性 报 告	符合性方法
1	动力装置系统设计描述	MOC1
2	动力装置系统地面试验大纲	MOC5
3	动力装置系统地面试验报告	MOC5
4	动力装置系统飞行试验大纲	MOC6
5	动力装置系统飞行试验报告	MOC6
6	动力装置系统机上检查大纲	MOC7
7	动力装置系统机上检查报告	MOC7

4 符合性判据

针对第 25.1143(a)款,每台发动机有单独的操纵器件。

　　针对第 25.1143(b)款,操纵器件排列,能单独操纵每台发动机和同时操纵所有发动机。

　　针对第 25.1143(c)款,操纵器件能对其操纵的发动机进行确实和及时反应的操纵,不影响飞机使用性能。

　　针对第 25.1143(d)款,一般发动机上没有除燃油以外的液体喷射系统。

　　针对第 25.1143(e)款,燃油切断装置操纵器件,有措施防止其误动到断油位置。

参考文献

[1]　14 CFR 修正案 25 - 23 Transport Category Airplane Type Certification Standards [S].

[2]　14 CFR 修正案 25 - 38 Airworthiness Review Program, Amendment No. 3: Miscellaneous Amendments [S].

[3]　14 CFR 修正案 25 - 57 Aircraft Engine Regulatory Review Program; Aircraft Engine and Related Powerplant Installation Amendments [S].

[4]　FAA. AC25.939 - 1 Evaluating Turbine Engine Operating Characteristics [S]. 1986.

运输类飞机适航标准
第25.1145条符合性验证

1 条款介绍

1.1 条款原文

第25.1145条 点火开关

(a) 必须用点火开关来控制每台发动机上的每个点火电路。

(b) 必须有快速切断所有点火电路的措施,其方法可将点火开关构成组列或者使用一个总点火控制器。

(c) 每组点火开关和每个总点火控制器都必须有防止被误动的措施,但不要求连续点火的涡轮发动机的点火开关除外。

1.2 条款背景

第25.1145条对飞机上安装的点火开关提出了总体要求,以确保飞行中发动机停车后可重新启动。

1.3 条款历史

第25.1145条在CCAR25部初版首次发布,截至CCAR-25-R4,该条款未进行过修订,如表1-1所示。

表1-1 第25.1145条条款历史

第25.1145条	CCAR25部版本	相关14 CFR修正案	备 注
首次发布	初版	25-40	

1985年12月31日发布了CCAR25部初版,其中包含第25.1145条,该条款参考1964年12月24日发布的14 CFR PART 25和1977年3月17日发布的修正案25-40中的§25.1145的内容制定。14 CFR修正案25-40的内容为明确不需要连续点火的涡轮发动机的点火开关不属防止误动的要求范畴。

2 条款解读

2.1 条款要求

（1）针对第 25.1145(a)款的解释。本款要求用点火开关控制每台发动机上的每个点火电路。

（2）针对第 25.1145(b)款的解释。本款要求"必须有快速切断所有点火电路的措施"。该要求源自活塞式发动机，用于防止在发动机故障情况下，非预期的点火导致不安全的飞行状态。点火开关必须放在方便操作的地方，以便驾驶员方便快速地进行点火或切断点火。

（3）针对第 24.1145(c)款的解释。本款要求"每组点火开关和每个总点火控制器都必须有防止被误动的措施"。虽然条款中不要求连续点火的涡轮发动机的点火开关设置防止误动的措施，但是大多数涡轮发动机点火开关都设有以免误动的保护措施，保证点火开关的工作正常。

2.2 相关条款

第 25.1145 条无相关条款。

3 验证过程

3.1 验证对象

第 25.1145 条的验证对象为动力装置系统点火开关。

3.2 符合性验证思路

针对第 25.1145(a)款，通过动力装置系统描述表明发动机点火开关的设置和安装情况；并通过机上检查验证飞机动力点火开关控制每台发动机上的每个点火电路。

针对第 25.1145(b)款，通过动力装置系统描述表明有快速切断所有点火电路的措施；并通过机上检查验证点火开关的位置是否便于驾驶员方便快速地进行点火或切断点火。

针对第 25.1145(c)款，通过描述表明每组点火开关和每个总点火控制器都有防止被误动的措施，并通过机上检查验证每组点火开关和/或每个总点火控制器都有防止被误动的措施。

3.3 符合性验证方法

通常，针对第 25.1145 条的符合性验证方法如表 3-1 所示。

3.4 符合性验证说明

3.4.1 第 25.1145(a)款符合性验证说明

针对第 25.1145(a)款，采用的符合性验证方法包括 MOC1 和 MOC7，各项验证具体工作如下：

表 3-1 建议的符合性方法

条 款 号	专业	符 合 性 方 法										备 注
		0	1	2	3	4	5	6	7	8	9	
第 25.1145(a)款	动 力		1						7			
第 25.1145(b)款	动 力		1						7			
第 25.1145(c)款	动 力		1						7			

1) MOC1 验证过程

通过动力装置系统安装图说明发动机点火开关的设置和安装情况,并通过系统原理图说明发动机点火开关可以控制每台发动机上的每个点火电路。

2) MOC7 验证过程

通过机上检查验证飞机动力点火开关控制每台发动机上的每个点火电路,例如,将点火旋钮打在连续点火位,确认在发动机核心机罩旁能够听到发动机点火声音。

3.4.2 第 25.1145(b)款符合性验证说明

针对第 25.1145(b)款,采用的符合性验证方法包括 MOC1 和 MOC7,各项验证工作具体如下:

1) MOC1 验证过程

通过动力装置系统描述说明点火开关是有切断所有点火电路的措施。现有的运输类飞机通常会选择通过燃油切断开关的"打开"和"关闭"来控制点火电路的接通与切断,因此,通常该设计不能直接符合条款要求的"将点火开关构成组列或者使用一个总点火控制器",需采用等效安全的方法来表明对条款的符合性。例如:当燃油切断开关从"打开"位转换到"关闭"位后,切断点火系统的电源;实现点火开关的快速切断所有点火电路,该设计可提供与条款要求等效的安全水平。

2) MOC7 验证过程

通过动力装置系统机上检查确认点火开关或等效的设计可快速切断所有点火电路。

3.4.3 第 25.1145(c)款符合性验证说明

针对第 25.1145(c)款,采用的符合性验证方法包括 MOC1 和 MOC7,各项验证工作具体如下:

1) MOC1 验证过程

通过动力装置系统描述发动机点火开关按钮的安装位置和形式有防止误动作的措施。例如,左/右发动机点火旋钮的标识清晰可见,点火旋钮的操纵力设置可防止误动。

2) MOC7 验证过程

动力装置系统通过机上检查确认点火按钮布置的位置和形式能防止误动,例如:确认左/右发动机点火旋钮标识清晰可见,点火旋钮操纵力设置可防止误动。

3.5　符合性文件清单

通常,针对第 25.1145 条的符合性文件清单如表 3－2 所示。

表 3－2　建议的符合性文件清单

序　号	符 合 性 报 告	符合性方法
1	动力装置系统操纵器件描述文档	MOC1
2	动力装置系统操纵器件机上检查大纲	MOC7
3	动力装置系统操纵器件机上检查报告	MOC7

4　符合性判据

针对第 25.1145 条,满足下述情况可判定为符合:

(1) 具有快速切断所有点火电路的措施。

(2) 每台发动机都有独立的点火开关,由点火开关控制发动机的每个点火电路。

(3) 点火开关设置有防止飞行员误动作的措施。

(4) 点火开关的位置安装在方便操作的地方,便于驾驶员方便快速地进行点火或切断点火。

参考文献

[1]　14 CFR 修正案 25 - 40 Airworthiness Review Program,Amendment No. 4:Powerplant Amendments [S].

运输类飞机适航标准
第 25.1155 条符合性验证

1　条款介绍

1.1　条款原文

第 25.1155 条　反推力和低于飞行状态的桨距调定

用于反推力和低于飞行状态的桨距调定的每一操纵器件,均必须有防止被误动的措施。该措施在飞行慢车位置必须有确实的锁或止动器,而且必须要求机组采取另外明显动作,才能将操纵器件从飞行状态(对于涡轮喷气发动机飞机为正推力状态)的位置移开。

1.2　条款背景

第 25.1155 条对反推力的每一操纵器件提出了要求,以确保当操纵器件从飞行状态移开时,有单独和明确的操纵动作保证飞行安全。

1.3　条款历史

第 25.1155 条在 CCAR25 部初版首次发布,截至 CCAR - 25 - R4,该条款未进行过修订,如表 1 - 1 所示。

表 1 - 1　第 25.1155 条条款历史

第 25.1155 条	CCAR25 部版本	相关 14 CFR 修正案	备　注
首次发布	初版	25 - 11	

1985 年 12 月 31 日发布了 CCAR25 部初版,其中包含第 25.1155 条,该条款参考 1964 年 12 月 24 日发布的 14 CFR PART 25 和 1967 年 6 月 4 日发布的修正案 25 - 11 中的 §25.1155 的内容制定。14 CFR 修正案 25 - 11 中新增了对低于飞行状态的桨距调定的要求。

2　条款解读

2.1　条款要求

本款要求反推力的每一操纵器件,必须有防止被误动的措施,且在慢车位置有可靠的锁和止动装置。当操纵器件从飞行状态移开时,必须有一个单独和明确的操纵动作,以保证飞行安全。

2.2　相关条款

第 25.1155 条无相关条款。

3　验证过程

3.1　验证对象

第 25.1155 条的验证对象为反推力装置操纵器件。

3.2　符合性验证思路

该条款通过对动力装置操纵台总图,反推力操纵机构图等进行描述来确保操纵系统工作原理的正确性,并通过机上检查正推力与反推力操纵器件联锁装置的可靠性,两个操纵器件在同一时间只能有一个在工作位置来确保飞行安全。

3.3　符合性验证方法

通常,针对第 25.1155 条的符合性验证方法如表 3-1 所示。

表 3-1　建议的符合性方法

条　款　号	专　业	符 合 性 方 法										备　注
		0	1	2	3	4	5	6	7	8	9	
第 25.1155 条	动　力		1						7			

3.4　符合性验证说明

针对第 25.1155 条,采用的符合性验证方法包括 MOC1 和 MOC7,各项验证具体工作如下:

1) MOC1 验证过程

通过动力装置操纵台总图、反推力操纵机构图、正推力操纵机构图和反推力操纵系统工作原理图和系统描述文件说明每一操纵器件,有防止被误动的措施。

2) MOC7 验证过程

通过机上检查验证飞机上正推力与反推力操纵器件处于联锁装置的可靠性,两个操纵器件在同一时间只能有一个在工作位置。

3.5　符合性文件清单

通常,针对第 25.1155 条的符合性文件清单如表 3-2 所示。

表 3 - 2　建议的符合性文件清单

序　号	符 合 性 报 告	符合性方法
1	动力装置系统操纵器件系统设计描述文档	MOC1
2	动力装置操纵器件机上检查大纲	MOC7
3	动力装置操纵器件机上检查报告	MOC7

4　符合性判据

针对第 25.1155 条,满足下述情况可判定为符合:

(1) 反推力装置对应的操纵器件有防止被误动的措施。

(2) 机上检查确认飞机上正推力和反推力操纵器件在同一时间只能有一个在工作位置。

参考文献

[1]　14 CFR 修正案 25 - 11 Aircraft Propulsion System Design Requirements [S].

运输类飞机适航标准 第25.1163条符合性验证

1 条款介绍

1.1 条款原文

第25.1163条 动力装置附件

（a）装在发动机上的每一附件均应符合下列规定：

（1）必须经过批准允许其安装在有关的发动机上；

（2）必须利用发动机上的设施进行安装；

（3）必须是密封的，以防止污染发动机滑油系统和附件系统。

（b）易产生电弧或火花的电气设备，其安装必须使接触可能呈自由状态的可燃液体或蒸气的概率减至最小。

（c）由发动机驱动的座舱增压器，或任何由发动机驱动而装于远处的附件，如果在发生故障后继续转动会造成危害，则必须有措施防止其继续转动，而不影响发动机继续运转。

1.2 条款背景

第25.1163条对飞机上动力装置附件及其安装提出了要求。

1.3 条款历史

第25.1163条在CCAR25部初版首次发布，截至CCAR-25-R4，该条款未进行过修订，如表1-1所示。

1985年12月31日发布了CCAR25部初版，其中包含第25.1163条，该条款参考了14 CFR PART 25和14 CFR修正案25-57中的§25.1163的内容制定。14 CFR修正案25-57的内容为新增了动力装置附件的密封要求。

表1-1 第25.1163条条款历史

第25.1163条	CCAR25部版本	相关14 CFR修正案	备　注
首次发布	初版	25-57	

2　条款解读

2.1　条款要求

第 25.1163 条对飞机上动力装置附件提出了要求。

第 25.1163(a)款的要求安装在发动机上的所有附件,均应为合格产品,并携带有制造商的产品合格证及主要性能数据单,其在飞机上的安装必须经过批准,其不会污染发动机滑油系统和附件系统。

第 25.1163(b)款对于易产生电弧或火花的电气设备(指发动机附件中的相应设备)提出了特殊要求,设备的安装必须使接触可能呈自由状态的可燃液体或蒸气的概率减至最小。

第 25.1163(c)款的要求:对于发动机驱动的装于发动机远处的附件,如果其发生故障并继续运转,则必须有措施避免其影响发动机继续工作。

2.2　相关条款

第 25.1163 条无相关条款。

3　验证过程

3.1　验证对象

第 25.1163 条的验证对象为动力装置附件。

3.2　符合性验证思路

针对第 25.1163(a)款,通过动力装置系统设计描述说明发动机的附件包含的设备,并且这些设备都已取得合格证。明确这些附件在发动机上的安装和密封方式。

针对第 25.1163(b)款,通过动力装置系统设计描述说明发动机附件中的发电机的设计原理和安装要求,并通过发电机针对防爆要求的合格鉴定试验验证其产生的电弧和火花满足要求。

针对第 25.1163(c)款,通过动力装置系统设计描述说明装在发动机远处的发动机驱动的机械脱扣设计说明,通过动力装置机上地面试验验证发电机的故障不会危害发动机的运行。

3.3　符合性验证方法

通常,针对第 25.1163 条的符合性验证方法如表 3-1 所示。

表 3-1　建议的符合性方法

条 款 号	专 业	符 合 性 方 法										备 注
		0	1	2	3	4	5	6	7	8	9	
第 25.1163 条	动 力		1				5				9	

3.4 符合性验证说明

针对第 25.1163 条,采用的符合性验证方法包括 MOC1、MOC5 和 MOC9,各项验证具体工作如下:

1) MOC1 验证过程

通过动力装置系统设计描述说明发动机上的所有附件,均应为合格产品,并携带有制造商的产品合格证及主要性能数据单,说明其安装经适航批准,可能污染燃油、滑油的附件密封良好。

2) MOC5 验证过程

通过机上地面试验,验证发动机安装附件后,各项功能正常。例如:模拟附件发电机的故障情况,验证此故障不会危害发动机的运行。当发动机发生故障后继续转动时,由发动机驱动的座舱增压器,或任何由发动机驱动而装于远处的附件可以实现保护功能而不影响发动机继续运转。

3) MOC9 验证过程

通过设备鉴定试验,验证装于发动机上的附件均按照 DO‐160 中有关要求完成相关环境鉴定试验,试验结果满足要求。

3.5 符合性文件清单

通常,针对第 25.1163 条的符合性文件清单如表 3‐2 所示。

表 3‐2　建议的符合性文件清单

序　号	符 合 性 报 告	符合性方法
1	动力装置系统设计描述文档	MOC1
2	发动机安装图、手册及说明书	MOC1
2	动力装置系统机上地面试验大纲	MOC5
3	动力装置系统机上地面试验报告	MOC5
4	动力装置附件设备环境鉴定试验大纲	MOC9
5	动力装置附件设备环境鉴定试验报告	MOC9

4　符合性判据

针对第 25.1163 条,满足下述情况可判定为符合:

(1) 发动机上的所有安装的附件均经过适航批准,可能污染燃油、滑油的附件密封良好。

(2) 发动机上的附件的故障不会危害发动机的运行。

(3) 发动机上的附件均按照 DO‐160 中有关要求完成环境鉴定试验并满足要求。

参考文献

［1］　14 CFR 修正案 25 - 57 Aircraft Engine Regulatory Review Program；Aircraft Engine and Related Powerplant Installation Amendments ［S］.

运输类飞机适航标准
第 25.1165 条符合性验证

1 条款介绍

1.1 条款原文

第 25.1165 条　发动机点火系统

(a) 每个蓄电池点火系统必须可从发电机得到备用电能,当任一蓄电池电能耗尽时,此发电机可自动作为备用电源供电,使发动机能继续运转。

(b) 蓄电池和发电机的容量,必须足以同时满足发动机点火系统用电量和使用同一电源的电气系统部件的最大用电量。

(c) 发动机点火系统的设计必须计及下列情况:

(1) 一台发电机不工作;

(2) 一个蓄电池电能耗尽,而发电机以其正常转速运转;

(3) 如果只装有一个蓄电池,该蓄电池电能耗尽,而发电机在慢车转速下运转。

(d) 位于防火墙靠发动机一侧的磁电机接地线(用于单独的点火电路)的安装、位置或防护,必须使由于机械损伤、电气故障或其它原因引起两根或两根以上接地线同时失效的概率减至最小。

(e) 任何发动机的接地线不得通过另一发动机的火区,除非该接地线通过此火区的每一部分都是防火的。

(f) 除用于辅助、控制或检查点火系统工作的电路外,每一点火系统必须独立于任何其它电路。

(g) 如果电气系统任一部分发生故障引起发动机点火所需的蓄电池连续放电,则必须有警告有关飞行机组成员的措施。

(h) 涡轮发动机飞机的每个发动机点火系统必须作为重要电气负载。

1.2 条款背景

第 25.1165 条的意图是确保发动机点火系统被可靠地供电,确保其在飞机电源系统各种可能的故障情况下,供不上电的可能性降至最小。此要求明确了在设计过程中必须考虑蓄电池、发电机和布线的常见故障模式,同时要提供给机组故障告警。

1.3 条款历史

第 25.1165 条在 CCAR25 部初版首次发布,截至 CCAR‑25‑R4,该条款共修订过 1 次,如表 1‑1 所示。

表 1‑1　第 25.1165 条条款历史

第 25.1165 条	CCAR25 部版本	相关 14 CFR 修正案	备　注
首次发布	初版	25‑23	
第 1 次修订	R2	25‑72	

1.3.1 首次发布

1985 年 12 月 31 日发布了 CCAR25 部初版,其中包含第 25.1165 条,该条款参考 1964 年 12 月 24 日发布的 14 CFR PART 25 中的 §25.1165,并结合 14 CFR 修正案 25‑23 的内容制定。14 CFR 修正案 25‑23,修订了 §25.1165(f),放松当时规章的约束,以允许更多的设计自由来鼓励在系统中纳入一些期望的功能。

1.3.2 第 1 次修订

1995 年 12 月 18 日发布的 CCAR‑25‑R2 对第 25.1165 条进行了第 1 次修订,本次修订参考了 1990 年 8 月 20 日发布的 14 CFR 修正案 25‑72 的内容:新增 §25.1165(h),明确将涡轮发动机的点火系统作为重要的电气负载。

2　条款解读

2.1 条款要求

点火系统负载属于重要负载,在电气负载分析中应包括点火系统。

通常,多台发电机并联成一个电源系统供电,因此,蓄电池和发电机的总容量应等于或大于全机所有电气负载的最大用电量。蓄电池的容量,在发电机故障的情况下,应能保证点火系统和全机关键系统必不可少的用电量。

发动机点火系统设计时,必须考虑以下几种情况:① 一台发电机不工作;② 一个蓄电池电能耗尽,而发动机正常运转;③ 单个蓄电池电能耗尽,而发电机在慢车转速下运转。

第 25.1165(e)款要求穿过火区部分的发动机接地线都必须是防火的。

每台发动机都应有一套独立的点火电路,各发动机之间互相不影响。

第 25.1165(d)款为对磁电机的要求,考虑到现有运输类飞机均不采用此类设计,故后续章节将不再对此进行说明。

2.2 相关条款

与第 25.1165 条相关的条款,如表 2‑1 所示。

表 2 - 1　第 25.1165 条相关条款

序　号	相关条款	相　关　性
1	第 25.1705 条	第 25.1705(b)款要求：对于第 25.1165 条，EWIS 的部件及相关的这些系统必须被视为该系统的一个组成部分，并且必须表明对该系统适用要求的符合性

3　验证过程

3.1　验证对象

第 25.1165 条的验证对象为电源系统、发动机点火系统。

3.2　符合性验证思路

针对第 25.1165(a)款，通过电源系统设计描述说明发动机点火系统的供电设计；进行电源系统机上地面功能试验，验证发电机、蓄电池的设计逻辑。

针对第 25.1165(b)款，通过电气负载统计和电源容量分析，确认蓄电池和发电机的容量符合条款要求。

针对第 25.1165(c)款，通过电源系统设计描述，说明发动机点火系统的供电设计符合性。进行电源系统机上地面功能试验，验证发电机、蓄电池的设计逻辑。

针对第 25.1165(e)款，通过动力装置系统设计描述说明任一发动机的接地线不通过另一发动机的火区。

针对第 25.1165(f)款，通过动力装置系统设计描述说明每台发动机都有一套独立的点火系统，左、右发动机点火系统互不影响。

针对第 25.1165(g)款，通过电源系统设计描述文件，说明在电气系统任一部分故障引起发动机点火所需的蓄电池连续放电时，可及时向飞行机组成员发出警告。

针对第 25.1165(h)款，通过电源系统设计描述文件，说明发动机点火系统作为重要电气负载。

3.3　符合性验证方法

通常，针对第 25.1165 条的符合性验证方法如表 3 - 1 所示。

表 3 - 1　建议的符合性方法

条　款　号	专　业	0	1	2	3	4	5	6	7	8	9	备　注
第 25.1165(a)款	电　源		1				5					
第 25.1165(b)款	电　源			2								
第 25.1165(c)款	电　源		1				5					
第 25.1165(e)款	动　力		1									

条 款 号	专 业	符 合 性 方 法										备 注
		0	1	2	3	4	5	6	7	8	9	
第25.1165(f)款	动 力		1									
第25.1165(g)款	电 源		1									
第25.1165(h)款	电 源		1									

3.4 符合性验证说明

3.4.1 第25.1165(a)款符合性验证说明

针对第25.1165(a)款,采用的符合性验证方法为MOC1和MOC5,具体验证工作如下:

1) MOC1验证过程

通过电源系统设计描述说明发动机点火系统的供电设计,表明可满足条款要求。例如,飞机电源系统的单相交流重要汇流条用于向发动机点火系统供电,且蓄电池为发电机的备用电源。在电源系统中,当主发电机(IDG)、辅助发电机(APU GEN)或应急发电机(RAT GEN)可用时,均可向单相交流重要汇流条供电,进而实现向发动机点火系统供电。当上述发电机均不可用时,电源系统中的蓄电池会通过静止变流器向单相交流重要汇流条供电,进而实现向发动机点火系统供电。并且,电源系统中的主发电机、辅助发电机和应急发电机均可实现向蓄电池的充电。

2) MOC5验证过程

进行电源系统机上地面功能试验,验证主发电机(IDG)、辅助发电机(APU GEN)或应急发电机(RAT GEN)、蓄电池的设计逻辑。例如,通过在电源系统机上地面功能试验过程中,观察MFD上电源系统简图页的信息,确认L IDG、R IDG、APU GEN、RAT GEN均可对单相交流重要汇流条供电;确认主蓄电池可通过直流重要汇流条经静止变流器向单相交流重要汇流条供电。

3.4.2 第25.1165(b)款符合性验证说明

针对第25.1165(b)款,采用的符合性验证方法为MOC2,具体验证工作如下:通过电气负载统计和电源容量分析,确认蓄电池和发电机的容量符合条款要求。例如,经分析,确认在电源系统中可用于向发动机点火系统供电的发电机(包括IDG、APU GEN和RAT GEN),其容量均可满足发动机点火系统以及同时用电的其他设备的需要;在电源系统中蓄电池和静止变流器的容量,可以满足发动机点火系统以及同时用电的其他设备的需要。

3.4.3 第25.1165(c)款符合性验证说明

针对第25.1165(c)款,采用的符合性验证方法为MOC1和MOC5,具体验证工作如下:

1) MOC1 验证过程

通过电源系统设计描述,说明发动机点火系统的供电设计符合性。例如,发动机点火系统由电源系统的单相交流重要汇流条供电。单相交流重要汇流条优先采用三相交流重要汇流条供电,而三相交流重要汇流条可以由主发电机(IDG)、辅助发电机(APU GEN)或应急发电机(RAT GEN)供电;当电源系统或交联系统故障而导致三相交流重要汇流条无法向单相交流重要汇流条供电时,静止变流器会将蓄电池(包括主蓄电池和 APU 蓄电池)提供的直流电转换为交流电并向单相交流重要汇流条供电。因此,电源系统在正常运行、单台发电机失效(工作发电机对应的发动机在慢车状态),以及仅有蓄电池供电时均能实现向点火系统供电。

2) MOC5 验证过程

进行电源系统机上地面功能试验,验证主发电机(IDG)、辅助发电机(APU GEN)或应急发电机(RAT GEN)、蓄电池的设计逻辑。例如,通过电源系统机上地面功能试验,证明:在电源系统正常供电时,可以向单相交流重要汇流条供电;在单台发电机(L IDG)失效状态下,电源系统会自动实现供电转换,由剩余可用发电机(R IDG)通过自动互连向三相直流重要汇流条供电,并进而实现单相交流重要汇流的供电。在所有发电机均不可用状态下,电源系统会自动实现供电转换,由蓄电池通过静止变流器向单相交流重要汇流条供电。

3.4.4　第 25.1165(e)款符合性验证说明

针对第 25.1165(e)款,采用的符合性验证方法为 MOC1,具体验证工作如下:通过动力装置系统设计描述说明任一发动机的接地线不通过另一发动机的火区。例如,左、右发动机的接地线分别通过左、右吊挂,至客舱机身左、右两侧不同的接地桩进行接地。左、右发动机接地线隔着一个客舱的距离,任何发动机接地线不通过另一发动机的火区。

3.4.5　第 25.1165(f)款符合性验证说明

针对第 25.1165(f)款,采用的符合性验证方法为 MOC1,具体验证工作如下:通过动力装置系统设计描述说明每台发动机都有一套独立的点火系统,左、右发动机点火系统互不影响。例如,每台发动机各有两个点火器,由 FADEC 和 EICU(EICU 设备的 A 通道与 B 通道独立)并联控制。每个点火电路都设有自己的断路器,左、右发点火电路也受控于不同的点火器控制继电器/开关。除了用于监控、检测点火系统工作的电路外,点火系统不和其他系统关联。

3.4.6　第 25.1165(g)款符合性验证说明

针对第 25.1165(g)款,采用的符合性验证方法为 MOC1,具体验证工作如下:通过电源系统设计描述文件说明在电气系统任一部分故障引起发动机点火所需的蓄电池连续放电时,可及时向飞行机组成员发出警告。例如,电源系统的主蓄电池和 APU 蓄电池均可通过静止变流器向发动机点火系统供电,若主蓄电池或 APU 蓄电池非命令异常放电(包括故障导致的异常放电),则电源系统会产生 CAS 告警信息以警告飞行机组成员。

3.4.7　第 25.1165(h)款符合性验证说明

针对第 25.1165(h)款,采用的符合性验证方法为 MOC1,具体验证工作如下:通过电源系统设计描述文件,说明发动机点火系统作为重要电气负载,每台发动机都有一套独立的点火系统。

3.5　符合性文件清单

通常,针对第 25.1165 条的符合性文件清单如表 3-2 所示。

表 3-2　建议的符合性文件清单

序　号	符 合 性 报 告	符合性方法
1	动力装置系统设计描述	MOC1
2	电源系统设计描述	MOC1
3	电源系统负载分析报告	MOC2
4	电源系统机上地面试验大纲	MOC5
5	电源系统机上地面试验报告	MOC5

4　符合性判据

针对第 25.1165 条,满足下述情况可判定为符合:

(1) 电源系统中的发电机和蓄电池可为发动机点火系统工作提供其工作所需的电能。

(2) 蓄电池和发电机的容量满足发动机点火系统用电量和使用同一电源的电气系统部件的最大用电量。

(3) 发动机点火系统的设计可在一台发电机不工作、多台发电机不工作等状态下正常工作。

(4) 任一发动机的接地线不通过另一发动机的火区。

(5) 每台发动机都有一套独立的点火系统,左、右发动机点火系统互不影响。

(6) 在发动机点火所需的蓄电池连续放电时,可及时向飞行机组成员发出警告。

(7) 发动机点火系统被定义为作为重要电气负载。

参考文献

[1]　14 CFR 修正案 25-23 Transport Category Airplane Type Certification Standards [S].

[2]　14 CFR 修正案 25-72 Special Review:Transport Category Airplane Airworthiness Standards [S].

［3］ FAA. AC25. 1701 - 1 Certification of Electrical Wiring Interconnection Systems on Transport Category Airplanes ［S］. 2007.

［4］ FAA. AC20 - 135 Powerplant Installation and Propulsion System Component Fire Protection Test Methods，Standards，and Criteria ［S］. 1990.

运输类飞机适航标准 第 25.1181 条符合性验证

1 条款介绍

1.1 条款原文

第 25.1181 条 指定火区的范围

(a) 指定火区指下列各部分：

(1) 发动机动力部分；

(2) 发动机附件部分；

(3) 发动机动力部分和附件部分之间没有隔开的整个动力装置舱(不计活塞发动机本体)；

(4) 辅助动力装置舱；

(5) 第 25.859 条所述的燃油燃烧加温器和其它燃烧设备及其安装部分；

(6) 涡轮发动机的压气机和附件部分；

(7) 包含输送可燃液体或气体管路或组件的涡轮发动机安装的燃烧室、涡轮和尾喷管部分。

(b) 每一指定火区必须满足 25.863、25.865、25.867、25.869 条，以及 25.1185 至 25.1203 条的要求。

〔中国民用航空局 1995 年 12 月 18 日第二次修订，2011 年 11 月 7 日第四次修订〕

1.2 条款背景

第 25.1181 条为动力装置防火的基本要求，划分了动力装置指定火区的范围，规定每一指定火区必须满足第 25.863 条、第 25.865 条、第 25.867 条、第 25.869 条以及第 25.1185 条至第 25.1203 条的防火要求。

1.3 条款历史

第 25.1181 条在 CCAR25 部初版首次发布，截至 CCAR - 25 - R4，该条款共修订过 2 次，如表 1-1 所示。

1.3.1 首次发布

1985 年 12 月 31 日发布了 CCAR25 部初版，其中包含第 25.1181 条，该条款参

考 1964 年 12 月 24 日发布的 14 CFR PART 25 中的 §25.1181 的内容制定,并结合 FAA 发布的 14 CFR 修正案 25 - 11 和 14 CFR 修正案 25 - 23 的内容制定。

表 1 - 1　第 25.1181 条条款历史

第 25.1181 条	CCAR25 部版本	相关 14 CFR 修正案	备　注
首次发布	初版	25 - 11,25 - 23	
第 1 次修订	R1	25 - 72	
第 2 次修订	R4	25 - 115	

14 CFR 修正案 25 - 11:删除了 §25.1181(c),新增了 §25.1182,其内容与第 25.1181(c) 款相同。

14 CFR 修正案 25 - 23:对 §25.1181(a)(3) 进行了修订,增加了活塞式发动机不适用于 §25.1181(a)(3) 的要求。

1.3.2　第 1 次修订

1990 年 7 月 18 日发布的 CCAR - 25 - R1 对第 25.1181 条进行了第 1 次修订,本次修订参考了 14 CFR 修正案 25 - 72 的内容:

修订了 §25.1181(b) 引用中出现的文字编辑错误,增加了对 §25.867 的引用,删除了对 §25.1205 的引用。

1.3.3　第 2 次修订

2011 年 11 月 7 日发布的 CCAR - 25 - R4 对第 25.1181 条进行了第 2 次修订,本次修订参考了 14 CFR 修正案 25 - 115 的内容:

由于相关条款的修订,该修正案在 §25.1181(b) 中增加了对 §25.863、§25.865 和 §25.869 三个条款的引用。

2　条款解读

2.1　条款要求

本条款明确了动力装置指定火区的范围。所谓"指定火区",通常是指由于点火源和可燃液体同时存在而必须实施高度安全防范的区域。在指定火区,假设点火源一定存在,则可燃液体渗漏这样的单点故障就可能导致失火。

本条款给出的指定火区范围包括:"(1) 发动机动力部分;(2) 发动机附件部分;(3) 发动机动力部分和附件部分之间没有隔开的整个动力装置舱(活塞发动机除外);(4) 辅助动力装置舱;(5) 第 25.859 条所述的燃油燃烧加温器和其他燃烧设备及其安装部分;(6) 涡轮发动机的压气机和附件部分;(7) 包含输送可燃液体或气体管路或组件的涡轮发动机安装的燃烧室、涡轮和尾喷管部分。"根据飞机设计构造的不同,指定火区会依型号不同略有差异。

条款规定每一指定火区必须满足第 25.867 条和第 25.1185 条至第 25.1203 条

的防火要求。即该条款明确了指定火区需符合包括防止出现着火、火警探测和灭火等要求。

2.2　相关条款

与第25.1181条相关的条款如表2-1所示。

表2-1　第25.1181条相关条款

序　号	相　关　条　款	相　关　性
1	第25.859条	该条款给出燃烧加温器作为火区的具体区域及防火要求,与第25.1181条之间进行相互引用
2	第25.867条、第25.1185条、第25.1187条、第25.1189条、第25.1191条、第25.1192条、第25.1193条、第25.1195条、第25.1197条、第25.1199条、第25.1201条和第25.1203条	这些条款均与动力装置防火要求相关,被第25.1181条引用
3	第25.1207条	该条款明确了对动力装置防火的符合性方法

3　验证过程

3.1　验证对象

第25.1181条的验证对象为指定火区。

3.2　符合性验证思路

针对第25.1181(a)款,通过设计描述文件说明明确指定火区的范围。

针对第25.1181(b)款,通过设计描述文件,引用相应条款的符合性验证结果,说明指定火区满足第25.867条和第25.1185条至第25.1203条的要求。

3.3　符合性验证方法

通常,针对第25.1181条的符合性验证方法如表3-1所示。

表3-1　建议的符合性方法

条　款　号	专　业	符合性方法										备　注
		0	1	2	3	4	5	6	7	8	9	
第25.1181(a)款	短舱吊挂		1									
第25.1181(b)款	短舱吊挂		1									
第25.1181(a)款	动力装置		1									
第25.1181(b)款	动力装置		1									
第25.1181(b)款	防火系统		1									

3.4 符合性验证说明

3.4.1 第25.1181(a)款符合性验证说明

针对第25.1181(a)款,采用的符合性验证方法包括 MOC1,验证具体工作如下:通过给出动力装置、辅助动力装置相关设计图纸,基于存在名义点火源和可燃液体泄漏源来确定具体的指定火区范围,如发动机区域(风扇段、核心机段、低压涡轮段及尾喷管部段)、动力装置短舱中风扇舱和核心舱,并描述这些指定火区的具体布置范围。

3.4.2 第25.1181(b)款符合性验证说明

针对第25.1181(b)款,采用的符合性验证方法主要为 MOC1,具体工作如下:通过引用相应条款的符合性验证结果来分别说明指定火区满足第25.867条和第25.1185条至第25.1203条的要求情况,从而满足本条款要求。

3.5 符合性文件清单

通常,针对第25.1181条的符合性文件清单如表3-2所示。

表3-2 建议的符合性文件清单

序　号	符 合 性 报 告	符合性方法
1	短舱结构防火墙设计描述	MOC1
2	动力装置系统设计描述	MOC1
3	防火系统设计描述	MOC1

4 符合性判据

针对第25.1181(a)款,明确指定火区的具体范围。

针对第25.1181(b)款,指定火区符合第25.867条和第25.1185条至第25.1203条的要求。

参考文献

[1] 14 CFR 修正案 25-11 Aircraft Propulsion System Design Requirements [S].

[2] 14 CFR 修正案 25-23 Transport Category Airplane Type Certification Standards [S].

[3] 14 CFR 修正案 25-72 Special Review:Transport Category Airplane Airworthiness Standards [S].

[4] 14 CFR 修正案 25-115 Miscellaneous Flight Requirements;Powerplant Installation Requirements;Public Address System;Trim Systems and Protective Breathing Equipment;and Powerplant Controls [S].

[5] FAA. AC20-135 Powerplant Installation and Propulsion System Component Fire Protection Test Methods,Standards,and Criteria [S]. 1990.

运输类飞机适航标准
第 25.1182 条符合性验证

1 条款介绍

1.1 条款原文

第 25.1182 条 防火墙后面的短舱区域和包含可燃液体导管的发动机吊舱连接结构

（a）每个直接位于防火墙后面的短舱区域和包含可燃液体导管的发动机吊舱连接结构的每一部分，必须满足第 25.1103（b）条、第 25.1165（d）和（e）条、第 25.1183 条、第 25.1185（c）条、第 25.1187 条、第 25.1189 条以及第 25.1195 至 25.1203 条中的每项要求，包括指定火区的有关要求。但是，发动机吊舱的连接结构不必具有火警探测或灭火措施。

（b）对于本条（a）所述的每个区域，如果在该区域内装有可收放起落架，则只需要在起落架收上时表明满足本条（a）的要求。

1.2 条款背景

因位于防火墙后面的区域在指定火区着火的情况下，要承受高温的影响，故该区域要求按不低于指定火区的要求设计。须满足第 25.1103（b）款、第 25.1165（d）款和（e）款、第 25.1183 条、第 25.1185（c）款、第 25.1187 条、第 25.1189 条以及第 25.1195 条至第 25.1203 条中的每项要求。

1.3 条款历史

第 25.1182 条在 CCAR25 部初版首次发布，截至 CCAR－25－R4，该条款未进行过修订，如表 1－1 所示。

表 1－1　第 25.1182 条条款历史

第 25.1182 条	CCAR25 部版本	相关 14 CFR 修正案	备　注
首次发布	初版	25－11	

1985 年 12 月 31 日发布了 CCAR25 部初版，其中包含第 25.1182 条，该条款参

考 FAA 发布的 14 CFR 修正案 25 - 11 条的内容制定。

14 CFR 修正案 25 - 11：新增 §25.1182，其内容与原 §25.1181(c) 相同。

2 条款解读

2.1 条款要求

该条款是要求位于包含有可燃液体输送管路和部件的发动机火区内及周围的区域，必须设计成能够防止着火的发生和蔓延以消除在指定火区内失火时可能造成的额外危害。这个指定区域通常为防火墙后面的短舱区域和包含可燃液体导管的发动机吊舱连接结构。根据设计构型的不同，这些区域中所需验证的对象会略有差异。比如，防火墙后面的短舱区域通常为进气道、反推移动罩腔体和外涵道，其中涉及动力装置系统的各类导管及附件；包含可燃液体导管的发动机吊舱连接结构主要为吊挂区域，其中涉及的系统包括燃油系统、环控系统、防火系统、液压系统、发动机反推力液压系统、电源系统和各系统线束等。针对这些区域中所包含的对象，需要分别满足关于可燃液体切断、燃油管路耐火/防火、组件和探测系统、非吸收绝缘材料的使用以及舱室排液和通风等相关条款的要求。

发动机吊挂区域的连接结构不需要设置火警探测及灭火措施。

若在这些区域中安装有可收放起落架，只需在起落架收上时满足第 25.1182(a) 款的要求。需要说明的是，现代民用运输类飞机通常不采用在这些区域中安装起落架。

2.2 相关条款

与第 25.1182 条相关的条款如表 2 - 1 所示。

表 2 - 1　第 25.1182 条相关条款

序　号	相　关　条　款	相　关　性
1	第 25.1103(b) 款、第 25.1165(d) 款和(e) 款、第 25.1183 条、第 25.1185(c) 款、第 25.1187 条、第 25.1189 条以及第 25.1195 条至第 25.1203 条	这些条款均与防火要求相关，被第 25.1182 条引用
2	第 25.1207 条	第 25.1207 条明确了对动力装置防火的符合性方法

3 验证过程

3.1 验证对象

第 25.1182 条的验证对象为防火墙后面的短舱区域和包含可燃液体导管的发动机吊舱连接结构。

3.2 符合性验证思路

针对第 25.1182(a)款,在明确这些区域中所需验证的对象及适用条款之后,可采用间接方式来实现本条款的符合性验证工作,即将所需验证的对象分别纳入到适用条款的符合性验证工作中进行表明。例如,对于吊挂区域内的燃油系统,其适用条款通常涉及第 25.1183(a)款和第 25.1189 条,那么通过表明位于吊挂区域内的燃油系统符合第 25.1183(a)款和第 25.1189 条的符合性验证工作结果来表明对第 25.1182 条的符合性。

针对第 25.1182(b)款,若适用,其要求是对第 25.1182(a)款要求的进一步约束,故可与第 25.1182(a)款合并进行符合性验证工作。

3.3 符合性验证方法

通常,针对第 25.1182 条的符合性验证方法如表 3-1 所示。

表 3-1 建议的符合性方法

条 款 号	专 业	符 合 性 方 法										备 注
		0	1	2	3	4	5	6	7	8	9	
第 25.1182(a)款	防　火		1									
第 25.1182(a)款	燃　油		1									
第 25.1182(a)款	动力装置		1									
第 25.1182(a)款	液压能源		1									

3.4 符合性验证说明

针对第 25.1182(a)款,采用的符合性验证方法主要为 MOC1,各项验证具体工作如下:基于动力装置安装,明确动力装置防火墙后面的短舱区域和包含可燃液体导管的发动机吊舱连接结构的具体区域,列出这些区域中所涉及的所有系统和部件,并通过说明性文件表明这些系统和部件在第 25.1103(b)款、第 25.1165(d)和(e)款、第 25.1183 条、第 25.1185(c)款、第 25.1187 条、第 25.1189 条以及第 25.1195 条至第 25.1203 条中适用条款的符合性情况。

主要涉及系统举例如下:

针对吊挂区域内的排液、通风设计,主要涉及第 25.1187 条中排液、通风要求,即该区域必须能完全排放积存的油液,防止油气聚积,使吊挂区域着火的危险减至最小。结合对第 25.1187 条的符合性验证,表明吊挂区域的排液通风设计满足:① 在预期液体会存在的各种情况下,能有效地排液;② 放出的液体不会增加着火危险;③ 能防止可燃蒸气聚积。

针对吊挂区域内的燃油系统,主要涉及第 25.1183(a)款和第 25.1189 条,即分别满足关于燃油切断措施和输送可燃液体组件相应的条款要求。对于第 25.1183(a)款,燃油系统可通过防火试验表明,发动机供油管路可通过表明具有耐火能力,从而满足相应防火要求。对于第 25.1189 条,可通过给出燃油系统切断阀布置情况来说明燃油切断措施符合条款要求。

对于吊挂区域内的液压能源系统,主要涉及第 25.1183(a)款和第 25.1185(a)款至(c)款,即分别满足关于输送可燃液体组件和可燃液体相应的条款要求。对于第 25.1183(a)款,通过液压能源系统设计说明在防火墙后的发动机吊舱连接结构内的导管耐火要求。对于第 25.1185(a)款至(c)款,通过液压能源系统设计说明组件旁边的吸收性材料必须加以包覆或处理,以防吸收危险量的液体。

对于进气道舱区域内的动力装置系统,主要涉及第 25.1103(b)款和第 25.1165(e)款,即分别满足关于进气系统管道和空气导管系统、发动机点火系统相应的条款要求。对于第 25.1103(b)款,通过设计说明进气道舱中各类管道具有足够强度,且满足耐火要求。对于第 25.1165(e)款,通过设计说明接地线不得通过另一发动机的火区,除非该接地线通过此火区的每一部分都是防火的。

3.5 符合性文件清单

通常,针对第 25.1182 条的符合性文件清单如表 3-2 所示。

表 3-2 建议的符合性文件清单

序 号	符 合 性 报 告	符合性方法
1	可燃液体泄漏区防火设计报告	MOC1
2	飞机燃油系统描述	MOC1
3	动力装置系统描述	MOC1
4	液压能源系统描述	MOC1

4 符合性判据

对于第 25.1182 条,判定以下条件满足,则符合条款要求:

(1)明确了防火墙后面的短舱区域和包含可燃液体导管的发动机吊舱连接结构,并详细列出了这些区域中所需验证的系统/设备。

(2)明确了所需验证的系统/设备相应适用的防火要求。

(3)按第 25.1103(b)款、第 25.1165(d)款、第 25.1165(e)款、第 25.1183 条、第 25.1185(c)款、第 25.1187 条、第 25.1189 条以及第 25.1195 条至第 25.1203 条的要求,完成了针对相应条款验证对象的所有验证工作。

参考文献

[1] 14 CFR 修正案 25-11 Aircraft Propulsion System Design Requirements [S].
[2] FAA. AC20-135 Powerplant Installation and Propulsion System Component Fire Protection Test Methods, Standards, and Criteria [S]. 1990.

运输类飞机适航标准 第25.1183条符合性验证

1　条款介绍

1.1　条款原文

第 25.1183 条　输送可燃液体的组件

（a）除本条（b）规定者外，在易受发动机着火影响的区域内输送可燃液体的每一导管、接头和其它组件，以及在指定火区内输送或容纳可燃液体的每一组件，均必须是耐火的，但是指定火区内的可燃液体箱和支架必须是防火的或用防火罩防护，如果任何非防火零件被火烧坏后不会引起可燃液体渗漏或溅出则除外。上述组件必须加防护罩或安置得能防止点燃漏出的可燃液体。活塞发动机上容量小于23.7升（25夸脱）的整体滑油池不必是防火的，也不必用防火罩防护。

（b）本条（a）不适用于下列情况：

（1）已批准作为型号审定合格的发动机一部分的导管、接头和组件；

（2）破损后不会引起或增加着火危险的通风管和排放管及其接头。

（c）在指定火区内，如果暴露在火中或者被火损坏时会出现下列可能，则包括输送管在内的所有组件都必须是防火的：

（1）导致火焰蔓延到飞机的其它区域；或

（2）引起对重要设施或设备的无意工作，或者失去工作的能力。

〔中国民用航空局 2011 年 11 月 7 日第四次修订〕

1.2　条款背景

第 25.1183 条的目的是防止可燃液体管路、部件及可燃液体箱被烧穿及随后可燃液体的泄漏。即防止输送可燃液体的组件受着火影响而泄漏进一步助燃。

1.3　条款历史

第 25.1183 条在 CCAR25 部初版首次发布，截至 CCAR - 25 - R4，该条款共修订过 1 次，如表 1-1 所示。

1.3.1　首次发布

1985 年 12 月 31 日发布了 CCAR25 部初版，其中包含第 25.1183 条，该条款参

考了 14 CFR PART 25 中的§25.1183,并结合 FAA 发布的 14 CFR 修正案 25 -11、14 CFR 修正案 25 - 23、14 CFR 修正案 25 - 36 和 14 CFR 修正案 25 - 57 的内容制定。

表 1 - 1　第 25. 1183 条条款历史

第 25.1183 条	CCAR25 部版本	相关 14 CFR 修正案	备　　注
首次发布	初版	25 - 11,25 - 23,25 - 36,25 - 57	
第 1 次修订	R4	25 - 101	

14 CFR 修正案 25 - 11:明确了§25.1183(a)不适用的情况,避免了与 14 CFR 33 部的要求重复。

14 CFR 修正案 25 - 23:对§25.1183(a)和标题进行了修订,修改了模糊表述,明确了对输送可燃液体部件的要求。

14 CFR 修正案 25 - 36:修订了§25.1183(a)和标题,将该条的适用范围扩展到所有可燃液体的组件;将§25.1013(a)中的最后一句话进行修改并移到了§25.1183 中。

14 CFR 修正案 25 - 57:将§25.1183(a)中对活塞发动机上防火的整体滑油池的容量进行了修改,同时将§25.1183(b)(1)修订为已批准作为型号审定合格的发动机一部分的导管、接头和组件。

1.3.2　第 1 次修订

2011 年 11 月 7 日发布的 CCAR - 25 - R4 对第 25.1183 条进行了第 1 次修订,本次修订参考了 14 CFR 修正案 25 - 101 的内容:

新增(c)款,要求指定火区内的组件如果在暴露于火中或被火损伤时能对飞机造成危险,则其必须是防火的。

2　条款解读

2.1　条款要求

本条款要求易受着火影响的或在指定火区内的任何输送可燃液体的部件都必须至少是耐火的。考虑其被火烧坏后的可能影响,如果可能点燃或助燃,或导致其它重要设备的无意工作或失去工作能力,则该部件必须为防火的。

对于指定火区内的所有零部件:第一,如果确认零部件暴露在火中或着火损坏将导致着火蔓延到飞机的其他区域,或其系统/设备出现不可预见作动或不能控制等后果的,则零部件的设计必须符合防火要求;第二,如果确认零部件虽然暴露在火中或着火损坏不会导致着火蔓延到飞机的其他区域,或不会引起其系统/设备出现不可预见作动或不能控制等后果的,则零部件设计只需符合第 25.1183(a)款的要求即达到耐火的水平。

2.2 相关条款

与第 25.1183 条相关的条款如表 2-1 所示。

表 2-1 第 25.1183 条相关条款

序 号	相关条款	相 关 性
1	第 25.1182 条	第 25.1182 条为每个直接位于防火墙后面的短舱区域和包含可燃液体导管的发动机吊舱连接结构的每一部分,必须满足第 25.1103(b)款、第 25.1165(d)款和(e)款、第 25.1183 条、第 25.1185(c)款、第 25.1187 条、第 25.1189 条以及第 25.1195 条至第 25.1203 条中的每项要求,包括指定火区的有关要求,其中包括本条款,即被第 25.1182 条引用
2	第 25.1185 条	第 25.1185 条针对装有可燃液体或气体的系统一部分的油箱或容器(如燃油、可燃液体或蒸气的油箱、容器或收集器等),以及位于可能渗漏的可燃液体系统组件近旁的吸收性材料提出了相关防火设计要求,其中排除了本条(a)款所规定的整体滑油池,即与第 25.1183 条关联
3	第 25.1017 条	第 25.1017 条针对在指定火区内的滑油导管和接头还必须满足第 25.1183 条的要求,即引用第 25.1183 条
4	第 25.1207 条	第 25.1207 条明确了对动力装置防火的符合性方法

3 验证过程

3.1 验证对象

第 25.1183 条的验证对象为易受着火影响的或在指定火区内的任何输送可燃液体的部件,比如液压系统、燃油系统、滑油系统和排液系统的可燃液体管路、接头及组件等。

3.2 符合性验证思路

针对第 25.1183(a)款,通过设计描述文件说明来给出易受着火影响区域以及火区内所有管路、接头及组件的材料性质,说明相应的防火设计特性;同时,给出这些管路、接头及组件满足相应防火或耐火要求的设备鉴定结果。

针对第 25.1183(b)(1)项,通过设计描述文件来列出已批准作为型号审定合格的发动机一部分的导管、接头和组件,如燃油/滑油系统组件等。

针对第 25.1183(b)(2)项,通过设计描述文件来给出指定火区的布置图,列出易受着火影响区域以及火区内所有管路,说明管路符合条款要求,明确设计特征(管路和接头等)满足耐火要求。此外,通过分析相关部件失效模式及失效影响,确定其设计特征,并建立防火系统的系统安全性分析。

针对第 25.1183(c)款,通过设计描述文件来给出易受着火影响区域以及火区内所有管路、接头及组件的材料性质,说明相应的防火设计特性;通过计算分析来说明哪些可燃液体组件适用于本条款并且是防火的;通过机上检查区域内管路的防火设计特征是否满足条款要求。

3.3 符合性验证方法

通常,针对第 25.1183 条的符合性验证方法如表 3-1 所示。

表 3-1 建议的符合性方法

条 款 号	专 业	符 合 性 方 法										备 注
		0	1	2	3	4	5	6	7	8	9	
第 25.1183(a)款	液压系统		1								9	
第 25.1183(a)款	动力装置		1								9	
第 25.1183(b)(1)项	动力装置		1									
第 25.1183(b)(2)项	动力装置		1									
第 25.1183(c)款	动力装置		1	2						7			

3.4 符合性验证说明

3.4.1 第 25.1183(a)款符合性验证说明

针对第 25.1183(a)款,采用的符合性验证方法包括 MOC1 和 MOC9,各项验证具体工作如下:

1) MOC1 验证过程

需要给出指定火区(如发动机风扇舱、核心舱和防火墙后面的短舱区域等)的布置图,列出易受着火影响区域以及火区内所有管路、接头及组件(如液压系统、燃油系统和滑油系统等相关部件)的材料性质,说明相应的防火设计特性。

2) MOC9 验证过程

针对列出的易受着火影响区域以及火区内所有管路、接头及组件(如液压系统、燃油系统和滑油系统等相关部件),给出满足相应防火或耐火要求的设备鉴定结果。

3.4.2 第 25.1183(b)(1)项符合性验证说明

针对第 25.1183(b)(1)项,采用的符合性验证方法主要为 MOC1,具体工作如下:需要通过系统设计描述列出已批准作为型号审定合格的发动机一部分的导管、接头和组件,如燃油/滑油系统组件等。

3.4.3 第 25.1183(b)(2)项符合性验证说明

针对第 25.1183(b)(2)项,采用的符合性验证方法主要为 MOC1,具体验证工作如下:需要通过设计说明来给出指定火区(如发动机风扇舱和核心舱)的布置图,列出易受着火影响区域以及火区内所有管路(如燃油管路、排液管路、通风管路及起动管路和环控管路等),说明管路符合条款要求,明确设计特征(管路和接头等)满足耐火要求。

3.4.4 第 25.1183(c)款符合性验证说明

针对第 25.1183(c)款,采用的符合性验证方法包括 MOC1、MOC2 和 MOC7,各项验证具体工作如下:

1) MOC1 验证过程

需要给出指定火区(如发动机风扇舱、核心舱、防火墙后面的短舱区域等)的布置图,列出易受着火影响区域以及火区内所有管路、接头及组件(如液压系统、燃油系统、滑油系统等相关部件)的材料性质,说明相应的防火设计特性。

2) MOC2 验证过程

分析易受着火影响区域以及火区内所有管路、接头及组件(如液压系统、燃油系统、滑油系统等相关部件),说明其中哪些可燃液体组件暴露在火中或者被火损坏时会出现如下可能:① 导致火焰蔓延到飞机的其他区域;② 引起对重要设施或设备的无意工作,或者失去工作的能力。那么这些可燃液体组件应满足防火要求,并且其相应的防火设计特性。

3) MOC7 验证过程

通过机上检查易受着火影响区域以及火区内所有管路、接头及组件(如液压系统、燃油系统、滑油系统等相关部件)的防火设计特征,确认满足条款要求。

3.5 符合性文件清单

通常,针对第 25.1183 条的符合性文件清单如表 3-2 所示。

表 3-2 建议的符合性文件清单

序 号	符 合 性 报 告	符合性方法
1	液压能源系统设备鉴定报告	MOC9
2	动力装置系统设备鉴定报告	MOC9
3	动力装置系统描述	MOC1
4	液压能源系统描述	MOC1
5	动力装置火区排液和通风分析报告	MOC2
6	动力装置系统机上检查大纲	MOC7
7	动力装置系统机上检查报告	MOC7

4 符合性判据

针对第 25.1183(a)款,确认易受着火影响区域以及火区内所有管路、接头及组件的材料性质满足相应的防火设计特性。

针对第 25.1183(b)(1)项,列出已批准作为型号审定合格的发动机一部分的导管、接头和组件。

针对第 25.1183(b)(2)项,确认易受着火影响区域以及火区内所有管路的设计特征(管路和接头等)满足耐火要求。

针对第 25.1183(c)款,确认暴露在火中或者被火损坏时会出现如下可能的可燃液体组件满足防火要求:① 导致火焰蔓延到飞机的其他区域;② 引起对重要设施或设备的无意工作,或者失去工作的能力。

参考文献

[1] 14 CFR 修正案 25 - 11 Aircraft Propulsion System Design Requirements [S].

[2] 14 CFR 修正案 25 - 23 Transport Category Airplane Type Certification Standards [S].

[3] 14 CFR 修正案 25 - 36 Aircraft and Aircraft Engines, Certification Procedures and Type Certification Standards [S].

[4] 14 CFR 修正案 25 - 57 Aircraft Engine Regulatory Review Program; Aircraft Engine and Related Powerplant Installation Amendments [S].

[5] 14 CFR 修正案 25 - 101 Fire Protection Requirements for Powerplant Installations on Transport Category Airplanes [S].

[6] FAA. AC25.1435 - 1 Hydraulic System Certification Tests and Analysis [S]. 2001.

[7] FAA. AC25.735 - 1 Brakes and Braking Systems Certification Tests and Analysis [S]. 2002.

[8] FAA. AC20 - 135 Powerplant Installation and Propulsion System Component Fire Protection Test Methods, Standards, and Criteria [S]. 1990.

[9] FAA. AC29 - 2B Certification of Transport Category Rotorcraft [S]. 1997.

[10] FAA. AC33 - 2B Aircraft Engine Type Certification Handbook [S]. 1997.

[11] MIL - E - 5007E (AS), Engines, Aircraft, Turbojet and Turbofan, General Specification [S]. 1983.

运输类飞机适航标准
第25.1185条符合性验证

1 条款介绍

1.1 条款原文

第25.1185条 可燃液体

(a) 除第25.1183(a)条所规定的整体滑油池外,作为装有可燃液体或气体的系统一部分的油箱或容器,不得安置在指定火区内,除非所装的液体、系统的设计、油箱所采用的材料、切断装置以及所有的连接件、导管和控制装置所提供的安全度,与油箱或容器安置在该火区外的安全度相同。

(b) 每个油箱或容器与每一防火墙或用于隔开指定火区的防火罩之间,必须有不小于13毫米(1/2英寸)的间隙。

(c) 位于可能渗漏的可燃液体系统组件近旁的吸收性材料,必须加以包覆或处理,以防吸收危险量的液体。

〔中国民用航空局2001年5月14日第三次修订,2011年11月7日第四次修订〕

1.2 条款背景

第25.1185条针对装有可燃液体或气体的系统一部分的油箱或容器(如燃油、可燃液体或蒸气的油箱或集油池等容器),以及位于可能渗漏的可燃液体系统组件近旁的吸收性材料提出了相关防火设计要求。

1.3 条款历史

第25.1185条在CCAR25部初版首次发布,截至CCAR-25-R4,该条款共修订过1次,如表1-1所示。

表1-1 第25.1185条条款历史

第25.1185条	CCAR25部版本	相关14 CFR修正案	备 注
首次发布	初版	25-19	
第1次修订	R3	25-94	

1.3.1 首次发布

1985 年 12 月 31 日发布了 CCAR25 部初版,其中包含第 25.1185 条,该条款参考 1964 年 12 月 24 日发布的 14 CFR PART 25 中的§25.1185 并结合 FAA 发布的 14 CFR 修正案 25-19 的内容制定。

14 CFR 修正案 25-19:对§25.1185(a)进行了修订,排除对整体滑油池的防火要求。

1.3.2 第 1 次修订

2001 年 5 月 14 日发布的 CCAR-25-R3 对第 25.1185 条进行了第 1 次修订,本次修订参考了 14 CFR 修正案 25-94 的内容:

14 CFR 修正案 25-94 基于对§25.1013 和§25.1184 修订,将条款中对§25.1013(a)的引用改为对§25.1183(a)的引用。

2 条款解读

2.1 条款要求

该条款是确保采取设计预防措施来使火区内着火对位于火区外的可燃液体油箱的危害降至最小。

该条款要求装有燃油、可燃液体或蒸气的油箱、容器或集油池,与发动机、发动机舱及其他指定火区有效隔离开,从而在正常或紧急运行中,阻止从火区到装有燃油、可燃液体及蒸气油箱、容器或集油池的危险传热。

作为装有可燃液体或气体系统一部分的油箱或容器,不得安置在指定火区内。除非整个系统所提供的安全水平与油箱或容器安置在火区外的相同。每个油箱或容器与防火墙或防火罩的距离不得小于 13 毫米。位于可能渗漏的可燃液体系统组件近旁的吸收性材料,必须加以包覆或处理。

2.2 相关条款

与第 25.1185 条相关的条款如表 2-1 所示。

表 2-1 第 25.1185 条相关条款

序　号	相 关 条 款	相　　关　　性
1	第 25.1181 条	第 25.1181 条为动力装置防火的基本要求,划分了动力装置指定火区的范围,规定每一指定火区必须满足第 25.867 条和第 25.1185 条至第 25.1203 条的要求,其中包括本条款,即被第 25.1181 条引用
2	第 25.1182 条	第 25.1182 条为每个直接位于防火墙后面的短舱区域和包含可燃液体导管的发动机吊舱连接结构的每一部分,必须满足第 25.1103(b)款、第 25.1165(d)款、第 25.1165(e)款、第 25.1183 条、第 25.1185(c)款、第 25.1187 条、第 25.1189 条以及第 25.1195 条至第 25.1203 条中的每项要求,包括指定火区的有关要求,其中包括本条款,即被第 25.1182 条引用

序 号	相关条款	相 关 性
3	第 25.1183 条	第 25.1183 条针对易受着火影响的或在指定火区内的任何输送可燃液体的部件应满足至少是耐火的要求,有些更是需要满足防火的要求,在本条款中排除了第 25.1183(a)款所规定的整体滑油池,即与第 25.1185 条关联
4	第 25.967 条	第 25.967 条针对燃油箱安装给出了规定,其中每个油箱的位置必须满足第 25.1185(a)款的要求,即引用第 25.1185 条
5	第 25.1207 条	第 25.1207 条明确了对动力装置防火的符合性方法

3 验证过程

3.1 验证对象

第 25.1185 条的验证对象为装有可燃液体或气体的系统一部分的油箱或容器(如燃油、可燃液体或蒸气的油箱、容器或集油池等),以及位于可能渗漏的可燃液体系统组件近旁的吸收性材料。

3.2 符合性验证思路

针对第 25.1185(a)款,通过燃油、滑油和液压系统安装图以及系统描述说明符合本条规定,例如:装有可燃液体或气体的系统一部分的油箱或容器没有安置在发动机舱或其他指定火区之内。如果有安置在指定火区内的情况,则需要通过设计说明或安全性分析表明在这样的设计下,可以保证与可燃液体源安置在火区外相同的安全水平(考虑在系统或包含在发动机或其他指定火区中的系统部分,所应用的设计、构造、油箱支承、材料、燃油管路和接头)。

针对第 25.1185(b)款,通过燃油、滑油和液压系统安装图以及系统描述说明符合本条规定。例如:在所有情况下,在正常和紧急运行中,为了防止可燃液体或蒸气点燃,可燃液体、燃油和蒸气与危险的热源充分隔离。此外,通过机上检查表明对布置和间隙的要求。例如,在地面时有 1/2 英寸的间隙,但是在一些正常和紧急的飞行状态下的危急时刻(飞行中发动机着火),1/2 英寸的间隙减少到了 1/4 英寸,那么,设计(静态)构型应该至少为 1/2 英寸加上 1/4 英寸等于 3/4 英寸的静态间隙,以保证满足条款的要求。

针对第 25.1185(c)款,通过系统设计描述表明位于可能渗漏的可燃液体系统组件近旁的吸收性材料都加以包覆或处理,能够防止吸收危险量的液体。此外,若在位于可能渗漏的可燃液体系统组件近旁没有吸收性材料,需要通过机上检查予以确认。

3.3 符合性验证方法

通常,针对第 25.1185 条的符合性验证方法如表 3-1 所示。

表 3-1 建议的符合性方法

条 款 号	专 业	符 合 性 方 法										备 注
		0	1	2	3	4	5	6	7	8	9	
第 25.1185(a)款	液压系统		1									
第 25.1185(b)款	动力装置		1									
第 25.1185(b)款	液压系统		1									
第 25.1185(b)款	动力装置		1						7			
第 25.1185(c)款	液压系统		1									
第 25.1185(c)款	气源系统		1									
第 25.1185(c)款	动力装置		1						7			

3.4 符合性验证说明

3.4.1 第 25.1185(a)款符合性验证说明

针对第 25.1185(a)款,采用的符合性验证方法包括 MOC1,具体验证工作如下:通过燃油、滑油和液压系统安装图以及系统描述说明装有可燃液体或气体的系统一部分的油箱或容器(如装有燃油、可燃液体或蒸气的油箱、容器或集油池)没有安置在指定火区内,则需要通过设计说明或安全性分析表明在这样的设计下,可以保证与可燃液体源安置在火区外相同的安全水平(考虑在系统或包含在发动机或其他指定火区中的系统部分,所应用的设计、构造、油箱支承、材料、燃油管路、接头)。

3.4.2 第 25.1185(b)款符合性验证说明

针对第 25.1185(b)款,采用的符合性验证方法主要为 MOC1 和 MOC7,各项验证具体工作如下:

1) MOC1 验证过程

通过燃油、滑油和液压系统安装图以及系统设计描述说明装有可燃液体或气体的系统一部分的油箱或容器(如装有燃油、可燃液体或蒸气的油箱、容器或集油池)与每一防火墙或用于隔开指定火区的防火罩之间有不小于 13 毫米(1/2 英寸)的间隙。确保在所有情况下,在正常和紧急运行中,可燃液体、燃油和蒸气与危险的热源充分隔离。

2) MOC7 验证过程

通过机上检查表明对布置和间隙的要求,即装有可燃液体或气体的系统一部分的油箱或容器(如装有燃油、可燃液体或蒸气的油箱、容器或集油池)与每一防火墙或用于隔开指定火区的防火罩之间有不小于 13 毫米(1/2 英寸)的间隙。

3.4.3　第 25.1185(c)款符合性验证说明

针对第 25.1185(c)款,采用的符合性验证方法包括 MOC1 和 MOC7,各项验证具体工作如下:

1) MOC1 验证过程

通过系统设计描述表明位于可能渗漏的可燃液体系统组件近旁液压系统、气源系统等可能吸收可燃液体的材料都已加以包覆或处理,能够防止吸收危险量的液体。

2) MOC7 验证过程

对于位于可能渗漏的可燃液体系统组件近旁没有吸收性材料的情况,通过机上检查予以确认。

3.5　符合性文件清单

通常,针对第 25.1185 条的符合性文件清单如表 3 - 2 所示。

表 3 - 2　建议的符合性文件清单

序　号	符 合 性 报 告	符合性方法
1	动力装置系统可燃液体防火、火区通风机上检查报告	MOC7
2	动力装置系统可燃液体防火、火区通风机上检查大纲	MOC7
3	气源系统描述	MOC1
4	液压能源系统描述	MOC1
5	动力装置系统描述	MOC1

4　符合性判据

针对第 25.1185(a)款,确认装有可燃液体或气体的系统一部分的油箱或容器没有安置在发动机舱或其他指定火区之内。如果有安置在指定火区内的情况,完成了安全性评估,评估的结论为此设计与可燃液体源安置在火区外具备相同的安全水平。

针对第 25.1185(b)款,确认装有可燃液体或气体的系统一部分的油箱或容器与每一防火墙或用于隔开指定火区的防火罩之间的间隙不小于 13 毫米(1/2英寸)。

针对第 25.1185(c)款,确认位于可能渗漏的可燃液体系统组件近旁的吸收性材料都已加以包覆或处理,可以防止吸收有危险量的液体。

参考文献

[1]　14 CFR 修正案 25 - 19 Airworthiness Standards; Transport Category Airplanes [S].

［2］ 14 CFR 修正案 25 - 94 Transport Category Airplanes，Technical Amendments and Other Miscellaneous Corrections ［S］.

［3］ FAA. AC25. 1435 - 1 Hydraulic System Certification Tests and Analysis ［S］. 2001.

［4］ FAA. AC25. 735 - 1 Brakes and Braking Systems Certification Tests and Analysis ［S］. 2002.

［5］ FAA. AC29 - 2B Certification of Transport Category Rotorcraft ［S］. 1997.

运输类飞机适航标准
第 25.1187 条符合性验证

1 条款介绍

1.1 条款原文

第 25.1187 条 火区的排液和通风

(a) 指定火区的每个部位必须能完全排放积存的油液,使容有可燃液体的任何组件失效或故障而引起的危险减至最小。排放措施应满足下列要求:

(1) 当需要排放时,在预期液体会存在的各种情况下,必须是有效的;

(2) 必须布置成使放出的液体不会增加着火危险。

(b) 每一指定的火区必须通风,以防可燃蒸气聚积。

(c) 通风口不得设置在其它火区的可燃液体、蒸气或火焰会进入的部位。

(d) 每一通风措施必须布置成使排出的蒸气不会增加着火危险。

(e) 除短舱的发动机动力部分和燃烧加温器的通风管道外,必须有措施使机组能切断通向任何火区的强迫风源,如果灭火剂剂量和喷射率是以通过该火区的最大空气流量为依据的则除外。

1.2 条款背景

第 25.1187 条针对为指定火区实现排液和通风功能的排液系统、通风冷却系统提出了要求,使得可能发生在火区内的燃液体泄漏和蒸发得到安全的控制。

1.3 条款历史

第 25.1187 条在 CCAR25 部初版首次发布,截至 CCAR - 25 - R4,该条款未进行过修订,如表 1 - 1 所示。

表 1 - 1 第 25.1187 条条款历史

第 25.1187 条	CCAR25 部版本	相关 14 CFR 修正案	备 注
首次发布	初版	—	

1985 年 12 月 31 日发布了 CCAR25 部初版,其中包含第 25.1187 条,该条款参

考 1964 年 12 月 24 日发布的 14 CFR PART 25 中的§25.1187 的内容制定。

2　条款解读

2.1　条款要求

本条款是确保可燃液体的排放和舱内的通风，使得可能发生在火区内的可燃液体泄漏和蒸发得到安全的控制。

本条款从防火安全提出的要求。火区的排液和通风，使容有可燃液体的任何件失效或故障引起的危险减至最小，因此排液和通风的措施必须是有效的，排出的液体或蒸气不能增加着火危险。发生火情时，如果灭火系统是以通过该火区的最大空气流量设计，其灭火剂和喷射率足以灭火，则不必切断火区的强迫风源，否则必须有切断措施。

2.2　相关条款

与第 25.1187 条相关的条款如表 2-1 所示。

表 2-1　第 25.1187 条相关条款

序　号	相　关　条　款	相　　关　　性
1	第 25.1181 条	第 25.1181 条为动力装置防火的基本要求，划分了动力装置指定火区的范围，规定每一指定火区必须满足第 25.867 条和第 25.1185 条至第 25.1203 条的要求，其中包括本条款，即被第 25.1181 条引用
2	第 25.1182 条	第 25.1182 条针对防火墙后面的短舱区域和包含可燃液体导管的发动机吊舱连接结构这些邻近火区中的每个部分提出了需满足等同于指定火区的防火要求，其中包括本条款，即被第 25.1182 条引用
3	第 25.1193 条	第 25.1193 条针对发动机罩和短舱蒙皮(包括相应支承)提出了应承受飞行中的载荷、通风排液、防火等设计要求，其中(b)款明确"整流罩必须满足第 25.1187 条的排液和通风要求"，即被第 25.1193 条引用
4	第 25.1195 条	第 25.1195 条要求每一指定火区的灭火剂、灭火剂剂量、喷射速率和喷射分部足以灭火，且需考虑飞行中临界的气流条件
5	第 25.1207 条	第 25.1207 条明确了对动力装置防火的符合性方法

3　验证过程

3.1　验证对象

第 25.1187 条的验证对象是指为指定火区实现排液和通风功能的排液系统和通风冷却系统。

3.2 符合性验证思路

针对第 25.1187(a)款,通过排液系统设计描述说明可能泄漏的易燃液体能被安全的排出而无积存,并且排出时也不会产生其他危险;并需要通过计算分析、地面试验和飞行试验等方式来表明排液系统的排液能力确实足够和实际有效,满足本条款规定要求。

针对第 25.1187(b)款,通过通风冷却系统描述说明指定火区的通风功能;需要通过计算分析表明通风系统在可提供足够的通风能力,保证指定火区内没有危险量的易燃气体的聚积;通过地面试验和飞行试验测量并结合通风量计算模型进行计算,表明除地面状态之外指定火区内的通风量大于 5ACPM 的要求。

针对第 25.1187(c)款,通过通风冷却系统描述说明通风系统的通风进气口未设置在其他火区的可燃液体、蒸气或火焰会进入的部位。需要通过机上检查等方式对在其他火区的可燃液体、蒸气或火焰不会进入到通风冷却系统予以确认,从而满足本条款规定要求。

针对第 25.1187(d)款,通过通风冷却系统描述说明通风措施的布置情况,明确排出口区域不存在任何高温表面和其他引燃火源,确保排出的可燃蒸气不存在点燃的危险。需要通过机上检查方式对排出口区域不存在任何高温表面和其他引燃火源予以确认。

针对第 25.1187(e)款,除短舱的发动机动力部分和燃烧加温器的通风管道外,若是灭火剂剂量和喷射率是以通过该火区的最大空气流量设计的,则需要通过飞行试验确认在最大空气流量条件下,灭火剂浓度满足要求。

3.3 符合性验证方法

通常,针对第 25.1187 条的符合性验证方法如表 3-1 所示。

表 3-1　建议的符合性方法

条 款 号	专 业	符 合 性 方 法										备 注
		0	1	2	3	4	5	6	7	8	9	
第 25.1187(a)款	动力装置		1	2			5	6					
第 25.1187(b)款	动力装置		1	2			5	6					
第 25.1187(c)款	动力装置		1						7				
第 25.1187(d)款	动力装置		1						7				
第 25.1187(e)款	动力装置							6					

3.4 符合性验证说明

3.4.1 第 25.1187(a)款符合性验证说明

针对第 25.1187(a)款,采用的符合性验证方法包括 MOC1、MOC2、MOC5 和 MOC6,各项验证具体工作如下:

1) MOC1 验证过程

通过排液系统(如发动机排液装置和短舱排液装置)设计描述说明可能泄漏的易燃液体(如发动机及其附件在工作和维护中产生的废液和漏油,以及可燃液体管路接头处的密封失效时产生的大量漏液)能被安全的排出而无积存,并且排出时也不会产生其他危险。

2) MOC2 验证过程

在明确指定火区内的积液量(如由实验室试验得到)以及排液系统排液设计特性的情况下,通过排液设计软件(如 CATIA 体积分析功能模块)计算分析表明排液系统的排液能力足够。

3) MOC5 验证过程

通过地面试验(如动力装置不开车状态排液能力地面试验和开车状态排液功能地面试验)来表明排液系统的排液能力实际有效,满足将舱内预期存在可燃液体有效排出而无积存,并且排出的液体无增加着火的危险。

4) MOC6 验证过程

通过飞行试验来表明排液系统的排液能力实际有效,满足将舱内预期存在可燃液体有效排出而无积存,并且排出的液体无增加着火的危险。

3.4.2　第 25.1187(b)款符合性验证说明

针对第 25.1187(b)款,采用的符合性验证方法主要为 MOC1、MOC2、MOC5 和 MOC6,各项验证具体工作如下:

1) MOC1 验证过程

通过通风冷却系统(如在风扇舱和核心舱中的通风冷却系统)描述说明针对指定火区实现的通风功能,可及时将可燃蒸气排至指定火区外,防止可燃蒸气在指定火区内的积聚,维持部件温度和降低指定火区部件和环境温度。

2) MOC2 验证过程

通过通风分析模型(该模型可通过地面试验与试飞试验数据进行修正)计算分析在地面状态、飞行状态下指定火区的通风能力,表明通风系统可满足条款要求(即除地面状态之外指定火区内的通风量应大于 5ACPM),保证指定火区内没有危险量的易燃气体的聚集。

3) MOC5 验证过程

通过地面试验(如短舱内的通风机上地面试验)测量数据结合通风量计算模型进行计算,表明除地面状态之外指定火区内的通风量大于 5ACPM 的要求。

4) MOC6 验证过程

通过飞行试验(如短舱内的通风飞行试验)测量数据结合通风量计算模型进行计算,表明除地面状态之外指定火区内的通风量大于 5ACPM 的要求。

3.4.3　第 25.1187(c)款符合性验证说明

针对第 25.1187(c)款,采用的符合性验证方法包括 MOC1 和 MOC7,各项验证具体工作如下：

1) MOC1 验证过程

通过通风冷却系统（如在风扇舱和核心舱中的通风冷却系统）系统描述说明其进气口区域不存在任何可燃液体、蒸气和火焰，未设置在其他火区的可燃液体、蒸气或火焰会进入的部位。

2) MOC7 验证过程

通过对通风冷却系统的通风口（如风扇舱进气通风口、FADEC 通风口和核心舱进气通风口）进行机上检查，确认在其他火区的可燃液体、蒸气或火焰不会进入到通风冷却系统。

3.4.4　第 25.1187(d)款符合性验证说明

针对第 25.1187(d)款，采用的符合性验证方法包括 MOC1 和 MOC7，各项验证具体工作如下：

1) MOC1 验证过程

通过通风冷却系统（如在风扇舱和核心舱中的通风冷却系统）系统描述说明通风措施的布置情况，明确排出口区域不存在任何高温表面和其他引燃火源，确保排出的可燃蒸气不存在点燃的危险。

2) MOC7 验证过程

通过机上检查方式对通风冷却系统的通风口（如风扇舱进气通风口和核心舱进气通风口）区域不存在任何高温表面和其他引燃火源予以确认。

3.4.5　第 25.1187(e)款符合性验证说明

进行发动机舱灭火剂浓度测试飞行试验。飞行试验前需将灭火瓶冷却到尽可能低的温度。基于 FAA - DS - 70 - 3 的建议，在 2 000～5 000 英尺高度范围进行试飞，通常考虑飞行高度对试飞安全的影响，也可在此范围内选择尽可能高的高度（如 5 000 英尺）进行飞行试验。飞行试验选择的高度和速度选取确保试验在尽可能接近临界短舱通风气流条件下进行。飞行试验过程中，按飞行手册的规定程序实施发动机舱等的应急灭火程序，对发动机舱灭火剂浓度和分布进行测量和记录。通常，在确认发动机舱等处所有灭火剂浓度采样点达到并保持 6% 容积浓度的最少时间为 0.5 秒时，可表明条款符合性。

3.5　符合性文件清单

通常，针对第 25.1187 条的符合性文件清单如表 3 - 2 所示。

表 3 - 2　建议的符合性文件清单

序　号	符 合 性 报 告	符合性方法
1	动力装置系统描述	MOC1
2	发动机舱内可燃液体分析报告	MOC1

（续表）

序　号	符合性报告	符合性方法
3	动力装置系统短舱通风和压力释放分析报告	MOC1
4	动力装置液体排放机上地面试验大纲	MOC5
5	动力装置液体排放机上地面试验报告	MOC5
6	动力装置短舱通风机上地面试验大纲	MOC5
7	动力装置短舱通风机上地面试验报告	MOC5
8	动力装置液体排放试飞大纲	MOC6
9	动力装置液体排放试飞报告	MOC6
10	动力装置短舱通风飞行试验大纲	MOC6
11	动力装置短舱通风飞行试验报告	MOC6
12	防火系统试飞大纲	MOC6
13	防火系统试飞报告	MOC6
14	动力装置系统可燃液体防火、火区通风机上检查大纲	MOC7
15	动力装置系统可燃液体防火、火区通风机上检查报告	MOC7

4　符合性判据

针对第 25.1187(a)款，确认漏出的易燃液体能被排液系统安全的排出而无积存，并且排出时也不会产生其他危险。

针对第 25.1187(b)款，确认指定火区中具有通风功能，且通风冷却系统可提供足够的通风能力（即除地面状态之外指定火区内的通风量大于 5ACPM 的要求），保证指定火区内没有危险量的易燃气体的聚积。

针对第 25.1187(c)款，确认通风系统的通风进气口未设置在其他火区的可燃液体、蒸气或火焰会进入的部位。

针对第 25.1187(d)款，确认排出的可燃蒸气不存在点燃的危险。

针对第 25.1187(e)款，灭火剂剂量和喷射率可在对应指定火区的最大空气流量条件下达到灭火所需的浓度。

参考文献

[1]　FAA. AC25‐1187‐1 Minimization of Flammable Fluid Fire Hazards (Flammable Fluid Fire Protection) [S].

运输类飞机适航标准
第 25.1189 条符合性验证

1 条款介绍

1.1 条款原文

第 25.1189 条　切断措施

(a) 每台发动机安装和第 25.1181(a)(4) 与 (5) 条规定的各个火区必须有措施，用来切断燃油、滑油、除冰液以及其它可燃液体，或者防止危险量的上述液体流入或流过任何指定火区，或在其中流动。但下列情况不要求有切断措施：

(1) 与发动机组成一体的导管、接头和组件；

(2) 涡轮发动机安装的滑油系统（如果其处于指定火区内的所有组件，包括滑油箱，都是防火的，或位于不易受发动机着火影响的区域）。

(b) 任何一台发动机的燃油切断阀的关闭，不得中断对其余发动机的供油。

(c) 任何切断动作不得影响其它设备（诸如螺旋桨顺桨装置）以后的应急使用。

(d) 可燃液体的切断装置和控制装置必须是防火的，或者必须安置和防护得使火区内的任何着火不会影响其工作。

(e) 切断装置关闭后，不得有危险量的可燃液体排入任何指定火区。

(f) 必须有措施防止切断装置被误动，并能使机组在飞行中重新打开已关闭的切断装置。

(g) 油箱和发动机之间的每个切断阀的安装位置必须使动力装置或发动机安装的结构破损不会影响该阀工作。

(h) 每个切断阀必须具有释放聚积过大压力的措施，如果系统中另有释压措施则除外。

1.2 条款背景

第 25.1189 条针对为发动机或 APU 指定火区（除本条 (a)(1) 项和 (2) 项规定外）提供切断功能的各类切断装置（如供油切断阀、防火切断阀、放油切断阀等）提出了相关防火设计要求，确保具有安全和有效的措施来切断流经发动机或 APU 指定火区的危险量的可燃液体。

1.3 条款历史

第 25.1189 条在 CCAR25 部初版首次发布,截至 CCAR - 25 - R4,该条款未进行过修订,如表 1 - 1 所示。

表 1 - 1　第 25.1189 条条款历史

第 25.1189 条	CCAR25 部版本	相关 14 CFR 修正案	备　注
首次发布	初版	25 - 23,25 - 27	

1985 年 12 月 31 日发布了 CCAR25 部初版,其中包含第 25.1189 条,该条款参考 1964 年 12 月 24 日发布的 14 CFR PART 25 中的§25.1189,并结合 FAA 发布的 14 CFR 修正案 25 - 23 和 14 CFR 修正案 25 - 27 的内容制定。

14 CFR 修正案 25 - 23:对§25.1189(a)和(d)进行了修订,放宽了涡轮发动机安装上的滑油切断措施要求以及将切断措施的控制组件纳入到防火要求中来;新增了§25.1189(g)和(h),增加油箱与发动机之间的切断阀安装位置要求,同时提出对切断阀应具有释放积聚过大压力的要求。

14 CFR 修正案 25 - 27:对§25.1189(a)进行了修订,明确了不需要切断措施的两种情况。

2　条款解读

2.1　条款要求

除本条(a)(1)项和本条(a)(2)项规定外,每台发动机安装和第 25.1181(a)(4)项与(a)(5)项规定的各个火区必须有措施,用来切断燃油、滑油、除冰液以及其他可燃液体,或者防止危险量的上述液体流入或流过任何指定火区或在其中流动。切断措施必须满足本条有关的布置、功能和防火安全的要求。

(1) 如果切断阀布置在火区内,则要求是防火的;切断措施的部件,如电线或线缆,也要求满足防火的要求。

(2) 任何一台发动机的燃油切断阀的关闭,不得中断对其余发动机的供油。

(3) 任何切断动作不得影响其他设备以后的应急使用。

(4) 有措施防止切断装置被误动,并能使机组在飞行中重新打开已关闭的切断装置。

(5) 切断阀的安装位置必须使动力装置或发动机安装的结构破损不会影响该阀工作。

(6) 切断阀必须具有释放聚积过大压力的措施。

第 25.1189 条"危险量的"可燃液体中的危险量取决于特定的发动机安装

设计。

2.2　相关条款

与第 25.1189 条相关的条款如表 2-1 所示。

表 2-1　第 25.1189 条相关条款

序　号	相关条款	相　关　性
1	第 25.1181 条	第 25.1181 条为动力装置防火的基本要求,划分了动力装置指定火区的范围,规定每一指定火区必须满足第 25.867 条和第 25.1185 条至第 25.1203 条的要求,其中包括本条款,即被第 25.1181 条引用
2	第 25.1182 条	第 25.1182 条针对防火墙后面的短舱区域和包含可燃液体导管的发动机吊舱连接结构这些邻近火区中的每个部分提出了需满足等同于指定火区的防火要求,其中包括本条款,即被第 25.1182 条引用
3	第 25.863 条	第 25.863 条提出了可燃液体的防火总则性要求,要求必须有措施尽量减少液体和蒸气点燃的概率以及万一点燃后的危险后果,即与第 25.863 条关联
4	第 25.1183 条	第 25.1183 条对输送可燃液体的组件的材料提出了具体防火要求,即与第 25.1183 条关联
5	第 25.1185 条	第 25.1185 条对装可燃液体的油箱或容器的安装位置及其附近区域提出了具体防火要求,即与第 25.1185 条关联
6	第 25.1207 条	第 25.1207 条明确了对动力装置防火的符合性方法
7	第 25.1435 条	第 25.1435 条对液压系统中如果使用可燃性的液压流体,则需要达到第 25.863 条、第 25.1183 条、第 25.1185 条和第 25.1189 条的适用要求,其中包括本条款,即被第 25.1435 条引用

3　验证过程

3.1　验证对象

第 25.1189 条的验证对象为指定火区(除本条(a)(1)项和(2)项规定外)提供切断功能的各类切断装置(如供油切断阀、防火切断阀和放油切断阀等)。

3.2　符合性验证思路

针对第 25.1189(a)款,除去本条(a)(1)项和本条(a)(2)项规定的两种情况之外,通过设计说明各个火区有相应的切断装置用来切断燃油、滑油、除冰液以及其他可燃液体,或者防止危险量的上述液体流入或流过任何指定火区,或在其中流动。

针对第 25.1189(b)款,通过设计说明各个发动机燃油切断阀之间的供油线路独立。

　　针对第 25.1189(c)款,通过设计说明来表明任何切断动作不会影响其他设备的应急使用。

　　针对第 25.1189(d)款,通过设计说明可燃液体的切断装置和控制装置的安置位置和防护情况确保在火区内的任何着火都不会影响其工作。对于在火区内的那些可燃液体的切断装置和控制装置,通过设备鉴定报告说明是该设备满足防火要求。

　　针对第 25.1189(e)款,通过设计说明来表明切断装置关闭后,排入任何指定火区可燃液体是很少的,或者没有可燃液体会排入任何指定火区。

　　针对第 25.1189(f)款,通过设计说明来表明有防止切断装置被误动的防错措施,避免误操作,同时不能锁死,确保机组在飞行中可以重新打开已关闭的切断装置;通过机上地面试验,由地面操作人员给出实际使用情况来表明;并需要通过飞行试验,由飞行员给出实际使用情况来表明。

　　针对第 25.1189(g)款,通过设计说明来表明油箱和发动机之间的每个切断阀(如发动机供油切断阀、APU 供油切断阀以及交输供油切断阀)的安装位置,在动力装置或发动机安装的结构破损后并不会影响该阀正常工作。

　　针对第 25.1189(h)款,通过设计说明来表明每个切断阀具有相应措施可释放聚积的压力。

3.3　符合性验证方法

　　通常,针对第 25.1189 条的符合性验证方法如表 3 - 1 所示。

表 3 - 1　建议的符合性方法

条　款　号	专　业	符 合 性 方 法										备　注
		0	1	2	3	4	5	6	7	8	9	
第 25.1189(a)款	液压系统		1									
第 25.1189(a)款	燃油系统		1									
第 25.1189(b)款	燃油系统		1									
第 25.1189(c)款	液压系统		1									
第 25.1189(c)款	燃油系统		1									
第 25.1189(d)款	液压系统		1									
第 25.1189(d)款	燃油系统		1								9	
第 25.1189(e)款	液压系统		1									
第 25.1189(e)款	燃油系统		1									
第 25.1189(f)款	液压系统		1									
第 25.1189(f)款	燃油系统		1				5		6			
第 25.1189(g)款	液压系统		1									

条 款 号	专 业	符 合 性 方 法										备 注
		0	1	2	3	4	5	6	7	8	9	
第 25.1189(g)款	燃油系统		1									
第 25.1189(h)款	液压系统		1									
第 25.1189(h)款	燃油系统		1									

3.4　符合性验证说明

3.4.1　第 25.1189(a)款符合性验证说明

针对第 25.1189(a)款，采用的符合性验证方法为 MOC1，验证具体工作如下：除去本条(a)(1)项和本条(a)(2)项规定的两种情况之外，通过液压系统、燃油系统设计说明（如安装图和系统描述）在每台发动机安装和第 25.1181(a)(4)项与第 25.1181(a)(5)项规定的各个火区有相应的切断装置（如燃油系统的供油切断阀、液压系统的防火切断阀和燃油系统的放油切断阀等），用来切断燃油、滑油、除冰液以及其他可燃液体，或者防止危险量的上述液体流入或流过任何指定火区或在其中流动。

3.4.2　第 25.1189(b)款符合性验证说明

针对第 25.1189(b)款，采用的符合性验证方法主要为 MOC1，验证具体工作如下：通过设计说明各个发动机供油切断阀之间的供油线路具有独立性，供油切断阀之间也就相互独立，从而确保任何一台发动机的燃油切断阀的关闭，不会中断对其余发动机的供油。

3.4.3　第 25.1189(c)款符合性验证说明

针对第 25.1189(c)款，采用的符合性验证方法为 MOC1，验证具体工作如下：通过液压系统、燃油系统设计说明来描述每个切断阀所在系统的工作原理，表明任何切断动作（如断开供油阀）不会影响其他设备（如螺旋桨顺桨装置）以后的应急使用。

3.4.4　第 25.1189(d)款符合性验证说明

针对第 25.1189(d)款，采用的符合性验证方法包括 MOC1 和 MOC9，各项验证具体工作如下：

1) MOC1 验证过程

通过设计说明来描述可燃液体的切断装置和控制装置（如发动机供油切断阀、APU 供油切断阀、交输供油切断阀、放油切断阀和防火切断阀等）的安置位置和防护情况，并给出相应安装位置图，表明在火区内的任何着火都不会影响其工作。

2）MOC9 验证过程

对于在火区内的那些可燃液体的切断装置和控制装置（如成品线和连接器件、线束及电气通用元器件等），通过设备鉴定报告表明该设备/部件满足防火要求。

3.4.5　第 25.1189(e)款符合性验证说明

针对第 25.1189(e)款，采用的符合性验证方法为 MOC1，验证具体工作如下：通过液压系统、燃油系统设计说明来表明切断装置关闭后，排入任何指定火区可燃液体是很少的（如在发动机供油切断阀和发动机燃油泵入口之间、APU 供油切断阀和 APU 燃油泵入口之间），或者没有可燃液体会排入任何指定火区（如从油箱进入位于发动机附件齿轮箱上发动机泵的油路）。

3.4.6　第 25.1189(f)款符合性验证说明

针对第 25.1189(f)款，采用的符合性验证方法包括 MOC1、MOC5 和 MOC6，各项验证具体工作如下：

1）MOC1 验证过程

通过液压系统、燃油系统设计说明来描述控制切断装置的开关所具有的防止切断装置被误动的防错措施情况，同时给出机组在飞行中可以重新打开已关闭的切断装置的程序或工作方式。

2）MOC5 验证过程

通过机上地面试验，由地面操作人员通过实际操作，给出使用感受来表明控制切断装置的开关不会被误动或工作方式确实能够可以重新打开关闭的切断装置。

3）MOC6 验证过程

通过飞行试验，由飞行员通过实际操作，确认能够可以重新打开关闭的切断装置。

3.4.7　第 25.1189(g)款符合性验证说明

针对第 25.1189(g)款，采用的符合性验证方法为 MOC1，验证具体工作如下：通过设计说明给出油箱和发动机之间的每个切断阀安装位置图和系统描述，来表明油箱和发动机之间的每个切断阀（如发动机供油切断阀、APU 供油切断阀以及交输供油切断阀）的安装位置，在动力装置或发动机安装的结构破损后并不会影响该阀正常工作。

3.4.8　第 25.1189(h)款符合性验证说明

针对第 25.1189(h)款，采用的符合性验证方法为 MOC1，验证具体工作如下：通过液压系统、燃油系统设计说明每个切断阀具有释压能力，能够在管路压力急剧升高时进行压力释放。

3.5　符合性文件清单

通常，针对第 25.1189 条的符合性文件清单如表 3-2 所示。

表 3 - 2　建议的符合性文件清单

序　号	符 合 性 报 告	符合性方法
1	飞机燃油系统描述	MOC1
2	液压能源系统描述	MOC1
3	燃油系统设备鉴定报告	MOC9
4	燃油切断装置试飞大纲	MOC6
5	燃油切断装置飞行试验报告	MOC6
6	燃油切断装置机上地面试验大纲	MOC5
7	燃油切断装置机上地面试验报告	MOC5

4　符合性判据

针对第 25.1189(a)款,除去本条(a)(1)项和(2)项规定的两种情况之外,在每台发动机安装和第 25.1181(a)(4)项与(5)项规定的各个火区确认有相应的切断装置,以切断燃油、滑油、除冰液以及其他可燃液体,或者防止危险量的上述液体流入或流过任何指定火区或在其中流动。

针对第 25.1189(b)款,确保任何一台发动机的燃油切断阀的关闭,不会中断对其余发动机的供油。

针对第 25.1189(c)款,确认任何切断动作不会影响其他设备的应急使用。

针对第 25.1189(d)款,确认可燃液体的切断装置和控制装置的安置位置和防护情况能在火区内的任何着火都不会影响其工作。

针对第 25.1189(e)款,确认在切断装置关闭后,排入任何指定火区可燃液体是很少的,或者没有可燃液体会排入任何指定火区。

针对第 25.1189(f)款,控制切断装置的开关所具有的防止切断装置被误动的防错措施,机组在飞行中可以重新打开已关闭的切断装置。

针对第 25.1189(g)款,动力装置或发动机安装的结构破损不会影响该阀正常工作。

针对第 25.1189(h)款,每个切断阀具有释压能力。

参考文献

[1]　14 CFR 修正案 25 - 23 Transport Category Airplane Type Certification Standards [S].

[2]　14 CFR 修正案 25 - 57 Aircraft Engine Regulatory Review Program; Aircraft Engine and Related Powerplant Installation Amendments [S].

[3]　FAA. AC25.1435 - 1 Hydraulic System Certification Tests and Analysis [S]. 2001.

[4]　FAA. AC25.1362 - 1 Electrical Supplies for Emergency Conditions [S]. 2007.

［5］　FAA. AC25. 994 - 1 Design Considerations to Protect Fuel Systems During a Wheels-up Landing ［S］. 1986.

［6］　FAA. AC20 - 128A Design Considerations for Minimizing Hazards Caused by Uncontained Turbine Engine and Auxiliary Power Unit Rotor Failure ［S］. 1997.

［7］　FAA. AC25. 1701 - 1 Certification of Electrical Wiring Interconnection Systems on Transport Category Airplanes ［S］. 2007.

［8］　FAA. AC20 - 135 Powerplant Installation and Propulsion System Component Fire Protection Test Methods，Standards，and Criteria ［S］. 1990.

运输类飞机适航标准
第 25.1191 条符合性验证

1 条款介绍

1.1 条款原文

第 25.1191 条 防火墙

(a) 每台发动机、辅助动力装置、燃油燃烧加温器、其它在飞行中需要使用的燃烧设备以及涡轮发动机的燃烧室、涡轮和尾喷管部分,均必须用防火墙、防火罩或其它等效设施与飞机的其它部分隔离。

(b) 防火墙和防火罩应满足下列要求:

(1) 必须是防火的;

(2) 其构造必须能防止危险量的空气、液体或火焰从该隔舱进入飞机的其它部分;

(3) 其构造必须使每一开孔都用紧配合的防火套圈、衬套或防火墙接头进行封严;

(4) 必须防腐蚀。

1.2 条款背景

第 25.1191 条针对防火墙和防火罩提出了相关防火设计要求,确保任何火区内的着火不会对飞机构成危害。

1.3 条款历史

第 25.1191 条在 CCAR25 部初版首次发布,截至 CCAR-25-R4,该条款未进行过修订,如表 1-1 所示。

表 1-1 第 25.1191 条条款历史

第 25.1191 条	CCAR25 部版本	相关 14 CFR 修正案	备 注
首次发布	初版	—	

1985 年 12 月 31 日发布了 CCAR25 部初版,其中包含第 25.1191 条,该条款参考 1964 年 12 月 24 日发布的 14 CFR PART 25 中的 §25.1191 的内容制定。

2 条款解读

2.1 条款要求

防火墙是防火安全的重要措施,其主要功能是避免指定火区内可能的着火蔓延到飞机其他区域,以减少着火造成的危险。也需防止危险量的空气、液体等进入飞机的其他部分。

对于防火墙本身的特性要求,首先,其必须是防火的;其次,需要考虑腐蚀对防火能力的影响。

防火墙的设计,要特别着重于燃油和滑油管路、整流罩和引气管及防火墙的其他贯穿点,对载有可燃液体的管路和接头需要仔细考虑。另外要求特殊考虑的其他设计是防火墙隔板间的对接密封、发动机舱门、舱门密封及排液或通气管与舱门的连接界面。

2.2 相关条款

与第 25.1191 条相关的条款如表 2 - 1 所示。

表 2 - 1 第 25.1191 条相关条款

序 号	相关条款	相 关 性
1	第 25.1181 条	第 25.1181 条为动力装置防火的基本要求,划分了动力装置指定火区的范围,规定每一指定火区必须满足第 25.867 条和第 25.1185 条至第 25.1203 条的要求,其中包括本条款,即被第 25.1181 条引用
2	第 25.1182 条	第 25.1182 条针对防火墙后面的短舱区域和包含可燃液体导管的发动机吊舱连接结构这些邻近火区中的每个部分提出了需满足等同于指定火区的防火要求,其中包括本条款,即被第 25.1182 条引用
3	第 25.1193 条	第 25.1193 条针对发动机罩和短舱蒙皮(包括相应支承)提出了应承受飞行中的载荷、通风排液和防火等设计要求,发动机整流罩需要满足该条款要求,即被第 25.1193 条引用
4	第 25.1207 条	第 25.1207 条明确了对动力装置防火的符合性方法

3 验证过程

3.1 验证对象

第 25.1191 条的验证对象为防火墙和防火罩。

3.2 符合性验证思路

针对第 25.1191(a)款,通过设计说明每个指定火区均设置有防火墙。

针对第 25.1191(b)(1)项,通过设计说明来描述防火墙、防火罩或其他等效设施的材料符合防火要求;需要通过实验室试验来测试防火墙、防火罩或其他等效设施应能承受 2 000°F±150°F 至少 15 分钟的火焰条件。

针对第 25.1191(b)(2)项,通过设计说明来描述防火墙、防火罩或其他等效设施的构造情况,表明能够防止危险量的空气、液体或火焰从该隔舱进入飞机的其他部分;需要通过实验室试验来予以确认这种构造能够实现预期目的。

针对第 25.1191(b)(3)项,通过设计说明来描述防火墙、防火罩或其他等效设施中每一开孔都用紧配合的防火套圈、衬套或防火墙接头进行封严;需要通过实验室试验来予以确认这种构造能够实现预期目的。

针对第 25.1191(b)(4)项,通过设计说明来描述防火墙、防火罩或其他等效设施的材料具有防腐蚀特性。

3.3　符合性验证方法

通常,针对第 25.1191 条的符合性验证方法如表 3-1 所示。

表 3-1　建议的符合性方法

条　款　号	专　业	符 合 性 方 法										备　注
		0	1	2	3	4	5	6	7	8	9	
第 25.1191(a)款	结　构		1									
第 25.1191(b)(1)项	结　构		1			4						
第 25.1191(b)(2)项	结　构		1			4						
第 25.1191(b)(3)项	结　构		1			4						
第 25.1191(b)(4)项	结　构		1									

3.4　符合性验证说明

3.4.1　第 25.1191(a)款符合性验证说明

针对第 25.1191(a)款,采用的符合性验证方法为 MOC1,验证具体工作如下:通过设计说明来描述短舱火区防火墙和防火封严的结构情况,表明通过短舱火区防火墙将每台涡轮发动机的燃烧室、涡轮和尾喷管部分,均用防火墙/防火罩与飞机的其他部分隔离。

3.4.2　第 25.1191(b)(1)项符合性验证说明

针对第 25.1191(b)(1)项,采用的符合性验证方法主要为 MOC1 和 MOC4,各项验证具体工作如下:

1) MOC1 验证过程

通过设计说明来描述短舱火区防火墙和防火封严的材料都能符合防火要求。

2) MOC4 验证过程

通过实验室试验(如反推力结构核心罩体防火试验、短舱风扇罩结构防火试和短舱防火墙封严防火试验等)来确认指定火区防火墙和防火封严应能承受 2 000°F±150°F 至少 15 分钟的防火要求。

3.4.3　第 25.1191(b)(2)项符合性验证说明

针对第 25.1191(b)(2)项,采用的符合性验证方法主要为 MOC1 和 MOC4,各项验证具体工作如下:

1) MOC1 验证过程

通过设计说明来描述短舱火区防火墙和防火封严的构造情况,表明能够防止危险量的空气、液体或火焰从该隔舱进入飞机的其他部分。

2) MOC4 验证过程

通过实验室试验(如反推力结构核心罩体防火试验、短舱风扇罩结构防火试验和短舱防火墙封严防火试验等)来测试短舱火区防火墙和防火封严应能防止危险量的空气、液体或火焰从该隔舱进入飞机的其他部分。

3.4.4　第 25.1191(b)(3)项符合性验证说明

针对第 25.1191(b)(3)项,采用的符合性验证方法主要为 MOC1 和 MOC4,各项验证具体工作如下:

1) MOC1 验证过程

通过设计说明来描述短舱火区防火墙和防火封严的构造情况,表明其中每一开孔都用紧配合的防火套圈、衬套或防火墙接头进行了封严。

2) MOC4 验证过程

通过实验室试验(如反推力结构核心罩体防火试验、短舱风扇罩结构防火试验和短舱防火墙封严防火试验等)来测试短舱火区的防火封严是有效的,达到了密封要求。

3.4.5　第 25.1191(b)(4)项符合性验证说明

针对第 25.1191(b)(4)项,采用的符合性验证方法主要为 MOC1,验证具体工作如下:

通过设计说明来描述短舱火区防火墙和防火封严具体使用的材料及相应的特性,确认其具有防腐蚀的能力。

3.5　符合性文件清单

通常,针对第 25.1191 条的符合性文件清单如表 3 - 2 所示。

表 3 - 2　建议的符合性文件清单

序　号	符 合 性 报 告	符合性方法
1	防火墙设计描述	MOC1
2	防火墙试验大纲	MOC4
3	防火墙试验报告	MOC4

4　符合性判据

针对第 25.1191(a)款，确认每台发动机、辅助动力装置、燃油燃烧加温器、其他在飞行中需要使用的燃烧设备以及涡轮发动机的燃烧室、涡轮和尾喷管部分都采用了防火墙、防火罩或其他等效设施与飞机的其他部分实现了隔离。

针对第 25.1191(b)(1)项，确认描述防火墙、防火罩或其他等效设施的材料符合的防火要求。

针对第 25.1191(b)(2)项，确认防火墙可以防止危险量的空气、液体或火焰从该隔舱进入飞机的其他部分。

针对第 25.1191(b)(3)项，确认防火墙、防火罩或其他等效设施中每一开孔都用紧配合的防火套圈、衬套或防火墙接头进行封严情况，并确认是有效的，可以实现密封要求。

针对第 25.1191(b)(4)项，确认防火墙、防火罩或其他等效设施的材料具有防腐蚀特性。

参考文献

［1］　FAA. AC20‐135 Powerplant Installation and Propulsion System Component Fire Protection Test Methods，Standards，and Criteria［S］. 1990.

［2］　FAA. AC29‐2B Certification of Transport Category Rotorcraft［S］. 1997.

运输类飞机适航标准
第25.1193条符合性验证

1 条款介绍

1.1 条款原文

第25.1193条 发动机罩和短舱蒙皮

（a）整流罩的构造和支承，必须使其能承受在运行中可能遇到的任何振动、惯性和空气载荷。

（b）整流罩必须满足第25.1187条的排液和通风要求。

（c）在发动机动力部分和发动机附件部分之间有隔板的飞机上，一旦动力装置的发动机动力部分着火时，经受火焰的附件部分整流罩的各部分，应符合下列规定：

（1）必须是防火的；

（2）必须满足第25.1191条的要求。

（d）由于靠近排气系统零件或受排气冲击而经受高温的整流罩的各部分必须是防火的。

（e）每架飞机必须符合下列规定：

（1）其设计和构造应使在任何火区内出现的着火不能通过开口或烧穿外蒙皮而进入其它任何火区或会增加危险的区域；

（2）在起落架收起时（如果适用），应满足本条（e）（1）的要求；

（3）在发动机动力部分或附件部分着火时经受火焰的区域应使用防火蒙皮。

1.2 条款背景

第25.1193条针对发动机罩和短舱蒙皮（包括相应支承）提出了应承受飞行中的载荷、通风排液和防火等设计要求。

1.3 条款历史

第25.1193条在CCAR25部初版首次发布，截至CCAR-25-R4，该条款未进行过修订，如表1-1所示。

1985年12月31日发布了CCAR25部初版，其中包含第25.1193条，该条款参考了14 CFR PART 25中的§25.1193的内容制定。

表 1-1　第 25.1193 条条款历史

第 25.1193 条	CCAR25 部版本	相关 14 CFR 修正案	备　注
首次发布	初版	—	

2　条款解读

2.1　条款要求

第 25.1193(a)款要求整流罩和支承结构能承受飞行中的振动、惯性和气动载荷。第 25.1193(b)款要求整流罩和短舱通风并能完全排液,以阻止可燃液体的积聚。第 25.1193(c)款、第 25.1193(d)款和第 25.1193(e)款阐明了防火要求。

2.2　相关条款

与第 25.1193 条相关的条款如表 2-1 所示。

表 2-1　第 25.1193 条相关条款

序　号	相关条款	相　关　性
1	第 25.1181 条	第 25.1181 条为动力装置防火的基本要求,划分了动力装置指定火区的范围,规定每一指定火区必须满足第 25.867 条和第 25.1185 条至第 25.1203 条的要求,其中包括本条款,即被第 25.1181 条引用
2	第 25.1182 条	第 25.1182 条针对防火墙后面的短舱区域和包含可燃液体导管的发动机吊舱连接结构这些邻近火区中的每个部分提出了需满足等同于指定火区的防火要求,其中包括本条款,即被第 25.1182 条引用
3	第 25.1187 条	第 25.1187 条针对为指定火区实现排液和通风功能的排液系统、通风冷却系统提出了相关防火设计要求,使得可能发生在火区内的燃液体泄漏和蒸发得到安全的控制,发动机整流罩需要满足该条款要求,即引用第 25.1187 条
4	第 25.1191 条	第 25.1191 条针对防火墙和防火罩提出了相关防火设计要求,确保任何火区内的着火不会对飞机构成危害,而发动机整流罩需要满足该条款要求,即引用第 25.1191 条
5	第 25.1207 条	第 25.1207 条明确了对动力装置防火的符合性方法

3　验证过程

3.1　验证对象

第 25.1193 条的验证对象为发动机罩和短舱蒙皮(包括相应支承),如短舱的风扇罩和反推核心罩及吊挂铰链支座连接和发动机短舱部件,包括连接紧固件和连接接头等。

3.2 符合性验证思路

针对第 25.1193(a)款,通过对可预期最严酷情况的计算分析来表明整流罩的构造和支承(如吊挂铰链支座连接和发动机短舱部件,包括连接紧固件和连接接头等)能够承受在运行中可能遇到的任何振动、惯性和空气载荷。

针对第 25.1193(b)款,通过设计说明来描述整流罩(如短舱的风扇罩和反推核心罩)与通风和排液系统的设计构型情况,来表明满足第 25.1187 条的排放和通风要求。

针对第 25.1193(c)款,现有运输类飞机的设计,通常在发动机动力部分和发动机附件部分之间没有设置隔板,故此条款不适用。

针对第 25.1193(d)款,通过设计说明来描述靠近排气系统零件或受排气冲击而经受高温的整流罩各部分(如反推核心罩)的材料性质是防火的。

针对第 25.1193(e)(1)项,通过设计说明来描述整流罩的设计和构造情况具有防火特性,能够确保在任何火区内出现的着火不能通过开口或烧穿外蒙皮而进入其他任何火区或会增加危险的区域。通过计算分析来说明整流罩的强度情况满足本条款要求。通过实验室试验来测试整流罩满足防火要求。

针对第 25.1193(e)(2)项,现有运输类飞机的设计,通常未将起落架布置在发动罩或短舱蒙皮区域,故该条款不适用。

针对第 25.1193(e)(3)项,通过设计说明来描述在发动机动力部分或附件部分着火时经受火焰的区域所使用的蒙皮(如短舱防火墙和防火封严)材料具有防火特性。通过实验室试验来测试防火蒙皮满足防火要求。

3.3 符合性验证方法

通常,针对第 25.1193 条的符合性验证方法如表 3-1 所示。

表 3-1 建议的符合性方法

条 款 号	专 业	符 合 性 方 法										备 注
		0	1	2	3	4	5	6	7	8	9	
第 25.1193(a)款	强 度			2		4						
第 25.1193(b)款	短舱吊挂		1									
第 25.1193(d)款	短舱吊挂		1									
第 25.1193(e)(1)项	短舱吊挂		1	2		4						
第 25.1193(e)(3)项	短舱吊挂		1			4						

3.4 符合性验证说明

3.4.1 第 25.1193(a)款符合性验证说明

针对第 25.1193(a)款,采用的符合性验证方法主要为 MOC2 和 MOC4,各项验证具体工作如下：

1) MOC2 验证过程

通过对可预期最严酷情况的计算分析(振动分析和静强度校核)整流罩的构造和支承(如吊挂铰链支座连接和发动机短舱部件,包括连接紧固件、连接接头和锁扣等)的振动、惯性和空气载荷情况(其中,振动载荷考虑动载荷、风车载荷和发动机振动载荷;惯性载荷考虑应急着陆载荷、飞行载荷、地面载荷、动载荷和 FBO 载荷;气动载荷考虑载荷包线上各个点的气动受载),确保各部位结构裕度均大于 0 或没有结构件破坏,能够承受在运行中可能遇到的任何振动、惯性和空气载荷。

2) MOC4 验证过程

通过对一些重要连接部件(如短舱锁扣、反推力格栅和进气道内壁板连接接头等)开展静力验证试验以确认满足本条款要求。具体地,根据短舱锁扣的结构和受载形式开展单独的静力试验;对不同构型的反推力格栅试验件开展限制载荷、极限载荷静力试验及破坏试验;对不同构型的进气道内壁板连接接头试验件开展限制载荷和极限载荷静力试验。

3.4.2　第 25.1193(b)款符合性验证说明

针对第 25.1193(b)款,采用的符合性验证方法主要为 MOC1,验证具体工作如下:针对整流罩(比如短舱的风扇罩和反推核心罩等),通过引用第 25.1187 条的符合性验证结果来分别说明其设计构型能够满足第 25.1187 条的排放和通风要求。

3.4.3　第 25.1193(d)款符合性验证说明

针对第 25.1193(d)款,采用的符合性验证方法主要为 MOC1,验证具体工作如下:通过描述说明靠近排气系统零件或受排气冲击而经受高温的整流罩各部分(如反推核心罩)的材料性质都具有防火特性。

3.4.4　第 25.1193(e)(1)项符合性验证说明

针对第 25.1193(e)(1)项,采用的符合性验证方法主要为 MOC1、MOC2 和 MOC4,各项验证具体工作如下:

1) MOC1 验证过程

通过设计说明来描述整流罩(如风扇舱和核心舱的火区边界上所有蒙皮和封严)的设计和构造情况具有防火特性,能够确保在任何火区内出现的着火不能通过开口或烧穿外蒙皮而进入其他任何火区或会增加危险的区域。

2) MOC2 验证过程

通过计算分析来说明整流罩(如风扇舱和核心舱的火区边界上所有蒙皮和封严)的强度情况,能够确保在任何火区内出现的着火不能通过开口或烧穿外蒙皮而进入其他任何火区或会增加危险的区域。

3) MOC4 验证过程

通过实验室试验(如反推力结构核心罩体防火试验、短舱风扇罩结构防火试验和短舱防火墙封严防火试验等)来测试确保在任何火区内出现的着火不能通过开口或烧穿外蒙皮而进入其他任何火区或会增加危险的区域的实际效果,满足本条款要求。

3.4.5　第 25.1193(e)(3)项符合性验证说明

针对第 25.1193(e)(3)项,采用的符合性验证方法主要为 MOC1 和 MOC4,各项验证具体工作如下:

1) MOC1 验证过程

通过描述在发动机动力部分或附件部分着火时经受火焰的区域所使用的蒙皮(如短舱防火墙和防火封严)材料具有防火特性,满足本条款要求。

2) MOC4 验证过程

通过实验室试验(如反推力结构核心罩体防火试验、短舱风扇罩结构防火试验和短舱防火墙封严防火试验等)来测试防火蒙皮在防火要求下的实际效果,满足本条款要求。

3.5　符合性文件清单

通常,针对第 25.1193 条的符合性文件清单如表 3-2 所示。

表 3-2　建议的符合性文件清单

序　号	符 合 性 报 告	符合性方法
1	吊挂静强度校核报告	MOC2
2	发动机短舱静强度分析报告	MOC2
3	动力装置界面载荷报告	MOC2
4	风车界面载荷报告	MOC2
5	发动机短舱气动压力分布 CFD 计算分析报告	MOC2
6	发动机短舱反推力格栅静力试验大纲	MOC4
7	发动机短舱反推力格栅静力试验报告	MOC4
8	发动机短舱反推力格栅静力试验评估报告	MOC4
9	发动机短舱进气道内壁板连接件静力试验大纲	MOC4
10	发动机短舱进气道内壁板连接件静力试验报告	MOC4
11	发动机短舱进气道内壁板连接件静力试验报告评估报告	MOC4
12	发动机短舱锁扣静力试验大纲	MOC4
13	发动机短舱锁扣静力试验报告	MOC4
14	发动机短舱锁扣静力试验评估报告	MOC4
15	短舱风扇罩结构防火试验大纲	MOC4
16	短舱风扇罩结构防火试验报告	MOC4
17	反推力结构核心罩体防火试验大纲	MOC4
18	反推力结构核心罩体防火试验报告	MOC4
19	短舱防火墙封严防火适航试验大纲	MOC4
20	短舱防火墙封严防火适航试验报告	MOC4
21	短舱结构防火墙系统描述	MOC1

4 符合性判据

针对第 25.1193(a)款,确认整流罩的构造和支承(如吊挂铰链支座连接和发动机短舱部件,包括连接紧固件和连接接头等)能够承受在运行中可能遇到的任何振动、惯性和空气载荷。

针对第 25.1193(b)款,确认整流罩与通风和排液系统的设计构型情况满足第25.1187 条的排放和通风要求。

针对第 25.1193(d)款,确认靠近排气系统零件或受排气冲击而经受高温的整流罩各部分(如反推核心罩)的材料性质是防火的。

针对第 25.1193(e)(1)项,确认在任何火区内出现的着火不能通过开口或烧穿外蒙皮而进入其他任何火区或会增加危险的区域。

针对第 25.1193(e)(3)项,确认在发动机动力部分或附件部分着火时经受火焰的区域所使用的蒙皮材料具有防火特性。

参考文献

[1] FAA. AC20 - 135 Powerplant Installation and Propulsion System Component Fire Protection Test Methods, Standards, and Criteria [S]. 1990.

运输类飞机适航标准
第 25.1195 条符合性验证

1 条款介绍

1.1 条款原文

第 25.1195 条　灭火系统

（a）必须有为每个指定火区服务的灭火系统，但是对于包含输送可燃液体或气体管路或组件的涡轮发动机安装的燃烧室、涡轮及尾喷管部分，如果表明其着火是可控制的，则这些部分除外。

（b）灭火系统、灭火剂剂量、喷射速率和喷射分布必须足以灭火。必须通过真实的或模拟的飞行试验来表明，在飞行中临界的气流条件下，本条（a）规定的每一指定火区内灭火剂的喷射，可提供能熄灭该火区内的着火并能使复燃的概率减至最小的灭火剂密集度。辅助动力装置、燃油燃烧加温器以及其它燃烧设备可以使用单独的"一次喷射"式灭火系统。对于每个其它的指定火区，必须提供两次喷射，每次喷射要有足够的灭火剂密集度。

（c）短舱的灭火系统必须能够同时对被防护短舱的每一火区进行防护。

1.2 条款背景

第 25.1195 条对飞机上安装的灭火系统提出了要求。对于每个指定火区都要求有灭火系统。对于 APU、燃油燃烧加温器和其他的燃烧设备需要提供可单独的一次喷射式灭火系统。对于其他的指定火区，必须提供两次喷射，并且任一次喷射能够产生足够的浓度。

1.3 条款历史

第 25.1195 条在 CCAR25 部初版首次发布，截至 CCAR－25－R4，该条款未进行过修订，如表 1－1 所示。

1985 年 12 月 31 日发布了 CCAR25 部初版，其中包含第 25.1195 条，该条款参考 1964 年 12 月 24 日发布的 14 CFR PART 25 和 14 CFR 修正案 25－23 及 25－46 中的 §25.1195 的内容制定。

1970 年 5 月 8 日，FAA 发布 14 CFR 修正案 25－23，增加了对灭火剂的灭火剂

表 1－1　第 25.1195 条条款历史

第 25.1195 条	CCAR25 部版本	相关 14 CFR 修正案	备　　注
首次发布	初版	25－23,25－46	

量喷射分布的要求。

　　1978 年 12 月 1 日,FAA 发布 14 CFR 修正案 25－46,增加了必须通过飞行试验来表明符合的要求;并删除了§25.1195(b)最后一句话,以避免可能的误解,即提供的每次喷射灭火剂都不必指向所有的发动机,但应向每个发动机至少提供两次喷射。

2　条款解读

2.1　条款要求

　　对于每个指定的火区要求有灭火系统。APU、燃油燃烧加温器和其他的燃烧设备可使用单独的一次喷射式灭火系统。其他的指定火区,必须提供两次喷射,并且任一次喷射能够产生足够的浓度。每次喷射必须能喷到任何主要发动机安装的位置。

　　飞行中的临界气流条件需考虑飞机处于最大速度平飞、进近、起飞、巡航等飞机阶段中对需喷射灭火剂的区域的通风而言最临界的条件。通常,建议在 2 000～5 000 英尺高度范围进行试飞,原因是在此高度范围内具有较大的气流。

　　安装在飞机温度控制区外,可能受环境大气温度影响的灭火瓶,应将其冷却到试验温度(如－55℃)来验证灭火系统的性能,因为低温会大大降低灭火瓶内的压力,进而降低灭火剂的喷射密集度。

2.2　相关条款

　　与第 25.1195 条相关的条款如表 2－1 所示。

表 2－1　第 25.1195 条相关条款

序　号	相关条款	相　　关　　性
1	第 25.1181 条	第 25.1181 条明确了飞机指定火区对应的区域
2	第 25.1197 条	第 25.1197 条明确了对灭火系统所采用灭火剂的灭火能力、热稳定性等要求;并明确要求预防有毒灭火剂释放对载人舱的影响
3	第 25.1199 条	第 25.1199 条灭火瓶要求:备有释压装置,防止内压过高而引起容器爆破;释压接头引出的每根排放管的排放瑞头设置必须使放出的灭火剂不会损伤飞机;排放管必须设置和防护得不致被冰或其它外来物堵塞;于每个灭火瓶必须设有指示措施;必须保持每个灭火瓶的温度;采用爆炸帽来喷射灭火剂的灭火瓶必须安装得使温度条件不致产生爆炸帽工作性能危险的恶化

序　号	相关条款	相　　关　　性
4	第 25.1201 条	第 25.1201 条灭火系统材料要求：灭火系统的材料不得与灭火剂起化学反应；发动机舱内的灭火系统部件必须是防火的
5	第 25.1207 条	第 25.1207 条明确了需采用全尺寸的着火试验的方法或条款提到的等效的方法来表明对第 25.1181 至第 25.1203 要求的符合性

3　验证过程

3.1　验证对象

第 25.1195 条的验证对象为灭火系统。

3.2　符合性验证思路

针对第 25.1195(a)款，通过防火系统描述文件说明灭火系统的原理及设计安装，说明符合本条款要求。

针对第 25.1195(b)款，通过防火系统描述文件说明灭火系统的设计特点，包括灭火剂剂量、释放压力等表明足以灭火。采用分析/计算方法，确认灭火瓶剂量满足条款要求的单次喷射、两次喷射要求；通过发动机舱/APU 舱等灭火剂浓度测量飞行试验，确认发动机舱/APU 舱等内灭火剂浓度满足条款的要求。

针对第 25.1195(c)款，通过防火系统描述文件说明发动机舱灭火系统的设计特点，包括表明符合本条款要求；通过发动机舱内灭火剂浓度测量飞行试验，确认发动机舱内灭火剂浓度满足条款的要求。

3.3　符合性验证方法

通常，针对第 25.1195 条的符合性验证方法如表 3-1 所示。

表 3-1　建议的符合性方法

条　款　号	专　业	符　合　性　方　法										备　注
		0	1	2	3	4	5	6	7	8	9	
第 25.1195(a)款	防　火		1									
第 25.1195(b)款	防　火		1	2				6				
第 25.1195(c)款	防　火		1					6				

3.4　符合性验证说明

3.4.1　第 25.1195(a)款符合性验证说明

针对第 25.1195(a)款，采用的符合性验证方法包括 MOC1，验证具体工作为通过防火系统设计描述文件说明依据第 25.1181 条对指定火区的定义,所确定的需增加灭火系统的具体指定火区位置及范围。说明防火系统灭火瓶、灭火管路、灭火喷嘴等的设计特征、布置等。

3.4.2　第 25.1195(b)款符合性验证说明

针对第 25.1195(b)款采用的符合性验证方法包括 MOC1、MOC2 和 MOC6,各项验证工作具体如下:

1) MOC1 验证过程

通过防火系统描述文件说明防火系统灭火瓶、灭火管路、灭火喷嘴的设计特征、工作原理等,包括灭火剂剂量、灭火喷嘴布置位置等,表明发动机灭火系统具备两次喷射能力,APU 灭火系统具备单次喷射能力,说明可将复燃概率减至最小。

2) MOC2 验证过程

对发动机舱/APU 舱等指定火区的灭火剂剂量计算分析,基于 MIL‑E‑22285 等标准,计算巡航状态低流速条件所需的灭火剂剂量,并考虑灭火剂喷射过程中灭火剂在灭火管路等处的损失,增加一定的余量;确认灭火剂剂量要求低于灭火瓶实际填充的剂量。

3) MOC6 验证过程

进行发动机舱和 APU 舱灭火剂浓度测试飞行试验。飞行试验前需将灭火瓶冷却到尽可能低的温度。基于 FAA‑DS‑70‑3 的建议,在 2 000～5 000 英尺高度范围进行试飞,通常考虑飞行高度对试飞安全的影响,也可在此范围内选择尽可能高的高度(如 5 000 英尺)进行飞行试验。飞行试验选择的高度和速度选取确保试验在尽可能接近临界短舱通风气流条件下进行。飞行试验过程中,按飞行手册的规定程序实施发动机舱/APU 舱等的应急灭火程序,对发动机舱/APU 舱等的灭火剂浓度和分布进行测量和记录。通常,在确认发动机舱/APU 舱等处所有灭火剂浓度采样点达到并保持 6% 容积浓度的最少时间为 0.5 秒时,可表明条款符合性。

3.4.3　第 25.1195(c)款符合性验证说明

针对第 25.1195(c)款,采用的符合性验证方法包括 MOC1 和 MOC6,各项验证工作具体如下:

1) MOC1 验证过程

通过防火系统描述文件说明短舱的灭火系统对应的灭火剂剂量、灭火喷嘴布置位置等,表明包括发动机短舱内的风扇区和核心区等多个区域进行防护。

2) MOC6 验证过程

进行发动机舱灭火剂浓度测试飞行试验。飞行试验前需将灭火瓶冷却到尽可能低的温度。基于 FAA‑DS‑70‑3 的建议,在 2 000～5 000 英尺高度范围进行试飞,通常考虑飞行高度对试飞安全的影响,也可在此范围内选择尽可能高的高度(如 5 000 英尺)进行飞行试验。飞行试验选择的高度和速度选取确保试验在尽可能接近短舱通风气流条件下进行。飞行试验过程中,按飞行手册的规定程序实施发动机舱的应急灭火程序,对发动机短舱如风扇舱、核心舱等不同火区的灭火剂浓度和分布进行测量和记录。通常,在确认发动机短舱如风扇舱、核心舱等不同火区所有灭火剂浓度采样点达到并保持 6% 容积浓度的最少时间为 0.5 秒时,可表明条款符合性。

3.5 符合性文件清单

通常,针对第 25.1195 条的符合性文件清单如表 3-2 所示。

表 3-2 建议的符合性文件清单

序 号	符 合 性 报 告	符 合 性 方 法
1	防火系统设计描述文档	MOC1
2	防火系统计算分析报告	MOC2
3	防火系统试飞大纲	MOC6
4	防火系统试飞报告	MOC6

4 符合性判据

针对第 25.1195 条,满足下述情况可判定为符合:

(1) 发动机舱和 APU 舱等指定火区均布置了灭火系统。

(2) 辅助动力装置、燃油燃烧加温器以及其他燃烧设备具有单独的"一次喷射"式灭火系统。对于每个其他的指定火区,具有两次喷射的能力。

(3) 发动机舱的灭火系统能够对被防护短舱的每一火区进行防护。

(4) 发动机舱和 APU 舱灭火剂浓度测试飞行试验时,每个灭火剂浓度采样点达到 6% 的初始体积浓度且持续 0.5 秒以上。

参考文献

[1] 14 CFR 修正案 25-23 Transport Category Airplane Type Certification Standards [S].

[2] 14 CFR 修正案 25-46 Airworthiness Review Program Amendment No. 7 [S].

[3] FAA. AC20-100 General Guidlines for Mearing Fire-extinguishing Agent Concentrations in Powerplant Compartment [S]. 1977.

[4] FAA. AC25.1362-1 Electrical Supplies for Emergency Conditions [S]. 2007.

[5] FAA. AC20-144 Recommended Method for FAA Approval of Aircraft Fire Extinguishing System Components [S]. 2000.

[6] FAA Order 8110.16. Fire Extinguishing Requirements for APU Compartments [S]. 1976.

运输类飞机适航标准
第 25.1197 条符合性验证

1 条款介绍

1.1 条款原文

第 25.1197 条　灭火剂

（a）灭火剂必须满足下列要求：

（1）能够熄灭在灭火系统保护的区域内任何液体或其它可燃材料燃烧时的火焰；

（2）对于贮放灭火剂的舱内可能出现的整个温度范围，均具有热稳定性。

（b）如果使用任何有毒的灭火剂，必须采取措施防止有害密集度的灭火液或其蒸气（飞机正常运行中渗漏的，或者在地面或飞行中灭火瓶喷射释放的）进入任何载人舱（即使灭火系统中可能存在缺陷）。对于此要求必须用试验来表明，但机身舱内的固定式二氧化碳灭火系统除外，对于该系统则有下列要求：

（1）应能按规定的灭火程序，向机身任一隔舱喷射 2.3 公斤（5 磅）或少于 2.3 公斤（5 磅）的二氧化碳；或

（2）对于在驾驶舱执勤的或每个飞行机组成员，应有防护性呼吸设备。

1.2 条款背景

第 25.1197 条对灭火瓶所填充的灭火剂提出了要求。本条款的目的是规定灭火剂必须经过批准并且证明能够灭火；在飞机的环境包线内具有热稳定性，并且说明对有毒的灭火剂的使用要求。

1.3 条款历史

第 25.1197 条在 CCAR25 部初版首次发布，截至 CCAR－25－R4，该条款未进行过修订，如表 1－1 所示。

1985 年 12 月 31 日发布了 CCAR25 部初版，其中包含第 25.1197 条，该条款参考 1964 年 12 月 24 日发布的 14 CFR PART 25 中的 §25.1197，结合 FAA 发布的 14 CFR 修正案 25－38 和 25－40 的内容制定。

表 1-1　第 25.1197 条条款历史

第 25.1197 条	CCAR25 部版本	相关 14 CFR 修正案	备　注
首次发布	初版	25-38,25-40	

1977 年 2 月 1 日,FAA 发布 14 CFR 修正案 25-38,对灭火剂的灭火能力进行重新表述。

1977 年 5 月 2 日,FAA 发布 14 CFR 修正案 25-40,删除了 §25.1197(c),以移除对过时的灭火剂的具体引述。

2　条款解读

2.1　条款要求

灭火剂应能熄灭燃油、滑油和液压油等液体燃烧时的火焰,也能熄灭橡胶、塑料、织物和导线等可燃材料燃烧时的火焰。

不同的灭火剂有不同的热稳定性。在安装灭火瓶的环境温度范围内,不允许因灭火剂的热稳定性不好而降低灭火效能。

灭火剂向火区喷射时,不应使发动机或飞机的金属件腐蚀,亦不得影响附件和零件工作。当大气温度为 −55℃ 时,灭火瓶内的灭火剂无须使用专门的加温装置加温,也能射出和喷散。目前的灭火剂一般通常具有沸点低、汽化好,本身对金属腐蚀性小的特点。

二氧化碳对空勤组人员执行任务产生有害的影响,因此,在机身舱内装有二氧化碳灭火系统的飞机上,应按第 25.831 条规定的程序测定由于灭火器喷射结果而在空勤组人员站位处的二氧化碳浓度,但是属于机身舱内的固定二氧化碳灭火系统,且满足第 25.1197(b)(1) 项和第 25.1197(b)(2) 项规定的情况时,可不必测定。

必须采取措施防止任何有毒的灭火剂的有害密集度的灭火液或其蒸气进入任何载人舱。

2.2　相关条款

与第 25.1197 条相关的条款如表 2-1 所示。

表 2-1　第 25.1197 条相关条款

序　号	相关条款	相　关　性
1	第 25.1195 条	第 25.1195 条要求:必须有为每个指定火区服务的灭火系统;灭火系统、灭火剂剂量、喷射速率和喷射分布必须足以灭火

（续表）

序 号	相 关 条 款	相 关 性
2	第25.1199条	第25.1199条灭火瓶要求：备有释压装置，防止内压过高而引起容器爆破；释压接头引出的每根排放管的排放瑞头设置必须使放出的灭火剂不会损伤飞机；排放管必须设置和防护得不致被冰或其它外来物堵塞；于每个灭火瓶必须设有指示措施；必须保持每个灭火瓶的温度；采用爆炸帽来喷射灭火剂的灭火瓶必须安装得使温度条件不致产生爆炸帽工作性能危险的恶化
3	第25.1201条	第25.1201条灭火系统材料要求：灭火系统的材料不得与灭火剂起化学反应；发动机舱内的灭火系统部件必须是防火的
4	第25.1207条	第25.1207条明确了需采用全尺寸的着火试验的方法或条款提到的等效的方法来表明对第25.1181条至第25.1203条要求的符合性

3 验证过程

3.1 验证对象

第25.1197条的验证对象为灭火剂系统。

3.2 符合性验证思路

针对第25.1197(a)款，通过防火系统描述文件说明灭火剂具体类型、灭火剂特点。

针对第25.1197(b)款，通过防火系统描述文件表明可有效防止灭火剂进入载人舱区域。

3.3 符合性验证方法

通常，针对第25.1197条的符合性验证方法如表3-1所示。

表3-1 建议的符合性方法

条 款 号	专 业	符 合 性 方 法										备 注
		0	1	2	3	4	5	6	7	8	9	
第25.1197(a)款	防 火		1									
第25.1197(b)款	防 火		1						7		9	

3.4 符合性验证说明

3.4.1 第25.1197(a)款符合性验证说明

针对第25.1197(a)款，采用的符合性验证方法包括MOC1，验证具体工作为通过防火系统描述文件表明发动机舱/APU舱等灭火瓶所使用的灭火剂具体类型，说明其属于低毒的灭火剂,有良好的热稳定性;其灭火能力适应发动机舱/APU舱等可能的着火类型。灭火系统中的灭火瓶、灭火管路和喷嘴材料,不会同灭火瓶所使用的灭火剂发生化学反应。

3.4.2 第25.1197(b)款符合性验证说明

针对第25.1197(b)款采用的符合性验证方法包括MOC1,验证工作具体为通过防火系统描述文件表明灭火瓶喷射灭火剂对应发动机舱/APU舱等区域与载人舱设置有隔断层,可有效防止灭火剂进入载人舱区域。目前在飞机设计中均采用无毒或低毒的灭火剂,故不需专门为飞行机组成员配备防护性呼吸设备。

3.5 符合性文件清单

通常,针对第25.1197条的符合性文件清单如表3-2所示。

表3-2 建议的符合性文件清单

序 号	符 合 性 报 告	符合性方法
1	防火系统设计描述文档	MOC1

4 符合性判据

针对第25.1197条,满足下述情况可判定为符合:

(1)灭火剂灭火能力适应可能的着火类型。

(2)灭火剂具有良好的热稳定性。

(3)灭火剂不会进入载人舱区域。

参考文献

[1] 14 CFR修正案25-38 Airworthiness Review Program,Amendment No. 3:Miscellaneous Amendments [S].

[2] 14 CFR修正案25-40 Airworthiness Review Program,Amendment No. 4:Powerplant Amendments [S].

[3] FAA. AC20-144 Recommended Method for FAA Approval of Aircraft Fire Extinguishing System Components [S]. 2000.

[4] FAA. AC20-100 General Guidlines for Mearing Fire-extinguishing Agent Concentrations in Powerplant Compartment [S]. 1977.

运输类飞机适航标准
第25.1199条符合性验证

1 条款介绍

1.1 条款原文

第25.1199条 灭火瓶

（a）每个灭火瓶必须备有释压装置，防止内压过高而引起容器爆破。

（b）从释压接头引出的每根排放管的排放瑞头，其设置必须使放出的灭火剂不会损伤飞机。该排放管还必须设置和防护得不致被冰或其它外来物堵塞。

（c）对于每个灭火瓶必须设有指示措施，指示该灭火瓶已经喷射或其充填压力低于正常工作所需的最小规定值。

（d）在预定运行条件下，必须保持每个灭火瓶的温度，以防出现下列情况：

（1）容器中压力下降到低于提供足够喷射率所需的值；

（2）容器中压力上升到足以引起过早喷射。

（e）如果采用爆炸帽来喷射灭火剂，则每个灭火瓶必须安装得使温度条件不致产生爆炸帽工作性能危险的恶化。

1.2 条款背景

第25.1199条的目的是明确对飞机上所安装灭火瓶的要求。由于飞机上的灭火瓶充填灭火剂后为保证喷射速率需充高压气体，为了防止温度升高引起灭火瓶爆炸，装有释压装置。释压排放口必须考虑排出的灭火剂不会损伤飞机，也不被冰或其他外来物堵塞。灭火瓶必须设有指示措施，以发现灭火瓶已经喷射或因渗漏导致压力低于正常工作所需的最小规定值。灭火瓶的安装位置不会因温度变化导致灭火瓶压力过高导致提早喷射，或压力过低导致不能提供足够的喷射率。

1.3 条款历史

第25.1199条在CCAR25部初版首次发布，截至CCAR-25-R4，该条款未进行过修订，如表1-1所示。

表 1-1   第 25.1199 条条款历史

第 25.1199 条	CCAR25 部版本	相关 14 CFR 修正案	备 注
首次发布	初版	25-23,25-40	

1985 年 12 月 31 日发布了 CCAR25 部初版,其中包含第 25.1199 条,该条款参考 1964 年 12 月 24 日发布的 14 CFR PART 25 中的 §25.1199,并结合 FAA 发布的 14 CFR 修正案 25-23、25-40 的内容制定。

1970 年 5 月 8 日,FAA 发布 14 CFR 修正案 25-23,对采用爆炸帽喷射灭火剂的灭火瓶安装温度条件提出要求,以防止采用爆炸帽来喷射灭火剂的灭火瓶,其安装位置的温度条件使爆炸帽工作性能产生危险的恶化。

1977 年 5 月 2 日,FAA 发布 14 CFR 修正案 25-40,对从灭火瓶释压接头引出的排放管的排放端头和灭火瓶指示措施提出了要求。

2   条款解读

2.1   条款要求

由于飞机上的灭火瓶充填灭火剂后为保证喷射速率需充高压气体,为了防止温度升高引起灭火瓶爆炸,装有释压装置。

灭火瓶释压接头引出的排放管的排放端头必须使排出的灭火剂不会损伤飞机,且排放管不会被冰或其他外来物堵塞。

灭火瓶必须设置压力指示措施,以定期检查灭火瓶内的压力,确定灭火瓶不会因喷射或因渗漏使压力低于保证正常工作的最小规定值。

采用爆炸帽来喷射灭火剂的灭火瓶,其安装位置的温度条件需保证不使爆炸帽工作性能产生危险的恶化。

2.2   相关条款

与第 25.1199 条相关的条款如表 2-1 所示。

表 2-1   第 25.1199 条相关条款

序 号	相关条款	相 关 性
1	第 25.1195 条	第 25.1195 条要求:必须有为每个指定火区服务的灭火系统;灭火系统、灭火剂剂量、喷射速率和喷射分布必须足以灭火
2	第 25.1197 条	第 25.1197 条明确了对灭火系统所采用灭火剂的灭火能力、热稳定性等要求;并明确要求预防有毒灭火剂释放对载人舱的影响
3	第 25.1201 条	第 25.1201 条灭火系统材料要求:灭火系统的材料不得与灭火剂起化学反应;发动机舱内的灭火系统部件必须是防火的

序　号	相关条款	相　关　性
4	第25.1207条	第25.1207条明确了需采用全尺寸的着火试验的方法或条款提到的等效的方法来表明对第25.1181条至第25.1203条要求的符合性

3　验证过程

3.1　验证对象

第25.1199条的验证对象为灭火瓶。

3.2　符合性验证思路

针对第25.1199(a)款，采用设计描述文件说明灭火瓶的释压设计特征。通过灭火瓶的设备合格鉴定试验确认释压装置达到设定的释放压力时可自动释放。

针对第25.1199(b)款，采用设计描述文件说明灭火管路的设计和布置可防止因结冰或外来物堵塞；说明灭火剂排放管路的出口布置位置不会导致灭火剂喷放损伤飞机。通过灭火剂浓度测量飞行试验后的飞机结构/系统检查，确认飞机/系统的功能完好、结构完整。

针对第25.1199(c)款，采用设计描述文件说明灭火瓶的压力指示措施。通过灭火瓶的设备合格鉴定试验确认压力指示功能在灭火瓶释放或压力低于告警值时可发出相应的信号。

针对第25.1199(d)款，采用设计描述文件说明灭火瓶的布置位置和安装环境，灭火瓶的设计特征表明其能不会因温度变化导致提前释放或释放压力低于要求。进行灭火瓶环境温度试验，测量并验证在飞行包线内，灭火瓶（含爆炸帽）所处环境温度始终处于灭火瓶设计许可的温度范围。通过设备鉴定试验确认灭火瓶在预期的温度环境下工作正常。

针对第25.1199(e)款，采用设计描述文件说明灭火瓶的爆炸帽设计特征和安装环境。进行灭火瓶环境温度试验，测量并验证在飞行包线内，灭火瓶（含爆炸帽）所处环境温度始终处于灭火瓶设计许可的温度范围。通过设备鉴定试验确认爆炸帽在预期的温度环境下工作正常。

3.3　符合性验证方法

通常，针对第25.1199条建议的符合性验证方法如表3-1所示。

3.4　符合性验证说明

3.4.1　第25.1199(a)款符合性验证说明

针对第25.1199(a)款，采用的符合性验证方法包括MOC1和MOC9，各项验

表 3-1　建议的符合性方法

条款号	专业	符合性方法										备注
		0	1	2	3	4	5	6	7	8	9	
第 25.1199(a)款	防火		1								9	
第 25.1199(b)款	防火		1					6				
第 25.1199(c)款	防火		1								9	
第 25.1199(d)款	防火		1					6			9	
第 25.1199(e)款	防火		1					6			9	

证具体工作如下：

1) MOC1 验证过程

通过防火系统描述文件说明灭火瓶设置的释压装置的特征,通过比较释压装置所设定的释放压力与灭火瓶的测试压力和破坏压力的对比,确认在灭火瓶内压过高时,灭火瓶可保护性自释放。

2) MOC9 验证过程

进行防火系统灭火瓶的设备鉴定试验,验证灭火瓶的释放装置(如释放膜片等)的释压功能,当灭火瓶内压力由于环境温度升高等因素升高而达到灭火瓶释放装置设定的释放压力时,释放装置自动释放,灭火剂通过喷嘴喷射到灭火管路中,以避免因超压导致灭火瓶瓶体爆炸的情况。

3.4.2　第 25.1199(b)款符合性验证说明

针对第 25.1199(b)款采用的符合性验证方法包括 MOC1 和 MOC6,各项验证工作具体如下：

1) MOC1 验证过程

通过防火系统描述文件说明灭火剂排放管路防止积聚的水结冰导致堵塞或因外来物导致堵塞的设计特征,如：灭火剂排放管不存在导致水积聚的低点;或在灭火剂排放管低点设置有排放孔,避免水积聚;灭火管路在其整个长度方向上,除延伸至指定火区的喷嘴处是开敞的外,其他区域均是密封的,不会因外来物进入而堵塞;且喷嘴的布置位置不易受外来物的影响导致堵塞。

2) MOC6 验证过程

结合第 25.1197 条验证所采用的灭火剂浓度测量飞行试验,在完成飞行试验后,对指定火区内受到灭火剂喷射影响的区域所有部件、结构进行检查,确认灭火剂喷射不会对飞机系统、结构产生不利影响。

3.4.3　第 25.1199(c)款符合性验证说明

针对第 25.1199(c)款,采用的符合性验证方法包括 MOC1 和 MOC9,各项验证工作具体如下：

1) MOC1 验证过程

通过防火系统描述文件说明灭火瓶的压力指示装置及与指示装置相连的相关状态监控显示特征,说明可持续检测灭火瓶压力等,当灭火剂喷射之后,或是灭火瓶内压力低于告警值时,可触发相应的灭火瓶低压告警信息。

2) MOC9 验证过程

进行防火系统灭火瓶设备鉴定试验,验证在预定的环境温度下,当灭火瓶内压力已经喷射或其泄漏等导致压力低于告警压力值时,灭火瓶会发出低压告警信号。

3.4.4　第 25.1199(d)款符合性验证说明

针对第 25.1199(d)款,采用的符合性验证方法包括 MOC1、MOC6 和 MOC9,各项验证工作具体如下:

1) MOC1 验证过程

通过防火系统描述文件说明每个灭火瓶的设计特征,如灭火瓶的储存温度范围、工作温度范围等,说明灭火瓶所处飞机安装环境的温度变化范围和变化速率,确认在预定运行条件下灭火瓶均能处在灭火瓶设计许可的温度范围内,不会导致灭火瓶释放压力低或灭火瓶过早释放。

2) MOC6 验证过程

进行灭火瓶环境温度试验,分别在高温季节(场温 30℃ 以上)飞机在地面停放暴晒 3～4 小时后按执行正常起飞程序;在低温季节(可考虑结合高寒试验实施)执行正常起飞程序。综合考虑环控系统、APU 系统等工作状态对灭火瓶(含爆炸帽)所处区域温度的影响,将相应系统设置为最临界工作状态。测量并记录在从飞机地面状态开始直至飞机返场着陆的整个飞行时段内灭火瓶(含爆炸帽)所处环境温度,确认灭火瓶(含爆炸帽)所处环境的温度始终处于灭火瓶设计许可的温度范围内。

3) MOC9 验证过程

进行灭火瓶设备鉴定试验,当灭火瓶在最临界环境温度(高温、低温)条件时,检测灭火瓶压力的变化和灭火瓶的释放喷射情况。确认灭火瓶在最低环境温度下的灭火瓶喷射率大于设定值;在最高允许环境温度下的灭火瓶内压力不会超过释压装置的设定压力,导致释压装置自动释放。

3.4.5　第 25.1199(e)款符合性验证说明

针对第 25.1199(e)款,采用的符合性验证方法包括 MOC1、MOC6 和 MOC9,各项验证工作具体如下:

1) MOC1 验证过程

通过防火系统描述文件说明每个灭火瓶的爆炸帽设计特征,如爆炸帽的储存温度范围、工作温度范围;爆炸帽的触发控制信号等,说明灭火瓶爆炸帽所处飞机安装环境的温度变化范围和变化速率,确认在预定运行条件下爆炸帽均能处在预期的工作温度范围内,不会导致爆炸帽的工作带来不利影响。

2）MOC6 验证过程

进行灭火瓶环境温度试验,分别在高温季节(场温 30℃以上)飞机在地面停放暴晒 3~4 小时后按执行正常起飞程序;在低温季节(可考虑结合高寒试验实施)执行正常起飞程序。综合考虑环控系统、APU 系统等工作状态对灭火瓶(含爆炸帽)所处区域温度的影响,将相应系统设置为最临界工作状态。测量并记录在从飞机地面状态开始直至飞机返场着陆的整个飞行时段内灭火瓶(含爆炸帽)所处环境温度,确认爆炸帽所处环境的温度始终处于爆炸帽设计许可的温度范围内。

3）MOC9 验证过程

通过设备鉴定试验,验证灭火瓶爆炸帽在预期运行环境的临界温度环境下(最高温、最低温、高的温度变化率),爆炸帽不会意外触发,或正常触发。

3.5　符合性文件清单

通常,针对第 25.1199 条的符合性文件清单如表 3-2 所示。

表 3-2　建议的符合性文件清单

序　号	符 合 性 报 告	符合性方法
1	防火系统系统描述文档	MOC1
2	防火系统飞行试验大纲	MOC6
3	防火系统飞行试验报告	MOC6
4	防火系统设备鉴定试验大纲	MOC9
5	防火系统设备鉴定报告	MOC9

4　符合性判据

针对第 25.1199 条,满足下述情况可判定为符合:

(1)灭火瓶设置有释压装置。

(2)灭火剂排放管路可防止积聚的水结冰导致堵塞或因外来物导致堵塞。

(3)灭火剂喷射不会对飞机系统、结构产生不利影响。

(4)每个灭火瓶设有指示措施,用于指示灭火瓶是否已喷射或填充压力是否低于正常工作所需的最小规定值。

(5)灭火瓶和灭火瓶爆炸帽所处安装环境的温度始终处于灭火瓶和灭火瓶爆炸帽的设计允许温度范围内。

参考文献

[1]　14 CFR 修正案 25-40 Airworthiness Review Program,Amendment No. 4:Powerplant Amendments [S].

[2]　FAA. AC25-23 Airworthiness Criteria for the Installation Approval of a Terrain

Awareness and Warning System (TAWS) for Part 25 Airplanes [S]. 2000.

[3]　FAA. AC20‑144 Recommended Method for FAA Approval of Aircraft Fire Extinguishing System Components [S]. 2000.

运输类飞机适航标准第 25.1201 条符合性验证

1 条款介绍

1.1 条款原文

第 25.1201 条 灭火系统材料

(a) 任何灭火系统的材料不得与任何灭火剂起化学反应以致产生危害。

(b) 发动机舱内的每个灭火系统部件必须是防火的。

1.2 条款背景

第 25.1201 条对飞机的灭火系统材料提出了设计要求。

1.3 条款历史

第 25.1201 条在 CCAR25 部初版首次发布,截至 CCAR-25-R4,该条款未进行过修订,如表 1-1 所示。

表 1-1 第 25.1201 条条款历史

第 25.1201 条	CCAR25 部版本	相关 14 CFR 修正案	备 注
首次发布	初版	—	

1985 年 12 月 31 日发布了 CCAR25 部初版,其中包含第 25.1201 条,该条款参考了 14 CFR PART 25 中的 §25.1201 的内容制定。

2 条款解读

2.1 条款要求

第 25.1201 条对飞机的灭火系统材料提出了要求。

通常飞机灭火系统包括灭火瓶、附件、导管和密封件等,本条款要求这些组件所采用的材料不得与灭火剂起化学反应以至产生危害。化学反应要引起零部件损坏,灭火剂性能降低,甚至丧失灭火效能或者产生有毒的化学物质,危及人身健康。本条也是对灭火剂的一项要求。另外,本条还要求发动机舱内每个灭火系统部件都必须是防火的,以保证着火时灭火系统不首先失效。

2.2 相关条款

第25.1201条无相关条款。

3 验证过程

3.1 验证对象

第25.1201条的验证对象为灭火系统材料。

3.2 符合性验证思路

针对第25.1201(a)款,通过防火系统设计描述说明灭火剂的性能,说明灭火系统所使用的全部材料,说明未采用可与灭火剂发生化学反应的材料。

针对第25.1201(b)款,通过防火系统设计描述说明发动机舱内的每个灭火系统部件均选用具备防火性能的材料制造。

3.3 符合性验证方法

通常,针对第25.1201条的符合性验证方法如表3-1所示。

表3-1 建议的符合性方法

条 款 号	专 业	符 合 性 方 法										备 注
		0	1	2	3	4	5	6	7	8	9	
第25.1201条	防 火		1									

3.4 符合性验证说明

3.4.1 第25.1201(a)款符合性验证说明

针对第25.1201(a)款,采用的符合性验证方法为MOC1,验证具体工作为在防火系统设计描述中说明防火系统发动机舱和APU舱的灭火剂型号,确认该灭火剂的成分为低毒并有良好的热稳定性,说明灭火系统所使用的全部材料,未采用可与灭火剂发生化学反应的材料,故灭火系统所使用的材料不会与灭火剂起化学反应而导致危害。

3.4.2 第25.1201(b)款符合性验证说明

针对第25.1201(b)款,采用的符合性验证方法为MOC1,验证具体工作为说明发动机舱/APU舱内的每个灭火系统部件所选用的材料是防火的。

3.5 符合性文件清单

通常,针对第25.1201条的符合性文件清单如表3-2所示。

表 3 - 2　建议的符合性文件清单

序　号	符 合 性 报 告	符合性方法
1	防火系统设计描述文档	MOC1

4　符合性判据

针对第 25.1201 条,满足下述情况可判定为符合:

(1) 明确灭火系统选用的所有材料,不包含可与灭火剂产生化学反应的材料。

(2) 灭火系统部件均选用防火材料制造。

参考文献

[1]　FAA. AC20 - 135 Powerplant Installation and Propulsion System Component Fire Protection Test Methods, Standards, and Criteria [S]. 1990.

[2]　FAA. AC20 - 144 Recommended Method for FAA Approval of Aircraft Fire Extinguishing System Components [S]. 2000.

运输类飞机适航标准
第 25.1203 条符合性验证

1 条款介绍

1.1 条款原文

第 25.1203 条 火警探测系统

(a) 在每个指定火区和在涡轮发动机安装的燃烧室、涡轮和尾喷管部分内，均必须有经批准的、快速动作的火警或过热探测器。其数量和位置要保证能迅速探测这些区域内的火警。

(b) 火警探测系统的构造和安装必须符合下列规定：

(1) 能承受运行中可能遇到的振动、惯性和其它载荷；

(2) 装有警告装置，一旦指定火区的传感器或有关导线在某一处断开时，能向机组报警，如果该系统在断开后仍能作为满足要求的探测系统继续工作则除外；

(3) 装有警告装置，一旦指定火区内的传感器或有关导线短路时，能向机组报警，如果该系统在短路后仍能作为满足要求的探测系统继续工作则除外。

(c) 火警或过热探测器不得受到可能出现的任何油、水、其它液体或气体的影响。

(d) 必须有手段使机组在飞行中能检查每个火警或过热探测器电路的功能。

(e) 火区内每个火警或过热探测系统的部件必须是耐火的。

(f) 任何火区的火警或过热探测系统的部件不得穿过另一火区，但具备下列条件之一者除外：

(1) 能够防止由于所穿过的火区着火而发生假火警的可能性；

(2) 所涉及的火区是由同一探测器和灭火系统同时进行防护的。

(g) 火警探测系统的构造，必须使得当其处于安装形态时，不会超过根据探测器有关技术标准中规定的响应时间标准对探测器所批准的报警动作时间。

(h) 火区内每个火警或过热探测系统的电气线路互联系统(EWIS)必须符合 25.1731 条的要求。

〔中国民用航空局 2011 年 11 月 7 日第四次修订〕

1.2　条款背景

在指定火区等出现火情时,用于指定火区等灭火的灭火系统,其触发需基于火警探测系统对火情的探测并告警。第 25.1203 条对飞机上安装的火警探测系统提出了要求。本条款的目的是要求提供能承受运行可能遇到的振动、惯性和其他载荷,能准确而快速动作的火警探测系统;此外,条款还对系统功能检查,火警/过热探测系统的特性、布置、构造等提出了要求。

1.3　条款历史

第 25.1203 条在 CCAR25 部初版首次发布,截至 CCAR-25-R4,该条款共修订过 1 次,如表 1-1 所示。

表 1-1　第 25.1203 条条款历史

第 25.1203 条	CCAR25 部版本	相关 14 CFR 修正案	备　　注
首次发布	初版	25-23,25-26	
第 1 次修订	R4	25-123	

1.3.1　首次发布

1985 年 12 月 31 日发布了 CCAR25 部初版,其中包含第 25.1203 条,该条款参考 1964 年 12 月 24 日发布的 14 CFR PART 25 中的 §25.1203,并结合 14 CFR 修正案 25-23 和修正案 25-26 中的内容制定。

14 CFR 修正案 25-23 的内容主要是将条款中出现的火警探测器全部替换成"火警或过热探测器",使得条款意图更加明确。14 CFR 修正案 25-26 的内容主要是增加了火警探测系统故障指示要求,并新增 §25.1203(g),明确对火警探测系统响应时间的要求。

1.3.2　第 1 次修订

2011 年 11 月 7 日发布的 CCAR-25-R4 对第 25.1203 条进行了第 1 次修订,本次修订参考了 14 CFR 修正案 25-123 的内容:修订 §25.1203(e),将原 §25.1203(e)中对导线和部件的耐火要求更改为对部件的耐火要求。新增 §25.1203(h),规定火区内每个火警或过热探测系统的电气线路互联系统(EWIS)必须符合 §25.1731 的要求,即导线应满足 §25.1731,动力装置和 APU 火警探测系统的 EWIS 的耐火要求。

2　条款解读

2.1　条款要求

第 25.1203 条对火警探测系统提出了要求。本条款要求表述明确,即每一指定火区均须有经批准的、快速动作的火警探测器;且其数量和位置要保证能迅速探测该区的火警；火警探测系统的构造和安装能确保其在预期的运行环境下维持正常工作，火警或过热探测器不会受油、水、其他液体或气体影响，且在火警或过热探测器及其导线断开或短路时能正常工作或触发相应警告以提示机组；根据指定火区的不同分区，分别设置对应的火警探测系统；位于指定火区内的部件至少是耐火的；具有供机组在飞行中检查火警或过热探测器电路的功能；火警探测系统的构造和布置可确保火警或过热探测器能及时触发警告。

2.2　相关条款

与第 25.1203 条相关的条款如表 2-1 所示。

表 2-1　第 25.1203 条相关条款

序号	相关条款	相　关　性
1	第 25.1181 条	第 25.1181 条给出了指定火区的范围，并明确要求每一指定火区必须满足第 25.863 条、第 25.865 条、第 25.867 条、第 25.869 条，以及第 25.1185 条至第 25.1203 条的要求
2	第 25.1182 条	第 25.1182 条明确：每个直接位于防火墙后面的短舱区域和包含可燃液体导管的发动机吊舱连接结构的每一部分，必须满足第 25.1103(b) 款、第 25.1165(d) 款和第 25.1165(e) 款、第 25.1183 条、第 25.1185(c) 款、第 25.1187 条、第 25.1189 条以及第 25.1195 条至第 25.1203 条中的每项要求，包括指定火区的有关要求。但是，发动机吊舱的连接结构不必具有火警探测或灭火措施
3	第 25.1207 条	第 25.1207 条明确了需采用全尺寸的着火试验的方法或条款提到的等效的方法来表明对第 25.1181 条至第 25.1203 条要求的符合性
4	第 25.1731 条	第 25.1731(c) 款要求：作为火区内每个火警或过热探测系统一部分的 EWIS 必须满足第 25.1203 条的要求

3　验证过程

3.1　验证对象

第 25.1203 条的验证对象为火警探测系统。

3.2　符合性验证思路

针对第 25.1203(a) 款，通过防火系统设计描述和设备鉴定试验表明每个指定火区均设计有经批准的、快速动作的火警或过热探测器。

针对第 25.1203(b) 款，通过防火系统设计描述说明火警探测系统的构造和安装，其承受的振动、惯性和载荷；说明火警探测系统的设计特征和告警逻辑等。通过机上地面试验验证火警探测系统异常情况下的告警功能。通过设备鉴定试验确认系统部件可承受预期运行条件下的振动、载荷等。

针对第 25.1203(c)款,通过防火系统设计描述和设备鉴定试验表明应保证火警或过热探测器的可靠性,不受油和水等液体或气体的影响。

针对第 25.1203(d)款,通过防火系统设计描述、飞行试验表明机组在飞行中可以检查火警或过热探测器的电路。

针对第 25.1203(e)款,通过防火系统和 EWIS 系统设计描述和设备鉴定试验表明指定火区内的导线和部件是耐火的。

针对第 25.1203(f)款,通过防火系统和 EWIS 系统设计描述说明任何指定火区的火警探测系统的部件没有穿过另一指定火区。

针对第 25.1203(g)款,通过防火系统设计描述、设备鉴定试验表明火警探测系统的构造和告警逻辑符合条款要求。

针对第 25.1203(h)款,通过 EWIS 系统设计描述说明火区内每个火警或过热探测系统的 EWIS 部件符合指定火区内火警探测系统部件的要求。

3.3　符合性验证方法

通常,针对第 25.1203 条建议的符合性验证方法如表 3-1 所示。

表 3-1　建议的符合性方法

条　款　号	专　业	符 合 性 方 法										备　注
		0	1	2	3	4	5	6	7	8	9	
第 25.1203(a)款	防　火		1								9	
第 25.1203(b)款	防　火		1				5				9	
第 25.1203(c)款	防　火		1								9	
第 25.1203(d)款	防　火		1					6				
第 25.1203(e)款	防　火		1								9	
第 25.1203(e)款	EWIS		1								9	
第 25.1203(f)款	防　火		1									
第 25.1203(f)款	EWIS		1									
第 25.1203(g)款	防　火		1								9	
第 25.1203(h)款	EWIS		1									

3.4　符合性验证说明

3.4.1　第 25.1203(a)款符合性验证说明

针对第 25.1203(a)款,采用的符合性验证方法包括 MOC1 和 MOC9,各项验证具体工作如下:

1) MOC1 验证过程

通过防火系统设计描述文档和安装图纸等说明在指定火区、在涡轮发动机安装的燃烧室、涡轮和尾喷管部分内均布置有火警或过热探测器(注:若尾喷管区域等不包含可燃液体,则该区域可不布置火警探测器),且所安装的火警或过热探测器符合相应的 TSO 标准,如 TSO - C11e 等;说明指定火区内火警或过热探测器的布置,表明其布置位置和数量足以确保迅速探测该区域内可能出现的火情。例如:发动机风扇区的探测器通过支架直接安装在附件齿轮箱附近,核心区的探测器通过支承管路和支架安装在发动机附件机匣附近,靠近发动机的燃烧室和涡轮进口。APU 火警探测器通过支架安装在 APU 舱前后防火墙的相应位置。

2) MOC9 验证过程

通过火警或过热探测器所取得的 TSOA 及相关设备鉴定试验结果表明所选用的火警或过热探测器已经过批准。

3.4.2 第 25.1203(b)款符合性验证说明

针对第 25.1203(b)款采用的符合性验证方法包括 MOC1、MOC5 和 MOC9,各项验证工作具体如下:

1) MOC1 验证过程

通过防火系统设计描述文档和安装图纸等表明探测器安装牢固,能够承受飞机运行中可能遇到的振动、惯性和其他载荷;说明火警或过热探测系统设计特征,表明在火警或过热探测器及其导线短路或断开时,能及时向机组给出告警。如发动机舱火警探测线在正常情况下,防火控制盒(FOCU)采用双回路"与"逻辑,即仅当两条回路均探测到火警状况时,FOCU 判断为该区域出现火警;任何一条回路由于断路或短路而失效后将自动转换为单回路"或"逻辑,即任一回路探测到火警状况时,FOCU 即判断为该区域出现火警。FOCU 对探测回路的状态实施在线检测,能够检测到开路、短路等故障,检测周期为 5 分钟,检测到系统故障时 FOCU 通过航电系统告警并将故障信息记录到 CMS。

2) MOC5 验证过程

进行火警或过热探测系统功能检查试验,验证一旦火警探测器或者导线断开或短路时,能及时向机组给出告警。例如,模拟验证单环路断路、双环路断路、单环路短路、双环路短路状态,验证过热探测系统异常情况下的告警功能正常。

3) MOC9 验证过程

进行火警或过热探测系统设备鉴定试验,验证在预期的运行条件下可能遭受的振动、冲击条件下,火警或过热探测系统的功能完整,安装完好。

3.4.3 第 25.1203(c)款符合性验证说明

针对第 25.1203(c)款,采用的符合性验证方法包括 MOC1 和 MOC9,各项验证工作具体如下:

1) MOC1 验证过程

通过防火系统设计描述文档说明火警或过热探测器的设计可确保其工作不会受油、水、其他液体或气体的影响。如火警或过热探测器采用密封设计,不会因接触油、水、其他液体或气体等影响探测能力。

2）MOC9 验证过程

通过火警或过热探测器的设备鉴定试验，例如，流体敏感性等试验，表明其接触到油、水、其他液体或气体时，探测功能不会受影响。

3.4.4　第 25.1203(d)款符合性验证说明

针对第 25.1203(d)款，采用的符合性验证方法包括 MOC1 和 MOC6，各项验证工作具体如下：

1）MOC1 验证过程

通过防火系统设计描述文档说明指定火区的火警探测系统具有自检功能，供机组在飞行中检查每个火警或过热探测器电路的功能。如驾驶舱的防火控制板上有飞行员自检按钮(PIT)，按下按钮后，防火系统将进行自检测，能够检查发动机舱火警探测系统的功能状态。

2）MOC6 验证过程

采用飞行试验确认火警探测系统的设计可保证在飞行中检查火警/或过热探测器电路的功能。例如，进行发动机舱和 APU 舱火警探测系统功能检查飞行试验，确认飞行员可通过控制面板上的"TEST"按钮进行系统自检，验证系统完好。

3.4.5　第 25.1203(e)款符合性验证说明

针对第 25.1203(e)款，采用的符合性验证方法包括 MOC1 和 MOC9，各项验证工作具体如下：

1）MOC1 验证过程

通过防火系统和 EWIS 设计描述说明指定火区内每个火警或过热探测系统的部件的材料是耐火的。例如，火警探测器、接头和相关的线缆、支架、支承导管均由耐火材料或防火材料制成。

2）MOC9 验证过程

通过防火系统、EWIS 系统设备鉴定试验验证火警或过热探测系统相关部件满足耐火的要求。

3.4.6　第 25.1203(f)款符合性验证说明

针对第 25.1203(f)款，采用的符合性验证方法为 MOC1，具体验证工作为：通过防火系统和 EWIS 系统设计描述文档说明每一指定火区对应的火警探测系统是相互独立的。例如，发动机核心舱和风扇舱由相同的火警或过热探测器进行探测并由相同的灭火系统实施灭火，APU 舱为独立的探测和灭火系统。发动机舱的火警探测器/APU 舱的火警探测器不会穿过其他火区，不会因为其他区域的火情，造成发动机舱火警探测器/APU 舱的火警探测器误告警。

3.4.7　第 25.1203(g)款符合性验证说明

针对第 25.1203(g)款，采用的符合性验证方法包括 MOC1 和 MOC9，各项验证工作具体如下：

1) MOC1 验证过程

通过防火系统系统设计描述文档说明火警探测系统的告警响应时间不会超过火警或过热探测器本身的响应时间。例如,火警探测线的报警时间为 1 秒,符合 TSO‐C11e 标准的要求。

2) MOC9 验证过程

通过防火系统设备鉴定试验验证火警探测器在达到规定的告警温度后,能及时发出告警,告警时间满足 TSO 标准的要求。

3.4.8　第 25.1203(h)款符合性验证说明

针对第 25.1203(h)款,采用的符合性验证方法包括 MOC1,验证工作具体为:通过 EWIS 系统设计描述说明火警探测系统或过热探测系统所选用的 EWIS 部件材料均至少为耐火材料,每一指定火区对应火警探测系统的 EWIS 部件没有穿过其他指定火区。且将火警探测系统相关 EWIS 部件作为系统的组成部分,充分考虑了第 25.1203 条的要求并完成了相应的验证工作。

3.5　符合性文件清单

通常,针对第 25.1203 条的符合性文件清单如表 3‐2 所示。

表 3‐2　建议的符合性文件清单

序　号	符 合 性 报 告	符合性方法
1	防火系统设计描述	MOC1
2	EWIS 系统设计描述	MOC1
3	防火系统机上地面功能试验大纲	MOC5
4	防火系统机上地面试验报告	MOC5
5	防火系统试飞大纲	MOC6
6	防火系统试飞报告	MOC6
7	防火系统设备鉴定大纲	MOC9
8	防火系统设备鉴定报告	MOC9

4　符合性判据

针对第 25.1203 条,满足下述情况可判定为符合:

(1) 每个指定火区均设置火警或过热探测器。

(2) 所选用的火警或过热探测器符合相关的 TSO 标准。

(3) 火警或过热探测器的功能不会受油、水、其他液体或气体的影响。

(4) 火警或过热探测器的构造和安装可确保在预期的使用环境下正常工作。

(5) 火警或过热探测器及其有关导线在断开或短路后仍可继续工作,或能及时向机组告警。

（6）飞行过程中飞行员可对火警或过热探测器电路功能进行检查。

（7）一个指定火区对应的火警或过热探测器及其有关导线不会穿过其他指定火区。

（8）火警或过热探测器的相应时间不超过 TSO 规定的响应时间。

参考文献

［1］　14 CFR 修正案 25 - 23 Transport Category Airplane Type Certification Standards ［S］.

［2］　14 CFR 修正案 25 - 26 Fire Detectors and Engine Power Response ［S］.

［3］　14 CFR 修正案 25 - 123 Enhanced Airworthiness Program for Airplane Systems/Fuel Tank Safety ［S］.

［4］　FAA. Order 8110. 20. In-Flight Monitoring of Fire Detector System ［S］.

运输类飞机适航标准
第 25.1207 条符合性验证

1 条款介绍

1.1 条款原文

第 25.1207 条 符合性

除非另有规定,必须用全尺寸的着火试验或下列方法中的一种或几种表明满足第 25.1181 至 25.1203 条的要求:

(a) 类似动力装置构型的试验;

(b) 部件试验;

(c) 具有类似动力装置构型的飞机服役经验;

(d) 分析。

1.2 条款背景

第 25.1207 条对如何验证动力装置防火相关条款要求的符合性提出了要求。

1.3 条款历史

第 25.1207 条在 CCAR25 部初版首次发布,截至 CCAR - 25 - R4,该条款未进行过修订,如表 1 - 1 所示。

表 1 - 1　第 25.1207 条条款历史

第 25.1207 条	CCAR25 部版本	相关 14 CFR 修正案	备　注
首次发布	初版	25 - 40,25 - 46	

1985 年 12 月 31 日发布了 CCAR25 部初版,其中包含第 25.1207 条,该条款参考 14 CFR 修正案 25 - 40 和 14 CFR 修正案 25 - 46 中的 § 25.1207 的内容制定。14 CFR 修正案 25 - 40 要求新增 § 25.1207,明确可以采用四种方法来表明对动力装置防火要求的符合性。14 CFR 修正案 25 - 46 对条款要求进一步澄清,增加前缀"除非另有规定",以解决原条款要求和 § 25.1195(b) 等要求间所存在的矛盾。

2　条款解读

2.1　条款要求

除非另有规定,第 25.1207 条的要求必须用全尺寸的着火试验或本条规定的其他四种方法中的一种或几种表明满足第 25.1181 条至第 25.1203 条的要求。用全尺寸着火试验表明符合性是很准确、充分的,但考虑到其需花费大量的人力和经费,且实施困难大,因此条款也提出可采用其他几种方法表明符合性。

2.2　相关条款

与第 25.1207 条相关的条款如表 2-1 所示。

表 2-1　第 25.1207 条相关条款

序　号	相关条款	相　关　性
1	第 25.1181 条	第 25.1181 条明确了指定火区的范围及对指定火区的要求
2	第 25.1182 条	第 25.1182 条明确了短舱区域和包含可燃液导管的发动机吊舱连接结构区域的防火要求
3	第 25.1183 条	第 25.1183 条提出了对输送可燃液体的组件要求
4	第 25.1185 条	第 25.1185 条要求确保采取设计预防措施以使指定火区内着火对位于指定火区外的可燃液体油箱的危害降至最小
5	第 25.1187 条	第 25.1187 条提出了对火区的排液和通风要求:使容有可燃液体的任何组件失效或故障而引起的危险减至最小
6	第 25.1189 条	第 25.1189 条明确了对可燃液体切断措施的要求
7	第 25.1191 条	第 25.1191 条明确了对指定火区防火墙的要求
8	第 25.1193 条	第 25.1193 条明确了发动机罩和短舱蒙皮的通风、排液、防火要求
9	第 25.1195 条	第 25.1195 条明确了为每个指定火区服务的灭火系统的要求
10	第 25.1197 条	第 25.1197 条明确了对灭火剂的要求
11	第 25.1199 条	第 25.1199 条明确了对灭火瓶的要求
12	第 25.1201 条	第 25.1201 条明确了灭火系统材料的要求
13	第 25.1203 条	第 25.1203 条明确了对指定火区等设置火警探测系统的要求

3　验证过程

3.1　验证对象

第 25.1207 条的验证对象包括第 25.1181 条至第 25.1203 条符合性验证相关的所有系统。

3.2　符合性验证思路

采用符合性声明,明确在第25.1181条至第25.1203条的符合性验证采用了试验、类似动力装置构型的试验、部件试验、具有类似动力装置构型的飞机服役经验、分析等方法。

3.3　符合性验证方法

通常,针对第25.1207条建议的符合性验证方法如表3-1所示。

表3-1　建议的符合性方法

条　款　号	专　业	符合性方法										备　注
		0	1	2	3	4	5	6	7	8	9	
第25.1207条	飞机级	0										

3.4　符合性验证说明

采用符合性声明,明确第25.1181条至第25.1203条的符合性验证采用了试验、类似动力装置构型的试验、部件试验、具有类似动力装置构型的飞机服役经验、分析等方法。例如,防火系统相关的条款第25.1195条至第25.1203条的符合性验证采用了地面试验、飞行试验、部件鉴定试验、分析/计算等方法。动力装置系统、辅助动力装置、液压系统、全级防火专题、机体结构等相关的条款第25.1181条至第25.1193条符合性验证采用了地面试验、飞行试验、分析/计算、设备鉴定试验、安全性评估等方法。

3.5　符合性文件清单

通常,针对第25.1207条的符合性文件清单如表3-2所示。

表3-2　建议的符合性文件清单

序　号	符合性报告	符合性方法
1	动力装置防火符合性声明	MOC0

4　符合性判据

针对第25.1207条,满足下述情况可判定为符合:确认第25.1181条至第25.1203条的符合性验证采用了试验、类似动力装置构型的试验、部件试验、具有类似动力装置构型的飞机服役经验、分析等方法。

参考文献

［1］ 14 CFR 修正案 25 - 40 Airworthiness Review Program，Amendment No. 4：Powerplant Amendments ［S］.

［2］ 14 CFR 修正案 25 - 46 Airworthiness Review Program Amendment No. 7 ［S］.

［3］ FAA. AC20 - 135 Powerplant Installation and Propulsion System Component Fire Protection Test Methods，Standards，and Criteria ［S］. 1990.

CCAR25 部

F 分部　设备

运输类飞机适航标准 第 25.1301 条符合性验证

1 条款介绍

1.1 条款原文

第 25.1301 条 功能和安装

(a) 所安装的每项设备必须符合下列要求：

(1) 其种类和设计与预定功能相适应；

(2) 用标牌标明其名称、功能或使用限制，或这些要素的适用的组合；

(3) 按对该设备规定的限制进行安装；

(4) 在安装后功能正常。

(b) 电气线路互联系统(EWIS)必须符合本部 H 分部的要求。

〔中国民用航空局 2011 年 11 月 7 日第四次修订〕

1.2 条款背景

第 25.1301 条对机载设备的功能和安装提出了要求。本条款是总则性条款，对机载设备的种类和设计、标牌信息、安装限制及功能做出了规定，并强调电气互联系统(EWIS)必须符合 CCAR25 部 H 分部的要求。

1.3 条款历史

第 25.1301 条在 CCAR25 部初版首次发布，截至 CCAR‐25‐R4，共修订过 1 次，如表 1‐1 所示。

表 1‐1 第 25.1301 条条款历史

第 25.1301 条	CCAR25 部版本	相关 14 CFR 修正案	备 注
首次发布	初版	—	
第 1 次修订	R4	25‐123	

1.3.1 首次发布

1985 年 12 月 31 日发布了 CCAR25 部初版，其中包含第 25.1301 条，该条款参

考 14 CFR PART 25 中的 §25.1301 的内容制定。

1.3.2 第 1 次修订

2011 年 11 月 7 日发布的 CCAR - 25 - R4 对第 25.1301 条进行了第 1 次修订，本次修订参考了 14 CFR 修正案 25 - 123 的内容：

(1) 将原(a)款至(d)款的要求纳入(a)(1)项至(a)(4)项。

(2) 新增(b)款，规定电气线路互联系统(EWIS)必须符合新增 H 分部的要求。

修正案 25 - 123 在 14 CFR 新增了 H 分部，涉及电气线路互联系统(EWIS)的规定，目的是把运输类飞机导线相关的大部分规定放在一个分部中，以便于查找。新增的 §25.1301(b)则强调 EWIS 必须符合 H 分部的要求。

2 条款解读

2.1 条款要求

本条款是 F 分部的综合性条款，原则上适用于 F 分部的系统以及其他分部与安全相关的设备。

本条(a)(1)项要求安装于机上的每个系统/设备的种类和设计必须满足飞机在规定条件下营运时应具有的性能要求。

本条(a)(2)项要求必须有标牌标明，以方便在机上判别设备。标牌上应标有下述内容或这些内容的适用组合：准确反映其功能的设备名称、与设计图纸一致的设备型号、适用的环境条件类别（使用限制）、制造商、设备合格审定依据（如 TSO 号）和系列号等。设备安装后，组件上的标牌应清晰可见，以便日常维护工作。例如，对于构成系统的所有线束、导线、连接器和接线端子，应当提供适当的识别措施。对于导管的标识，为区别各个导管的功能而作的标记应使维护人员发生混淆的可能性减至最小，仅仅借助于颜色标记是不可接受的。可以接受采用字母符号和/或数字符号识别并参照标准图例，且避免了符号和功能之间的任何联系的标识方式。

本条(a)(3)项要求基于设备工作原理或设备设计要求，考虑各设备对安装部位和/或安装方式的要求和限制，例如关于供能、冷却、振动、温度、低气压和电磁干扰等要求。

本条(a)(4)项要求系统安装后功能正常，这不仅与系统自身相关，还与系统的安装设计及相交联的设备和系统密切相关。

(b)款进一步强调了本条规定的电气线路互联系统的设计和安装必须符合 H 分部的要求。

2.2 相关条款

第 25.1301 条是 F 分部总则性条款，对机载设备的种类和设计、标牌信息、安装限制和功能做出了规定，与第 25.1301 条相关的条款如表 2-1 所示。

表 2 - 1   第 25. 1301 条相关条款

序　号	相关条款	相　关　性
1	第 25. 1309 条	第 25.1301(a)(4)项要求设备在装机后功能正常,第 25.1309(a)款进一步要求设备在各种可预期的运行条件下能够完成其预定的功能
2	第 25. 1703 条	第 25.1301(b)款要求电气线路互联系统(EWIS)必须符合本部 H 分部的要求,即指第 25.1703 条,第 25.1703 条对 EWIS 部件的功能和安装进一步提出了要求
3	第 25. 1711 条	第 25.1301(a)(2)项对设备的标牌信息提出了要求,第 25.1711 条则对 EWIS 部件的标识进一步提出了要求

3 验证过程

3.1 验证对象

第 25.1301 条的验证对象包括所有机载系统/设备。

3.2 符合性验证思路

针对第 25.1301(a)(1)项,各系统/设备通过合格鉴定试验(MOC9)来表明装机的各系统/设备满足预定功能的要求。对于 TSO 设备,需取得其所在国适航当局的 TSOA。对于非 TSO 设备,通常采取随飞机批准的方式进行审查,并需进行合格鉴定试验,以考核设备的种类、性能及环境等需求是否满足飞机总体设计规范的要求。

针对第 25.1301(a)(2)项,通过机上检查(MOC7)设备的标牌,确认设备设置了标牌,标牌上标明了设备的名称、功能或使用限制。

针对第 25.1301(a)(3)项,通过机上检查(MOC7)设备的安装情况,确认设备按照其限制进行了安装。

针对第 25.1301(a)(4)项,采用地面试验(MOC5)验证各系统装机后功能正常。采用试飞(MOC6)试验验证在真实的运行条件下,系统功能正常。

针对第 25.1301(b)款,通过 EWIS 描述文件阐述 H 分部符合性验证工作。

由于本条款涉及所有装机的系统/设备,覆盖面广,所以可以根据各系统的实际适用情况,采用设计说明、分析和计算、实验室试验、地面试验、试飞、机上检查、模拟器试验和合格鉴定等验证方法来表明符合性。

3.3 符合性验证方法

通常,针对第 25.1301 条的符合性验证方法如表 3 - 1 所示。

表 3-1 建议的符合性方法

条 款 号	专 业	符 合 性 方 法										备 注
		0	1	2	3	4	5	6	7	8	9	
第 25.1301(a)(1)项	空气调节		1								9	
第 25.1301(a)(1)项	自动飞行		1						7			
第 25.1301(a)(1)项	通信		1								9	
第 25.1301(a)(1)项	电源		1								9	
第 25.1301(a)(1)项	内饰和设备		1									
第 25.1301(a)(1)项	客舱和驾驶舱内饰件		1									
第 25.1301(a)(1)项	旅客座椅								7		9	
第 25.1301(a)(1)项	机组座椅		1						7			
第 25.1301(a)(1)项	货舱内饰件		1									
第 25.1301(a)(1)项	应急撤离设备		1								9	
第 25.1301(a)(1)项	厨房和盥洗室		1						7		9	
第 25.1301(a)(1)项	行李箱		1									
第 25.1301(a)(1)项	防火		1								9	
第 25.1301(a)(1)项	飞行控制		1								9	
第 25.1301(a)(1)项	燃油		1								9	
第 25.1301(a)(1)项	液压能源		1								9	
第 25.1301(a)(1)项	防冰防雨		1								9	
第 25.1301(a)(1)项	短舱防冰		1								9	
第 25.1301(a)(1)项	风挡		1								9	
第 25.1301(a)(1)项	指示记录		1								9	
第 25.1301(a)(1)项	起落架		1								9	
第 25.1301(a)(1)项	照明		1								9	
第 25.1301(a)(1)项	导航		1								9	
第 25.1301(a)(1)项	氧气		1								9	
第 25.1301(a)(1)项	气源		1								9	
第 25.1301(a)(1)项	水/废水		1								9	
第 25.1301(a)(1)项	中央维护系统		1								9	
第 25.1301(a)(1)项	驾驶舱门		1								9	
第 25.1301(a)(1)项	机头雷达罩		1	2		4						
第 25.1301(a)(1)项	动力装置		1								9	

（续表）

条 款 号	专 业	符 合 性 方 法										备 注
		0	1	2	3	4	5	6	7	8	9	
第 25.1301(a)(1)项	电气互联系统		1						7			
第 25.1301(a)(2)项	空气调节		1									
第 25.1301(a)(2)项	自动飞行		1						7			
第 25.1301(a)(2)项	通信		1						7			
第 25.1301(a)(2)项	电源		1						7			
第 25.1301(a)(2)项	内饰和设备		1									
第 25.1301(a)(2)项	客舱和驾驶舱内饰件		1									
第 25.1301(a)(2)项	机组座椅		1						7			
第 25.1301(a)(2)项	货舱内饰件		1						7			
第 25.1301(a)(2)项	应急撤离设备		1									
第 25.1301(a)(2)项	厨房和盥洗室		1						7			
第 25.1301(a)(2)项	标记和标牌		1						7			
第 25.1301(a)(2)项	行李箱		1									
第 25.1301(a)(2)项	防火		1						7			
第 25.1301(a)(2)项	飞行控制		1						7			
第 25.1301(a)(2)项	燃油		1									
第 25.1301(a)(2)项	液压能源		1									
第 25.1301(a)(2)项	防冰防雨		1						7			
第 25.1301(a)(2)项	短舱防冰		1						7			
第 25.1301(a)(2)项	风挡		1						7			
第 25.1301(a)(2)项	指示记录		1						7			
第 25.1301(a)(2)项	起落架		1						7			
第 25.1301(a)(2)项	照明		1						7			
第 25.1301(a)(2)项	导航		1						7			
第 25.1301(a)(2)项	氧气		1						7			
第 25.1301(a)(2)项	气源		1									
第 25.1301(a)(2)项	水/废水		1						7			
第 25.1301(a)(2)项	中央维护系统		1						7			
第 25.1301(a)(2)项	驾驶舱门		1						7			
第 25.1301(a)(2)项	动力装置		1						7			
第 25.1301(a)(2)项	电气互联系统		1						7			

（续表）

条 款 号	专 业	符 合 性 方 法										备 注
		0	1	2	3	4	5	6	7	8	9	
第25.1301(a)(3)项	空气调节		1						7			
第25.1301(a)(3)项	自动飞行		1						7			
第25.1301(a)(3)项	通信		1						7			
第25.1301(a)(3)项	电源		1						7			
第25.1301(a)(3)项	内饰和设备		1									
第25.1301(a)(3)项	客舱和驾驶舱内饰件		1									
第25.1301(a)(3)项	机组座椅		1						7			
第25.1301(a)(3)项	货舱内饰件		1									
第25.1301(a)(3)项	应急撤离设备		1									
第25.1301(a)(3)项	厨房和盥洗室		1						7			
第25.1301(a)(3)项	行李箱		1									
第25.1301(a)(3)项	防火		1									
第25.1301(a)(3)项	飞行控制		1									
第25.1301(a)(3)项	燃油		1									
第25.1301(a)(3)项	液压能源		1						7			
第25.1301(a)(3)项	防冰防雨		1						7			
第25.1301(a)(3)项	短舱防冰		1						7			
第25.1301(a)(3)项	风挡		1						7			
第25.1301(a)(3)项	指示记录		1						7			
第25.1301(a)(3)项	起落架		1						7			
第25.1301(a)(3)项	照明		1						7			
第25.1301(a)(3)项	导航		1						7			
第25.1301(a)(3)项	氧气		1						7			
第25.1301(a)(3)项	气源		1						7			
第25.1301(a)(3)项	水/废水		1									
第25.1301(a)(3)项	中央维护系统		1						7			
第25.1301(a)(3)项	驾驶舱门		1						7			
第25.1301(a)(3)项	动力装置		1						7			
第25.1301(a)(3)项	电气互联系统		1						7			
第25.1301(a)(4)项	空气调节						5	6				
第25.1301(a)(4)项	自动飞行						5	6		8		

（续表）

条 款 号	专 业	符 合 性 方 法										备 注
		0	1	2	3	4	5	6	7	8	9	
第 25.1301(a)(4)项	通信						5	6				
第 25.1301(a)(4)项	电源					4	5	6				
第 25.1301(a)(4)项	内饰和设备								7			
第 25.1301(a)(4)项	客舱和驾驶舱内饰件								7			
第 25.1301(a)(4)项	机组座椅								7			
第 25.1301(a)(4)项	应急撤离设备											
第 25.1301(a)(4)项	厨房和盥洗室						5					
第 25.1301(a)(4)项	行李箱								7			
第 25.1301(a)(4)项	防火							6	7			
第 25.1301(a)(4)项	飞行控制						5	6				
第 25.1301(a)(4)项	燃油						5					
第 25.1301(a)(4)项	液压能源						5	6				
第 25.1301(a)(4)项	防冰防雨						5	6				
第 25.1301(a)(4)项	短舱防冰						5	6				
第 25.1301(a)(4)项	风挡						5	6				
第 25.1301(a)(4)项	指示记录						5	6				
第 25.1301(a)(4)项	起落架						5	6				
第 25.1301(a)(4)项	照明						5	6				
第 25.1301(a)(4)项	导航						5	6				
第 25.1301(a)(4)项	氧气						5	6				
第 25.1301(a)(4)项	气源						5	6				
第 25.1301(a)(4)项	水/废水						5	6				
第 25.1301(a)(4)项	中央维护系统						5	6				
第 25.1301(a)(4)项	驾驶舱门						5					
第 25.1301(a)(4)项	动力装置						5	6	7			
第 25.1301(a)(4)项	电气互联系统								7			
第 25.1301(b)款	自动飞行		1									
第 25.1301(b)款	通信		1									
第 25.1301(b)款	防火		1									
第 25.1301(b)款	飞行控制		1									
第 25.1301(b)款	燃油		1									

（续表）

条款号	专业	符合性方法										备注
		0	1	2	3	4	5	6	7	8	9	
第25.1301(b)款	指示记录	1										
第25.1301(b)款	起落架	1										
第25.1301(b)款	照明	1										
第25.1301(b)款	导航	1										
第25.1301(b)款	中央维护系统	1										
第25.1301(b)款	辅助动力装置	1										
第25.1301(b)款	动力装置	1										
第25.1301(b)款	电气互联系统	1										

3.4　符合性验证说明

3.4.1　第25.1301(a)(1)项符合性验证说明

针对第25.1301(a)(1)项,采用的符合性验证方法包括MOC1、MOC2、MOC4、MOC7和MOC9,各项验证具体工作如下:

1) MOC1验证过程

各系统编制系统设计描述(MOC1),描述系统的组成、原理和功能,说明系统的设计可以实现预定的功能。

对于含有软件和电子硬件的机载系统、设备、组件、器件和部件,软硬件的符合性是证明其符合第25.1301(a)(1)项的必要组成部分。一般选择RTCA DO-178作为机载软件对第25.1301(a)(1)项的符合性方法,选择RTCA DO-254作为电子硬件对第25.1301(a)(1)项的符合性方法,各系统通过编制系统/设备级机载软件构型描述文档(SCI)、软件完结综述(SAS)、电子硬件构型描述文档(HCI)和硬件完结综述(HAS),作为第25.1301(a)(1)项的符合性文件。

2) MOC2验证过程

按照RTCA DO-213 Minimum Operational Performance Standards for Nose-Mounted Radomes,雷达罩的电性能一般是以高传输效率为设计准则,在计算雷达罩电性能时需考虑雷达罩的防雨蚀涂层、抗静电涂层、防蚀帽和防雷击分流条的影响。雷达罩电性能包括功率传输效率和波束偏转。

通过计算雷达罩安装前和安装后,雷达天线处于某位置和方向图的主瓣能量比值来确定功率传输效率,例如:计算出的功率传输效率平均值≥90%,最小值≥85%,即可认为满足设计准则。

通过计算雷达罩安装前和安装后,雷达天线处于某偏置角差方向图零深位置的偏移的差值来确定波束偏转,例如,计算出的波束偏转≤8.72 mrad,即可认为满足设计准则。

3) MOC4 验证过程

机头雷达罩通过电性能试验来验证雷达罩的电性能满足设计准则。机头雷达罩电性能试验项目包括传输效率、波束偏转、波束宽度增加、旁瓣电平抬高和功率反射,对比试验数据和设计指标,确认雷达罩电性能满足指标要求。

4) MOC7 验证过程

以自动飞行系统为例,通过目视检查综合处理机柜、飞机特性模块、飞行控制板、俯仰伺服机构、滚转伺服机构、飞行控制转换板的安装区域(例如,目视确认飞行控制板的铭牌信息并正确安装于对应图纸所示的位置),确认这些设备的种类和设计与预定功能相适应。

5) MOC9 验证过程

对于非 TSO 设备,以照明系统为例,采用 DO‑160“机载设备环境条件及试验程序”中规定的环境条件和试验程序进行着陆灯、航行灯灯罩、着陆滑行灯电源盒、阅读灯电源、荧光灯和防撞灯电池盒等鉴定试验,如低温试验、高温试验和振动试验等。确认试验结果符合设计要求。

对于 TSO 设备,首先取得其所在国适航当局的 TSOA,以 TSOA 作为符合性证据。如大气数据计算机 ADC‑3000 取得了 TSO‑C106 的 TSOA,全静压探头 PSP‑20 取得了 TSO‑C16a 的 TSOA。

3.4.2　第 25.1301(a)(2)项符合性验证说明

针对第 25.1301(a)(2)项,采用的符合性验证方法包括 MOC1 和 MOC7,各项验证具体工作如下:

1) MOC1 验证过程

各系统编制系统设计描述(MOC1),说明设备标牌所展示的信息。

2) MOC7 验证过程

以导航系统为例,通过目视检查导航系统全/静压探头、总温传感器和无线电高度表天线等 33 种设备标牌,确认安装的每项设备设置了标牌,标牌上注明了设备的名称、功能或使用限制。

3.4.3　第 25.1301(a)(3)项符合性验证说明

针对第 25.1301(a)(3)项,采用的符合性验证方法包括 MOC1 和 MOC7,各项验证具体工作如下:

1) MOC1 验证过程

各系统编制系统设计描述(MOC1),说明设备的安装限制信息(可引用安装图)。

2) MOC7 验证过程

仍以导航系统为例,通过目视检查导航系统全/静压探头、总温传感器和无线电高度表天线等33种设备按照对应的图纸进行了安装,确认每项设备的安装符合对其规定的限制要求。

3.4.4 第25.1301(a)(4)项符合性验证说明

针对第25.1301(a)(4)项,采用的符合性验证方法包括MOC4、MOC5、MOC6、MOC7和MOC8,各项验证具体工作如下:

1) MOC4验证过程

电源系统通过电源系统性能试验来验证供配电性能,如交流稳态特性、供电系统的过载容量、过载运行时的稳态特性、正常交流电压和交流频率瞬态特性、直流稳态特性、直流电压瞬态和过载运行时的稳态特性等。

电源系统性能试验分为左组合驱动发电机(L IDG)性能试验、右组合驱动发电机(R IDG)性能试验、辅助发电机(AUX GEN)性能试验、变压整流器(TRU)性能试验、冲压空气涡轮发电机(RAT GEN)性能试验、蓄电池(BATT)性能试验和转换试验,共计197个试验状态。该项试验通过模拟供配电系统的机载条件,进行电源系统性能试验,试验判据取自MIL-STD-704E "Aircraft Electric Power Characteristics"。试验数据均应满足MIL-STD-704E的要求。

2) MOC5验证过程

以交通告警和防撞系统(TCAS)机上地面试验为例,试验时使用导航信号发生器(TR-220)模拟一架向被试飞机靠拢的入侵飞机,通过观察主飞行显示器(PFD)和多功能显示器(MFD)上的图像和位置来验证四种交通情况下TCAS工作的正确性。第一种情况:TR-220测试设备位于相对被试飞机TCAS定向天线约1点钟和20英尺处,TR-220自带的定向天线与TCAS定向天线成一直线且两者之间无任何障碍物。TR-220开始模拟威胁飞机,向被试飞机靠拢直至TR-220显示屏显示的距离维持在9海里不变。此时在被试飞机PFD和MFD上应观察到静止的菱形出现且距离本机符号约1点钟和9海里处。TR-220继续模拟接近被试飞机,PFD和MFD上可观察到菱形符号从1点钟和9海里处向本机移动,到某一距离变成黄色实心圆,此时PFD右侧中上部分应出现黄色"TRAFFIC"字样,"TRAFFIC"字样出现的前5秒为闪烁显示。TR-220模拟继续接近被试飞机至0.3海里,PFD和MFD上的黄色实心圆也应显示相对本机约1点钟和0.3海里处。第二种情况TR-220模拟从距离被试飞机约3点钟和8海里处接近至0.4海里处;第三种情况TR-220模拟从距离被试飞机约6点钟和7海里处接近至0.5海里处;第四种情况TR-220模拟从距离被试飞机约9点钟和7海里处接近至0.4海里处。后续三种情况下,PFD和MFD上观察到的现象与第一种情况一致。试验结果证明交通告警和防撞系统安装后功能正常。

3) MOC6验证过程

以燃油切断装置试飞为例,该试飞可结合发动机空中起动试飞进行,发动机空中起动试飞中需对燃油切断开关进行操作,所有试验点均对燃油切断开关功能进行了验证。以其中的辅助起动试验点为例：飞机在给定的试飞高度和试飞速度下，油门杆在正慢车位置，试飞员将试验发动机的燃油切断装置从"RUN"位拨到"CUTOFF"位，试验发动机燃油流量迅速降为零，发动机转速（N1/N2）和排气温度（ITT）均开始下降，试验发动机开始关车；随后试飞员将试验发动机的燃油切断装置由"CUTOFF"位拨到"RUN"位，在起动按钮按下时，起动机开始运转，燃油流量开始迅速上升，发动机点火电路接通，一个点火器开始点火（另一个点火器因断路器拔出而未工作），试验发动机开始起动并应最终起动成功，起动过程中，相关参数均应响应正常，无超温和超限等非正常现象，则燃油切断装置工作正常。试飞结果证明燃油切断装置可靠准确地接通和断开了燃油的供给和点火器电路。

4）MOC7 验证过程

以舱内装饰机上检查为例，检查确认驾驶舱遮阳板可以在滑道上任意滑动及上下反转，检查确认驾驶舱左右操纵台上折叠式小桌板可以正确收藏及使用。

5）MOC8 验证过程

地形提示和警告系统和自动飞行控制系统通过反应型风切变告警和规避导引系统模拟器试验来验证：输入源故障对反应型风切变功能的影响，以及对应的各种指示、告警；反应型风切变戒备级告警和警告级告警对应的各种指示、告警；规避导引功能。

该试验主要是评估反应型风切变告警系统和规避导引系统功能对降低反应型风切变危害是有效的，包括评估风切变告警功能可以为机组提供严重风切变的警告，评估系统提供的规避导引的安全性，同时通过驾驶员对规避导引功能品质进行评估。该试验可使用经局方飞行标准部门认可的过渡 C 级全功能飞行模拟器进行试验，试验中采用的风场包括 TSO - C117a 中的 6 种离散风场模型和 AC120 - 41 附件 2-6 中的 10 种解析风场模型。试验结果证明：地形提示和警告系统的风切变探测功能能够及时给出了警戒或告警信息，无虚警出现。风切变规避导引系统工作正确，模式转化和推力响应符合预期，规避导引指令合理，能够为飞行员改出风切变条件提供有效的指引。

3.4.5 第 25.1301(b)款符合性验证说明

针对第 25.1301(b)款，采用的符合性验证方法为 MOC1。

各系统编制系统设计描述（MOC1），说明系统所含有的 EWIS 部件，EWIS 部件的功能及其安装。

3.5 符合性文件清单

通常，针对第 25.1301 条的符合性文件清单如表 3-2 所示。

表 3 - 2　建议的符合性文件清单

序　号	符 合 性 报 告	符合性方法
1	某系统描述	MOC1
2	雷达罩电性能计算分析报告	MOC2
3	电源系统性能实验室试验大纲	MOC4
4	电源系统性能实验室试验报告	MOC4
5	某系统地面试验大纲	MOC5
6	某系统地面试验报告	MOC5
7	某系统飞行试验大纲	MOC6
8	某系统飞行试验报告	MOC6
9	某系统机上检查大纲	MOC7
10	某系统机上检查报告	MOC7
11	某系统模拟器试验大纲	MOC8
12	某系统模拟器试验报告	MOC8
13	某设备鉴定试验大纲	MOC9
14	某设备鉴定试验报告(TSOA)	MOC9

4　符合性判据

针对第 25.1301(a)(1)项,当安装于机上的每个系统/设备的种类和设计满足飞机在规定条件下营运时应具有的性能要求,可通过系统设计描述文件、鉴定试验和装机后的试验确认对该款的符合性。

针对第 25.1301(a)(2)项,当安装于机上的每个设备的标牌标明了其名称和功能或使用限制,或这些要素的适用组合,可通过图纸和机上检查确认对该款的符合性。

针对第 25.1301(a)(3)项,当安装于机上的每个设备按对其规定的限制进行了安装,可通过图纸和机上检查确认对该款的符合性。

针对第 25.1301(a)(4)项,当安装于机上的每个设备功能正常,可通过装机后的试验试飞确认对该款的符合性。

针对第 25.1301(b)款,由于该款仅是强调了 EWIS 的设计和安装必须符合 H 分部的要求,因此可仅通过系统设计描述(引用 H 分部验证工作)来确认对该款的符合性。

参考文献

[1]　14 CFR 修正案 25 - 123 Enhanced Airworthiness Program for Airplane Systems/Fuel Tank Safety [S].

[2]　FAA. AC25 - 10 Guidance for Installation of Miscellaneous, Nonrequired Electrical

Equipment [S]. 1987.

[3] FAA. AC25.1357-1A Circuit Protective Devices [S]. 2007.

[4] FAA. AC20-151B Airworthiness Approval of Traffic Alert and Collision Avoidance Systems (TCAS Ⅱ), Versions 7.0 & 7.1 and Associated Mode S Transponders [S]. 2014.

[5] FAA. AC25.1435-1 Hydraulic System Certification Tests and Analysis [S]. 2001.

[6] FAA. AC25-15 Approval of Flight Management Systems in Transport Category Airplanes [S]. 1989.

[7] FAA. AC20-67B Airborne VHF Communications Equipment Installation [S]. 1986.

[8] FAA. AC20-131A Airworthiness Approval of Traffic Alert and Collision Avoidance Systems (TCAS Ⅱ) and Mode S Transponders [S]. 1993.

[9] FAA. AC25.1362-1 Electrical Supplies for Emergency Conditions [S]. 2007.

[10] FAA. AC20-156 Aviation Databus Assurance [S]. 2006.

[11] FAA. AC25.735-1 Brakes and Braking Systems Certification Tests and Analysis [S]. 2002.

[12] FAA. AC25.1329-1B Change 1 Approval of Flight Guidance Systems [S]. 2012.

[13] FAA. AC20-57A Automatic Landing Systems (ALS) [S]. 1971.

[14] FAA. AC25.1353-1A Electrical Equipment and Installations [S]. 2007.

[15] FAA. AC25-5 Installation Approval on Transport Category Airplanes of Cargo Unit Load Devices Approved AS Meeting the Criteria in NAS 3610 [S]. 1970.

[16] FAA. AC25.1701-1 Certification of Electrical Wiring Interconnection Systems on Transport Category Airplanes [S]. 2007.

[17] FAA. AC25-23 Airworthiness Criteria for the Installation Approval of a Terrain Awareness and Warning System (TAWS) for Part 25 Airplanes [S]. 2000.

[18] FAA. AC25.1360-1 Protection Against Injury [S]. 2007.

[19] FAA. AC25.981-1C Fuel Tank Ignition Source Prevention Guidelines [S]. 2008.

[20] FAA. AC25-12 Airworthiness Criteria for the Approval of Airborne Windshear Warning Systems in Transport Category Airplanes [S]. 1987.

[21] FAA. AC25.1365-1 Electrical Appliances, Motors, and Transformers [S]. 2007.

[22] FAA. AC20-144 Recommended Method for FAA Approval of Aircraft Fire Extinguishing System Components [S]. 2000.

[23] FAA. AC25-9A Smoke Detection, Penetration, and Evacuation Tests and Related Flight Manual Emergency Procedures [S]. 1994.

[24] FAA. AC25-4 Inertialnavigation Systems (INS) [S]. 1966.

[25] FAA. AC25.672-1 Active Flight Controls [S]. 1983.

运输类飞机适航标准 第25.1303条符合性验证

1 条款介绍

1.1 条款原文

第25.1303条 飞行和导航仪表

(a) 下列飞行和导航仪表的安装必须使每一驾驶员从其工作位置都能看到该仪表:

(1) 大气静温表,或可将其指示换算为大气静温的大气温度表;

(2) 带秒针的或数字式的显示时、分、秒的时钟;

(3) 航向指示器(无陀螺稳定的磁罗盘)。

(b) 每一驾驶员工作位置处必须安装下列飞行和导航仪表:

(1) 空速表。如果空速限制随高度变化,则该表必须指示随高度变化的最大允许空速 V_{MO};

(2) 高度表(灵敏型);

(3) 升降速度表(垂直速度);

(4) 带有侧滑指示器(转弯倾斜仪)的陀螺转弯仪,但按有关营运条例装有在360度俯仰和滚转姿态中均可工作的第三套姿态仪表系统的大型飞机,只需有侧滑指示器;

(5) 倾斜俯仰指示器(陀螺稳定的);

(6) 航向指示器(陀螺稳定的磁罗盘或非磁罗盘)。

(c) 飞机应根据下列规定的情况安装相应的飞行和导航仪表:

(1) 涡轮发动机飞机和 V_{MO}/M_{MO} 大于 $0.8V_{DF}/M_{DF}$ 或 $0.8V_D/M_D$ 的飞机,需有速度警告装置。当速度超过 $V_{MO}+6$ 节或 $M_{MO}+0.01$ 时,速度警告装置必须向驾驶员发出有效的音响警告(要与其它用途的音响警告有明显区别)。该警告装置的制造允差的上限不得超过规定的警告速度;

(2) 有压缩性限制而本条(b)(1)要求的空速指示系统未向驾驶员指示 M_{MO} 的飞机,在每一驾驶员工作位置处需有马赫数表。

1.2 条款背景

第 25.1303 条对飞行和导航仪表提出了总体要求。这些仪表必须把即时的飞机姿态、飞行参数和导航数据清晰地显示给机组人员,同时还必须提供按预定的飞行轨迹控制飞机和监视其飞行过程所必需的信息。显示的信息应在所有工作负荷条件下保证其准确性、易读性和明确性,对于重要的飞行仪表和导航仪表或参数,还必须提供合适的裕度。

1.3 条款历史

第 25.1303 条在 CCAR25 部初版首次发布,截至 CCAR-25-R4,该条款未进行修订,如表 1-1 所示。

表 1-1 第 25.1303 条条款历史

第 25.1303 条	CCAR25 部版本	相关 14 CFR 修正案	备 注
首次发布	初版	25-22,25-23,25-24,25-38	

1985 年 12 月 31 日发布了 CCAR25 部初版,其中包含第 25.1303 条,该条款参考 1964 年 12 月 24 日发布的 14 CFR PART 25 中的 §25.1303 和 14 CFR PART 25 修正案 25-22、25-23、25-24 和 25-38 的内容制定。14 CFR 修正案 25-22、25-23、25-24 和 25-38 的内容:

(1) 允许对于按 §121.305(j) 运行的装有第三套姿态仪表系统的大型运输类飞机,仅需安装侧滑指示器,不必安装带有侧滑指示器(转弯倾斜仪)的陀螺转弯仪。

(2) 把要求安装的飞行和导航仪表根据重要性分成了目前的(a)款和(b)款两类。同时,考虑到"精确型高度表"并没有被明确定义,删除了原先对高度表的"精确"要求,修改为"高度表(灵敏型)"。

(3) 增加了装有的第三套姿态仪表系统必须在 360°俯仰和滚转姿态中均可工作的条件。

(4) 增加了对装机时钟必须显示时、分和秒的或可用数字显示的具体要求。

2 条款解读

2.1 条款要求

本条(a)款要求安装大气静温表(或大气温度表)、时钟和磁罗盘,通常都只安装一套,因此必须安装在两个驾驶员中间部位,以使每一驾驶员从其工作位置上容易判读,并在正常和应急的夜间照明条件下无困难地判读。本条(a)(2)项要求的时钟秒针移动步长不应超过 1 秒。

为使驾驶员完成基本的飞行任务和操纵,本条(b)款要求必须安装下列飞行和导航仪表：空速表、高度表、升降速度表、转弯仪、姿态仪表和航向仪表，并且主要飞行仪表在每个驾驶员处构成 T 型布局(左空速、右高度、上姿态和下航向)。本条(b)(2)项要求的灵敏型高度表通常指数字式高度表，或含有多个不同指针且每个指针指示不同数位上的高度信息的机械式高度表。

本条(c)(1)项要求的音响速度警告装置是为了保证飞机不超过结构强度的限制。

2.2 相关条款

与第 25.1303 条相关的条款如表 2 - 1 所示。

表 2 - 1　第 25.1303 条相关条款

序　号	相关条款	相　关　性
1	第 25.1301 条	第 25.1301(a)(4)项要求设备在装机后功能正常
2	第 25.1309 条	第 25.1309(a)款进一步要求设备在各种可预期的运行条件下能够完成其预定的功能

3　验证过程

3.1　验证对象

第 25.1303 条的验证对象为包括时钟、备用磁罗盘、集成式备用仪表和主飞行显示器(PFD)。

3.2　符合性验证思路

针对第 25.1303(a)款，通过系统描述来说明飞机上大气静温显示、时钟和备用磁罗盘安装位置，通过飞行试验验证这些仪表可见性、可读性和稳定性。

针对第 25.1303(b)款，通过系统描述来说明空速、高度、垂直速度、侧滑指示、姿态指示和航向指示区域，通过飞行试验验证侧滑指示的可见性、可读性和稳定性。

针对第 25.1303(c)(1)项，通过系统描述来说明速度警告和音响警告的设计特征，通过地面试验验证速度告警能够被触发以及音响告警清晰可辨，通过飞行试验验证速度警告能够被触发以及音响警告清晰可辨。

针对第 25.1303(c)(2)项，通过系统描述来说明马赫数带显示的设计特征，通过地面试验验证马赫数显示。

3.3　符合性验证方法

通常，针对第 25.1303 条的符合性验证方法如表 3 - 1 所示。

表 3 - 1　建议的符合性方法

条　款　号	专　业	符 合 性 方 法										备 注
		0	1	2	3	4	5	6	7	8	9	
第 25.1303(a)款	指示记录		1					6				
第 25.1303(b)(1)(2)(3)(5)(6)项	指示记录		1									
第 25.1303(b)(4)项	指示记录		1					6				
第 25.1303(c)(1)项	指示记录		1				5	6				
第 25.1303(c)(2)项	指示记录		1				5					

3.4　符合性验证说明

3.4.1　第 25.1303(a)款符合性验证说明

针对第 25.1303(a)款,采用的符合性验证方法包括 MOC1 和 MOC6,各项验证具体工作如下:

1) MOC1 验证过程

通过系统设计描述说明飞机的大气静温显示设置在主飞行显示器(PFD)下方,为 PFD 设计了足够的视角和品质,可以保证在正副驾驶员位置上所有的显示都清晰可见。两个时钟以数字形式显示时、分和秒,分别安装在正副驾驶位置,在正副驾驶工作位置上都能够看到时钟;备用磁罗盘安装在正副驾驶中间位置,以指示飞机磁航向,在正副驾驶员工作位置都能够看到备用磁罗盘。

2) MOC6 验证过程

通过指示记录系统飞行试验,飞行员在试飞过程中检查总温及静温显示、时钟、备用磁罗盘的可见性、可读性和稳定性,验证飞机上的仪表均按设计安装到位,工作正常,显示清晰及时,在正副驾驶工作位置上均能正确观察仪表显示的信息。

3.4.2　第 25.1303(b)款符合性验证说明

针对第 25.1303(b)款,采用的符合性验证方法包括 MOC1 和 MOC6,各项验证具体工作如下:

1) MOC1 验证过程

在系统设计描述中明确在正副驾驶员工作位置的正前方各设置有一个 PFD,每个 PFD 均设置有空速、高度、垂直速度、侧滑指示、姿态指示和航向指示区域。集成式备用仪表设计成在 360 度俯仰和滚转姿态中均可工作,并含有侧滑指示器,集成式备用仪表安装在正副驾驶中间位置,在正副驾驶工作位置上都能看到。

2) MOC6 验证过程

通过指示记录系统飞行试验,飞行员在试飞过程中检查集成式备用仪表侧滑指示的情况,以验证仪表的可见性、可读性和稳定性。

3.4.3　第 25.1303(c)款符合性验证说明

针对第 25.1303(c)款,采用的符合性验证方法包括 MOC1、MOC5 和 MOC6,各项验证具体工作如下:

1) MOC1 验证过程

通过系统设计描述说明设计时将空速显示设置在 PFD 左上部,如图 3-1 所示。PFD 上"③ 空速"绿色虚线框内为空速显示,即空速带。当速度超过 V_{MO}+6 节(330+6 节)或 M_{MO}+0.01(0.82+0.01)时,PFD 上 V_{MO} 或 M_{MO} 标记显示为红色棋盘型,V_{MO} 或 M_{MO} 数字读数为红色,同时发出"Overspeed"音响警告,与其他用途的音响警告有明显区别。当飞机的马赫数大于 0.4 时,采用飞行控制板(FCP)上的 IAS/Mach 按钮选择控制马赫数带(马赫数呈带状显示)在 PFD 上的显示。当爬升到 27 400 英尺的时候,设置为显示自动转换为马赫数带;当下降到 27 400 英尺的时候,自动转换为指示空速(IAS)显示,但 IAS 速度带的下方显示当前马赫数(马赫数大于 0.4)。

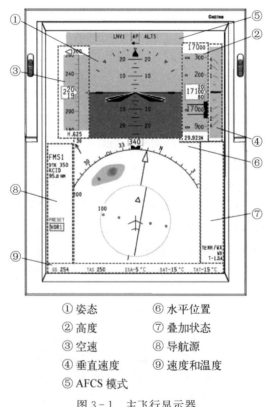

① 姿态　　　⑥ 水平位置
② 高度　　　⑦ 叠加状态
③ 空速　　　⑧ 导航源
④ 垂直速度　⑨ 速度和温度
⑤ AFCS 模式

图 3-1　主飞行显示器

2) MOC5 验证过程

在机上地面试验中,通过大气数据系统试验验证速度告警和马赫数显示。

当洋红色速度趋势矢量线超过330节后,可产生下列预告警:红色IAS过速标记变为红黑交错排列的棋盘型,绿色的IAS数字变为黄色。当IAS数字继续增加到超过330节后,可产生下列告警:黄色IAS数字变为红色。当IAS数字超过330+3节后,在驾驶舱扬声器中应听到"Overspeed"语音告警。

设置空速为200节,空速慢慢增加,当空速读数超过200节时,空速带下方可出现马赫数读数并显示为绿色的M450;设置空速为173节,空速慢慢减小,空速带下方马赫数读数也随之慢慢减小,当低于178节(M400)时,马赫数显示消失。

3) MOC6验证过程

在飞行试验中,通过发动机指示和机组告警系统(EICAS)和中央警告系统飞行试验验证速度告警。

飞行员分别在 $H_p=15\ 000$ 英尺、20 000英尺和35 000英尺检查超速告警功能,通过飞行员评述和数据分析,确认超速告警显示和音响告警可接受:在15 000英尺和20 000英尺高度,当空速超过330+3节时,可触发超速告警显示和音响告警,当空速低于330节时,超速告警显示和音响告警消失;在35 000英尺高度,当空速超过0.82+0.005时,触发超速告警显示和音响告警,当空速低于0.82时,超速告警显示和音响告警消失。

3.5　符合性文件清单

通常,针对第25.1303条的符合性文件清单如表3-2所示。

表3-2　建议的符合性文件清单

序　号	符　合　性　报　告	符合性方法
1	指示记录系统设计描述	MOC1
2	指示记录系统地面试验大纲	MOC5
3	指示记录系统地面试验报告	MOC5
4	指示记录系统飞行试验大纲	MOC6
5	指示记录系统飞行试验报告	MOC6

4　符合性判据

(1) 按条款要求设置了所要求的大气静温表(或大气温度表)、时钟、磁罗盘和PFD等仪表。

(2) 完成了指示记录系统的机上地面试验,试验结果符合条款要求。

(3) 完成了指示记录系统的飞行试验,试验结果符合条款要求。

(4) 完成了飞行员评估,确认能够在显示仪表上清晰辨识本条款所要求仪表的显示信息,识别超速告警显示和音响告警。

(5) 大气静温显示、时钟、备用磁罗盘的安装位置正确,满足每一驾驶员从其工作位置都能看到的要求。

（6）每一驾驶员工作位置处安装了空速、高度、垂直速度、侧滑指示、姿态指示和航向指示的仪表。

（7）每一驾驶员工作处设置有马赫数显示，且清晰可识别。

参考文献

［1］ 14 CFR 修正案 25 - 24 Requirements For Attitude Instrument Replacement of Rate-of-Turn Indicator［S］.

［2］ 14 CFR 修正案 25 - 38 Airworthiness Review Program，Amendment No. 3：Miscellaneous Amendments［S］.

［3］ 14 CFR 修正案 25 - 23 Transport Category Airplane Type Certification Standards［S］.

［4］ FAA. AC20 - 151B Airworthiness Approval of Traffic Alert and Collision Avoidance Systems（TCAS Ⅱ），Versions 7. 0 & 7. 1 and Associated Mode S Transponders［S］. 2014.

［5］ FAA. AC25 - 15 Approval of Flight Management Systems in Transport Category Airplanes［S］. 1989.

［6］ FAA. AC20 - 131A Airworthiness Approval of Traffic Alert and Collision Avoidance Systems（TCAS Ⅱ）and Mode S Transponders［S］. 1993.

［7］ FAA. AC25. 1329 - 1B Change 1 Approval of Flight Guidance Systems［S］. 2012.

［8］ FAA. AC25. 253 - 1A High-speed Characteristics［S］. 1976.

［9］ FAA. AC25. 1701 - 1 Certification of Electrical Wiring Interconnection Systems on Transport Category Airplanes［S］. 2007.

［10］ FAA. AC25 - 23 Airworthiness Criteria for the Installation Approval of a Terrain Awareness and Warning System（TAWS）for Part 25 Airplanes［S］. 2000.

［11］ FAA. AC25 - 12 Airworthiness Criteria for the Approval of Airborne Windshear Warning Systems in Transport Category Airplanes［S］. 1987.

运输类飞机适航标准 第25.1305条符合性验证

1 条款介绍

1.1 条款原文

第25.1305条 动力装置仪表

所需的动力装置仪表规定如下：

(a) 各种飞机

(1) 每台发动机一个燃油压力警告装置，或所有发动机一个总警告装置，并有分离各单独警告的措施；

(2) 每个燃油箱一个燃油油量表；

(3) 每个滑油箱一个滑油油量指示器；

(4) 每台发动机的每个独立的滑油压力系统一个滑油压力表；

(5) 每台发动机一个滑油压力警告装置，或所有发动机一个总警告装置，并有分离各单独警告的措施；

(6) 每台发动机一个滑油温度表；

(7) 提供可视和音响警告的火警设备；

(8) 每个加力液箱一个液量指示器（和飞机运行中液体的使用方式相适应）。

(b) 活塞发动机飞机 除本条(a)要求的动力装置仪表外，还需装有下列动力装置仪表：

(1) 每台发动机一个汽化器空气温度表；

(2) 每台气冷发动机一个气缸头温度表；

(3) 每台发动机一个进气压力表；

(4) 每台发动机一个燃油压力表（指示供油压力）；

(5) 无自动高度混合控制器的每台发动机，一个燃油流量表或一个油气混合比指示器；

(6) 每台发动机一个转速表；

(7) 属于下列任一情况的每台发动机，一个在飞行中向飞行机组指示功率输出变化的装置：

(i) 装有由功率输出测量系统启动的螺旋桨自动顺桨系统；

(ii) 发动机活塞总排气量等于或大于 33,000 毫升(2,000 英寸^3)。

(8) 每具可反桨的螺旋桨一个指示装置，在螺旋桨反桨时向驾驶员发出指示。

(c) 涡轮发动机飞机 除本条(a)要求的动力装置仪表外，还需装有下列动力装置仪表：

(1) 每台发动机一个燃气温度表；

(2) 每台发动机一个燃油流量表；

(3) 每台发动机一个转速表(指示有规定限制转速的转子转速)；

(4) 如果发动机起动机既未按连续使用设计，又未设计成在其失效后能防止危险，但是可能被连续使用，则每台起动机应有一种向飞行机组指示其运转状态的装置；

(5) 每台发动机一个动力装置防冰系统功能指示器；

(6) 第 25.997 条要求的燃油滤网或燃油滤，应有一个指示器，在滤网或油滤的脏污程度影响第 25.997(d)条规定的滤通能力之前即指示出现脏污；

(7) 第 25.1019 条要求的滑油滤网或滑油滤，如果没有旁路，则应有一个警告装置，在滤网或油滤的脏污程度影响第 25.1019(a)(2)条规定的滤通能力之前向驾驶员警告出现脏污；

(8) 防止燃油系统部件被冰堵塞的任何加温器，应有一个指示其功能是否正常的指示器。

(d) 涡轮喷气发动机飞机 除本条(a)和(c)要求的动力装置仪表外，还需装有下列动力装置仪表：

(1) 一个向驾驶员指示推力或与推力直接有关的参数的指示器。其指示必须以对推力或该参数的直接测量为依据。该指示器必须能指示发动机故障、损坏或性能降低所造成的推力变化；

(2) 当反推力装置处于下列状态时，位置指示装置向飞行机组发出指示：

(i) 未处于所选位置，和

(ii) 对于每台装有反推力装置的发动机，处于反推力位置。

(3) 一个指示转子系统不平衡状态的指示器。

(e) 涡轮螺旋桨飞机 除本条(a)和(c)要求的动力装置仪表外，还需装有下列动力装置仪表：

(1) 每台发动机一个扭矩表；

(2) 每具螺旋桨一个位置指示器，在螺旋桨桨叶角小于飞行低距位置时向飞行机组发出指示；

(3) [删除]

(f) 装有增大功率(推力)的液体系统(燃油除外)的飞机，必须装有一个经批准的向飞行机组指示该系统功能是否正常的装置。

〔中国民用航空局 1995 年 12 月 18 日第二次修订,2011 年 11 月 7 日第四次修订〕

1.2　条款背景

第 25.1305(a)款规定为保证飞行安全所必须安装的动力装置仪表,除此之外,还应根据飞机的类型选择第 25.1305(c)款至第 25.1305(e)款中规定的其他动力装置仪表。

动力装置仪表应根据功能参数的重要性和与动力装置位置互相对应的原则来定位,并按次序进行或者从上到下,或者从左到右地排列,以避免指示仪表与动力装置的位置、顺序互相混淆。

一般的动力装置仪表可用阴极射线管的一个发动机/警告显示器和一个系统显示器来取代机电式仪表,也可用较简单的发光二极管组成的主发动机显示和系统显示器来取代,其中信息的显示格式和告警功能、维修特性等仍应满足第 25.1305 条中所有的要求。

1.3　条款历史

第 25.1305 条在 CCAR25 部初版首次发布,截至 CCAR-25-R4,该条款共修订过 2 次,如表 1-1 所示。

表 1-1　第 25.1305 条条款历史

第 25.1305 条	CCAR25 部版本	相关 14 CFR 修正案	备　注
首次发布	初版	—	
第 1 次修订	R2	25-72	
第 2 次修订	R4	25-115	

1.3.1　首次发布

1985 年 12 月 31 日发布了 CCAR25 部初版,其中包含第 25.1305 条,该条款参考 1980 年发布的 14 CFR 修正案 25-54 中修改的 §25.1305 的内容制定。

1.3.2　第 1 次修订

1995 年 12 月 18 日发布的 CCAR-25-R2 对第 25.1305 条进行了第 1 次修订,本次修订参考了 14 CFR 修正案 25-72 的内容:删除了原有的 §25.1305(e)(3)。

1.3.3　第 2 次修订

2011 年 11 月 7 日发布的 CCAR-25-R4 对第 25.1305 条进行了第 2 次修订,本次修订参考了 14 CFR 修正案 25-115 的内容:

修订了 §25.1305(a)(7),明确火警指示器必须同时具有目视和音响警告功能的要求;修订了 §25.1305(d)(2),进一步明确了反推装置位置指示器的显示要求。

2 条款解读

2.1 条款要求

第25.1305(a)款规定为保证飞行安全所必须安装的动力装置仪表,除此之外,还应根据飞机的类型选择第25.1305(c)款至第25.1305(e)款中规定的其他动力装置仪表。

动力装置仪表应根据功能参数的重要性和与动力装置位置互相对应的原则来定位,并按下面的次序(1)、(2)、(3)进行或者从上到下,或者从左到右地排列,以避免指示仪表与动力装置的位置、顺序互相混淆。

(1) 主功率或推力参数指示器,例如压力比/低压转速/进气道压力/返推力位置。它们应安放在显示区的最上面或最左边。

(2) 主要的极限和功能指示器,例如燃气温度/高压转速/汽缸头温度/燃油流量。它们应紧接着主功率或推力参数指示器安装。

(3) 次要的极限和功能指示器,例如滑油压力/滑油温度/振动,应安放在显示区的最下面或最右边。

一般的动力装置仪表可用阴极射线管的一个发动机/警告显示器和一个系统显示器来取代机电式仪表,也可用较简单的发光二极管组成的主发动机显示和系统显示器来取代,其中信息的显示格式和告警功能、维修特性等仍应满足第25.1305条中所有的要求。

注:本文中符合性验证过程及符合性判据,仅适用于涡扇发动机飞机。

2.2 相关条款

与第25.1305条相关的条款如表2-1所示。

表 2-1 第 25.1305 条相关条款

序　号	相 关 条 款	相　　关　　性
1	第25.1301(a)(4)项	第25.1301(a)(4)项为所安装的设备在安装后功能正常,对第25.1305条EICAS的安装提出了要求
2	第25.1309条	第25.1309条对所有设备和系统、安装提出要求,因此与第25.1305条相关
3	第25.1549条	第25.1549条对动力装置和辅助动力装置仪表提出要求,因此与第25.1305条相关
4	第25.1551条	第25.1551条对滑油油量指示器提出要求,因此与第25.1305条相关
5	第25.1553条	第25.1553条对燃油油量表提出要求,因此与第25.1305条相关

3 验证过程

3.1 验证对象

第 25.1305 条的验证对象为动力装置系统仪表。

3.2 符合性验证思路

针对第 25.1305(a)、(c)、(d)款,通过 EICAS、燃油系统、动力装置系统、短舱防冰系统设计描述说明上述系统采用仪表及仪表显示的情况及要求,说明对第 1305 (a)、(c)、(d)款的符合性。

3.3 符合性验证方法

通常,针对第 25.1305 条的符合性验证方法如表 3-1 所示。

表 3-1 建议的符合性方法表

条 款 号	专 业	符 合 性 方 法										备 注
		0	1	2	3	4	5	6	7	8	9	
第 25.1305(a)款	EICAS		1									由于目前主流的技术为使用 EICAS 系统取代所有仪表,因此当使用到了仪表时,仪表系统也需要使用 MOC1 表明对第 25.1305 条的符合性
第 25.1305(a)(1)项	燃油		1									
第 25.1305(a)款	动力装置		1									
第 25.1305(c)款	EICAS		1									
第 25.1305(c)款	动力装置		1									
第 25.1305(c)(5)项	短舱防冰		1									
第 25.1305(c)(8)项	燃油系统		1									
第 25.1305(d)款	EICAS		1									
第 25.1305(d)款	动力装置		1									

3.4 符合性验证说明

针对第 25.1305(a)、(c)、(d)款,采用的符合性验证方法为 MOC1,通过

EICAS、燃油系统、动力装置系统、短舱防冰系统设计描述说明动力装置所采用仪表满足：

（1）每台发动机设置一个燃油压力警告装置，或所有发动机设置一个总警告装置，同时设置有分离各单独警告的措施；每个燃油箱设置一个燃油油量表；每个滑油箱设置一个滑油油量指示器；每台发动机的每个独立的滑油压力系统设置一个滑油压力表；

（2）每台发动机设置一个滑油压力警告装置，或所有发动机设置一个总警告装置，同时设置有分离各单独警告的措施；每台发动机设置一个滑油温度表、火警指示器；每个加力液箱设置一个液量指示器；每台发动机设置一个燃气温度表；每台发动机设置一个燃油流量表；每台发动机设置一个转速表；如果发动机起动机既未按连续使用设计，又未设计成在其失效后能防止危险，但是可能被连续使用，则每台起动机设置有一种向飞行机组指示其运转状态的装置；

（3）每台发动机设置一个动力装置防冰系统功能指示器；为防止燃油系统部件被冰堵塞的任何加温器，均设置有一个指示其功能是否正常的指示器。

（4）设置有一个向驾驶员指示推力或与推力直接有关的参数的指示器。其指示必须以对推力或该参数的直接测量为依据。该指示器具备指示发动机故障、损坏或性能降低所造成推力变化的功能。

（5）每台装有反推力装置的发动机设置一个位置指示器，当反推力装置处于反推力位置时向飞行机组发出指示；设置一个指示转子系统不平衡状态的指示器。

3.5 符合性文件清单

通常，针对第 25.1305 条的符合性文件清单如表 3-2 所示。

表 3-2 建议的符合性文件清单

序　号	符　合　性　报　告	符合性方法
1	EICAS 系统设计描述	MOC1
2	动力装置系统设计描述	MOC1
3	燃油系统设计描述	MOC1
4	防冰系统设计描述	MOC1

4 符合性判据

（1）每台发动机一个燃油压力警告装置，或所有发动机一个总警告装置，并有分离各单独警告的措施；每个燃油箱一个燃油油量表；每个滑油箱一个滑油油量指示器；每台发动机的每个独立的滑油压力系统一个滑油压力表；每台发动机一个滑油压力警告装置，或所有发动机一个总警告装置，并有分离各单独警告的措施；每台发动机一个滑油温度表、火警指示器；每个加力液箱一个液量指示器（和飞机运行中液体的使用方式相适应）。

　　（2）每台发动机一个燃气温度表；每台发动机一个燃油流量表；每台发动机一个转速表（指示有规定限制转速的转子转速）；如果发动机起动机既未按连续使用设计，又未设计成在其失效后能防止危险，但是可能被连续使用，则每台起动机一种向飞行机组指示其运转状态的装置；每台发动机一个动力装置防冰系统功能指示器；防止燃油系统部件被冰堵塞的任何加温器，有一个指示其功能是否正常的指示器。

　　（3）一个向驾驶员指示推力或与推力直接有关的参数的指示器。其指示以对推力或该参数的直接测量为依据。该指示器能指示发动机故障、损坏或性能降低所造成的推力变化；每台装有反推力装置的发动机一个位置指示器，当反推力装置处于反推力位置时向飞行机组发出指示；一个指示转子系统不平衡状态的指示器。

参考文献

[1]　14 CFR 修正案 25 - 72 Special Review：Transport Category Airplane Airworthiness Standards [S].

[2]　14 CFR 修正案 25 - 115 Miscellaneous Flight Requirements；Powerplant Installation Requirements；Public Address System；Trim Systems and Protective Breathing Equipment；and Powerplant Controls [S].

[3]　FAA. AC25 - 15 Approval of Flight Management Systems in Transport Category Airplanes [S]. 1989.

[4]　FAA. AC25 - 12 Airworthiness Criteria for the Approval of Airborne Windshear Warning Systems in Transport Category Airplanes [S]. 1987.

运输类飞机适航标准
第 25.1307 条符合性验证

1 条款介绍

1.1 条款原文

第 25.1307 条 其它设备

所需的其它设备规定如下：

(a) [备用]

(b) 两个或两个以上独立的电源；

(c) 本部规定的电气保护装置；

(d) 两套双向无线电通信系统，每套系统的控制装置可从每个驾驶员的工作位置进行操作，其设计和安装需保证一套系统失效时不影响另一套系统工作。允许使用公共的天线系统，只要表明使用后仍具有足够的可靠性；

(e) 两套无线电导航系统，每套系统的控制装置可从每个驾驶员的工作位置进行操作，其设计和安装需保证一套系统失效时不影响另一套系统工作。允许使用公共的天线系统，只要表明使用后仍具有足够的可靠性；

(f) [删除]

(g) [删除]

(h) [删除]

[中国民用航空局 1995 年 12 月 18 日第二次修订]

1.2 条款背景

第 25.1307 条是对运输类飞机应该装备而未在 F 分部总则中明确的系统和设备提出了要求。第 25.1307 条标题"其它设备"指电源、电气保护装置、无线电通信和无线电导航系统。

1.3 条款历史

第 25.1307 条在 CCAR25 部初版首次发布，截至 CCAR - 25 - R4，该条款共修订过 1 次，如表 1-1 所示。

表 1-1 第 25.1307 条条款历史

第 25.1307 条	CCAR25 部版本	相关 14 CFR 修正案	备 注
首次发布	初版	25-23、25-46、25-54	
第 1 次修订	R2	25-72	

1.3.1 首次发布

1985 年 12 月 31 日发布了 CCAR25 部初版,其中包含第 25.1307 条,该条款参考 1964 年 12 月 24 日发布的 14 CFR PART 25 中的 §25.1307 和 14 CFR 修正案 25-23、25-46 和 25-54 的内容制定。14 CFR 修正案 25-23、25-46 和 25-54 内容如下:

(1)明确提出了电源系统、无线电通信系统和无线电导航系统等必须安装双套系统的要求。

(2)删除了原来(a)款对座椅安全带的要求。

(3)修改了原来(h)款对手提灭火瓶的具体要求。

1.3.2 第 1 次修订

1995 年 12 月 18 日发布的 CCAR-25-R2 对第 25.1307 条进行了第 1 次修订,本次修订参考了 14 CFR 修正案 25-72 的内容:删除了(a)款和(f)款至(h)款,并把(a)款留作备用。原(a)款要求"为每个乘员至少提供一个座位",但并未解释婴儿的座位要求,修订后,将座位要求整合进了 §25.785 中,明确规定根据审定实践,座位要求仅适用于两岁和两岁以上的乘员。(f)款原用于对风挡雨刷系统提出要求,由于相关内容已纳入 §25.773(b)(1)中,故本条删除。(g)款原用于对发动机点火开关提出要求,由于相关内容已纳入 §25.1145 中,故本条删除。(h)款原用于对手提式灭火器提出要求,由于相关内容已纳入 §25.851(a)(5)和(6)中,故本条删除。

2 条款解读

2.1 条款要求

本条(a)款为备用。

本条(b)款要求飞机具备两个或两个以上的独立电源,当一个电源不能完成其功能时,另一电源应立即投入工作而不受该电源失效影响。

本条(c)款要求的电气保护装置指 F 分部第 25.1357 条所指的电气保护装置,包括断路器、熔断器以及发电机控制保护器等。

本条(d)款要求采用两套双向无线电通信系统来保证通信的可靠性,每个驾驶员操作其中的一套,每套系统的控制装置安装在每个驾驶员在其工作位置上就能操作的位置,且两套系统是互相独立的,一套系统失效时不影响另一套系统工作。如果飞机上找不到两个部位安装独立的两个天线,允许使用公共的天线,但必须表明无线电通信系统仍有足够的可靠性。

本条(e)款要求采用两套无线电导航系统,具体要求与(d)款对无线电通信系统的要求相同。

本条(f)款至(h)款为[删除]。

2.2　相关条款

与第25.1307条相关的条款如表2-1所示。

表 2-1　第 25.1307 条相关条款

序　号	相 关 条 款	相　　关　　性
1	第 25.1301 条	第 25.1307 条涉及的设备应满足 F 分部总则第 25.1301 条的要求
2	第 25.1309 条	第 25.1307(d)款和(e)款中"允许使用公共的天线系统,只要表明使用后仍具有足够的可靠性"应通过系统安全性分析来表明符合性
3	第 25.1357 条	第 25.1307(c)款所指的电气保护装置即指向第 25.1357 条

3　验证过程

3.1　验证对象

第25.1307条的验证对象包括电源系统、电气保护装置、无线电通信系统和无线电导航系统。

3.2　符合性验证思路

针对第25.1307(b)款,通过系统描述和原理图来说明飞机上的电源及其独立性。

针对第25.1307(c)款,通过系统描述来说明电气保护装置。

针对第25.1307(d)款,通过系统描述来说明无线电通信系统架构,通过系统安全性分析说明使用公共天线后的可靠性,通过飞行试验验证无线电通信系统可以单套工作,一套系统失效不影响另一套系统工作。

针对第25.1307(e)款,通过系统描述来说明无线电导航系统架构,通过系统安全性分析说明使用公共天线后的可靠性,通过飞行试验验证无线电导航系统可单套工作,一套系统失效不影响另一套系统工作。

3.3　符合性验证方法

通常,针对第25.1307条的符合性验证方法如表3-1所示。

3.4　符合性验证说明

3.4.1　第 25.1307(b)款符合性验证说明

针对第25.1307(b)款,采用的符合性验证方法为MOC1。

表 3 - 1　　建议的符合性方法

条　款　号	专　业	符 合 性 方 法										备　注
		0	1	2	3	4	5	6	7	8	9	
第 25.1307(b)款	电　源		1									
第 25.1307(c)款	电　源		1									
第 25.1307(d)款	通　信		1		3			6				
第 25.1307(e)款	导　航		1		3			6				

通过系统描述文件说明运输类飞机电源系统组成。目前运输类飞机的电源系统一般为两个主发电机(左右发动机),一台辅助动力装置(APU)发电机以及冲压空气涡轮(RAT)发电机,满足第 25.1307(b)款的要求。

3.4.2　第 25.1307(c)款符合性验证说明

针对第 25.1307(c)款,采用的符合性验证方法为 MOC1。

通过系统描述文件说明运输类飞机电气保护装置。目前运输类飞机的电气保护装置包括:断路器、熔断器以及接触器,满足第 25.1307(c)款的要求。

3.4.3　第 25.1307(d)款符合性验证说明

针对第 25.1307(d)款,采用的符合性验证方法包括 MOC1、MOC3 和 MOC6,各项验证具体工作如下:

1) MOC1 验证过程

通过系统描述来说明运输类飞机无线电通信系统架构。一般来说,两套高频通信系统天线可共用一个高频天线,驾驶员通过安装于中央操纵台的两套无线电调谐装置(RTU),对同侧和异侧高频通信系统均可进行调谐。每套高频通信系统都有专用的收发机和耦合器,一套系统的失效不影响另一套系统正常工作。两套甚高频通信系统有各自独立的收发天线,驾驶员可以通过 RTU 进行调谐,RTU 对同侧或对侧甚高频通信系统均可调谐。每套甚高频通信系统都有专用的收发机和天线,一套系统的失效不影响另一套系统正常工作,满足第 25.1307(d)款的要求。

2) MOC3 验证过程

无线电通信系统的设备较为成熟(一般为货架产品),制造商的这些设备都具有丰富的可靠性数据,经过分析可得到设备的平均故障间隔时间(MTBF)并在无线电通信系统安全性评估报告(SSA)加以说明,以此来表明使用公共天线后双套无线电通信系统的可靠性。

3) MOC6 验证过程

试飞过程中,飞行员可调谐 RTU,使用单套高频通信系统或单套甚高频通信系统进行试飞,试飞结果可表明飞行员可以使用单套高频通信系统或单套甚高频通信系统工作,验证了对第 25.1307(d)款的符合性。

3.4.4 第 25.1307(e)款符合性验证说明

针对第 25.1307(e)款,采用的符合性验证方法包括 MOC1、MOC3 和 MOC6,各项验证具体工作如下:

1) MOC1 验证过程

通过系统描述来说明运输类飞机无线电导航系统架构。一般来说,甚高频全向信标(VOR)和仪表着陆系统(ILS)数据可由甚高频导航接收机直接发送到主飞行显示器(PFD)和同侧多功能飞行显示器(MFD),也可与同侧的自动定向仪(ADF)数据一起发送到无线电接口装置(RIU),RIU 综合两个数据到总线中并发送到同侧的综合处理机柜(IPC),IPC 同时提供数据到同侧和对侧的 PFD 和 MFD,两套系统输出线路是独立的,两套甚高频导航系统使用公共的天线,满足第 25.1307(e)款的要求。

2) MOC3 验证过程

无线电导航系统的设备较为成熟(一般为货架产品),制造商的这些设备都具有丰富的可靠性数据,经过分析可得到设备的平均故障间隔时间(MTBF)并在无线电导航系统安全性评估报告(SSA)加以说明,以此来表明使用公共天线后双套无线电导航系统的可靠性。

3) MOC6 验证过程

通过自动定向仪、仪表着陆系统和甚高频全向信标(VOR)和测距器(DME)飞行试验,验证对第 25.1307(e)款的符合性。

试飞过程中,飞行员可调谐左 ADF 的频率以对准前方某一无方向信标台(NDB 台)并向台飞行时,迅速切换至与飞机相对方位为 175°的另一 NDB 台飞行,然后再使用右 ADF 重复上述动作,试飞结果可表明飞行员可以使用单套 ADF 工作;在进行 ILS 截获与跟踪时,使用单侧 ILS 进行试飞(另外一侧调谐至 VOR),试飞结果可表明飞行员可以使用单套 ILS 工作;在进行远距离小角度试飞右侧 VOR 和 DME 信号丢失时,左侧 VOR 和 DME 仍然正常工作,试飞结果可表明飞行员可以使用单套 VOR/DME 工作,验证了对第 25.1307(e)款的符合性。

3.5 符合性文件清单

通常,针对第 25.1307 条的符合性文件清单如表 3－2 所示。

表 3－2　建议的符合性文件清单

序　号	符 合 性 报 告	符合性方法
1	通信和导航系统描述	MOC1
2	电源系统描述	MOC1
3	无线电通信系统安全性评估报告	MOC3
4	无线电导航系统安全性评估报告	MOC3

（续表）

序　号	符 合 性 报 告	符合性方法
5	通信系统试飞大纲	MOC6
6	通信系统试飞报告	MOC6
7	导航系统试飞大纲	MOC6
8	导航系统试飞报告	MOC6

4　符合性判据

针对第 25.1307(b)款，当系统描述及原理图可证明飞机具有两个或两个以上的电源，且相互独立，可确认满足该款要求。

针对第 25.1307(c)款，当系统描述可说明飞机上安装了第 25.1357 条所指的电气保护装置，可确认满足该款要求。

针对第 25.1307(d)款，当系统描述可说明飞机上安装了两套无线电通信系统，通过系统安全性分析说明使用公共天线后双套无线电通信系统具有足够的可靠性，通过飞行试验验证一套系统的失效不会影响另一套系统工作，可确认满足该款要求。

针对第 25.1307(e)款，当系统描述可说明飞机上安装了两套无线电导航系统，通过系统安全性分析说明使用公共天线后双套无线电导航系统具有足够的可靠性，通过飞行试验验证一套系统的失效不会影响另一套系统工作，可确认满足该款要求。

参考文献

［1］　14 CFR 修正案 25 - 46 Airworthiness Review Program Amendment No. 7 ［S］.

［2］　14 CFR 修正案 25 - 54 Airworthiness Review Program; Amendment No. 8A: Aircraft, Engine, and Propeller Airworthiness, and Procedural Amendments ［S］.

［3］　14 CFR 修正案 25 - 23 Transport Category Airplane Type Certification Standards ［S］.

［4］　14 CFR 修正案 25 - 72 Special Review: Transport Category Airplane Airworthiness Standards ［S］.

［5］　FAA. AC25.1357 - 1A Circuit Protective Devices ［S］. 2007.

［6］　FAA. AC20 - 151B Airworthiness Approval of Traffic Alert and Collision Avoidance Systems (TCAS Ⅱ), Versions 7.0 & 7.1 and Associated Mode S Transponders ［S］. 2014.

［7］　FAA. AC25 - 15 Approval of Flight Management Systems in Transport Category Airplanes ［S］. 1989.

［8］　FAA. AC20 - 67B Airborne VHF Communications Equipment Installation ［S］. 1986.

［9］　FAA. AC20 - 131A Airworthiness Approval of Traffic Alert and Collision Avoidance

Systems (TCAS Ⅱ) and Mode S Transponders [S]. 1993.

[10] FAA. AC25.1365 - 1 Electrical Appliances, Motors, and Transformers [S]. 2007.

[11] FAA. AC25.672 - 1 Active Flight Controls [S]. 1983.

[12] CCAR121.大型飞机公共航空运输承运人运行合格审定规则[S].北京：中国民用航空局,2005.

运输类飞机适航标准
第 25.1309 条符合性验证

1 条款介绍

1.1 条款原文

第 25.1309 条 设备、系统及安装

(a) 凡航空器适航标准对其功能有要求的设备、系统及安装,其设计必须保证在各种可预期的运行条件下能完成预定功能。

(b) 飞机系统与有关部件的设计,在单独考虑以及与其它系统一同考虑的情况下,必须符合下列规定:

(1) 发生任何妨碍飞机继续安全飞行与着陆的失效状态的概率为极不可能;

(2) 发生任何降低飞机能力或机组处理不利运行条件能力的其它失效状态的概率为不可能。

(c) 必须提供警告信息,向机组指出系统的不安全工作情况并能使机组采取适当的纠正动作。系统、控制器件和有关的监控与警告装置的设计必须尽量减少可能增加危险的机组失误。

(d) 必须通过分析,必要时通过适当的地面、飞行或模拟器试验,来表明符合本条(b)的规定。这种分析必须考虑下列情况:

(1) 可能的失效模式,包括外界原因造成的故障和损坏;

(2) 多重失效和失效未被检测出的概率;

(3) 在各个飞行阶段和各种运行条件下,对飞机和乘员造成的后果;

(4) 对机组的警告信号,所需的纠正动作,以及对故障的检测能力。

(e) 在表明电气系统和设备的设计与安装符合本条(a)和(b)的规定时,必须考虑临界的环境条件。中国民用航空规章规定具备的或要求使用的发电、配电和用电设备,在可预期的环境条件下能否连续安全使用,可由环境试验、设计分析或参考其它飞机已有的类似使用经验来表明,但适航当局认可的技术标准中含有环境试验程序的设备除外。

(f) 必须按照 25.1709 条的要求对电气线路互联系统(EWIS)进行评估。

〔中国民用航空局 2011 年 11 月 7 日第四次修订〕

1.2 条款背景

第25.1309条作为对系统和设备的通用要求,FAA把它纳入了首次颁布的运输类飞机适航审定标准中。CAAC也在初次颁布的运输类飞机适航审定标准中纳入了该条款。该条是F分部的总则性条款,对机上安装的所有系统和设备(包括软硬件)的设计和安装都提出了要求,要求这些设备和系统,必须用安全性分析的方法,必要时通过地面、飞行或模拟器试验来表明符合性。

1.3 条款历史

第25.1309条在CCAR25部初版首次发布,截至CCAR-25-R4,该条款共修订过1次,如表1-1所示。

表 1-1　第25.1309条条款历史

第25.1309条	CCAR25部版本	相关FAR修正案	备　注
首次发布	初版	25-0,25-23,25-38,25-41	
第1次修订	R4	25-123	

1.3.1 首次发布

1985年12月31日发布了CCAR25部初版,其中包含第25.1309条,首次对民用运输类飞机的系统和设备提出了安全性的总体要求。CCAR25部初版中第25.1309条的内容与14 CFR修正案25-41相当,之前FAR §25.1309已进行了两次修订。

FAA修正案25-0于1965年发布。1965年FAA基于CAR 4b-16和SR422B,制定了14 CFR PART 25,作为运输类飞机适航审定标准,其中包含§25.1309,提出了安全性方面的总体要求。

FAA修正案25-23于1970年5月发布,该修正案通过修订§25.1309(c),要求对于系统的不安全工作状态,应在飞行机组仍能采取合适纠正措施时向机组提供告警,增加并强化了失效—安全的设计原则,提出以预测概率评估为基础的设计评估措施。该修正案还通过修订§25.1309(b)和§25.1309(d),提出以失效的严重性和可接受的发生概率目标来控制风险。

14 CFR修正案25-38于1976年12月发布。本次修订只是对文字表达方面进行了修订,没有内容方面的实质修改。

14 CFR修正案25-41于1977年7月发布。本次修订主要针对内容的范围和严谨性进行了修订。删除了§25.1309(b)(2)中与防止人员受伤的要求,统一归并到§25.785、§25.787、§25.789和§25.801中。本次修订还修改了§25.1309(c)中关于机组操作概率的描述,从"……机组差错是不大可能的"改为"……机组差错降至最小"。

1.3.2　第 1 次修订

2011 年 11 月 7 日发布的 CCAR‐25‐R4 对第 25.1309 条进行了第 1 次修订,本次修订参考了 14 CFR PART 25 修正案 25‐123 的内容。具体说明如下:

14 CFR PART 25 修正案 25‐123 号于 2007 年 12 月 10 日生效。该修正案删除了原来的§25.1309(e),把原来的§25.1309(g)修改为§25.1309(e),同时把原来§25.1309(e)和(f)中与电源容量和分配相关的要求统一纳入新增的§25.1310,与 EASA 适航标准协调一致。新的§25.1309(f)专门提出了对 EWIS 的要求,强调了 EWIS 的安全性要求,以配合 H 分部§25.1709 的增加。

2　条款解读

2.1　条款要求

第 25.1309 条是 F 分部的总则性条款,对机上安装的所有系统和设备(包括软硬件)的设计和安装都提出了要求,要求这些设备和系统,必须用安全性分析的方法,必要时通过地面、飞行或模拟器试验来表明符合性。该条款适用于凡是航空器适航标准对其功能有要求的设备、系统及安装,但也有例外,具体说明如下:

(1) 第 25.1309 条不适用于 C 分部和 D 分部有关结构的要求,如 C 分部中的第 25.671 条覆盖的某些单个失效或卡阻无须满足第 25.1309(b)款的要求,因为这些失效更多的是结构方面的损坏,无须评估其概率,要从第 25.571 条损伤容限的要求考虑。

(2) D 分部中的第 25.735 条对起落架刹车系统能力提出了要求,其覆盖的某些单个失效也无须满足第 25.1309(b)款的要求,这主要是考虑了刹车系统要求限制了单个失效导致刹车滚转停止距离加倍的影响,已经提供了足够的安全水平,就无须对单个失效情况进行分析了。

(3) D 分部的第 25.810(a)(1)(v)目和第 25.812 条对应急撤离辅助设施的安装提出了要求,但这些设施的失效都与特定的撤离场景有关,其概率无法确定,因此,这些设备也无须满足第 25.1309(b)款的要求。

(4) 第 25.1309 条的要求通常适用于发动机、螺旋桨和推进系统的安装。但在 E 分部中第 25.901(c)款对于动力装置和辅助动力装置的安装可能涉及的结构元件的破损提出了明确的要求,就不必按照第 25.1309 条的要求考虑这种破损对飞机安全的影响。

(5) 有些系统和功能已通过枚举的方法对特殊失效状态的特殊要求表明了符合性,满足了第 25.1309 条的要求,因此就无须再进行额外的分析。

下面就逐条进行解读。

2.1.1　第 25.1309(a)款解读

第 25.1309(a)款中"航空器适航标准"指的是所有航空器适航标准,对于运输类飞机主要包括以下适航标准：

(1) CCAR21"产品和零部件的合格审定"。

(2) CCAR25"运输类飞机适航标准"。

(3) CCAR26"运输类飞机的持续适航和安全改装规定"。

(4) CCAR33"航空发动机适航标准"。

(5) CCAR34"涡轮发动机燃油排泄和排出物规定"。

(6) CCAR36"航空器型号和适航合格审定噪声规定"。

(7) CCAR37"民用航空材料、零部件和机载设备技术标准规定"。

第25.1309(a)款中"各种可预期的运行条件"指的是飞机预计可能的所有运行条件，包括环境温度条件、高度条件、各种气象条件和飞行包线等。

2.1.2 第25.1309(b)款解读

第25.1309(b)款对每种失效状态的严重性和发生概率之间的反比关系提出一般要求。具体说明如下：

(1) 导致灾难的失效状态的概率必须是极不可能的。

(2) 导致危险的失效状态的概率必须是极微小的。

(3) 导致较大的失效状态的概率必须是不可能的。

(4) 导致较小的失效状态的概率可以是可能的。

(5) 无安全影响的失效状态可以没有概率要求。

第25.1309(b)款中的"极不可能"指的是如此的不大可能，以致它们在同一类型的所有飞机的整个使用寿命期间预期都不会发生。

2.1.3 第25.1309(c)款解读

第25.1309(c)款中的"系统、控制器件和有关的监控警告装置的设计必须尽量减少可能增加危险的飞行机组失误"是对设计本身提出的要求。在设计之前，必须对单个装置的单一失效模式产生的失效状态进行评估。评估时应考虑所有可能的和有关的情况，包括该装置的所有有关属性。失效监控和警告系统是一种目前技术水平切实可行的措施。一个可靠的失效监控和警告系统既不会在应当告警时未发生警告，也不会在不应有告警时发出误告警，因为误告警有时可能比没有警告装置或极少发生的漏警告更危险。

2.1.4 第25.1309(d)款解读

第25.1309(d)款要求"用分析的方法，必要时采用适当的地面、飞行或模拟器试验"来验证第25.1309(b)款定义的反比关系。但是，对假设是灾难性的失效状态并不需要用试验来证实。第25.1309(d)款的目的是保证有秩序和充分地对可预见的失效或其他事件对安全性的影响进行评估。评估失效状态的严重性可通过对飞机、机组和乘员的影响来进行。评估分析必须考虑以下几点：

(1) 可能的失效状态及其原因、失效模式以及从系统外部源引起的损伤。

(2) 多重失效以及未检测到的失效的可能性。

（3）需求、设计以及执行差错的可能性。

（4）在某个失效状态发生后合理预见机组差错的影响。

（5）当执行维修动作时合理预见差错的影响。

（6）机组提示信息所需的纠正动作以及检测差错的能力。

（7）对飞机及其乘员的影响，考虑飞行阶段以及运行和环境条件。

2.1.5　第 25.1309(e)款解读

第 25.1309(e)款特别强调在表明对第 25.1309(a)款和第 25.1309(b)款的符合性时，必须"考虑临界的环境条件"。并指出对"中国民用航空规章规定具备的或要求使用的发电、配电和用电设备"，其符合性可以通过环境试验、设计分析或参考其他飞机已有的类似经验来表明。TSO 中包含有环境试验程序或设备鉴定所需满足的其他环境试验标准，可以用于支持符合性。

2.1.6　第 25.1309(f)款解读

第 25.1309(f)款对系统相关的电气线路互联系统(EWIS)提出了要求，强调设备和系统中的 EWIS 是设备和系统不可或缺的一部分，必须按照第 25.1709 款的要求对电气线路互联系统(EWIS)进行评估。

2.2　相关条款

与第 25.1309 条相关的条款如表 2-1 所示。

表 2-1　第 25.1309 条相关条款

序　号	相关条款	相　　关　　性
1	第 25.207 条	第 25.207 条为失速告警系统的要求，为第 25.1309(c)款所提到的一种不安全工作情况
2	第 25.703 条	第 25.703 条为失速告警系统的要求，为第 25.1309(c)款所提到的一种不安全工作情况
3	第 25.1203 条	第 25.1203 条为火警探测系统的要求，为第 25.1309(c)款所提到的一种不安全工作情况
4	第 25.1316 条	第 25.1316 条为系统闪电防护的要求，为第 25.1309(a)款所提到的一种可预期的运行条件
5	第 25.1317 条	第 25.1317 条为高强度辐射场(HIRF)防护的要求，为第 25.1309(a)款所提到的一种可预期的运行条件
6	第 25.1322 条	第 25.1322 条为机组告警系统的要求，为第 25.1309(a)款所提到的适航标准对其功能有要求的系统
7	第 25.1323 条	第 25.1323 条为空速指示系统的要求，为第 25.1309(a)款所提到的适航标准对其功能有要求的系统
8	第 25.1325 条	第 25.1325 条为静压系统的要求，为第 25.1309(a)款所提到的适航标准对其功能有要求的系统

序　号	相关条款	相　关　性
9	第25.1326条	第25.1326条为空速管加温指示系统的要求，为第25.1309(a)款所提到的适航标准对其功能有要求的系统
10	第25.1351条	第25.1351条为无正常电源时的运行要求，为第25.1309(a)款所提到的一种可预期的运行状态
11	第25.1353条	第25.1353条为电气设备及安装的要求，为第25.1309(a)款所提到的适航标准对其功能有要求的设备
12	第25.1431条	第25.1431条为电子设备的安装要求，为第25.1309(a)款所提到的适航标准对其功能有要求的设备
13	第25.1709条	第25.1709条为EWIS的安全性要求，为第25.1309条对电气互联系统要求的进一步明确

3　验证过程

3.1　验证对象

第25.1309条的验证对象包括以下三部分：

（1）航空立法咨询委员会于2002年建议把该条款的适用范围"航空器适航标准对其功能有要求的设备、系统及安装"扩大到"任何安装到飞机上的设备和系统"。这些系统和设备主要包括空调、自动飞行、通信、电源、内饰、防火、飞控、燃油、液压能源、显示告警、照明、导航、氧气、水/废水及防冰除雨等系统和相关设备。

（2）第25.1309条虽不适用于B分部有关性能和特性的要求，但第25.207条的失速告警系统却需满足其要求。

（3）第25.1309条适用于发动机、螺旋桨和推进系统的安装。但E分部中第25.901(c)款中明确说明了对于动力装置和辅助动力装置的安装的例外情况，如果结构元件的破损概率极小，可以不按照第25.1309条的要求考虑这种破损对飞机安全的影响。

3.2　符合性验证思路

第25.1309条是综合性条款，其要求实际上是对整个飞机型号安全性工作的要求，其符合性也应从整个飞机的角度去考虑，从飞机和系统到设备（包括软硬件）不同层级规划验证活动。

飞机级通过《飞机级功能危险分析要求》《飞机区域安全性分析要求》《飞机故障模式及影响分析要求》《飞机共因分析要求》《飞机故障树分析要求》和《飞机安全性评估要求》等安全性分析相关文件规范飞机的安全性工作要求。通过飞机整机级功能危险性分析，如《飞机整机级功能危险分析》和《飞机级初步安全性评估》等，明确飞机整机的安全性目标，并对初步设计的飞机架构进行初步确认，并通过顶层需求文件,将飞机级要求分配到相关系统,作为这些系统安全性设计的输入,指导和规范各系统完成安全性验证工作。

各相关系统在飞机级功能危险性分析的基础上,按照飞机级规定的安全性评估目标和评估要求,进行功能分解和分配,完成系统级功能危险分析和系统级初步安全性评估,确认系统的架构,并对设备的软硬件的研发提出安全性指标要求,形成对应的设计和分析报告,作系统层面的需求传递到设备及软硬件。各系统完成系统层面的计算分析、安全性分析、试验和试飞等验证活动,以保证系统及其功能的设计和安装在各种可预期的运行条件下完成预定功能。

各系统相关设备 DO－160 标准完成必要的设备鉴定,系统中的软硬件按照 DO－178B 和 DO－254 的过程表明符合性。

3.3 符合性验证方法

通常,针对第 25.1309 条的符合性验证方法如表 3－1 所示。

表 3－1 建议的符合性方法

CCAR25 条款	专 业	符 合 性 方 法										备 注
		0	1	2	3	4	5	6	7	8	9	
第 1309(a)款	空调		1				5	6			9	
第 1309(a)款	自动飞行		1				5	6				
第 1309(a)款	通信		1				5	6				
第 1309(a)款	电源		1	2		4	5	6			9	
第 1309(a)款	设备/装饰		1			4					9	
第 1309(a)款	防火		1	2		4	5	6			9	
第 1309(a)款	飞控		1				5	6			9	
第 1309(a)款	燃油		1									
第 1309(a)款	液压能源		1				5	6			9	
第 1309(a)款	防冰除雨		1				5	6			9	
第 1309(a)款	显示告警		1				5	6				
第 1309(a)款	起落架		1					6			9	
第 1309(a)款	照明		1	2			5	6				
第 1309(a)款	导航		1				5	6		8		
第 1309(a)款	氧气		1				5				9	
第 1309(a)款	气源		1				5	6			9	
第 1309(a)款	水/废水		1				5	6				
第 1309(a)款	机载维护		1				5	6				
第 1309(a)款	辅助动力装置		1				5	6				
第 1309(a)款	动力		1		3		5	6			9	
第 1309(b)款	空调		1		3							

（续表）

CCAR25 条款	专 业	符 合 性 方 法										备 注
		0	1	2	3	4	5	6	7	8	9	
第 1309(b)款	自动飞行		1		3		5	6		8		
第 1309(b)款	通信		1		3							
第 1309(b)款	电源		1		3							
第 1309(b)款	设备/装饰		1		3							
第 1309(b)款	防火		1		3							
第 1309(b)款	飞控		1		3		5	6		8		
第 1309(b)款	燃油		1		3							
第 1309(b)款	液压能源		1		3							
第 1309(b)款	防冰除雨		1		3							
第 1309(b)款	显示告警		1		3		5	6		8		
第 1309(b)款	起落架		1		3							
第 1309(b)款	照明		1		3							
第 1309(b)款	导航		1		3		5	6				
第 1309(b)款	氧气		1		3							
第 1309(b)款	气源		1		3							
第 1309(b)款	水/废水		1		3							
第 1309(b)款	机载维护		1		3							
第 1309(b)款	辅助动力装置		1		3		5	6				
第 1309(b)款	动力		1		3		5	6				
第 1309(c)款	空调		1		3		5					
第 1309(c)款	自动飞行		1		3		5	6		8		
第 1309(c)款	电源		1		3	4	5	6				
第 1309(c)款	防火		1		3	4	5					
第 1309(c)款	飞控		1		3	4	5	6		8		
第 1309(c)款	燃油		1		3		5					
第 1309(c)款	液压能源		1		3	4	5	6				
第 1309(c)款	防冰除雨		1		3		5					
第 1309(c)款	显示告警		1		3		5	6				
第 1309(c)款	起落架		1		3		5	6				
第 1309(c)款	照明		1		3		5	6				
第 1309(c)款	导航		1		3		5	6				
第 1309(c)款	氧气		1		3		5					
第 1309(c)款	气源		1		3		5					
第 1309(c)款	水/废水		1		3		5					
第 1309(c)款	动力		1		3		5	6				

（续表）

CCAR25 条款	专 业	0	1	2	3	4	5	6	7	8	9	备 注
第 1309(d)款	空调		1		3							
第 1309(d)款	自动飞行		1		3		5	6		8		
第 1309(d)款	导航		1		3							
第 1309(d)款	电源		1		3	4	5	6				
第 1309(d)款	导航		1		3	4						
第 1309(d)款	防火		1		3							
第 1309(d)款	飞控		1		3	4		6		8		
第 1309(d)款	液压能源		1		3	4		6				
第 1309(d)款	防冰除雨		1		3		5	6				
第 1309(d)款	显示告警		1		3		5	6		8		
第 1309(d)款	起落架		1		3							
第 1309(d)款	照明		1		3		5	6				
第 1309(d)款	导航		1		3							
第 1309(d)款	氧气		1				5					
第 1309(d)款	气源		1		3		5	6				
第 1309(d)款	水/废水		1		3							
第 1309(d)款	动力		1		3							
第 1309(e)款	电源		1	2							9	
第 1309(e)款	飞控		1	2							9	
第 1309(e)款	液压能源		1								9	
第 1309(e)款	起落架		1	2							9	
第 1309(e)款	动力		1								9	
第 1309(f)款	电源		1	2	3						9	
第 1309(f)款	设备/装饰		1		3						9	
第 1309(f)款	飞控		1	2	3						9	
第 1309(f)款	液压能源		1		3						9	
第 1309(f)款	动力		1	2	3						9	

3.4　符合性验证说明

3.4.1　第 25.1309(a)款的符合性

针对第 25.1309(a)款的要求,凡航空器适航标准对其功能有要求的设备、系统及安装,其设计必须保证在各种可预期的运行条件下能完成预期功能。其符合性方法应包括 MOC1、MOC2、MOC3、MOC4、MOC5、MOC6 和 MOC9,具体说明如下:

1) 符合性说明(MOC1)

飞机级应在飞机飞行手册中明确定义环境温度条件、高度条件、各种气象条件和飞行包线等,明确各种内部和外部条件全。飞机可能合理预见的外部环境条件包括大气紊流、HIRF、闪电以及降水等都应考虑,其严重程度限制在审定规章和程序规定的范围内。

各相关系统应明确说明系统的预期设计功能(审定规章和运行规章要求的)、系统的安装设计、安装环境要求及可能遇到的预期环境,每个系统都应说明其在预期的运行和环境条件下功能正常。

2) 计算分析(MOC2)

该方法是指对于拥有在其他飞机的服役经验的设备,可以通过对比分析方法说明这类设备、系统和安装的正常功能不会与同类的其他设备、系统或安装的正常功能相互干扰。

3) 安全性分析(MOC3)

该方法所覆盖的设备、系统和安装一般是指旅客生活便利设施,如旅客娱乐系统,空中电话等,他们本身的失效或不正常功能不会影响飞机的安全性。这些设备、系统和安装的运行和环境质量合格认证要求可以降低至进行必要的试验,以表明他们的正常或非正常功能不会不利的影响第一类系统或设备所覆盖的设备、系统或安装的正常功能,也不会对飞机或其乘员的安全产生不利影响。这些不利影响的例子有起火、爆炸和将乘客暴露在高电压下等。

4) 实验室试验/设备鉴定(MOC4/MOC9)

除外部运行和环境条件外,还应考虑飞机内部的环境效应。这些效应包括振荡和加速载荷、液压和电源的变化及液体或水蒸气污染,这些效应可能是正常环境,也可能是事故性泄漏或人员操作时溅出导致。可用按照 DO-160 等环境试验条件和程序规定下进行实验室试验(MOC4)表明符合性验证。由 ETSO 所覆盖的设备,可使用 TSO 中包含有环境试验程序或设备质量合格认证所需满足的其他环境试验标准,进行设备鉴定(MOC9)表明符合性,同时说明安装的设备所运行的环境与设备合格鉴定环境相当或相比没有那么严酷。

5) 飞机地面/飞行试验(MOC5/MOC6)

对于不正常的功能可能降低安全性的所有安装在飞机上的设备或系统,应在飞机批准的运行和环境下通过飞机地面试验(MOC5)或飞行试验(MOC6)证明其批准的预期功能能够正确实现。

对于"生活便利设施"的相关设备,应在地面试验或飞行试验中测试其功能,以验证它们不会引起以下情况:

(1) 干扰必要功能的设备正常运行。

(2) 直接伤害到人(包括乘员和机组)。

(3) 不合理地增加飞行机组的工作负担。

6) 飞行模拟器试验(MOC8)

对于飞行有危险的或实际很难遇到的一些预期飞行条件,如风切变环境下设备和系统预期功能的正常验证就需要通过模拟器试验。

3.4.2　第 25.1309(b)款的符合性

针对第 25.1309(b)款要求,对于飞机系统及其相关部件,从单独的和与其他系统相关联的角度考虑,必须被设计成任何灾难性的失效条件都是极不可能的,并且都不会由单个失效造成。同时也要求任何危险性的失效条件是极小的,任何重大的失效条件是微小的。分析应始终考虑到失效—安全设计理念,尤其要特别关注以确保有效运用能防止单个失效或其他事件损害或间接不利的影响多个冗余系统通道(或多个执行相似功能的系统)的设计方法。

表明符合第 25.1309(b)款时应采用设计说明(MOC1)、安全性分析(MOC3)的方法,并在必要时采用适当的地面试验(MOC5)、飞行试验(MOC6)或模拟器试验(MOC8)。在进行安全性分析时,应识别出失效条件并对其影响进行评估,综合考虑以下因素:

(1) 可能的失效条件及其诱因,失效模式和外部诱因对系统造成的损伤。

(2) 多重失效和未检测到的失效的可能性。

(3) 需求、设计和实现错误的可能性。

(4) 某个失效或失效条件发生后合理预期的机组差错的影响。

(5) 执行维修行动时合理预期的差错的影响。

(6) 机组告警指示、要求的纠正行动和检测故障的能力。

(7) 考虑到飞行阶段,以及操作和环境条件,对飞机和乘员造成的影响。

具体的分析方法有很多参考资料,这里就不赘述了。

3.4.3　第 25.1309(c)款和(d)款的符合性

通常是通过设计说明(MOC1)、安全性分析(MOC3)、试验室实验(MOC4)、机上地面试验(MOC5)、安全性分析(MOC6)来进行证明,需同时考虑告警信息、所需的纠正动作,以及检测差错的能力。具体应包括:

(1) 根据紧急程度以及机组采取的纠正动作确定如下警示信息:① 告警,如果需要飞行员立即识别,并采取纠正或补偿动作;② 戒备,如果需要机组立即感知并需采取后续的机组动作;③ 提示,如果需要机组感知,并可能需要采取后续的机组动作;④ 其他情况下提供信息。

(2) 任一指示应是及时的、明显的、清楚的和不被混淆的。

(3) 在飞机条件要求紧急机组动作的情况下,如果不能通过飞机内在特性来提供告警,则应给机组提供合适的告警指示。

(4) 批准的飞机飞行手册(AFM)中应描述在发生任何失效告警后的机组程序。

3.4.4　第 25.1309(e)款的符合性

第 25.1309(e)款的符合性主要通过环境试验、设计分析及经验说明等来表明符合性。

3.4.5　第25.1309(f)款的符合性

第25.1309(f)款的符合性要求把 EWIS 作为各系统的一部分纳入安全性分析过程中,保证系统的功能安全,通常采用 MOC1、MOC2 和 MOC9 表明符合性。

3.5　符合性文件清单

通常,针对第25.1309条的符合性文件清单如表3-2所示。

说明:表3-2列出的清单只是一个建议清单,其中各系统相关的文件也可能根据飞机型号设计的不同包含多份文件。

表3-2　建议的符合性文件清单

序　号	符　合　性　报　告	符合性方法
1	飞机级功能危险分析要求	MOC1
2	飞机区域安全性分析要求	MOC1
3	飞机故障模式及影响分析要求	MOC1
4	飞机共因分析要求	MOC1
5	飞机故障树分析要求	MOC1
6	飞机安全性评估要求	MOC1
7	飞机整机级功能危险分析	MOC3
8	飞机级安全性评估报告	MOC3
9	各系统的功能危害性分析报告	MOC3
10	各系统的安全性分析报告	MOC3
11	各系统的设备鉴定报告	MOC9
12	相关系统的性能分析报告	MOC2
13	相关系统的实验室试验报告	MOC4
14	相关系统的地面试验报告	MOC5
15	相关系统的试飞报告	MOC6
16	相关系统的机上检查报告	MOC7
17	各系统的完成综述报告	MOC1
18	飞机级第25.1309条综述报告	MOC1

4　符合性判据

针对第25.1309(a)款,首先明确飞机的各种环境温度条件、高度条件、各种气象条件和飞行包线等各种预期的运行条件,明确飞机对各系统设备的预期功能,然后确定在这些预期条件下,所有设备和系统实现了预期的功能,各类试验(设备鉴定、实验室试验、地面模拟试验、机上地面试验和验证试飞定性)都已完成。

针对第25.1309(b)款至(d)款,确定已采用安全性分析和设计保证过程表明符合性,安全性需求明确、功能定义清楚、安全性过程清晰及方法正确,并按照系统设备的不同等级达到了预期的安全指标要求。

针对第 25.1309(e)款,确定飞机上的电气系统和设备的设计和安装的可预期的环境条件,并且已在该环境条件下完成了环境鉴定试验或设计分析或借鉴其他机型的类似经验分析报告。

针对第 25.1309(f)款,确定所有含有 EWIS 的系统和设备在设计、分析和试验过程中都把 EWIS 作为其中的一部分完成了相关的验证工作,并且 EWIS 已符合第 25.1709 条的要求。

参考文献

[1] 14 CFR 修正案 25 - 23 Transport Category Airplane Type Certification Standards [S].

[2] 14 CFR 修正案 25 - 38 Airworthiness Review Program, Amendment No. 3: Miscellaneous Amendments [S].

[3] 14 CFR 修正案 25 - 41 Airworthiness Review Program, Amendment No. 5: Equipment and Systems Amendments [S].

[4] 14 CFR 修正案 25 - 123 Enhanced Airworthiness Program for Airplane Systems/Fuel Tank Safety [S].

[5] FAA. AC25 - 4 Inertialnavigation Systems (INS) [S]. 1966.

[6] FAA. AC25.1309 - 1A System Design and Analysis [S]. 1988.

[7] FAA. AC25 - 9A Smoke Detection, Penetration, and Evacuation Tests and Related Flight Manual Emergency Procedures [S]. 1994.

[8] FAA. AC25.672 - 1 Active Flight Controls [S]. 1983.

[9] FAA. AC25 - 19 Certification Maintenance Requirements [S]. 1994.

[10] FAA. AC25 - 10 Guidance for Installation of Miscellaneous, Nonrequired Electrical Equipment [S]. 1987.

[11] FAA. AC25.1357 - 1A Circuit Protective Devices [S]. 2007.

[12] FAA. AC20 - 151B Airworthiness Approval of Traffic Alert and Collision Avoidance Systems (TCAS Ⅱ), Versions 7. 0 & 7. 1 and Associated Mode S Transponders [S]. 2014.

[13] FAA. AC25.1435 - 1 Hydraulic System Certification Tests and Analysis [S]. 2001.

[14] FAA. AC25 - 15 Approval of Flight Management Systems in Transport Category Airplanes [S]. 1989.

[15] FAA. AC20 - 67B Airborne VHF Communications Equipment Installation [S]. 1986.

[16] FAA. AC20 - 131A Airworthiness Approval of Traffic Alert and Collision Avoidance Systems (TCAS Ⅱ) and Mode S Transponders [S]. 1993.

[17] FAA. AC25 - 16 Electrical Fault and Fire Prevention and Protection [S]. 1991.

[18] FAA. AC25.1362 - 1 Electrical Supplies for Emergency Conditions [S]. 2007.

[19] FAA. AC20 - 156 Aviation Databus Assurance [S]. 2006.

[20] FAA. AC25.735 - 1 Brakes and Braking Systems Certification Tests and Analysis [S]. 2002.

[21] FAA. AC25.1329 - 1B Change 1 Approval of Flight Guidance Systems [S]. 2012.

[22] FAA. AC25.1353 - 1A Electrical Equipment and Installations [S]. 2007.

[23] FAA. AC25. 629 - 1A Aeroelastic Stability, Substantiation, Transport Category Airplanes [S]. 1998.

[24] FAA. AC25. 1701 - 1 Certification of Electrical Wiring Interconnection Systems on Transport Category Airplanes [S]. 2007.

[25] FAA. AC25 - 23 Airworthiness Criteria for the Installation Approval of a Terrain Awareness and Warning System (TAWS) for Part 25 Airplanes [S]. 2000.

[26] FAA. AC25. 1360 - 1 Protection Against Injury [S]. 2007.

[27] FAA. AC25. 981 - 1C Fuel Tank Ignition Source Prevention Guidelines [S]. 2008.

[28] FAA. AC25 - 12 Airworthiness Criteria for the Approval of Airborne Windshear Warning Systems in Transport Category Airplanes [S]. 1987.

[29] FAA. AC25. 1365 - 1 Electrical Appliances, Motors, and Transformers [S]. 2007.

[30] FAA. AC20 - 158 The Certification of Aircraft Electrical and Electronic Systems for Operation in the High-intensity Radiated Fields (HIRF) Environment [S]. 2014.

[31] EASA AMC AC25. 1309 - 1B, System Design and Analysis. Amdt. No. : 25/8, Amdt. No. : 25/2, Amdt. No. : 25/3 [S].

[32] RTCA DO - 160B/C/D/E/F/G, Environmental Conditions and Test Procedures for Airborne Equipment [S]. 2010.

[33] FAA. Aviation Rulemaking Advisory Committee, Transport Airplane and Engine Issue Area, Flight Controls Harmonization Working Group, Task1-Flight Control Systems Report [S].

运输类飞机适航标准
第 25.1310 条符合性验证

1 条款介绍

1.1 条款原文

第 25.1310 条 电源容量和分配

（a）对于型号合格审定或运行规章所要求的，并需要用电的每个装置均为电源的"重要负载"。在可能的运行条件和可能的持续时间内，电源和系统必须能够提供电源给下列负载：

（1）系统正常工作时连接到系统的负载；

（2）在任何一个主驱动器、电源转换器或储能装置失效后的重要负载；

（3）在下列失效后的重要负载：

（i）双发飞机的任何一台发动机，以及

（ii）三发或以上发动机飞机的任何两台发动机；

（4）在任何一个电源系统、配电系统或其他用电系统失效或失常后，需要一个备份电源的重要负载。

（b）判断是否符合本条（a）（2）和（3）时，可以假定电源负载按与经批准的运行类别的安全性相符合的监控程序降低。对于三发或三发以上飞机，双发不工作条件时不是可控飞行所必须的负载可以不考虑。

〔中国民用航空局 2011 年 11 月 7 日第四次修订〕

1.2 条款背景

制定第 25.1310 条的背景：现行的标准在供电和某些负载必须被供给的条件下定义了"重要负载"的概念。"重要负载"是指其功能是被型号合格审定或运行规章所要求的，且需要供电的每个设备。这些条款要求在众多指定的失效条件下必须有能力为重要负载供电。由于这些要求与第 25.1309 条的安全性和分析要求不直接相关，同时为使其更容易被看到，故将这些要求移到一个独立的条款中，即新的第 25.1310 条。

1.3 条款历史

第 25.1310 条在 CCAR-25-R4 版首次发布，如表 1-1 所示。

表 1-1　第 25.1310 条条款历史

第 25.1310 条	CCAR25 部版本	相关 14 CFR 修正案	备　注
首次发布	R4	25-123	

2011 年 11 月 7 日发布的 CCAR-25-R4 新增了第 25.1310 条,参考了 2007 年 11 月 8 日发布的 14 CFR 修正案 25-123 内容制定。

1996 年,美国环球航空公司 800 航班(TWA 800)的一架 747 客机怀疑因飞机线路故障产生的电火花进入飞机的燃油箱而导致空中爆炸,机上 230 人全部遇难。1998 年,瑞士航空公司的一架 MD11 飞机失火后坠入大西洋,机上 229 人全部遇难,尽管最后未能完全确定导致此航空事故的确切原因,但事后的调查发现:在最有可能最早起火的客舱位置处,找到的一段客舱娱乐系统的导线电缆上发现有凝固铜。此现象表明,该处电缆曾产生过电弧,导致铜质导体融化后又凝固。因此认为,该导线故障产生的电弧,很有可能就是这起飞机失火坠毁事故的原因。

这两起事故促使美国国家运输安全委员会和 FAA 开始关注电气线路方面的相关问题,并由老龄飞机系统规章制定咨询委员会负责开展老龄飞机电气线路互联系统的规章制定研究工作。根据事故调查结果及一系列关于飞机导线评估的结论,FAA 决定对运输类飞机审定和运行规章进行修订。2005 年 10 月 6 日,FAA 发布了题为"飞机系统适航改进项目与燃油箱安全"的立法提案通告(NPRM 05-08),建议在 4 CFR PART 25 部中增加 H 分部,对电气线路系统的设计、安装和维修提出适航要求。在意见征集过程中,2005 年 10 月至 2006 年 3 月短短的半年时间内,又由于线路连接器受潮引起的电线短路造成了 6 起支线飞机的火灾事件。通过几年的数据收集和研究,以及与工业界的合作,2007 年 11 月 8 日,FAA 发布了"飞机系统适航改进项目与燃油箱安全"的最终法则(72 FR 63364),在 14 CFR PART 25 部中增加 H 分部,统一组织和明确原来分散在其他各分部中的有关电气线路系统设计、安装和维修方面的适航要求,要求将电气线路视为一个独立的系统,必须与其他系统一样给予足够的重视。对其他分部与电气线路有关的条款以及需要与欧洲适航标准协调的条款也进行了修订,最大限度地提高所有运输类飞机电气线路系统的安全性。

在 NPRM 05-08 中 FAA 指出,本次修订前的标准在供电和某些负载必须被供给的条件下定义了"重要负载"的概念。"重要负载"是指其功能是被型号合格审定或运行规章所要求的,且需要用电的每个装置。这些条款要求在众多指定的失效条件下必须有能力为重要负载供电。由于这些要求与 § 25.1309 的安全性和分析要求不直接相关,同时为使其更容易被看到,FAA 建议新增 § 25.1310,将原来 § 25.1309 要求的对电源容量和分配的要求移入 § 25.1310 中,这也是为了同欧洲适航标准协调。

2 条款解读

2.1 条款要求

第25.1310(a)款要求在电源系统正常运行时,电源系统可以维持对所有汇流条的供电,在单台发电机或变压整流器失效的情况下,电源系统的供电能力仍能满足全部重要负载的需要;在应急供电状态下,电源系统的供电能力仍能满足全部关键负载的需要。

第25.1310(b)款要求在单台主发电机运行状态时(对应第25.1310(a)(2)(3)项的要求状态),卸载部分非重要负载后,单台发电机的容量可以满足剩余重要负载和关键负载的需求。

2.2 相关条款

与第25.1310条相关的条款如表2-1所示。

表2-1 第25.1310条相关条款

序 号	相 关 条 款	相 关 性
1	第25.1351(a)款	电源容量和分配必须满足第25.1351(a)款的要求

3 验证过程

3.1 验证对象

第25.1310条的验证对象为电源系统。

3.2 符合性验证思路

针对第25.1310条,通过系统描述说明电源系统的架构组成,在不同工作构型下的供电情况以及电源系统负载管理功能。通过电气负载分析(MOC2)表明在电源系统正常运行、单台发电机或变压整流器失效,以及在应急供电状态下,电源系统的供电能力能满足全部关键负载的需要,能够提供足够的电功率。通过安全性分析(MOC3)表明应急电源通道独立于主通道,通过实验室试验(MOC4)验证电源容量、电源系统供电转换功能以及负载管理功能满足设计要求,通过机上地面试验(MOC5)验证电源系统的供电转换逻辑,通过飞行试验(MOC6)验证电源系统在不同运行状态(包括双发供电、单发供电状态、应急供电状态、电源转换和重负载起动状态)下可以向相应的用电设备提供足够的电功率。

3.3 符合性验证方法

通常,针对第25.1310条的符合性验证方法如表3-1所示。

表 3-1　建议的符合性方法表

条　款　号	专　业	符 合 性 方 法										备　注
		0	1	2	3	4	5	6	7	8	9	
第 25.1310 条	电　源		1	2	3	4	5	6			9	

3.4　符合性验证说明

针对第 25.1310 条,采用的符合性验证方法包括 MOC1、MOC2、MOC3、MOC4、MOC5、MOC6 和 MOC9,各项验证具体工作如下:

1) MOC1 验证过程

通过系统描述说明电源系统的架构组成,在不同工作构型下的供电情况以及电源系统负载管理功能。一般运输类飞机电源系统包括:

(1) 两个主交流通道:正常工作时两台主发电机分别为两个主交流通道供电;一台 APU 起动发电机可代替失效的主发电机供电;飞机在地面时,可由 APU 起动发电机或外电源提供电源输入;

(2) 两个主直流通道:正常工作时左变压整流器和右变压整流器分别为两个主直流通道供电,应急变压整流器、主蓄电池和 APU 蓄电池均可在需要时为主直流通道提供电源输入;

(3) 一个与主通道相互隔离、并采用非相似性设计的应急通道。应急通道分为交流和直流两部分,应急交流通道可由主交流通道、冲压空气涡轮发电机或静止变流器提供电源输入;应急直流通道可由主直流通道、应急变压整流器或飞控蓄电池供电。

电源系统典型的工作模式有正常供电模式、单台发电机供电模式、变压整流器失效状态下的供电、应急供电模式、地面供电模式。飞机在地面或者空中遇到过载或故障情况时,需要卸载部分非重要负载,保护飞机的安全飞行。在不同的故障情况下,对应相应的卸载负载清单。

2) MOC2 验证过程

根据 MIL-E-7016 可以得到电气负载和电源容量分析的算法和公式,针对飞机的用电设备,定义了三种时间区间来进行负载分析,从而考核电源容量。进行负载信息统计时一般需要统计负载类型、在各飞行阶段是否工作、在电源系统各种工作状态下是否工作、使用电源类型、配电方式、安装位置、冲击电流等信息,以及负载在各个工作状态下的工作时间、功率损耗、功率因数等。通过电气负载分析表明电源系统的交直流电源容量可以满足飞机机载设备在各个飞行阶段的用电需求。

3) MOC3 验证过程

通过安全性评估(FMEA、PRA 等)表明应急电源通道独立于两个主交流通道。

4) MOC4 验证过程

通过故障试验表明电源系统中设置的自动保护装置可以在系统故障时自动将故障设备与供电系统隔离,并实现自动供电转换,以维持对重要用电设备的供电。对于用电设备端的故障,飞机配电网中也为每个用电设备配置了相应的自动保护装置,以在用电设备供电线路发生故障时将其与飞机电网隔离,进而防止该故障对电源系统的影响。

5) MOC5 验证过程

电源系统机上地面功能试验在起动发动机和 APU 的条件下进行的试验程序,用于检查交流电源供电以及交流电源之间的相互转换功能,包括外电源供电、APU 发电机供电、左发电机供电、右发电机供电、APU 发电机与外电源之间的转换供电、APU 发电机与主发电机之间的转换供电以及左发电机、右发电机独立供电以验证电源系统装机后功能正常。

6) MOC6 验证过程

通过电源系统飞行试验验证在电源系统正常运行时可以维持对所有汇流条的供电,当电源系统中仅有单台主发电机可用时,电源系统仍能维持对重要和关键负载的供电,即便主电源全部失效导致电源系统进入应急供电(RAT 发电机供电)状态,电源系统仍能维持对关键负载的供电。

7) MOC9 验证过程

通过电源系统飞控蓄电池、主/APU 蓄电池、变压整流器、静止变流器等设备的设备鉴定试验表明电源的容量满足要求。

3.5 符合性文件清单

通常,针对第 25.1310 条的符合性文件清单如表 3-2 所示。

表 3-2 建议的符合性文件清单

序 号	符 合 性 报 告	符合性方法
1	电源系统系统描述	MOC1
2	电源系统电气负载分析报告	MOC2
3	电源系统安全性评估报告	MOC3
4	电源系统实验室试验大纲	MOC4
5	电源系统实验室试验报告	MOC4
6	电源系统地面试验大纲	MOC5
7	电源系统地面试验报告	MOC5
8	电源系统飞行试验大纲	MOC6
9	电源系统飞行试验报告	MOC6
10	电源系统设备鉴定大纲	MOC9
11	电源系统设备鉴定报告	MOC9

4 符合性判据

针对第 25.1310 条,当电源系统在各种供电状态下均能保证对飞机关键用电设备的正常供电,可确认满足该条要求。

参考文献

[1] 14 CFR 修正案 25 - 123 Enhanced Airworthiness Program for Airplane Systems/Fuel Tank Safety [S].

[2] FAA. AC25. 1701 - 1 Certification of Electrical Wiring Interconnection Systems on Transport Category Airplanes [S]. 2007.

运输类飞机适航标准
第 25.1316 条符合性验证

1 条款介绍

1.1 条款原文

第 25.1316 条 系统闪电防护

（a）对于其功能失效会影响或妨碍飞机继续安全飞行和着陆的每种电气、电子系统的设计和安装，必须保证在飞机遭遇闪电环境时，执行这些功能的系统的工作与工作能力不受不利影响。

（b）对于其功能失效会影响或造成降低飞机能力或飞行机组处理不利运行条件能力的各种电气和电子系统的设计与安装，必须保证在飞机遭遇闪电环境之后能及时恢复这些功能。

（c）必须按照遭遇严重闪电环境来表明对于本条（a）和（b）的闪电防护准则的符合性。申请人必须通过下列办法来设计并验证飞机电气/电子系统对闪电影响的防护能力：

（1）确定飞机的闪击区；

（2）建立闪击区的外部闪电环境；

（3）建立内部环境；

（4）判定必须满足本条要求的所有电子电气系统及其在飞机上或飞机内的位置；

（5）确定系统对内部和外部闪电环境的敏感度；

（6）设计防护措施；

（7）验证防护措施的充分性。

〔中国民用航空局 1995 年 12 月 18 日第二次修订〕

1.2 条款背景

现代运输类飞机的先进航空电子技术及复合材料等新技术应用迅速发展。现代运输类飞机上越来越多地采用了先进的电子电气系统（如电传操纵系统和全权数字式发动机控制等）和复合材料，这些先进的电子电气系统易受闪电的间接影响，而复合材料的广泛使用又降低了对这些系统的电磁屏蔽。为此，本条款要求对执行关键或重要功能的电子电气系统提供特定的闪电防护。

1.3　条款历史

第25.1316条在CCAR-25-R2首次发布,截至CCAR-25-R4,该条款未进行过修订,如表1-1所示。

表1-1　第25.1316条条款历史

第25.1316条	CCAR25部版本	相关14 CFR修正案	备　注
首次发布	R2	25-80,25-134	

1995年12月18日发布了CCAR-25-R2,其中包含第25.1316条,该条款参考了14 CFR修正案25-80的内容。发布该修正案的目的是增加§25.1316。现代运输类飞机上越来越多地采用先进的电子电气系统(如电传操纵系统、全权数字式发动机控制等)和复合材料,这些先进的电子电气系统易受闪电的间接影响,而复合材料的广泛使用又降低了对这些系统的电磁屏蔽。新增的§25.1316要求对执行关键或重要功能的电子电气系统提供特定的闪电防护。

2011年,FAA发布了14 CFR修正案25-134,发布该修正案的目的是将§25.1316内容与14 CFR PART 23部、27部和29部的闪电防护要求相统一。修订后的§25.1316具体要求未变,只是删除了解释性条文§25.1316(c)。CCAR25部目前尚未参考14 CFR修正案25-134的内容进行修订。

2　条款解读

2.1　条款要求

来自飞机外部的闪电环境产生的电流通过机身,以及电磁场穿透形式产生飞机内部闪电环境。内部闪电环境可在飞机线缆上感应出电流和电压,从而对机载电气电子系统的正常工作产生影响(即闪电间接效应)。

第25.1316(a)款中所规定的"对于其功能失效会影响或妨碍飞机继续安全飞行和着陆的每种电气、电子系统"是指由系统安全性评估确定为A级的系统。"不利影响"是指电气电子系统在遭遇闪电环境时,系统不能正常工作或技术性能出现明显下降。目前针对运输类飞机,安全性评估确定为A级的系统一般有:自动飞行系统、飞行控制系统和导航系统等。

第25.1316(b)款中所规定的"对于其功能失效会影响或造成降低飞机能力或飞行机组处理不利运行条件能力的各种电气和电子系统"是指由系统安全性评估确定为B级和C级的系统。目前针对运输类飞机,安全性评估确定为B级和C级的系统一般有:燃油系统、液压能源系统、照明系统等。

第25.1316(c)款提出了电气电子系统闪电防护设计和验证的方法。根据AC

20 - 136B Aircraft Electrical and Electronic System Lightning Protection,电气电子系统表明闪电防护符合性的一般步骤依次为：确定需要进行闪电防护的电子电气系统；确定飞机的闪击区；建立机身闪击区的闪电电流通路；确定飞机内部闪电瞬态环境；建立瞬态控制电平(TCL)和设备瞬态设计电平(ETDL)；验证符合性；采取纠正措施(按需)。

2.2　相关条款

与第 25.1316 条相关的条款如表 2 - 1 所示。

表 2 - 1　第 25.1316 条相关条款

序　号	相关条款	相　　关　　性
1	第 25.581 条	第 25.581 条对金属和非金属组件提出了闪电直接效应的防护要求，而第 25.1316 条则对系统提出了闪电间接效应的防护要求
2	第 25.954 条	第 25.954 条对燃油系统提出了闪电防护要求

3　验证过程

3.1　验证对象

第 25.1316 条的验证对象为经系统安全性评估确定为 A 级、B 级和 C 级的电气电子系统,如电气系统(电源系统和照明系统)、航电系统(自动飞行系统、通信系统、指示记录系统、导航系统和中央维护系统)和其他用电系统(飞行控制系统、起落架系统、环控系统、液压能源系统、氧气系统和动力装置系统等)。

3.2　符合性验证思路

针对第 25.1316(a)款,经系统安全性评估确定为 A 级、B 级和 C 级的电子电气系统按照 DO - 160 第 22 节"闪电感应瞬变敏感度"的试验方法和程序进行设备级(MOC9)的闪电间接效应防护验证；A 级电子电气系统按照 DO - 160 第 22 节"闪电感应瞬变敏感度"的试验方法和程序进行系统级(MOC4)的闪电间接效应防护验证；A 级电子电气系统装机后进行全机闪电间接效应试验(MOC5),试验以 SAE ARP5416 所述的试验方法和试验程序为参考,通过测量机载关键/重要设备的互联导线上感应的实际瞬态电平(ATL)并与设备的瞬态设计电平(ETDL)相比较,用于检验全机闪电防护设计的充分性和有效性。

针对第 25.1316(b)款,经系统安全性评估确定为 B 级和 C 级的电子电气系统按照 DO - 160 第 22 节"闪电感应瞬变敏感度"的试验方法、程序进行设备级(MOC9)的闪电间接效应防护验证。

针对第 25.1316(c)款,使用专用三维电磁应用分析软件,按照第 25.1316(c)款的要求对飞机电磁区域划分和电子电气设备的闪电间接效应试验等级进行仿真分析(MOC2)。仿真计算得出飞机内部环境、电缆的开路电压和短路电流、舱门门缝电压及飞机内部电场强度等,以指导工程设计。进行闪电分区缩比模型试验(MOC4),通过试验结果证明分析法得到闪电分区的有效性,为闪电区域划分提供试验依据。

3.3 符合性验证方法

通常,针对第 25.1316 条的符合性验证方法如表 3－1 所示。

表 3－1 建议的符合性方法

条 款 号	专 业	符 合 性 方 法										备 注
		0	1	2	3	4	5	6	7	8	9	
第 25.1316(a)款	E3(电磁环境效应)		1			4	5				9	
第 25.1316(a)款	自动飞行		1								9	
第 25.1316(a)款	通信		1								9	
第 25.1316(a)款	电源		1			4					9	
第 25.1316(a)款	飞行控制		1								9	
第 25.1316(a)款	指示记录		1								9	
第 25.1316(a)款	起落架		1								9	
第 25.1316(a)款	导航		1								9	
第 25.1316(a)款	动力装置		1									
第 25.1316(b)款	E3(电磁环境效应)		1								9	
第 25.1316(b)款	空气调节		1								9	
第 25.1316(b)款	自动飞行		1								9	
第 25.1316(b)款	通信		1								9	
第 25.1316(b)款	电源		1								9	
第 25.1316(b)款	防火		1								9	
第 25.1316(b)款	飞行控制		1								9	
第 25.1316(b)款	燃油		1								9	
第 25.1316(b)款	液压能源		1								9	
第 25.1316(b)款	防冰防雨		1								9	
第 25.1316(b)款	风挡		1								9	
第 25.1316(b)款	指示记录		1								9	
第 25.1316(b)款	起落架		1								9	
第 25.1316(b)款	照明		1								9	

条　款　号	专　业	符 合 性 方 法										备　注
		0	1	2	3	4	5	6	7	8	9	
第 25.1316(b)款	导航		1									9
第 25.1316(b)款	氧气		1									9
第 25.1316(b)款	气源		1									9
第 25.1316(b)款	中央维护系统		1									9
第 25.1316(b)款	辅助动力装置		1									9
第 25.1316(b)款	动力装置		1									9
第 25.1316(c)款	E3（电磁环境效应）		1	2		4						

3.4　符合性验证说明

3.4.1　第 25.1316(a)款符合性验证说明

针对第 25.1316(a)款,采用的符合性验证方法包括 MOC1、MOC4、MOC5 和 MOC9,各项验证具体工作如下:

1) MOC1 验证过程

E3（电磁环境效应）专业通过系统描述（MOC1）,概述飞机级和系统/设备级闪电防护设计目标,通过电气布线安装分类技术要求、电搭接规范、电子电气系统闪电间接效应防护设计要求等顶层文件给出 HIRF 防护设计的依据。表 3-1 各系统通过系统描述（MOC1）来描述闪电防护设计并反映在相应的设计图纸中,通常的闪电防护设计包括:将设备安装在闪电电流引起电磁场较小的区域,如安装于屏蔽的设备舱或安装位置远离舱门/窗/口盖等;不得已而安装于电磁开放区域的设备,必须依靠机箱或线束屏蔽;如果设备安装于金属设备架,则设备架应接地;设备的布线远离开口和金属结构件;设备安装后应接地("地"即飞机主结构);导线屏蔽层接地。

各系统通过系统描述（MOC1）,阐述按闪电防护专业给出的顶层文件要求,采取的闪电防护措施,确保系统满足闪电防护的要求。

2) MOC4 验证过程

经系统安全性评估确定为 A 级的电子电气系统（如自动飞行系统、飞行控制系统、导航系统和电源系统）进行系统级闪电间接效应试验,包括单击试验、多击试验和多脉冲试验,在各系统试验过程中没有出现敏感现象,各系统的设备瞬态敏感电平（ETSL）大于规定的设备瞬态设计电平,表明各系统在遭遇规定的闪电环境时不会导致灾难性功能故障。

3) MOC5 验证过程

A 级电子电气系统装机后,通过全机闪电间接效应试验验证此类系统的设计具备闪电间接效应的防护能力。该试验通过测量飞行关键/重要设备的互联导线上感应的实际瞬态电平(ATL)并与设备的瞬态设计电平(ETDL)相比较,用于检验全机闪电防护设计的充分性和有效性。单根导线试验和线缆束试验测试点的 ETDL 比 ATL 大 6 分贝。

4) MOC9 验证过程

A 级电子电气设备按照 DO-160 第 22 节"闪电感应瞬变敏感度"的试验方法和程序进行设备级的闪电间接效应防护验证。试验包括引脚输入测试和电缆束测试,用来验证机载设备能经受住因外部环境闪电产生的内部电磁影响,不会产生功能干扰或部件损害。各设备瞬态敏感电平(ETSL)大于规定的设备瞬态设计电平。

3.4.2　第 25.1316(b)款符合性验证说明

针对第 25.1316(b)款,采用的符合性验证方法包括 MOC1 和 MOC9,各项验证具体工作如下:

1) MOC1 验证过程

参见第 25.1316(a)款 MOC1 验证过程的描述。

2) MOC9 验证过程

B 级和 C 级电子电气设备按照 DO-160 第 22 节"闪电感应瞬变敏感度"的试验方法、程序进行设备级的闪电间接效应防护验证。试验包括引脚输入测试和电缆束测试,用来验证机载设备能经受住因外部环境闪电产生的内部电磁影响,不会产生功能干扰或部件损害。各设备瞬态敏感电平(ETSL)大于规定的设备瞬态设计电平。

3.4.3　第 25.1316(c)款符合性验证说明

针对第 25.1316(c)款,采用的符合性验证方法包括 MOC1、MOC2 和 MOC4,各项验证具体工作如下:

1) MOC1 验证过程

E3 专业通过系统描述(MOC1),说明闪电防护设计、验证过程、纠正措施(按需)和验证结论。

2) MOC2 验证过程

E3 专业使用专业的三维电磁应用分析软件,按照第 25.1316(c)款的要求对飞机电磁区域划分和电子电气设备的闪电间接效应试验等级进行仿真分析。仿真计算得出的飞机内部环境、电缆的开路电压和短路电流、舱门门缝电压及飞机内部电场强度等,以便指导工程设计。

3) MOC4 验证过程

飞机的闪电初始附着区域划分是闪电间接效应防护设计的基础,因此需完成闪电分区缩比模型试验。该试验包括棒电极正、负极性试验和平板电极正、负极性试验。试验结果可表明,闪电先导附着点主要集中在机头雷达罩、风挡上部蒙皮表面、翼梢小翼、机身尾锥、垂尾顶部和平尾端部等飞机上的尖端部位,证明分析法得出的闪电分区的有效性(分析法与试验结果对比后,一般取保守的划分结果),为闪电区域划分提供试验依据。

3.5 符合性文件清单

通常,针对第 25.1316 条的符合性文件清单如表 3-2 所示。

表 3-2 建议的符合性文件清单

序 号	符 合 性 报 告	符合性方法
1	某系统描述	MOC1
2	闪电间接效应仿真计算分析报告	MOC2
3	某系统闪电间接效应实验室试验大纲	MOC4
4	某系统闪电间接效应实验室试验报告	MOC4
5	全机闪电间接效应地面试验大纲	MOC5
6	全机闪电间接效应地面试验报告	MOC5
7	某设备鉴定试验大纲	MOC9
8	某设备鉴定试验报告(TSOA)	MOC9

4 符合性判据

针对第 25.1316(a)款,经系统安全性评估确定为 A 级的电气电子系统设备在进行闪电防护设计后能够通过 DO-160 第 22 节试验考核并在装机后的全机闪电间接效应地面试验中,设备的瞬态设计电平(ETDL)比设备的互联导线上感应的实际瞬态电平(ATL)大 6 dB,可确认满足该款要求。

针对第 25.1316(b)款,经系统安全性评估确定为 B 级和 C 级的电气电子系统设备在进行闪电防护设计后能够通过 DO-160 第 22 节试验考核,可确认满足该款要求。

针对第 25.1316(c)款,按照(c)款给出的方法先分析飞机闪电区域再结合闪电分区试验确定闪电区域的划分,通过闪电防护设计并验证飞机电气电子系统对闪电影响的防护能力,可确认满足该款要求。

参考文献

[1] 14 CFR 修正案 25-80 Electrical and Electronic Systems Lightning Protection [S].

[2] 14 CFR 修正案 25-134 Airworthiness Standards: Electrical and Electronic System Lightning Protection [S].

[3] FAA. AC25. 1701-1 Certification of Electrical Wiring Interconnection Systems on Transport Category Airplanes [S]. 2007.

［4］ FAA. AC25. 981 - 1C Fuel Tank Ignition Source Prevention Guidelines ［S］. 2008.

［5］ FAA. AC20 - 136B Aircraft Electrical and Electronic System Lightning Protection ［S］. 2011.

运输类飞机适航标准 第 25.1317 条符合性验证

1 条款介绍

1.1 条款原文

第 25.1317 条　高强辐射场（HIRF）防护

（a）除本条（d）规定的以外，对于其功能失效会影响或妨碍飞机继续安全飞行和着陆的每个电气和电子系统必须设计和安装，以符合以下要求：

（1）当飞机暴露于附录 L 中描述的 HIRF 环境 I 时和暴露后，其功能不会受到不利影响；

（2）飞机暴露于附录 L 中描述的 HIRF 环境 I 后，系统及时地自动恢复其功能的正常运行，除非系统的这种功能恢复与该系统其他运行或功能要求相冲突；和

（3）当飞机暴露于附录 L 中描述的 HIRF 环境 II 时和暴露后，系统不会受到不利影响。

（b）对于其功能失效后会严重降低飞机性能或飞行机组对不利运行条件的反应能力的电子和电气系统必须设计和安装，当提供这些功能的设备暴露于附录 L 中描述的 HIRF 设备测试水平 1 或 2 时，系统不会受到不利影响。

（c）对于其功能失效后会降低飞机性能或飞行机组对不利运行条件的反应能力的电子和电气系统必须设计和安装，当提供这些功能的设备暴露于附录 L 中描述的 HIRF 设备测试水平 3 时，系统不会受到不利影响。

（d）在 2012 年 12 月 1 日前，如果其功能故障后会妨碍继续安全飞行和着陆的电子或电气系统的设计和安装，在符合以下要求时可以不用满足（a）款的规定：

（1）系统先前已经符合 2011 年 12 月 7 日前颁发的 CCAR 21.16 规定的专用条件；

（2）自从表明符合专用条件后系统的 HIRF 抗干扰特性没有改变；和

（3）提供以前表明符合专用条件的数据。

〔中国民用航空局 2011 年 11 月 7 日第四次修订〕

1.2 条款背景

虽然当时也存在地面大功率电台等情况，但早期的飞机设计并未考虑高强辐

射场(HIRF)防护方面的要求,直到 20 世纪 70 年代起,在飞机上开始使用飞行关键的电子电气系统,这些系统对 HIRF 环境非常敏感,因此在设计中就开始考虑 HIRF 防护方面的要求。当时并未将其制定为规章,而是在不同机型的型号合格审定过程中制定相应的专用条件。基于以上背景,FAA 发布 14 CFR 修正案 25 - 122 以制定的 §25.1317,分别对经系统安全性评估确定为 A 级、B 级以及 C 级系统的符合性指标进行了规定。

1.3　条款历史

第 25.1317 条在 CCAR - 25 - R4 版首次发布,其条款历史如表 1 - 1 所示。

表 1 - 1　第 25.1317 条条款历史

第 25.1317 条	CCAR25 部版本	相关 14 CFR 修正案	备注
首次发布	R4	25 - 122	

2011 年 11 月 7 日发布的 CCAR - 25 - R4 新增了第 25.1317 条,参考了 14 CFR 修正案 25 - 122 内容制定。该修正案是 FAA 在总结之前运输类飞机型号合格审定时使用的 HIRF 防护专用条件的基础上发布的,FAA 的专用条件中规定了两种满足 HIRF 防护要求的方法,即采用外部 HIRF 环境进行全机试验和采用全频段的系统实验室试验。§25.1317 的(a)、(b)和(c)款对经系统安全性评估确定为不同等级的系统提出了不同的 HIRF 环境防护要求。

2　条款解读

2.1　条款要求

高强辐射场(HIRF)是指在单位面积的辐射能量比较高的一种电磁辐射,由电磁波的电场强度和磁场强度共同决定。高强辐射场对飞机电子电气系统的正常工作会产生极大危害,常见的 HIRF 环境由雷达、无线电台、电视台和其他射频发射机发射的能量形成。第 25.1317 条为飞机和系统的 HIRF 防护设计制定了适航合格审定标准,该条款中的"不利影响"是指电气电子系统在暴露于 HIRF 环境时和暴露后,系统不能正常工作或技术性能出现明显下降。

第 25.1317(a)款中所规定的电子电气系统是指由系统安全性评估确定为 A 级的系统,一般运输类飞机上 A 级系统有:自动飞行系统、飞行控制系统和导航系统等。

第 25.1317(b)款中所规定的电子电气系统是指由系统安全性评估确定为 B 级的系统,一般运输类飞机上 B 级系统有:燃油系统、液压能源系统、照明系统等。

第 25.1317(c)款中所规定的电子电气系统是指由系统安全性评估确定为 C

级的系统,一般运输类飞机上 C 级系统有:通信系统、水废水系统、舱门信号系统等。

第 25.1317(d)款指出,2012 年 12 月 1 日前按专用条件进行合格审定的 A 级电子电气系统设备,当确认其符合第 25.1317(d)(1)至(d)(3)项要求时,可以不用满足第 25.1317(a)款的要求,如果不符合则需按第 25.1317(a)款的要求进行验证。2012 年 12 月 1 日后均需按第 25.1317(a)款的要求进行验证。

2.2 相关条款

第 25.1317 条无相关条款。

3 验证过程

3.1 验证对象

第 25.1317 条的验证对象:经系统安全性评估确定为 A 级、B 级和 C 级的电子电气系统。

3.2 符合性验证思路

针对第 25.1317(a)款,经系统安全性评估确定为 A 级的电子电气系统按照 DO-160 第 20 节"射频敏感度(辐射和传导)"的试验方法和程序进行设备级(MOC9)的 HIRF 防护验证;A 级电子电气系统需按照 DO-160 第 20 节"射频敏感度(辐射和传导)"的试验方法和程序进行系统级(MOC4)的 HIRF 防护验证;A 级电子电气系统装机后进行全机 HIRF 试验(MOC5),试验以 SAE ARP5583 所述的试验方法和试验程序为参考,将飞机级试验数据与设备级/系统级试验电平进行比较,用于检验全机 HIRF 防护设计的充分性和有效性。

针对第 25.1317(b)款,经系统安全性评估确定为 B 级的电子电气系统按照 DO-160 第 20 节"射频敏感度(辐射和传导)"的试验方法和程序进行设备级(MOC9)的 HIRF 防护验证。

针对第 25.1317(c)款,经系统安全性评估确定为 C 级的电子电气系统按照 DO-160 第 20 节"射频敏感度(辐射和传导)"的试验方法和程序进行设备级(MOC9)的 HIRF 防护验证。

针对第 25.1317(d)款,首先确定验证工作发生的时间在 2012 年 12 月 1 日前或后,若在前,通过适航符合性声明说明:经系统安全性评估确定为 A 级的电子电气系统的设计和安装满足(d)(1)项至(d)(3)项要求。若在后,按第 25.1317(a)款的要求执行验证。

3.3 符合性验证方法

通常,针对第 25.1317 条的符合性验证方法如表 3-1 所示。

表 3-1 建议的符合性方法

条款号	专业	符合性方法										备注
		0	1	2	3	4	5	6	7	8	9	
第 25.1317(a)款	高强辐射场		1		3	4	5				9	
第 25.1317(a)款	自动飞行		1								9	
第 25.1317(a)款	通信		1								9	
第 25.1317(a)款	电源		1			4					9	
第 25.1317(a)款	飞行控制		1			4					9	
第 25.1317(a)款	指示记录		1								9	
第 25.1317(a)款	起落架		1			4					9	
第 25.1317(a)款	导航		1								9	
第 25.1317(a)款	核心处理		1								9	
第 25.1317(a)款	动力装置		1								9	
第 25.1317(b)款	高强辐射场		1		3						9	
第 25.1317(b)款	空气调节		1								9	
第 25.1317(b)款	自动飞行		1								9	
第 25.1317(b)款	通信		1								9	
第 25.1317(b)款	电源		1								9	
第 25.1317(b)款	防火		1								9	
第 25.1317(b)款	飞行控制		1								9	
第 25.1317(b)款	燃油		1								9	
第 25.1317(b)款	液压能源		1								9	
第 25.1317(b)款	指示记录		1								9	
第 25.1317(b)款	起落架		1								9	
第 25.1317(b)款	照明		1								9	
第 25.1317(b)款	导航		1								9	
第 25.1317(b)款	核心处理		1								9	
第 25.1317(b)款	辅助动力装置		1								9	
第 25.1317(b)款	舱门信号		1								9	
第 25.1317(b)款	动力装置		1								9	
第 25.1317(c)款	高强辐射场		1		3						9	
第 25.1317(c)款	通信		1								9	
第 25.1317(c)款	电源		1								9	
第 25.1317(c)款	防火		1								9	
第 25.1317(c)款	燃油		1								9	
第 25.1317(c)款	防冰除雨		1								9	
第 25.1317(c)款	指示记录		1								9	
第 25.1317(c)款	照明		1								9	

（续表）

条　款　号	专　业	符 合 性 方 法										备　注
		0	1	2	3	4	5	6	7	8	9	
第 25.1317(c)款	导航		1								9	
第 25.1317(c)款	水/废水		1								9	
第 25.1317(c)款	核心处理		1								9	
第 25.1317(c)款	客舱		1								9	
第 25.1317(c)款	舱门信号		1								9	
第 25.1317(d)款	高强辐射场		1									

3.4　符合性验证说明

3.4.1　第 25.1317(a)款符合性验证说明

针对第 25.1317(a)款,采用的符合性验证方法包括 MOC1、MOC3、MOC4、MOC5 和 MOC9,各项验证具体工作如下:

1) MOC1 验证过程

HIRF 防护专业通过系统设计描述(MOC1),概述飞机级和系统/设备级 HIRF 防护设计目标,通过电气布线安装分类技术要求、电搭接规范、机载设备和系统电磁环境效应接口要求及电子电气系统高强辐射场(HIRF)防护设计要求等顶层文件给出全机高辐射场防护设计的依据。表 3-1 各系统通过系统描述(MOC1)来描述 HIRF 防护设计并反映在相应的设计图纸中,高强辐射场防护设计主要有以下措施：设备的屏蔽安装、线束的屏蔽和电搭接/接地等。

各系统通过系统描述(MOC1),阐述按 HIRF 防护专业给出的顶层文件要求,通过硬件和软件加固措施(如电子设备安装定位、布线位置、布线、接地和滤波)提高设备的抗扰度,确保系统满足高强辐射场防护的要求。

2) MOC3 验证过程

HIRF 特定风险分析分为四个步骤：各系统分析电子电气设备是否对 HIRF 环境敏感(电子电气设备部件包含控制模块或控制电路即为敏感设备),形成 HIRF 敏感设备清单;选取飞机级功能危险性评估报告(FHA)和系统级 FHA 中灾难性的、危险的和较大的失效状态以及对应的电子电气设备,但不包括由独立于 HIRF 的外部事件(如机械原因引起)引发的失效;针对每一个 HIRF 敏感失效状态确定其敏感设备割集;识别出受 HIRF 影响的 A 级电子电气设备清单及其对应的失效状态。

3) MOC4 验证过程

经系统安全性评估确定为 A 级的电子电气系统(如飞控系统和电源系统)进行系统级 HIRF 防护试验。试验包括传导敏感度试验和辐射敏感度两部分,各系统试验过程中不能出现灾难性的故障,则表明各系统在遭遇规定的高强辐射场环境时不会导致影响飞机安全飞行及着陆的失效状态。

4) MOC5 验证过程

在机上地面试验中,验证 A 级电子电气系统装机后的全机 HIRF 防护能力。

该试验以 AC21 - 1317 和 SAE ARP5583 为依据,分为低电平扫掠电流(LLSC)试验、低电平扫略场(LLSF)试验两个部分。飞机级试验数据当低于设备级/系统级试验敏感度电平时,说明全机 HIRF 防护设计的充分性和有效性。

5) MOC9 验证过程

A 级电子电气设备按照 DO - 160 第 20 节"射频敏感度(辐射和传导)"的试验方法和程序进行设备级的 HIRF 防护验证。试验包括传导敏感度试验和辐射敏感度两部分,用来验证机载设备能经受住外部 HIRF 环境产生的内部辐射场环境,确定不产生功能干扰或部件损害。

3.4.2 第 25.1317(b)款符合性验证说明

针对第 25.1317(b)款,采用的符合性验证方法包括 MOC1、MOC3 和 MOC9,各项验证具体工作如下:

1) MOC1 验证过程

参见第 25.1317(a)款 MOC1 验证过程的描述。

2) MOC3 验证过程

HIRF 特定风险分析分为四个步骤:各系统分析电子电气设备是否对 HIRF 环境敏感(电子电气设备部件包含控制模块或控制电路即为敏感设备),形成 HIRF 敏感设备清单;选取飞机级功能危险性评估报告(FHA)和系统级 FHA 中灾难性的、危险的和较大的失效状态以及对应的电子电气设备,但不包括由独立于 HIRF 的外部事件(如机械原因引起)引发的失效;针对每一个 HIRF 敏感失效状态确定其敏感设备割集;识别出受 HIRF 影响的 B 级电子电气设备清单及其对应的失效状态。

3) MOC9 验证过程

B 级电子电气设备按照 DO - 160 第 20 节"射频敏感度(辐射和传导)"的试验方法和程序进行设备级的 HIRF 防护验证。试验包括传导敏感度试验和辐射敏感度两部分,用来验证机载设备能经受住外部 HIRF 环境产生的内部辐射场环境,确定不产生功能干扰或部件损害。

3.4.3 第 25.1317(c)款符合性验证说明

针对第 25.1317(c)款,采用的符合性验证方法包括 MOC1、MOC3 和 MOC9,各项验证具体工作如下:

1) MOC1 验证过程

参见第 25.1317(a)款 MOC1 验证过程的描述。

2) MOC3 验证过程

HIRF 特定风险分析分为四个步骤:各系统分析电子电气设备是否对 HIRF

环境敏感(电子电气设备部件包含控制模块或控制电路即为敏感设备),形成 HIRF 敏感设备清单;选取飞机级功能危险性评估报告(FHA)和系统级 FHA 中灾难性的、危险的和较大的失效状态以及对应的电子电气设备,但不包括由独立于 HIRF 的外部事件(如机械原因引起)引发的失效;针对每一个 HIRF 敏感失效状态确定其敏感设备割集;识别出受 HIRF 影响的 C 级电子电气设备清单及其对应的失效状态。

3) MOC9 验证过程

C 级电子电气设备按照 DO-160 第 20 节"射频敏感度(辐射和传导)"的试验方法和程序进行设备级的 HIRF 防护验证。试验包括传导敏感度试验和辐射敏感度两部分,用来验证机载设备能经受住外部 HIRF 环境产生的内部辐射场环境,确定不产生功能干扰或部件损害。

3.4.4 第 25.1317(d)款符合性验证说明

针对第 25.1317(d)款,采用的符合性验证方法为 MOC1。

首先确定验证工作发生的时间在 2012 年 12 月 1 日前或后,若在前,通过适航符合性声明说明:经系统安全性评估确定为 A 级的电子电气系统的设计和安装满足(d)(1)~(d)(3)项要求。若在后,按第 25.1317(a)款的要求执行验证。

3.5 符合性文件清单

通常,针对第 25.1317 条的符合性文件清单如表 3-2 所示。

表 3-2 建议的符合性文件清单

序 号	符 合 性 报 告	符合性方法
1	某系统设计描述	MOC1
2	全机 HIRF 特定风险分析报告	MOC3
3	某系统 HIRF 防护实验室试验大纲	MOC4
4	某系统 HIRF 防护实验室试验报告	MOC4
5	全机 HIRF 防护地面试验大纲	MOC5
6	全机 HIRF 防护地面试验报告	MOC5
7	某设备鉴定试验大纲	MOC9
8	某设备鉴定试验报告(TSOA)	MOC9

4 符合性判据

针对第 25.1317(a)款,经系统安全性评估确定为 A 级的电子电气系统在进行 HIRF 设计后能够通过 DO-160 第 20 节试验考核并在装机后的全机 HIRF 防护地面试验中,试验数据低于设备级/系统级试验敏感度电平,可确认满足该款要求。

针对第 25.1317(b)款,经系统安全性评估确定为 B 级的电子电气系统在进行 HIRF 防护设计后能够通过 DO-160 第 20 节试验考核,可确认满足该款要求。

针对第 25.1317(c)款,经系统安全性评估确定为 C 级的电子电气系统在进行 HIRF 防护设计后能够通过 DO-160 第 20 节试验考核,可确认满足该款要求。

针对第 25.1317(d)款,在 2012 年 12 月 1 日前,以数据表明对 2011 年 12 月 7 日前颁发了 CCAR21.16 规定的 HIRF 防护专用条件的符合性,且符合专用条件后 HIRF 抗干扰特性没有改变,可确认满足该款要求。

参考文献

[1] 14 CFR 修正案 25 - 122 High-Intensity Radiated Fields (HIRF) Protection for Aircraft Electrical and Electronic Systems [S].

[2] FAA. AC20 - 158 The Certification of Aircraft Electrical and Electronic Systems for Operation in the High-intensity Radiated Fields (HIRF) Environment [S]. 2014.

[3] SAE. SAE ARP5583 Guide to certification of aircraft in a High Intensity Radiated Field (HIRF) environment [S].

[4] RTCA/DO-160 Environment conditions and test procedures for airborne equipment [S].

[5] CAAC. AC-21-1317 航空器高强辐射场(HIRF)保护要求[S].

运输类飞机适航标准 第 25. 1321 条符合性验证

1　条款介绍

1.1　条款原文

第 25.1321 条　布局和可见度

（a）必须使任一驾驶员在其工作位置沿飞行航迹向前观察时，尽可能少偏移正常姿势和视线，即可看清供他使用的每个飞行、导航和动力装置仪表。

（b）第 25.1303 条所要求的飞行仪表必须在仪表板上构成组列，并尽可能集中在驾驶员向前视线所在的垂直平面附近。此外，必须符合下列规定：

（1）最有效地指示姿态的仪表必须装在仪表板上部中心位置；

（2）最有效地指示空速的仪表必须直接装在本条（b）（1）所述仪表的左边；

（3）最有效地指示高度的仪表必须直接装在本条（b）（1）所述仪表的右边；

（4）最有效地指示航向的仪表必须直接装在本条（b）（1）所述仪表的下边。

（c）所要求的动力装置仪表，必须在仪表板上紧凑地构成组列。此外，必须符合下列规定：

（1）各发动机使用同样的动力装置仪表时，其位置的安排必须避免混淆每个仪表所对应的发动机；

（2）对飞机安全运行极端重要的动力装置仪表，必须能被有关机组成员看清。

（d）仪表板的振动不得破坏或降低任何仪表的精度。

（e）如果装有指出仪表失灵的目视指示器，则该指示器必须在驾驶舱所有可能的照明条件下都有效。

1.2　条款背景

制定第 25.1321 条的目的是确认飞行、导航、动力装置仪表在仪表板上紧密排列，便于驾驶员观察、读取。飞行仪表应满足"T"排列原则，动力装置仪表应能明确对应每台发动机，避免混淆，仪表板的振动不得破坏或降低仪表的精度，指出仪表失灵的目视指示器，必须在驾驶舱所有可能的照明条件下都有效。

1.3　条款历史

第 25.1321 条在 CCAR25 部初版首次发布,截至 CCAR - 25 - R4,该条款未进行过修订,如表 1 - 1 所示。

表 1 - 1　第 25.1321 条条款历史

第 25.1321 条	CCAR25 部版本	相关 14 CFR 修正案	备　　注
首次发布	初版	25 - 41	

1985 年 12 月 31 日发布了 CCAR25 部初版,其中包含第 25.1321 条,该条款参考 1977 年 9 月 1 日发布的 14 CFR 修正案 25 - 41 中的 §25.1321 的内容制定。

2　条款解读

2.1　条款要求

该条款要求任一驾驶员在其工作位置沿飞行航迹向前观察时,尽可能少偏移正常姿势和视线,即可看清供他使用的每个飞行、导航和动力装置仪表。主要姿态指示位于驾驶员向前视线所在的垂直平面附近的中心位置处,这应从驾驶员就座位置处的设计眼位点进行测量。如果显示器安装在仪表板上,那么姿态的仪表必须装在仪表板上部中心位置。姿态仪表的安装还应保证在所有的飞行条件下不被阻挡。主要的空速、高度和航向仪表应邻近主姿态仪表安装。动力装置信息的布局应紧凑排列、容易辨识且具有逻辑性,可使飞行机组明显迅速地识别显示的信息并能将其与对应的发动机联系。仪表板的振动不得破坏或降低任何仪表的精度。指出仪表失灵的目视指示器必须在驾驶舱所有可能的照明条件下都有效。

2.2　相关条款

与第 25.1321 条相关的条款如表 2 - 1 所示。

表 2 - 1　第 25.1321 条相关条款

序　号	相 关 条 款	相　关　性
1	第 25.1303 条	第 25.1303 条规定了飞机需要安装的飞行和导航仪表

3　验证过程

3.1　验证对象

第 25.1321 条的验证对象为驾驶舱仪表以及其布置与可见度。

3.2　符合性验证思路

通过 MOC1 设计描述文件、设计图纸表明仪表板布局符合本条(a)款的要求,飞行与动力仪表的排列符合本条(b)、(c)款的要求。通过 MOC7 机上检查以及 MOC6 飞行试验(可选),由飞行员对驾驶舱仪表板布局和仪表排列进行评估,评判是否符合本条(a)、(b)、(c)款的要求。

通过 MOC9 鉴定试验,检验振动对单个仪表精度的影响。通过 MOC4 实验室试验或 MOC5 机上地面试验,对仪表板振动进行检验,以检验仪表板振动对仪表精度的影响。通过 MOC6 飞行试验,由飞行员进行评估,检查仪表板的振动对仪表精度的影响。

通过 MOC5 机上试验或 MOC6 飞行试验,由飞行员对指出仪表失灵的目视指示器进行评估,确认在所有可能的各种照明情况下均有效。

3.3 符合性验证方法

通常,针对第 25.1321 条的符合性验证方法如表 3-1 所示。

表 3-1 建议的符合性方法表

条 款 号	专 业	符 合 性 方 法										备 注
		0	1	2	3	4	5	6	7	8	9	
第 25.1321(a)款	驾驶舱		1						7			
第 25.1321(b)款	驾驶舱		1						7			
第 25.1321(c)款	驾驶舱		1						7			
第 25.1321(d)款	指示记录						5	6			9	
第 25.1321(e)款	指示记录						5	6				

3.4 符合性验证说明

3.4.1 第 25.1321(a)款符合性验证

1) MOC1 符合性验证

通过设计描述文件,说明仪表板设计布局以及仪表板上的仪表布置,驾驶员基于设计眼位向前观察时,在水平方向和垂直方向上不偏移或少量偏移头部的情况下的观察范围,可看清仪表板上的飞行、导航和动力装置仪表或者相关显示器上的飞行、导航和动力装置信息,表明对第 25.1321(a)款要求的符合性。

2) MOC7 符合性验证

通过机上检查,对飞机驾驶舱仪表布局和可见度行检查确认。分别在白天和夜晚条件下进行,在每个阶段进行检查时,检查人员就座于正副驾驶员座椅,调整座椅位置使眼睛位于设计眼位,检查正副驾驶员就座时各仪表、显示器布局的合理性、可视性和可见度,对驾驶员不偏离正常姿势和视线的观察范围进行检查,确认能看清仪表板上的飞行、导航和动力装置仪表或者相关显示器上的飞行、导航和动力装置信息,表明对第 25.1321(a)款要求的符合性。

3.4.2 第 25.1321(b)款符合性验证

1) MOC1 符合性验证

通过设计描述文件，说明飞行仪表在仪表板上集中排列，或者在位于仪表板上的显示器中集中显示，位于驾驶员向前视线所在的垂直平面附近。其中，飞行姿态仪表（或飞行姿态显示区）位于中心位置、空速仪表（或空速显示区）在姿态仪表左边、高度仪表（或高度显示区）在姿态仪表右边、航向仪表（或航向显示区）在姿态仪表下边，呈"T"型排列，表明对第 25.1321(b)款要求的符合性。

2) MOC7 符合性验证

通过机上检查，对飞行仪表的布局和可见度行检查确认。分别在白天和夜晚条件下进行，在每个阶段进行检查时，检查人员就座于正副驾驶员座椅，调整座椅位置使眼睛位于设计眼位，检查正副驾驶员就座时飞行仪表或相关显示器布局的合理性、可视性和可见度，对驾驶员不偏离正常姿势和视线的观察范围进行检查，确认姿态、空速、高度、航向仪表的布置呈"T"型排列，表明对第 25.1321(b)款要求的符合性。

3.4.3 第 25.1321(c)款符合性验证

1) MOC1 符合性验证

通过设计描述文件，说明动力装置仪表在仪表板上集中排列，或者在位于仪表板上的显示器（如 EICAS 显示器）中集中显示。每个仪表（或每个显示区域）按左右顺序依次对应每台发动机，例如，对于双发飞机，左侧仪表或显示区对应左发，右侧仪表或显示区对应右发。

2) MOC7 符合性验证

通过机上检查，对飞行仪表的布局和可见度行检查确认。分别在白天和夜晚条件下进行，在每个阶段进行检查时，检查人员就座于正副驾驶员座椅，调整座椅位置使眼睛位于设计眼位，检查正副驾驶员就座时各动力装置仪表或相关显示器布局的合理性、可视性和可见度，确认能被相关的机组成员看清，表明对第 25.1321(c)款要求的符合性。

3.4.4 第 25.1321(d)款符合性验证

1) MOC5 符合性验证

通过 MOC5 机上地面试验，检验仪表板振动对仪表或显示器精度的影响，表明仪表板的振动未损坏仪表、显示器或降低仪表、显示器的精度。

2) MOC6 符合性验证

通过 MOC6 飞行试验（可结合其他试飞科目），由飞行员进行评估，表明仪表板的振动未损坏仪表、显示器或降低仪表、显示器的精度，表明仪表板的振动对仪表精度的影响是可接受的，符合第 25.1321(d)款的要求。

3) MOC9 符合性验证

通过各系统的 MOC9 鉴定试验，确认振动对单个仪表或显示系统的精度的影响。

3.4.5　第 25.1321(e)款符合性验证

1) MOC5 符合性验证

通过 MOC5 机上地面试验,在地面可模拟的各种照明条件下,检查仪表失灵的目视指示器(如显示器中的故障旗)的有效性。

2) MOC6 符合性验证

通过 MOC6 飞行试验,在飞行中的各种照明条件下,进一步检查仪表失灵的目视指示器的有效性,表明对第 25.1321(e)款要求的符合性。

3.5　符合性文件清单

通常,针对第 25.1321 条的符合性文件清单如表 3-2 所示。

表 3-2　建议的符合性文件清单

序　号	符 合 性 报 告	符合性方法	备　注
1	驾驶员可见度设计描述	MOC1	
2	驾驶舱仪表布局和可见度的检查大纲	MOC7	
3	驾驶舱仪表布局和可见度机上检查报告	MOC7	
4	指示/记录系统机上地面试验大纲	MOC5	
5	指示/记录系统机上地面试验报告	MOC5	
6	指示/记录系统试飞大纲	MOC6	
7	指示/记录系统试飞报告	MOC6	
8	指示/记录系统机上检查大纲	MOC7	
9	指示/记录系统机上检查报告	MOC7	
10	指示/记录系统设备鉴定报告	MOC9	

4　符合性判据

4.1　第 25.1321(a)款符合性判据

设计描述文件与设计规范应明确驾驶舱内部视界要求,机上检查应表明驾驶员在其工作位置沿飞行航迹向前观察时,不偏离或较少偏移正常姿势和视线,即可看清供他使用的每个飞行、导航和动力装置仪表。

4.2　第 25.1321(b)款符合性判据

设计描述文件与设计规范应明确第 25.1303 条所要求的飞行仪表或显示信息在仪表板上构成组列,集中在驾驶员向前视线所在的垂直平面附近,并且符合:

(1) 最有效地指示姿态的仪表或显示信息在仪表板上部中心位置。

(2) 最有效地指示空速的仪表或显示信息直接装在该姿态仪表的左边。

(3) 最有效地指示高度的仪表或显示信息直接装在该姿态仪表的右边。

（4）最有效地指示航向的仪表或显示信息直接装在该姿态仪表的下边。

机上检查结果应表明设计结果满足上述要求。

4.3 第 25.1321(c)款符合性判据

设计描述文件与设计规范应明确动力装置仪表或显示信息在仪表板上紧凑地构成组列。并且符合：

（1）每台发动机对应的动力装置仪表或显示信息，其相对位置与各发动机的相对位置一致。

（2）对飞机安全运行极端重要的动力装置仪表，能被有关机组成员看清。

机上检查结果应表明设计结果满足上述要求。

4.4 第 25.1321(d)款符合性判据

驾驶舱每个仪表设备的鉴定试验应表明振动不会影响仪表的精度，机上地面试验与飞行试验应表明，仪表板的振动不会破坏或降低任何仪表的精度。

4.5 第 25.1321(e)款符合性判据

机上地面试验与飞行试验应表明，指出仪表失灵的目视指示器在驾驶舱所有可能的照明条件下都有效。

参考文献

［1］ 14 CFR 修正案 25 - 41 Airworthiness Review Program，Amendment No. 5；Equipment and Systems Amendments ［S］.

［2］ FAA. AC25.1321 - 1 Pilot Compartment View Design Considerations ［S］. 1993.

［3］ FAA. AC20 - 151B Airworthiness Approval of Traffic Alert and Collision Avoidance Systems（TCAS Ⅱ），Versions 7.0 & 7.1 and Associated Mode S Transponders ［S］. 2014.

［4］ FAA. AC25 - 15 Approval of Flight Management Systems in Transport Category Airplanes ［S］. 1989.

［5］ FAA. AC20 - 131A Airworthiness Approval of Traffic Alert and Collision Avoidance Systems（TCAS Ⅱ）and Mode S Transponders ［S］. 1993.

［6］ FAA. AC25 - 23 Airworthiness Criteria for the Installation Approval of a Terrain Awareness and Warning System（TAWS）for Part 25 Airplanes ［S］. 2000.

［7］ FAA. AC25 - 12 Airworthiness Criteria for the Approval of Airborne Windshear Warning Systems in Transport Category Airplanes ［S］. 1987.

［8］ FAA. Proposal No. 1071；Sec. 25.1321；Part 1 — Agenda Item K - 47；Notice of Airworthiness Review Program No. 7；Notice No. 75 - 26 ［S］. 1975.

［9］ SAE. ARP4101/1 Seats and Restraint Systems for the Flight Deck ［S］.

［10］ SAE. ARP4101/2 Pilot Visibility from The Flight Deck ［S］.

［11］ SAE. ARP4101/4 Flight Deck Environment ［S］.

运输类飞机适航标准
第 25.1322 条符合性验证

1 条款介绍

1.1 条款原文

第 25.1322 条　警告灯、戒备灯和提示灯

如果在驾驶舱内装有警告灯、戒备灯和提示灯，则除适航当局另行批准外，灯的颜色必须按照下列规定：

（a）红色，用于警告灯（指示危险情况，可能要求立即采取纠正动作的指示灯）；

（b）琥珀色，用于戒备灯（指示将可能需要采取纠正动作的指示灯）；

（c）绿色，用于安全工作灯；

（d）任何其它颜色，包括白色，用于本条（a）至（c）未作规定的灯，该颜色要足以同本条（a）至（c）规定的颜色相区别，以避免可能的混淆。

1.2 条款背景

第 25.1322 条对飞机内的告警系统提出要求，对驾驶舱内安装的不同级别告警灯的颜色提出了要求。

第 25.1322 条内容与 14 CFR PART 25 中的 §25.1322 的内容一致。

FAA 于 2011 年 1 月 3 日发布 14 CFR 修正案 25-131，重新定义了对 25 部飞机飞行机组告警系统的适航要求。修订的主要内容包括：

1.2.1 飞行机组告警

飞行机组告警必须按以下原则。

（1）向飞行机组提供下列工作所需要的信息：判定非正常的运行或飞机系统的状况和确定适当行动，如需要时。

（2）在所有可预期运行条件下，飞行机组都能迅速、容易地察觉并理解，包括提供多重告警的情况。

（3）在告警条件不再存在时即退出。

1.2.2 告警排序层次

告警必须根据飞行机组知道和响应的紧迫性符合下列排序层次。

（1）警告：要求飞行机组立即知道并立即响应的情况。

（2）戒备：要求飞行机组立即知道并随后响应的情况。

（3）提示：要求飞行机组知道并可能要求随后响应的情况。

1.2.3　警告与戒备告警

警告与戒备告警必须：

（1）按需要在其各自类别内排序。

（2）至少用两种由听觉、视觉或触觉指示组合的不同感知，及时提供吸引注意的信号。

（3）许可对每次发出的本条（2）项规定吸引注意信号进行确认和抑制，除非要求其持续指示。

1.2.4　告警功能的设计规则

告警功能的设计规则必须把虚警和有碍性告警的影响减到最低程度，特别是，其设计必须能：

（1）防止在不适当或不需要时出现告警。

（2）提供装置来抑制因告警功能失效导致的影响飞行机组安全操纵飞机能力的告警中吸引注意部分。该装置不得使飞行机组方便使用而可能因无意或习惯性反射动作使其工作。某项告警被抑制时，必须有清晰无误通告使飞行机组知道该项告警已被抑制。

1.2.5　目视告警指示

目视告警指示必须符合下列颜色惯例：

（1）警告告警指示用红色。

（2）戒备告警指示用琥珀色或黄色。

（3）提示告警指示用红色或绿色以外的任何颜色。当由单色显示器显示警告、戒备和提示告警指示因而不能符合本条（1）项的颜色惯例时，采用视觉编码技术，结合驾驶舱内的其他告警功能要素作为之间的区分。

1.2.6　限制

必须限制在驾驶舱内将红色、琥珀色和黄色用于非飞行机组告警的其他功能，即使使用了也不得对飞行机组告警产生不利影响。

目前为止，CAAC并没有将该修正案纳入现行有效的规章，新研制的飞机以专用条件的方式规定纳入此要求，以保证飞机的安全。

1.3　条款历史

第25.1322条在CCAR25部初版首次发布，截至CCAR-25-R4，该条款没有修订过，如表1-1所示。

1985年12月31日发布了CCAR25部初版，其中包含第25.1322条，该条款参考1964年12月24日发布的14 CFR PART 25中的§25.1322和14 CFR PART

25 修正案 25 - 38 的内容制定。

表 1 - 1　第 25.1322 条条款历史

第 25.1322 条	CCAR25 部版本	相关 14 CFR 修正案	备　注
首次发布	初版	25 - 38	

1977 年 2 月 1 日发布的 14 CFR 修正案 25 - 38,是为了对驾驶舱仪表布局和可见度提出有关灯光显示方面的补充要求,并增加了灯光颜色的规定。

2　条款解读

2.1　条款要求

2.1.1　定义

本条款中提到了几种告警灯的级别,包括警告、戒备和提示,以下是对各种术语的定义。

告警(alert):是送给飞行员的一种信号,用来使飞行员注意到非正常状况、系统故障或飞机状态的存在并能使飞行员确定这种非正常状态。

警告(warning):需要驾驶员立即识别(感知)且需采取立即的纠正或补偿动作的信号。

戒备(caution):需要驾驶员立即知道不正常状况的存在,且需要随后的机组动作。

提示(advisory):需要驾驶员知道、可能需要随后的机组动作。

信息(message):显示系统中用于提供非正常或飞机状态信息的发光标题或文字。

2.1.2　条款要求

本条款规定了驾驶舱内警告灯、戒备灯和提示灯等各种告警灯颜色。

对于第 25.1322(a)款,警告灯是指示危险情况,可能要求立即采取纠正动作的指示灯,根据人的生理特点,最为醒目的颜色是红色,对人的视觉刺激强烈,因此警告灯用红色,指示危险的情况。

对于第 25.1322(b)款,戒备灯是指示将可能需要采取纠正动作的指示灯,琥珀色比较明亮,容易提醒人们予以重视,因此戒备灯用琥珀色。

对于第 25.1322(c)款,安全工作灯不需要采取措施,绿色令人舒逸,安全工作灯用绿色,表示正常和安全。

对于第 25.1322(d)款,未做规定的灯用其他颜色(包括白色和蓝色等),既不像红色那样使人警觉,也不像绿色那样使人放心,可作为一般的通告或特定的标示,但该颜色要足以同本条(a)款至(c)款规定的颜色相区别,不会混淆。

在进行告警系统的设计和审定时,一般需注意以下原则:

应通过能吸引注意力的设备向机组通告警告或戒备信息的存在。可通过下列任意手段达到此目的。

（1）警告：闪烁的红灯；戒备：闪烁的琥珀色灯。

（2）能区分警告和戒备信息的听觉信号，同时伴有稳定的或闪烁的红色或琥珀色灯光。

（3）伴随有稳定的或闪烁的灯光的话音告警信号。

对于提示而言，不需要能引起注意的信号。

2.2　相关条款

与第 25.1322 条相关的条款如表 2-1 所示。

表 2-1　第 25.1322 条相关条款

序　号	相 关 条 款	相　　关　　性
1	第 25.207 条	第 25.207 条提出了失速警告的要求
2	第 25.672(a)款	第 25.672(a)款提出了增稳系统及自动和带动力的操纵系统的警告要求
3	第 25.699 条	第 25.699 条提出了升力和阻力装置指示器的要求
4	第 25.703 条	第 25.703 条提出了起飞警告的要求
5	第 25.729(e)款	第 25.729(e)款提出了起落架未放下警告的要求
6	第 25.783(e)款	第 25.783(e)款提出了门未锁警告的要求
7	第 25.841(b)款	第 25.841(b)款提出了客舱高度警告的要求
8	第 25.857(c)款	第 25.857(c)款提出了货舱烟雾警告的要求
9	第 25.1203 条	第 25.1203 条提出了火警探测器系统的要求
10	第 25.1303(b)(5)项	第 25.1303(b)(5)项提出了姿态显示系统的要求
11	第 25.1303(c)(1)项	第 25.1303(c)(1)项提出了 VMO/MMO 警告的要求
12	第 25.1305 条	第 25.1305 条提出了发动机警告的要求
13	第 25.1309 条	第 25.1309 条提出了警告信息的要求
14	第 25.1447 条	第 25.1447 条提出了防止氧气设备破裂的要求

3　验证过程

3.1　验证对象

第 25.1322 条的验证对象包括驾驶舱内装的警告灯、戒备灯和提示灯。

3.2　符合性验证思路

针对第 25.1322 条可采用设计说明、安全性评估和机上检查等验证方法表明符合性。

设计说明：系统原理(方案)说明和设计图纸主要对各种告警灯及信息的等级及颜色规定等进行说明。

安全性评估：从 FHA、FTA、SSA 等出发,考虑各种警告信息的等级是否正确,以及是否考虑到虚假警告和丧失警告的情况,主要考虑丧失警告和虚假警告情况。

机上检查：主要是检查灯的颜色及确认其能正常显示的功能。

3.3　符合性验证方法

通常,针对第 25.1322 条的符合性验证方法如表 3-1 所示。

表 3-1　建议的符合性方法

条　款　号	专　业	符 合 性 方 法										备　注
		0	1	2	3	4	5	6	7	8	9	
第 25.1322 条	空调		1						7			
第 25.1322 条	自动飞行		1		3				7			
第 25.1322 条	通信		1		3				7			
第 25.1322 条	电源		1						7			
第 25.1322 条	防火		1						7			
第 25.1322 条	燃油		1						7			
第 25.1322 条	防冰除雨		1						7			
第 25.1322 条	指示记录		1		3				7			
第 25.1322 条	照明		1						7			
第 25.1322 条	导航		1						7			
第 25.1322 条	气源		1						7			
第 25.1322 条	APU		1						7			
第 25.1322 条	动力装置		1						7			
第 25.1322 条	主飞控		1						7			
第 25.1322 条	氧气		1		3				7			
第 25.1322 条	液压能源		1						7			

3.4　符合性验证说明

针对第 25.1322 条,采用的符合性验证方法包括 MOC1、MOC3 和 MOC7,各项验证具体工作如下：

3.4.1　MOC1 验证说明

符合性说明通过图纸和设计描述文档明确在驾驶舱内警告灯、戒备灯和提示灯的设计情况,确保红色用于警告灯(指示危险情况,可能要求立即采取纠正动作的指示灯);琥珀色用于戒备灯(指示将可能需要采取纠正动作的指示灯);绿色用于安全工作灯;任何其他颜色包括白色,前面未做规定的灯,所采用的颜色要足以同上述规定的颜色相区别,以避免可能的混淆。

自动飞行、电源、飞行控制、指示记录、照明、导航和氧气等 16 个系统均适用。

3.4.2 MOC3 安全性评估

安全性评估主要从 FHA、FTA、FMEA 和 SSA 等出发,考虑各种告警信息的等级是否正确,以及是否考虑到虚假警告和丧失警告的情况。适用于自动飞行、通信、指示记录和氧气 4 个专业。

1) 自动飞行

安全性评估对自动飞行控制系统的功能危险状态的严酷度均进行了合理的分析,符合飞机全机级功能危险性分析的要求,对自动飞行控制系统各故障状态的告警等级符合自动飞行控制系统的功能危险状态的严酷度要求。EICAS 和 EFIS 系统按自动飞行控制系统的功能危险状态的严酷度要求设计自动飞行控制系统的状态指示。因此评估报告表明,自动飞行控制系统警告灯、戒备灯和提示灯符合第25.1322 条的要求。

2) 通信

通信系统的安全性评估结果可以表明系统的设计满足了第 25.1322 条的要求。

3) 指示记录

通过 EICAS 系统故障模式和影响分析(FMEA)及故障树分析(FTA)分析可以表明,EICAS 系统设计满足了该条款的要求。

4) 氧气

用 FHA、FTA、FMEA、CCA 等验证方法对氧气系统安全性的评估可以得出:氧气系统监控、告警和指示通过 EICAS 实现,EICAS 提供在飞行中需要机组关注的氧气系统的工作状况和任何异常出现的信息。用于戒备的 EICAS 信息用琥珀色显示,指示安全工作的 EICAS 信息用青色显示,指示工作状态的 EICAS 信息和"ON"指示灯用白色显示,并且能够与红色、琥珀色、青色明显区分,符合第 25.1322条的要求。

3.4.3 MOC7 机上检查

通过机上检查确认在驾驶舱内的警告灯、戒备灯和提示灯,满足第 25.1322 条的要求,即红色用于警告灯(指示危险情况,可能要求立即采取纠正动作的指示灯);琥珀色用于戒备灯(指示将可能需要采取纠正动作的指示灯);绿色用于安全工作灯;任何其他颜色,包括白色,用于本条未做规定的灯,所采用的颜色能够与本条规定的灯的颜色相区别。

机上检查适用于自动飞行、电源、飞行控制、指示记录、照明、导航和氧气等 16个系统。

3.5 符合性文件清单

通常,针对第 25.1322 条的符合性文件清单如表 3-2 所示。

表 3 - 2　建议的符合性文件清单

序　号	符合性报告	符合性方法
1	各系统系统描述	MOC1
2	相关系统安全性评估报告	MOC3
3	各系统机上检查大纲	MOC7
4	各系统检查报告	MOC7

4　符合性判据

针对第 25.1322 条,满足下述条件可判定为符合。

(1)在各系统的系统描述文件中明确了共有哪些警告灯,确定警告灯采用红色。

(2)在各系统的系统描述文件中明确了共有哪些戒备灯,确定戒备灯采用琥珀色。

(3)在各系统的系统描述文件中明确了共有哪些安全工作灯,确定安全工作灯采用绿色。

(4)在各系统的系统描述文件中明确除了上述灯外的其他灯采用的颜色,包括白色,明确说明与所规定的颜色的区别。

(5)完成了相关系统的安全性评估,依据评估的结论确定了设置告警的形式,并与选用的灯的颜色相匹配。

(6)完成了机上检查,确认所设置的灯功能正常,颜色正确。

参考文献

[1]　14 CFR 修正案 25 - 38 Airworthiness Review Program,Amendment No. 3: Miscellaneous Amendments [S].

[2]　FAA. AC20 - 151B Airworthiness Approval of Traffic Alert and Collision Avoidance Systems (TCAS Ⅱ),Versions 7. 0 & 7. 1 and Associated Mode S Transponders [S]. 2014.

[3]　FAA. AC25.1435 - 1 Hydraulic System Certification Tests and Analysis [S]. 2001.

[4]　FAA. AC25 - 15 Approval of Flight Management Systems in Transport Category Airplanes [S]. 1989.

[5]　FAA. AC20 - 131A Airworthiness Approval of Traffic Alert and Collision Avoidance Systems (TCAS Ⅱ) and Mode S Transponders [S]. 1993.

[6]　FAA. AC25. 735 - 1 Brakes and Braking Systems Certification Tests and Analysis [S]. 2002.

[7]　FAA. AC25.1329 - 1B Change 1 Approval of Flight Guidance Systems [S]. 2012.

[8]　FAA. AC25 - 23 Airworthiness Criteria for the Installation Approval of a Terrain

Awareness and Warning System (TAWS) for Part 25 Airplanes [S]. 2000.

[9]　FAA. AC25 - 12 Airworthiness Criteria for the Approval of Airborne Windshear Warning Systems in Transport Category Airplanes [S]. 1987.

[10]　FAA. AC25. 672 - 1 Active Flight Controls [S]. 1983.

[11]　FAA. AC25 - 11A Electronic Flight Deck Displays [S]. 2007.

[12]　SAE. ARP 4102/4 Flight Deck Alerting Systems [S].

运输类飞机适航标准
第 25.1323 条符合性验证

1 条款介绍

1.1 条款原文

第 25.1323 条　空速指示系统

下列要求适用于每个空速指示系统:

(a) 每个空速指示仪表必须经过批准,并必须加以校准,在施加相应的总压和静压时以尽可能小的仪表校准误差指示真空速(海平面标准大气下);

(b) 空速指示系统必须加以校准,以确定飞行时和地面起飞加速滑跑过程中的系统误差(即指示空速和校准空速的关系)。进行地面滑跑校准时,必须按照下列条件:

(1) 对于批准的高度和重量范围,速度从 $0.8V_1$ 最小值至 V_2 的最大值;

(2) 襟翼位置和发动机功率(推力)的调定按第 25.111 条制定起飞航迹时所确定的值,但假设临界发动机在 V_1 最小值时失效。

(c) 在下列状态的整个速度范围内,空速的安装误差(不包括空速指示仪表校准误差)不得超过 3% 或 5 节,两者中取大值:

(1) 从 V_{MO} 至 $1.23V_{SR1}$,襟翼在收上位置;

(2) 从 $1.23V_{SRO}$ 至 V_{FE},襟翼在着陆位置。

(d) 从 $1.23V_{SR}$ 到失速警告开始的速度,指示空速随校准空速必须明显地变化并且趋势相同,并且在低于失速警告速度的速度下指示空速不得以不正确的趋势发生变化。

(e) 从 V_{MO} 到 $V_{MO}+2/3(V_{DF}-V_{MO})$,指示空速随校准空速必须明显地变化并且趋势相同,并且在直到 V_{DF} 的较高速度下指示空速不得以不正确的趋势发生变化。

(f) 在开始抬前轮和飞机获得稳定爬升状态之间的起飞阶段,不得出现导致飞行员过度困难的空速指示。

(g) 空速指示系统的滞后效应不应引起明显的起飞指示空速偏差,或者起飞或加速停止距离的显著误差。

(h) 每个空速指示系统的安排必须尽可能防止由于湿气、尘埃或其它杂物侵入而失灵或产生严重误差。

（i）每个空速指示系统必须配备有一个可加温的空速管或等效手段，防止由于结冰而失灵。

（j）如果要求有两套空速表，则其各自的空速管之间必须相隔足够的距离，以免鸟撞时两个空速管都损坏。

〔中国民用航空局 2011 年 11 月 7 日第四次修订〕

1.2 条款背景

第 25.1323 条对空速指示系统提出了总体要求，包括校准要求、安装误差要求、指示空速变化趋势、滞后效应的影响、管路防阻塞要求、空速管加温要求和空速管安装距离要求等。

1.3 条款历史

第 25.1323 条在 CCAR25 部初版首次发布，截至 CCAR - 25 - R4，该条款共修订过 1 次，如表 1 - 1 所示。

表 1 - 1　第 25.1323 条条款历史

第 25.1323 条	CCAR25 部版本	相关 14 CFR 修正案	备　注
首次发布	初版	25 - 57	
第 1 次修订	R4	25 - 108，25 - 109	

1.3.1　首次发布

1985 年 12 月 31 日发布了 CCAR25 部初版，其中包含第 25.1323 条，该条款参考了 14 CFR 修正案 25 - 57 的内容制定。该修正案将 §25.1323(b)(2) 中"按 §25.59 或 §25.111"改为"按 §25.111"。

1.3.2　第 1 次修订

2011 年 11 月 7 日发布的 CCAR - 25 - R4 对第 25.1323 条进行了第 1 次修订，本次修订参考了 14 CFR 修正案 25 - 108 和修正案 25 - 109 的内容：

（1）将参考失速速度由原来的最小失速速度更改为 1 - g 失速速度，即把 (c)(1) 项中 $1.3V_{S1}$ 改为 $1.23V_{SR1}$，将 (c)(2) 项中 $1.3V_{SO}$ 改为 $1.23V_{SRO}$。

（2）将原来的 (d) 款至 (f) 款改为 (h) 款至 (j) 款，增加了新的 (d) 款至 (g) 款，增加了空速指示范围之外的指示要求、某些情况下的速度指示不应引起飞行员的过度困难，以及对空速滞后影响的限制要求。

2　条款解读

2.1　条款要求

第 25.1323(a) 款要求尽可能地减小空速指示仪表的指示误差，规定每个空速指示仪表必须加以修正。空速指示系统的失效属于"极不可能",因此空速指示仪表必须经适航当局根据相关标准就精度、可读性和可靠性及各种环境试验的审核批准后才能装机使用。

第 25.1323(b) 款要求从 $0.8V_1$ 的最小值到 V_2 最大值的速度范围内进行地面空速校正,还要求襟翼位置和油门杆位置在起飞形态时,假定临界发动机在最小 V_1 值时失效的情况下进行地面空速校正,这样即使某台发动机失效,飞机姿态发生一定变化,也能提供精确的空速指示。

第 25.1323(c) 款要求对空速指示系统的安装误差进行校准,并对空速指示系统的安装误差提出了明确的数值要求。

第 25.1323(d) 款中"指示空速随校准空速必须明显地变化",按照 EASA AMC (Acceptable Means of Compliance) 的解释,指的是指示空速随校准空速变化的速率不小于 0.75。

第 25.1323(e) 款中"指示空速随校准空速必须明显地变化",按照 EASA AMC 的解释,指的是指示空速随校准空速变化的速率不小于 0.5。

第 25.1323(f) 款要求在起飞阶段的试飞中考核空速指示是否会引起飞行员的过度困难。导致飞行员过度困难的典型空速指示:在飞机开始抬前轮至获得稳定爬升状态之间,随着飞机周围气流受跑道影响的减弱,空速指示可能出现明显的停顿,飞行员无法判断真实的空速,这将对飞行员的起飞操作造成过度困难。

第 25.1323(g) 款要求大气数据系统的设计和管路安装布置需考虑对气流延迟的影响,并以试飞验证滞后效应不会引起明显的起飞指示空速偏差,或者起飞或加速停止距离的显著误差。

第 25.1323(h) 款要求防止湿气和尘埃的进入和积累以及其他外来物的侵入,以免给空速指示系统带来严重误差。

第 25.1323(i) 款要求采取加温措施或其他等效手段,使空速管不结冰。

第 25.1323(j) 款要求各空速管之间应保持合适的安装距离,以防鸟撞时损坏多个空速管而使空速指示系统全部失灵。

2.2 相关条款

与第 25.1323 条相关的条款如表 2-1 所示。

表 2-1 第 25.1323 条相关条款

序 号	相关条款	相 关 性
1	第 25.111 条	第 25.1323(b)(2) 项要求襟翼位置和发动机功率(推力)的调定按第 25.111 条制定起飞航迹时所确定的值
2	第 25.1093 条	第 25.1323(i) 款应按照第 25.1093(b)(1)(i) 目结冰条件进行验证

3 验证过程

3.1 验证对象

第25.1323条的验证对象为空速指示系统,包括大气数据计算机、全静压探头和主飞行显示器(PFD)。

3.2 符合性验证思路

针对第25.1323(a)款,在地面进行空速精度试验以校验显示的空速满足精度要求,大气数据计算机和全静压探头需取得相应的大气数据系统鉴定试验报告(TSOA)。

针对第25.1323(b)款,通过空速校准试飞确定飞行时和地面起飞加速滑跑过程中的空速误差。

针对第25.1323(c)款,通过空速校准试飞验证在此款给出的状态下,左右大气数据计算机指示的空速误差小于3‰或5节中的较大值。

针对第25.1323(d)款,通过试飞考核在此款给出的速度范围内,指示空速随校准空速的变化趋势。

针对第25.1323(e)款,通过试飞考核在此款给出的速度范围内,指示空速随校准空速的变化趋势。

针对第25.1323(f)款,通过试飞考核在起飞阶段中空速指示不会引起飞行员的过度困难。

针对第25.1323(g)款,通过试飞考核滞后效应不会引起明显的起飞指示空速偏差,或者起飞或加速停止距离的显著误差。

针对第25.1323(h)款,通过系统设计描述文件给出防止湿气、尘埃或其他杂物侵入大气数据管路和全静压探头的措施,通过机上检查确认这些措施的有效性。

针对第25.1323(i)款,通过系统设计描述文件给出加温方案,通过自然结冰试飞和机上检查确认加温效果。

针对第25.1323(j)款,通过系统设计描述文件给出两个全静压探头的安装距离,说明两个探头的间距是合适的。

3.3 符合性验证方法

通常,针对第25.1323条的符合性验证方法如表3-1所示。

表 3-1 建议的符合性方法

条 款 号	专 业	符合性方法										备 注
		0	1	2	3	4	5	6	7	8	9	
第25.1323(a)款	导 航		1				5				9	
第25.1323(b)款	气动性能							6				

条 款 号	专 业	符 合 性 方 法										备 注
		0	1	2	3	4	5	6	7	8	9	
第 25.1323(c)款	气动性能							6				
第 25.1323(d)款	气动性能							6				
第 25.1323(e)款	气动性能							6				
第 25.1323(f)款	气动性能							6				
第 25.1323(g)款	气动性能							6				
第 25.1323(h)款	导　航		1						7			
第 25.1323(i)款	导　航		1					6	7			
第 25.1323(j)款	导　航		1									

3.4　符合性验证说明

3.4.1　第 25.1323(a)款符合性验证说明

针对第 25.1323(a)款，采用的符合性验证方法包括 MOC1、MOC5 和 MOC9，各项验证具体工作如下：

1) MOC1 验证过程

采用系统设计描述文件明确空速指示系统的组成(大气数据计算机、全静压探头和 PFD)、原理及所采用仪表的校准要求与方法，说明大气数据计算机为 TSO 产品，必须符合 TSO-C106 的要求。大气数据计算机在出厂时已进行校准，使误差控制在要求的范围之内。全静压探头为 TSO 产品，必须符合 TSO-C16a 要求。现代运输类飞机的空速指示通常都采用数字显示(如 PFD)，没有普通仪表的表头误差，不需要进行校准。

2) MOC5 验证过程

通过大气数据系统机上地面试验验证两套大气数据计算机空速误差，可使用数字式大气数据测试仪来设置空速(连接至正驾驶空速和副驾驶空速阀门)，分别设置空速为 80 节、100 节、200 节、300 节、400 节时，两个 PFD 显示的空速均须满足试验判据的误差要求(如±2 节)。

3) MOC9 验证过程

大气数据计算机和全静压探头均需取得 TSOA，即获得批准。

3.4.2　第 25.1323(b)款符合性验证说明

针对第 25.1323(b)款，采用的符合性验证方法为 MOC6。通过空速校准试飞试验确定空速的系统误差，试飞程序和数据处理方法如下：

(1) 起飞前，飞机在起飞线保持静止至少 5 秒，并记录 GPS 高度和指示高度。

(2) 当空速达到抬前轮速度 V_R 时，抬飞机前轮，飞行高度达到 1 500 英尺以上。

(3) 计算(a)中的 GPS 高度和起飞过程中 GPS 高度之差,并转化为气压高度。

(4) 将(c)中的气压高度加上(a)中的指示高度,作为基准压力高度。

(5) 通过基准压力高度计算基准静压。

(6) 从大气数据计算机中获得总压。

(7) 通过总压和基准静压,计算校准空速以及空速系统误差 ΔV_{PC}。

经过空速校准试飞得出速度在 $0.8V_1$ 到 148 节之间,左右大气数据计算机 V_{PC} 平均值分别为 -1.06、-1.17 和 -1.05、-1.15 节。

3.4.3 第 25.1323(c)款符合性验证说明

针对第 25.1323(c)款,采用的符合性验证方法为 MOC6。通过空速校准试飞试验确定空速的安装误差,试飞方法:稳定平飞试飞采用拖锥法,飞机在特定构型、速度、高度条件下严格保持稳定直线平飞,拖锥放出到确定的长度。将经过修正的拖锥静压作为基准静压值,与大气数据计算机中的静压比较,对飞机空速系统进行校准。为了消除拖锥系统管路的压力延迟,试飞过程中,确保每个速度点稳定平飞不小于 30 秒。

经过空速校准试飞得出:襟翼收起且速度范围 V_{MO} 至 $1.3V_{SR1}$,左大气数据计算机空速误差不超过 1 节;襟翼放下且速度范围 V_{FE} 至 $1.3V_{SRO}$,左大气数据计算机空速误差不超过 2 节;襟翼收起且速度范围 V_{MO} 至 $1.3V_{SR1}$,右大气数据计算机空速误差不超过 1 节,襟翼放下且速度范围 V_{FE} 至 $1.3V_{SRO}$,右大气数据计算机空速误差不超过 1.5 节。因而,左右大气数据计算机指示的空速误差均未超过 3% 或 5 节中的较大值。

3.4.4 第 25.1323(d)款符合性验证说明

针对第 25.1323(d)款,采用的符合性验证方法为 MOC6。通过空速校准试飞试验确认指示空速随校准空速变化的趋势,试飞方法:稳定平飞试飞采用拖锥法,飞机在特定构型、速度、高度条件下严格保持稳定直线平飞,拖锥放出到确定的长度。从 $1.23V_{SR}$ 到失速警告开始的速度,采集指示空速数据并与校准空速数据形成速度趋势对照图。

试飞数据显示指示空速随校准空速明显地变化,即指示空速随校准空速变化的速率不小于 0.75 并且趋势相同。在低于失速警告速度的速度下,观察指示空速变化趋势,证明没有以不正确的趋势发生变化。

3.4.5 第 25.1323(e)款符合性验证说明

针对第 25.1323(e)款,采用的符合性验证方法为 MOC6。通过空速校准试飞试验确认指示空速随校准空速变化的趋势,试飞方法:稳定平飞试飞采用拖锥法,飞机在特定构型、速度、高度条件下严格保持稳定直线平飞,拖锥放出到确定的长度。从 V_{MO} 到 $V_{MO}+2/3(V_{DF}-V_{MO})$,采集指示空速数据并与校准空速数据形成速度趋势对照图。

试飞数据显示指示空速随校准空速明显地变化,即指示空速随校准空速变化的速率不小于 0.5 并且趋势相同。在直到 V_{DF} 的速度下,观察指示空速变化趋势,证明没有以不正确的趋势发生变化。

3.4.6 第 25.1323(f)款符合性验证说明

针对第 25.1323(f)款,采用的符合性验证方法为 MOC6。通过空速校准试飞试验验证起飞阶段的空速指示不会对飞行员造成过度困难。试飞方法:当空速达到抬前轮速度 V_R 时,抬飞机前轮,直至飞行高度达到 1 500 英尺以上。在此过程中采集指示空速数据并形成速度趋势图,证明速度趋势图中没有出现明显的停顿或跳变,即不会导致飞行员在起飞阶段无法判断真实的空速。

3.4.7 第 25.1323(g)款符合性验证说明

针对第 25.1323(g)款,采用的符合性验证方法为 MOC6。通过空速校准试飞试验确定空速指示系统滞后效应引起的空速系统误差或者起飞或加速停止距离,试飞方法:采用不同起飞重量(例如轻重量和大重量)进行空速校准地面段试飞。采集试飞数据并按第 25.1323(b)款计算校准空速的方法计算出加速滑跑过程的校准空速(不考虑静压延迟)。

空速指示系统的滞后效应为全静压探头总压口到大气数据计算机输出总压的延迟和显示器延迟之和。

全静压探头总压口到大气数据计算机输出总压的延迟产生的空速误差＝加速滑跑过程的校准空速(不考虑静压延迟)－大气数据计算机输出的校准空速显示器延迟产生的空速误差＝加速滑跑过程的校准空速(不考虑静压延迟)－显示器延迟时间(例如 50 毫秒)后的空速。

空速指示系统的滞后效应引起的起飞或加速停止距离采用可能出现的最大总延迟时间(高原机场条件下为 270 毫秒)和高原机场条件下最大起飞重量对应的 V_1 计算得出。

经过上述计算,得到空速指示系统的滞后效应引起的空速误差小于 3 节,引起的起飞或加速停止距离的增加小于 100 英尺,证明没有引起"显著误差"。

3.4.8 第 25.1323(h)款符合性验证说明

针对第 25.1323(h)款,采用的符合性验证方法包括 MOC1 和 MOC7,各项验证具体工作如下:

1) MOC1 验证过程

通过系统设计描述明确大气数据管路的最低处安装了积水器,全静压探头下侧设置有排水孔,系统设计可有效防止湿气和尘埃的进入以及其他外来物的侵入。

2) MOC7 验证过程

通过机上检查确认:大气数据管路在相对较低的位置安装了积水器,保证管路中的湿气、尘埃或其他杂物堆积在积水器中,不会堵塞管路,确认全静压探头下侧的排水孔。

3.4.9　第 25.1323(i)款符合性验证说明

针对第 25.1323(i)款,采用的符合性验证方法包括 MOC1、MOC6 和 MOC7,各项验证具体工作如下:

1) MOC1 验证过程

通过系统设计描述明确所有全静压探头和总温传感器都设置有进行加热的加热电阻丝,说明由大气数据加热控制器(ADHC)控制其加热原理与过程,此设计的目的可防止探头结冰。

2) MOC6 验证过程

通过自然结冰条件下的大气数据系统试飞,验证左右 PFD 空速指示是否正常,一致性是否良好。试飞方法:飞机以待机速度在结冰云层中保持稳定平飞或四边形水平飞行,完成自然结冰待机飞行(待机飞行时间为符合 CCAR25 部附录 C 结冰环境 45 分钟或未防护表面结冰厚度达到 2 英寸而不超过 3 英寸,取较长时间为准)后飞离结冰云层。

在上述飞行过程中,左/右 PFD 空速指示连续、平滑、不反向,左右空速差异最大 2.8 节,未触发空速比较旗。试飞结果证明空速管未结冰而导致其失灵。

3) MOC7 验证过程

通过机上检查确认:左/右全静压探头分别由左/右大气数据加热控制器进行加热控制,每个空速指示系统都设置有一个加温装置。

3.4.10　第 25.1323(j)款符合性验证说明

针对第 25.1323(j)款,采用的符合性验证方法为 MOC1。

采用系统设计描述及全静压探头安装图,说明两个全静压探头分别安装在机头左右两侧,保持了足够的距离,两个全静压探头分属于两个系统,各自独立工作,从设计上保证一侧遭遇鸟撞,另一侧仍然可以使用。

3.5　符合性文件清单

通常,针对第 25.1323 条的符合性文件清单如表 3-2 所示。

表 3-2　建议的符合性文件清单

序　号	符 合 性 报 告	符合性方法
1	大气数据系统设计描述	MOC1
2	大气数据系统地面试验大纲	MOC5
3	大气数据系统地面试验报告	MOC5
4	空速校准试飞大纲	MOC6
5	空速校准试飞报告	MOC6
6	自然结冰试飞大纲	MOC6
7	自然结冰试飞报告	MOC6
8	导航系统机上检查大纲	MOC7

（续表）

序　号	符 合 性 报 告	符合性方法
9	导航系统机上检查报告	MOC7
10	大气数据系统鉴定试验大纲	MOC9
11	大气数据系统鉴定试验报告（TSOA）	MOC9

4　符合性判据

针对第 25.1323(a) 款，当大气数据计算机和全静压探头等每个空速指示仪表取得相应的 TSOA 并得到校准，可确认满足该款要求。

针对第 25.1323(b) 款，按照本款给出的条件确定地面起飞加速滑跑过程中的空速误差，可确认满足该款要求。

针对第 25.1323(c) 款，在本款给出的状态在整个速度范围内，空速误差均未超过 3% 或 5 节中的较大值，可确认满足该款要求。

针对第 25.1323(d) 款，在本款给出的速度范围内，指示空速随校准空速变化的速率不小于 0.75 且趋势相同，并且在低于失速警告速度的速度下指示空速变化趋势正确，可确认满足该款要求。

针对第 25.1323(e) 款，在本款给出的速度范围内，指示空速随校准空速变化的速率不小于 0.5 且趋势相同，并且在直到 V_{DF} 的较高速度下指示空速变化趋势正确，可确认满足该款要求。

针对第 25.1323(f) 款，在起飞阶段的空速指示不出现明显的停顿或跳变，可确认满足该款要求。

针对第 25.1323(g) 款，滞后效应不会引起明显的起飞指示空速偏差，或者起飞或加速停止距离的显著误差，可确认满足该款要求。

针对第 25.1323(h) 款，采取措施防止湿气、尘埃或其他杂物侵入大气数据管路和全静压探头，可确认满足该款要求。

针对第 25.1323(i) 款，给出加温方案防止全静压探头和总温传感器结冰，可确认满足该款要求。

针对第 25.1323(j) 款，当各全静压探头之间保持了合适的安装距离，可确认满足该款要求。

参考文献

[1]　14 CFR 修正案 25 - 57 Aircraft Engine Regulatory Review Program；Aircraft Engine and Related Powerplant Installation Amendments [S].

[2]　14 CFR 修正案 25 - 108 1 - g Stall Speed as the Basis for Compliance With Part 25 of the

Federal Aviation Regulations [S].

[3] 14 CFR 修正案 25 - 109 Airspeed Indicating System Requirements for Transport Category Airplanes [S].

[4] FAA. AC25 - 15 Approval of Flight Management Systems in Transport Category Airplanes [S]. 1989.

[5] FAA. AC25. 1419 - 1A Certification of Transport Category Airplanes for Flight in Icing Conditions [S]. 2004.

[6] FAA. AC25 - 12 Airworthiness Criteria for the Approval of Airborne Windshear Warning Systems in Transport Category Airplanes [S]. 1987.

[7] FAA. AC20 - 124 Water Ingestion Testing for Turbine Powered Airplanes [S]. 1985.

运输类飞机适航标准
第 25.1325 条符合性验证

1 条款介绍

1.1 条款原文

第 25.1325 条　静压系统

（a）每个带大气静压膜盒的仪表必须通过合适的管路系统与外界大气连通。

（b）静压孔的设计和位置必须使静压系统的性能受气流变化或者受湿气或其它外来物的影响最小，而且当飞机遇到本部附录 C 所规定的连续或间断最大结冰状态时，静压系统内的空气压力和真实的外界大气静压之间的相互关系不变。

（c）静压系统的设计和安装必须符合下列规定：

（1）备有可靠的排放水分的措施；要避免导管擦伤和在导管弯曲处过分变形或严重限流；所用的材料应是耐久的，适合于预定用途并能防腐蚀；

（2）除通大气的孔外静压系统都要气密。必须以下列方法进行验证试验，以演示静压系统的完整性：

（i）非增压飞机　对静压系统抽气到压差约为 3,400 帕（25 毫米汞柱；1 英寸汞柱），或高度表读数高于试验时飞机的海拔高度 300 米（1,000 英尺）。停止抽气一分钟后，指示高度的减小值必须不大于 30 米（100 英尺）；

（ii）增压飞机　对静压系统抽气到压差等于飞机型号合格审定时批准的最大座舱压差，停止抽气一分钟后，指示高度的减小值必须不大于最大座舱压差当量高度的 2% 或 30 米（100 英尺），两者中取大值。

（d）每个气压高度表必须经过批准，并且必须加以校准，使之在施加相应的静压时，能以尽可能小的校准误差来指示标准大气下的气压高度。

（e）每个静压系统的设计和安装必须使在海平面标准大气下所指示的气压高度的误差（不包括仪表校准误差），在 1.23VSRO（襟翼展态）至 1.7VSR1（襟翼收态）速度范围内对应的飞机形态下，每 100 节不超过 ±10 米（30 英尺），速度小于

100 节时,气压高度误差允许为±10 米(30 英尺)。

(f) 如果高度表系统装有高度表指示修正装置,该装置必须设计和安装成当其失灵时能够旁路,除非另有一个备用高度表,每个修正装置必须有措施向飞行机组指示有合理可能的失灵(包括能源失效)。该指示措施在驾驶舱可能出现的任何照明条件下必须有效。

(g) 除本条(h)规定的情况外,如果静压系统包括有主静压源和备用静压源,则静压源选择装置的设计必须满足下列要求:

(1) 选用任一静压源时,另一个静压源断开;

(2) 两个静压源不能同时断开。

(h) 对于非增压飞机,如果能够用演示表明,在选用任一静压源时,静压系统的校准不会因另一静压源的通断而变化,则本条(g)(1)的规定不适用。

〔中国民用航空局 2011 年 11 月 7 日第四次修订〕

1.2　条款背景

第 25.1325 条对静压系统提出了总体要求,包括防堵塞措施、防冰要求、安装要求、校准要求、气压高度误差要求、修正装置和静压源的选择等。

1.3　条款历史

第 25.1325 条在 CCAR25 部初版首次发布,截至 CCAR - 25 - R4,该条款共修订过 1 次,如表 1-1 所示。

表 1-1　第 25.1325 条条款历史

第 25.1325 条	CCAR25 部版本	相关 14 CFR 修正案	备　　注
首次发布	初版	25 - 41	
第 1 次修订	R4	25 - 108	

1.3.1　首次发布

1985 年 12 月 31 日发布了 CCAR25 部初版,其中包含第 25.1325 条,该条款参考了 14 CFR 修正案 25 - 41 的内容制定。该修正案新增了 §25.1325(g) 和(h),§25.1325(g) 对静压源选择装置的设计(选用和断开静压源)提出了要求,§25.1325(h) 则对非增压飞机的双套静压源选用提出了例外的情况(即不适用§25.1325(g)(1)的情况)。

1.3.2　第 1 次修订

2011 年 11 月 7 日发布的 CCAR - 25 - R4 对第 25.1325 条进行了第 1 次修订,本次修订参考了 14 CFR 修正案 25 - 108 的内容,将原 §25.1325(e) 中的"$1.3V_{SO}$"改为"$1.23V_{SR0}$","$1.8V_{S1}$"改为"$1.7V_{SR1}$"。

2 条款解读

2.1 条款要求

第 25.1325(a)款要求静压管路的长度和弯曲度符合管路的迟滞要求,并通过静压孔与外界大气连通。

第 25.1325(b)款要求静压孔相互连通,飞机侧滑时能互相补偿气流变化的影响。每个静压孔上开有若干个小孔,能防止外来物的侵入。静压孔的位置需经风洞吹风确定,布置在受速度变化影响最小且不易结冰的地方。如果静压孔的位置容易结冰,则需采取电加温措施,静压孔无论加温与否,都应能正确反映外界的真实大气静压。

第 25.1325(c)(1)项要求必须备有可靠的排放水分的措施。排水器一般安放在每个管路区域的最低处,排水器既能方便地排放水分,又能可靠地密封。管路系统一般用耐腐蚀的铝合金组成,不易磨损。静压导管在飞机上的位置应靠近飞机两侧或沿框架和壁板布置,与其他管路应相隔一定距离,以免擦伤。导管的弯曲半径应尽量大,以防止静压的压力损耗。

第 25.1325(c)(2)项要求静压管路应密封,并应进行地面试验来验证管路密封性能。

第 25.1325(d)款要求气压高度表必须加以校准,使之能以较小的校准误差来指示标准大气下的气压高度。气压高度表是飞机关键仪表,其装机必须履行批准手续。

第 25.1325(e)款规定了在 $1.23V_{SR0}$(襟翼展态)至 $1.7V_{SR1}$(襟翼收态)速度范围内对应的飞机形态下,每 100 节的误差值范围。

第 25.1325(f)款要求,如果高度表系统装有高度表指示修正装置,则当修正装置失灵时,将会对高度表指示进行错误修正。此时应断开修正装置,并给出指示,告诉飞行机组修正装置已经失效。

第 25.1325(g)款要求在装有两个静压源的飞机上静压系统应能通过转换装置选择不同的静压源。该转换装置的设计应确保不能同时接通两个静压源,以免相互影响,同样也不能同时断开两个静压源。

第 25.1325(h)款明确,对于非增压飞机,如果静压口不是设置在机身两侧而是设置在飞机内部,此时所有的静压源可以认为是连通的,即使管路漏气也不会影响静压系统的正确测量,所以不必再要求转换装置在选择一个静压源时必须断开另一个静压源。

2.2 相关条款

与第 25.1325 条相关的条款如表 2 - 1 所示。

表 2 - 1 第 25.1325 条相关条款

序 号	相 关 条 款	相 关 性
1	第 25.1093 条	第 25.1325(b)款应按照第 25.1093(b)(1)(i)目结冰条件进行验证
2	第 25.1309 条	第 25.1309(a)款要求系统必须保证在各种可预期的运行条件下能完成预定功能,第 25.1325(b)款要求静压系统在遇到 25 部附录 C 规定的连续或间断最大结冰状态时能完成预定的功能,25 部附录 C 规定的连续或间断最大结冰状态即是飞机可预期的运行条件

3 验证过程

3.1 验证对象

第 25.1325 条的验证对象为静压系统。

3.2 符合性验证思路

针对第 25.1325(a)款,通过系统设计描述说明静压仪表如何与外界大气连通。

针对第 25.1325(b)款,通过系统设计描述说明静压孔的位置及加热方案,通过自然结冰试飞验证加热效果。

针对第 25.1325(c)(1)项,通过系统设计描述说明全静压管路的走向设计原则及所用材料,并通过机上检查进行确认。

针对第 25.1325(c)(2)项,在地面状态进行正副驾驶全静压系统泄漏试验验证静压系统气密性。

针对第 25.1325(d)款,在地面状态进行大气数据系统高度精度试验给出精度,大气数据计算机和全静压探头需取得相应的 TSOA。

针对第 25.1325(e)款,通过空速校准试飞验证气压高度的误差在本条规定的范围内。

针对第 25.1325(f)款,通过系统设计描述说明高度表指示修正装置的设计和安装,通过地面试验验证修正装置失灵时,能够断开修正装置,并向飞行机组指示修正装置已经失效。

针对第 25.1325(g)款,通过系统设计描述说明静压源选择装置的设计。

针对第 25.1325(h)款,通过地面试验验证静压源的切换功能。

3.3 符合性验证方法

通常,针对第 25.1325 条的符合性验证方法如表 3 - 1 所示。

表 3-1　建议的符合性方法

条款号	专业	符合性方法										备注
		0	1	2	3	4	5	6	7	8	9	
第 25.1325(a)款	导　航		1									
第 25.1325(b)款	导　航		1					6				
第 25.1325(c)(1)项	导　航		1						7			
第 25.1325(c)(2)项	导　航						5					
第 25.1325(d)款	导　航		1				5				9	
第 25.1325(e)款	气动性能							6				
第 25.1325(f)款	导　航		1				5					
第 25.1325(g)款	导　航		1									
第 25.1325(h)款	导　航						5					

3.4　符合性验证说明

3.4.1　第 25.1325(a)款符合性验证说明

针对第 25.1325(a)款,采用的符合性验证方法为 MOC1。

通过系统设计描述说明静压系统的组成与工作原理,说明大气静压传感器包含在大气数据计算机中,通过静压管路与蒙皮外的全静压探头相连,并且通过全静压探头的静压孔与外界大气连通。静压系统除全静压探头上的静压孔外全部密封。左右静压管路通过三通汇合后连接到大气数据计算机,可以防止侧滑对于静压测量的影响。

3.4.2　第 25.1325(b)款符合性验证说明

针对第 25.1325(b)款,采用的符合性验证方法包括 MOC1 和 MOC6,各项验证具体工作如下:

1) MOC1 验证过程

通过系统设计描述说明静压孔位于全静压探头的侧面,气流扰动最小处。全静压探头内部设置有加热电阻丝,由大气数据探头加热控制器 ADHC 控制其加热功能,可随时消除结冰情况。

2) MOC6 验证过程

通过自然结冰条件下的大气数据系统试飞试验,确定全静压探头的功能,在试飞过程中观察左右 PFD 高度指示状况,若其上指示连续、平滑、不反向,则表明全静压探头加温工作正常。

3.4.3　第 25.1325(c)(1)项符合性验证说明

针对第 25.1325(c)(1)项,采用的符合性验证方法包括 MOC1 和 MOC7,各项验证具体工作如下:

1) MOC1 验证过程

通过系统设计描述说明全静压管路的走向设计原则,其遵循设备安装在相对高位,放水器安装于相对低位的原则,且弯曲程度严格遵守管路设计规定,保证水分顺畅流向放水器。管路所用的材料是防腐蚀且耐久的铝合金。

2) MOC7 验证过程

通过机上检查确认:大气数据管路积水器安装位置在相对较低处,管路间无干涉,管路材料为铝合金,管路弯曲处无过分变形,能保证管路流向通畅。

3.4.4　第 25.1325(c)(2)项符合性验证说明

针对第 25.1325(c)(2)项,采用的符合性验证方法为 MOC5。

通过正副驾驶全静压系统泄漏地面试验验证高度显示的减小值不大于本项给出值:数字式大气数据测试仪设置空速为 330 节,高度为 0 英尺后,此时 PFD1 和 PFD2 的空速显示均为 332.5 节,高度显示均为 90 英尺。一分钟后 PFD1 和 PFD2 的空速显示均为 332.5 节,高度显示均为 80 英尺。试验证明指示高度的减小值为 10 英尺,小于第 25.1325(c)(2)项给出的值。

3.4.5　第 25.1325(d)款符合性验证说明

针对第 25.1325(d)款,采用的符合性验证方法包括 MOC1、MOC5 和 MOC9,各项验证具体工作如下:

1) MOC1 验证过程

通过系统设计描述说明大气静压传感器包含在大气数据计算机中,大气数据计算机选用符合 TSO-C106 要求的产品,大气数据计算机在出厂时已进行校准,使误差控制在要求的范围之内,全静压探头选用符合 TSO-C16a 要求的产品。

2) MOC5 验证过程

通过大气数据系统高度精度试验验证高度显示满足精度要求。数字式大气数据测试仪设置高度分别为 -1 000 英尺,0 英尺,1 000 英尺,10 000 英尺,20 000 英尺,30 000 英尺,40 000 英尺和飞机所处场高 1 460 英尺,观察到 PFD1 和 PFD2 的高度显示分别为 -1 000 英尺,10 英尺,1 000 英尺,10 000 英尺,20 000 英尺,30 010 英尺,40 010 英尺,1 460 英尺(场高),证明气压高度校准误差(最大 10 英尺)满足给定的容差要求(±20 英尺)。

3) MOC9 验证过程

全静压探头须取得 TSOA,如 TSO-C16a,证明其经过了批准。

3.4.6　第 25.1325(e)款符合性验证说明

针对第 25.1325(e)款,采用的符合性验证方法为 MOC6。

通过空速校准试飞验证本款规定的速度范围内气压高度的误差。试飞方法:稳定平飞试飞采用拖锥法,飞机在特定构型、速度、高度条件下严格保持稳定直线平飞,拖锥放出到确定的长度。为了消除拖锥系统管路的压力延迟,试飞过程中,确保每个速度点稳定平飞不小于 30 秒。

经过空速校准试飞得出：在 $1.23V_{SRO}$（襟翼展态）至 $1.7V_{SR1}$（襟翼收态）速度范围内对应的飞机形态下，左大气数据计算机指示高度误差最大为每 100 节 21.5 英尺；右大气数据计算机指示高度误差最大为每 100 节 25.7 英尺，证明高度误差满足要求。

3.4.7　第 25.1325(f)款符合性验证说明

针对第 25.1325(f)款，采用的符合性验证方法包括 MOC1 和 MOC5，各项验证具体工作如下：

1）MOC1 验证过程

通过系统设计描述说明静压系统采用大气数据软件进行静压源误差修正（SSEC），当静压源失效并导致该套静压数据与另外两套对比的误差超过允许范围时，该通道的静压数据会被表决掉，并提供 CAS 告警通知飞行机组。CAS 告警信息在驾驶舱可能出现的任何照明条件下都是有效的。

2）MOC5 验证过程

在机上地面试验中，模拟驾驶舱可能出现的不利的照明条件，设置 SSEC 失效，确认该通道的静压数据被表决掉，此时飞机机组看到相应的 CAS 告警信息。

3.4.8　第 25.1325(g)款符合性验证说明

针对第 25.1325(g)款，采用的符合性验证方法为 MOC1。通过系统描述说明主静压源与备用静压源选择装置的设计方案，该选择装置一般设计成转换开关（如按钮式开关，按下按钮表示仅接通一个静压源，再次按下按钮使其恢复则仅接通另一个静压源），通过转换开关即可实现静压源的切换。

3.4.9　第 25.1325(h)款符合性验证说明

针对第 25.1325(h)款，采用的符合性验证方法为 MOC5。

通过大气数据系统高度精度试验验证选择一个静压源（此处静压源的选择装置设计为两个静压源各配备一个按钮式开关，与第 25.1325(g)款所述选择装置不同）时，另一静压源的通断不会影响静压系统的校准。按下两个静压源选择开关（即接通两个静压源），数字式大气数据测试仪设置高度分别为 −1 000 英尺、0 英尺、1 000 英尺、10 000 英尺、20 000 英尺、30 000 英尺、40 000 英尺和飞机所处场高 1 460 英尺，观察到 PFD 的高度显示分别为 −1 000 英尺、10 英尺、1 000 英尺、10 000 英尺、20 000 英尺、30 010 英尺、40 010 英尺、1 460 英尺（场高）。松开其中一个静压源开关（即切断其中一个静压源），重复上述操作，观察到 PFD 的高度显示分别为 −1 000 英尺、10 英尺、1 000 英尺、10 000 英尺、20 000 英尺、30 010 英尺、40 010 英尺、1 460 英尺（场高）。上述试验结果表明气压高度校准误差（最大 10 英尺）满足给定的容差要求（±20 英尺），证明一个静压源的通断不影响静压系统的校准。

3.5 符合性文件清单

通常,针对第 25.1325 条的符合性文件清单如表 3-2 所示。

表 3-2 建议的符合性文件清单

序　号	符 合 性 报 告	符合性方法
1	大气数据系统设计描述	MOC1
2	大气数据系统地面试验大纲	MOC5
3	大气数据系统地面试验报告	MOC5
4	空速校准试飞大纲	MOC6
5	空速校准试飞报告	MOC6
6	自然结冰试飞大纲	MOC6
7	自然结冰试飞报告	MOC6
8	导航系统机上检查大纲	MOC7
9	导航系统机上检查报告	MOC7
10	大气数据系统鉴定试验大纲	MOC9
11	大气数据系统鉴定试验报告(TSOA)	MOC9

4 符合性判据

针对第 25.1325(a)款,静压膜盒仪表通过合适的管路与外界大气相通,可确认满足该款的要求。

针对第 25.1325(b)款,静压孔的设计和位置使静压系统的性能受气流变化或者受湿气或其他外来物的影响最小,给出静压系统加热方案,可确认满足该款的要求。

针对第 25.1325(c)(1)项,静压系统具有可靠的排放水分的措施,管路系统所用材料耐久而防腐,可确认满足该项的要求。

针对第 25.1325(c)(2)项,静压系统在本项给出的条件下是气密的,地面试验验证高度显示的减小值不大于本项给出值,可确认满足该项的要求。

针对第 25.1325(d)款,气压高度表经过批准并加以校准,地面试验验证高度显示满足精度要求,气压高度表是经过批准的,可确认满足该款的要求。

针对第 25.1325(e)款,在本款给出的速度范围内,气压高度的误差不超过本条给出值,可确认满足该款的要求。

针对第 25.1325(f)款,在高度表指示修正装置失效时可以旁路,同时向飞行机组给出失效告警,可确认满足该款的要求。

针对第 25.1325(g)款,静压源选择装置的设计可确保不同时接通两个静压源,以免相互影响,同样也不能同时断开两个静压源,可确认满足该款的要求。

针对第 25.1325(h)款,所有静压源都是连通的,即使管路漏气也不会影响静压系统的正确测量，可确认满足该款的要求。

参考文献

［1］ 14 CFR 修正案 25 - 12 Altimeter System Requirements ［S］.

［2］ 14 CFR 修正案 25 - 108 1 - g Stall Speed as the Basis for Compliance With Part 25 of the Federal Aviation Regulations ［S］.

［3］ 14 CFR 修正案 25 - 5 Altimeter System Requirements ［S］.

［4］ 14 CFR 修正案 25 - 41 Airworthiness Review Program，Amendment No. 5；Equipment and Systems Amendments ［S］.

［5］ FAA. AC25. 1419 - 1A Certification of Transport Category Airplanes for Flight in Icing Conditions ［S］. 2004.

［6］ FAA. AC20 - 124 Water Ingestion Testing for Turbine Powered Airplanes ［S］. 1985.

［7］ FAA. TSO - C16a Electrically Heated Pitot and Pitot-Static Tubes ［S］.

［8］ FAA. TSO - C106 Air Data Computer ［S］.

［9］ FAA. TSO - C10b Altimeter，Pressure Actuated，Sensitive Type ［S］.

［10］ FAA. TSO - C88b Automatic Pressure Altitude Reporting Code-Generating Equipment ［S］.

运输类飞机适航标准第 25.1326 条符合性验证

1 条款介绍

1.1 条款原文

第 25.1326 条　空速管加温指示系统

如果装有飞行仪表的空速管加温系统,则必须设置指示系统,当空速管加温系统不工作时向飞行机组发出指示,指示系统必须满足下列要求:

(a) 在飞行机组成员清晰可见的视野内有一琥珀色灯;

(b) 其设计应能在出现任一下列情况时提请飞行机组注意:

(1) 空速管加温系统开关在"断开"位置;

(2) 空速管加温系统开关在"接通"位置,而任一空速管加温元件不工作。

1.2 条款背景

第 25.1326 条要求空速管加温系统应能保证空速管测量口不因结冰堵塞而导致错误的仪表指示;而空速管加温指示系统应能及时提供飞行员空速管加温系统"没有接通"或"故障不工作"的指示,避免飞行员依赖错误的仪表指示数据进行飞行而导致的不安全事件和事故。

1.3 条款历史

第 25.1326 条在 CCAR25 部初版首次发布,截至 CCAR - 25 - R4,该条款未进行过修订,如表 1 - 1 所示。

表 1 - 1　第 25.1326 条条款历史

第 25.1326 条	CCAR25 部版本	相关 14 CFR 修正案	备　注
首次发布	初版	—	

1985 年 12 月 31 日发布了 CCAR25 部初版,其中包含第 25.1326 条,该条款参考 1964 年 12 月 24 日发布的 14 CFR PART 25 部中的 §25.1326 的内容制定。

2 条款解读

2.1 条款要求

本条款要求如下：

第 25.1326(a)款规定了该系统必须在飞行机组成员清晰可见的地方安装一琥珀色灯。

第 25.1326(b)款规定当加温系统开关在"接通"位置而任意空速管加温元件不工作时，或加温系统开关在"断开"位置时，琥珀色灯都应点亮提供飞行员"空速管不加温"的警告指示。

2.2 相关条款

与第 25.1326 条相关的条款如表 2-1 所示。

表 2-1 第 25.1326 条相关条款

序 号	相 关 条 款	相 关 性
1	第 25.1301(a)(4)项	第 25.1301(a)(4)项为所安装的设备在安装后功能正常，对第 25.1326 条空速管加温控制系统的安装提出了要求
2	第 25.1309 条	第 25.1309 条对所有设备和系统、安装提出要求，因此与第 25.1326 条相关

3 验证过程

3.1 验证对象

第 25.1326 条的验证对象为空速管加温指示系统。

3.2 符合性验证思路

针对第 25.1326(a)款，通过 EICAS 系统设计描述和大气数据系统设计描述表明在飞行机组成员清晰可见的地方设计为安装一琥珀色灯；并通过机上地面试验验证 EICAS 系统和大气数据系统功能正常。

针对第 25.1326(b)款，通过 EICAS 系统设计描述和大气数据设计系统描述说明加温系统开关"接通"和"断开"状态时，琥珀色灯的警告指示，并通过机上地面试验验证了 EICAS 系统和大气数据系统功能正常。

3.3 符合性验证方法

通常，针对第 25.1326 条的符合性验证方法如表 3-1 所示。

3.4 符合性验证说明

针对第 25.1326 条，采用的符合性验证方法包括 MOC1 和 MOC5，各项验证具体工作如下：

表 3-1　建议的符合性方法表

条　款　号	专　业	符 合 性 方 法										备　注
		0	1	2	3	4	5	6	7	8	9	
第 25.1326 条	EICAS		1				5					
第 25.1326 条	大气数据		1				5					

1) MOC1 验证过程

通过大气数据系统设计描述说明大气数据系统向 EICAS 传递空速管加温系统的工作状态，EICAS 的系统设计描述说明飞机设计有左、右空速管加温系统工作情况指示灯并根据大气数据系统传输的空速管加温系统工作状态进行相应的指示。说明设置有空速管加温指示灯点，颜色为琥珀色。说明系统设计为空速管加温系统开关在"接通"位置而任意空速管加温元件不工作时，或加温系统开关在"断开"位置时，琥珀色灯都点亮，以提供飞行员"空速管不加温"的警告指示。

2) MOC5 验证过程

大气数据系统通过 MOC5 试验中的 ADC1 和 ADC2 空速精度试验和 ADC1 和 ADC2 空速比较试验验证大气数据系统的功能，确认在空速管加温系统开关在"接通"位置而任意空速管加温元件不工作时，或加温系统开关在"断开"位置时，琥珀色灯都点亮。

EICAS 系统通过发动机指示和机组告警系统机上地面试验，通过空速管加温指示检查验证空速管加温系统开关在"接通"位置而任意空速管加温元件不工作时，或加温系统开关在"断开"位置时，琥珀色灯都点亮。

3.5　符合性文件清单

通常，针对第 25.1326 条的符合性文件清单如表 3-2 所示。

表 3-2　建议的符合性文件清单

序　号	符 合 性 报 告	符合性方法
1	EICAS 系统设计描述	MOC1
2	大气数据系统设计描述	MOC1
3	EICAS 机上地面试验大纲	MOC5
4	EICAS 机上地面试验报告	MOC5
5	大气数据系统机上地面试验大纲	MOC5
6	大气数据系统机上地面试验报告	MOC5

4　符合性判据

（1）系统设计中明确了空速管加温系统的工作原理,设置了空速管加温系统状态指示灯。

（2）完成了机上地面试验,试验结果表明系统能够通过琥珀色灯向机组发出空速管加温系统的工作状态指示。

（3）当加温系统开关在"接通"位置而任意空速管加温元件不工作时,或加温系统开关在"断开"位置时,琥珀色灯都点亮。

参考文献

［1］　FAA. AC25.1419 - 1A Certification of Transport Category Airplanes for Flight in Icing Conditions［S］. 2004.

［2］　FAA. AC25 - 11A Electronic Flight Deck Displays［S］. 2007.

［3］　DO - 160F 机上设备的环境条件和试验程序（Environmental Conditions and Test Procedures for Airborne Equipment）［S］.

运输类飞机适航标准
第 25.1327 条符合性验证

1 条款介绍

1.1 条款原文

第 25.1327 条　磁航向指示器

（a）每个磁航向指示器必须安装成使其精度不受飞机振动或磁场的严重影响。

（b）经补偿的安装偏差，平飞时，在任何航向上均不得大于 10 度。

1.2 条款背景

制定第 25.1327 条的目的是对飞机所安装的磁航向指示器提出要求，以确保该设备的功能正常。

1.3 条款历史

第 25.1327 条在 CCAR25 部初版首次发布，截至 CCAR－25－R4，该条款未进行过修订，如表 1－1 所示。

表 1－1　第 25.1327 条条款历史

第 25.1327 条	CCAR25 部版本	相关 14 CFR 修正案	备　注
首次发布	初版	25－57	

1985 年 12 月 31 日发布了 CCAR25 部初版，其中包含第 25.1327 条，该条款参考 1964 年 12 月 24 日发布的 14 CFR PART 25 中的 §25.1327 和 14 CFR 修正案 25－57 的内容制定。

2 条款解读

2.1 条款要求

第 25.1327(a)款要求磁航向指示器的安装位置应避免受到正常工作范围内的振动特性的影响，包括发动机开车的情况下。磁航向指示器的安装位置非常重要，不允许周围存在铁磁物质或电气线路等磁性材料。

第 25.1327(b)款中安装偏差的补偿主要是指磁航向指示器安装后,应进行地面罗差校准,并将剩余罗差列入罗差修正表。经补偿的偏差在平飞时,任何航向上不得大于 10°。

2.2 相关条款

与第 25.1327 条相关的条款如表 2-1 所示。

表 2-1   第 25.1327 条相关条款

序 号	相关条款	相 关 性
1	第 25.1301(a)(4)项	第 25.1301(a)(4)项为所安装的设备在安装后功能正常,对第 25.1327 条磁航向指示系统的安装提出了要求
2	第 25.1309 条	第 25.1309 条对所有设备和系统、安装提出要求,因此与第 25.1327 条相关

3 验证过程

3.1 验证对象

第 25.1327 条的验证对象为磁航向指示器。

3.2 符合性验证思路

针对第 25.1327(a)款,通过磁航向指示器的技术规范表明其通过怎样的方式使得它能避免受到飞机磁场对其精度有严重影响。并通过机上地面试验和飞行试验验证磁航向指示器不受周围铁磁物质或电气线路等磁性材料及振动环境的严重影响。

针对第 25.1327(b)款,通过磁航向指示器的安装图表明经补偿的安装偏差,平飞时,在任何航向上均不得大于 10°,并且通过飞行试验表明经补偿的安装偏差,平飞时,在任何航向上均不得大于 10°。

3.3 符合性验证方法

通常,针对第 25.1327 条的符合性验证方法如表 3-1 所示。

表 3-1   建议的符合性方法

条 款 号	专 业	符 合 性 方 法										备 注
		0	1	2	3	4	5	6	7	8	9	
第 25.1327(a)款	磁罗盘		1				5	6				
第 25.1327(a)款	惯性基准							6				
第 25.1327(b)款	磁罗盘		1					6				

3.4 符合性验证说明

3.4.1 第 25.1327(a)款符合性验证说明

针对第 25.1327(a)款,采用的符合性验证方法包括 MOC1、MOC5 和 MOC6,各项验证具体工作如下:

1) MOC1 验证过程

通过设备技术规范说明磁航向指示器的功能,通过该设备的安装布置图说明所确定的安装位置,已经考虑最大限度避开飞机上铁磁材料的零件以及电磁场的影响范围,并考虑方便正副驾驶员观看。

2) MOC5 验证过程

通过机上地面试验,在飞机地面开车及所有系统地面运行的情况下,测试磁航向指示器的功能,确定其精度不受飞机振动或磁场的严重影响。例如,可分别将飞机机头转动 45°、90°、135°、180°、225°、270°、315°和 360°。记录磁航向指示器的指示偏差,确认是否在 10°以内。

3) MOC6 验证过程

通过飞行试验,在飞机进入平飞状态时,测试获得磁航向指示器的功能,确定其精度不受飞机在飞行中的振动或系统产生的电磁场的严重影响。可通过调整飞行姿态,使得飞机航向与初始航向分别相差 45°、90°、135°、180°、225°、270°、315°和 360°,亦可通过多次不同航线的飞行,在飞机平飞时,记录每次航向变化后磁航向指示器的指示状态,确认偏差是否在 10°以内,最终确定磁航向指示器的功能满足要求,符合条款。

3.4.2 第 25.1327(b)款符合性验证说明

针对第 25.1327(b)款,采用的符合性验证方法包括 MOC1 和 MOC6,各项验证工作具体如下:

1) MOC1 验证过程

通过设备技术规范说明磁航向指示器安装后所进行的地面罗差校准要求,将剩余罗差列入罗差修正表。由于磁航向指示器的安装位置和机体的二次辐射,会使磁航向指示器产生无线电罗差,因此需明确飞机使用前,必须进行罗差校正。

2) MOC6 验证过程

通过飞行试验,由每一飞行机组人员从其工作位置处确认均能看清磁航向指示器的显示,且稳定可读,且磁航向指示器的航向误差<10°。可通过调整飞行姿态,使得飞机航向与初始航向分别相差 45°、90°、135°、180°、225°、270°、315°和 360°,亦可通过多次不同航线的飞行,在飞机平飞时,记录每次航向变化后磁航向指示器的指示状态,确认偏差是否在 10°以内,最终确定磁航向指示器的功能满足要求,符合条款。

3.5　符合性文件清单

通常,针对第 25.1327 条的符合性文件清单如表 3-2 所示。

表 3-2　建议的符合性文件清单

序　号	符 合 性 报 告	符合性方法
1	备用磁罗盘系统描述	MOC1
2	惯性基准系统描述	MOC1
3	备用磁罗盘系统机上地面试验大纲	MOC5
4	备用磁罗盘系统机上地面试验报告	MOC5
5	备用磁罗盘系统试飞大纲	MOC6
6	备用磁罗盘系统试飞报告	MOC6

4　符合性判据

针对第 25.1327 条,满足下述条件可判定为符合:

(1) 磁航向指示器的安装位置,正副驾驶员评估认为便于观察。

(2) 明确说明磁航向指示器安装的位置可避免受到周围电子设备磁场的严重影响。

(3) 经试验证明磁航向指示器可不受到正常工作范围内的振动特性(包括发动机开车的情况下)的影响。

(4) 完成了地面罗差校准,并将剩余罗差列入罗差修正表。

(5) 试验确认,磁航向指示器在任何航向上的偏差在 10°以内。

参考文献

[1]　14 CFR 修正案 25 - 57 Aircraft Engine Regulatory Review Program; Aircraft Engine and Related Powerplant Installation Amendments [S].

[2]　TSO - C7d Direction Instrument, Magnetic Non-stabilized Type (Magnetic Compass) [S].

[3]　SAE. AS 398A Direction Instrument, Magnetic, Non-Stabilized Type (Magnetic Compass) [S].

运输类飞机适航标准 第 25.1329 条符合性验证

1 条款介绍

1.1 条款原文

第 25.1329 条　飞行导引系统

（a）必须给每个驾驶员提供具有快速切断自动驾驶仪和自动推力功能的操纵器件。自动驾驶仪快速切断操纵器件必须装在两个操纵盘（或其等效装置）上。自动推力快速切断操纵器件必须装在推力操纵杆上。当驾驶员在操作操纵盘（或其等效装置）和推力操纵杆时，必须易于接近快速断开操纵器件。

（b）对驾驶员人工断开自动驾驶仪或自动推力功能的系统，其失效影响必须按照第 25.1309 条的要求进行评估。

（c）飞行导引系统、模式、或传感器的衔接或转换导致的飞机航迹瞬变，都不得大于本条（n）（1）中规定的微小瞬变。

（d）在正常条件下，飞行导引系统的任何自动控制功能的切断导致的飞机航迹瞬变，都不得大于微小瞬变。

（e）在罕见的正常和不正常条件下，飞行导引系统的任何自动控制功能的切断导致的瞬变都不得大于本条（n）（2）中规定的重大瞬变。（f）如有必要，为了防止不适当使用或混淆，每一个指令基准控制器件的功能和运动方向，如航向选择或垂直速度，必须清楚地标示在每一控制器件上或其附近。①

（g）在适于使用飞行导引系统的任何飞行条件下，飞行导引系统不会对飞机产生危险的载荷，也不会产生危险的飞行航迹偏离。这一要求适用于无故障运行和故障情况，前提是假设驾驶员在一段合理的时间内开始采取纠正措施。

（h）当使用飞行导引系统时，必须提供措施以避免超出正常飞行包线速度范围可接受的裕度。如果飞机飞行速度偏移超出这个范围，必须提供措施防止飞行导引系统导引或控制导致不安全的速度。

（i）飞行导引系统的功能、操纵器件、指示和警告必须被设计成使飞行机组对

---

① 　（f）条应另起行，原文如此。——编注

于飞行导引系统的工作和特性产生的错误和混淆最小。必须提供措施指示当前的工作模式,包括任何预位模式、转换和复原。选择器电门的位置不能作为一种可接受的指示方式。操纵器件和指示必须合理和统一地进行分类组合和排列。在任何预期的照明条件下,指示都必须能够被每个驾驶员看见。

(j) 自动驾驶仪断开后,必须及时的给每一驾驶员提供与驾驶舱其它警告截然不同的警告(视觉和听觉的)。

(k) 自动推力功能断开后,必须给每一驾驶员提供戒备指示。

(l) 当飞行机组对飞行操纵器件施加超控力时,自动驾驶仪不得产生潜在的危险。

(m) 在自动推力工作期间,飞行机组必须不用过大的力气就能移动推力杆。在飞行机组对推力杆施加超控力时,自动推力不得产生潜在的危险。

(n) 对于本条,瞬变指对控制或飞行航迹的一种干扰,这种干扰对飞行机组输入的响应或环境条件不一致。

(1) 微小瞬变不会严重减小安全裕度,且飞行机组的行为能力还很好。微小瞬变会导致轻微增加飞行机组的工作负担或对旅客和客舱机组带来某些身体的不适。

(2) 重大瞬变会引起安全裕度严重减小、飞行机组工作负担增加、飞行机组不适,或旅客和客舱机组身体伤害,可能还包括非致命的受伤。为了保持或恢复到正常飞行包线内,严重瞬变不要求:

(i) 特殊的驾驶技巧,机敏或体力;

(ii) 超过第 25.143(d)条要求的驾驶员力量;

(iii) 会对有保护或无保护的乘员产生进一步危害的飞机的加速度或姿态。

〔中国民用航空局 2011 年 11 月 7 日第四次修订〕

1.2 条款背景

第 25.1329 条是运输类飞机的飞行导引系统的适航标准,涉及飞行导引系统(包括了提供自动驾驶仪、自动推力、飞行指引仪和其他相关功能的有关设备)的性能、安全性、故障保护、警告和基本显示等方面。飞行导引系统的性能和操作说明应当同飞行机组人员共同拟定,并写入维修手册,且作为重要的文件和培训材料。

1.3 条款历史

第 25.1329 条在 CCAR25 部初版首次发布,截至 CCAR - 25 - R4,该条款共修订过 1 次,如表 1 - 1 所示。

表 1 - 1　第 25.1329 条条款历史

第 25.1329 条	CCAR25 部版本	相关 14 CFR 修正案	备　注
首次发布	初版	25 - 46	
第 1 次修订	R4	25 - 119	

1.3.1 首次发布

1985 年 12 月 31 日发布了 CCAR25 部初版,其中包含第 25.1329 条,该条款参考了 14 CFR 修正案 25 - 46 的内容制定。该修正案新增了 §25.1329(h),对于自动驾驶仪系统与机载导航系统交联的情况,提出了指示即时工作状态的要求。

1.3.2 第 1 次修订

2011 年 11 月 7 日发布的 CCAR - 25 - R4 对第 25.1329 条进行了第 1 次修订,本次修订参考了 14 CFR 修正案 25 - 119 的内容:整合了 §25.1329 和 §25.1335,§25.1335 被删除。修订后的 §25.1329 包含了对自动驾驶仪、自动推力和飞行指引仪等系统的安全设计和安装要求,更加全面充分地考虑了人为因素方面的影响。

2 条款解读

2.1 条款要求

第 25.1329(a)款对自动驾驶仪和自动推力功能的快速切断操纵器件的安装位置及操纵提出了要求。"快速断开"的目的是确保每个飞行员凭单手/臂动作,就能迅速且容易的断开自动驾驶仪和自动推力功能的操纵器件。"易于接近":飞行导引系统的操纵器件通常集中安装在飞行控制板上,飞行控制板一般都被安装在中央操纵台或驾驶舱遮光板上,以便于每个驾驶员操作。

第 25.1329(b)款要求按照第 25.1309 条的要求对妨碍快速断开功能的因素进行评估。

第 25.1329(c)款对飞行导引系统的衔接或转换导致的飞机航迹瞬变做出了规定。

第 25.1329(d)款对正常条件下,飞行导引系统任何自动控制功能的切断导致的飞机航迹瞬变做出了规定。

第 25.1329(e)款对罕见的正常和不正常条件下,飞行导引系统任何自动控制功能的切断导致的瞬变做出了规定。

第 25.1329(f)款对控制器件的方向标识提出了要求,要求姿态控制器件的运动平面必须与飞机的运动效果一致。

第 25.1329(g)款提出在有或无故障的条件下,飞行导引系统对航迹的影响限制的要求。"危险的载荷":超出结构限制或超出 2g 的载荷包线,或超过 V_{FC} 或 M_{FC} 的速度的任何情况。"危险的航迹偏离":故障发生后机组发现故障并采取纠正动作再加上改出时间的相应滚转角度在航路上为超过 60°;1 000 英尺(305 米)高度以下为超过 30°。"合理的时间":从飞行导引系统发生故障,到驾驶员发现故障并采取纠正动作这一过程需要的反应时间。

第 25.1329(h)款对速度保护提出了要求。

第 25.1329(i)款对指示和警告提出了要求。工作状态指示装置应确保不会造成选择错误和指示不明确,并及时向驾驶员正确指示其飞行的即时工作状态,以提高飞行安全性能。"选择器电门的位置":由于选择器电门可能会发生错位、接触不良等不正常工作情况,因此本条要求,选择器电门的位置不可以用来作为飞行导引系统工作状态的指示方式。

第 25.1329(j)款对自动驾驶仪断开后的警告提出了要求。

第 25.1329(k)款对自动推力功能断开后的警告提出了要求。

第 25.1329(l)款提出了超控力对自动驾驶仪影响的安全性评估要求。

第 25.1329(m)款提出了超控力对自动推力影响的安全性评估要求。

第 25.1329(n)款对瞬变进行定义,并提出了相关要求。

2.2 相关条款

与第 25.1329 条相关的条款如表 2-1 所示。

表 2-1 第 25.1329 条相关条款

序 号	相 关 条 款	相 关 性
1	第 25.143 条	第 25.1329(n)(2)(ii)目要求严重瞬变时,驾驶员的操纵力不超过第 25.143(d)款提出的驾驶员最大操纵力
2	第 25.1309 条	第 25.1329(b)款要求按照第 25.1309 条的要求对妨碍快速断开功能的因素进行评估
3	第 25.1581 条	应当在飞行手册中以适当的声明或限制列出任何对于运行重要的或受运行限制的性能特征

3 验证过程

3.1 验证对象

第 25.1329 条的验证对象包括自动驾驶仪、自动推力和飞行指引仪等。

3.2 符合性验证思路

针对第 25.1329(a)款,通过系统描述和安装图纸等说明自动驾驶仪和自动推力功能快速切断操纵器件的设计和安装,通过地面试验和飞行试验验证自动驾驶仪和自动推力快速切断能力。

针对第 25.1329(b)款,通过安全性评估表明自动飞行控制系统对驾驶员人工断开自动驾驶仪或自动推力功能的系统失效影响是按照第 25.1309 条的要求进行的。

针对第 25.1329(c)款,通过技术说明和安装图纸等说明飞行导引系统功能、架构、接口及模式切换逻辑,通过飞行试验验证模式切换的瞬态响应不大于第 25.1329(n)(1)项中规定的微小瞬变。

针对第 25.1329(d)款,通过技术说明和安装图纸等说明在飞行导引系统架构设计和实现过程中已考虑尽量减小自动驾驶或自动油门切断导致的瞬态影响,通过飞行试验验证模式切换的瞬态响应不大于微小瞬变。

针对第 25.1329(e)款,通过飞行试验和模拟器试验验证在罕见的正常或不正常条件下,飞行导引系统任何自动控制功能的切断导致的瞬变不大于第 25.1329(n)(2)项中规定的重大瞬变。

针对第 25.1329(f)款,通过技术说明和安装图纸等说明飞行模式控制板每一个指令基准控制器件的功能和运动方向已清楚地标示在每一控制器件上或其附近,通过地面试验、飞行试验和机上检查来进行确认。

针对第 25.1329(g)款,通过技术说明等表明自动飞行控制系统由飞行导引控制律和自动油门功能共同提供自动飞行包线保护功能,在有故障或无故障的条件下,评估飞行导引系统对航迹的影响,通过飞行试验进行确认。

针对第 25.1329(h)款,通过技术说明等表明自动飞行控制系统由飞行导引控制律和自动油门功能共同提供自动飞行包线保护功能,说明在使用飞行导引系统时,已提供措施以避免超出正常飞行包线速度范围可接受的裕度。如果飞机飞行速度偏移超出这个范围,自动驾驶切断,从而防止飞行导引系统导引或控制导致不安全的速度,并且由主飞控系统提供的包线保护功能保证飞机的安全飞行。通过飞行试验进行验证。

针对第 25.1329(i)款,通过技术说明等描述飞行导引系统的功能、操纵器件、指示和警告,通过地面试验和飞行试验验证这些指示和警告。

针对第 25.1329(j)款,通过技术说明等描述自动驾驶仪断开后可给出的视觉警告和听觉警告,通过地面试验和飞行试验验证这些警告与其他警告的区别和及时性。

针对第 25.1329(k)款,通过技术说明等描述自动推力功能断开后可给出戒备指示,通过地面试验和飞行试验确认戒备指示。

针对第 25.1329(l)款,通过飞行试验验证对飞行操纵器件施加超控力时,自动驾驶仪不会产生潜在的危险。

针对第 25.1329(m)款,通过飞行试验验证对推力杆施加超控力时,自动推力不会产生潜在的危险。

针对第 25.1329(n)款,该款定义瞬变,可通过系统设计描述说明本条款指定系统所存在的各种瞬变情况。

3.3 符合性验证方法

通常,针对第 25.1329 条的符合性验证方法如表 3-1 所示。

表 3-1 建议的符合性方法

条 款 号	专 业	符 合 性 方 法										备 注
		0	1	2	3	4	5	6	7	8	9	
第 25.1329(a)款	自动飞行		1				5	6				
第 25.1329(b)款	自动飞行				3							

（续表）

条　款　号	专　业	符 合 性 方 法										备　注
		0	1	2	3	4	5	6	7	8	9	
第 25.1329(c)款	自动飞行		1					6				
第 25.1329(d)款	自动飞行		1					6				
第 25.1329(e)款	自动飞行							6		8		
第 25.1329(f)款	自动飞行		1				5	6	7			
第 25.1329(g)款	自动飞行		1		3			6				
第 25.1329(h)款	自动飞行		1					6				
第 25.1329(i)款	自动飞行		1				5	6				
第 25.1329(j)款	自动飞行		1				5	6				
第 25.1329(k)款	自动飞行		1				5	6				
第 25.1329(l)款	自动飞行							6				
第 25.1329(m)款	自动飞行							6				
第 25.1329(n)款	自动飞行		1									

3.4　符合性验证说明

3.4.1　第 25.1329(a)款符合性验证说明

针对第 25.1329(a)款，采用的符合性验证方法包括 MOC1、MOC5 和 MOC6，各项验证具体工作如下：

1）MOC1 验证过程

通过系统描述和安装图纸等说明在正副驾驶员驾驶杆上设置了自动驾驶仪快速切断开关，驾驶员可用于切断自动驾驶功能，在进近着陆阶段可切断自动着陆功能，通过油门杆上的自动推力快速切断开关切断自动推力功能。

2）MOC5 验证过程

通过地面试验验证自动飞行控制系统为每个驾驶员提供的自动驾驶仪和自动推力功能的操纵器件，验证其具有快速切断功能。

3）MOC6 验证过程

在飞行试验中，实施自动驾驶接通/断开试验和自动油门接通/断开试验，以验证自动驾驶仪和自动推力功能的操纵器件的快速切断功能。

3.4.2　第 25.1329(b)款符合性验证说明

针对第 25.1329(b)款，采用的符合性验证方法为 MOC3。

通过自动飞行控制系统功能危险性评估（FHA），识别出妨碍快速断开自动驾驶仪或自动推力功能的因素及其影响等级，例如失效条件"任何方法不能断开自动驾驶"在起飞、爬升（400 英尺以下）和着陆阶段的影响等级为危险级（Ⅱ级），在飞行过程中为较大级（Ⅲ级）；失效条件"任何方法不能断开自动推力"在所有飞行阶段的影响等级为较大级（Ⅲ级）。

通过自动飞行控制系统故障模式与影响分析(FMEA),证明自动飞行控制系统中单个失效以及潜在失效与单个失效的组合均不会导致灾难级失效。

通过自动飞行控制系统故障树分析(FTA),证明上述 Ⅱ 级和 Ⅲ 级失效的发生概率均满足相应的定量概率要求,例如"任何方法不能断开自动驾驶"在起飞、爬升(400 英尺以下)和着陆阶段失效概率分析结果为 9.07×10^{-8},小于 1×10^{-7}。

3.4.3 第 25.1329(c)款符合性验证说明

针对第 25.1329(c)款,采用的符合性验证方法包括 MOC1 和 MOC6,各项验证具体工作如下:

1) MOC1 验证过程

通过系统描述和安装图纸等说明飞行导引系统功能、架构、接口及模式切换逻辑,明确在系统架构设计和实现过程中已考虑的瞬变情况,在设计过程中充分规避并尽量减小模式转变的瞬态影响。

2) MOC6 验证过程

在飞行试验中,通过自动飞行系统的飞行导引功能试验和自动着陆功能试验,验证模式切换的瞬态响应不大于第 25.1329(n)(1)项中规定的微小瞬变。

3.4.4 第 25.1329(d)款符合性验证说明

针对第 25.1329(d)款,采用的符合性验证方法包括 MOC1 和 MOC6,各项验证具体工作如下:

1) MOC1 验证过程

通过系统描述和安装图纸等说明在飞行导引系统架构设计和实现过程中已考虑各种瞬变情况,在设计过程中充分规避并尽量减小自动驾驶或自动油门切断导致的瞬态影响。

2) MOC6 验证过程

在飞行试验中,通过自动飞行系统的自动驾驶接通断开试验、自动油门接通断开试验和自动着陆断开试验,验证模式切换的瞬态响应不大于微小瞬变。

3.4.5 第 25.1329(e)款符合性验证说明

针对第 25.1329(e)款,采用的符合性验证方法包括 MOC6 和 MOC8,各项验证具体工作如下:

1) MOC6 验证过程

在飞行试验中,通过自动飞行系统的自动驾驶接通断开试验和自动着陆断开试验,验证在罕见的正常和不正常条件下,飞行导引系统任何自动控制功能的切断导致的瞬变不大于第 25.1329(n)(2)项中规定的重大瞬变。

2) MOC8 验证过程

通过模拟器试验进行罕见正常条件及非正常条件下瞬态响应试验,验证在罕见的正常条件下(如大风及大侧风、风切变、大阵风、剧烈紊流及不均匀结冰等)

和非正常条件下(如燃油严重不平衡、严重的构型不对称、单发失效、多套液压失效、结冰探测或保护失效等),飞行导引系统任何自动控制功能的切断导致的瞬变不大于第 25.1329(n)(2)项中规定的重大瞬变。

3.4.6　第 25.1329(f)款符合性验证说明

针对第 25.1329(f)款,采用的符合性验证方法包括 MOC1、MOC5、MOC6 和 MOC7,各项验证具体工作如下:

1) MOC1 验证过程

通过系统描述和安装图纸等说明飞行模式控制板每一个指令基准控制器件的功能和运动方向已清楚地标示在每一控制器件上或其附近。

2) MOC5 验证过程

通过机上地面试验,操作指令基准控制器件,确认其功能和运动方向与标示的一致性。

3) MOC6 验证过程

在飞行试验中,通过操作指令基准控制器件,确认其功能和运动方向与标示的一致性。

4) MOC7 验证过程

通过机上检查,确认飞行模式控制板每一个指令基准控制器件的功能和运动方向已清楚地标示在每一控制器件上或其附近。

3.4.7　第 25.1329(g)款符合性验证说明

针对第 25.1329(g)款,采用的符合性验证方法包括 MOC1、MOC3 和 MOC6,各项验证具体工作如下:

1) MOC1 验证过程

通过系统描述说明自动飞行控制系统由飞行导引控制律和自动油门功能共同提供自动飞行包线保护功能,包括姿态角及角速率限制、自动油门速度保护和俯仰速度保护。

2) MOC3 验证过程

通过自动飞行控制系统功能危险性评估(FHA),识别出会造成危险载荷或危险飞行航迹偏离的故障及其影响等级,例如失效条件"横向/垂直进近导引功能发生 SLOWOVER 故障"在进近阶段的影响等级为较大级(Ⅲ级);失效条件"在高度警告功能失效时,预设高度导引发生 SLOWOVER 故障"在巡航阶段的影响等级为较大级(Ⅲ级);失效条件"在超速警告功能失效时,爬升或下降阶段空速导引发生 SLOWOVER 故障"在爬升或下降阶段的影响等级为较大级(Ⅲ级)。

通过自动飞行控制系统故障模式与影响分析(FMEA),证明自动飞行控制系统中单个失效以及潜在失效与单个失效的组合均不会导致灾难级失效。

通过自动飞行控制系统故障树分析(FTA),证明上述Ⅲ级失效的发生概率均满足相应的定量概率要求,例如"横向/垂直进近导引功能发生 SLOWOVER 故障"

在进近阶段失效概率分析结果为 5.04×10^{-6}，小于 1×10^{-5}。

3）MOC6 验证过程

在飞行试验中，通过飞行导引控制功能试验、自动飞行包线保护功能试验和自动飞行控制系统故障试验，验证自动飞行控制系统由飞行导引控制律和自动油门功能共同提供自动飞行包线保护功能，包括姿态角及角速率限制、自动油门速度保护和俯仰速度保护。

3.4.8 第 25.1329(h)款符合性验证说明

针对第 25.1329(h)款，采用的符合性验证方法包括 MOC1 和 MOC6，各项验证具体工作如下：

1）MOC1 验证过程

通过系统描述说明自动飞行控制系统由飞行导引控制律和自动油门功能共同提供自动飞行包线保护功能，包括姿态角及角速率限制、自动油门速度保护和俯仰速度保护。说明在使用飞行导引系统时，将提供措施以避免超出正常飞行包线速度范围可接受的裕度。如果飞机飞行速度偏移超出这个范围，自动驾驶将切断，从而防止飞行导引系统导引或控制导致不安全的速度，并且由主飞控系统提供的包线保护功能保证飞机的安全飞行。

2）MOC6 验证过程

通过飞行试验中的飞行导引控制功能试验和自动飞行包线保护功能试验说明自动飞行控制系统由飞行导引控制律和自动油门功能共同提供自动飞行包线保护功能，包括姿态角及角速率限制、自动油门速度保护和俯仰速度保护。在使用飞行导引系统时，将提供措施以避免超出正常飞行包线速度范围可接受的裕度。如果飞机飞行速度偏移超出这个范围，自动驾驶切断，从而防止飞行导引系统导引或控制导致不安全的速度，并且由主飞控系统提供的包线保护功能保证飞机的安全飞行。

3.4.9 第 25.1329(i)款符合性验证说明

针对第 25.1329(i)款，采用的符合性验证方法包括 MOC1、MOC5 和 MOC6，各项验证具体工作如下：

1）MOC1 验证过程

通过系统描述说明飞行导引系统的功能、操纵器件、指示和警告的设计，操纵器件和指示合理和统一地进行了分类组合和排列。

2）MOC5 验证过程

通过自动飞行系统地面试验中的自动飞行控制系统静态特性检查试验和飞行导引控制功能试验确认：提供措施指示当前的工作模式，包括任何预位模式、转换和复原。

3）MOC6 验证过程

通过自动飞行系统飞行试验中的自动推力功能试验和自动着陆功能试验确

认：飞行机组对于飞行导引系统的工作和特性产生的错误和混淆最小，在任何预期的照明条件下，飞行导引系统的指示都能够被每个驾驶员看见。

3.4.10　第 25.1329(j)款符合性验证说明

针对第 25.1329(j)款，采用的符合性验证方法包括 MOC1、MOC5 和 MOC6，各项验证具体工作如下：

1) MOC1 验证过程

通过系统设计描述明确针对自动驾驶仪断开后给出的视觉警告和听觉警告设置了相应的功能。

2) MOC5 验证过程

通过自动飞行系统地面试验中的自动飞行接通断开试验和自动着陆断开试验，验证自动驾驶仪断开后给出的视觉警告、听觉警告与其他警告的区别和及时性。

3) MOC6 验证过程

在飞行试验中，通过断开自动驾驶仪的操作，确认指定的视觉警告、听觉警告的正确性与及时性，并确认与其他警告的区别。

3.4.11　第 25.1329(k)款符合性验证说明

针对第 25.1329(k)款，采用的符合性验证方法包括 MOC1、MOC5 和 MOC6，各项验证具体工作如下：

1) MOC1 验证过程

在系统设计描述中说明为自动推力功能断开设置的戒备指示情况，包括视觉（主飞行显示器 PFD 上的"AT"字样显示为红色并带有删除线）和听觉（警笛声并伴有"AUTOTHROTTLE"语音）的告警信息。

2) MOC5 验证过程

在机上地面试验中，通过接通/断开自动推力试验，验证自动推力断开后给出的戒备指示与设计的一致性。

3) MOC6 验证过程

在飞行试验中，通过断开自动推力的操作，检查系统给出的戒备指示，确认其符合设计要求。

3.4.12　第 25.1329(l)款符合性验证说明

针对第 25.1329(l)款，采用的符合性验证为 MOC6。

根据 AC25-7C"运输类飞机合格审定飞行试验指南"，在试飞过程中，通过自动驾驶仪断开试验，验证对飞行操纵器件施加超控力时，自动驾驶仪不会产生潜在的危险。试飞可选择典型的高度保持试飞状态点（自动驾驶仪接通状态），例如飞行高度 15 000 英尺，空速 250 节。飞行员对飞行操纵器件施加超控力，施加的超控力须"尖锐"而"有力"，即超控力足够大且突然。飞行员施加超控力时，自动驾驶仪立即自动断开并转换为人工操纵，不得出现自动驾驶仪无法断开的现象以及大于第 25.1329(n)(1)项定义的微小瞬变。选取其他试飞状态点重复上述操作,如 20 000 英尺,空速 300 节等。

3.4.13 第 25.1329(m)款符合性验证说明

针对第 25.1329(m)款,采用的符合性验证为 MOC6。

根据 AC25-7C"运输类飞机合格审定飞行试验指南",在试飞过程中,通过自动推力断开试验,验证对推力杆施加超控力时,自动推力不会产生潜在的危险。试飞可选择典型的高度保持试飞状态点(自动驾驶仪接通状态),例如飞行高度 15 000 英尺,空速 250 节。飞行员单手对推力杆逐渐施加力气,推力杆可以被推动且飞行员不会感觉费力,在此基础上,飞行员对推力杆施加超控力,施加的超控力须"尖锐"而"有力",即超控力足够大且突然。飞行员施加超控力时,自动推力立即自动断开并转换为人工操纵,不得出现自动推力无法断开的现象以及大于第 25.1329(n)(1)项定义的微小瞬变。选取其他试飞状态点重复上述操作,如 20 000 英尺,空速 300 节等。

3.4.14 第 25.1329(n)款符合性验证说明

针对第 25.1329(n)款,采用的符合性验证方法为 MOC1。

由于该款仅对瞬变进行了定义,通过系统设计描述说明本条款指定系统设计中已设置的各种瞬变情况。

3.5 符合性文件清单

通常,针对第 25.1329 条的符合性文件清单如表 3-2 所示。

表 3-2 建议的符合性文件清单

序 号	符 合 性 报 告	符 合 性 方 法
1	自动飞行系统设计描述	MOC1
2	自动飞行系统安全性分析报告	MOC3
3	自动飞行系统地面试验大纲	MOC5
4	自动飞行系统地面试验报告	MOC5
5	自动飞行系统试飞大纲	MOC6
6	自动飞行系统试飞报告	MOC6
7	自动飞行系统机上检查大纲	MOC7
8	自动飞行系统机上检查报告	MOC7
9	自动飞行系统模拟器试验大纲	MOC8
10	自动飞行系统模拟器试验报告	MOC8

4 符合性判据

针对第 25.1329(a)款,驾驶员通过正副驾驶员操纵杆上自动驾驶仪快速切断开关切断自动驾驶功能,在进近着陆阶段可切断自动着陆功能,通过油门杆上的自动推力快速切断开关切断自动推力功能,可确认满足该款要求。

针对第 25.1329(b)款,自动飞行控制系统对驾驶员人工断开自动驾驶仪或自动推力功能的系统失效影响按照第 25.1309 条的要求进行评估,可确认满足该款要求。

针对第 25.1329(c)款,在飞行导引系统架构设计和实现过程中考虑了尽量减小模式转变的瞬态影响,通过飞行试验来验证模式切换的瞬态响应满足第 25.1329(n)(1)项要求,可确认满足该款要求。

针对第 25.1329(d)款,在飞行导引系统架构设计和实现过程中已考虑尽量减小自动驾驶或自动油门切断导致的瞬态影响,通过飞行试验来验证模式切换的瞬态响应不大于微小瞬变,可确认满足该款要求。

针对第 25.1329(e)款,在罕见的正常和不正常条件下,飞行导引系统任何自动控制功能的切断导致的瞬变不大于第 25.1329(n)(2)项中规定的重大瞬变,可确认满足该款要求。

针对第 25.1329(f)款,飞行模式控制板每一个指令基准控制器件的功能和运动方向清楚地标示在每一控制器件上或其附近,可确认满足该款要求。

针对第 25.1329(g)款,飞行导引控制律和自动油门功能可提供自动飞行包线保护功能,可确认满足该款要求。

针对第 25.1329(h)款,飞行导引控制律和自动油门功能可提供自动飞行包线保护功能,可确认满足该款要求。

针对第 25.1329(i)款,飞行导引系统的功能、操纵器件、指示和警告的设计使飞行机组对于飞行导引系统的工作和特性产生的错误和混淆最小,可确认满足该款要求。

针对第 25.1329(j)款,自动驾驶仪断开后给出的视觉警告和听觉警告是及时的且有别于其他警告,可确认满足该款要求。

针对第 25.1329(k)款,自动推力功能断开后可给出戒备指示,可确认满足该款要求。

针对第 25.1329(l)款,对飞行操纵器件施加超控力时,自动驾驶仪没有产生潜在的危险,可确认满足该款要求。

针对第 25.1329(m)款,对推力杆施加超控力时,自动推力没有产生潜在的危险,可确认满足该款要求。

针对第 25.1329(n)款,在设计中定义各类"瞬变"情况,上述相关款验证中采用的"瞬变"情况符合此定义,可确认满足该款要求。

参考文献

[1] 14 CFR 修正案 25-46 Airworthiness Review Program Amendment No. 7 [S].

［2］ 14 CFR 修正案 25－119 Safety Standards for Flight Guidance Systems ［S］.

［3］ FAA. AC25.1329－1B Change 1 Approval of Flight Guidance Systems ［S］. 2012.

［4］ FAA. AC25－11 Electronic Flight Deck Displays ［S］. 2007.

［5］ FAA. AC25.1309－1A System Design and Analysis ［S］. 1988.

［6］ FAA. AC25－7C Flight Test Guide For Certification Of Transport Category Airplanes ［S］. 2012.

［7］ FAA. AC25.629－1A Aeroelastic Stability，Substantiation，Transport Category Airplanes ［S］. 1998.

［8］ FAA. AC25.672－1 Active Flight Controls ［S］. 1983.

［9］ SAE. ARP5366V001 自动驾驶仪、飞行导引仪和自动推力系统［S］.

［10］ SAE. ARP5288V001 运输类飞机平视显示系统［S］.

［11］ SAE. AS－402A 自动驾驶仪［S］.

［12］ SAE. AS8055 机载平视显示系统的最低性能标准［S］.

运输类飞机适航标准
第 25.1331 条符合性验证

1 条款介绍

1.1 条款原文

第 25.1331 条 使用能源的仪表

（a）对于第 25.1303（b）条要求的使用能源的每个仪表，采用下列规定：

（1）每个仪表都必须具有与仪表构成一体的目视指示装置，在供能不足以维持仪表正常性能时发出指示。能源必须在进入仪表处或其附近测量。对电气仪表，当电压在批准的范围内时，即认为电源满足要求；

（2）每个仪表在一个能源一旦失效时，必须由另一能源供能，此转换可以自动或手动完成；

（3）如果提供导航数据的仪表是从该仪表外部的来源接受信息的，并且丧失这些信息就会使所提供的数据不可靠，则该仪表必须具有目视指示装置，当信息丧失时向机组发出警告，不应再信赖所提供的数据。

（b）本条所用"仪表"一词，包括装在一个设备内的装置，以及由多个实体上分开但彼此相连的设备或部件所组成的装置（以远读陀螺航向指示器为例，它由磁感应传感器、陀螺装置、放大器和指示器相连而成）。

1.2 条款背景

第 25.1331 条规定了第 25.1303（b）款中所要求的使用能源的仪表供能不足时的指示要求、能源失效时的转换要求及数据信息来源的目视指示要求。目前，民用运输类飞机设计时，第 25.1303（b）款中规定安装的 6 类仪表，都采用 LCD 液晶显示器显示其仪表指示值。

1.3 条款历史

第 25.1331 条在 CCAR25 部初版首次发布，截至 CCAR - 25 - R4，该条款未进行过修订，如表 1 - 1 所示。

1985 年 12 月 31 日发布了 CCAR25 部初版，其中包含第 25.1331 条，该条款参考了 1964 年 12 月 24 日发布的 14 CFR PART 25 中的 §25.1331 的内容制定。

表 1-1　第 25.1331 条条款历史

第 25.1331 条	CCAR25 部版本	相关 14 CFR 修正案	备　　注
首次发布	初版	—	

2　条款解读

2.1　条款要求

第 25.1331(a)(1)项要求每个仪表必须具有指示能源正常的目视装置。当供能不足以维持仪表正常性能时,即能发出系统故障和失效的指示。对使用电能的仪表,当供给的电源电压符合其批准的电压范围时,即认为电源符合要求。能源必须在进入仪表处或附近测量。

第 25.1331(a)(2)项要求每个仪表在一个能源一旦失效时,必须由另一能源供能,此时应为机组人员提供必要的自动或手动操作装置。

第 25.1331(a)(3)项要求提供飞行和导航数据显示的仪表应设计成带有清楚和单意的故障指示旗,并由外部适用的信息源提供信息。

第 25.1331(b)款"仪表"的范围并不仅限于表头本身,还包括与之相连的设备,应从整体的角度去考虑。

2.2　相关条款

与第 25.1331 条相关的条款如表 2-1 所示。

表 2-1　第 25.1331 条相关条款

序　号	相 关 条 款	相　　关　　性
1	第 25.1303(b)款	第 25.1331 条的要求是针对第 25.1303(b)款中使用能源的仪表提出的

3　验证过程

3.1　验证对象

第 25.1331 条的验证对象为使用能源的仪表。

3.2　符合性验证思路

针对第 25.1331(a)(1)项,通过系统设计描述说明仪表的工作方式,以及如何判断能源是否进入仪表。

针对第 25.1331(a)(2)项,通过系统设计描述说明仪表所连接的汇流条及汇流条工作的供电模式,能够保证在一个电源失效时,可以由另一电源供电,并通过机上地面试验验证。

针对第 25.1331(a)(3)项,通过系统设计描述说明空速、高度和垂直速度信息的来源,并通过地面试验验证当信息丧失时,显示器会发出警告。

针对第 25.1331(b)款,通过系统设计描述说明与仪表相连的部件。

3.3　符合性验证方法

通常,针对第 25.1331 条的符合性验证方法如表 3-1 所示。

表 3-1　建议的符合性方法

条 款 号	专 业	符 合 性 方 法										备 注
		0	1	2	3	4	5	6	7	8	9	
第 25.1331(a)(1)项	指示记录		1									
第 25.1331(a)(2)项	电　源		1				5					
第 25.1331(a)(2)项	指示记录		1				5					
第 25.1331(a)(3)项	指示记录		1				5					
第 25.1331(b)款	指示记录		1									

3.4　符合性验证说明

3.4.1　第 25.1331(a)(1)项符合性验证说明

针对第 25.1331(a)(1)项,采用的符合性验证方法为 MOC1。

通过指示记录系统设计描述说明飞机上有哪些使用能源的仪表、这些仪表指示的数据是通过显示器显示的,而显示器目前均采用 LCD 液晶显示,当供能不足以维持其正常工作时,显示器不指示,飞行员很容易判断。在系统设计描述中说明能源进入仪表的情况、测量能源的方式与位置。说明有哪些仪表采用电源,机上电源系统的电压范围。

3.4.2　第 25.1331(a)(2)项符合性验证说明

针对第 25.1331(a)(2)项,采用的符合性验证方法包括 MOC1 和 MOC5,各项验证具体工作如下:

1) MOC1 验证过程

通过系统设计描述说明仪表显示器连接在左直流汇流条、左直流重要汇流条以及右直流汇流条上。平时工作由主汇流条供电,当主汇流条故障时,由蓄电池供电,转换自动完成。

2) MOC5 验证过程

通过电源系统机上地面试验的供电转换试验表明,在单台发电机失效的情况,电源系统可自动实现供电转换,维持对左直流汇流条、左直流重要汇流条以及右直流汇流条的正常供电。

通过指示记录系统地面试验,进行仪表供能与能源失效后的自动转换功能检查,在发动机开车情况下,关闭其中一个发电机开关,指示记录系统显示器正常显示。

3.4.3　第 25.1331(a)(3)项符合性验证说明

针对第 25.1331(a)(3)项,采用的符合性验证方法包括 MOC1 和 MOC5,各项验证具体工作如下:

1) MOC1 验证过程

通过指示记录系统设计描述说明空速、高度和垂直速度信息是仪表从大气数据计算机获得的,当信息丧失时,显示器的相应位置会出现红色带边框的闪烁警告旗,用以发出警告。

2) MOC5 验证过程

通过指示记录系统地面试验验证导航信息包括空速、高度、垂直速度、航向、姿态,其中空速、高度、垂直速度信息由大气数据计算机提供,并在 PFD 显示;航向、姿态信息由惯导提供,并在 PFD 显示。当丧失大气数据计算机数据时,PFD 上有醒目的故障旗指示;当丧失惯导数据时,PFD 上有醒目的惯导故障旗指示。

3.4.4　第 25.1331(b)款符合性验证说明

针对第 25.1331(b)款,采用的符合性验证方法为 MOC1。

根据不同机型,通过指示记录系统和导航系统设计描述说明相关联的仪表功能、架构和组成。

3.5　符合性文件清单

通常,针对第 25.1331 条的符合性文件清单如表 3-2 所示。

表 3-2　建议的符合性文件清单

序　　号	符 合 性 报 告	符合性方法
1	电源系统系统设计描述	MOC1
2	指示记录系统系统设计描述	MOC1
3	电源系统地面试验大纲	MOC5
4	电源系统地面试验报告	MOC5
5	指示记录系统地面试验大纲	MOC5
6	指示记录系统地面试验报告	MOC5

4　符合性判据

(1) 明确仪表的供电方式。

(2) 完成电源系统和指示记录机上地面试验,确认在供电转换功能正常。

(3) 明确导航数据的来源。

(4) 完成地面试验确认导航数据源丧失有告警信息。

参考文献

［1］ 14 CFR 修正案 25 - 41 Airworthiness Review Program，Amendment No. 5；Equipment and Systems Amendments ［S］.

［2］ FAA. AC20 - 151B Airworthiness Approval of Traffic Alert and Collision Avoidance Systems（TCAS Ⅱ），Versions 7. 0 & 7. 1 and Associated Mode S Transponders ［S］. 2014.

［3］ FAA. AC20 - 131A Airworthiness Approval of Traffic Alert and Collision Avoidance Systems（TCAS Ⅱ）and Mode S Transponders ［S］. 1993.

［4］ FAA. AC25. 1701 - 1 Certification of Electrical Wiring Interconnection Systems on Transport Category Airplanes ［S］. 2007.

运输类飞机适航标准
第 25.1333 条符合性验证

1 条款介绍

1.1 条款原文

第 25.1333 条 仪表系统

第 25.1303(b) 条要求的,各驾驶员工作位置处的仪表,其工作系统应符合下列规定:

(a) 必须有措施,能使正驾驶员工作位置处的仪表与独立的工作系统相连接(独立于其他飞行机组工作位置处的工作系统或其它设备);

(b) 设备、系统和安装必须设计成,当发生任何单个故障或故障组合后(如未表明其概率极不可能),无需增加机组成员的动作,仍能保留一组可供驾驶员使用的、由仪表提供的、对飞行安全必不可少的信息显示(包括姿态、航向、空速和高度);

(c) 附加的仪表、系统和设备不得连接到所要求的仪表工作的系统上,除非有措施保证,附加的仪表、系统或设备发生任一失灵后(如未表明其概率极不可能),所要求的仪表仍能继续正常工作。

〔中国民用航空局 2011 年 11 月 7 日第四次修订〕

1.2 条款背景

第 25.1333 条对仪表系统的设计和安装提出了要求,包括正驾驶员仪表的独立性,第三套仪表能够提供必不可少的飞行信息,附加仪表失效不影响正、副驾驶的显示仪表正常工作等内容。

1.3 条款历史

第 25.1333 条在 CCAR25 部初版首次发布,截至 CCAR - 25 - R4,该条款共修订过 1 次,如表 1 - 1 所示。

表 1 - 1 第 25.1333 条条款历史

第 25.1333 条	CCAR25 部版本	相关 14 CFR 修正案	备 注
首次发布	初版	—	
第 1 次修订	R4		系统安全分析术语修订

1.3.1 首次发布

1985 年 12 月 31 日发布了 CCAR25 部初版,其中包含第 25.1333 条,该条款参考 1964 年 12 月 24 日发布的 14 CFR PART 25 中的 §25.1333 的内容制定。

1.3.2 第 1 次修订

2011 年 11 月 7 日发布的 CCAR-25-R4 对第 25.1333 条进行了第 1 次修订。本次修订将 14 CFR PART 25 及相关的航空业界技术文件(如 ARP 4761"对民用机载系统和设备进行安全分析的指南和方法")中有关概率描述和故障条件严重性分类的英文术语与 CCAR25 部本次修订版的中文术语统一。

将英文术语中关于概率描述的 probable、frequent、reasonably probable、improbable、remote、extremely remote 和 extremely improbable 对应中文术语表述为可能的、经常的、合理可能的、不可能的、微小的、概率极小的和极不可能的。

将英文术语中关于故障条件严重性分类的 minor、major、severe major、hazardous 和 catastrophic 对应中文术语表述为(影响)小的、(影响)大的、(影响)严重的、危险的和灾难性的。

2 条款解读

2.1 条款要求

第 25.1333(a)款要求正驾驶员仪表在电气上、功能上和信息上都是独立的(即仪表的电源、空速管的静压源和全压源都是独立的),不能与副驾驶仪表共用一个电源或其他信息源。

第 25.1333(b)款要求当主驾驶或者副驾驶的飞行信息丢失后,还有第三套仪表能提供姿态、航向、空速和高度等对飞机安全必不可少的信息显示。

第 25.1333(c)款要求附加仪表不应与飞行必需的仪表进行信号交联,除非能够保证附加仪表失效后不影响正、副驾驶的显示仪表正常工作。

2.2 相关条款

与第 25.1333 条相关的条款如表 2-1 所示。

表 2-1 第 25.1333 条相关条款

序 号	相 关 条 款	相 关 性
1	第 25.1303(b)款	第 25.1333 条的要求是针对第 25.1303(b)款中的仪表提出的

3 验证过程

3.1 验证对象

第 25.1333 条的验证对象为仪表系统。

3.2　符合性验证思路

针对第 25.1333(a)款,通过系统描述说明正驾驶员仪表所连电源和相关数据源均与副驾驶员处仪表相互独立。

针对第 25.1333(b)款,通过系统描述说明第三套仪表的信息源,并通过安全性分析说明其与正副驾驶员处仪表系统的独立性。

针对第 25.1333(c)款,通过系统描述及安全性分析说明附加仪表的失效不影响飞行必需仪表的正常工作。

3.3　符合性验证方法

通常,针对第 25.1333 条的符合性验证方法如表 3-1 所示。

表 3-1　建议的符合性方法

条　款　号	专　业	符 合 性 方 法										备　注
		0	1	2	3	4	5	6	7	8	9	
第 25.1333(a)款	指示记录		1									
第 25.1333(b)款	指示记录		1		3							
第 25.1333(c)款	指示记录		1		3							

3.4　符合性验证说明

3.4.1　第 25.1333(a)款符合性验证说明

针对第 25.1333(a)款,采用的符合性验证方法为 MOC1。

备用仪表系统(ISI)的大气数据信息来自大气数据系统 2 个备用全/静压探头。ISI 内置有姿态和大气数据传感器,能够显示姿态、侧滑、高度和空速/马赫数。ISI 也接收导航接收机的信息,显示仪表着陆系统偏差及指点信标信息,并作为第三套数据源给飞行控制系统提供数据。

主驾驶员侧 PFD 电源为左直流汇流条,左侧 MFD 电源为左直流重要汇流条,与副驾驶员侧仪表使用电源均不同。相关数据连接到正驾驶员一侧仪表均与副驾驶员一侧仪表相互独立,且当一侧数据源发生失效时公用另一侧数据源显示,显示器会指示共源情况。

3.4.2　第 25.1333(b)款符合性验证说明

针对第 25.1333(b)款,采用的符合性验证方法为 MOC1 和 MOC3,各项验证具体工作如下:

1) MOC1 验证过程

ISI 位于主驾驶和副驾驶中间,其空速、高度、姿态等飞行信息均独立测量,与左右 PFD 显示的飞行信息保持独立。当主驾驶或者副驾驶的飞行信息丢失后,集成式备用仪表可提供对飞机安全必不可少的信息显示。

EFIS 系统空速和高度信息来自大气数据系统。EFIS 系统有两套独立的大气数据系统，在任一套数据源失效时，EFIS 系统可自动切换到对侧数据源。此外，还有机械的备用磁罗盘作为第三套航向源备份显示。

2）MOC3 验证过程

飞机两个全静压探头、两个大气数据计算机（ADC）及相应的全静压管路组成了两套独立的大气数据系统。另外两个全静压探头、ISI 及相应的管路提供第三套大气数据。在数据传输方面，左 ADC 通过 L－ADC－2 总线将空速、气压高度、垂直速度等数据传输给左 PFD 和左 MFD，通过 L－ADC－3 总线将数据传输给右 PFD 和右 MFD。右 ADC 通过 R－ADC－2 总线将数据传输给右 PFD 和右 MFD，通过 R－ADC－3 总线将数据传输给左 PFD 和左 MFD。这几路空速数据都是连续传输的，保证了 4 个显示器分别同时接收到两套大气数据系统的空速数据。ISI 接收飞机全静压管路系统的输入，通过内部的处理器产生第三套大气数据。ISI 提供第三套姿态，ISI 通过内部的速率和水平传感器经过处理器输出姿态数据，通过三轴加速度计提供加速度数据。通过 EFIS 系统安全性分析，表明两套大气数据系统的独立性。

3.4.3　第 25.1333（c）款符合性验证说明

针对第 25.1333（c）款，采用的符合性验证方法为 MOC1 和 MOC3，各项验证具体工作如下：

1）MOC1 验证过程

ISI 采用的数据除导航数据和导航系统共用外，其他数据都来自独立的数据源，保证了即使 ISI 失灵，也不影响其他仪表的工作。

除了第 25.1303（b）款要求的飞行和导航仪表，EFIS 系统还与 TCAS、VHF NAV、TAWS 及 FMS 系统相连。对 EFIS 系统来说，这些系统只作为数据源输入，它们与同为数据源的大气数据系统相互隔离，不存在共源、共模或共因故障，这些系统或设备的失效，不影响 EFIS 系统自身的工作。

2）MOC3 验证过程

通过 EFIS 系统安全性分析，表明 ISI 和备用磁罗盘不与正、副驾驶仪表使用的数据源相交联，因此在备用仪表失效后，不会影响正、副驾驶仪表的正常工作。

3.5　符合性文件清单

通常，针对第 25.1333 条的符合性文件清单如表 3－2 所示。

表 3－2　建议的符合性文件清单

序　　号	符 合 性 报 告	符合性方法
1	指示记录系统系统设计描述	MOC1
2	指示记录系统安全性分析报告	MOC3

4 符合性判据

(1) 明确了备用仪表系统的系统架构和功能。

(2) 明确了 EFIS 系统的架构和功能。

(3) 明确了 EFIS 系统空速和高度信息的来源。

(4) 明确了正副驾驶员仪表数据源的来源。

(5) 明确了大气数据系统的架构和功能。

(6) 完成安全性分析,表明正副驾驶仪表使用数据源的独立性。

参考文献

[1] FAA. AC20 - 151B Airworthiness Approval of Traffic Alert and Collision Avoidance Systems (TCAS Ⅱ), Versions 7. 0 & 7. 1 and Associated Mode S Transponders [S]. 2014.

[2] FAA. AC20 - 131A Airworthiness Approval of Traffic Alert and Collision Avoidance Systems (TCAS Ⅱ) and Mode S Transponders [S]. 1993.

[3] FAA. AC25 - 16 Electrical Fault and Fire Prevention and Protection [S]. 1991.

[4] FAA. AC25 - 23 Airworthiness Criteria for the Installation Approval of a Terrain Awareness and Warning System (TAWS) for Part 25 Airplanes [S]. 2000.

运输类飞机适航标准
第 25.1337 条符合性验证

1 条款介绍

1.1 条款原文

第 25.1337 条 动力装置仪表

（a）仪表和仪表管路

（1）动力装置和辅助动力装置仪表的每根管路必须满足第 25.993 条和第 25.1183 条的要求。

（2）每根装有充压可燃液体的管路必须符合下列规定：

（i）在压力源处有限流孔或其它安全装置，以防管路破损时逸出过多的液体；

（ii）管路的安装和布置要使液体的逸出不会造成危险。

（3）使用可燃液体的每个动力装置和辅助动力装置仪表，其安装和布置必须使液体的逸出不会造成危险。

（b）燃油油量表 必须装有指示装置向飞行机组成员指示飞行中每个油箱内可用燃油油量，单位为升（美加仑），或者当量单位。此外，还必须符合下列规定：

（1）每个燃油油量表必须经过校准，使得在平飞过程中当油箱内剩余燃油量等于按第 25.959 条确定的不可用燃油量时，其读数为"零"；

（2）出口和空间都互通的若干油箱可以视为一个油箱而不必分别设置指示器；

（3）每个用作燃油油量表的外露式目视油量计必须加以防护，以免损坏。

（c）燃油流量指示系统 如果装有该系统，则每个测量部件必须具有在该部件发生故障而严重限制燃油流动时使供油旁路的装置。

（d）滑油油量指示器 必须有油尺或等效装置以指示每个油箱内的滑油量。如果装有滑油转输系统或备用滑油供油系统，则必须具有在飞行中向飞行机组指示每个油箱滑油量的装置。

（e）涡轮螺旋桨桨叶位置指示器 所要求的涡轮螺旋桨桨叶位置指示器在桨叶角低于飞行低距止动点 8 度之前必须开始指示。指示信号源必须直接感受桨叶位置。

(f) 燃油压力指示器　在活塞发动机的每一供油系统中,必须具有测量任一燃油泵(燃油注油泵除外)下游燃油压力的装置。此外,还必须符合下列规定:

(1) 如果为了保持正常供油压力而有必要,则应有连通管把汽化器空气入口的静压传递到相应的燃油泵安全阀接嘴上;

(2) 如按本条(f)(1)要求装连通管,则仪表平衡管必须单独接通汽化器入口处的压力,以免使读数错误。

1.2　条款背景

第 25.1337 条针对动力装置和辅助动力装置仪表及相应的仪表管路、燃油油量表、燃油流量指示系统、滑油油量指示器、涡轮螺旋桨桨叶位置指示器和燃油压力指示器提出了相关设计要求,确保能够正确地向飞行员给出动力装置和辅助动力装置的燃油和滑油相关参数情况。

1.3　条款历史

第 25.1337 条在 CCAR25 部初版首次发布,截至 CCAR-25-R4,该条款未进行过修订,如表 1-1 所示。

表 1-1　第 25.1337 条条款历史

第 25.1337 条	CCAR25 部版本	相关 14 CFR 修正案	备　　注
首次发布	初版	25-40	

1985 年 12 月 31 日发布了 CCAR25 部初版,其中包含第 25.1337 条,该条款参考了 1964 年 12 月 24 日发布的 14 CFR PART 25 中的 §25.1337,并结合 FAA 发布的 14 CFR 修正案 25-40 的内容制定。

14 CFR 修正案 25-40:对 §25.1337(a)进行了修订,要求动力装置仪表和仪表管路的安装和布置不会使液体溢出而产生危险,并将辅助动力装置也纳入其中。

2　条款解读

2.1　条款要求

1) 第 25.1337(a)款仪表和仪表管路

动力装置和辅助动力装置仪表的每根管路的振动、连接、设计和安装等应符合第 25.993 条"燃油系统导管和接头"中(a)款至(f)款的要求。输送可燃液体的每一导管接头和其他组件的耐火、防火和不漏油等应符合第 25.1183 条"输送可燃液体的组件"中(a)款至(b)款的要求。

每根装有充压可燃液体的管路必须在压力源处有限流孔或其他安全装置,并且管路的安装和布置使液体的逸出不会造成危险(应使泄漏的燃油收集排放到机外,尤其主燃油管路必须外加排放套管)。

对使用可燃液体的每个动力装置仪表的安装和布置,必须使液体的溢出不会造成危险。

2) 第 25.1337(b)款燃油油量表

根据本款的要求,必须装有指示装置,向飞行机组成员指示飞行中每个燃油箱内可用燃油油量,油量的单位可以是升,也可以是美加仑。该款还对燃油油量指示装置提出了以下具体规定:

(1) 每个辅助燃油箱均应装有用升(美加仑)或等效单位表示的油量指示器,指示器向驾驶人员显示每个油箱在飞行时的可用燃油油量,指示器应尽可能与飞机上已有的油量指示器精度一致并相匹配,并采用同样的容积单位(公制或英制)进行比较。

(2) 每一燃油箱选择控制器(如果采用的话)必须加以标记,以指示它相应于每一油箱时的位置。

应向飞行机组成员正确地显示每个油箱的可用燃油油量,燃油油量表系统均应经过校准,在飞机水平飞行时,零读数指示的是没有剩余可用燃油量,即在飞机水平飞行时,燃油油量表出现零读数指示即表示可用燃油量已用完,此时发动机主燃油泵进口压力表首次出现压力波动。而油箱中剩余燃油即为不可用燃油(具体数值可由第 25.959 条"不可用燃油"中的相应内容来确定)。

要求当油箱内剩余燃油量等于不可用燃油量时,燃油油量表的读数为"零"。关于这一点,油量指示装置可以按可用燃油显示法校准。也就是用一种已知密度的特定燃油来验证当燃油量系统安装在飞机上,且飞机在水平飞行姿态时指示为"零"。当从油量计"零"点至油箱燃油油面下降到实际不可用燃油水平之间不能进行校准的情况下,申请方可能宁愿把不可用燃油量增加到油量计的零限而不更换油量计。油量计的校准还包括与标准读数相比较的油量计的附加读数,这些读数通常取自具有 0.5% 校准精度的加油系统。并且,应规定除零读数以外所有其他的标准误差。

如果利用气压传输燃油,应演示在气压系统所有的正常和失效情况下仍然保持安全的供气温度和压力。应通过试验证明,在燃油传输期间,供气温度绝不超过预计的燃油最低温度以下,某个调节失灵油箱也不会发生过度增压。为保证正确的和适当的压力水平,还可能需要配备指示实际输油压力的座舱压力计。

3) 第 25.1337(c)款燃油流量指示系统

根据本款规定,如果装有燃油油量指示系统则燃油流量表即使出故障也不会阻滞燃油流过,应有使供油旁路的装置。

4) 第 25.1337(d)款滑油油量指示器

滑油油量指示器必须由油尺或等效装置以指示每个滑油箱中的滑油量。

5) 第 25.1337(e)款涡轮螺旋桨叶位置指示器

如果是螺旋桨发动机还需安装螺旋桨桨叶位置指示器。指示信号源必须直接感受桨叶位置。在桨叶角低于飞行低距止动点8度之前必须开始指示。

6) 第25.1337(f)款燃油压力指示器

在活塞发动机的每一供油系统中,必须具有测量任一燃油泵(燃油注油泵除外)下游燃油压力的装置。此外,如果有必要保持正常供油压力,应该利用连通管把汽化器空气入口的静压传递到相应的燃油泵安全阀接嘴上,而且仪表平衡管必须单独与汽化器入口接通,以免使读数错误。

2.2 相关条款

与第25.1337条相关的条款如表2-1所示。

表 2-1 第 25.1337 条相关条款

序 号	相 关 条 款	相 关 性
1	第25.959条	第25.959条确定了飞机每个燃油箱的不可用燃油量,该值可用于第25.1337(b)(1)项中燃油油量表的标定,即与第25.959条关联
2	第25.993条和第25.1183条	动力装置和辅助动力装置仪表的每根管路必须满足第25.993条和第25.1183条的要求,即被第25.1337条直接引用

3 验证过程

3.1 验证对象

第25.1337条的验证对象包括动力装置和辅助动力装置仪表及相应的仪表管路、燃油油量表、燃油流量指示系统、滑油油量指示器、涡轮螺旋桨桨叶位置指示器和燃油压力指示器。

3.2 符合性验证思路

针对第25.1337(a)款,若动力装置和辅助动力装置仪表的信号传递是采用电信号而非可燃液体的设计方案,则对于本条款要求不适用。若是采用可燃液体的设计方案,则应通过设计说明和地面试验来表明:每根管路的振动、连接、设计和安装等应符合第25.993条"燃油系统导管和接头"中(a)款至(f)款的要求;输送可燃液体的每一导管接头和其他组件的耐火、防火和不漏油等应符合第25.1183条"输送可燃液体的组件"中(a)款至(b)款的要求;每根装有充压可燃液体的管路必须在压力源处有限流孔或其他安全装置,并且管路的安装和布置使液体的逸出不会造成危险;对使用可燃液体的每个动力装置仪表的安装和布置,必须是液体的溢出不会造成危险。

针对第25.1337(b)(1)项,通过设计说明描述燃油油量表的指示功能,能够向飞行机组成员指示飞行中每个油箱内可用燃油油量,单位为升(美加仑),或者当量单位;需要通过飞行试验对每个燃油油量表进行校准,使得在平飞过程中当油箱内剩余燃油量等于按第 25.959 条确定的不可用燃油量时,其读数为"零"。对于第 25.1337(b)(2)项、第 25.1337(b)(3)项,现代运输类飞机通常都设计成整体连通的油箱和内置式目视油量计,故此项不适用。

针对第 25.1337(c)款,通过设计说明来描述燃油流量指示系统中的每个测量部件具有在该部件发生故障而严重限制燃油流动时使供油旁路的装置。

针对第 25.1337(d)款,通过设计说明来描述有油尺或等效装置以指示每个油箱内的滑油油量(如滑油油量指示器)。如果装有滑油转输系统或备用滑油供油系统,则需描述在飞行中向飞行机组指示每个油箱滑油量的装置情况。通过实验室试验来确认指示器上的油量值能够反映实际值。

针对第 25.1337(e)款和(f)款,对于装有涡轮发动机的飞机来说,此条款不适用。

3.3　符合性验证方法

通常,针对第 25.1337 条的符合性验证方法如表 3-1 所示。

表 3-1　建议的符合性方法

条　款　号	专　业	符 合 性 方 法 0	1	2	3	4	5	6	7	8	9	备　注
第 25.1337(b)(1)项	燃油系统		1					6				
第 25.1337(b)(1)项	指示/记录系统		1									
第 25.1337(c)款	动力装置		1									
第 25.1337(d)款	动力装置		1				5					

3.4　符合性验证说明

3.4.1　第 25.1337(b)(1)项符合性验证说明

针对第 25.1337(b)(1)项,采用的符合性验证方法包括 MOC1 和 MOC6,各项验证具体工作如下:

1) MOC1 验证过程

通过描述燃油系统中燃油油量指示功能,表明其能够向飞行机组成员指示飞行中每个油箱内可用燃油油量,单位为升(美加仑),或者当量单位。此外,在飞机平飞过程中当油箱内的剩余燃油量等于按照第 25.959 条确定的不可用燃油量时,燃油量指示读数为"零"。

2) MOC6 验证过程

通过飞行试验对每个燃油油量表进行校准,平飞姿态下燃油油量表的读数为"零"时关闭对应发动机,在飞机着陆后,从对应燃油箱所放出的油量大于第 25.959 条确定的不可用燃油量,满足条款要求。

3.4.2　第 25.1337(c)款符合性验证说明

针对第 25.1337(c)款,采用的符合性验证方法主要为 MOC1,验证具体工作如下:通过给出燃油流量指示系统的系统描述,明确每个测量部件具有在该部件发生故障而严重限制燃油流动时使供油旁路的装置(如燃油流量计)。

3.4.3　第 25.1337(d)款符合性验证说明

针对第 25.1337(d)款,采用的符合性验证方法包括 MOC1 和 MOC5,各项验证具体工作如下:

1) MOC1 验证过程

通过给出油尺或等效装置(如滑油油量指示器)的系统描述,表明可指示每个油箱内的滑油量。

2) MOC5 验证过程

通过开展机上地面试验(如动力装置滑油油量指示试验),对比试验中测量得到的实际滑油值与滑油油量指示值的情况,确保误差处于规定范围内,且表明滑油油量的指示迅速准确。

3.5　符合性文件清单

通常,针对第 25.1337 条的符合性文件清单如表 3-2 所示。

表 3-2　建议的符合性文件清单

序　号	符 合 性 报 告	符合性方法
1	动力装置滑油系统描述	MOC1
2	动力装置燃油系统描述	MOC1
3	燃油系统描述	MOC1
4	EICAS 系统描述	MOC1
5	燃油系统试飞大纲	MOC6
6	燃油系统试飞报告	MOC6
7	动力装置机上地面滑油油量指示试验大纲	MOC5
8	动力装置机上地面滑油油量指示测量试验报告	MOC5

4　符合性判据

针对第 25.1337(b)(1)项,确认对每个燃油油量表进行校准,使得在平飞过程中当油箱内剩余燃油量等于按第 25.959 条确定的不可用燃油量时,其读数为"零"。

针对第 25.1337(c)款,确认燃油流量指示系统中的每个测量部件具有在该部件发生故障而严重限制燃油流动时使供油旁路的装置。

针对第 25.1337(d)款,确认有油尺或等效装置以指示每个油箱内的滑油量(比如滑油油量指示器),且确认指示器上的油量值能够反映实际值。如果装有滑油转输系统或备用滑油供油系统,则确认在飞行中向飞行机组指示每个油箱滑油量的装置情况。

参考文献

［1］ 14 CFR 修正案 25 - 40 Airworthiness Review Program,Amendment No. 4:Powerplant Amendments ［S］.

［2］ FAA. AC20 - 38A Measurement of Cabin Interior Emergency Illumination in Transport Airplanes ［S］. 1966.

［3］ FAA. AC25 - 11A Electronic Flight Deck Displays ［S］. 2007.

［4］ FAA. AC25 - 15 Approval of Flight Management Systems in Transport Category Airplanes ［S］. 1989.

［5］ FAA. AC29 - 2B Certification of Transport Category Rotorcraft ［S］. 1997.

运输类飞机适航标准 第 25.1351 条符合性验证

1 条款介绍

1.1 条款原文

第 25.1351 条 总则

(a) 电气系统容量 对于所需的发电容量、电源数目和种类规定如下：

(1) 必须由电气负载分析确定；

(2) 必须满足第 25.1309 条的要求。

(b) 发电系统 发电系统包括电源、主电源汇流条、传输电缆以及有关的控制、调节和保护装置。发电系统的设计必须符合下列规定：

(1) 电源在单独工作或并联运行时功能正常；

(2) 任一电源的失效或故障均不得造成危险或损害其余的电源向重要负载供电的能力；

(3) 在任何可能的运行条件下，所有重要负载设备端的系统电压和频率(如果适用)均能保持在该设备的设计限制范围之内；

(4) 因切换、清除故障或其它原因而引起的系统瞬变不会使重要负载不工作，且不会造成冒烟或着火的危险；

(5) 备有在飞行中相应机组成员容易接近的措施，以将各电源与该系统单独断开或一起断开；

(6) 备有措施向相应机组成员指示发电系统安全运行所必需的系统参数，如每台发电机的输出电压和电流。

(c) 外部电源 如果备有设施将外部电源接到飞机上，且该外部电源能与除用于发动机起动之外的其它设备相连接，则必须有措施确保反极性或逆相序的外部电源不能向该飞机的电气系统供电。

(d) 无正常电源时的运行 必须通过分析、试验或两者兼用来表明，当正常电源(除蓄电池之外的电源)不工作、燃油(从熄火和重新起动能力考虑)为临界状态，且飞机最初处于最大审定高度的情况下，飞机能按目视飞行规则安全飞行至少五分钟。电气系统中满足下列条件的部分才可以保持接通：

（1）包括导线束或接线盒起火在内的单个故障不会导致丧失断开部分和接通部分；

（2）接通部分在电气上和机械上与断开部分隔离。

（3）〔删除〕

〔中国民用航空局 1995 年 12 月 18 日第二次修订〕

1.2　条款背景

第 25.1351 条是对电气系统和设备提出了总体要求，涉及电气系统容量、发电系统、外电源系统和无正常电源时的运行等要求。

1.3　条款历史

第 25.1351 条在 CCAR25 部初版首次发布，截至 CCAR - 25 - R4，该条款共修订过 1 次，如表 1 - 1 所示。

表 1 - 1　第 25.1351 条条款历史

第 25.1351 条	CCAR25 部版本	相关 14 CFR 修正案	备　　注
首次发布	初版	—	
第 1 次修订	R2	25 - 72	

1.3.1　首次发布

1985 年 12 月 31 日发布了 CCAR25 部初版，其中包含第 25.1351 条，该条款参考 1964 年 12 月 24 日发布的 14 CFR PART 25 中的 §25.1351 的内容制定。

1.3.2　第 1 次修订

1995 年 12 月 18 日发布的 CCAR - 25 - R2 对第 25.1351 条进行了第 1 次修订，本次修订参考了 14 CFR 修正案 25 - 72 的内容，删除了 §25.1351(d)(3)"接通部分的导线和电缆的绝缘层以及其他材料的自熄的"这一要求。

2　条款解读

2.1　条款要求

第 25.1351(a)款是对电气系统容量的要求。在选择发电系统容量、系统数和电源种类时需进行飞机电气负载分析。飞机电气系统中的电源和配电设计应符合第 25.1309(e)款和(f)款的要求，即飞机在第 25.1309(e)款所列的电源失效条件下，能保证向重要负载供电。当飞机在第 25.1309(f)款所列的发动机停车状态下，能卸载飞行中不必要的负载，从而保证安全飞行所必需的负载供电。

第 25.1351(b)款是对发电系统的要求。电源系统在单独工作或并联运行时功能正常。飞机至少有两个以上的独立通道电源可向重要负载供电，当一个通道电源故障时,重要负载可由其他通道电源供电。重要负载端的电压和频率参数应保持在这些重要设备的设计极限范围内。发电系统的瞬态不会造成重要负载不工作,也不会造成冒烟或火灾的危险。机组成员应易于操作发电系统的通断,并且应有系统的参量,如电压、频率和电流指示。

第25.1351(c)款要求外部电源控制电路将外部电源接到飞机汇流条上,使机上除发动机启动设备外的设备可接受外电源。为满足这一要求,电气控制板上应有外部电源控制开关,以操作外电源到飞机汇流条电路的接通或断开。在外电源控制电流中,应具有反极性和反相序保护装置。当外电源极性或相序与飞机电压不相符时,该保护装置将控制飞机上的外电源接触器不能接通,以免错误极性或相序的电源接到飞机上,损坏飞机上的用电设备。

第25.1351(d)款要求当正常电源不工作时,飞机由蓄电池电源或其他应急电源供电。蓄电池电源的容量要求应满足从蓄电池电源供电开始,维持到安全飞行至就近机场着陆为止这段时间的供电。本条规定能保证向应急用电设备供电5分钟以上。在正常电源不工作,而使用主蓄电池作为电源的情况下,电气或机械的单个故障不应当同时影响正常供电和主蓄电池供电。由正常供电转换至应急供电应是自动的,不需要机组人员操作。

2.2 相关条款

与第25.1351条相关的条款如表2-1所示。

表2-1 第25.1351条相关条款

序 号	相关条款	相 关 性
1	第25.1309条	电气系统的容量必须满足第25.1309条的要求

3 验证过程

3.1 验证对象

第25.1351条的验证对象为电源系统和用电设备。

3.2 符合性验证思路

针对第25.1351(a)款,通过系统描述说明电源的数量、类别和容量,通过电气负载分析说明电源系统的容量能够满足统计出的相应组合的用电设备用电量要求,并通过试飞试验说明飞行中实际测得的电气负载均远小于电气负载分析中统计的相应电气负载组合。

针对第25.1351(b)(1)项,通过系统描述说明电源系统交流电源和直流电源的组成及其运行模式,并通过电源系统实验室试验、地面试验和飞行试验验证电源系统在各种运行模式下都能正常运行。

针对第 25.1351(b)(2)项,通过系统描述说明电源系统运行时各电源装置之间为独立非并联运行,任一电源装置的失效或故障不会影响其余电源装置的正常运行;通过安全性评估分析各电源装置失效或故障对飞机和电源系统的影响;通过实验室试验、机上地面试验和飞行试验进行确认。

针对第 25.1351(b)(3)项,通过系统描述说明负载设备端的供电电压由电源系统的供电电压和线路压降决定,负载设备端的供电频率则直接由电源系统的供电频率决定。通过计算分析得到电源系统在各种运行模式下汇流条端可能提供的最低电压,供各用电系统计算其设备端供电电压时使用。通过电源系统实验室试验,进行电源系统典型运行模型下各交流电源供电频率的测试,交流电源的稳态供电频率满足要求。

针对第 25.1351(b)(4)项,通过系统描述说明发电系统瞬变的主要因素。通过电源系统实验室试验验证在重负载起动、供电转换、最严酷的负载突变以及发电机输入转速突变等情况下,电源系统的供电性能仍能维持在规定范围内,可以满足机载用电设备的要求。

针对第 25.1351(b)(5)项,通过系统描述说明飞机驾驶舱内电源系统控制板上设有的开关。通过电源系统机上地面试验和飞行试验验证电源系统开关功能正常,可用于断开相应的发电机,并且对于机组而言是容易接近的。

针对第 25.1351(b)(6)项,通过系统描述说明驾驶舱内多功能显示器可以显示电源系统简图页,该简图页上可以显示发电系统的参量信息,包括电压、频率和输出功率等。通过电源系统实验室试验、机上地面试验和飞行试验验证电源系统简图页可以正常显示发电系统参量信息。

针对第 25.1351(c)款,通过系统描述说明是否采用交流外电源,且是否设有措施以监测外电源的极性、相序、电源和频率等参数,确保接到飞机上的电源品质符合要求。通过电源系统实验室试验验证在外电源相序错误的状态下,电源系统会自动实施保护。

针对第 25.1351(d)款,一直采用专用条件替代,通过系统描述说明电源系统应急电源的种类。通过电气负载和电源容量分析表明,电源系统中设置的应急电源的容量可以满足交直流关键用电设备的负载需求。通过系统安全性评估表明,在考虑了应急电源后,电源系统丧失所有交流电源供电/丧失所有直流供电的发生概率均小于 1×10^{-9}/FH,为极不可能的,满足了关键用电系统/设备的供电安全性水平要求。通过实验室试验说明应急电源的供电性能满足设计需求,并且从正常电源供电到应急电源供电的转换期间,电源系统的供电特性也能满足关键用电设备的需求。通过机上地面试验说明在发动机和 APU 驱动的发电机失效的情况下,RAT 将被自动释放并自动接入飞机电网实现供电转换,且供电转换逻辑以及转换期间简图页的显示与系统设计需求一致。通过电源系统飞行试验(MOC6)说明,飞机在空中时,若发动机和 APU 驱动的发电机均失效,RAT 将被自动释放并自动接入飞机电网实现供电转换,为关键用电设备供电。

3.3 符合性验证方法

通常,针对第25.1351条的符合性验证方法如表3-1所示。

表3-1 建议的符合性方法表

条 款 号	专 业	符 合 性 方 法										备 注
		0	1	2	3	4	5	6	7	8	9	
第25.1351(a)款	电 源		1	2				6				
第25.1351(b)(1)项	电 源		1			4	5	6				
第25.1351(b)(2)项	电 源		1		3	4	5	6				
第25.1351(b)(3)项	电 源		1	2		4						
第25.1351(b)(4)项	电 源		1			4						
第25.1351(b)(5)项	电 源		1				5	6				
第25.1351(b)(6)项	电 源		1			4	5	6				
第25.1351(c)款	电 源		1			4						
第25.1351(d)款	电 源		1	2	3	4	5	6				

3.4 符合性验证说明

3.4.1 第25.1351(a)款符合性验证说明

针对第25.1351(a)款,采用的符合性验证方法包括MOC1、MOC2和MOC6,各项验证具体工作如下:

1) MOC1验证过程

通过电源系统设计描述说明飞机上所有交流电源设备和直流电源设备的容量和数量。

2) MOC2验证过程

通过电气负载分析表明电源系统的容量能够满足相应组合的用电设备用电量要求。在电气负载分析中,考虑到第25.1309条的要求,不仅应分析电源系统正常工作状态下的供电能力能否满足全部机载用电设备要求,还应分析单台发电机失效、主电源全部失效(应急供电)和单台变压整流器失效等状态下电源系统的供电能力能否满足相应用电设备的负载需求。其中在进行蓄电池容量分析时,还应从更保守的角度出发,考虑80%的充电因素以及因蓄电池老化带来的10%容量损耗,即按照蓄电池标称容量的72%进行负载分析。分析结果表明,按电源系统的预期运行条件(预期的工作状态和飞行阶段)和发电机过载能力(5米过载及5秒过载),电源系统的容量能够满足统计出的相应组合的用电设备用电量要求。

3) MOC6验证过程

通过电源系统飞行试验验证两台主发电机工作、单台主发电机工作和APU发电机工作以及应急供电状态下实际测得的电气负载均远小于电气负载分析中统计的相应电气负载组合,进而证明由电气负载分析统计出的飞机各供电状态下的用电负载组合足够保守。即实际的电源系统供电容量足以满足全机用电设备的要求。

3.4.2　第 25.1351(b)(1)项符合性验证说明

针对第 25.1351(b)(1)项,采用的符合性验证方法包括 MOC1、MOC4、MOC5 和 MOC6,各项验证工作具体如下:

1) MOC1 验证过程

通过电源系统描述说明电源系统交流电源系统和直流电源系统的组成及其运行模式。电源系统的运行模式包括了单个发电系统工作和多个发电系统同时工作的情况,但除了"仅蓄电池供电模式"下蓄电池间会并联供电外,其余运行状态下各电源间为相互分离式运行。

2) MOC4 验证过程

通过电源系统实验室试验验证发电系统在单独供电、两台主发电机供电、单台主发电机和 APU 发电机供电及 RAT 发电机供电等运行状态下,电源系统均能正常实现功能。

3) MOC5 验证过程

通过电源系统机上地面试验验证在 APU 发电机供电、单台主发电机和 APU 发电机供电、单台主发电机供电、两台主发电机供电、RAT 发电机供电以及仅蓄电池供电等运行模式下,电源系统均能正常运行。

4) MOC6 验证过程

通过电源系统飞行试验验证两台主发电机运行、单台主发电机运行、APU 发电机运行和应急供电状态(RAT 发电机供电)下,电源系统均能正常运行。

3.4.3　第 25.1351(b)(2)项符合性验证说明

针对第 25.1351(b)(2)项,采用的符合性验证方法包括 MOC1、MOC3、MOC4、MOC5 和 MOC6,各项验证工作具体如下:

1) MOC1 验证过程

通过电源系统设计描述说明该系统运行时各电源装置之间为独立非并联工作,即,任一电源装置的失效或故障不会影响其余电源装置的正常运行。同时,说明电源系统相应的供电转换逻辑。即,电源系统设计成任一电源装置失效,可自动启动保护,将该失效电源装置与飞机电网断开,由剩余可用电源自动进行供电转换,代替失效的电源装置向机载用电设备供电,在这一过程中,会在自动确认故障电源装置已经与飞机电网断开后再进行供电转换,以防止电源间发生并联而导致多个电源失效。电源系统设计描述包含对重要负载设备的定义。

2) MOC3 验证过程

电源系统运行时,各电源装置间为独立非并联运行,相互之间设有接触器,实现不同电源间的电气隔离,因此任一电源装置的失效或故障不会影响其余电源装置的正常运行。若任一电源装置失效,电源系统会自动动作保护,将该电源装置与飞机电网断开,由剩余可用电源自动进行供电转换,代替失效的电源装置向机载用电设备供电,在这一过程中,会在自动确认故障电源装置已经与飞机电网断开后再进行供电转换,以防止电源间发生并联而导致多个电源失效。电源系统的 FMEA中,分析了各电源装置失效或故障对飞机和电源系统的影响,以及相应的供电转换逻辑,表明了电源系统设计对该条款的符合性。

3)MOC4 验证过程

通过电源系统实验室试验验证在电源装置失效/故障时,电源系统会自动动作保护,切除相应电源装置。失效/故障发生后,其他电源装置不会受到失效电源装置的影响,且会在故障切除后自动实现重构电网后的互联供电,代替失效电源装置向用电设备供电。

4)MOC5 验证过程

通过电源系统机上地面试验验证在电源装置失效时,电源系统会在将其与飞机电网断开后自动实现重构电网后的供电转换,由剩余可用电源代替失效电源供电。

5)MOC6 验证过程

通过电源系统飞行试验验证飞机在空中时,单台发电机失效以及主发电机也失效的情况下,电源系统会自动实现重构电网后的供电转换,由剩余可用电源代替失效电源向相应负载供电。在这一过程中,电源系统可以实现预期功能且相关用电设备工作正常。

3.4.4　第 25.1351(b)(3)项符合性验证说明

针对第 25.1351(b)(3)项,采用的符合性验证方法包括 MOC1、MOC2 和 MOC4,各项验证工作具体如下:

1)MOC1 验证过程

通过电源系统设计描述说明负载设备端的供电电压由电源系统的供电电压和线路压降决定,负载设备端的供电频率则直接由电源系统的供电频率决定。

2)MOC2 验证过程

通过电源系统计算分析得到电源系统在各种运行模式下汇流条端可能提供的最低电压,供各用电系统计算其设备端供电电压时使用。

各用电系统应根据电源系统提供的汇流条最低电压,通过计算分析得出系统中重要设备的输入端电压,表明各系统设备端电压能保持在设备的设计限制范围之内。

3)MOC4 验证过程

通过电源系统实验室试验进行电源系统典型运行模式下各交流电源供电频率的测试,表明供电频率满足电源系统设计需求文件。还通过实验室试验向典型用电设备供电试验,验证电源系统设备均能正常运行,表明电源系统设备输入端的电压和频率均在设备的设计限值范围内。

3.4.5　第 25.1351(b)(4)项符合性验证说明

针对第 25.1351(b)(4)项,采用的符合性验证方法包括 MOC1 和 MOC4,各项验证工作具体如下:

1) MOC1 验证过程

通过电源系统设计描述说明发电系统瞬变的主要因素,包括供电转换、故障清除、负载变化以及驱动源变化。

2) MOC4 验证过程

通过电源系统实验室试验,验证在重负载起动、供电转换、最严酷的负载突变以及发电机输入转速突变的情况等状况下,电源系统的供电性能仍能维持在设计规定范围内,可以满足机载用电设备的要求。在发电系统发生故障时,系统可以自动将故障电源切除,由剩余可用电源代替失效电源继续向用电负载供电,且没有产生冒烟或着火等现象。

3.4.6　第 25.1351(b)(5)项符合性验证说明

针对第 25.1351(b)(5)项,采用的符合性验证方法包括 MOC1、MOC5 和 MOC6,各项验证工作具体如下:

1) MOC1 验证过程

通过电源系统设计描述说明飞机驾驶舱内电源系统控制板上设置有发电机开关,机组可通过按压这些开关,将发电机与飞机电网断开。

2) MOC5 验证过程

通过电源系统机上地面试验,验证电源系统开关功能正常,可用于断开相应的发电机,并且对于机组而言是容易接近的。

3) MOC6 验证过程

通过电源系统飞行试验验证电源系统开关功能正常,可用于断开相应的发电机。

3.4.7　第 25.1351(b)(6)项符合性验证说明

针对第 25.1351(b)(6)项,采用的符合性验证方法包括 MOC1、MOC4、MOC5 和 MOC6,各项验证工作具体如下:

1) MOC1 验证过程

通过电源系统设计描述说明驾驶舱内多功能显示器可以显示电源系统简图页,该简图页上可以显示发电系统的参量信息,包括电压、频率和输出功率等。

2) MOC4 验证过程

通过电源系统实验室试验,验证电源系统简图页可以正常显示发电系统参量信息。

3) MOC5 验证过程

通过电源系统机上地面试验,验证电源系统简图页可以正常显示发电系统参量信息。

4) MOC6 验证过程

通过电源系统飞行试验,验证电源系统简图页可以正常显示发电系统参量信息。

3.4.8　第 25.1351(c)款符合性验证说明

针对第 25.1351(c)款,采用的符合性验证方法包括 MOC1、MOC4 和 MOC5,各项验证工作具体如下:

1) MOC1 验证过程

通过电源系统设计描述说明系统设计有外电源,且设计有措施监测外电源的极性、相序、电源、频率等参数,设计有阻止相序错误的外电源接入飞机的措施,确保接到飞机上的外电源符合要求。

2) MOC4 验证过程

通过电源系统实验室试验,验证在外电源相序错误的状态下,电源系统会自动实施保护,以阻止相序错误的外电源与飞机电网的连接。

3.4.9　第 25.1351(d)款符合性验证说明

针对第 25.1351(d)款,采用的符合性验证方法包括 MOC1、MOC2、MOC3、MOC4、MOC5 和 MOC6,各项验证工作具体如下:

1) MOC1 验证过程

通过电源系统设计描述说明电源系统应急电源的种类和容量。

2) MOC2 验证过程

通过电气负载和电源容量分析表明电源系统中设置的应急电源的容量可以满足交直流关键用电设备的负载需求。

3) MOC3 验证过程

通过系统安全性评估表明,在考虑了应急电源后,电源系统丧失所有交流电源供电/丧失所有直流供电的发生概率均小于 1×10^{-9}/FH,为极不可能的,满足了关键用电系统/设备的供电安全性水平要求。

4) MOC4 验证过程

通过实验室试验表明应急电源的供电性能满足设计需求,并且从正常电源供电到应急电源供电的转换期间,电源系统的供电特性也能满足关键用电设备的需求。

5) MOC5 验证过程

通过机上地面试验表明在发动机和 APU 驱动的发电机失效的情况下,RAT 将被自动释放并自动接入飞机电网实现供电转换,且供电转换逻辑以及转换期间简图页的显示与系统设计需求一致。

6) MOC6 验证过程

通过电源系统飞行试验表明,飞机在空中时,若发动机和 APU 驱动的发电机均失效,RAT 将被自动释放并自动接入飞机电网实现供电转换,为关键用电设备供电。在 RAT 释放期间以及释放后,电源系统及相关用电系统均能实现预期功能,以支持飞机的持续安全飞行和着陆。

3.5　符合性文件清单

通常,针对第 25.1351 条的符合性文件清单如表 3-2 所示。

表 3-2　建议的符合性文件清单

序　号	符　合　性　报　告	符合性方法
1	电源系统系统描述	MOC1
2	供电网络计算分析报告	MOC2
3	电气负载与电源容量分析报告	MOC2
4	电源系统安全性评估报告	MOC3
5	电源系统实验室试验大纲	MOC4
6	电源系统实验室试验报告	MOC4
7	电源系统机上地面试验大纲	MOC5
8	电源系统机上地面试验报告	MOC5
9	电源系统试飞大纲	MOC6
10	电源系统试飞报告	MOC6

4　符合性判据

针对第 25.1351(a)款,明确交流电源设备和直流电源设备的容量、数量;电气负载分析报告结果表明电源系统的容量能够满足用电设备用电量要求;完成飞行试验,实际测得的电气负载小于电气负载分析中统计的相应电气负载组合。

针对第 25.1351(b)(1)项,明确电源系统交流电源和直流电源的组成,及其运行模式;完成电源系统实验室试验、机上地面试验和试飞,电源系统在各种运行模式下都能正常运行。

针对第 25.1351(b)(2)项,明确电源系统运行时各电源装置之间为独立非并联运行,任一电源装置的失效或故障不会影响其余电源装置的正常运行,并通过安全性评估、实验室试验、机上地面试验和飞行试验验证。

针对第 25.1351(b)(3)项,完成电源系统计算分析,得到电源系统在各种运行模式下汇流条端的最低电压,其在设备的设计限制范围之内。完成实验室试验,电源系统能正常运行。

针对第 25.1351(b)(4)项,完成实验室试验,在最严酷的负载突变以及发电机输入转速突变的情况下,电源系统的供电性能在规定范围内,没有产生冒烟或着火等现象;在重负载起动、供电转换以及发电机输入转速变化等情况下,电源系统的供电特性在规定范围内,没有产生冒烟或着火等现象;在发电系统发生故障时,系统可以自动将故障电源切除,由剩余可用电源代替失效电源继续向用电负载供电,没有造成冒烟或着火。

针对第 25.1351(b)(5)项,明确电源系统控制板上的发电机开关以及功能;完成机上地面试验,开关功能正常,并且对于机组而言是容易接近的;完成飞行试验,断开相应发电机的开关功能正常。

针对第 25.1351(b)(6)项,明确多功能显示器可以显示电源系统简图页;完成实验室试验、机上地面试验和飞行试验,确认电源系统简图页可以正常显示发电系统参量信息。

针对第 25.1351(c)款,明确电源系统设有措施以监测外电源的极性、相序、电源、频率等参数;完成实验室试验,在外电源相序错误的状态下,电源系统会自动实施保护。

针对第 25.1351(d)款,明确电源系统应急电源的种类和容量;完成电气负载和电源容量分析计算,结果表明应急电源的容量可以满足交直流关键用电设备的负载需求;完成安全性分析,电源系统丧失所有交流电源供电/丧失所有直流供电的发生概率均小于 $1 \times 10^{-9}/\mathrm{FH}$。完成实验室试验,应急电源的供电性能满足设计需求;完成机上地面试验,在发动机和 APU 驱动的发电机失效的情况下,RAT 将被自动释放并自动接入飞机电网实现供电转换;完成飞行试验,在应急情况下,RAT 自动释放并接入飞机电网实现供电转换,为关键用电设备供电。

参考文献

[1] 14 CFR 修正案 25 – 72 Special Review: Transport Category Airplane Airworthiness Standards [S].

[2] FAA. AC25 – 10 Guidance for Installation of Miscellaneous, Nonrequired Electrical Equipment [S]. 1987.

[3] FAA. AC25.1357 – 1A Circuit Protective Devices [S]. 2007.

[4] FAA. AC20 – 151B Airworthiness Approval of Traffic Alert and Collision Avoidance Systems (TCAS Ⅱ), Versions 7.0 & 7.1 and Associated Mode S Transponders [S]. 2014.

[5] FAA. AC20 – 131A Airworthiness Approval of Traffic Alert and Collision Avoidance Systems (TCAS Ⅱ) and Mode S Transponders [S]. 1993.

[6] FAA. AC25 – 16 Electrical Fault and Fire Prevention and Protection [S]. 1991.

[7] FAA. AC25.1701 – 1 Certification of Electrical Wiring Interconnection Systems on Transport Category Airplanes [S]. 2007.

[8] FAA. AC25 – 23 Airworthiness Criteria for the Installation Approval of a Terrain Awareness and Warning System (TAWS) for Part 25 Airplanes [S]. 2000.

[9] FAA. AC25 - 12 Airworthiness Criteria for the Approval of Airborne Windshear Warning Systems in Transport Category Airplanes [S]. 1987.

[10] FAA. AC25. 1365 - 1 Electrical Appliances, Motors, and Transformers [S]. 2007.

运输类飞机适航标准 第 25.1353 条符合性验证

1 条款介绍

1.1 条款原文

第 25.1353 条　电气设备及安装

（a）电气设备和控制装置的安装,必须使任何一个部件或部件系统的工作不会对同时工作的、对安全运行起主要作用的其他系统和部件产生不利影响。飞机上任何可能产生的电气干扰不得对飞机或其系统产生危险的影响。

（b）蓄电池必须按下列要求设计和安装:

（1）在任何可能的充电或放电状态下,单体蓄电池的温度和压力必须保持在安全范围之内。当蓄电池(在预先安全放电之后)在下列情况重新充电时,单体蓄电池的温度不得有不可控制的升高:

（i）以调定的最大电压或功率;

（ii）最长持续飞行期间;

（iii）服役中很可能出现的最不利的冷却条件

（2）必须通过试验表明符合本条(b)(1)的要求,但是,如果类似的蓄电池和安装方法的使用经验业已表明,使单位蓄电池保持安全的温度和压力不存在问题,则除外;

（3）正常工作时,或充电系统或蓄电池装置发生任何可能的故障时,从任何蓄电池逸出的易爆或有毒气体,在飞机内的积聚量不得达到危险程度;

（4）蓄电池可能逸出的腐蚀性液体或气体,均不得损坏周围的飞机结构或邻近的重要设备;

（5）每个镉镍蓄电池装置必须有措施防止蓄电池或某个单体蓄电池短路时所发出的最大热量危及结构或重要系统;

（6）镉镍蓄电池必须具有下列系统之一:

（i）自动控制蓄电池充电速率的系统,以防止蓄电池过热;

（ii）蓄电池温度敏感和超温警告系统,该系统具有一旦出现超温情况即可将蓄电池与其充电电源断开的措施；

（iii）蓄电池失效敏感和警告系统，该系统具有一旦发生蓄电池失效即可将蓄电池与其充电电源断开的措施。

（c）在具有接地电气系统的飞机上，其电气接地必须能够在正常和故障情况下，提供足够的电气回路。

〔中国民用航空局 2011 年 11 月 7 日第四次修订〕

1.2 条款背景

第 25.1353 条主要对电气设备和控制装置的安装以及蓄电池的设计和安装等内容进行了规定。

1.3 条款历史

第 25.1353 条在 CCAR25 部初版首次发布，截至 CCAR－25－R4，该条款共修订过 1 次，如表 1－1 所示。

表 1－1 第 25.1353 条条款历史

第 25.1353 条	CCAR25 部版本	相关 14 CFR 修正案	备 注
首次发布	初版	—	
第 1 次修订	R4	25－113,25－123	

1.3.1 首次发布

1985 年 12 月 31 日发布了 CCAR25 部初版，其中包含第 25.1353 条，该条款参考 1964 年 12 月 24 日发布的 14 CFR PART 25 中的 §25.1353 的内容制定。

1.3.2 第 1 次修订

2011 年 11 月 7 日发布的 CCAR－25－R4 对第 25.1353 条进行了第 1 次修订，本次修订参考了 14 CFR 修正案 25－113 和 14 CFR 修正案 25－123 的内容：

（1）修订了 §25.1353(a)，增加了"除非在极小可能的情况下，飞机上任何可能产生的电气干扰不得对飞机或其系统产生危险的影响"的内容。另外，修订了 §25.1353(c)(5) 和 §25.1353(6)，扩大了这两项所规定的镍镉蓄电池的适用范围，将原来规定的仅限适用于能够用于启动发动机和 APU 的镍镉蓄电池扩大到了适用于每个镍镉蓄电池。同时增加了 §25.1353(d) 有关电气线路和安装必须遵守的规定。

（2）将原来 §25.1353(b) 和 §25.1353(d) 中包含的布线方面的有关要求全部移到了 H 分部。另外，删除了原来 §25.1353(a) 中的"除非在极小可能的情况下"这一条件，目的是明确不要求对飞机上任何可能发生的电气干扰做定量的分析。同时将 §25.1353(c) 改为了"在具有接地电气系统的飞机上，其电气接地必须能够在正常和故障情况下，提供足够的电气回路"。

2 条款解读

2.1 条款要求

第25.1353(a)款要求电气设备和控制装置的安装,必须使得任何单项装置或装置系统的工作,对于同时工作的任何其他安全运行必需的电气装置或系统无不利影响,任何可能在飞机上出现的电气干扰不得对飞机或其系统造成危害性影响。

第25.1353(b)款对蓄电池设计与安装提出了要求。

第25.1353(c)款对接地电气系统提出的要求,使得电气回路有足够的尺寸和适当的安装,能够耐受正常的和故障情况下的预期会发生的最高电流水平。在大量使用复合材料的飞机上因不能通过复合材料机身接地,才设计有接地电气系统,一般金属机身飞机无须设计接地电气系统,不适用此款。

2.2 相关条款

第25.1353条无相关条款。

3 验证过程

3.1 验证对象

第25.1353条的验证对象为用电设备。

3.2 符合性验证思路

针对第25.1353(a)款,通过系统设计描述说明相关系统和设备在设计中贯彻了相关的飞机级电磁兼容性顶层设计要求,并通过全机级电磁兼容性机上地面试验和全机级电磁兼容性飞行试验,以及设备鉴定进行验证。

针对第25.1353(b)款,通过系统设计描述说明蓄电池及其控制和保护功能,通过设计分析表明蓄电池可能逸出的易爆或有毒气体在飞机内的积聚量都不会达到危险程度;蓄电池可能逸出的腐蚀性液体或气体不会损坏周围的飞机结构或邻近的重要设备;蓄电池短路时发出的热量不会危及结构或重要系统。通过机上检查对蓄电池安装情况进行检查,证明蓄电池的安装可以防止有害气体在飞机内的积聚,并且飞机上采取了充分的防腐蚀措施,可以防止蓄电池周围结构和重要设备受到蓄电池的腐蚀影响。通过主/APU蓄电池、飞控蓄电池及蓄电池控制器设备鉴定表明蓄电池控制器可以有效控制蓄电池充电速率进而防止蓄电池过热;在本条款规定的充放电条件下,蓄电池的温度不会有不可控制的升高。

针对第25.1353(c)款,如果机身是复合材料的飞机,那么通过系统设计描述说明接地系统的设计,并通过实验室正常供电和短路故障试验进行验证。如果飞机是金属机身无须设计接地电气系统,则不适用此款。

3.3 符合性验证方法

通常,针对第 25.1353 条的符合性验证方法如表 3-1 所示。

表 3-1 建议的符合性方法

条 款 号	专 业	符 合 性 方 法										备 注
		0	1	2	3	4	5	6	7	8	9	
第 25.1353(a)款	环控		1								9	
第 25.1353(a)款	自动飞行		1								9	
第 25.1353(a)款	内饰		1								9	
第 25.1353(a)款	客舱安全		1								9	
第 25.1353(a)款	通信		1								9	
第 25.1353(a)款	电源		1								9	
第 25.1353(a)款	防火		1								9	
第 25.1353(a)款	飞控		1								9	
第 25.1353(a)款	燃油		1								9	
第 25.1353(a)款	液压		1								9	
第 25.1353(a)款	指示记录		1								9	
第 25.1353(a)款	起落架		1								9	
第 25.1353(a)款	照明		1								9	
第 25.1353(a)款	导航		1								9	
第 25.1353(a)款	水/废水		1								9	
第 25.1353(a)款	机载维护		1								9	
第 25.1353(a)款	APU		1								9	
第 25.1353(a)款	舱门		1								9	
第 25.1353(a)款	动力		1								9	
第 25.1353(a)款	E3		1				5	6			9	
第 25.1353(b)款	电源		1	2					7		9	
第 25.1353(c)款	电源		1			4						

3.4 符合性验证说明

3.4.1 第 25.1353(a)款符合性验证说明

针对第 25.1353(a)款,采用的符合性验证方法包括 MOC1、MOC5、MOC6 和 MOC9,各项验证具体工作如下:

1) MOC1 验证过程

E3 专业作为飞机电磁兼容性总体负责专业,根据飞机各个部位的电磁环境分类,编制机载设备和系统电磁环境效应接口要求、飞机电搭接规范两个顶层文件。各相关系统/专业根据这两份文件要求开展设计,以确保全机电气系统符合第

25.1353(a)款的电磁兼容性要求。

通过系统描述表明相关系统和设备在设计中贯彻了相关的飞机级电磁兼容性顶层设计要求。

2）MOC5 验证过程

全机电磁兼容性机上地面试验分为定量测试和定性检查两个部分。

（1）定量部分的测试内容有：

（a）扫描对应天线端口的噪声，以判断设备/系统工作对无线电收发机的电磁干扰。

（b）无线电设备工作时舱室场强和电缆感应电流测量，即在机上无线电设备/系统工作状态下测量机上舱室的场强和典型电缆上的感应电流，以判断无线电设备工作的影响。

（c）耳机噪声的测量，在机上设备工作状态下，测量驾驶员耳机噪声，以判断设备工作的无意电磁辐射对音频系统的影响。

（2）定性部分试验：

根据机载设备/系统的工作特性，将设备分为敏感设备和潜在干扰源，在飞机各种供电模式及供电模式切换的条件下，将潜在干扰源设备设置在最强工作状态，检查敏感设备的工作状态，以确定飞机机载设备/系统的电磁兼容性是否满足设备/系统正常工作的要求。试验结果表明，系统/设备能够正常工作，未发现电磁干扰现象。

3）MOC6 验证过程

全机电磁兼容性飞行试验是考察飞机在飞行的各个阶段，机载电气、机电及无线电系统/设备间是否能够在各种飞行状态下满足电磁兼容性要求。试验方法是在试飞过程中，由试飞员按照试飞大纲设置干扰源和敏感设备按照指定的方式工作，通过观察敏感设备的工作情况，来评估机载电气系统/设备间是否存在干扰现象。电磁兼容性飞行试验验证项目为地面试验无法验证项目或无法充分验证的项目，以及地面试验发现存在干扰的项目。

4）MOC9 验证过程

各电气设备根据电磁兼容性指标要求，在设计中采取相应的防护措施，并根据RCTA DO‑160 相关章节的要求开展设备鉴定试验，表明设备运行时产生的电磁干扰没有超出规定限值，不会产生对飞机安全运行必不可少的任何其他电气部件或系统正常工作的不利影响，以保证电气设备能够满足电磁兼容性指标要求。

3.4.2　第 25.1353(b)款符合性验证说明

针对第 25.1353(b)款，采用的符合性验证方法包括 MOC1、MOC2、MOC7 和MOC9，各项验证工作具体如下：

1）MOC1 验证过程

通过系统设计描述表明蓄电池及其控制和保护功能，蓄电池控制器用于蓄电池的充放电控制,控制蓄电池的充放电电流,进而防止出现蓄电池温度不可控制的升高。

2) MOC2 验证过程

通过电源系统设计分析表明蓄电池可能逸出的易爆或有毒气体在飞机内的积聚量都不会达到危险程度;蓄电池可能逸出的腐蚀性液体或气体不会损坏周围的飞机结构或邻近的重要设备;蓄电池短路时发出的热量不会危及结构或重要系统。

3) MOC7 验证过程

通过电源系统机上检查对蓄电池安装情况进行检查,确认蓄电池的安装可以防止有害气体在飞机内的积聚,并且飞机上采取了充分的防腐蚀措施,可以防止蓄电池周围结构和重要设备受到蓄电池的腐蚀影响。

4) MOC9 验证过程

通过主蓄电池、APU 蓄电池、飞控蓄电池及蓄电池控制器设备鉴定表明蓄电池控制器可以有效控制蓄电池充电速率进而防止蓄电池过热;在本条款规定的充放电条件下,蓄电池的温度不会有不可控制的升高。

3.4.3 第 25.1353(c) 款符合性验证说明

如果机身是复合材料的飞机,则针对第 25.1353(c) 款,采用的符合性验证方法包括 MOC1 和 MOC4,各项验证工作具体如下:

1) MOC1 验证过程

通过系统设计描述说明接地电气系统的设计特征。

2) MOC4 验证过程

通过实验室正常供电和短路故障试验进行验证,表明接地电气回路系统有足够的尺寸和适当的安装,能够耐受正常的和故障情况下的预期会发生的最高电流水平。

3.5 符合性文件清单

通常,针对第 25.1353 条的符合性文件清单如表 3-2 所示。

表 3-2 建议的符合性文件清单

序 号	符 合 性 报 告	符合性方法
1	环控系统系统设计描述	MOC1
2	自动飞行系统系统设计描述	MOC1
3	通信系统系统设计描述	MOC1
4	电源系统系统设计描述	MOC1
5	电源系统设计分析报告	MOC2
6	电源系统机上检查大纲	MOC7
7	电源系统机上检查报告	MOC7
8	电源系统实验室试验大纲	MOC4

（续表）

序　号	符 合 性 报 告	符合性方法
9	电源系统实验室试验报告	MOC4
10	内饰系统系统设计描述	MOC1
11	防火系统系统设计描述	MOC1
12	飞控系统系统设计描述	MOC1
13	燃油系统系统设计描述	MOC1
14	液压系统系统设计描述	MOC1
15	指示记录系统系统设计描述	MOC1
16	起落架系统系统设计描述	MOC1
17	照明系统系统设计描述	MOC1
18	导航系统系统设计描述	MOC1
19	水废水系统系统设计描述	MOC1
20	机载维护系统系统设计描述	MOC1
21	APU 系统系统设计描述	MOC1
22	舱门系统系统设计描述	MOC1
23	动力装置系统系统设计描述	MOC1
24	全机电磁兼容系统设计描述	MOC1
25	全机电磁兼容性设计要求	MOC1
26	全机电磁兼容性机上地面试验大纲	MOC5
27	全机电磁兼容性机上地面试验报告	MOC5
28	全机电磁兼容性试飞大纲	MOC6
29	全机电磁兼容性试飞报告	MOC6
30	电气设备合格鉴定大纲	MOC9
31	电气设备合格鉴定报告	MOC9

4　符合性判据

针对第 25.1353(a)款,制定了电磁兼容顶层设计要求,各系统设计时贯彻了飞机级电磁兼容性顶层设计要求;完成全机电磁兼容性机上地面和飞行试验,未发现有电磁干扰现象;完成设备合格鉴定,设备运行时产生的电磁干扰没有超出规定限值。

针对第 25.1353(b)款,明确蓄电池控制及其控制和保护功能;完成电源系统设计分析,表明主蓄电池、APU 蓄电池和飞控蓄电池可能逸出的易燃或有毒气体在飞机内的积聚量都不会达到危险程度;完成机上检查,确认蓄电池的安装可防止有害气体在飞机内的积聚,并且蓄电池周围结构采取了防腐措施;完成蓄电池设备鉴定试验,蓄电池控制器可以有效控制蓄电池充电速率。

如果机身是复合材料的飞机,则针对第 25.1353(c)款,明确有接地电气系统,并完成实验室试验,能够耐受正常和故障情况下的预期会发生的最高电流水平。

参考文献

[1] 14 CFR 修正案 25 - 113 Electrical Equipment and Installations, Storage Battery Installation; Electronic Equipment; and Fire Protection of Electrical System Components on Transport Category Airplanes [S].

[2] 14 CFR 修正案 25 - 123 Enhanced Airworthiness Program for Airplane Systems/Fuel Tank Safety [S].

[3] FAA. AC25 - 10 Guidance for Installation of Miscellaneous, Nonrequired Electrical Equipment [S]. 1987.

[4] FAA. AC25. 1357 - 1A Circuit Protective Devices [S]. 2007.

[5] FAA. AC20 - 151B Airworthiness Approval of Traffic Alert and Collision Avoidance Systems (TCAS II), Versions 7. 0 & 7. 1 and Associated Mode S Transponders [S]. 2014.

[6] FAA. AC25 - 16 Electrical Fault and Fire Prevention and Protection [S]. 1991.

[7] FAA. AC25. 1353 - 1A Electrical Equipment and Installations [S]. 2007.

[8] FAA. AC25. 1701 - 1 Certification of Electrical Wiring Interconnection Systems on Transport Category Airplanes [S]. 2007.

[9] FAA. AC25 - 23 Airworthiness Criteria for the Installation Approval of a Terrain Awareness and Warning System (TAWS) for Part 25 Airplanes [S]. 2000.

[10] FAA. AC25. 1360 - 1 Protection Against Injury [S]. 2007.

[11] FAA. AC25. 981 - 1C Fuel Tank Ignition Source Prevention Guidelines [S]. 2008.

[12] FAA. AC25 - 12 Airworthiness Criteria for the Approval of Airborne Windshear Warning Systems in Transport Category Airplanes [S]. 1987.

[13] FAA. AC25. 1365 - 1 Electrical Appliances, Motors, and Transformers [S]. 2007.

运输类飞机适航标准
第 25.1355 条符合性验证

1 条款介绍

1.1 条款原文

第 25.1355 条 配电系统

（a）配电系统包括配电汇流条、与其相关联的馈电线及每一控制和保护装置。

（b）［备用］

（c）如果中国民用航空规章要求由两个独立的电源向某些特定的设备或系统供电，则这些设备或系统的一个电源一旦失效后，另一电源（包括其单独的馈电线）必须能自动或手动接通，以维持设备或系统的工作。

1.2 条款背景

第 25.1355 条主要对飞机电源的配电系统制定了一般规定。

1.3 条款历史

第 25.1355 条在 CCAR25 部初版首次发布，截至 CCAR-25-R4，该条款未进行过修订，如表 1-1 所示。

表 1-1 第 25.1355 条条款历史

第 25.1355 条	CCAR25 部版本	相关 14 CFR 修正案	备　注
首次发布	初版	—	

1985 年 12 月 31 日发布了 CCAR25 部初版，其中包含第 25.1355 条，该条款参考 1964 年 12 月 24 日发布的 14 CFR PART 25 中的 §25.1355 的内容制定。

2 条款解读

2.1 条款要求

第 25.1355(a)款明确了配电系统的范围，配电系统应包括自主发电机接触器（或主发电机主电路断路器）之后到用电设备电路保护装置（包括断路器和熔断器等)之前的部分,它的主要功能是将发电机或其他电源的功率分配到各用电设备。

第 25.1355(c)款要求对飞行安全有影响的设备或对飞机执行飞行任务直接有关的设备,在配电系统设计时应考虑到这些设备或系统使其接在可转换供电的汇流条上,即该汇流条正常供电时由某一电源供电,当这一电源或电源馈电线发生故障时,通过转换接触器的通断,由另一独立电源对该汇流条供电。

2.2 相关条款

第 25.1355 条无相关条款。

3 验证过程

3.1 验证对象

针对第 25.1355 条的验证对象为配电系统。

3.2 符合性验证思路

针对第 25.1355(a)款,通过电源系统设计描述说明配电系统的组成。

针对第 25.1355(c)款,通过系统设计描述说明双余度供电设备所连接的汇流条及供电转换逻辑,并通过实验室试验(MOC4)、机上地面试验(MOC5)和飞行试验(MOC6)验证当一个电源失效后,另一个电源能自动接通,以维持设备的正常工作。

3.3 符合性验证方法

通常,针对第 25.1355 条的符合性验证方法如表 3 - 1 所示。

表 3 - 1 建议的符合性方法表

条 款 号	专 业	符 合 性 方 法										备 注
		0	1	2	3	4	5	6	7	8	9	
第 25.1355(a)款	电 源		1									
第 25.1355(c)款	电 源		1			4	5	6				

3.4 符合性验证说明

3.4.1 第 25.1355(a)款符合性验证说明

针对第 25.1355(a)款,采用的符合性验证方法为 MOC1,验证具体工作如下:通过电源系统设计描述说明配电系统的组成。配电系统含有主汇流条、负载汇流条、馈电线,以及相应的控制(包括有 GCU、汇流条电源控制器和控制继电器等)和保护装置(包括有接触器、断路器和熔断器等)。从汇流条到各配电点的馈线的布置、保护和控制,以及各馈线上负载的分配,使得在任何馈线或相关的控制电路上发生的单个故障都不会危及飞机。

3.4.2 第 25.1355(c)款符合性验证说明

针对第 25.1355(c)款采用的符合性验证方法包括 MOC1、MOC4、MOC5 和 MOC6,各项验证工作具体如下:

1) MOC1 验证过程

电源系统通过汇流条向用电系统和设备供电。为了满足本条款的要求,除直流地面服务汇流条外(该汇流条不用于向本条款规定的用电系统/设备供电),电源系统的每个汇流条均设有至少两路独立电源输入,如表 3-2 所示。

表 3-2 电源系统汇流条电源输入

汇 流 条	供 电 电 源		
	高优先级		低优先级
左交流汇流条	左发电机	交流连接汇流条	
右交流汇流条	右发电机	交流连接汇流条	
单相交流重要汇流条	三相交流重要汇流条	静止变流器	
三相交流重要汇流条	右交流汇流条	左交流汇流条	RAT 发电机
交流地面服务汇流条	左交流汇流条	外电源	
左直流汇流条	左变压整流器	右直流汇流条	
右直流汇流条	右变压整流器	左直流汇流条	
直流地面服务汇流条	左变压整流器		
左直流重要汇流条	左直流汇流条	直流重要转换汇流条	主蓄电池
右直流重要汇流条	右直流汇流条	直流重要转换汇流条	APU 蓄电池
直流重要转换汇流条	应急变压整流器	左直流重要汇流条	右直流重要汇流条
飞控蓄电池汇流条	应急变压整流器	飞控蓄电池	

2) MOC4 验证过程

电源系统通过实验室试验故障试验,验证在单个电源失效的状态下,电源系统会自动进行供电转换,由剩余可用电源代替失效电源向相应的汇流条供电。

电源系统通过实验室试验配电试验,验证电源系统中的冗余电源装置可以进行自动供电转换,在一个电源不可用的情况下由剩余可用电源向相应的汇流条供电。

3) MOC5 验证过程

电源系统机上地面试验,验证在起动发动机和 APU 的条件下进行的试验程序,用于检查交流电源供电以及交流电源之间的相互转换功能,包括外电源供电、APU 发电机供电、左发电机供电、右发电机供电、APU 发电机与外电源之间的转换供电、APU 发电机与主发电机之间的转换供电以及左发电机、右发电机独立供电以验证电源系统装机后功能正常。通过机上地面试验,验证电源系统可以实现自动供电转换,在一个电源失效后,由剩余可用电源代替其向相应的汇流条供电。

4) MOC6 验证过程

电源系统通过飞行试验,验证在飞行中电源系统可以实现自动供电转换,即,在一个电源失效后,由剩余可用电源代替其向相应的汇流条供电。

3.5 符合性文件清单

通常,针对第 25.1355 条的符合性文件清单如表 3-3 所示。

表 3-3 建议的符合性文件清单

序 号	符 合 性 报 告	符合性方法
1	电源系统系统设计描述	MOC1
2	电源系统实验室试验大纲	MOC4
3	电源系统实验室试验报告	MOC4
4	电源系统机上地面试验大纲	MOC5
5	电源系统机上地面试验报告	MOC5
6	电源系统试飞大纲	MOC6
7	电源系统试飞报告	MOC6

4 符合性判据

(1) 明确定义了配电系统的组成及功能。

(2) 明确定义了电源系统中配电系统具有自动供电转换功能。

(3) 依据安全分析,确定对飞行安全有影响的设备,并对其设计了双余度供电方式。

(4) 完成了实验室试验、机上地面试验和飞行试验,试验结果表明配电系统可实现自动供电转换。

参考文献

[1] FAA. AC20 - 151B Airworthiness Approval of Traffic Alert and Collision Avoidance Systems (TCAS Ⅱ), Versions 7.0 & 7.1 and Associated Mode S Transponders [S]. 2014.

[2] FAA. AC25.1701 - 1 Certification of Electrical Wiring Interconnection Systems on Transport Category Airplanes [S]. 2007.

[3] FAA. AC25 - 12 Airworthiness Criteria for the Approval of Airborne Windshear Warning Systems in Transport Category Airplanes [S]. 1987.

[4] FAA. AC25.672 - 1 Active Flight Controls [S]. 1983.

运输类飞机适航标准 第 25.1357 条符合性验证

1　条款介绍

1.1　条款原文

第 25.1357 条　电路保护装置

（a）必须采用自动保护装置，在线路发生故障或在系统或所连接的设备发生严重失灵时，最大限度地减小对电气系统的损坏和对飞机的危害。

（b）发电系统中的保护和控制装置的设计，必须能足够迅速地断电，并将故障电源和输电设备与其相关联的汇流条断开，防止出现危险的过压或其它故障。

（c）每一可复位型电路保护装置的设计，必须在发生过载或电路故障时，不论其操作位置如何，均能断开电路。

（d）如果飞行安全要求必需有使某一断路器复位或更换某一熔断器的能力，则这种断路器或熔断器的位置和标识必须使其在飞行中易被复位或更换。在使用熔断器的地方，必须有备用熔断器供飞行中使用，其数量至少应为保护整个电路所需的每种额定熔断器数量的 50%。

（e）每一重要负载电路必须具有单独的电路保护。但不要求重要负载系统中的每一电路（如系统中的每个航行灯电路）都有单独的保护。

（f）对于正常工作中有必要进行断电或电源复位的飞机系统，该系统必须设计为：其断路器不得作为断电或电源复位的主要手段，除非将断路器特别设计作为开关使用。

（g）如果对于接至某设备的电缆已有电路保护，则可采用自动复位断路器（如热断路器）作为该电气设备自身装有的保护器。

〔中国民用航空局 2011 年 11 月 7 日第四次修订〕

1.2　条款背景

制定第 25.1357 条的目的是提出电路保护装置的安装和设计要求。

1.3　条款历史

第 25.1357 条在 CCAR25 部初版首次发布，截至 CCAR-25-R4，该条款共修订过 1 次,如表 1-1 所示。

表 1-1　第 25.1357 条条款历史

第 25.1357 条	CCAR25 部版本	相关 14 CFR 修正案	备　注
首次发布	初版	——	
第 1 次修订	R4	25-123	

1.3.1　首次发布

1985 年 12 月 31 日发布了 CCAR25 部初版,其中包含第 25.1357 条,该条款参考 1964 年 12 月 24 日发布的 14 CFR PART 25 中的 §25.1357 的内容制定。

1.3.2　第 1 次修订

2011 年 11 月 7 日发布的 CCAR-25-R4 对第 25.1357 条进行了第 1 次修订,本次修订参考了 14 CFR 修正案 25-123 的内容:合并了 §25.1357(d) 和 §25.1357(f),并修订 §25.1357(f) 为"对于正常工作中有必要进行断电或电源复位的飞机系统",该系统必须设计为:"其断路器不得作为断电或电源复位的主要手段,除非将断路器特别设计作为开关使用"。

2　条款解读

2.1　条款要求

第 25.1357(a) 款是电路保护装置总的要求。电路保护装置是用于发电系统的电路保护,即控制主电源接触器(或主电路断路器)通断的设备,通常称为发电机控制保护器;或用于对设备或系统输电线路的保护,通常用熔断器和断路器等。每个设备或系统的输电线路都应采用电路保护装置。电路保护装置的参数选择应能达到这样的目的:即线路或用电的设备(或系统)发生故障时,该电路保护装置应引起保护,把故障源与电气系统隔离,使故障的危害限制在最小限度,不影响其他电气系统或其他设备的正常工作。为此,在选择配电系统中的电路保护装置时,应按分级选择的原则。在电路保护装置参数选择时,应使前级电路保护装置的安秒特性高于后级的安秒特性。

第 25.1357(b) 款是对发电系统的电路保护装置(发电机控制保护器)的要求。发电机控制保护器应对发电系统的基本故障进行保护。基本故障对交流主电源系统是指过电压、低电压、过频、低频和短路故障。对这些不同的故障,发电机控制保护器应具有不同的延时断电功能,其最终目的应达到切断主接触器(或主电路断路器),将故障电源与用电设备及相关联的汇流条断开,防止过压、过频或其他故障危害设备或系统,并将故障隔离。此外,发电机馈电线短路时,差动保护功能应切断发电机的励磁。

第 25.1357(c) 款是对可复位型的电路保护装置的要求,飞机上常用的可复位型的电路保护装置为断路器,在选择使用断路器时,必须注意其保护特性(即安秒特性)和分断能力,即当被保护的设备或线路发生故障时,其故障电流应大于断路器的动作(断开)电流。另外,该断路器能够分断可能产生的最大故障电流。这样,可复位型的电路保护装置才能可靠地对故障的设备或电路起保护作用。

第25.1357(d)款是对飞行中需要复位的电路保护装置的要求。为飞行安全而需复位的断路器或可更换的熔断器,应当有明显的位置标志或指示,即这类断路器应能立即识别是处于断开位置还是接通位置,而熔断器应采用带有断开指示灯或其他易于识别其通、断状态的熔断器,使其在飞行中能易于复位或更换。如采用熔断器,则必须有备用熔断器供飞行中使用,其每种规格备用数量至少为所需量的50%。在飞机设计时,要考虑到备用熔断器安放的位置,各规格备用熔断器取用方便,便于飞行时更换断开的熔断器。

第25.1357(e)款要求每一个重要用电设备电路必须具有单独的电路保护(熔断器或断路器)。一个电路保护装置只能接一个重要用电设备,但不要求重要负载系统中的每一个电路都有一个电路保护装置。当某一电路发生故障时,该电路保护装置起作用,而不会影响其他设备或线路的正常工作。

第25.1357(f)款要求对于那些有必要在正常操作期间具备断电或复位电源能力的飞机系统,断路器不被用作断电或复位系统电源的主要方式。在正常运行期间需要断电的系统应该被设计成当电源从系统中断开时应尽可能从接近实际可行的电源源头处断开,而不是简单地停用供电系统的输出。一个单独的或集成的电源开关可用来表明符合第25.1357(f)款。如果采用一个集成的开关(即一个控制功率流向多个飞机系统的开关),那么它必须被表明对那些多个系统执行断电或电源复位操作时将不会对安全飞行产生有害影响。如果一个开关额定断路器能够被证明在系统或其服役寿命期内符合所需操作的开关次数,则可以被选择作为一个开关额定断路器使用。

第25.1357(g)款要求自动复位断路器作为设备自身的保护装置时,一般设置在设备内部,作为设备的一部分,不能替代电路保护。为此,在设备自身带有自动复位断路器时,设备电路还需设有电路保护装置,即断路器或熔断器。

2.2　相关条款

第25.1357条无相关条款。

3　验证过程

3.1　验证对象

第25.1357条的验证对象为电路保护装置。

3.2　符合性验证思路

针对第25.1357(a)款,通过系统描述说明系统设计时采用的自动保护装置及其功能。

针对第 25.1357(b)款,通过电源系统描述说明电源系统中发电系统的组成及其保护装置,并通过实验室试验(MOC4)的故障试验验证发电系统发生电气故障时,保护装置均能在规定时间内断开发电机与相应汇流条的连接。

针对第 25.1357(c)款,通过系统描述说明系统设计中采用的可复位的电路保护装置为断路器,根据断路器的动作特性曲线(安秒特性)和相关断路器技术规范中给出的产品机械特性可以确定,在发生过载或电路故障时,不论它们操作位置如何,均能断开电路。

针对第 25.1357(d)款,通过系统描述说明安全飞行需要的可复位断路器和可更换熔断器的说明,并通过机上检查(MOC7)对指定的断路器或熔断器进行复位或更换,并检查其可达性。

针对第 25.1357(e)款,通过系统描述说明系统的每一重要负载的供电线路均设有独立的保护装置。

针对第 25.1357(f)款,通过系统描述说明设备的供电通断控制。

针对第 25.1357(g)款,通过系统描述说明每路负载的电路保护装置。

3.3 符合性验证方法

通常,针对第 25.1357 条的符合性验证方法如表 3-1 所示。

表 3-1 建议的符合性方法

条 款 号	专 业	符 合 性 方 法										备 注
		0	1	2	3	4	5	6	7	8	9	
第 25.1357(a)款	自动飞行		1									
第 25.1357(a)款	电源		1									
第 25.1357(a)款	飞控		1									
第 25.1357(a)款	高升力		1									
第 25.1357(a)款	液压		1									
第 25.1357(a)款	无线电通信		1									
第 25.1357(a)款	音频管理		1									
第 25.1357(a)款	水/废水		1									
第 25.1357(a)款	起落架		1									
第 25.1357(a)款	显示和机组告警		1									
第 25.1357(a)款	信息		1									
第 25.1357(a)款	客舱		1									
第 25.1357(a)款	大气数据和惯性基准		1									

(续表)

条 款 号	专 业	符 合 性 方 法										备 注
		0	1	2	3	4	5	6	7	8	9	
第 25.1357(a)款	航电核心处理		1									
第 25.1357(a)款	飞行记录		1									
第 25.1357(a)款	无线电导航		1									
第 25.1357(a)款	综合监视		1									
第 25.1357(a)款	机载维护		1									
第 25.1357(a)款	防冰除雨		1									
第 25.1357(a)款	照明		1									
第 25.1357(a)款	防火		1									
第 25.1357(a)款	舱门		1									
第 25.1357(a)款	动力装置		1									
第 25.1357(a)款	APU		1									
第 25.1357(a)款	燃油箱防爆		1									
第 25.1357(a)款	燃油		1									
第 25.1357(a)款	氧气		1									
第 25.1357(a)款	空调系统及气源		1									
第 25.1357(b)款	电源		1				4					
第 25.1357(c)款	水/废水		1									
第 25.1357(c)款	电源		1									
第 25.1357(c)款	防冰除雨		1									
第 25.1357(d)款	电源		1						6			
第 25.1357(e)款	自动飞行		1									
第 25.1357(e)款	防火		1									
第 25.1357(e)款	舱门		1									
第 25.1357(e)款	电源			2								
第 25.1357(e)款	动力装置		1									
第 25.1357(e)款	APU		1									
第 25.1357(e)款	飞控		1									
第 25.1357(e)款	高升力		1									
第 25.1357(e)款	液压		1									
第 25.1357(e)款	起落架		1									
第 25.1357(e)款	无线电通信		1									
第 25.1357(e)款	音频管理		1									

（续表）

条　款　号	专　业	符 合 性 方 法										备　注
		0	1	2	3	4	5	6	7	8	9	
第 25.1357(e)款	飞行记录		1									
第 25.1357(e)款	显示和机组告警		1									
第 25.1357(e)款	大气数据和惯性基准		1									
第 25.1357(e)款	无线电导航		1									
第 25.1357(e)款	防冰除雨		1									
第 25.1357(e)款	空调系统及气源		1									
第 25.1357(e)款	氧气		1									
第 25.1357(e)款	燃油		1									
第 25.1357(e)款	燃油箱防爆		1									
第 25.1357(e)款	综合监视		1									
第 25.1357(e)款	航电核心处理		1									
第 25.1357(e)款	客舱		1									
第 25.1357(e)款	机载维护		1									
第 25.1357(e)款	照明		1									
第 25.1357(f)款	电源		1									
第 25.1357(g)款	电源		1									

3.4　符合性验证说明

3.4.1　第 25.1357(a)款符合性验证说明

针对第 25.1357(a)款,采用的符合性验证方法为 MOC1,验证具体工作如下:

通过电气系统设计描述说明在飞机电网中,在电源端、用电设备端以及配电网络中均设有自动保护装置,可以在发生电气故障时按设计的保护逻辑实现分级自动保护,将故障范围切除,防止故障范围蔓延,以最小化对电气系统的损坏和飞机的危害。

同时说明在用电系统设计中采用了断路器作为自动保护装置。系统选用的断路器均在飞机电气通用元器件选用目录中,且为可复位型断路器,在线路发生故障或在系统或所连接的设备发生严重失灵时,可自动进行隔离保护。

3.4.2　第 25.1357(b)款符合性验证说明

针对第 25.1357(b)款采用的符合性验证方法包括 MOC1 和 MOC4,各项验证工作具体如下:

1) MOC1 验证过程

通过电源系统描述表明电源系统中发电系统的组成及其保护装置。电源系统中一般设有左交流发电系统(主要包括左发电机和左发电机控制器)、右交流发电系统(主要包括右发电机和右发电机控制器)、辅助交流发电系统(主要包括 APU 发电机和 APU 发电机控制器)和应急交流发电系统(主要包括 RAT 发电机和 RAT 发电机控制器)。

2) MOC4 验证过程

通过电源系统实验室短路试验和断路试验,对左发电机、右发电机、APU 发电机和 RAT 发电机的电气故障均进行了试验,试验结果表明在上述发电系统发生电气故障时,保护装置均能在规定时间内断开发电机与相应汇流条的连接。

短路试验过程中,在电源输出端、馈电线和汇流条上发生短路故障时验证系统的故障诊断、隔离、告警功能,测定保护逻辑是否正确。在典型用电设备输入端发生短路故障时,验证各级断路器和供配电系统工作协调性及故障保护逻辑的正确性。试验中测试系统供电特性参数、短路电流、跳闸电流和时间、故障消除前后电源转换情况。

断路试验过程中,在发电机输出端、馈电线和汇流条上发生断路故障时验证系统的故障诊断、隔离、告警功能,测定保护逻辑是否正确。试验中测定系统供电特性参数、跳闸电流和时间,验证跳闸前的参数是否在规定的范围内。

3.4.3 第 25.1357(c)款符合性验证说明

针对第 25.1357(c)款,采用的符合性验证方法为 MOC1,验证工作具体如下:电源系统中的保护装置包括断路器和熔断器,此外系统中还设置有受 GCU、BPCU、BC 等控制装置控制的接触器型电路保护装置。飞机中设置的熔断器均为不可复位装置,其他的保护装置为可复位型电路保护装置。系统中设置的断路器,根据断路器的动作特性曲线(安秒特性)和相关断路器技术规范中给出的产品机械特性可以确定,在发生过载或电路故障时,不论它们操作位置如何,均能断开电路,满足本款的要求。

3.4.4 第 25.1357(d)款符合性验证说明

针对第 25.1357(d)款采用的符合性验证方法包括 MOC1 和 MOC6,各项验证工作具体如下:

1) MOC1 验证过程

通过电气系统设计描述说明电源系统没有飞行安全要求的空中复位断路器或更换熔断器的需求,飞机飞行手册中也没有要求空中复位电源系统断路器或更换电源系统熔断器的需求,因此第 25.1357(d)款对电源系统不适用。

2) MOC6 验证过程

为了支持其他系统评估断路器可达性所做的电源系统飞行试验表明,安装在驾驶舱内的断路器(包括顶部重要断路器板、地面服务断路器板、右电源断路器板、电源中心上断路器板和电源中心下断路器板)布置是可达的。

3.4.5 第 25.1357(e)款符合性验证说明

针对第 25.1357(e)款采用的符合性验证方法为 MOC1,验证工作具体如下:通过电气系统设计描述说明系统的每一重要负载的供电线路均设有独立的保护装置。

3.4.6 第 25.1357(f)款符合性验证说明

针对第 25.1357(f)款采用的符合性验证方法为 MOC1,验证工作具体如下:电源系统中的熔断器包括主蓄电池熔断器、APU 蓄电池熔断器、左直流连接汇流条熔断器、左直流应急连接熔断器、右直流应急连接熔断器、右直流连接汇流条熔断器、左直流应急熔断器和右直流应急熔断器。上述熔断器在飞行中均无须更换,因此无须设置备用的熔断器。

3.4.7 第 25.1357(g)款符合性验证说明

针对第 25.1357(g)款采用的符合性验证方法为 MOC1,验证工作具体如下:通过系统描述表明电源系统设备的供电电缆均设有单独的电路保护装置,且设备内部均没有采用自动复位断路器作为自身的保护装置,因此可以满足本款的要求。

3.5 符合性文件清单

通常,针对第 25.1357 条的符合性文件清单如表 3-2 所示。

表 3-2 建议的符合性文件清单

序 号	符 合 性 报 告	符合性方法
1	各系统设计描述	MOC1
2	电源系统试验试验大纲	MOC4
3	电源系统试验试验报告	MOC4
4	电源系统试飞大纲	MOC6
5	电源系统试飞报告	MOC6

4 符合性判据

(1) 系统设计时采用了自动保护装置。

(2) 明确发电系统的组成及其保护装置。

(3) 完成电源系统实验室试验,在发生电气故障时,保护装置能在规定时间内断开发电机与相应汇流条的连接。

(4) 明确系统中的断路器,在发生过载或电路故障时,不论它们操作位置如何,均能断开电路。

(5) 完成电源系统飞行试验,驾驶舱内的断路器布置是可达的。

(6) 系统中供电电缆均设有独立的保护装置。

参考文献

［1］ 14 CFR 修正案 25 - 123 Enhanced Airworthiness Program for Airplane Systems/Fuel Tank Safety ［S］.

［2］ FAA. AC25 - 10 Guidance for Installation of Miscellaneous, Nonrequired Electrical Equipment ［S］. 1987.

［3］ FAA. AC20 - 151B Airworthiness Approval of Traffic Alert and Collision Avoidance Systems (TCAS Ⅱ), Versions 7. 0 & 7. 1 and Associated Mode S Transponders ［S］. 2014.

［4］ FAA. AC25. 1353 - 1A Electrical Equipment and Installations ［S］. 2007.

［5］ FAA. AC25. 1701 - 1 Certification of Electrical Wiring Interconnection Systems on Transport Category Airplanes ［S］. 2007.

［6］ FAA. AC25 - 23 Airworthiness Criteria for the Installation Approval of a Terrain Awareness and Warning System (TAWS) for Part 25 Airplanes ［S］. 2000.

［7］ FAA. AC25 - 12 Airworthiness Criteria for the Approval of Airborne Windshear Warning Systems in Transport Category Airplanes ［S］. 1987.

［8］ FAA. AC25. 672 - 1 Active Flight Controls ［S］. 1983.

运输类飞机适航标准第 25.1360 条符合性验证

1 条款介绍

1.1 条款原文

第 25.1360 条 预防伤害

（a）触电 电气系统的设计，必须尽量减少下列人员触电的危险：机组人员，旅客，勤务人员和使用正常预防措施的维修人员。

（b）灼伤 机组人员在正常工作期间可能接触的任何部分的温度，绝不能导致机组人员非故意的危险动作，或者伤害机组人员。

〔中国民用航空局 2011 年 11 月 7 日第四次修订〕

1.2 条款背景

由于之前的 CCAR25 部中没有要求是针对触电和灼烧的预防伤害的，故增加一个新的条款以关注触电和灼伤防护，增加的本条款要求电气系统和设备必须设计成在正常运行期间最大限度地减少触电和灼烧对机组、乘客和维修及服务人员造成的危险。

1.3 条款历史

第 25.1360 条在 CCAR‐25‐R4 版首次发布，该条款未进行过修订，如表 1‐1 所示。

表 1‐1 第 25.1360 条条款历史

第 25.1360 条	CCAR25 部版本	相关 14 CFR 修正案	备　注
首次发布	R4	25‐123	

2011 年 11 月 7 日发布的 CCAR‐25‐R4 版，其中包含第 25.1360 条，该条款参考 2007 年 11 月 8 日发布的 14 CFR 修正案 25‐123 内容制定。

1996 年，美国环球航空公司 800 航班(TWA 800)的一架 747 客机怀疑因飞机线路故障产生的电火花进入飞机的燃油箱而导致空中爆炸，机上 230 人全部遇难。

　　1998年,瑞士航空公司的一架MD11飞机失火后坠入大西洋,机上229人全部遇难,尽管最后未能完全确定导致此航空事故的确切原因,但事后的调查发现:在最有可能最早起火的客舱位置处,找到的一段客舱娱乐系统的导线电缆上发现有凝固铜。此现象表明,该处电缆曾产生过电弧,导致铜质导体融化后又凝固。因此认为,该导线故障产生的电弧,很有可能就是这起飞机失火坠毁事故的原因。

　　这两起事故促使美国国家运输安全委员会和FAA开始关注电气线路方面的相关问题,并由老龄飞机系统规章制定咨询委员会负责开展老龄飞机电气线路互联系统的规章制定研究工作。根据事故调查结果及一系列关于飞机导线评估的结论,FAA决定对运输类飞机审定和运行规章进行修订。2005年10月6日,FAA发布了题为“飞机系统适航改进项目与燃油箱安全”的立法提案通告(NPRM 05-08),建议在FAR25部中增加H分部,对电气线路系统的设计、安装和维修提出适航要求。在意见征集过程中,2005年10月至2006年3月短短的半年时间内,又由于线路连接器受潮引起的电线短路造成了6起支线飞机的火灾事件。通过几年的数据收集和研究,以及与工业界的合作,2007年11月8日,FAA发布了“飞机系统适航改进项目与燃油箱安全”的最终法则(72 FR 63364),在FAR25部中增加H分部,统一组织和明确原来分散在其他各分部中的有关电气线路系统设计、安装和维修方面的适航要求,要求将电气线路视为一个独立的系统,必须与其他系统一样给予足够的重视。对其他分部与电气线路有关的条款以及需要与欧洲适航标准协调的条款也进行了修订,最大限度地提高所有运输类飞机电气线路系统的安全性。

　　FAA在NPRM 05-08中指出,在本修正案发布之前14 CFR PART 25部中没有针对触电和灼伤的预防伤害的要求,同时考虑与JAR协调,建议增加第25.1360条,要求电气系统和设备必须设计成在正常运行期间最大限度地减少触电和灼伤对机组、乘客和维修以及服务人员造成的危险。在征求意见阶段中,来自AIA/GAMA和GE的评议者建议将第25.1360条中的“维修”改为“航线维修”,FAA没有采纳这一意见。FAA认为评议者是想将第25.1360条中的“维修人员”改为“航线维修人员”,但是提议修订的条款内容很明确,对于“使用正常预防措施”的维修人员,不论是航线维修还是内场维修,他们都经过培训要谨防触电伤害。

2　条款解读

2.1　条款要求

　　第25.1360(a)款要求在进行电气系统及其设备的设计时,最大限度地降低在正常运行时,对于机组、旅客以及维修和服务人员造成电击的风险。

　　第25.1360(b)款规定机组人员接触的部件绝不能太热以至于引起危险的不慎运动或伤害机组人员。这意味着接触到的零部件的表面温度绝不能太热以导致机组人员局部产生可能会伤害到机组人员的条件反射行为,也不能由于太热而灼伤机组人员。

2.2　相关条款

第 25.1360 条无相关条款。

3　验证过程

3.1　验证对象

针对第 25.1360 条的验证对象包括电源系统、内饰系统、客舱系统、EWIS 和照明系统。

3.2　符合性验证思路

针对第 25.1360(a)款,通过系统描述说明在上电状态下可能与机组人员、旅客、勤务人员和维修人员发生接触的设备并有电压警告标记,并分析相应的防触电措施,并通过机上检查(MOC7)进行确认。

针对第 25.1360(b)款,通过系统描述说明机组人员可能接触到的设备表面温度不会伤害机组人员,并通过设备鉴定(MOC9)测试设备工作时表面温度。

3.3　符合性验证方法

通常,针对第 25.1360 条的符合性验证方法如表 3-1 所示。

表 3-1　建议的符合性方法表

条　款　号	专　业	符 合 性 方 法										备　注
		0	1	2	3	4	5	6	7	8	9	
第 25.1360(a)款	电　源		1						7			
第 25.1360(a)款	内　饰		1						7			
第 25.1360(a)款	客　舱		1						7			
第 25.1360(a)款	EWIS		1						7			
第 25.1360(b)款	内　饰		1								9	
第 25.1360(b)款	照　明		1								9	
第 25.1360(b)款	客　舱		1								9	
第 25.1360(b)款	EWIS		1								9	

3.4　符合性验证说明

3.4.1　第 25.1360(a)款符合性验证说明

针对第 25.1360(a)款,采用的符合性验证方法包括 MOC1 和 MOC7,各项验证具体工作如下:

1) MOC1 验证过程

通过系统描述表明维护和服务中可能产生伤害的、电压超过 50 V 设备有电压警告标记；插座注明输出电压和用途；输出电压超过直流 100 V 或交流 50 V 时输出与飞机结构电气隔离；客舱内电线的防护措施；在正常使用期间，电气组件安装（如厨房盥洗室布线区域的线路）受到保护并且不可接近。

2）MOC7 验证过程

通过机上检查确认电压超过 50 V 设备有电压警告标记，插座注明输出电压和用途，电气组件安装受到保护并且不可接近。

3.4.2　第 25.1360(b)款符合性验证说明

针对第 25.1360(b)款采用的符合性验证方法包括 MOC1 和 MOC9，各项验证工作具体如下：

1）MOC1 验证过程

通过系统描述表明舱内照明系统阅读灯灯面、按钮控制开关、调光控制器、灯座和照明整流器不会过热，以至于它们的外表面会灼伤人。在热表面周围提供了保护，如正确地安装厨房器具或照明设备，也是一种符合意在阻止飞行机组人员不慎接触到热表面要求的可接受方法。

2）MOC9 验证过程

通过设备鉴定（MOC9，非 DO - 160 试验项目）测试在正常飞行期间可能被飞行机组人员或乘客接触到的零部件的温度上升相对于周围环境不会超过 25 摄氏度，对于其他容易被机组人员和乘客接触到的安装在飞机部件上的设备，在周围环境温度为 20 摄氏度的情况下，其表面温度不会超过 100 摄氏度（根据 AC25.1360 - 1）。

3.5　符合性文件清单

通常，针对第 25.1360 条的符合性文件清单如表 3 - 2 所示。

表 3 - 2　建议的符合性文件清单

序　号	符 合 性 报 告	符合性方法
1	电源系统系统描述	MOC1
2	照明系统系统描述	MOC1
3	内饰系统系统描述	MOC1
4	客舱系统系统描述	MOC1
5	EWIS 系统描述	MOC1
6	电源系统机上检查大纲	MOC7
7	电源系统机上检查报告	MOC7
8	内饰系统机上检查大纲	MOC7
9	内饰系统机上检查报告	MOC7
10	客舱系统机上检查大纲	MOC7
11	客舱系统机上检查报告	MOC7
12	EWIS 系统机上检查大纲	MOC7
13	EWIS 系统机上检查报告	MOC7

（续表）

序　号	符合性报告	符合性方法
14	内饰系统设备鉴定大纲	MOC9
15	内饰系统设备鉴定报告	MOC9
16	照明系统设备鉴定大纲	MOC9
17	照明系统设备鉴定报告	MOC9
18	客舱系统设备鉴定大纲	MOC9
19	客舱系统设备鉴定报告	MOC9
20	EWIS 系统设备鉴定大纲	MOC9
21	EWIS 系统设备鉴定报告	MOC9

4　符合性判据

（1）对于在维护和服务中可能产生伤害的、电压超过 50 V 设备应有电压警告标记。

（2）插座应注明输出电压和用途。

（3）输出电压超过直流 100 V 或交流 50 V 时输出应与飞机结构电气隔离。

（4）客舱内电线的防护措施。

（5）在正常使用期间,电气组件安装（如厨房盥洗室布线区域的线路）应受到保护并且不可接近。

（6）在热表面周围提供保护。

（7）在正常飞行期间可能被飞行机组人员或乘客接触到的零部件的温度上升相对于周围环境不应超过 25 摄氏度。

（8）对于其他容易被机组人员和乘客接触到的安装在飞机部件上的设备,在周围环境温度为 20 摄氏度的情况下,其表面温度不应超过 100 摄氏度。

参考文献

[1]　14 CFR 修正案 25 - 123 Enhanced Airworthiness Program for Airplane Systems/Fuel Tank Safety [S].

[2]　FAA. AC25. 1357 - 1A Circuit Protective Devices [S]. 2007.

[3]　FAA. AC25. 1701 - 1 Certification of Electrical Wiring Interconnection Systems on Transport Category Airplanes [S]. 2007.

[4]　FAA. AC25. 1365 - 1 Electrical Appliances, Motors, and Transformers [S]. 2007.

运输类飞机适航标准
第 25.1362 条符合性验证

1 条款介绍

1.1 条款原文

第 25.1362 条 应急状态供电

应急着陆或水上迫降后,必须为应急程序所需的各项服务提供适当的电源。这些服务电路的设计、保护和安装必须使在这些应急状态下实施服务的失效风险最小。

〔中国民用航空局 2011 年 11 月 7 日第四次修订〕

1.2 条款背景

制定第 25.1362 条的目的是确保在主电源已经被机组人员切断后仍能对紧急服务维持适当的电源供应。

1.3 条款历史

第 25.1362 条在 CCAR - 25 - R4 版首次发布,该条款未进行过修订,如表 1 - 1 所示。

表 1 - 1 第 25.1362 条条款历史

第 25.1362 条	CCAR25 部版本	相关 14 CFR 修正案	备 注
首次发布	R4	25 - 123	

2011 年 11 月 7 日发布的 CCAR - 25 - R4 版,其中包含第 25.1362 条,该条款参考 2007 年 11 月 8 日发布的 14 CFR 修正案 25 - 123 内容制定。

1996 年,美国环球航空公司 800 航班(TWA 800)的一架 747 客机怀疑因飞机线路故障产生的电火花进入飞机的燃油箱而导致空中爆炸,机上 230 人全部遇难。1998 年,瑞士航空公司的一架 MD11 飞机失火后坠入大西洋,机上 229 人全部遇难,尽管最后未能完全确定导致此航空事故的确切原因,但事后的调查发现:在最有可能最早起火的客舱位置处,找到的一段客舱娱乐系统的导线电缆上发现有凝固铜。此现象表明,该处电缆曾产生过电弧,导致铜质导体融化后又凝固。因此认为,该导线故障产生的电弧,很有可能就是这起飞机失火坠毁事故的原因。

这两起事故促使美国国家运输安全委员会和 FAA 开始关注电气线路方面的相关问题,并由老龄飞机系统规章制定咨询委员会负责开展老龄飞机电气线路互联系统的规章制定研究工作。根据事故调查结果及一系列关于飞机导线评估的结论,FAA 决定对运输类飞机审定和运行规章进行修订。2005 年 10 月 6 日,FAA 发布了题为"飞机系统适航改进项目与燃油箱安全"的立法提案通告(NPRM 05 - 08),建议在 FAR25 部中增加 H 分部,对电气线路系统的设计、安装和维修提出适航要求。在意见征集过程中,2005 年 10 月至 2006 年 3 月短短的半年时间内,又由于线路连接器受潮引起的电线短路造成了 6 起支线飞机的火灾事件。通过几年的数据收集和研究,以及与工业界的合作,2007 年 11 月 8 日,FAA 发布了"飞机系统适航改进项目与燃油箱安全"的最终法则(72 FR 63364),在 FAR25 部中增加 H 分部,统一组织和明确原来分散在其他各分部中的有关电气线路系统设计、安装和维修方面的适航要求,要求将电气线路视为一个独立的系统,必须与其他系统一样给予足够的重视。对其他分部与电气线路有关的条款以及需要与欧洲适航标准协调的条款也进行了修订,最大限度地提高所有运输类飞机电气线路系统的安全性。

FAA 在 NPRM 05 - 08 中指出,在本修正案发布之前 FAR25 部中没有专门针对应急状态供电的条款,关于应急状态供电的部分要求分散在第 25.1189 条、第 25.1195 条、第 25.1309 条和第 25.1585 条中。为了与 JAR 协调,FAA 建议新增第 25.1362 条,要求保证在主电源被机组人员切断后仍为应急服务提供适当的电源。FAA 认为新增条款的要求提高了飞机的安全水平,并与现行的工业实践相一致,对飞机运营商和制造商影响很小。

在征集意见过程中,GE 公司提出,FAA 修订本条款时没有考虑对发动机成本的影响。由于本条款要求在应急着陆或迫降后应为紧急程序所需的各项服务提供适当的电源,这意味着任何燃油关断阀的电源都应满足此条款,但试验表明非常小的电流也可能点燃燃油,可行的方法是采用机械钢索代替电气信号控制发动机燃油关断阀,但这样一条从发动机延伸到翼身的钢索,在每个发动机安装时都会增加大约 20 000 美元的成本,而且可靠性低,在每百万次的发动机熄火事件中会增加不可靠度为 0.4 的钢索卡死,同时也增加了维修成本,GE 公司估算每年的平均人工成本在 100 万美元左右。FAA 不同意 GE 公司对本条款符合性的成本估算,FAA 指出,GE 公司关注的电气故障必须最大限度地防止其引发火灾,而条款的意图是保证在紧急着陆或迫降后有必需的可用电源为应急服务设备(如燃油关断阀)供电。

2 条款解读

2.1 条款要求

根据 AC25.1362 - 1 和 AMC25.1362,第 25.1362 条的目的是保证在紧急着陆或迫降后有必需的可用电源来为应急服务设备供电,可能需要电气供应的应急服务系统包括燃油切断阀、液压切断阀和发动机/APU 灭火系统。与为应急着陆或水上迫降后启动应急程序的过程中所需要的服务提供电气供应相关联的部件及其安装应该被充分和尽量地设计、保护和安装,以使在应急状态下这些服务失效的危险性降至最低。当选择部件和设计安装以帮助确认它们有能力关闭在这些失效状态下可能导致火灾的那些服务时,应考虑可能的失效状态。

在应急程序完全结束前,应该提供一个适当的设计和/或清晰的 AFM 程序以防止对所需服务电气供应的断开。

2.2 相关条款

与第 25.1362 条相关的条款如表 2-1 所示

表 2-1 第 25.1362 条相关条款

序 号	相关条款	相 关 性
1	第 25.1189 条	第 25.1189 条提出应具有安全、有效的措施来切断流经发动机或 APU 指定火区的危险量的可燃液体
2	第 25.1195 条	第 25.1195 条提出发动机和 APU 的灭火系统的要求
3	第 25.1585 条	第 25.1585 条提出了飞行手册使用程序的要求

3 验证过程

3.1 验证对象

针对第 25.1362 条的验证对象为应急状态供电设备。

3.2 符合性验证思路

针对第 25.1362 条,通过系统设计描述说明给应急程序所需系统供电的电缆满足隔离规范,应急情况下不会失效,并通过计算分析(MOC2)表明在应急状态下主蓄电池、APU 蓄电池和配电盘箱仍可向相关设备供电,并进行上述设备应急状态下的设备鉴定试验(MOC9)。

3.3 符合性验证方法

通常,针对第 25.1362 条的符合性验证方法如表 3-1 所示。

表 3-1 建议的符合性方法

条 款 号	专 业	符 合 性 方 法										备 注
		0	1	2	3	4	5	6	7	8	9	
第 25.1362 条	电 源			2							9	
第 25.1362 条	照 明		1	2								
第 25.1362 条	EWIS		1									

3.4 符合性验证说明

针对第 25.1362 条,采用的符合性验证方法包括 MOC1、MOC2 和 MOC9,各项验证具体工作如下:

3.4.1 MOC1 验证过程

通过系统设计描述说明给应急程序所需系统供电的电缆满足隔离规范,应急情况下不会失效。

3.4.2 MOC2 验证过程

电源系统和照明系统通过计算分析(MOC2)表明在应急状态下主蓄电池、APU 蓄电池和配电盘箱仍可向相关设备供电。

3.4.3 MOC9 验证过程

电源系统进行应急状态下主蓄电池、APU 蓄电池和配电盘箱的设备鉴定试验(MOC9)。

3.5 符合性文件清单

通常,针对第 25.1362 条的符合性文件清单如表 3-2 所示。

表 3-2 建议的符合性文件清单

序 号	符 合 性 报 告	符合性方法
1	电源系统设备安装分析报告	MOC2
2	电源系统设备鉴定试验大纲	MOC9
3	电源系统设备鉴定试验报告	MOC9
4	照明系统设计描述	MOC1
5	照明系统性能计算分析报告	MOC2
6	EWIS 系统设计描述	MOC1

4 符合性判据

(1)应急程序所需系统供电的电缆满足隔离规范。

(2)应急状态下主蓄电池、APU 蓄电池和配电盘箱仍可向应急服务设备供电。

参考文献

[1] 14 CFR 修正案 25-123 Enhanced Airworthiness Program for Airplane Systems/Fuel Tank Safety [S].

[2] FAA. AC25.1701-1 Certification of Electrical Wiring Interconnection Systems on Transport Category Airplanes [S]. 2007.

运输类飞机适航标准
第 25.1363 条符合性验证

1 条款介绍

1.1 条款原文

第 25.1363 条　电气系统试验

（a）进行电气系统的试验室试验时：

（1）该试验必须使用与飞机上所用相同的发电设备在实体模型上进行；

（2）设备必须模拟配电线路和所接负载的电气特性，其模拟程度要能取得可靠的试验结果；

（3）试验室发电机传动装置，必须模拟飞机上实际的原动机对发电机加载（包括由故障引起的加载）的反应。

（b）对于在试验室内或通过飞机地面试验不能适当模拟的每种飞行状态，必须进行飞行试验。

1.2 条款背景

第 25.1363 条规定了电气系统开展电源系统实验室性能试验、故障试验、配电试验等科目的试验要求。

1.3 条款历史

第 25.1363 条在 CCAR25 部初版首次发布，截至 CCAR-25-R4，该条款未进行过修订，如表 1-1 所示。

表 1-1　第 25.1363 条条款历史

第 25.1363 条	CCAR25 部版本	相关 14 CFR 修正案	备　注
首次发布	初版	—	

1985 年 12 月 31 日发布了 CCAR25 部初版，其中包含第 25.1363 条，该条款参考了 1964 年 12 月 24 日发布的 14 CFR PART 25 中的 §25.1363 的内容制定。

2 条款解读

2.1 条款要求

第 25.1363(a) 款对电气系统实验室试验规定如下：

（1）所有用于实验室试验的设备都应尽可能地代表实际飞机构型。

（2）实验室试验模型中采用的配电线路和模拟负载应正确地代表飞机电缆的尺寸、长度和阻抗及正确的接地（机体）阻抗和相关的接地面位置。

（3）发电机驱动系统也应当使用正确模拟。

第 25.1363(b) 款要求如果通过实验室试验或地面试验无法充分地模拟，则有必要进行飞行试验。

2.2 相关条款

与第 25.1363 条相关的条款如表 2-1 所示

表 2-1 第 25.1363 条相关条款

序 号	相关条款	相 关 性
1	第 25.1351 条	第 25.1351 条是电气系统总则

3 验证过程

3.1 验证对象

第 25.1363 条的验证对象为电源系统。

3.2 符合性验证思路

针对第 25.1363(a) 款，通过电源系统实验室试验模型说明实验室试验所使用的试验设备与装机件构型的差异；实验室配电线路和模拟负载的电气特性；实验室试验中发电机传动装置模拟飞机上原动机对发电机的驱动特性进行设计。

针对第 25.1363(b) 款，通过飞行试验验证在机上地面试验和实验室试验无法模拟的飞行状态。

3.3 符合性验证方法

通常，针对第 25.1363 条的符合性验证方法如表 3-1 所示。

表 3-1 建议的符合性方法

条 款 号	专 业	符合性方法										备 注
		0	1	2	3	4	5	6	7	8	9	
第 25.1363(a) 款	电 源					4						
第 25.1363(b) 款	电 源						5	6				

3.4 符合性验证说明

3.4.1 第 25.1363(a)款符合性验证说明

针对第 25.1363(a)款,采用的符合性验证方法为 MOC4,验证具体工作如下:

通过电源系统实验室试验模型说明实验室试验所使用的电源系统试验设备与装机件构型的差异,并分析说明构型差异是否影响试验结果的有效性。

通过电源系统实验室试验模型说明实验室试验中采用的配电线路和模拟负载的电气特性,考虑了机上供电线路和真实负载的特性,以保证试验结果的有效性。

通过电源系统实验室试验模型说明实验室试验中发电机传动装置模拟飞机上原动机对发电机的驱动特性进行设计。

电源系统实验室试验主要科目如下:

1) 电源系统性能试验

(1) L IDG 和 R IDG 稳态试验。

(2) L IDG 和 R IDG 瞬态试验。

(3) L TRU,R TRU 和 E TRU 稳态试验。

(4) L TRU,R TRU 和 E TRU 瞬态试验。

(5) AUX GEN 稳态试验。

(6) AUX GEN 瞬态试验。

(7) RAT GEN 试验。

(8) MAIN/APU BATT、FC BATT 和静止变流器试验。

(9) 电源转换试验。

2) 故障试验

(1) 短路试验。

(2) 断路试验。

(3) 保护试验。

3) 配电试验

(1) 正常状态配电试验。

(2) 应急状态配电试验。

(3) 转换工作状态下的配电试验。

4) 综合试验

(1) 正常供电状态下的综合试验。

(2) 电源故障状态下的综合试验。

(3) RAT GEN 应急供电状态下的综合试验。

3.4.2 第 25.1363(b)款符合性验证说明

针对第 25.1363(b)款采用的符合性验证方法包括 MOC5 和 MOC6,各项验证工作具体如下:

1) MOC5 验证过程

对于电气实验室不能模拟的电源系统发电机冷却性能试验和 RAT 高寒条件下释放功能试验,需要开展地面试验进行验证。

发电机冷却性能试验主要是验证在环境温度大于 35℃时,发电机加载至满载稳定运行一小时,在此过程,通过测试设备实时监控记录发电机滑油的温度不能超过 168.3℃。

RAT 高寒条件下释放功能试验是为了检查 RAT 系统装机后在预期的最低温度条件下(−40℃±5℃),释放时作动器的展开时间(指从上位锁打开到 RAT 释放到位的时间)是否符合设计要求。验证低温环境对 RAT 释放时间的影响,与通过软件计算得到的 RAT 作动器展开时间进行对比。

2) MOC6 验证过程

对于电源系统实验室试验和机上地面试验不能模拟的飞行状态,例如负加速度运行等项目制定了相应的试飞科目,进行飞行试验。

电源系统一般规划以下试飞科目:

(1)电源系统两台主发电机工作(包含自然结冰条件)。

(2)电源系统负加速度工作。

(3)一台主发电机工作。

(4)APU 发电机工作。

(5)应急供电(包含自然结冰条件)。

(6)电源转换、重负载起动及其瞬态特性。

(7)断路器布置评估。

两台主发电机工作试飞科目,主要考核两台主发电机工作时的供电特性是否满足设计要求,并测试两台主发电机工作时的电气负载是否与发电机供电容量匹配。自然结冰状态的两台主发电机工作试飞科目为了测试自然结冰条件下两台主发电机工作时的电气负载是否与发电机供电容量匹配。

电源系统负加速度工作试飞科目,为了验证飞机在负加速度工作时,电源系统的滑油冷却系统是否能工作正常。要求主发电机和 APU 发电机分别加满载,在满足 AC25 - 7A"运输类飞机合格审定飞行试验指南"中规定的负加速度条件下,电源系统不会出现发电机滑油告警信息。

一台主发电机工作试飞科目,主要考核一台主发电机工作时的供电特性是否满足设计要求,并测试一台主发电机工作时的电气负载是否与发电机供电容量匹配。

APU 发电机工作试飞科目,主要考核 APU 发电机工作时的供电特性是否满足设计要求。

电源转换、重负载起动及其瞬态特性试飞科目,主要考核电源转换时左右发电机的瞬态特性是否满足设计要求;考核蓄电池起动 APU 时的放电特性是否满足设计要求;考核突加突卸大负载时发电机的瞬态特性是否满足适航要求。

正常状态的应急供电试飞科目,主要考核应急电源的供电特性是否满足设计要求;验证自动释放 RAT 功能是否正常以及在自动释放状态下电气负载是否与 RAT 发电机供电容量匹配。自然结冰状态的应急供电试飞科目是为了验证结冰条件下,手动释放 RAT 的功能。

断路器布置评估试飞科目是为了验证在地面状态评估驾驶舱内电气系统断路器布置的可达性。

3.5 符合性文件清单

通常,针对第 25.1363 条的符合性文件清单如表 3 - 2 所示。

表 3 - 2 建议的符合性文件清单

序 号	符 合 性 报 告	符合性方法
1	电源系统实验室试验大纲	MOC4
2	电源系统实验室试验报告	MOC4
3	电源系统发电机冷却性能试验大纲	MOC5
4	电源系统发电机冷却性能试验报告	MOC5
5	电源系统试飞大纲	MOC6
6	电源系统试飞报告	MOC6

4 符合性判据

4.1 针对第 25.1363(a)款

针对第 25.1363(a)款,满足下述要求为符合:

(1) 实验室的试验设备构型与装机件构型一致,有构型对比说明。

(2) 实验室的配电线路和模拟负载的电气特性与机上一致,有计算分析说明。

(3) 实验室的发电机传动装置按照飞机上原动机对发电机的驱动特性设计,有分析计算说明,有原理图。

(4) 完成了所有实验室试验科目,且结果符合试验大纲的判据。

4.2 针对第 25.1363(b)款

针对第 25.1363(b)款,满足下述要求为符合:

(1) 完成了所有电气系统的地面试验,且结果符合试验大纲的判据。

(2) 确定了电气系统实验室和地面试验无法验证的飞行状态,列出项目清单。

(3) 制定了试飞大纲,完成了所有试飞科目,测试数据表明符合试飞大纲判据。

运输类飞机适航标准
第 25.1365 条符合性验证

1 条款介绍

1.1 条款原文

第 25.1365 条 电气设备、马达和变压器

（a）舱内服务设备的设计和安装必须其在电源或控制系统失效后，满足 25.1309 条（b）、（c）和（d）的要求。舱内服务设备是指灶面、烤箱、咖啡机、热水器、冰箱和厕所冲水系统等为机上旅客服务的设备。

（b）厨房和烹饪设备的安装必须使其过热和着火的危险最小。

（c）舱内服务设备，尤其是厨房区域的设备，必须安装或保护妥当，以防止其正常使用过程中所产生的或溢出的流体或蒸气损坏或污染其他设备或系统，该损坏或污染可能产生危险状况。

（d）除非以 25.1357 条（a）要求的电路保护装置来符合 25.1309 条（b），电气马达和变压器（包括舱内服务设备所用的马达和变压器）在正常工作和失效状态下，如果过热会产生烟雾或火情危险，必须具有适当的热保护装置以防过热。

〔中国民用航空局 2011 年 11 月 7 日第四次修订〕

1.2 条款背景

本条款主要对电气设备、马达和变压器的设计和安装要求进行了规定。由于之前的 CCAR25 部中没有详细指明电气设备、马达和变压器的具体标准，CAAC 认为专门针对舱内服务设备的第 25.1365 条将会是提高安全水平最恰当的方式，故而引入该条款。

1.3 条款历史

第 25.1365 条在 CCAR-25-R4 版首次发布，如表 1-1 所示。

2011 年颁布的 CCAR-25-R4 新增加了第 25.1365 条，本次修订参考了 14 CFR 修正案 25-123 的相关内容。新增本条款要求关注失效的舱内服务设备过热后往往导致冒烟或起火的问题，还有飞机上所有的电气设备、马达和变压器的电路保护装置是否可以持续有效地提供足够的保护防止过热起火。

表 1-1　第 25.1365 条条款历史

第 25.1365 条	CCAR25 部版本	相关 FAR 修正案	备　　注
首次发布	R4	25-123	

2　条款解读

2.1　条款要求

第 25.1365(a)款要求舱内服务设备的设计和安装要符合第 25.1309(b)款、第 25.1309(c)款和第 25.1309(d)款的要求,其目的是在任何失效发生后防止对持续安全飞行的危害。

第 25.1365(b)款要求厨房和烹饪设备的安装必须使其过热和着火的危险最小化。一种可接受的方法是当服务设备过热的情况发生时,可以自动切断对服务设备的电气供应。这种保护措施必须要独立于正常的温度控制系统,而且这种措施在飞行过程中不能重置。

第 25.1365(c)款要求服务设备必须有保护措施防止在使用过程中溢出的流体或蒸气损坏或污染其他设备。通过服务设备本身的设计措施或者设备的安装措施来防止加热后液体或气体的溢出,一般可采用有效的释放压力措施来达到这一目的,但要在加热设备的设计与维护时考虑到水垢可能对压力释放造成的影响。

第 25.1365(d)款涉及的设备更广泛,要求所涉及的设备除非有第 25.1357(a)款要求的电路保护装置来符合第 25.1309(b)款的规定,否则所有的电气马达和变压器(包括舱内服务设备所用的马达和变压器)必须有一个热保护装置。

第 25.1365(d)款应适用于飞机上的所有电气马达和变压器,如果没有采用第 25.1357(a)款所要求的电路保护装置,则所有的电动马达和变压器要有过热保护装置。

2.2　相关条款

与第 25.1365 条相关的条款如表 2-1 所示。

表 2-1　第 25.1365 条相关条款

序　号	相关条款	相　关　性
1	第 25.1309 条	第 25.1365 条中要求的设备均需表明对第 25.1309(b)款、第 25.1309(c)款和第 25.1309(d)款的符合性
2	第 25.1357 条	第 25.1365 条要求电气马达和变压器要么有第 25.1357(a)款要求的电路保护装置,要么必须有一个热保护装置

3 验证过程

3.1 验证对象

第 25.1365 条的验证对象为飞机上的所有的电气马达、变压器和舱内服务设备,包括发动机或 APU 中内嵌的马达和变压器,还有灶面、烤箱、咖啡机、热水器、冰箱和盥洗室冲水系统等为机上旅客服务的设备。

3.2 符合性验证思路

表明对此条款的符合性一般可综合采用符合性说明、安全性评估和设备合格鉴定来表明符合性。使用系统原理(方案)说明、设计图纸对电气设备、马达和变压器的设计保护措施和安装方案进行描述;进行安全性评估以表明故障发生概率满足安全性目标。通过服务设备的设备鉴定试验证明在设备故障或线路失灵时,不会产生影响飞行安全的其他故障。

3.3 符合性验证方法

通常,针对第 25.1365 条的符合性验证方法如表 3-1 所示。

表 3-1 建议的符合性方法

条 款 号	专 业	符 合 性 方 法										备 注
		0	1	2	3	4	5	6	7	8	9	
第 25.1365(a)款	舱内设备		1								9	
第 25.1365(a)款	水/废水		1								9	
第 25.1365(b)款	舱内设备		1								9	
第 25.1365(c)款	舱内设备		1								9	
第 25.1365(c)款	水/废水		1								9	
第 25.1365(d)款	舱内设备		1		3						9	
第 25.1365(d)款	动力装置		1		3						9	
第 25.1365(d)款	电 气		1		3						9	

3.4 符合性验证说明

为符合审定基础中第 25.1365 条的要求,可以通过 MOC1 符合性说明、MOC3 安全性分析和 MOC9 设备鉴定相结合的方法表明飞机对该条款的符合性。

3.4.1 MOC1 验证过程

通过设备原理图、设备安装图和设备描述文档说明有措施防止服务设备过热和起火,另外有措施防止在服务设备的电源或控制系统失效后,这些服务设备对飞机的持续安全飞行产生危害。

3.4.2 MOC3 验证过程

在飞机所使用电气马达、设备和变压器采用自动电路保护装置的情况下,通过安全性分析表明上述设备的故障不会对飞行安全产生不利影响。

3.4.3 MOC9 验证过程

通过设备鉴定过程中的安全性分析表明舱内服务设备产生过热和着火的危险最小,或者分析其失效后对飞行安全的影响。在服务设备失效后,必须向机组提供告警信息,使机组能够采取适当的纠正动作。厨房中的服务设备还需要通过鉴定试验表明正常使用过程中溢出的液体或产生的蒸汽不会损坏其他设备,确保这些液体或蒸气不会造成影响飞机飞行安全的危险状况。

3.5 符合性文件清单

通常,针对第 25.1365 条的符合性文件清单如表 3-2 所示。

表 3-2 建议的符合性文件清单

序　号	符 合 性 报 告	符合性方法
1	某设备系统描述	MOC1
2	某设备安全性分析	MOC3
3	某设备鉴定试验大纲	MOC9
4	某设备鉴定试验报告	MOC9

4 符合性判据

(1) 舱内服务设备故障不会影响飞机继续安全飞行和着陆,失效后必须向机组提供告警信息以指示服务设备的不正常工作情况,监控和告警装置的设计必须尽量减少导致机组操作失误的可能。

(2) 有措施保证厨房和烹饪设备使用中过热和着火的危险最小,有措施阻止其溢出的液体或蒸气对其他设备造成损坏或污染。

(3) 飞机上所有的电气马达和变压器要么有自动电路保护装置,要么有过热保护装置。

(4) 飞机上所有的电气马达和变压器在有自动电路保护装置的情况下,必须表明上述设备故障引发任何妨碍飞机继续安全飞行与着陆的失效状态的概率为极不可能。

(5) 飞机上所有的电气马达和变压器在有自动电路保护装置的情况下,必须表明上述设备故障引发任何降低飞机能力或机组处理不利运行条件能力的其他失效状态的概率为不可能。

参考文献

[1] 14 CFR 修正案 25-123 Enhanced Airworthiness Program for Airplane Systems/Fuel Tank Safety [S].

[2] FAA. AC25.1365-1 Electrical Appliances, Motors, and Transformers [S]. 2007.

[3] EASA. AMC 25.1365 Electrical appliances, motors, and transformers [S].

运输类飞机适航标准
第 25.1381 条符合性验证

1 条款介绍

1.1 条款原文

第 25.1381 条 仪表灯

(a) 仪表灯必须满足下列要求:

(1) 提供足够的照明,使安全运行所必需的每个仪表、开关或其它装置易于判读,除非有其它光源提供的充足照明。

(2) 灯的安装应做到:

(i) 遮蔽直射驾驶员眼睛的光线;

(ii) 使驾驶员看不到有害的反光。

(b) 除非在每一预期的飞行条件下,不可调节亮度的仪表灯已令人满意,否则必须有措施控制照明强度。

〔中国民用航空局 1995 年 12 月 18 日第二次修订〕

1.2 条款背景

第 25.1381 条对运输类飞机驾驶舱仪表灯的照明、安装和控制提出了要求。仪表灯的用途是对驾驶舱仪表板上的各种仪表、开关或其他装置提供照明,使机组人员能在各种飞行条件下清晰判读需要观察的仪表信息。本条从满足适航的最低安全标准出发,对运输类飞机驾驶舱仪表灯照明的总体效果作了规定。

1.3 条款历史

第 25.1381 条在 CCAR25 部初版首次发布,截至 CCAR - 25 - R4,该条款共修订过 1 次,如表 1 - 1 所示。

表 1 - 1 第 25.1381 条修订说明

第 25.1381 条	CCAR25 部版本	相关 14 CFR 修正案	备 注
首次发布	初版	—	
第 1 次修订	R2	25 - 72	

1.3.1 首次发布

1985 年 12 月 31 日发布了 CCAR25 部初版,其中包含第 25.1381 条,该条款参考 1964 年 12 月 24 日发布的 14 CFR PART 25 中的 § 25.1381 的内容制定。

1.3.2 第 1 次修订

1995 年 12 月 18 日发布的 CCAR‐25‐R2 对第 25.1381 条进行了第 1 次修订,本次修订参考了 14 CFR 修正案 25‐72 的内容:将原来第 25.1381(a)(1)项"使每个仪表、开关或其他装置易于判读"改为"提供足够的照明,使安全运行所必需的每个仪表、开关或其他装置易于判读,除非有其他光源提供的充足照明"。

2 条款解读

2.1 条款要求

通常,仪表照明包括仪表灯、导光板以及泛光灯。仪表灯是指把灯具装入仪表壳体进行整体照明或者在仪表板上安装专用灯具进行表外照明;导光板为安装在顶部板、仪表板、中央操纵台和左右操纵台等区域的控制板组件提供照明;泛光灯为驾驶舱一般区域或特殊区域提供照明,在导光板设计困难的地方,采用泛光灯补充其照明的不足,通常有驾驶舱顶灯、仪表板泛光灯及阅读灯等。

第 25.1381(a)(1)项要求机组人员能在各种飞行条件下容易地辨认仪表的刻度、指针和字符。"易于判读"是对仪表灯照明效果的最低要求,"易于判读"包含客观照明条件和主观视觉两方面的内容。机组人员要能容易地判读仪表,需要考虑下列各种因素:① 机组人员的视觉敏锐度和对比敏感度;② 仪表显示的清晰程度;③ 照明环境,包括以下考虑因素:由驾驶舱观察窗的自然光、仪表本身的照明和其他灯的照明。

第 25.1381(a)(2)项要求灯的安装应"遮蔽直射驾驶员眼睛的光线"和"使驾驶员看不到有害的反光",即应避免直射眩光和间接眩光。消除眩光可采用安装遮光罩等手段,还应综合考虑发光体与驾驶员眼睛的距离,发光面的形状、大小和亮度,以及整个驾驶舱照明环境的均匀性等重要因素。

第 25.1381(b)款中要求除特定条件以外,照明强度应是可调的。因为飞机飞行的外部光照环境变化很大,仪表灯的亮度必须可调,而且其亮度调节范围应足够大,才能满足驾驶员对机内、外观察的适应性要求,以及不同飞行条件(日出、黄昏和夜航)对亮度的不同要求。

2.2 相关条款

第 25.1381 条无相关条款。

3 验证过程

3.1 验证对象

第 25.1381 条的验证对象为照明系统驾驶舱中的仪表照明。

3.2 符合性验证思路

针对第 25.1381(a)款,采用驾驶舱仪表照明的设计图纸进行描述,说明其配置符合要求。并通过机上地面试验、飞行试验对驾驶舱仪表灯的照明效果进行整体评估。

针对第 25.1381(b)款,采用驾驶舱仪表照明的设计图纸进行描述,说明其安装符合要求。

3.3 符合性验证方法

通常,针对第 25.1381 条的符合性验证方法如表 3-1 所示。

表 3-1 建议的符合性方法

CCAR25 条款	专业	符合性方法										备注
		0	1	2	3	4	5	6	7	8	9	
第 25.1381(a)款	照明		1				5	6					
第 25.1381(b)款	照明		1										

3.4 符合性验证说明

3.4.1 第 25.1381(a)款符合性验证说明

针对第 25.1381(a)款,采用的符合性验证方法包括 MOC1、MOC5 和 MOC6。

1) MOC1 验证过程

采用系统原理、设计准则、设计图纸等设计资料说明仪表照明的设计状态,明确顶部板、仪表板及中央操纵台所含的每块控制板的清晰度、照明强度、光强分布、亮度、亮度均匀性、色调、驾驶舱的整体照明效果、是否存在有害反光或眩光源、局部照明的有效性、整体照明的舒适性等。

2) MOC5 验证过程

采用机上地面试验对驾驶舱仪表照明的效果进行整体评估。评估可选取照明工效学专家和机组人员进行试验,主要评估:

(1)顶部板、仪表板及中央操纵台所含的每块控制板的清晰度、亮度、亮度均匀度、色调一致性。

(2)每个区域内各控制板间的亮度一致性、色调一致性(如白炽灯型的导光板和 LED 型的导光板的光色兼容性)。

(3)驾驶舱的整体照明效果,包括顶部板、仪表板和中央操纵台各部分间的亮度一致性、色调一致性,以及有无有害反光或眩光源、局部照明的有效性、整体照明的舒适性等。

3) MOC6 验证过程

采用试飞对仪表板照明在夜间、黄昏和昼夜条件下的照明效果进行评估。飞行试验时应评定下列情况：① 为所有相关的座舱仪表/控制器/设备提供足够的照明强度；② 照明颜色恰当，光强分布均匀，而且没有不利的闪烁、眩光或反光；③ 亮暗调节能力可以允许在适当的限制范围内调整照明强度。

3.4.2　第 25.1381(b)款符合性验证说明

针对第 25.1381(b)款采用的符合性验证方法包括 MOC1，采用系统原理、设计准则、设计图纸等设计资料说明仪表照明的设计状态，说明驾驶舱各个区域仪表板照明均有调光控制开关，可以调节导光板以及泛光灯的照明强度。

3.5　符合性文件清单

通常，针对第 25.1381 条的符合性文件清单如表 3-2 所示。

表 3-2　建议的符合性文件清单

序　号	符 合 性 报 告	符合性方法
1	驾驶舱照明系统设计描述文件	MOC1
2	驾驶舱照明系统地面试验大纲	MOC5
3	驾驶舱照明系统地面试验报告	MOC5
4	驾驶舱照明系统飞行试验大纲	MOC6
5	驾驶舱照明系统飞行试验报告	MOC6

4　符合性判据

（1）确定了仪表照明的架构和组成，驾驶舱各个区域仪表板照明均设置有调光控制开关，可以调节照明的强度。

（2）完成了机上地面试验，试验结果表明仪表照明的清晰度、照明强度、光强分布、亮度、亮度均匀性、色调一致性等指标均符合要求。仪表灯、导光板和泛光灯功能正常，且能提供足够的照明。

（3）完成了飞行试验，试验结果表明仪表灯、导光板和泛光灯提供的照明能使安全运行所必需的每个仪表、开关或其他装置易于判读，且仪表板照明不存在直射驾驶员眼睛的光线和有害的反光。

参考文献

［1］　14 CFR 修正案 25 - 72 Special Review: Transport Category Airplane Airworthiness Standards［S］.

［2］　FAA. AC20 - 151B Airworthiness Approval of Traffic Alert and Collision Avoidance Systems (TCAS Ⅱ), Versions 7. 0 & 7. 1 and Associated Mode S Transponders［S］. 2014.

［3］　FAA. AC25 - 23 Airworthiness Criteria for the Installation Approval of a Terrain

Awareness and Warning System (TAWS) for Part 25 Airplanes [S]. 2000.

[4] FAA. AC25 - 12 Airworthiness Criteria for the Approval of Airborne Windshear Warning Systems in Transport Category Airplanes [S]. 1987.

[5] FAA. AC25 - 11A Electronic Flight Deck Displays [S]. 2007.

[6] FAA. AC25 - 7C Flight Test Guide For Certification Of Transport Category Airplanes [S]. 2012.

[7] DO - 160F Environmental Conditions and Test Procedures for Airborne Equipment [S].

[8] SAE. AS8034 Minimum Performance Standard for Airborne Multipurpose Electronic Displays [S].

[9] SAE. ARP1068B Flight Deck Instrumentation, Display Criteria and Associated Controls for Transport Aircraft [S].

[10] SAE. AS50571A - 2010 Lights, Instrument, Individual, General Specification for

[11] SAE. ARP1161 Crew Station Lighting-Commercial Aircraft [S].

[12] TSO - C113 Airborne Multipurpose Electronic Displays [S].

[13] 马述训. 飞机设计手册第 16 册：电气系统设计分册[M]. 北京：航空工业出版社,1999.

运输类飞机适航标准 第25.1383条符合性验证

1 条款介绍

1.1 条款原文

第25.1383条 着陆灯

(a) 每个着陆灯必须经过批准,其安装必须做到:

(1) 使驾驶员看不到有害的眩光;

(2) 使驾驶员不受晕影的不利影响;

(3) 为夜间着陆提供足够的光线。

(b) 除了装在同一部位的几个着陆灯可以共用一个开关控制之外,每个着陆灯必须有一个单独的开关。

(c) 必须有手段,当着陆灯在放出位置时,向驾驶员发出指示。

1.2 条款背景

第25.1383条对运输类飞机着陆灯的照明、安装和控制提出了要求。着陆灯须为夜间着陆提供足够照明,同时此照明不应对驾驶员造成不利影响。对着陆灯的控制要求确保了当单一位置着陆灯控制出现故障时不会对其他位置的着陆灯造成影响。

1.3 条款历史

第25.1383条在CCAR25部初版首次发布,截至CCAR-25-R4,该条款未进行过修订,如表1-1所示。

表1-1 第25.1383条条款历史

第25.1383条	CCAR25部版本	相关14 CFR修正案	备 注
首次发布	初版	—	

1985年12月31日发布了CCAR25部初版,其中包含第25.1383条,该条款参考14 CFR PART 25中§25.1383的内容制定。

2 条款解读

2.1 条款要求

第 25.1383(a)款规定所选的着陆灯是必须经过批准的,即经过局方批准或局方授权的实验室批准。若无相关 TSO 标准,可采用相关行业标准,如 SAE ARP 693C。确保从灯具本身上满足本条的要求。其次,从着陆灯的安装设计上确保满足本条的要求,例如,着陆灯安装于尽量远离飞机中心线的翼尖上,使前向光线远离驾驶员;对于安装在机头下部区域或前起落架上的着陆灯,应使灯的主光束轴线与驾驶员正常外视的视线方向错开一个角度;又如对灯丝旁有遮光片的着陆灯,在安装时应使遮光片处在驾驶员一侧,起到有效的遮挡作用;此外,应尽量使着陆灯的灯光分布均匀,这样就可以避免驾驶员直接受到眩光的影响等。

着陆灯在夜间着陆时应提供足够的跑道照明及安全性,通常的做法是选用大功率、高光强的着陆灯,且应在最终进近、着陆及滑跑阶段提供足够的照明。不同机型的着陆状态和着陆高度不尽相同,因此某些机型可能需要具备在着陆后调整着陆灯照明方向的能力。

第 25.1383(b)款要求安装在同一处的几个着陆灯可以共用一个控制开关,而不同处的着陆灯应各自设有控制开关。目的是在一个开关或其线路故障时不影响其他着陆灯的正常工作。

第 25.1383(c)款要求为了飞机安全及灯具安全,在驾驶舱内着陆灯收放控制开关旁安装有指示灯,以便驾驶员了解着陆灯所处的工作状态。

2.2 相关条款

第 25.1383 条无相关条款。

3 验证过程

3.1 验证对象

第 25.1383 条的验证对象为照明系统的着陆灯。

3.2 符合性验证思路

针对第 25.1383(a)款,通过机上地面试验、飞行试验验证着陆灯的功能。且通过设备鉴定试验证明着陆灯是经过批准的。

针对第 25.1383(b)款,通过照明系统设计描述说明着陆灯系统的组成和开关布置,并通过机上检查对开关对着陆灯的控制进行验证。

针对第 25.1383(c)款,通过照明系统设计描述说明使驾驶员了解着陆灯收放状态的方式,并通过机上地面试验的验证。

3.3　符合性验证方法

通常,针对第 25.1383 条的符合性验证方法如表 3-1 所示。

表 3-1　建议的符合性方法

CCAR25 条款	专业	符合性方法										备注
		0	1	2	3	4	5	6	7	8	9	
第 25.1383(a)款	照明						5	6			9	
第 25.1383(b)款	照明		1						7			
第 25.1383(c)款	照明		1				5					

3.4　符合性验证说明

3.4.1　第 25.1383(a)款符合性验证说明

针对第 25.1383(a)款,采用的符合性验证方法包括 MOC5、MOC6 和 MOC9。

1) MOC5 验证过程

采用机上地面试验测量垂直面的照度。参考 SAE ARP693,打开前起落架左侧着陆灯,待灯具工作稳定后,用照度辐射计测量前起落架左侧着陆灯正前方距驾驶员 5 米、6 米、7 米、8 米、9 米、10 米、11 米、12 米、13 米、14 米、15 米、16 米、17 米、18 米、19 米、20 米、25 米、30 米、40 米、50 米、60 米、70 米、80 米、90 米、95 米、100 米、105 米地平面处垂直面的照度;分别打开左翼根着陆灯、右翼根着陆灯,待灯具工作稳定后,用照度辐射计测量左翼根着陆灯、右翼根着陆灯正前方距驾驶员 1 米、2 米、3 米、4 米、5 米、6 米、7 米、8 米、9 米、10 米、11 米、12 米、13 米、14 米、15 米、20 米、25 米、30 米、40 米、50 米、60 米、70 米、80 米、90 米、95 米、100 米、105 米地平面处垂直面的照度;然后同时打开所有的着陆灯,待灯具工作稳定后,用照度辐射计测量上述测量点垂直面的照度。

2) MOC6 验证过程

采用试飞试验,分别在夜间、低能见度、不同的着陆仰角以及不同的着陆灯组合条件下对着陆灯的照明效果进行评估。用以确定:① 正确地对准跑道,为夜间着陆提供足够的光强,而且在各种不同的重心、襟翼位置和空速情况下以不同的俯仰姿态着陆进场情况下是可接受的;② 不会产生不利的眩光和晕影;③ 在主最低设备状态下和恶劣天气工作时功能正常。

3) MOC9 验证过程

按照 DO-160 机载设备环境条件及测试程序,对着陆灯系统设备应进行低温、高温、高度/压力、温度变化、湿度、冲击碰撞安全、振动、爆炸防护、防水、霉菌、磁效应、电源输入、尖锋、音频传导敏感度、感应信号敏感度、辐射敏感度、射频能量发射等鉴定试验。

3.4.2　第 25.1383(b)款符合性验证说明

针对第 25.1383(b)款,采用的符合性验证方法包括 MOC1 和 MOC7。

1) MOC1 验证过程

在照明系统设计描述文件中说明着陆灯系统的构架与组成,系统原理图中说明着陆灯系统具有独立开关控制的逻辑,系统安装图中明确着陆灯在飞机上的安装位置及开关设置情况。

2) MOC7 验证过程

采用机上检查确认着陆灯的控制开关,确认不在同一位置的每一着陆灯都有独立的开关,且能分别进行控制。

3.4.3　第 25.1383(c)款符合性验证说明

针对第 25.1383(c)款,采用的符合性验证方法包括 MOC1 和 MOC5。

1) MOC1 验证过程

在照明系统设计描述文件中明确着陆灯系统指示灯的设置与安装情况。一般在驾驶舱内着陆灯收放控制开关旁安装指示灯,着陆灯放出时指示灯亮,着陆灯收回时指示灯熄灭。

2) MOC5 验证过程

采用机上地面试验,验证指示灯使驾驶员了解着陆灯所处位置的情况。现有着陆灯大多数是其收放系统与灯光系统分别控制的,为了飞机安全及灯具安全起见,在驾驶舱内着陆灯收放控制开关旁安装有指示灯,例如灯放出则指示灯亮;反之,灯收回则指示灯熄灭,以便驾驶员了解着陆灯所处的工作状态。

3.5　符合性文件清单

通常,针对第 25.1383 条的符合性文件清单如表 3 - 2 所示。

表 3 - 2　建议的符合性文件清单

序　号	符 合 性 报 告	符合性方法
1	照明系统设计描述文件	MOC1
2	照明系统地面试验大纲	MOC5
3	照明系统地面试验报告	MOC5
4	照明系统飞行试验大纲	MOC6
5	照明系统飞行试验报告	MOC6
6	照明系统机上检查大纲	MOC7
7	照明系统机上检查报告	MOC7
8	照明系统灯具鉴定大纲	MOC9
9	照明系统灯具鉴定报告	MOC9

4　符合性判据

（1）确定了着陆灯系统的组成和开关布置，确定了使驾驶员了解着陆灯收放状态的方式。

（2）完成了机上地面试验，测得选取的测量点的照度，然后参考 SAE ARP693 对测试数据进行处理，测量点的照度应满足 SAE ARP693 推荐的照度。

（3）完成了飞行试验，试验结果表明飞机在夜间、低能见度、不同的着陆仰角以及不同的着陆灯失效组合条件下着陆过程中提供的照明均能够使驾驶员能辨识跑道上的标志或跑道编号，着陆灯不会造成影响机组人员正常操作的眩光和晕影。

（4）完成了机上检查，检查结果表明开关可以对着陆灯进行独立的控制。

（5）完成了设备鉴定试验，试验结果表明着陆灯满足适航标准中所描述的对安装、防火、防爆、防水等条款的要求，且设备能够承受飞机飞行时所处的各种恶劣环境条件，保证其功能正常。

参考文献

［1］　FAA. AC25 - 7C Flight Test Guide For Certification Of Transport Category Airplanes ［S］. 2012.

［2］　FAA. AC25 - 23 Airworthiness Criteria for the Installation Approval of a Terrain Awareness and Warning System (TAWS) for Part 25 Airplanes ［S］. 2000.

［3］　SAE. ARP4392 Lighting, Aircraft Exterior, Night Vision Imaging System (NVIS) Compatible ［S］.

［4］　SAE. ARP693C Landing and Taxiing Lights — Design Criteria for Installation ［S］.

［5］　RTCA. DO - 160F Environmental Conditions and Test Procedures for Airborne Equipment ［S］.

运输类飞机适航标准 第25.1385条符合性验证

1 条款介绍

1.1 条款原文

第25.1385条 航行灯系统的安装

（a）总则 航行灯系统中的每一部分必须满足本条中的有关要求，并且整个系统必须满足第25.1387条至第25.1397条的要求。

（b）前航行灯 前航行灯必须由红灯和绿灯组成，其横向间距要尽可能大，朝前装在飞机上，当飞机处于正常飞行姿态时，灯的光色为左红右绿。每个灯必须经过批准。

（c）后航行灯 后航行灯必须是白灯，要尽可能向后地装在尾部或每一机翼翼尖上，并且必须经过批准。

（d）灯罩和滤色镜 每个灯罩或滤色镜必须至少是阻燃的，在正常使用中不得改变颜色或形状，也不得有任何明显的灯光透射损失。

1.2 条款背景

第25.1385条对航行灯的安装、颜色以及灯罩和滤色镜的特性提出了要求。航行灯的主要功能是用来标识飞机外廓的大小、飞机所在位置和运动方向，以便其他飞机的驾驶员发现后及时采取避让措施，防止飞机发生碰撞。

1.3 条款历史

第25.1385条在CCAR25部初版首次发布，截至CCAR-25-R4，该条款未进行过修订，如表1-1所示。

表1-1 第25.1385条修订说明

第25.1385条	CCAR25部版本	相关14 CFR修正案	备 注
首次发布	初版	25-38	

1985年12月31日发布了CCAR25部初版，其中包含第25.1385条，该条款参考14 CFR PART 25中的§25.1385和14 CFR修正案25-38的内容制定。

14 CFR 修正案 25-38 修订了本条的(c)和(e)款,也是迄今为止 FAA 对本条款唯一的一次修订。修订内容具体如下:

修订前:

(c) 后航行灯必须是白灯,要尽可能后地安装在飞机后部,而且必须经过批准。

(e) 通行灯如果安装额外的稳定的红灯(通常被称为通行灯),它必须:

(1) 安装在左着陆灯装置内。

(2) 在飞机机头中心线上。

(3) 在左机翼的外缘,螺旋桨盘的外侧。

修订后的本条(c)款允许根据飞机的具体设计情况将后航行灯安装在每个机翼的翼尖上。同时删除了原(e)款中有关通行灯的要求。

2 条款解读

2.1 条款要求

第 25.1385(a)款是航行灯的总则性条款,要求航行灯系统必须满足第 25.1387 条至第 25.1397 条中关于航行灯二面角、灯光分布、水平平面内光强、任一垂直平面内光强和掺入光强及颜色规格的要求。

第 25.1385(b)款和第 25.1385(c)款分别对前航行灯和后航行灯提出了要求,前航行灯横向间距要尽可能大,以展示飞机的最大横向尺寸,一般朝前安装在机翼翼尖上或机翼末端上下表面;后航行灯要尽可能安装在飞机的尾部或每一机翼翼尖上;为了让有关人员能准确判别飞机所在位置和运动方向,不致造成混乱,飞机的航行灯都布置为其左侧灯光为航空红色、右侧灯光为航空绿色、后部灯光为航空白色;并且每个灯具需取得 TSOA 或通过设备鉴定试验获得局方批准。

第 25.1385(d)款要求灯罩和滤色镜必须至少是阻燃的,同时在正常使用中其颜色、形状及透光率不得有任何明显改变或损失,在寿命期内,其性能应稳定。

2.2 相关条款

与第 25.1385 条相关的条款如表 2-1 所示。

表 2-1 第 25.1385 条相关条款

序 号	相 关 条 款	相 关 性
1	第 25.1387 条	第 25.1385 条为航行灯的总则性条款,要求航行灯必须满足第 25.1387 条对二面角的要求
2	第 25.1389 条	第 25.1385 条为航行灯的总则性条款,要求航行灯必须满足第 25.1389 条对灯光分布和光强的要求

序　号	相关条款	相　关　性
3	第 25.1391 条	第 25.1385 条为航行灯的总则性条款,要求航行灯必须满足第 25.1391 条对水平平面内光强的要求
4	第 25.1393 条	第 25.1385 条为航行灯的总则性条款,要求航行灯必须满足第 25.1393 条对任一垂直平面内光强的要求
5	第 25.1395 条	第 25.1385 条为航行灯的总则性条款,要求航行灯必须满足第 25.1395 条对掺入光强要求
6	第 25.1397 条	第 25.1385 条为航行灯的总则性条款,要求航行灯必须满足第 25.1397 条对颜色规格的要求

3 验证过程

3.1 验证对象

第 25.1385 条的验证对象为照明系统的航行灯。

3.2 符合性验证思路

该条款需要确定航行灯系统的安装情况。

为表明对该条款的符合性,一般采用说明性文件、机上地面检查和设备鉴定的方法:首先通过技术资料确定航行灯系统的组成、安装和颜色设计;然后根据设备的安装图和线路图,检查前后航行灯的安装和颜色;如果航行灯系统有 TSO 标准,则可通过取得 TSOA,或者通过设备鉴定试验确定航行灯系统是经过批准的。

3.3 符合性验证方法

通常,针对第 25.1385 条的符合性验证方法如表 3-1 所示。

表 3-1　建议的符合性方法

CCAR25 条款号	专业	符合性方法										备　注
		0	1	2	3	4	5	6	7	8	9	
第 25.1385(a)款	照　明		1									
第 25.1385(b)款	照　明		1						7		9	
第 25.1385(c)款	照　明		1						7		9	
第 25.1385(d)款	照　明		1								9	

3.4 符合性验证说明

3.4.1 第 25.1385(a)款符合性验证说明

针对第 25.1385(a)款,采用的符合性验证方法为 MOC1。

在照明系统设计描述文件或者其他技术资料中说明航行灯系统的组成、安装和颜色。并且作为整体,确认第 25.1385 条对航行灯系统的安装、第 25.1387 条对航行灯系统二面角、第 25.1389 条对航行灯灯光分布和光强、第 25.1391 条对前后航行灯水平平面内的最小光强、第 25.1393 条对前后航行灯任一垂直平面内的最小光强、第 25.1395 条对前后航行灯的最大掺入光强和第 25.1397 条对航行灯颜色规格的验证。

3.4.2　第 25.1385(b)款符合性验证说明

针对第 25.1385(b)款,采用的符合性验证方法包括 MOC1、MOC7 和 MOC9。

1) MOC1 验证过程

在照明系统设计描述文件中说明前航行灯的组成、安装和颜色。采用安装图说明前航行灯安装的具体位置,给出前航行灯的安装位置的横向间距,确认此距离是否足够大,以展示飞机的最大横向尺寸。说明飞机的航行灯都布置为其左侧灯光为航空红色及右侧灯光为航空绿色。

2) MOC7 验证过程

依据前航行灯的安装图和线路图,检查前航行灯的安装状态和颜色,确认线路接通时前航行灯的点亮情况。

3) MOC9 验证过程

按照 DO‑160 机载设备环境条件及测试程序和 TSO‑C30c 飞机航行灯,对前航行灯展开低温、高温、高度/压力、温度变化、湿度、冲击碰撞安全、振动、爆炸防护、防水、霉菌、磁效应、电源输入、尖锋、音频传导敏感度、感应信号敏感度、辐射敏感度和射频能量发射等鉴定试验。

3.4.3　第 25.1385(c)款符合性验证说明

针对第 25.1385(c)款,采用的符合性验证方法包括 MOC1、MOC7 和 MOC9。

1) MOC1 验证过程

在照明系统设计描述中说明后航行灯的组成、安装和颜色。采用安装图说明后航行灯安装的具体位置,给出后航行灯的安装位置,确认后航行灯安装在飞机的尾部或每一机翼翼尖上。说明飞机的后部灯光为航空白色。

2) MOC7 验证过程

采用机上检查,依据后航行灯的安装图和线路图,检查后航行灯的安装和颜色,确认线路接通时后航行灯的点亮情况。

3) MOC9 验证过程

按照 DO‑160 机载设备环境条件及测试程序和 TSO‑C30c 飞机航行灯,对后航行灯展开低温、高温、高度/压力、温度变化、湿度、冲击碰撞安全、振动、爆炸防护、防水、霉菌、磁效应、电源输入、尖锋、音频传导敏感度、感应信号敏感度、辐射敏感度和射频能量发射等鉴定试验。

3.4.4 第 25.1385(d)款符合性验证说明

针对第 25.1385(d)款,采用的符合性验证方法包括 MOC1 和 MOC9。

1) MOC1 验证过程

在照明系统设计描述中说明航行灯系统灯罩和滤色镜的组成、形状、颜色和安装。

2) MOC9 验证过程

针对灯罩和滤色镜进行低温、高温、高度、温度变化、湿度、冲击及碰撞安全、振动、放水、流体敏感度、霉菌、盐雾和结冰等鉴定试验。

3.5 符合性文件清单

通常,针对第 25.1385 条的符合性文件清单如表 3 - 2 所示。

表 3 - 2 建议的符合性文件清单

序 号	符 合 性 报 告	符合性方法
1	照明系统设计描述文件	MOC1
2	照明系统机上检查大纲	MOC7
3	照明系统机上检查报告	MOC7
4	照明系统设备鉴定大纲	MOC9
5	照明系统设备鉴定报告	MOC9
6	航行灯 CTSOA/VDA	MOC9

4 符合性判据

进行系统描述、机上地面检查及设备鉴定试验时,航行灯系统需满足以下要求:

(1) 说明航行灯系统的组成,确认设计时考虑了航行灯系统的安装要求,使得前航行灯的横向间距尽可能大,后航行灯安装在飞机的尾部。

(2) 根据飞机实际的安装位置进行检查,检查结果与设计一致。一般情况下,前航行灯安装在飞机左、右机翼的翼尖上,后航行灯安装在垂尾的后部。

(3) 对航行灯系统的颜色进行检查,检查结果表明前航行灯左侧为红光航行灯,右侧为绿光航行灯,后航行灯为白光航行灯。

(4) 前后航行灯取得 TSOA,或者完成低温、高温、高度/压力、温度变化、湿度、冲击碰撞安全、振动、爆炸防护、防水、霉菌、磁效应、电源输入、尖锋、音频传导敏感度、感应信号敏感度、辐射敏感度和射频能量发射等鉴定试验,结果满足 DO - 160 标准的判定准则。以表明航行灯系统是经过批准可交付使用的。

(5) 灯罩和滤色镜完成低温、高温、高度、温度变化、湿度、冲击及碰撞安全、振动、放水、流体敏感度、霉菌、盐雾和结冰等鉴定试验,结果满足 DO - 160 标准的判定准则。以表明灯罩或滤色镜是阻燃的,且在正常使用中其颜色、形状及透光率没有明显的改变。

（6）作为整体,航行灯系统满足了第 25.1387 条～第 25.1397 条中关于航行灯二面角、灯光分布、水平平面内光强、任一垂直平面内光强和掺入光强及颜色规格的要求。

参考文献

[1]　14 CFR 修正案 25 - 38 Airworthiness Review Program,Amendment No. 3: Miscellaneous Amendments [S].

[2]　FAA. AC20 - 74 Aircraft Position and Anticollision Light Measurements [S]. 1971.

[3]　DO - 160 Environmental Conditions and Test Procedures for Airborne Equipment [S].

[4]　TSO - C30c Aircraft Position Lights [S].

运输类飞机适航标准
第 25.1387 条符合性验证

1 条款介绍

1.1 条款原文

第 25.1387 条 航行灯系统二面角

(a) 除本条(e)规定者外,所装的每个前、后航行灯在本条规定的二面角内,必须显示无间断的灯光。

(b) 左二面角(L)由两个相交的垂直平面组成,当沿着飞机纵轴向前看时,一个平面与飞机纵轴平行,而另一个向左偏离第一个平面110度。

(c) 右二面角(R)由两个相交的垂直平面组成,当沿着飞机纵轴向前看时,一个平面与飞机纵轴平行,而另一个向右偏离第一个平面110度。

(d) 后二面角(A)由两个相交的垂直平面组成,当沿着飞机纵轴向后看时,这两个平面分别向左、向右偏离通过飞机纵轴的垂直平面各70度。

(e) 如果根据第 25.1385(c)条尽可能向后安装的后航行灯,在本条(d)所定义的二面角 A 内不能显示出无间断的灯光,则在该二面角内允许有一个或几个被遮蔽的立体角,但其总和在下述圆锥体内不得超过 0.04 球面度,该圆锥体以后航行灯为顶点,母线与通过后航行灯的垂直线成 30 度夹角。

〔中国民用航空局 2011 年 11 月 7 日第四次修订〕

1.2 条款背景

第 25.1387 条对航行灯的左、右和后二面角的角度及后二面角的允许遮挡范围提出了要求。航行灯的主要功能是用来标识飞机外廓的大小、飞机所在位置和运动方向,以便其他飞机的驾驶员发现后及时采取避让措施,防止飞机发生碰撞。

1.3 条款历史

第 25.1387 条在 CCAR25 部初版首次发布,截至 CCAR - 25 - R4,该条款未进行过修订,如表 1-1 所示。

1985 年 12 月 31 日发布了 CCAR25 部初版,其中包含第 25.1387 条,该条款参考 14 CFR PART 25 中的 §25.1387 的内容和 14 CFR 修正案 25 - 30 制定。

表 1 – 1　第 25.1387 条修订说明

第 25.1387 条	CCAR25 部版本	相关 14 CFR 修正案	备　注
首次发布	初版	25 – 30	

14 CFR 修正案 25 – 30 修订增加了(d)和(e)款。修订的目的是允许灯的照射范围内受遮挡较少的后航行灯的安装。原条款要求后航行灯在一个二面角内发出不被遮断的灯光,这个二面角由两个相交而分别相对于通过纵轴的铅垂平面左右各偏 70°的铅垂平面组成。

2　条款解读

2.1　条款要求

第 25.1387 条在飞机上划分二面角的目的是便于准确控制、检查及度量航行灯系统的灯光分布及光强,实质上是将飞机周围的 360°空间分为三个区域。以水平放置的飞机的重心为原点,过飞机对称中心线顺航向的垂面为 0°,与向其左、右两侧各 110°的垂面构成飞机左右两侧各 110°的两个空间,分别为左右二面角,而向后 140°的空间,为后二面角,这就是从整体上看的各个航行灯的二面角。分别以前左、右航行灯及后航行灯为中点或起点,按上述方式分割空间,就构成了具体度量时的各个航行灯的二面角。

在规定的各航行灯的二面角内,所显示的灯光必须是连续的,也就是说光源自身中间没有暗区或者没有被飞机的结构遮挡。但是,鉴于后航行灯安装处的飞机结构比较复杂,又由于前航行灯是给前侧面迎面飞来的飞机看的,而后航行灯是给后面同向飞行的飞机看的,后者之间的相对速度较前者之间的低得多,此外同向飞机的飞机机动性也大,即同向飞机发生碰撞的可能性小得多。所以允许后航行灯灯光有部分被遮挡,但必须满足第 25.1387(e)款的要求。

2.2　相关条款

与第 25.1387 条相关的条款如表 2 – 1 所示。

表 2 – 1　第 25.1387 条相关条款

序　号	相关条款	相　关　性
1	第 25.1385 条	第 25.1385 条为航行灯的总则性条款,要求航行灯必须满足第 25.1387 条对二面角的要求

3　验证过程

3.1　验证对象

第 25.1387 条的验证对象为照明系统的航行灯。

3.2　符合性验证思路

针对第 25.1387 条,通过照明系统设计描述说明航行灯系统的左、右和后二面角的角度及后二面角的遮挡范围,通过计算分析和机上地面试验确定二面角的范围,并验证在规定的各航行灯的二面角内所显示灯光的连续性,且通过取得 TSOA 或设备鉴定试验证明航行灯是经过批准的。

3.3　符合性验证方法

通常,针对第 25.1387 条的符合性验证方法如表 3 - 1 所示。

表 3 - 1　建议的符合性方法

CCAR25 条款	专 业	符 合 性 方 法										备 注
		0	1	2	3	4	5	6	7	8	9	
第 25.1387 条	照 明		1	2			5				9	

3.4　符合性验证说明

针对第 25.1387 条,采用的符合性验证方法为 MOC1、MOC2、MOC5 和 MOC9。

1) MOC1 验证过程

在照明系统设计描述中说明航行灯的位置与安装形式。采用左右航行灯的安装图、尾部航行灯的安装图,说明左右航行灯、尾部航行灯成品的光照角度及安装端面。

2) MOC2 验证过程

对前、后航行灯的二面角以及后航行灯的遮挡球面度进行分析。根据左右航行灯、后航行灯成品的光照角度及安装端面,分析前航行灯是否当沿着飞机纵轴向前看时,一个平面与飞机纵轴平行,而另一个平面偏离第一个平面 110°;分析后航行灯的两个平面是否分别向左、向右偏离通过飞机纵轴的垂直平面各 70°;分析左右航行灯、后航行灯安装后无障碍的范围。

3) MOC5 验证过程

采用机上地面试验,采用空间角度定位系统确定左翼尖航行灯、右翼尖航行灯、尾部航行灯的二面角范围。并判断在规定的各航行灯的二面角内所显示灯光的连续性。

4) MOC9 验证过程

按照 DO - 160 机载设备环境条件及测试程序和 TSO - C30c 飞机航行灯,针对航行灯系统展开低温、高温、高度/压力、温度变化、湿度、冲击碰撞安全、振动、爆炸防护、防水、霉菌、磁效应、电源输入、尖锋、音频传导敏感度、感应信号敏感度、辐射敏感度、射频能量发射等鉴定试验。

3.5 符合性文件清单

通常,针对第 25.1387 条的符合性文件清单如表 3-2 所示。

表 3-2 建议的符合性文件清单

序 号	符 合 性 报 告	符合性方法
1	照明系统设计描述文件	MOC1
2	照明系统分析计算报告	MOC2
3	照明系统地面试验大纲	MOC5
4	照明系统地面试验报告	MOC5
5	照明系统灯具鉴定大纲	MOC9
6	照明系统灯具鉴定报告	MOC9
7	航行灯 CTSOA/VDA	MOC9

4 符合性判据

进行系统描述、计算分析、机上地面检查及设备鉴定试验时,航行灯系统二面角需满足以下要求:

(1) 说明航行灯系统的组成,确认设计时考虑了左右航行灯、后航行灯的位置和安装形式,使得每一个航行灯在各二面角范围内光强不间断连续。

(2) 根据左右航行灯、后航行灯成品的光照角度及安装端面进行分析计算,分析结果表明左右航行灯的光照角度为 110°且安装端面与飞机 Y-Z 平面平行,能保证当沿着飞机纵轴向前看时,一个平面与飞机纵轴平行,而另一个平面偏离第一个平面 110°;表明后航行灯的两个平面分别向左、向右偏离通过飞机纵轴的垂直平面各 70°;计算结果表明左右航行灯安装后无障碍的范围大于 110°、后航行灯安装后无障碍的范围大于 140°。

(3) 完成了机上地面试验,试验结果表明左右航行灯安装后无障碍的角度范围能满足在规定的 110°二面角内连续的要求,尾部航行灯安装后无障碍的角度范围能够满足规定的 140°二面角范围内光照连续的要求(如果有部分遮挡,则通过计算表明在规定范围之内)。

(4) 前后航行灯取得 TSOA,或者完成低温、高温、高度/压力、温度变化、湿度、冲击碰撞安全、振动、爆炸防护、防水、霉菌、磁效应、电源输入、尖锋、音频传导敏感度、感应信号敏感度、辐射敏感度、射频能量发射等鉴定试验,结果满足 DO-160 标准的判定准则。以表明航行灯系统是经过批准可交付使用的。

参考文献

[1] 14 CFR 修正案 25-30 Position Light System Dihedral Angles [S].

[2] FAA. AC20 - 30B Aircraft Position Light and Anticollision Light Installations [S]. 1981.

[3] FAA. AC20 - 74 Aircraft Position and Anticollision Light Measurements [S]. 1971.

[4] SAE. AS8037 Minimum Performance Standard for Aircraft Position Lights [S].

[5] DO - 160F Environmental Conditions and Test Procedures for Airborne Equipment [S].

[6] TSO - C30c Aircraft Position Lights [S].

运输类飞机适航标准
第 25.1389 条符合性验证

1 条款介绍

1.1 条款原文

第 25.1389 条　航行灯灯光分布和光强

（a）总则　本条规定的光强必须用装有灯罩和滤色镜的新灯来测定。光强测定必须在光源发光达到稳定值后进行（该稳定值指光源在飞机正常工作电压时的平均输出光通）。每一航行灯灯光分布和光强必须满足本条（b）的要求。

（b）前、后航行灯　前、后航行灯灯光分布和光强必须以左、右和后二面角范围内水平平面内的最小光强、任一垂直平面内的最小光强和最大掺入光强表示，且必须满足下列要求：

（1）水平平面内的光强　水平平面（包含飞机纵轴并垂直于飞机对称平面的平面）内各范围的光强必须等于或大于第 25.1391 条规定的相应值；

（2）任一垂直平面内的光强　任一垂直平面（垂直于水平平面的平面）内各范围的光强必须等于或大于第 25.1393 条规定的相应值，其中，I 为第 25.1391 条中规定的该水平平面内相应角度的最小光强；

（3）相邻光源间的掺入光强　相邻光源间的任何掺入光强均不得超过第 25.1395 条中规定的相应值，但是当主光束的光强远大于第 25.1391 条和第 25.1393 条中规定的最小值时，如果与主光束光强相比，掺入光强对主光源清晰度无不利影响，则可允许有更大的掺入光强，当前航行灯光强峰值大于 100 坎时，如果 A 区内的掺入光强不大于航行灯光强峰值的 10%，B 区内的掺入光强不大于航行灯光强峰值的 2.5%，则前航行灯之间的掺入光强最大值可以超过第 25.1395 条中规定的相应值。

1.2 条款背景

第 25.1389 条对航行灯灯光的分布和光强提出了总体要求。航行灯的主要功能是用来标识飞机外廓的大小、飞机所在位置和运动方向，以便其他飞机的驾驶员发现后及时采取避让措施，防止飞机发生碰撞。

1.3 条款历史

第 25.1389 条在 CCAR25 部初版首次发布,截至 CCAR - 25 - R4,该条款未进行过修订,如表 1 - 1 所示。

表 1 - 1　第 25.1389 条修订说明

第 25.1389 条	CCAR25 部版本	相关 14 CFR 修正案	备　注
首次发布	初版	—	

1985 年 12 月 31 日发布了 CCAR25 部初版,其中包含第 25.1389 条,该条款参考 14 CFR PART 25 中的 §25.1389 的内容制定。

2　条款解读

2.1　条款要求

本条款是对航行灯灯光的分布和光强提出总体要求的综合性条款,其中各个光强的具体指标值又在相关的第 25.1391 条、第 25.1393 条和第 25.1395 条中进行了具体规定。

第 25.1389(a)款总则规定光强测试时,要用完整的新灯,即装上灯罩及滤色镜,与其实际使用中的情况完全一致,电源电压应相当于飞机正常工作的电压值,通电后应等到发光稳定即无明显波动时才可进行测试。这样测试所得的结果才能代表安装在飞机上的真实水平,才是可信的。

第 25.1389(b)款规定了光强值在水平平面内、任一垂直平面内以及相邻光源间三个方面的要求。第 25.1389(b)(1)项实际上指引出第 25.1391 条对前后航行灯水平平面内的最小光强的具体规定;第 25.1389(b)(2)项实际上指引出第 25.1393 条对前后航行灯任一垂直平面内的最小光强的具体规定;第 25.1389(b)(3)项实际上指引出第 25.1395 条对前后航行灯的最大掺入光强的具体规定,前后航行灯的最大掺入光强必须小于第 25.1395 条中的规定值,且给出了唯一例外情况:当主光束峰值大于 100 坎时,A 区和 B 区的掺入光强可超过第 25.1395 条中的规定值,但分别不大于航行灯光强峰值的 10% 和 2.5%,最终目的是确保掺入光强对主光束清晰度无不利影响。

2.2　相关条款

与第 25.1389 条相关的条款如表 2 - 1 所示。

表 2-1　第 25.1389 条相关条款

序　号	相关条款	相　关　性
1	第 25.1385 条	第 25.1385 条为航行灯的总则性条款,要求航行灯必须满足第 25.1389 条对灯光分布和光强的要求
2	第 25.1391 条	第 25.1389 条为航行灯光强的总则性条款,要求航行灯必须满足第 25.1391 条对水平平面内光强的要求
3	第 25.1393 条	第 25.1389 条为航行灯光强的总则性条款,要求航行灯必须满足第 25.1393 条对任一垂直平面内光强的要求
4	第 25.1395 条	第 25.1389 条为航行灯光强的总则性条款,要求航行灯必须满足第 25.1395 条对掺入光强要求

3　验证过程

3.1　验证对象

第 25.1389 条的验证对象为照明系统的航行灯。

3.2　符合性验证思路

针对第 25.1389 条,需要通过照明系统设计描述说明航行灯系统的组成和安装,通过机上地面试验对航行灯水平面内的光强进行测试,通过取得 TSOA 或设备鉴定试验证明航行灯是经过批准的,且满足相应技术规范中对光强的要求。

3.3　符合性验证方法

通常,针对第 25.1389 条的符合性验证方法如表 3-1 所示。

表 3-1　建议的符合性方法

CCAR25 条款	专　业	符 合 性 方 法										备　注
		0	1	2	3	4	5	6	7	8	9	
第 25.1389 条	照　明		1				5				9	

3.4　符合性验证说明

针对第 25.1389 条,采用的符合性验证方法为 MOC1、MOC5 和 MOC9。

1) MOC1 验证过程

在照明系统设计描述中对航行灯系统的组成和安装进行说明,明确前、后航行灯的具体安装位置、方向,明确其在相应的水平平面内不同角度的最小光强要求、在垂直平面内不同角度的最小光强要求、在规定的不同角度方向可能掺入的光强要求。

2) MOC5 验证过程

采用机上地面试验对航行灯水平面、垂直平面内不同角度的最小光强及最大掺入光强进行测量。航行灯水平面、垂直平面内不同角度的最小光强及最大掺入光强的测量已分别规划在第 25.1391 条、第 25.1393 条、第 25.1395 条的机上地面试验中完成,通过指引到相应的报告进行说明。

3) MOC9 验证过程

TSO-C30c"飞机航行灯"中要求航行灯系统应满足航空航天标准 SAE AS8037C"航空器航行灯",该标准规定了航行灯系统灯光分布和光强的最低性能标准。按照 TSO-C30c,进行航行灯系统关于分布和光强技术指标的设备鉴定试验。

3.5 符合性文件清单

通常,针对第 25.1389 条的符合性文件清单如表 3-2 所示。

表 3-2　建议的符合性文件清单

序　号	符　合　性　报　告	符合性方法
1	照明系统设计描述文件	MOC1
2	照明系统地面试验大纲	MOC5
3	照明系统地面试验报告	MOC5
4	照明系统灯具鉴定大纲	MOC9
5	照明系统灯具鉴定报告	MOC9
6	航行灯 CTSOA/VDA	MOC9

4　符合性判据

针对第 25.1389 条,符合性判据如下:

(1) 在系统设计描述中详细说明了前、后航行灯的安装位置与方向。

(2) 完成机上地面试验,在条款定义的角度范围内测量前、后航行灯水平平面内的照度,将照度数据转换成光强,均大于第 25.1391 条对最小光强的要求;在条款定义的角度范围内测量前、后航行灯任一垂直平面内的照度,将照度数据转换成光强,均大于第 25.1393 条对最小光强的要求。在条款定义的角度范围内测量前、后航行灯的掺入照度,将照度数据转换成光强,均不超过第 25.1395 条最大掺入光强的要求。当航行灯的掺入光强值高出 A 区、B 区的相应值,计算出的航行灯光强峰值大于 100 坎德拉,且在 A 区、B 区的掺入光强值分别不大于其峰值的光强值 10%、2.5%。

(3) 取得 CTSOA 或者通过前后航行灯关于分布和光强的设备鉴定试验并获得局方批准。

参考文献

[1]　FAA. AC20 - 74 Aircraft Position and Anticollision Light Measurements [S]. 1971.

[2]　TSO - C30c Aircraft Position Lights [S].

[3]　SAE. AS8037C Minimum Performance Standard for Aircraft Position Lights [S].

[4]　RTCA. DO - 160F Environmental Conditions and Test Procedures for Airborne Equipment [S].

运输类飞机适航标准
第 25.1391 条符合性验证

1 条款介绍

1.1 条款原文

第 25.1391 条　前、后航行灯水平平面内的最小光强

每个航行灯的光强必须等于或大于下表规定的相应值：

二面角（相应灯光）	自正前方向左或向右偏离纵轴的角度	光强（坎德拉）
左或右（前红光或前绿光）	0°~10°	40
	10°~20°	30
	20°~110°	5
后（后白光）	110°~180°	20

1.2 条款背景

第 25.1391 条对航行灯的左、右和后二面角在水平平面（包含飞机纵轴并垂直于飞机对称平面的平面）各范围内的最小光强提出了要求。其中，左、右两个前航行灯的灯光颜色不同，但最小光强值要求是相同的。航行灯的主要功能是用来标识飞机外廓的大小、飞机所在位置和运动方向，以便其他飞机的驾驶员发现后及时采取避让措施，防止飞机发生碰撞。

1.3 条款历史

第 25.1391 条在 CCAR25 部初版首次发布，截至 CCAR-25-R4，该条款未进行过修订，如表 1-1 所示。

表 1-1　第 25.1391 条修订说明

第 25.1391 条	CCAR25 部版本	相关 14 CFR 修正案	备　　注
首次发布	初版	—	

1985 年 12 月 31 日发布了 CCAR25 部初版,其中包含第 25.1391 条,该条款参考 14 CFR PART 25 中的 §25.1391 的内容制定。

2 条款解读

2.1 条款要求

第 25.1391 条规定了前、后航行灯水平面内的最小光强,两个航行灯的灯光颜色虽不同,但其水平平面的最小光强值要求是相同的。在 0°～110°的范围内,各点光强值的要求是不相同的,即水平配光曲线呈阶梯形,而实际配光曲线是连续光滑过度的。因为前航行灯主要供相向航行的飞机观看,相对速度最大时是两架飞机的速度之和,迎面发生飞机碰撞的可能性最大,发生会聚飞行的可能性最大,需要驾驶员有足够时间采取避撞措施,所以 0°～20°内要求光强最大,作用距离最远,避让时间就充裕些。再往外,即使看不到对方灯光,也不会发生会聚飞行,所以光强值要求很小。后航行灯在其 110°～180°范围内的最小光强值要求是相同的。各个航行灯的水平平面内的光强值不得低于规定的最小光强值。

2.2 相关条款

与第 25.1391 条相关的条款如表 2-1 所示。

表 2-1 第 25.1391 条相关条款

序 号	相关条款	相 关 性
1	第 25.1385 条	第 25.1385 条为航行灯的总则性条款,要求航行灯必须满足第 25.1391 条对水平平面内光强的要求
2	第 25.1389 条	第 25.1389 条为航行灯灯光分布和光强的总则性条款,要求航行灯必须满足第 25.1391 条对水平平面内光强的要求

3 验证过程

3.1 验证对象

第 25.1391 条的验证对象为照明系统的航行灯。

3.2 符合性验证思路

针对第 25.1391 条,通过照明系统设计描述说明航行灯系统的组成和安装,通过机上地面试验对航行灯水平面内的光强进行测试,通过取得 TSOA 或设备鉴定试验证明航行灯是经过批准的,且满足相应技术规范中对光强的要求。

3.3 符合性验证方法

通常,针对第 25.1391 条的符合性验证方法如表 3-1 所示。

表 3-1　建议的符合性方法

CCAR25 条款	专　业	符 合 性 方 法										备　注
		0	1	2	3	4	5	6	7	8	9	
第 25.1391 条	照　明		1				5				9	

3.4　符合性验证说明

针对第 25.1391 条,采用的符合性验证方法为 MOC1、MOC5 和 MOC9。

1)MOC1 验证过程

在照明系统设计描述中对航行灯系统的组成和安装进行说明,明确前、后航行灯的具体安装位置、方向,明确其在相应的水平平面内不同角度的最小光强要求。

2)MOC5 验证过程

采用机上地面试验对航行灯水平面内不同角度内的照度进行测量。在左航行灯光源水平面上选取自 0°方向向左偏离的 0°、3°、7°、13°、17°、40°、60°、80°、100°、110°作为测试角度。在右航行灯光源水平面上选取自 0°方向向右偏离的 0°、3°、7°、13°、17°、40°、60°、80°、100°、110°作为测试角度。在尾部航行灯水平面上选取自 0°方向向左偏离的 110°、130°、150°、170°、180°和向右偏离的 110°、130°、150°、170°、180°作为测试角度。分别打开左、右和尾部航行灯,待灯具工作稳定后,在上述所选角度位置用照度辐射计测量左、右和尾部航行灯二面角内光源水平平面的照度。然后将照度转换为光强,确认其满足条款要求。

3)MOC9 验证过程

TSO-C30c"飞机航行灯"中要求航行灯系统应满足航空航天标准 SAE AS8037C"航空器航行灯",该标准规定了航行灯系统灯光分布和光强的最低性能标准。按照 TSO-C30c,进行航行灯系统关于分布和光强技术指标的设备鉴定试验,并获得 TSOA。

3.5　符合性文件清单

通常,针对第 25.1391 条的符合性文件清单如表 3-2 所示。

表 3-2　建议的符合性文件清单

序　号	符 合 性 报 告	符合性方法
1	照明系统设计描述文件	MOC1
2	照明系统地面试验大纲	MOC5
3	照明系统地面试验报告	MOC5
4	照明系统灯具鉴定大纲	MOC9
5	照明系统灯具鉴定报告	MOC9
6	航行灯 CTSOA/VDA	MOC9

4 符合性判据

针对第 25.1391 条,符合性判据如下:

(1) 在系统设计描述中详细说明了前、后航行灯的安装位置与方向。

(2) 完成机上地面试验,在条款定义的角度范围内测量前、后航行灯水平平面内的照度,将照度数据转换成光强,均大于本条款最小光强的要求。

(3) 取得 CTSOA 或者通过前后航行灯关于分布和光强的设备鉴定试验并获得局方批准。

参考文献

[1]　FAA. AC20 - 74 Aircraft Position and Anticollision Light Measurements [S]. 1971.

[2]　FAA. TSO - C30c Aircraft Position Lights [S].

[3]　SAE. AS8037C Minimum Performance Standard for Aircraft Position Lights [S].

[4]　RTCA. DO - 160F Environmental Conditions and Test Procedures for Airborne Equipment [S].

运输类飞机适航标准
第 25.1393 条符合性验证

1 条款介绍

1.1 条款原文

第 25.1393 条   前、后航行灯任一垂直平面内的最小光强

每个航灯的光强必须等于或大于下表规定的相应值：

自水平平面向上或向下的角度	光 强
0°	1.00 I
0°～5°	0.90 I
5°～10°	0.80 I
10°～15°	0.70 I
15°～20°	0.50 I
20°～30°	0.30 I
30°～40°	0.10 I
40°～90°	0.05 I

〔中国民用航空局 2011 年 11 月 7 日第四次修订〕

1.2 条款背景

第 25.1393 条对航行灯的左、右和后二面角在垂直平面（垂直于水平平面的平面）各范围内的最小光强提出了要求。航行灯的主要功能是用来标识飞机外廓的大小、飞机所在位置和运动方向，以便其他飞机的驾驶员发现后及时采取避让措施，防止飞机发生碰撞。

1.3 条款历史

第 25.1393 条在 CCAR25 部初版首次发布，截至 CCAR - 25 - R4，该条款未进行过修订，如表 1 - 1 所示。

1985 年 12 月 31 日发布了 CCAR25 部初版，其中包含第 25.1393 条，该条款参考 14 CFR PART 25 中的 §25.1393 的内容制定。

表 1 - 1　第 25.1393 条修订说明

第 25.1393 条	CCAR25 部版本	相关 14 CFR 修正案	备　　注
首次发布	初版	—	

2　条款解读

2.1　条款要求

第 25.1393 条规定了前、后航行灯任一垂直平面内的最小光强。任一垂直平面内的光强分布也是呈阶梯形的,在 0°处最大,在向上或向下的角度内,逐渐减小。对于前航行灯,水平平面的最小光强值分成三个角度范围(0°～10°,10°～20°,20°～110°),故垂直平面内光强值也分别在这三个角度范围内的垂直平面上度量,且相应地不低于其规定的最小光强值。

2.2　相关条款

与第 25.1393 条相关的条款如表 2 - 1 所示。

表 2 - 1　第 25.1393 条相关条款

序　号	相关条款	相　关　性
1	第 25.1385 条	第 25.1385 条为航行灯的总则性条款,要求航行灯必须满足第 25.1393 条对任一垂直平面内光强的要求
2	第 25.1389 条	第 25.1389 条为航行灯灯光分布和光强的总则性条款,要求航行灯必须满足第 25.1393 条对任一垂直平面内光强的要求

3　验证过程

3.1　验证对象

第 25.1393 条的验证对象为照明系统的航行灯。

3.2　符合性验证思路

针对第 25.1393 条,通过照明系统设计描述说明航行灯垂直平面内不同角度的最小光强,通过机上地面试验对航行灯垂直面内的光强进行测试,通过取得 TSOA 或设备鉴定试验证明航行灯是经过批准的,且满足相应技术规范中对光强的要求。

3.3　符合性验证方法

通常,针对第 25.1393 条的符合性验证方法如表 3 - 1 所示。

3.4　符合性验证说明

针对第 25.1393 条,采用的符合性验证方法为 MOC1、MOC5 和 MOC9。

表 3 - 1　建议的条符合性方法

CCAR25 条款	专 业	符 合 性 方 法										备 注
		0	1	2	3	4	5	6	7	8	9	
第 25.1393 条	照明		1				5				9	

1) MOC1 验证过程

在照明系统设计描述中对航行灯系统的组成和安装进行说明,明确前、后航行灯的具体安装位置、方向,明确其在相应的垂直平面内不同角度的最小光强要求。

2) MOC5 验证过程

采用机上地面试验对航行灯垂直平面内不同角度内的照度进行测量。分别在左、右航行灯的 0°垂直平面选取自光源水平面向上、向下各 3°、8°、13°、18°、23°、35°、50°、70°、90°作为测试角度。在尾部航行灯二面角内 180°垂直平面选取自光源水平面向上、向下各为 3°、8°、13°、18°、23°、35°、50°、70°、90°为测试角度。打开左、右航行灯,待灯具工作稳定后,在上述所选角度位置用照度辐射计测量左、右航行灯二面角内 0°垂直平面的照度。打开尾部航行灯,待灯具工作稳定后,在上述所选角度位置用照度辐射计测量尾部航行灯 180°垂直平面的照度。然后将照度转换为光强,确认其满足条款要求。

3) MOC9 验证过程

TSO - C30c "飞机航行灯" 中要求航行灯系统应满足航空航天标准 SAE AS8037C "航空器航行灯",该标准规定了航行灯系统灯光分布和光强的最低性能标准。按照 TSO - C30c,进行航行灯系统关于分布和光强技术指标的设备鉴定试验,并获得 TSOA。

3.5　符合性文件清单

通常,针对第 25.1393 条的符合性文件清单如表 3 - 2 所示。

表 3 - 2　建议的符合性文件清单

序　号	符合性报告	符合性方法
1	照明系统设计描述文件	MOC1
2	照明系统地面试验大纲	MOC5
3	照明系统地面试验报告	MOC5
4	照明系统灯具鉴定大纲	MOC9
5	照明系统灯具鉴定报告	MOC9
6	航行灯 CTSOA/VDA	MOC9

4 符合性判据

针对第 25.1393 条,符合性判据如下:

(1) 在系统设计描述中详细说明了前、后航行灯的安装位置与方向。

(2) 完成机上地面试验,在条款定义的角度范围内测量前、后航行灯任一垂直平面内的照度,将照度数据转换成光强,均大于本条款最小光强的要求。

(3) 取得 CTSOA 或者通过前后航行灯关于分布和光强的设备鉴定试验并获得局方批准。

参考文献

[1]　FAA. AC20 - 74 Aircraft Position and Anticollision Light Measurements [S]. 1971.

[2]　FAA. TSO - C30c Aircraft Position Lights [S].

[3]　SAE. AS8037C Minimum Performance Standard for Aircraft Position Lights [S].

[4]　RTCA. DO - 160 Environmental Conditions and Test Procedures for Airborne Equipment [S].

运输类飞机适航标准
第25.1395条符合性验证

1 条款介绍

1.1 条款原文

第25.1395条 前、后航行灯的最大掺入光强

除第25.1389(b)(3)条规定者外,航行灯掺入光强均不得超过下表规定的相应值:

掺 入 光	最 大 光 强	
	A区(坎德拉)	B区(坎德拉)
左二面角内的绿光	10	1
右二面角内的红光	10	1
后二面角内的绿光	5	1
后二面角内的红光	5	1
左二面角内的后部白光	5	1
右二面角内的后部白光	5	1

表中:

(a) A区包括在相邻的二面角内通过光源并与共同边界面相交成大于10°但小于20°角的所有方向;

(b) B区包括在相邻的二面角内通过光源并与共同边界面相交成大于20°角的所有方向。

1.2 条款背景

第25.1395条对前、后航行灯的最大掺入光强提出了要求。航行灯的主要功能是用来标识飞机外廓的大小、飞机所在位置和运动方向,以便其他飞机的驾驶员发现后及时采取避让措施,防止飞机发生碰撞。A区、B区内掺入光强不得超过条款表中的规定值。当主光束的光强远大于第25.1391条和第25.1393条中规定的最小值时,如果与主光源光强相比,掺入光强对主光束清晰度无不利影响,则可允

许有更大的掺入光强（见第 25.1389（b）（3）项）。

1.3　条款历史

第 25.1395 条在 CCAR25 部初版首次发布，截至 CCAR - 25 - R4，该条款未进行过修订，如表 1 - 1 所示。

表 1 - 1　第 25.1395 条修订说明

第 25.1395 条	CCAR25 部版本	相关 14 CFR 修正案	备　　注
首次发布	初版	—	

1985 年 12 月 31 日发布了 CCAR25 部初版，其中包含第 25.1395 条，该条款参考 14 CFR PART 25 中的 § 25.1395 的内容制定。

2　条款解读

2.1　条款要求

第 25.1395 条规定了前、后航行灯的最大掺入光强。所谓掺入光就是在本色光（即主光源）内混入了异色光（邻近光源的光）。因为灯光角度在工程上不可能也无必要绝对做得那么准，实际上都是大于 110°的；另一方面，对其 110°以外的灯光加以限制比要求它刚好等于 110°灯光作用角的要好，这能使驾驶员通过强弱对比的主、次色光更快速准确地判别出所见飞机的位置及运动方向；此外，在近距离内，能明显看出左、右前航行灯之间及前后航行灯之间的灯光间隔，正好它们之间的掺入光弥补了它们之间的灯光"死区"。因为航行灯系统分三个颜色区，因此就有 6个掺入光区域，按掺入光的大小分，每个掺入光区域又分三个区：A 区，B 区，未作规定区。这些区的划分是以光源为角度的顶点，以共同边界面为 0°，在本色光（即主光源）区域内 10°～20°范围作为掺入光的 A 区，20°以外作为掺入光的 B 区，而0°～10°内未对掺入光做出限制性要求。为了避免喧宾夺主造成灯光混淆，故规定A 区、B 区内掺入光强不得超过相应的规定。

2.2　相关条款

与第 25.1395 条相关的条款如表 2 - 1 所示。

表 2 - 1　第 25.1393 条相关条款

序　号	相关条款	相　关　性
1	第 25.1385 条	第 25.1385 条为航行灯的总则性条款，要求航行灯必须满足第 25.1395 条对航行灯系统前、后航行灯的最大渗入光强的要求

序　号	相关条款	相　关　性
2	第 25.1389 条	第 25.1389 条为航行灯灯光分布和光强的总则性条款,要求航行灯必须满足第 25.1395 条对航行灯系统前、后航行灯的最大渗入光强的要求

3 验证过程

3.1 验证对象

第 25.1395 条的验证对象为照明系统的航行灯。

3.2 符合性验证思路

针对第 25.1395 条,通过照明系统设计描述说明航行灯在不同角度的渗入光强,通过机上地面试验对航行灯不同角度的渗入光强进行测试,通过取得 TSOA 或设备鉴定试验证明航行灯是经过批准的,且满足相应技术规范中对光强的要求。

3.3 符合性验证方法

通常,针对第 25.1395 条的符合性验证方法如表 3-1 所示。

表 3-1　建议的符合性方法

CCAR25 条款	专　业	符 合 性 方 法										备　注
		0	1	2	3	4	5	6	7	8	9	
第 25.1395 条	照　明		1				5				9	

3.4 符合性验证说明

针对第 25.1395 条,采用的符合性验证方法为 MOC1、MOC5 和 MOC9。

1) MOC1 验证过程

在照明系统设计描述中对航行灯系统的组成和安装进行说明,明确前、后航行灯的具体安装位置、方向,明确其在规定的不同角度方向可能掺入的光强要求。

2) MOC5 验证过程

采用机上地面试验对航行灯不同角度内的掺入光强进行测量。在左航行灯光源水平面上选取自 0°方向向右偏离的 15°、25°、35°为测试角度,这 3 点的光强值为右二面角内 A、B 区的红光的光强值;选取自 0°方向向左偏离的 125°、135°、145°为测试角度,这 3 点的光强值为后二面角内 A、B 区的红光的光强值。在右航行灯光源水平面上选取自 0°方向向左偏离的 15°、25°、35°为测试角度,这 3 点的光强值为左二面角内 A、B 区的绿光的光强值;选取自 0°方向向右偏离的 125°、135°、145°为测试角度,这 3 点的光强值为后二面角内 A、B 区的绿光的光强值。在尾部航行灯光源水平面上选取自 0°方向向左偏离的 70°、95°为测试角度,这 2 点的光强值为左二面角内 A、B 区的白光的光强值;选取自 0°方向向右偏离的 70°、95°为测试角度,这 2 点的光强值为右二面角内 A、B 区的白光的光强值。分别打开左、右和尾部航行灯,待灯具工作稳定后,在上述所选角度位置用照度辐射计测量左、右和尾部航行灯的掺入照度。然后将照度转换为光强,确认其满足条款要求。

3) MOC9 验证过程

TSO - C30c"飞机航行灯"中要求航行灯系统应满足航空航天标准 SAE AS8037C"航空器航行灯",该标准规定了航行灯系统灯光分布和光强的最低性能标准。按照 TSO - C30c,进行航行灯系统关于分布和光强技术指标的设备鉴定试验,并获得 TSOA。

3.5　符合性文件清单

通常,针对第 25.1395 条的符合性文件清单如表 3 - 2 所示。

表 3 - 2　建议的符合性文件清单

序　号	符　合　性　报　告	符合性方法
1	照明系统设计描述文件	MOC1
2	照明系统地面试验大纲	MOC5
3	照明系统地面试验报告	MOC5
4	照明系统灯具鉴定大纲	MOC9
5	照明系统灯具鉴定报告	MOC9
6	航行灯 CTSOA/VDA	MOC9

4　符合性判据

针对第 25.1395 条,符合性判据如下:

(1) 在系统设计描述中详细说明了前、后航行灯的安装位置与方向。

(2) 完成机上地面试验,在条款定义的角度范围内测量前、后航行灯的掺入照度,将照度数据转换成光强,均不超过本条款最大掺入光强的要求。

(3) 取得 CTSOA 或者通过前后航行灯关于分布和光强的设备鉴定试验并获得局方批准。

参考文献

[1]　FAA. AC20 - 74 Aircraft Position and Anticollision Light Measurements [S]. 1971.

[2]　FAA. TSO - C30C Aircraft Position Lights [S].

[3]　SAE. AS8037C Minimum Performance Standard for Aircraft Position Lights [S].

[4]　RTCA. DO - 160F Environmental Conditions and Test Procedures for Airborne Equipment [S].

运输类飞机适航标准第 25.1397 条符合性验证

1 条款介绍

1.1 条款原文

第 25.1397 条　航行灯颜色规格

每一航行灯的颜色必须具有国际照明委员会规定的下列相应色度座标值：

(a) 航空红色

"y"不大于 0.335；

"z"不大于 0.002。

(b) 航空绿色

"x"不大于 $0.440-0.320y$；

"x"不大于 $y-0.170$；

"y"不小于 $0.390-0.170x$。

(c) 航空白色

"x"不小于 0.300 且不大于 0.540；

"y"不小于"$x-0.040$"或"$y_0-0.010$"，取小者；

"y"不大于"$x+0.020$"，也不大于"$0.636-0.400x$"；

其中，"y_0"为普朗克幅射器[①]相对于所论"x"值的"y"座标值[②]。

1.2 条款背景

第 25.1397 条对航行灯的红、绿、白三色标准提出了要求。航行灯的主要功能是用来标识飞机外廓的大小、飞机所在位置和运动方向，以便其他飞机的驾驶员发现后及时采取避让措施，防止飞机发生碰撞。

1.3 条款历史

第 25.1397 条在 CCAR25 部初版首次发布，截至 CCAR - 25 - R4，该条款未进

---

① 应为"辐射器"，原条款如此。——编注
② 应为"坐标值"，原条款如此。——编注

行过修订,如表 1-1 所示。

表 1-1　第 25.1397 条修订说明

第 25.1397 条	CCAR25 部版本	相关 14 CFR 修正案	备　注
首次发布	初版	25-27	

　　1985 年 12 月 31 日发布了 CCAR25 部初版,其中包含第 25.1397 条,该条款参考 14 CFR PART 25 中的 §25.1397 的内容和 14 CFR 修正案 25-27 制定。

　　14 CFR 修正案 25-27 主要对 §25.1397(c)进行了修订。

　　将原有内容(c)航空白色

　　"x"不小于 0.350 且不大于 0.540;

　　"$y-y_0$"不大于 0.01;

　　其中,"y_0"为普朗克辐射器相对于所论"x"值的"y"坐标值。

　　修订为目前有效的 §25.1397(c)的内容。修正案扩大了航空白色的色度坐标范围。

2　条款解读

2.1　条款要求

　　这里所列的坐标值或方程是相应颜色区的边界方程,均为二元线性方程,能很方便地在色度图上做出来,它们与舌形图的边界一起将色度图分割为独立的几部分,这是国际照明委员会在理论与实践的基础上制定出来的。只要将各航行灯的灯光颜色严格限制在此规定的相应区域内,就能在观察时,清楚地将不同的颜色区别开来,不会造成混淆。

2.2　相关条款

　　与第 25.1397 条相关的条款如表 2-1 所示。

表 2-1　第 25.1397 条相关条款

序　号	相关条款	相　关　性
1	第 25.1385 条	第 25.1385 条为航行灯的总则性条款,要求航行灯必须满足第 25.1397 条对航行灯系统颜色规格的要求

3　验证过程

3.1　验证对象

　　第 25.1397 条的验证对象为照明系统的航行灯。

3.2 符合性验证思路

针对第 25.1397 条,通过照明系统设计描述说明航行灯颜色坐标数值满足本条款的数值要求,并通过设备鉴定试验对航行灯的色度坐标值进行测量。

3.3 符合性验证方法

通常,针对第 25.1397 条的符合性验证方法如表 3-1 所示。

表 3-1 建议的符合性方法

CCAR25 条款	专 业	符 合 性 方 法										备 注
		0	1	2	3	4	5	6	7	8	9	
第 25.1397 条	照 明		1								9	

3.4 符合性验证说明

针对第 25.1397 条,采用的符合性验证方法为 MOC1 和 MOC9。

1) MOC1 验证过程

在照明系统设计描述中明确航行灯的颜色坐标数值,其中红光航行灯色度坐标的要求为 y 不大于 0.335,z 大于 0.002;绿光航行灯色度坐标在色度图上进行显示,要求为 x 不大于 0.440−0.320y,x 不大于 y−0.170,y 不小于 0.390−0.170x;白光航行灯色度坐标的要求为 x 不小于 0.300 且不大于 0.540,y 不小于 x−0.040 或 y。−0.010,取小者,y 不大于 x+0.020,也不大于 0.636−0.400x。

2) MOC9 验证过程

TSO-C30c"飞机航行灯"中要求航行灯系统应满足航空航天标准 SAE AS8037C"航空器航行灯",该标准规定了航行灯系统颜色规格的最低性能标准。按照 TSO-C30c,进行航行灯系统关于颜色规格技术指标的设备鉴定试验,对红光、绿光及白光航行灯色度坐标进行测量,并获得 TSOA。

3.5 符合性文件清单

通常,针对第 25.1397 条的符合性文件清单如表 3-2 所示。

表 3-2 建议的符合性文件清单

序 号	符 合 性 报 告	符合性方法
1	照明系统设计描述文件	MOC1
2	照明系统灯具鉴定大纲	MOC9
3	照明系统灯具鉴定报告	MOC9
4	航行灯 CTSOA/VDA	MOC9

4 符合性判据

针对第 25.1397 条,符合性判据如下:

（1）航行灯的色度坐标按条款要求进行，测量结果表明航行灯的色度坐标均在条款所述的范围之内。

（2）取得 CTSOA 或者通过前后航行灯关于颜色规格的设备鉴定试验并获得局方批准。

参考文献

［1］　14 CFR 修正案 25 - 27 Anticollision Light Standards［S］.

［2］　FAA. AC20 - 74 Aircraft Position and Anticollision Light Measurements［S］. 1971.

［3］　FAA. TSO - C30c Aircraft Position Lights［S］.

［4］　SAE. AS8037C Minimum Performance Standard for Aircraft Position Lights［S］.

［5］　RTCA. DO - 160F Environmental Conditions and Test Procedures for Airborne［S］.

运输类飞机适航标准
第 25.1401 条符合性验证

1 条款介绍

1.1 条款原文

第 25.1401 条 防撞灯系统

（a）总则 飞机必须具有满足下列要求的防撞灯系统：

（1）由一个或几个经批准的防撞灯组成，其安装部位应使其发射的光线不影响机组的视觉，也不损害航行灯的明显性。

（2）满足本条（b）至（f）的要求。

（b）作用范围 该系统必须有足够数量的灯，以照亮飞机周围重要的区域（从飞机的外部形态和飞行特性考虑）。其作用范围必须至少达到飞机水平平面上、下各 75 度范围内的所有方向，但向后绕飞机纵轴等于 0.15 球面度的立体角内，允许有一个或几个被遮蔽的立体角，其总和不得超过 0.03 球面度。

（c）闪光特性 该系统的布局，即光源数目、光束宽度、旋转速度以及其它特性，必须给出 40 至 100 次/分的有效闪光频率，有效闪光频率指从远处看到的整个飞机防撞灯系统的闪光频率。当系统有一个以上的光源时，对有效闪光频率的规定也适用于有重迭①部分的灯光区。在重迭区内，闪光频率可以超过 100 次/分，但不得超过 180 次/分。

（d）颜色 防撞灯必须为航空红色或航空白色，且必须满足第 25.1397 条的有关要求。

（e）光强 装上红色滤色镜（如使用时）测定并以"有效"光强表示的所有垂直平面内的最小光强，必须满足本条（f）的要求。必须采用下列关系式：

$$I_e = \frac{\int_{t_1}^{t_2} I(t)dt}{0.2 + (t_2 - t_1)}$$

式中：

---

① 应为"重叠"，原条款如此。——编注

I_e 为有效光强(坎德位①);

$I(t)$ 为作为时间的函数的瞬时光强;

t_2-t_1 为闪光持续时间(秒)。

通常,选择 t_2 和 t_1 使有效光强等于 t_2 和 t_1 时的瞬时光强,即可得到有效光强的最大值。

(f)防撞灯的最小有效光强 每个防撞灯的有效光强必须等于或大于下表规定的相应值:

自水平平面向上或向下的角度	有效光强(坎德拉)
0°~5°	400
5°~10°	240
10°~20°	80
20°~30°	40
30°~75°	20

1.2 条款背景

第25.1401条从数量、布局、作用范围、闪光特性、颜色及光强等角度对防撞灯的安装和使用提出了要求。

1.3 条款历史

第25.1401条在CCAR25部初版首次发布,截至CCAR-25-R4,该条款未进行过修订,如表1-1所示。

表1-1 第25.1401条修订说明

第25.1401条	CCAR25部版本	相关14 CFR修正案	备 注
首次发布	初版	25-27,25-41	

1985年12月31日发布了CCAR25部初版,其中包含第25.1401条,该条款参考14 CFR PART 25中的§25.1401的内容和14 CFR修正案25-27、25-41制定。

14 CFR修正案25-27修订了§25.1401,将§25.1401(d)和§25.1401(f)修正为如下:

§25.1401(d)颜色防撞灯必须为航空红色或航空白色,且必须满足§25.1397的有关要求。

§25.1401(f)防撞灯的最小有效光强每个防撞灯的有效光强必须等于或大于

---

① 应为"坎德拉",原条款如此。——编注

下表规定的相应值：

自水平平面向上或向下的角度	有效光强（坎德拉）
0°～5°	400
5°～10°	240
10°～20°	80
20°～30°	40

本修正案的目的是：① 允许采用航空红色或航空白色防撞灯系统；② 扩大了航空白色的色度坐标范围；③ 对安装在这些修正内容生效日期之后进行型号合格审定的所有航空器上的防撞灯，提高了最小有效光强；④ 要求在这些修正内容生效日期后一年时间内，所有具有标准适航证的装有动力装置的民用航空器都要装上经批准的防撞灯系统供夜间航行用。

14 CFR 修正案 25‑41 修订了 §25.1401，将 §25.1401(b) 和 §25.1401(f) 修正为如下：

§25.1401(b) 作用范围。该系统必须有足够数量的灯，以照亮飞机周围重要的区域（从飞机的外部形态和飞行特性考虑）。其作用范围必须至少达到飞机水平平面上、下各 75° 范围内的所有方向，但向后绕飞机纵轴等于 0.15 球面度的立体角内，允许有一个或几个被遮蔽的立体角，其总和不得超过 0.03 球面度。

§25.1401(f) 防撞灯的最小有效光强每个防撞灯的有效光强必须等于或大于下表规定的相应值：

自水平平面向上或向下的角度	有效光强（坎德拉）
0°～5°	400
5°～10°	240
10°～20°	80
20°～30°	40
30°～75°	20

本修正案的目的是：① 提高防撞灯的作用范围；② 提高自水平面向上或向下的角度范围，由原来的 ±30° 修改为 ±75°。此次修改的目的是更新和完善防撞灯设备的适航性标准。

2　条款解读

2.1　条款要求

第 25.1401(a) 款对飞机防撞灯系统提出了总的要求：根据飞机的几何尺寸、外形结构和飞行特征,防撞灯系统可以由一个或几个防撞灯组成,其灯光信号应能照射飞机周围所必需的有效区域。装机使用的防撞灯应经适航当局批准。确保防撞灯射出的光线不会影响驾驶员的视觉,为此应选择合适的安装位置或采取适当的遮蔽措施;不应因防撞灯的灯光而减低航行灯的醒目程度,为此在确定防撞灯安装位置时应与航行灯的灯光分布统一协调,合理配置。

第 25.1401(b)款至第 25.1401(f)款对防撞灯的作用范围、闪光特性、颜色要求、光强和最小有效光强要求都做了明确且详细的规定,在此不赘述。

2.2 相关条款

与第 25.1401 条相关的条款如表 2-1 所示。

表 2-1 第 25.1401 条相关条款

序 号	相 关 条 款	相 关 性
1	第 25.1397 条	第 25.1401 条要求防撞灯的颜色必须满足第 25.1397 条的有关要求

3 验证过程

3.1 验证对象

第 25.1401 条的验证对象为照明系统的防撞灯。

3.2 符合性验证思路

针对第 25.1401(a)款,通过系统设计描述说明防撞灯系统的组成和安装位置,通过飞行试验验证防撞灯功能,通过设备鉴定试验表明防撞灯满足低温、高温、冲击及碰撞安全等要求。

针对第 25.1401(b)款,通过计算分析得出防撞灯灯光的遮蔽角,通过设备鉴定试验表明防撞灯满足低温、高温、冲击及碰撞安全等要求。

针对第 25.1401(c)款,通过照明系统设计描述说明防撞灯系统的有效闪频,通过机上地面试验对有效闪频进行测量,通过设备鉴定试验表明防撞灯满足低温、高温、冲击及碰撞安全等要求。

针对第 25.1401(d)款,通过照明系统设计描述说明防撞灯系统的色度坐标,通过设备鉴定对上/下红光防撞灯、左/右翼尖和尾部航行灯进行色度坐标测量。

针对第 25.1401(e)款,通过照明系统描述设计说明防撞灯系统的有效光强,通过机上地面试验对有效光强进行测量,通过设备鉴定试验表明防撞灯满足低温、高温、冲击及碰撞安全等要求。

针对第 25.1401(f)款,通过照明系统设计描述说明防撞灯系统的最小有效光强,通过机上地面试验对有效光强进行测量,通过设备鉴定试验表明防撞灯满足低温、高温、冲击及碰撞安全等要求。

3.3 符合性验证方法

通常,针对第 25.1401 条的符合性验证方法如表 3-1 所示。

表 3-1 建议的条符合性方法

CCAR25 条款	专 业	符 合 性 方 法										备 注
		0	1	2	3	4	5	6	7	8	9	
第 25.1401(a)款	照 明		1					6			9	
第 25.1401(b)款	照 明			2							9	
第 25.1401(c)款	照 明		1				5				9	
第 25.1401(d)款	照 明		1								9	
第 25.1401(e)款	照 明		1				5				9	
第 25.1401(f)款	照 明		1				5				9	

3.4 符合性验证说明

针对第 25.1401 条,采用的符合性验证方法为 MOC1、MOC2、MOC5、MOC6 和 MOC9。

1) MOC1 验证过程

采用系统设计描述文件说明防撞灯系统的组成和安装位置,一般情况下,飞机的防撞灯系统包括上下红光防撞灯、左右翼尖以及尾部白光防撞灯,用以显示飞机位置,避免在公共空域中飞机之间可能的相撞以及飞机在地面开车时警告地面无关人员靠近飞机。结合防撞灯的设备规范,证实防撞灯系统的数量、位置等布局符合本条的要求。

2) MOC2 验证过程

采用计算分析对照明系统防撞灯系统的遮蔽角进行符合性验证。可采用上下红光防撞灯、左右翼尖以及尾部白光防撞灯的安装分布图表明光束的遮蔽情况。一般情况下,由于飞机垂直尾翼等结构条件,上下红光防撞灯会产生一定的遮蔽角,因此可按照 AC20-30B 分别测量防撞灯在垂直平面内、水平平面内的光束遮挡角,然后根据遮挡角的测量数值计算出遮蔽角。

3) MOC5 验证过程

采用机上地面试验测试防撞灯系统闪光特性。分别单独打开红色防撞灯组和频闪灯组,待灯具工作稳定后,测量红色防撞灯组和频闪灯组的闪光频率。然后同时打开红色防撞灯组和频闪灯组,待灯具工作稳定后,测量整个防撞灯系统的闪光频率。进行防撞灯有效光强的测量:用空间角度定位系统确定机身上、下防撞灯在其光源水平面内自 0°方向的 0°、90°、180°、270°作为水平作用范围内测试角度。分别打开机身上、下防撞灯,待灯具工作稳定后,在上述所选角度位置用闪光有效光强测定仪测量机身上、下防撞灯水平作用范围内的有效光强；在机身上、下防撞灯水平作用范围内 0°、180°所在的两个垂直面内，选取自光源水平面向上的 3°、7°、15°、25°、45°、75°作为测试角度。打开机身上、下防撞灯，待灯具工作稳定后，在上述所选角度位置用闪光有效光强测定仪测量机身上、下防撞灯垂直作用范围内的有效光强。

4）MOC6 验证过程

采用飞行试验，参照 AC25 - 7A. 201，在夜间滑行、起飞、巡航、穿云飞行阶段验证防撞灯的功能，且由飞行员目视观察并对防撞灯的照明效果进行评估。在防撞灯穿云试飞阶段，验证防撞灯通过云层的反射对仪表、开关和其他装置的判读和操作影响。

5）MOC9 验证过程

按照 DO - 160"机载设备环境条件及测试程序"，针对防撞灯系统展开颜色规格技术指标、低温、高温、高度/压力、温度变化、湿度、冲击碰撞安全、振动、爆炸防护、防水、霉菌、磁效应、电源输入、尖锋、音频传导敏感度等鉴定试验。

3.5　符合性文件清单

通常，针对第 25.1401 条的符合性文件清单如表 3 - 2 所示。

表 3 - 2　建议的符合性文件清单

序　号	符 合 性 报 告	符合性方法
1	照明系统设计描述文件	MOC1
2	照明系统分析计算报告	MOC2
3	照明系统地面试验大纲	MOC5
4	照明系统地面试验报告	MOC5
5	照明系统飞行试验大纲	MOC6
6	照明系统飞行试验报告	MOC6
7	照明系统灯具鉴定大纲	MOC9
8	照明系统灯具鉴定报告	MOC9

4　符合性判据

针对第 25.1401 条，符合性判据如下：

（1）在系统设计描述中详细说明了防撞灯系统的组成和安装位置。

（2）完成计算分析，得出防撞灯灯光的最小作用范围，其范围必须达到飞机水平平面上、下各 75°范围内的所有方向。在向后绕飞机纵轴等于 0.15 球面度的立体角内，被遮蔽的立体角的总和小于 0.03 球面度。

（3）完成机上地面试验，测得的防撞灯系统的有效闪光频率均在 40～100 次/分范围内，防撞灯同时工作的闪光频率在 40～180 次/分的范围内；测得的防撞灯系统的有效光强均大于第 25.1401(f)款要求的最小有效光强。

（4）完成飞行试验，由试飞员对防撞灯在正常天气下的滑行、起飞和巡航阶段的照明效果进行评估，试验结果能表明防撞灯未影响机组视觉，也不损害航行灯的明显性。

（5）通过防撞灯颜色规格技术指标、防火、防爆、防水等鉴定试验并获得局方批准，测得的防撞灯系统的色度坐标数据在第 25.1397 条要求的坐标包线内，符合适航标准要求的航空红色或航空白色。

参考文献

［1］ 14 CFR 修正案 25-27 Anticollision Light Standards ［S］.
［2］ 14 CFR 修正案 25-41 Airworthiness Review Program，Amendment No. 5；Equipment and Systems Amendments ［S］.
［3］ FAA. AC20-74 Aircraft Position and Anticollision Light Measurements ［S］. 1971.

运输类飞机适航标准
第 25.1403 条符合性验证

1 条款介绍

1.1 条款原文

第 25.1403 条 机翼探冰灯

除非使用限制规定在已知或预报有结冰条件下禁止作夜间飞行,否则必须有措施来照亮或以其它方式确定机翼临界部位(从积冰观点考虑)的冰聚积情况。所采用的照明方式必须不会产生妨碍机组成员执行其任务的眩光或反光。

1.2 条款背景

第 25.1403 条对飞机机翼探冰灯的设计和安装提出了要求。

1.3 条款历史

第 25.1403 条在 CCAR25 部初版首次发布,截至 CCAR-25-R4,该条款未进行过修订,如表 1-1 所示。

表 1-1 第 25.1403 条修订说明

第 25.1403 条	CCAR25 部版本	相关 14 CFR 修正案	备 注
首次发布	初版	25-38	

1985 年 12 月 31 日发布了 CCAR25 部初版,其中包含第 25.1403 条,该条款参考 14 CFR 修正案 25-38 制定。

14 CFR 修正案 25-38 增加了 §25.1403,对飞机机翼探冰灯"Wing ice detection lights"提出了具体的技术要求。

在 FAA 当时的 Final Rule 的 2-90 号提议中,有专家认为拟议的 §25.1403 属于运行要求而非适航要求,因此不适用于 25 部,尽管在 §121.341(b)有相似的要求,即除非有建议的照明规定,§121.341(b)要求禁止飞机夜间在结冰状态下运行,但是 FAA 认为如果飞机在运行限制条件下夜间结冰运行得到许可,那么此要求应该应用到所有新审定的运输类飞机上。

2　条款解读

2.1　条款要求

飞机在穿越低温云层飞行时,往往会在机翼前缘出现结冰现象。机翼前缘一旦结冰将改变机翼前缘的几何外形,对机翼的气动性能产生不利影响。为此飞机机组人员需要对机翼前缘是否结冰及结冰程度等情况进行观察,以便及时采取除冰措施。机翼探冰灯的安装位置和角度应满足机翼易于结冰的部位提供良好的照明,同时不会产生妨碍机组人员工作的眩光或反光的要求。

2.2　相关条款

第 25.1403 条无相关条款。

3　验证过程

3.1　验证对象

第 25.1403 条的验证对象为照明系统的机翼探冰灯。

3.2　符合性验证思路

针对第 25.1403 条,通过照明系统设计描述说明探冰灯的设计和安装情况,并通过机上地面试验、飞行试验验证探冰灯的光线能满足探冰的照明需要,同时不会产生妨碍机组人员工作的眩光或反光。

3.3　符合性验证方法

通常,针对第 25.1403 条的符合性验证方法如表 3-1 所示。

表 3-1　建议的符合性方法

CCAR25 条款	专 业	符 合 性 方 法										备　注
		0	1	2	3	4	5	6	7	8	9	
第 25.1403 条	照明		1				5	6					

3.4　符合性验证说明

针对第 25.1403 条,采用的符合性验证方法为 MOC1、MOC5 和 MOC6。

1) MOC1 验证过程

采用照明系统设计描述文件说明机翼探冰灯的安装,根据机翼探冰灯的灯光分布特性结合其在飞机上的安装部位及角度,验证其光线能够满足对机翼前缘各可能结冰部位提供足够的照明。

2) MOC5 验证过程

采用机上地面试验,测量机翼探冰灯的照度,通常在飞机左、右侧机翼前缘上从离飞机对称中心 5 米处开始，沿机翼前缘至翼尖依次选取 4 个测试点，每两个测试点之间相距 3 米。分别打开机身左、右侧机翼探冰灯，待灯具工作稳定后，用照度辐射计测量机翼前缘 4 个测试点的照度，然后与 SAE ARP4087 推荐的 21.5 勒克斯进行比较。

3）MOC6 验证过程

采用飞行试验，参照 AC25‑7A.202，让机组位于驾驶舱和客舱适当的位置观察机翼前缘翼尖的照明情况；机组位于正常驾驶坐姿，判断机翼探冰灯光线对机组视觉的眩光及反光情况。

3.5　符合性文件清单

通常，针对第 25.1403 条的符合性文件清单如表 3‑2 所示。

表 3‑2　建议的符合性文件清单

序　号	符 合 性 报 告	符合性方法
1	照明系统设计描述文件	MOC1
2	照明系统地面试验大纲	MOC5
3	照明系统地面试验报告	MOC5
4	照明系统飞行试验大纲	MOC6
5	照明系统飞行试验报告	MOC6

4　符合性判据

针对第 25.1403 条，符合性判据如下：

（1）在系统设计描述中详细说明了机翼探冰灯的安装，表明探冰灯可以照射到机翼部位，机组在驾驶舱和客舱适当位置能观察到结冰情况。

（2）完成机上地面试验，测得选取的测量点的照度，测量点的照度高于 SAE ARP4087 推荐的照度 21.5 勒克斯。

（3）完成飞行试验，飞行员评估结论为机翼探冰灯功能正常，能为机翼前缘及翼尖提供照明，未产生妨碍机组成员执行其任务的眩光或反光。

参考文献

［1］　14 CFR 修正案 25‑38 Airworthiness Review Program, Amendment No. 3: Miscellaneous Amendments［S］.

［2］　FAA. AC25.1419‑1A Certification of Transport Category Airplanes for Flight in Icing Conditions［S］. 2004.

运输类飞机适航标准
第25.1411条符合性验证

1 条款介绍

1.1 条款原文

第25.1411条 总则

(a) 可达性 机组应急使用的安全设备必须易于接近。

(b) 存放设施 必须备有存放所需应急设备的设施,该存放设施必须满足下列要求:

(1) 布置得使应急设备可以直接取用,而且其位置明显易见;

(2) 能保护安全设备免受无意中的损坏。

(c) 应急出口离机设备 第25.810(a)条要求的应急出口离机设备的存放设施,必须设置在规定使用这些设备的每个应急出口处。

(d) 救生筏

(1) 第25.1415条所述救生筏的存放设施,必须能够存放足够数量的救生筏,以容纳对于申请水上迫降合格审定的最大乘员数目。

(2) 救生筏必须存放在出口附近,在意外水上迫降时能够通过该出口投出救生筏。

(3) 自动地或遥控地投到机外的救生筏,必须用第25.1415条规定的固定绳连接在飞机上。

(4) 每一手提式救生筏的存放设施必须使救生筏能够迅速解脱,带往非原定的出口处使用。

(e) 远距信号发射装置 第25.1415条要求的远距信号装置的存放设施,必须靠近意外水上迫降时可以使用的出口处。

(f) 救生衣存放设施 第25.1415条规定的救生衣存放设施必须根据申请水上迫降合格审定的乘员总数,能为每个乘员存放一件救生衣,每件救生衣必须存放在每个就座的乘员易取的部位。

(g) 救生绳存放设施 如果按第25.801条规定申请水上迫降合格审定,则必须备有存放救生绳的设施。对这些设施规定如下：

(1) 能够在机身两侧各系一根救生绳；

(2) 布置得使乘员在水上迫降后，能依靠这些救生绳暂留在机翼上。

〔中国民用航空局1995年12月18日第二次修订，2011年11月7日第四次修订〕

1.2 条款背景

第25.1411条的目的是对飞机舱内安全设备的可达性和存放设施提出要求。

1.3 条款修订历史

第25.1411条在CCAR25部初版首次发布，截至CCAR-25-R4，该条款进行过3次修订，如表1-1所示。

表1-1 第25.1411条条款历史

第25.1411条	CCAR25部版本	相关14 CFR修正案	备 注
首次发布	初版	25-53	
第1次修订	R1	25-70	
第2次修订	R2	25-79	
第3次修订	R4	25-116	

1.3.1 首次发布

1985年12月31日发布的CCAR25部初版，就包含第25.1411条，该条款参考14 CFR修正案25-53中的§25.1411的内容制定，条款内容保持一致。

1.3.2 第1次修订

1990年7月18日发布的CCAR-25-R1对第25.1411条进行了第1次修订，本次修订参考了14 CFR修正案25-70的内容，修订后将原§25.1411(a)(2)对麦克风的要求拆分为§25.1411(a)(2)(i)和§25.1411(a)(2)(ii)，并且在邻近的应急出口的乘务员能够不借用任何设备进行语音通信的情况下，允许邻近的应急出口共用一个麦克风。

1.3.3 第2次修订

1995年12月18日发布的CCAR-25-R2对第25.1411条进行了第2次修订，本次修订参考了14 CFR修正案25-79的内容：将当时§25.1411(a)(2)的内容转移到§25.1423中，所以剩下的§25.1411(a)(1)重新调整为§25.1411(a)，无实质变化。

1.3.4 第3次修订

2011年11月7日发布的CCAR-25-R4对第25.1411条进行了第3次修订，本次修订参考了14 CFR修正案25-116对§25.1411(c)的修订内容。由于第25.1411条参考的§25.809(f)内容被更改到§25.810(a)中。此次更改仅改动参考的条款编号，无实质变化。

2　条款解读

2.1　条款要求

第 25.1411(a) 款要求机组包括飞行机组和客舱机组应急使用的安全设备,通常包括机组使用的应急撤离辅助设施、救生衣、急救箱、手电筒、应急斧和扩音器等安全设备都安置在机组人员就座的座椅附近,力求做到伸手可及,或要求上述设备在存放设施处可直接取用,而无任何干扰物。当有干扰物时,其必须能被轻易移开。

第 25.1411(b) 款要求对于在舱内配备的、供机组人员或旅客使用的全部应急设备,都必须有相应的存放设施。要求存放在舱内的应急设备,在使用时能被迅速发现,并直接快速取用。要求应急设备存放处不明显易见的,应有醒目的标记进行指示。存放设施应为安全设备提供保护,不仅在承受第 25.561 条规定的应急着陆载荷后,保证安全设备仍然可以使用,还应保证安全设备免受无意中的损坏,如避免有可能损坏应急设备的突出物或者避免人员容易在无意之中损坏该安全设备的情况(如 B747 和 A330 飞机舱门上的滑梯存放设施,由于可能有人员坐在其上而损坏滑梯,在存放设施上设置有标牌说明禁止坐在上面)。

第 25.1411(c) 款规定的应急出口离机设备通常有供乘客使用的自行支承式滑梯或等效设施,供飞行机组使用的绳索或等效装置。这些设备的存放设施必须设置在规定的应急出口处。通常滑梯存放于应急出口的舱门内部,如 A330 飞机;或者机身外表面处靠近机翼的空腔内,如 A320 飞机翼上出口处的滑梯。通常供飞行机组使用的绳索是放在飞行机组应急出口顶部(或顶部上方)的机身结构上的存放盒内,或者是经过批准的其他位置上。

第 25.1411(d) 款要求必须能够存放足够数量的救生筏,以容纳对于申请水上迫降合格审定的最大乘员数目,救生筏的数量要求可以参见第 25.1415 条的要求。并且尽可能在所有适于投出救生筏的出口附近存放救生筏。用第 25.1415 条规定的固定绳将救生筏连接在飞机上,当救生筏投放到水上后,可防止筏被风浪吹打而远离飞机,以便使乘员及时、迅速地登上救生筏,并等待进一步营救。对于手提式救生筏,由于其重量轻、体积小、便于携带,故可携往非原定的出口处投放使用。此处的“非原定的出口”,是指原定投放出口以外的各种应急出口。例如,机翼上方应急出口等。迅速解脱救生筏的要求需通过演示试验来验证,如果允许多人解脱救生筏的话,通常可以采用两位健康的成年人在一位受过训练的机组的指导下进行演示。

第 25.1411(e) 款要求远距信号发射装置的存放设施必须设在靠近意外水上迫降(unplanned ditching)时可以取用的出口处,不能在驾驶舱内。本款所指的远距信号发射装置就是第 25.1415(d) 款所说“其中一只救生筏上必须有一台经批准的营救型应急定位发射机"。

第 25.1411(f)款要求为每个乘员存放一件救生衣,而且存放在每个就座的乘员易取的部位,最好是伸手可及的部位,此时乘员应该就座而且系紧安全带。该要求可通过第 95％男性的演示来表明符合性。对于带有安全带和肩带的乘员,在评估救生衣的易取要求时,肩带可以取下。

第 25.1411(g)款要求对于申请水上迫降合格审定的飞机,必须备有存放救生绳的设施。由于要求在水上迫降时乘员撤离飞机之后能暂留在机翼上面,因此通常救生绳存放在机翼两侧上方应急出口处,以便于快速取用。该救生绳的功用是当乘员暂留在机翼上后,作为乘员的扶手,不至于因飞机在水上的颠簸晃动造成人员摔倒或落入水中。该救生绳应有足够的强度和合适的长度,其长度应根据机翼的长度和该救生绳在机翼上连接点的位置来确定,并考虑一定的预松度,便于更多的人能扶到并直立在机翼。对于没有水上迫降应急出口能使撤离者来到机翼上的飞机,不要求有救生绳存放设施。

2.2 相关条款

与第 25.1411 条相关的条款如表 2-1 所示。

表 2-1 第 25.1411 条相关条款

序 号	相关条款	相 关 性
1	第 25.1415 条	第 25.1411 条为安全设备的总则性条款,第 25.1415 条则是对于申请水上迫降的飞机,提出了额外的安全设备需要满足的要求
2	第 25.801 条	第 25.801 条对申请水上迫降的飞机提出了总的要求,其中包括要求飞机必须满足第 25.1411 条的要求
3	第 25.810 条	第 25.810(a)款要求为乘员从应急出口撤离飞机提供辅助设备。第 25.1411(c)款要求为这些设备提供存放设施

3 验证过程

3.1 验证对象

第 25.1411 条的验证对象为安全设备,包括机组和乘员应急使用的安全设备。

3.2 符合性验证思路

第 25.1411(a)款要求飞行机组和客舱机组应急使用的安全设备必须易于接近。通过描述飞行机组和客舱机组应急使用的安全设备的存放位置,表明这些安全设备都安置在机组人员就座的座椅附近,伸手可及;或在其存放设施处可直接取用,无任何干扰物,或者干扰物可以轻易移开。并通过机上检查进行检查确认。另外,通过机上地面试验,对乘务员拿取扩音器的过程进行演示试验,以表明其易于取用。

第 25.1411(b)款要求应急设备有存放设施,且存放设施能使应急设备易于被快速发现和直接取用,并能保护安全设备。通过对舱内配备的、机组人员和旅客使用的全部应急设备的存放方式和存放位置进行描述,来说明应急设备都有相应的存放设施,存放设施的布置均使得应急设备易于直接取用,且通过相应的位置标记使其位置明显易见,存放设施能有效保护应急设备免受无意中的损坏。并通过机上检查进行确认。

第 25.1411(c)款要求应急出口离机设备的存放设施设置在规定使用这些设备的每个应急出口处。通过对应急出口离机设备存放设施的位置进行描述,来说明其设置在规定使用这些应急离机设备的应急出口处。并通过机上检查进行确认。

第 25.1411(d)款要求救生筏的存放设施能够存放足够数量的救生筏;救生筏存放在出口附近;自动、遥控投放的救生筏用固定绳连接在飞机上;手提式救生筏能够迅速解脱,并带往非原定的出口处使用。通过对飞机救生筏的存放设施、全部救生筏能够容纳的乘员数、救生筏存放的位置及自动地或遥控地投到机外的救生筏在飞机上的连接方式进行描述,来说明飞机上存放的救生筏数量足够容纳申请水上迫降合格审定的最大乘员数目,救生筏存放在出口附近,自动地或遥控地投到机外的救生筏有用于连接在飞机上的固定绳。并通过机上检查进行确认。另外,通过机上地面试验,对手提式救生筏能够被迅速解脱,并带往非原定的出口处使用的要求进行演示试验,以表明其符合性。

第 25.1411(e)款要求远距信号装置的存放设施靠近意外水上迫降时可以使用的出口处。通过对远距信号装置的存放设施及其位置进行描述,来说明其靠近意外水上迫降时可以使用的出口处。并通过机上检查进行确认。

第 25.1411(f)款要求救生衣存放设施能为每个乘员存放一件救生衣,且救生衣对于就座的乘员易取。通过对机组座椅和旅客座椅救生衣存放方式和存放位置进行描述,来说明救生衣存放设施能够根据申请水上迫降合格审定的乘员总数,为每个乘员存放一件救生衣。并通过机上检查进行确认。另外,通过机上地面试验,分别对就座的旅客和机组人员拿取置于座椅下方或后背的救生衣进行演示试验,以表明其符合性。

第 25.1411(g)款要求申请水上迫降合格审定的飞机备有存放救生绳的设施;并且救生绳在机身两侧各系一根;水上迫降后,乘员能依靠救生绳暂留在机翼上。通过对救生绳的存放方式和位置进行描述,来说明飞机上有存放救生绳的设施,并且其布置能够保证在机身两侧各系一根救生绳,且乘员在水上迫降后,能依靠这些救生绳暂留在机翼上,并通过机上检查进行确认。

3.3 符合性验证方法

通常,针对第 25.1411 条的符合性验证方法如表 3-1 所示。

表 3-1　建议的符合性方法

条款号	专业	符合性方法										备注
		0	1	2	3	4	5	6	7	8	9	
第 25.1411(a)款	客舱安全		1				5		7			
第 25.1411(b)款	客舱安全		1						7			
第 25.1411(c)款	客舱安全		1						7			
第 25.1411(d)款	客舱安全		1				5		7			
第 25.1411(e)款	客舱安全		1						7			
第 25.1411(f)款	客舱安全		1				5		7			
第 25.1411(g)款	客舱安全		1						7			

3.4　符合性验证说明

3.4.1　第 25.1411(a)款

第 25.1411(a)款要求飞行机组和客舱机组应急使用的安全设备必须易于接近。通过 MOC1、MOC7 和 MOC5 的方法进行验证。

1）MOC1 验证过程

通过安装图纸和系统描述对机组应急使用的安全设备,包括应急斧、急救箱应急医疗箱、扩音器、手电筒、应急撤离滑梯、救生绳、救生筏、便携式应急定位发射仪和救生衣等安全设备的具体存放位置进行详细描述,表明这些安全设备均存放于易于接近的位置。

2）MOC7 验证过程

在驾驶舱和客舱均处于正常照明状态下,由参试人员通过检查确认机组应急使用的安全设备易于接近。

3）MOC5 验证过程

在每个与地板齐平的出口附近,由 1 名第 5 百分位的女性检查者坐在乘务员座椅上,通过演示试验确认在 5 秒内能够取用扩音器。

3.4.2　第 25.1411(b)款

第 25.1411(b)款要求应急设备必须有存放设施,且存放设施必须能使应急设备易于被快速发现和直接取用,并能保护安全设备。通过 MOC1 和 MOC7 的方法进行验证。

1）MOC1 验证过程

通过对应急使用的安全设备,包括应急斧、急救箱应急医疗箱、扩音器、手电筒、应急撤离滑梯、救生绳、救生筏、便携式应急定位发射仪、救生衣等安全设备的存放设施、存放设施的位置和设计特征以及安全设备的位置标记进行详细描述,表明这些安全设备存放设施的布置均使得应急设备易于直接取用,且通过相应的位置标记使其位置明显易见,并能有效保护应急设备免受无意中的损坏。

2）MOC7 验证过程

在驾驶舱和客舱均处于正常照明状态下，由参试人员通过检查确认应急使用的安全设备易于直接取用，其布置位置明显易见，并且其存放设施能有效保护设备自身免受无意中的损坏。

3.4.3　第 25.1411(c)款

第 25.1411(c)款要求应急出口离机设备的存放设施设置在规定使用这些设备的每个应急出口处。通过 MOC1 和 MOC7 的方法进行验证。

1）MOC1 验证过程

通过对应急撤离滑梯和机组救生绳等应急出口离机设备存放设施的位置进行描述，表明第 25.810(a)款要求的应急出口离机设备，如应急撤离滑梯和机组救生绳的存放设施都设置在规定使用这些设备的每个应急出口处。

2）MOC7 验证过程

在驾驶舱和客舱均处于正常照明状态下，通过检查确认第 25.810(a)款要求的应急出口离机设备，如应急撤离滑梯和机组救生绳的存放设施都设置在规定使用这些设备的每个应急出口处。

3.4.4　第 25.1411(d)款

第 25.1411(d)款要求救生筏的存放设施能够存放足够数量的救生筏；救生筏存放在出口附近；自动或遥控投放的救生筏用固定绳连接在飞机上；手提式救生筏能够迅速解脱，并带往非原定的出口处使用。通过 MOC1、MOC7 和 MOC5 的方法进行验证。

1）MOC1 验证过程

通过对飞机救生筏的存放设施、全部救生筏能够容纳的乘员数、救生筏存放的位置及自动地或遥控地投到机外的救生筏在飞机上的连接方式进行描述，来说明飞机上存放的救生筏数量足够容纳申请水上迫降合格审定的最大乘员数目，救生筏存放在出口附近，自动地或遥控地投到机外的救生筏有用于连接在飞机上的固定绳。

2）MOC7 验证过程

在客舱处于正常照明状态下，通过机上检查确认救生筏的存放位置位于能使用这些设备的应急出口附近。

3）MOC5 验证过程

在一个经过训练的机组人员指挥下，由两个体格健壮的成年男子对救生筏进行快速分离和移动，以确认手提式救生筏能够被迅速解脱，并带往非原定的出口处使用。

3.4.5　第 25.1411(e)款

第 25.1411(e)款要求远距信号装置的存放设施靠近意外水上迫降时可以使用的出口处。通过 MOC1 和 MOC7 的方法进行验证。

1) MOC1 验证过程

通过对第 25.1415 条规定的远距信号装置的存放设施和存放设施的位置进行描述,来说明其靠近意外水上迫降时可以使用的出口处。

2) MOC7 验证过程

在客舱处于正常照明状态下,通过机上检查确认第 25.1415 条规定的远距信号装置的存放设施靠近意外水上迫降时可以使用的出口处。

3.4.6　第 25.1411(f)款

第 25.1411(f)款要求救生衣存放设施能为每个乘员存放一件救生衣,且救生衣对于就座的乘员易取。通过 MOC1、MOC7 和 MOC5 的方法进行验证。

1) MOC1 验证过程

通过对机组座椅和旅客座椅救生衣存放方式和存放位置进行描述,来说明第 25.1415 条规定的救生衣存放设施能够根据申请水上迫降合格审定的乘员总数,为每个乘员存放一件救生衣。

2) MOC7 验证过程

在驾驶舱/客舱处于正常照明状态下,通过机上检查确认第 25.1415 条规定的救生衣存放设施能够根据申请水上迫降合格审定的乘员总数,为每个乘员存放一件救生衣。

3) MOC5 验证过程

由 1 名第 95 百分位的男性在典型座位上对为旅客和机组乘员配备的救生衣进行取用,以确认每件救生衣对于每个就座的乘员易于取用。

3.4.7　第 25.1411(g)款

第 25.1411(g)款要求申请水上迫降合格审定的飞机备有存放救生绳的设施;并且救生绳在机身两侧各系一根;水上迫降后,乘员能依靠救生绳暂留在机翼上。通过 MOC1 和 MOC7 的方法进行验证。

1) MOC1 验证过程

对于按第 25.801 条规定申请水上迫降合格审定的飞机,通过对救生绳的存放方式和位置进行描述,来说明飞机上有存放救生绳的设施,并且其布置能够保证在机身两侧各系一根救生绳,且乘员在水上迫降后,能依靠这些救生绳暂留在机翼上。

2) MOC7 验证过程

对于按第 25.801 条规定申请水上迫降合格审定的飞机,在客舱处于正常照明状态下,通过机上检查确认飞机上有存放救生绳的设施,并且其布置能够保证在机身两侧各系一根救生绳,且乘员在水上迫降后,能依靠这些救生绳暂留在机翼上。

3.5　符合性文件清单

通常,针对第 25.1411 条的符合性文件清单如表 3 - 2 所示。

表 3 - 2　建议的符合性文件清单

序　号	符 合 性 报 告	符合性方法
1	安全设备设计及安装说明	MOC1
2	安全设备机上检查大纲	MOC7
3	安全设备机上检查报告	MOC7
4	安全设备机上地面试验大纲	MOC5
5	安全设备机上地面试验报告	MOC5

4　符合性判据

4.1　第 25.1411(a)款的符合性判据

（1）飞行机组和客舱机组应急使用的安全设备易于接近。

（2）在每个与地板齐平的出口附近，坐在乘务员座椅上的第 5 百分位女性，能够在 5 秒内取用扩音器。

4.2　第 25.1411(b)款的符合性判据

（1）应急设备有存放设施。

（2）存放设施能使应急设备易于被快速发现和直接取用。

（3）存放设施能保护安全设备。

4.3　第 25.1411(c)款的符合性判据

应急出口离机设备的存放设施设置在规定使用这些设备的每个应急出口处。

4.4　第 25.1411(d)款的符合性判据

（1）救生筏的存放设施能够存放足够容纳最大乘员数目（申请水上迫降合格审定的最大乘员数目）所需数量的救生筏。

（2）救生筏存放在出口附近。

（3）自动、遥控投放的救生筏用固定绳连接在飞机上。

（4）手提式救生筏能够迅速解脱，并带往非原定的出口处使用。

4.5　第 25.1411(e)款的符合性判据

远距信号装置的存放设施靠近意外水上迫降时可以使用的出口处。

4.6　第 25.1411(f)款的符合性判据

（1）救生衣存放设施能为每个乘员存放一件救生衣。

（2）救生衣对于就座的乘员易取。

4.7　第 25.1411(g)款的符合性判据

（1）申请水上迫降合格审定的飞机备有存放救生绳的设施。

（2）救生绳在机身两侧各系一根。

（3）水上迫降后，乘员能依靠救生绳暂留在机翼上。

参考文献

［1］　14 CFR 修正案 25 - 32 Crashworthiness and Passenger Evacuation Standards；Transport Category Airplanes［S］.

［2］　14 CFR 修正案 25 - 46 Airworthiness Review Program Amendment No. 7［S］.

［3］　14 CFR 修正案 25 - 53 Operations Review Program：Amendment No. 6［S］.

［4］　14 CFR 修正案 25 - 70 Independent Power Source for Public Address System in Transport Category Airplanes［S］.

［5］　14 CFR 修正案 25 - 79 Miscellaneous Changes to Emergency Evacuation Demonstration Procedures，Exit Handle Illumination Requirements，and Public Address Systems［S］.

［6］　14 CFR 修正案 25 - 116 Miscellaneous Cabin Safety Changes［S］.

［7］　FAA. AC25 - 17A Transport Airplane Cabin Interiors Crashworthiness Handbook［S］. 2009.

运输类飞机适航标准
第 25.1415 条符合性验证

1 条款介绍

1.1 条款原文

第 25.1415 条 水上迫降设备

（a）根据第 25.801 条规定申请水上迫降合格审定的飞机所用的以及中国民用航空局有关营运规定要求的水上迫降设备，必须满足本条要求。

（b）救生筏和救生衣必须经过批准。此外，还应符合下列规定：

（1）除非备有足够容量的多余救生筏，否则在额定容量最大的一只救生筏一旦损失时，其余救生筏的浮力和超额装载容量，必须能容纳机上全部乘员；

（2）每只救生筏必须带有一根拖曳绳和一根固定绳。固定绳要设计成能把救生筏系留在飞机附近，而在飞机完全沉入水中①时又能脱开。

（c）每只救生筏上必须备有经批准的营救设备。

（d）其中一只救生筏上必须有一台经批准的营救型应急定位发射机供使用。

（e）飞机未按第 25.801 条水上迫降的规定来作合格审定，又无经批准的救生衣时，必须为每个乘员提供经批准的漂浮装置。此种漂浮装置必须放在每个就座的乘员易取的部位，而且必须能很快从飞机上取下。

〔中国民用航空局 1995 年 12 月 18 日第二次修订〕

1.2 条款背景

第 25.1415 条对申请水上迫降合格审定的飞机所需的安全设备如救生筏、救生衣和漂浮装置等提出了设计批准和容量等额外要求。

1.3 条款历史

第 25.1415 条在 CCAR25 部初版（1985 年 12 月 31 日）首次发布，截至 CCAR-25-R4，该条款进行过 2 次修订，如表 1-1 所示。

1.3.1 首次发布

1985 年 12 月 31 日发布的 CCAR25 部初版，就包含第 25.1415 条，该条款

---

① 应为"沉入水中"，原条款如此。——编注

参考 14 CFR 修正案 25 - 29 和 25 - 52 中的 §25.1415 的内容制定,条款内容保持一致。

表 1 - 1　第 25.1415 条条款历史

第 25.1415 条	CCAR25 部版本	相关 14 CFR 修正案	备　　注
首次发布	初版	25 - 29,25 - 52	
第 1 次修订	R1	25 - 72	
第 2 次修订	R2	25 - 82	

1.3.2　第 1 次修订

1990 年 7 月 18 日发布的 CCAR - 25 - R1 对第 25.1415 条进行了第 1 次修订,本次修订参考了 14 CFR 修正案 25 - 72 的内容,仅对条款文字做了一些改动,没有形成实质更改。

1.3.3　第 2 次修订

1995 年 12 月 18 日发布的 CCAR - 25 - R2 对第 25.1415 条进行了第 2 次修订,本次修订参考了 14 CFR 修正案 25 - 82 的内容,仅对条款文字做了一些改动,没有形成实质更改。

2　条款解读

2.1　条款要求

第 25.1415(a)款提到的营运规定要求的水上迫降设备主要是指第 121.309 条、第 121.339 条和第 91.205 条等条款中要求的设备。

第 25.1415(b)款要求救生筏和救生衣的规格及技术指标要符合迫降时旅客安全逃生使用要求,且必须经过批准。救生筏应满足 TSO - C70a;滑筏应满足 TSO - C69c;救生衣应满足 TSO - C13f;拖曳绳和固定绳的相关要求可参见 TSO - C69c 和 TSO - C70a 中的适用章节。

配备的救生筏的数量应按第 25.1411(d)款确定,另外还要考虑包括最大容量的任何一个救生筏万一损失时,旅客可以搭乘其他救生筏,并能安全使用,因此每个救生筏乘坐的人数要有足够大的余量,并且至少备有两个救生筏。

救生筏应备有固定绳使其能系紧在飞机上,该固定绳应能在飞机完全沉没时与飞机脱开(具体措施有:具有机械释放联动机构或用刀割断)。

第 25.1415(c)款要求每只救生筏上必须有经批准的营救设备。营救设备可以参见 AC120 - 47"跨水运行使用的救生设备(Survival Equipment for Use in Overwater Operations)"。营救定位灯应满足 TSO - C85b。

从幸存者的角度出发,最重要的任务是活到获得有效的救援,为此必须采取所有可能的步骤以帮助确定他们的位置及获得救援。第 25.1415(d)款要求必须在其中一只救生筏上备有一台营救型应急定位发射机,并要满足局方认可的标准,并通过演示试验表明发射机能满足使用要求,确保使用性能可靠。406 兆赫兹的应急定位发射机(ELT)应满足 TSO - C126a;应急定位发射机(ELT)设备应满足 TSO - C91a。

第 25.1415(e)款要求,当飞机未按第 25.801 条水上迫降的规定做合格审定,又无经批准的救生衣时,必须为每个乘员提供经批准的漂浮装置,而且此漂浮装置必须放在易取的部位。个人漂浮装置应满足 TSO - C72c。

2.2　相关条款

与第 25.1415 条相关的条款如表 2 - 1 所示。

表 2 - 1　第 25.1415 条相关条款

序　号	相 关 条 款	相　　关　　性
1	第 25.801 条	第 25.801 条对申请水上迫降合格审定的飞机提出了总则性的要求,第 25.1415 条对申请水上迫降合格审定的飞机所需的额外安全设备提出了要求
2	第 25.1411 条	第 25.1411 条对飞机的安全设备提出了总则性的要求,第 25.1415 条对申请水上迫降合格审定的飞机所需的安全设备提出了额外要求

3　验证过程

3.1　验证对象

第 25.1415 条的验证对象为救生筏、救生衣和漂浮装置等水上迫降设备。

3.2　符合性验证思路

第 25.1415(a)款要求水上迫降设备必须满足本条要求。为表明对该款的符合性,一般采用设计说明的方法,说明飞机上安装有救生筏、救生衣、漂浮装置和应急定位发射机等水上迫降设备,并通过机上检查进行确认。

第 25.1415(b)款对救生筏和救生衣提出要求。为表明对该款的符合性,一般采用设计说明的方法,说明救生筏和救生衣已经过批准,并对每个救生筏的额定容量和超载容量进行描述。最后通过机上检查进行确认。

第 25.1415(c)款要求每只救生筏上必须有经批准的营救设备。为表明对该款的符合性,一般采用设计说明的方法对每只救生筏上的营救设备及其批准情况进行描述,并通过机上检查进行确认。

第 25.1415(d)款要求必须在其中一只救生筏上备有一台经批准的营救型应急定位发射机。为表明对该款的符合性,一般采用设计说明的方法对救生筏上配备的应急定位发射机及其批准情况进行描述,并通过机上检查进行确认。

第25.1415(e)款要求未按第25.801条水上迫降的规定做合格审定,又无经批准的救生衣的飞机,必须为每个乘员提供经批准的漂浮装置,而且此漂浮装置易取。为表明对该款的符合性,一般采用设计说明的方法对漂浮装置的安装位置和批准情况进行描述,并通过机上检查进行确认。

3.3　符合性验证方法

通常,针对第25.1415条的符合性验证方法如表3-1所示。

表3-1　建议的符合性方法

条 款 号	专 业	符 合 性 方 法										备 注
		0	1	2	3	4	5	6	7	8	9	
第25.1415(a)款	客舱安全		1						7			
第25.1415(b)款	客舱安全		1						7			
第25.1415(c)款	客舱安全		1						7			
第25.1415(d)款	客舱安全		1						7			
第25.1415(e)款	客舱安全		1						7			

3.4　符合性验证说明

3.4.1　第25.1415(a)款符合性验证说明

本款要求水上迫降设备必须满足此条所提出的要求。通过MOC1和MOC7的方法表明符合性。

1) MOC1验证过程

通过对飞机上安装的水上迫降设备进行描述,表明飞机上安装有救生筏、救生衣和漂浮座椅垫等水上迫降设备。

2) MOC7验证过程

在驾驶舱和客舱均处于正常照明状态下,对以上描述通过机上检查进行确认。

3.4.2　第25.1415(b)款符合性验证说明

本款对救生筏和救生衣提出要求。应通过MOC1和MOC7的方法表明符合性。

1) MOC1验证过程

通过对救生筏和救生衣进行描述,表明救生筏和救生衣已经过批准,并且每只救生筏带有一根拖曳绳和一根固定绳,固定绳的设计能把救生筏系留在飞机附近,而在飞机完全沉入水中时又能脱开。并对每个救生筏的额定容量和超载容量进行描述,表明飞机备有足够容量的多余救生筏,并且在额定容量最大的一只救生筏损失时,其余救生筏的浮力和超额装载容量能够容纳机上全部乘员。

2) MOC7验证过程

在驾驶舱和客舱均处于正常照明状态下,对以上描述通过机上检查进行确认。

3.4.3 第 25.1415(c)款符合性验证说明

本款要求每只救生筏上必须有经批准的营救设备。通过 MOC1 和 MOC7 的方法表明符合性。

1) MOC1 验证过程

通过对救生筏上配备的救生包进行描述,表明每只救生筏上备有营救设备,并且这些营救设备已得到局方的批准。

2) MOC7 验证过程

在客舱处于正常照明状态下,对以上描述通过机上检查进行确认。

3.4.4 第 25.1415(d)款符合性验证说明

本款要求必须在其中一只救生筏上备有一台经批准的营救型应急定位发射机。通过 MOC1 和 MOC7 的方法表明符合性。

1) MOC1 验证过程

通过对救生筏上配备的应急定位发射机进行描述,表明其中一只救生筏上有一台营救型应急定位发射机,并且这台营救型应急定位发射机已得到局方的批准。

2) MOC7 验证过程

在客舱处于正常照明状态下,对以上描述通过机上检查进行确认。

3.4.5 第 25.1415(e)款符合性验证说明

本款要求不做跨水运营,未给旅客座椅配备救生衣的飞机,为每个乘员提供经批准的漂浮装置,而且此漂浮装置易取。通过 MOC1 和 MOC7 的方法表明符合性。

1) MOC1 验证过程

通过对为每个乘员提供的漂浮装置(如可漂浮座椅垫)及其批准情况进行描述,表明为每个乘员提供了漂浮装置,并且漂浮装置已得到局方的批准。

2) MOC7 验证过程

在驾驶舱和客舱均处于正常照明状态下,对以上描述通过机上检查进行确认。并通过随机抽查,来确认为每个乘员提供的漂浮装置(如可漂浮座椅垫)易于取用。

3.5 符合性文件清单

通常,针对第 25.1415 条的符合性文件清单如表 3-2 所示。

表 3-2 建议的符合性文件清单

序 号	符合性报告	符合性方法
1	水上迫降设备设计说明	MOC1
2	水上迫降设备航空器检查大纲	MOC7
3	水上迫降设备航空器检查报告	MOC7

4 符合性判据

4.1 第 25.1415(a)款的符合性判据

飞机上安装有救生筏、救生衣和漂浮座椅垫等水上迫降设备。

4.2 第 25.1415(b)款的符合性判据

救生筏和救生衣已经过批准。每只救生筏带有一根拖曳绳和一根固定绳,固定绳能把救生筏系留在飞机附近,而在飞机完全沉入水中时又能脱开。飞机上的救生筏在额定容量最大的一只救生筏损失时,其余救生筏的浮力和超额装载容量能够容纳机上全部乘员。

4.3 第 25.1415(c)款的符合性判据

每只救生筏上备有营救设备,并且这些营救设备已得到局方的批准。

4.4 第 25.1415(d)款的符合性判据

一只救生筏上有一台营救型应急定位发射机,并且这台营救型应急定位发射机已得到局方的批准。

4.5 第 25.1415(e)款的符合性判据

为每个乘员提供了漂浮装置,并且漂浮装置已得到局方的批准,而且此漂浮装置易取。

参考文献

[1] 14 CFR 修正案 25 - 29 Emergency Locator Transmitters [S].
[2] 14 CFR 修正案 25 - 52 Technical Standard Order (TSO) Revision Program [S].
[3] 14 CFR 修正案 25 - 72 Special Review: Transport Category Airplane Airworthiness Standards [S].
[4] 14 CFR 修正案 25 - 82 Emergency Locator Transmitters [S].
[5] FAA. AC25 - 17A Transport Airplane Cabin Interiors Crashworthiness Handbook [S]. 2009.
[6] FAA. AC20 - 56A TSO - C72b Marking of TSO - C72b Individual Flotation Devices [S]. 1975.

运输类飞机适航标准
第 25.1419 条符合性验证

1 条款介绍

1.1 条款原文

第 25.1419 条　防冰

如果申请结冰条件下的飞行验证,飞机必须能在附录 C 确定的连续和间断的最大结冰状态下安全运行。为确认这一点,采用下列验证方法:

（a）必须通过分析确认,飞机在各种运行形态下其各种部件的防冰是足够的;

（b）为了验证防冰分析结果,检验各种结冰异常情况,演示防冰系统及其部件的有效性,必须对飞机或其部件在各种运行形态和经测定的自然大气结冰条件下进行飞行试验,而且在必要时,还应采用下列一种或几种方法进行验证:

（1）对部件或部件的模型进行实验室干燥空气试验或模拟结冰试验,或两者的组合;

（2）对整个防冰系统或单独对系统部件在干燥空气中进行飞行试验;

（3）对飞机或飞机部件在测定的模拟结冰条件下进行飞行试验。

（c）当防冰或除冰系统的功能不正常时,必须有琥珀色戒备灯或等效的戒备信息向机组报警。

（d）对涡轮发动机飞机,本条的防冰规定可视为主要适用于机体。至于动力装置的安装,可以认为本部 E 分部中的某些附加规定是适用的。

〔中国民用航空局 1995 年 12 月 18 日第二次修订,2011 年 11 月 7 日第四次修订〕

1.2 条款背景

第 25.1419 条对飞机防冰提出了具体要求。如果希望进行在结冰条件下飞行的合格审定,则飞机必须能在 CCAR25 部附录 C 定义的整个结冰包线范围内安全飞行。

1.3 条款历史

第 25.1419 条在 CCAR25 部初版首次发布,截至 CCAR - 25 - R4,该条款共修订过 2 次,如表 1 - 1 所示。

表 1 - 1　第 25.1419 条条款历史

第 25.1419 条	CCAR25 部版本	相关 14 CFR 修正案	备　　注
首次发布	初版	—	
第 1 次修订	R2	25 - 72	
第 2 次修订	R4	25 - 121	

1.3.1　首次发布

1985 年 12 月 31 日发布了 CCAR25 部初版,其中包含第 25.1419 条,该条款参考 1964 年 12 月 24 日发布的 14 CFR PART 25 中的 §25.1419 的内容制定。

1.3.2　第 1 次修订

1995 年 12 月 18 日发布的 CCAR - 25 - R2 对第 25.1419 条进行了第 1 次修订,本次修订参考了 14 CFR 修正案 25 - 72 的内容:重新排列了 §25.1419 的子段落,并插入了新的 §25.1419(c)。

1.3.3　第 2 次修订

2011 年 11 月 7 日发布的 CCAR - 25 - R4 对第 25.1419 条进行了第 2 次修订,本次修订参考了 14 CFR 修正案 25 - 121 的内容:对 §25.1419 的引言部分进行了修改,将条款原来"申请带有防冰设施的合格审定"改为"申请进行结冰条件下飞行验证"。

2　条款解读

2.1　条款要求

该条款的目的是对飞机防冰提出要求,需要表明飞机在结冰条件下安全运行来证明飞机的防冰特性。

第 25.1419(a)款要求通过分析确认飞机在各种运行形态下其各种部件的防冰是足够的,该分析应当清楚地阐明所需的基本保护、所做的假设和分析所使用的方法的描述,所有的分析都应当通过试验确认或者已经在先前适用的项目中得到确认,这种确认应当包括提供分析中所做的假设的讨论和基本原理,如果利用先前确认的方法,需要证实这种方法是适用于新项目的。

第 25.1419(b)款是对试验演示方法的规定,其中自然大气结冰条件下的飞行试验是必需的,除了该试验外,为了充分表明飞机能在附录 C 所规定的结冰条件下安全运行,必要时采用实验室试验、干空气飞行试验或模拟冰型飞行试验进行验证。

第 25.1419(c)款要求在防冰或除冰系统没有正常工作的时候为飞行机组提供告警信息,如果结冰或防冰系统的故障情况会导致危险,就应当提供告警信息。其中防冰系统是指采用加热等手段不允许在飞机部件表面产生结冰,除冰系统允许在飞机表面结少量的冰,然后周期性地把冰除去。防冰系统主要由机翼防冰、发动机防冰、风挡防冰和大气数据探头防冰组成。

第 25.1419(d)款明确的第 25.1419 条的适用范围,对涡轮发动机飞机,可视为主要适用于机体。

2.2 相关条款

与第 25.1419 条相关的条款如表 2-1 所示。

表 2-1 第 25.1419 条相关条款

序 号	相 关 条 款	相 关 性
1	第 25.773 条	第 25.773(b)款要求在第 25.1419 条规定的结冰条件下,有措施使驾驶员有充分宽阔的视界
2	附录 K 25.1.3	附录 K 第 25.1.3(a)(1)项对于结冰条件下 ETOPS 运行飞机须按第 25.1419 条取得结冰条件下的运行许可
3	第 25.1093 条	第 25.1093 条要求涡轮发动机需在结冰下工作

3 验证过程

3.1 验证对象

第 25.1419 条的验证对象主要有气动设计、飞行性能、操稳特性、防冰防雨系统、短舱防冰、风挡、指示记录系统和动力装置、水/废水和大气数据系等专业。

3.2 符合性验证思路

验证该条款的方法有设计说明、分析计算、实验室试验和飞行试验。对于本条(a)款,通常采用分析计算,包括撞击极限分析、冰型计算、结冰对飞行性能的影响分析、防冰/除冰能量分析等。对于本条(b)款,通常采用分析计算、实验室试验和飞行试验。对于本条(c)款,一般采用说明性文件,描述系统如何向飞行机组发出告警信息。对于本条(d)款,一般采用系统描述文件表明符合性。

3.3 符合性验证方法

通常,第 25.1419 条的符合性验证方法如表 3-1 所示。

表 3-1 建议的符合性方法

条 款 号	专 业	符 合 性 方 法										备 注
		0	1	2	3	4	5	6	7	8	9	
第 25.1419 条	气动设计		1	2		4						
第 25.1419 条	飞行性能			2				6				

（续表）

条　款　号	专业	符合性方法										备　注
		0	1	2	3	4	5	6	7	8	9	
第 25.1419 条	操稳特性							6				
第 25.1419 条	防冰防雨系统		1	2		4		6				
第 25.1419 条	短舱防冰		1	2			5	6				
第 25.1419 条	风挡		1	2				6				
第 25.1419 条	指示记录系统		1									
第 25.1419 条	动力装置							6				

3.4　符合性验证说明

第 25.1419 条的防冰验证涉及多个专业，各专业通过计算分析、实验室试验以及飞行试验等方法完成各系统的符合性验证。

气动设计专业根据结冰软件计算的冰型外形结果以及冰风洞试验结果，确定飞机的待机冰型、带延迟打开冰型、系统失效冰型以及水平尾翼冰污染冰型等临界冰型，以此作为各项试验的条件。通过模拟冰型风洞试验、结冰风洞试验以提供飞机带模拟冰型的高低速气动力数据以及飞机典型翼剖面、机翼外段和水平尾翼在起飞、巡航、和待机阶段的临界冰型，以确认飞机的防冰性能。

飞行性能专业通过模拟结冰试飞和在试飞基础上进行数据扩展，提供带冰下飞机的性能数据。通过进行模拟结冰条件下的飞行试验，获取试飞测试数据，以此作为输入经过计算分析表明在爬升和失速时飞机的防冰能力足够。

操稳特性专业通过模拟结冰条件下的飞行试验来验证飞机防冰能力。具体的模拟结冰条件下的操稳试飞科目有：冰污染水平安定面失速、带待机模拟冰型的机动特性、带待机模拟冰型的纵向配平、带待机模拟冰型的横向操纵—单发工作、带待机模拟冰型的纵向静稳定性、带待机模拟冰型的横航向静稳定性、带待机模拟冰型的动稳定性、带待机模拟冰型的失速特性和失速告警、带延迟打开冰型的飞行。操稳特性专业还可以进行自然结冰飞行品质试飞，试飞气象条件满足附录 C 的要求。自然结冰可以包括机翼水平失速、左右 40°滚转角稳定转弯、左右 30°快滚机动以及减速板放下、收上机动等试飞科目。

防冰系统通过系统设计描述说明机翼防冰系统的组成与工作原理，如此的设计能够保证在最大连续结冰条件下、最大间断结冰条件下，不影响飞机的安全飞行；同时说明当防冰系统的功能不正常时，已为飞机上设置有不同级别的告警信息。防冰系统通过计算分析说明 CCAR25 附录 C 规定的最大连续结冰条件及最大间断结冰条件下在缝翼表面以及翼盒上表面都不会产生结冰。防冰系统通过实验室试验和冰风洞试验验证机翼防冰系统工作正常。防冰系统/设备装机后通过干空气条件下试飞试验验证机翼防冰系统在打开后各附件功能、系统性能参数正常。

防冰系统/设备装机后通过自然结冰条件下试飞试验验证机翼防冰系统在打开后各附件功能、系统性能参数正常。

短舱防冰系统通过计算分析说明在附录 C 确定的连续和间断的最大结冰条件下,飞机在各种运行形态下,短舱防冰的能力足够。通过短舱防冰系统高温天和常温天的干空气条件地面试验验证短舱防冰系统功能正常。通过自然结冰条件下短舱防冰系统试飞试验验证短舱防冰系统工作正常,确认进气道防护表面均未出现结冰现象。短舱防冰系统设计有三个级别的告警,并有相应的语音告警和灯光告警。

风挡加温系统通过覆盖飞行包线和附录 C 规定的连续最大结冰条件组合状态点以及覆盖飞行包线和间断最大结冰条件组合状态点的防冰性能计算分析,确认飞机主风挡在附录 C 确定的连续和间断的最大结冰状态下飞行具备足够的防冰能力。风挡加温系统通过干空气条件下的飞行试验,分析试飞数据表明主风挡防护区域的加热满足系统设计要求,以及通过自然结冰条件飞行试验,表明风挡加温系统功能正常,防冰防雾性能符合设计要求。风挡加温系统具有告警功能,在系统出现故障时向机组报警。

指示记录系统设计描述中明确在机翼防冰压力传感器或压力开关失效时,设计有一系列方式向机组报警。

通过计算分析结合风洞试验的结果分析、相似性分析和自然结冰试飞表明了机翼结冰和机头冰脱落不会影响发动机的安全工作。

除此之外,水/废水系统防冰功能设计为通过在飞机外部或易结冰部位设置加热装置,使得该部位的液体保持一定的温度,防止在该部位中液体发生结冰现象而对系统的使用造成影响。大气数据防冰功能可以通过相应的符合性验证试验支持飞机在结冰条件下的安全飞行。

3.5 符合性文件清单

通常,针对第 25.1419 条的符合性文件清单如表 3-2 所示。

表 3-2　建议的符合性文件清单

序　号	符　合　性　报　告	符合性方法
1	冰风洞试验大纲	MOC4
2	冰风洞试验报告	MOC4
3	自然结冰试飞大纲	MOC6
4	自然结冰试飞报告	MOC6
5	干燥空气中的飞行试验试飞大纲	MOC6
6	干燥空气中的飞行试验试飞报告	MOC6
7	冰型计算分析报告	MOC2
8	热力计算分析报告	MOC2

4 符合性判据

在结冰环境中运行时,飞机的所有系统和部件能连续地正常工作。这些系统和部件包括:

(1) 发动机和有关设备。在结冰试验中监测发动机和有关设备(如发电机在最大防冰/除冰负荷下)的冷却情况和判明其工作状态是否可以接受。

(2) 发动机备用进气源。在结冰环境中,发动机备用进气源应能继续工作。

(3) 燃油系统通风。结冰不应对燃油通风系统产生负面的影响。

(4) 起落架。遭遇结冰后,可收放起落架应能正常工作,收放不因结冰而造成不安全指示。

(5) 失速告警。如果失速告警和攻角传感器没有防护,则有可能在这些装置上结冰,因此,评估这些传感器在附录 C 的结冰条件下的功能。飞机有冰积聚时,能继续提供充分的失速告警(气动的或人工的)。考虑的冰积聚包含保护表面上的结冰,在初次启动防冰/除冰系统之前的结冰,在防冰或除冰系统各次工作循环之间的结冰,以及在防冰或除冰系统各次工作后余下的冰。

(6) 在预期的各个飞行高度上评定结冰探测征兆,其结果可供飞行员及时启动防冰/除冰设备。

(7) 主飞行操纵面和辅助飞行操纵面。遭遇结冰条件后,主飞行操纵面和辅助飞行操纵面继续工作。完成演示气动补偿面在整个飞机飞行包线内没有结冰或这些操纵面上的结冰没有影响或限制操纵面的使用,包括在着陆构形下复飞时襟翼的收起。

(8) 冲压空气涡轮。冲压空气涡轮能正常工作。如果已在冰风洞中做了试验,则不必在自然结冰条件下进行试验。

(9) 驾驶舱视界。符合第 25.773 条"驾驶舱视界"的要求,由于结冰而未遮挡飞行员的视线。

参考文献

[1] 14 CFR 修正案 25 - 72 Special Review: Transport Category Airplane Airworthiness Standards [S].

[2] 14 CFR 修正案 25 - 121 Airplane Performance and Handling Qualities in Icing Conditions [S].

[3] FAA. AC20 - 73A 25 部飞机防冰设计与验证[S].

[4] FAA. AC25.629 - 1A Aeroelastic Stability, Substantiation, Transport Category Airplanes [S]. 1998.

[5] FAA. AC25.1419 - 1A Certification of Transport Category Airplanes for Flight in Icing Conditions [S]. 2004.

［6］ FAA. AC25.1419 – 2 Compliance With the Ice Protection Requirements of § 25.1419(e)，(t)，(g)，and (h)［S］. 2009.

［7］ FAA. AC20 – 73A Aircraft Ice Protection［S］. 2006.

［8］ FAA. AC25 – 22 Certification of Transport Airplane Mechanical Systems［S］. 2000.

运输类飞机适航标准
第 25.1421 条符合性验证

1 条款介绍

1.1 条款原文

第 25.1421 条 扩音器

如果装有扩音器,必须有固定措施,在扩音器受到第 25.561(b)(3)条规定的极限惯性力时能够将其固定住。

1.2 条款背景

第 25.1421 条要求扩音器的固定措施在遭受极限惯性力时仍能固定住扩音器。

1.3 条款修订历史

第 25.1421 条在 CCAR25 部初版首次发布,截至 CCAR-25-R4,该条款未进行过修订,如表 1-1 所示。

表 1-1 第 25.1421 条条款历史

第 25.1421 条	CCAR25 部版本	相关 14 CFR 修正案	备 注
首次发布	初版	25-41	

1985 年 12 月 31 日发布了 CCAR25 部初版,就包含第 25.1421 条,该条款参考 1977 年 7 月 11 日发布的 14 CFR 修正案 25-41 中的 §25.1421 的内容制定,条款内容保持一致。

2 条款解读

2.1 条款要求

第 25.1421 条对飞机舱内扩音器的固定措施提出了要求。作为安装在飞机舱内的设备,其固定措施应满足客舱安全的要求,保证在飞机发生应急着陆的情况下,不会脱落并伤及乘客。经分析,该条款的要求分为:

（1）扩音器有固定措施。

（2）扩音器的固定与连接满足客舱安全需求，在飞机发生应急着陆的情况下不会脱落伤及乘客。

第 25.561(b)(3)项中规定的应急着陆情况下的极限惯性载荷系数包括：① 向上，3.0；② 向前，9.0；③ 侧向，对于机身为 3.0，对于座椅及其连接件为 4.0；④ 向下，6.0；⑤ 向后，1.5。

上述极限惯性载荷系数计算得到的载荷是极限载荷，不需要再乘以规定的安全系数。

另外，FAA AC25-17A 在关于第 25.1421 条的指导意见中指出，扩音器的安装位置和固定方式的操作都应该符合第 25.1411 条对于安全设备的要求，能够快速和容易地取出扩音器。

2.2 相关条款

与第 25.1421 条相关的条款如表 2-1 所示。

表 2-1 第 25.1421 条相关条款

序　号	相关条款	相　　关　　性
1	第 25.561 条	第 25.561(b)(3)项为应急着陆情况的总则性条款，对第 25.1421 条的验证范围提出了要求
2	第 25.1411 条	第 25.1411 条为安全设备的总则性条款，对包括第 25.1421 条的验证对象扩音器在内的安全设备固定措施位置和保护功能提出了要求

3 验证过程

3.1 验证对象

第 25.1421 条的验证对象为飞机舱内扩音器的安装。

3.2 符合性验证思路

为表明对该条款的符合性，一般采用符合性说明、计算分析和机上检查的方式进行验证。

（1）对扩音器安装的方式进行描述，并进行机上检查，以表明扩音器有固定措施。

（2）对其安装措施进行强度评估，以表明其固定措施在扩音器受到第 25.561(b)(3)项规定的极限惯性力时能够将其固定住。

3.3 符合性验证方法

通常，针对第 25.1421 条的符合性验证方法如表 3-1 所示。

表 3-1 建议的符合性方法

条 款 号	专 业	符 合 性 方 法										备 注
		0	1	2	3	4	5	6	7	8	9	
第 25.1421 条	客舱安全		1						7			
第 25.1421 条	强 度			2								

3.4 符合性验证说明

3.4.1 扩音器有固定措施

通过 MOC1 和 MOC7 的方法,表明扩音器有固定措施。

1) MOC1 验证过程

通过扩音器安装图纸对扩音器的安装方式进行详细描述,表明扩音器有固定措施。

2) MOC7 验证过程

通过对安全设备进行机上检查,确认扩音器有固定措施。

3.4.2 扩音器的固定与连接满足安全需求

通过 MOC2 的方法,表明扩音器的固定与连接满足安全需求,在飞机发生应急着陆的情况下不会脱落伤及乘客,验证过程如下。

(1) 根据飞机的动载荷包线和静载荷包线,得到扩音器安装位置各方向的限制过载系数,再乘以 1.5 的安全系数,得到扩音器安装位置各方向的极限过载系数。

(2) 将第 25.561(b)(3)项中各方向的极限惯性载荷系数与极限过载系数比较,取各方向上最大的载荷系数。

(3) 用第(2)步得出的载荷系数,计算得出扩音器在安装位置的各方向上所承受的极限载荷。

(4) 用第(3)步得出的扩音器在安装位置上承受的最大极限载荷,计算出扩音器安装支架本身在安装位置上所承受的最大强度。

(5) 将第(4)步计算得出的扩音器安装支架本身在安装位置上承受的最大强度与扩音器安装支架所用材料的抗拉强度许用值进行对比。

(6) 将第(3)步计算得出的扩音器在安装位置上承受的最大极限载荷与扩音器安装支架所用紧固件的拉伸和剪切许用值进行对比。

(7) 如果扩音器安装支架本身在安装位置上承受的最大强度小于扩音器安装支架所用材料的抗拉强度许用值,并且扩音器在安装位置上承受的最大极限载荷小于扩音器安装支架所用紧固件的拉伸和剪切许用值,则能够表明扩音器安装支架在扩音器承受极限惯性力时能够将其固定住。

3.5　符合性文件清单

通常,针对第 25.1421 条的符合性文件清单如表 3-2 所示。

表 3-2　建议的符合性文件清单

序　号	符 合 性 报 告	符合性方法
1	扩音器安装图纸	MOC1
2	扩音器航空器检查大纲	MOC7
3	扩音器航空器检查报告	MOC7
4	扩音器固定措施计算分析报告	MOC2

4　符合性判据

(1) 通过符合性说明、计算分析和机上检查表明扩音器的固定措施符合第 25.1421 条要求时,符合性判据是:① 扩音器有固定措施;② 扩音器的固定与连接满足安全需求,在飞机发生应急着陆的情况下不会脱落伤及乘客。

(2) 通过符合性说明和机上检查表明扩音器的固定措施符合第 25.1421 条要求时,符合性判据是:① 安全设备安装图纸中有扩音器及其固定措施;② 在机上检查时看到扩音器安装在固定措施中。

(3) 通过计算分析表明扩音器的固定措施符合第 25.1421 条要求时,符合性判据是:① 扩音器安装支架本身在安装位置上承受的最大强度小于扩音器安装支架所用材料的抗拉强度许用值;② 扩音器在安装位置上承受的最大极限载荷小于扩音器安装支架所用紧固件的拉伸和剪切许用值。

参考文献

[1]　14 CFR 修正案 25-41 Airworthiness Review Program,Amendment No. 5;Equipment and Systems Amendments [S].

[2]　FAA. AC25-17A Transport Airplane Cabin Interiors Crashworthiness Handbook [S]. 2009.

运输类飞机适航标准
第 25.1423 条符合性验证

1 条款介绍

1.1 条款原文

第 25.1423 条　机内广播系统

中国民用航空局有关规定要求的机内广播系统必须满足以下要求：

(a) 当飞机在飞行中或地面停放时，当所有发动机和辅助动力装置关车或失效后，或者依靠发动机和辅助动力装置连续工作的所有电源断开或失效后，仍然能够按下列时间要求向机内广播系统供电：

(1) 在与机内广播系统使用同一电源的所有其它用电设备继续被供电，而所有其它电源均不工作的情况下，至少连续工作 10 分钟时间，其中由飞行机组成员和客舱机组成员发布通告的累计时间至少为 5 分钟；和

(2) 还须加上机内广播系统处于准备状态所需的时间，或者由同一电源供电和安全飞行必不可少的或应急情况下必需的任何其它用电设备所需的供电时间。

(b) 能够在话筒从存储箱中取出 3 秒内开始工作。

(c) 能被所有在旅客座位上、厕所内、空中服务员座位上和工作位置处的人员听明白。

(d) 使系统设计成不会因话筒不使用、未收存的影响而不能工作。

(e) 能独立工作而与任何必要的机组机内通话系统无关。

(f) 能从驾驶舱两个飞行机组成员工作位置中任一处直接取用。

(g) 对于每一个和空中服务员座位邻近的、所要求的与地板齐平的旅客应急出口，应设置一个使坐着的空中服务员易于取用的话筒，若出口之间非常接近，当坐着的空中服务员能够直接口头联系时，一个话筒也可供一个以上的出口使用。

〔中国民用航空局 1995 年 12 月 18 日第二次修订，2011 年 11 月 7 日第四次修订〕

1.2 条款背景

1989 年 11 月 27 日生效的 FAR25-70 修正案新增了 FAR25.1423 条款，对飞

机上的机内广播系统的安装位置、覆盖范围以及供电要求予以明确。

1.3 条款历史

第 25.1423 条在 CCAR－25－R2 版首次发布，截至 CCAR－25－R4，该条款共修订过 1 次，如表 1－1 所示。

表 1－1 第 25.1423 条条款历史

第 25.1423 条	CCAR25 部版本	相关 14 CFR 修正案	备 注
首次发布	R2	25－79	
第 1 次修订	R4	25－115	

1.3.1 首次发布

1995 年 12 月 18 日发布的 CCAR－25－R2 中，包含第 25.1423 条，该条款参考 1989 年 11 月 27 日发布的 14 CFR 修正案 25－79 中的 §25.1423 的内容制定。该修正案增加了关于机内广播系统的相关要求。

1.3.2 第 1 次修订

2011 年 11 月 7 日发布的 CCAR－25－R4 对第 25.1423 条进行了第 1 次修订，本次修订参考了 14 CFR 修正案 25－115 的内容，修改了 §25.1423（b）中关于启动时间的要求。

2 条款解读

2.1 条款要求

第 25.1423（a）款要求机内广播系统应至少有一套来自发动机或辅助动力装置驱动的发电设备以外的电源。且这套电源在支持其他安全飞行时是必不可少的，或应急情况下必需的任何其他用电设备所需的供电以外，还能保证机内广播系统在规定的时间内工作。

第 25.1423（b）款要求机上广播系统能在 3 秒内从存放状态转换到工作状态。这 3 秒应包括话筒预热以及系统必要的启动时间。

第 25.1423（c）款至第 25.1423（f）款要求每个与地板平齐的应急出口如没有空乘人员座椅，应使在此座椅上的空乘人员易于取用的位置上安装机内广播系统话筒。其中如果两处空乘座椅间仅安装一部话筒时，条款所要求的"当坐着的空中服务员能够直接口头联系时"应理解为需同时满足。

第 25.1423（g）款要求两处应急出口间的距离足够短，在口头交流的有效距离内。如机身两侧对称的应急出口。处在两处出口位置的空乘座椅间没有障碍物。或能证明障碍物不至影响空乘人员保持坐姿状态下口头交流。例如障碍物较低能使坐着的空乘人员保持互相目视接触。

2.2 相关条款

第25.1423条相关的条款如表2-1所示。

表 2-1 第 25.1423 条相关条款

序 号	相关条款	相 关 性
1	第 25.1301(a)(4)项	第 25.1301(a)(4)项为所安装的设备在安装后功能正常,对第 25.1423 条机内广播系统的安装提出了要求
2	第 25.1309 条	第 25.1309 条对所有设备和系统、安装提出要求,因此与第 25.1423 条相关
3	第 25.1421 条	第 25.1421 条对扩音器提出要求,因此与第 25.1423 条相关

3 验证过程

3.1 验证对象

第25.1423条的验证对象为机内广播系统。

3.2 符合性验证思路

针对第25.1423(a)款,通过机内广播系统设计说明及机上地面试验证明,当飞机在飞行中或地面停放时,当所有发动机和辅助动力装置关车或失效后,或者依靠发动机和辅助动力装置连续工作的所有电源断开或失效后,仍然能够按时间要求向机内广播系统供电。

针对第25.1423(b)款,通过机内广播系统设计说明及机上地面试验证明,处于客舱内可接近机内广播系统位置的空中服务员能够在 10 秒内使机内广播系统工作。

针对第25.1423(c)款,通过机内广播系统设计说明、机上地面试验及飞行试验证明,机内广播能被所有在旅客座位上、厕所内、空中服务员座位上和工作位置处的人员听明白。

针对第25.1423(d)款,通过机内广播系统设计说明及机上地面试验证明,机内广播系统设计能够避免话筒不使用、未收存的影响而不能工作。

针对第25.1423(e)款,通过机内广播系统设计说明及机上地面试验证明,机内广播系统能独立工作而与任何必要的机组机内通话系统无关。

针对第25.1423(f)款,通过机内广播系统设计说明及机上地面试验证明,机内广播系统能从驾驶舱两个飞行机组成员工作位置中任一处直接取用。

针对第25.1423(g)款,通过机内广播系统设计说明对于每一个和空中服务员座位邻近的、所要求的与地板齐平的旅客应急出口,设置了一个使坐着的空中服务员易于取用的话筒。

3.3 符合性验证方法

通常,针对第 25.1423 条的符合性验证方法如表 3-1 所示。

表 3-1 建议的符合性方法表

条 款 号	专 业	符合性方法										备 注
		0	1	2	3	4	5	6	7	8	9	
第 25.1423(a)款	机上广播		1				5	6				
第 25.1423(b)款	机上广播		1				5					
第 25.1423(c)款	机上广播		1				5	6				
第 25.1423(d)款	机上广播		1				5					
第 25.1423(e)款	机上广播		1				5					
第 25.1423(f)款	机上广播		1				5					
第 25.1423(g)款	机上广播		1									

3.4 符合性验证说明

3.4.1 第 25.1423(a)款符合性验证说明

针对第 25.1423(a)款,采用的符合性验证方法包括 MOC1、MOC5 和 MOC6,各项验证具体工作如下:

1) MOC1 验证过程

通过通信系统设计描述说明机内广播系统架构的设计、正常与应急供电的模式与逻辑等,表明当正常电源丧失时,可由应急电源对机内广播系统供电。

例如,旅客广播系统中的旅客广播装置由左重要汇流条供电,其他设备均为无源设备,正常电源丧失时,重要汇流条仍会由应急电源提供连续供电,可保证旅客广播系统功能正常。

2) MOC5 验证过程

通过机上地面试验,验证当飞机在地面停放时,当所有发动机和辅助动力装置关车或失效后,或者依靠发动机和辅助动力装置连续工作的所有电源断开或失效后,仍然能够按时间要求向机内广播系统供电。试验中模拟应急情况下使用蓄电池对其供电,开启旅客广播系统连续工作 10 分钟,验证系统工作正常。

3) MOC6 验证过程

在飞行试验中,通过断开正常供电,模拟机上广播系统正常供电失效状态,此时启动 RAT 系统为机上广播系统供电,开启机上广播系统工作,持续 10 分钟,验证系统工作正常。

3.4.2 第 25.1423(b)款符合性验证说明

针对第 25.1423(b)款采用的符合性验证方法包括 MOC1 和 MOC5,各项验证工作具体如下：

1) MOC1 验证过程

通过设备技术规范说明可接近广播系统的乘务员可以快速使该系统工作。例如系统设计为乘务员旅客广播话筒通过卡座固定在乘务员控制板上的，方便取下。当乘务员需要广播时，只需要将旅客广播话筒从卡座上取下，按压话筒上的 PTT 按钮即可进行广播。

2) MOC5 验证过程

旅客广播系统机上地面试验时，通过坐在乘务员座椅上，从取下话筒到使旅客广播系统工作，用时满足大纲要求，表明旅客广播话筒可以快速取用。

3.4.3　第 25.1423(c)款符合性验证说明

1) MOC1 验证过程

通过系统设计说明飞机上在客舱安装了足够数量的扬声器，每排座位上方、盥洗室内、空中服务员位置和厨房位置都安装了扬声器，保证所有人可以听明白。

2) MOC5 验证过程

通过机上地面试验表明，正副驾驶、观察员分别使用手持话筒/悬臂式话筒耳机组/氧气面罩麦克风，前后乘务员使用旅客广播话筒进行广播，在客舱所有旅客座椅位置及盥洗室，前后乘务员位置及厨房进行监听，监听结果能表明广播内容清晰，则满足该款要求。

3) MOC6 验证过程

通过飞行试验表明当飞机在空中平飞时，正副驾驶、观察员分别使用手持话筒/悬臂式话筒耳机组/氧气面罩麦克风，前后乘务员使用旅客广播话筒进行广播，在客舱所有旅客座椅位置及盥洗室，前后乘务员位置及厨房进行监听，监听结果能表明广播内容清晰，则满足该款要求。

3.4.4　第 25.1423(d)款符合性验证说明

1) MOC1 验证过程

通过设备技术规范文件说明当话筒不使用或者未收存时，不会影响其他话筒正常工作。例如乘务员旅客广播话筒设计 PTT 按钮，驾驶舱手持话筒上和驾驶盘上均设计 PTT 按钮，乘务员进行旅客广播时，需要按压手持话筒上的 PTT 才能广播；驾驶员进行旅客广播时，也需要按压手持话筒上的 PTT(使用手持话筒广播时)或者驾驶盘上的 PTT(使用悬臂式话筒耳机组或者氧气面罩麦克风广播时)才能进行广播。当话筒不使用或者未收存时，PTT 均处于未按压状态，不会影响其他话筒正常工作。

2) MOC5 验证过程

通过机上地面试验表明系统不会因话筒不使用、未收存的影响而不能工作。

3.4.5　第 25.1423(e)款符合性验证说明

1) MOC1 验证过程

通过系统设计说明系统设计怎样使得机内广播系统可独立工作，例如将系统设计为处于服务员位置的旅客广播话筒和内话的手持受送话器分别为两套不同的设备,两个系统在线路上完全独立,则可保证系统独立工作。

2) MOC5 验证过程

通过机上地面试验分别对旅客广播系统和内话系统进行试验,证明系统可独立工作。

3.4.6 第 25.1423(f)款符合性验证说明

1) MOC1 验证过程

通过系统设计说明文件说明系统已设计为驾驶舱两个飞行机组成员工作位置中任一处直接取用,例如可分别为正驾驶、副驾驶和观察员配备了手持话筒、悬臂式话筒耳机组和氧气面罩麦克风,这三种设备均可以进行旅客广播,确保系统可从驾驶舱两个飞行机组成员位置中任一处直接取用。

2) MOC5 验证过程

通过机上地面试验表明旅客广播系统可以从两个飞行机组成员工作位置中任一处直接取用。

3.4.7 第 25.1423(g)款符合性验证说明

通过系统设计说明系统满足该款要求,例如,由于登机门和服务门属于和服务员邻近的、并与地板齐平的旅客应急出口,在登机门位置安装了前乘务员座椅,在座椅旁边安装旅客广播话筒,以便坐着的空中乘务员直接取用,前乘务员旅客广播话筒安装示意图如图 3-1 所示,根据该设备安装图可见,乘务员话筒易于坐着的空中乘务员取用。

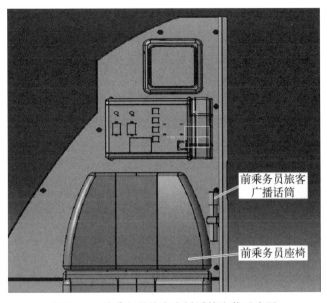

图 3-1 前乘务员旅客广播话筒安装示意图

3.5　符合性文件清单

通常,针对第 25.1423 条的符合性文件清单如表 3-2 所示。

表 3-2　建议的符合性文件清单

序　号	符 合 性 报 告	符合性方法
1	机内广播系统设计说明	MOC1
2	机内广播系统机上地面试验大纲	MOC5
3	机内广播系统机上地面试验报告	MOC5
4	机内广播系统试飞大纲	MOC6
5	机内广播系统试飞报告	MOC6

4　符合性判据

当飞机在飞行中或地面停放时,当所有电源断开或失效后,仍然能够所有其他用电设备与机内广播系统使用同一电源继续供电的情况下,至少连续工作 10 分钟时间,其中由飞行机组成员和客舱机组成员发布通告的累计时间至少为 5 分钟,则满足第 25.1423(b)款要求。

当处于客舱内可接近机内广播系统位置的空中服务员能够在 10 秒内使该机内广播系统工作则满足第 25.1423(b)款要求。

当广播时,广播内容能被所有在旅客座位上、厕所内、空中服务员座位上和工作位置处的人员清晰听到,则满足第 25.1423(c)款要求。

当话筒不使用、未收存不会导致机上广播不能工作时,则满足第 25.1423(d)款要求。

当系统能独立工作而与任何必要的机组机内通话系统无关时,则满足第 25.1423(e)款要求。

当机上广播的设计位置使得驾驶舱两个飞行机组成员可以在工作位置中任一处直接取用时,则满足第 25.1423(f)款要求。

当每一个和空中服务员座位邻近的、所要求的与地板齐平的旅客应急出口,设置了一个使坐着的空中服务员易于取用的话筒,则满足第 25.1423(g)款要求。

参考文献

[1]　14 CFR 修正案 25-70 Independent Power Source for Public Address System in Transport Category Airplanes [S].

[2]　14 CFR 修正案 25-79 Miscellaneous Changes to Emergency Evacuation Demonstration Procedures, Exit Handle Illumination Requirements, and Public Address Systems [S].

[3]　14 CFR 修正案 25-115 Miscellaneous Flight Requirements; Powerplant Installation Requirements; Public Address System; Trim Systems and Protective Breathing Equipment; and Powerplant Controls [S].

运输类飞机适航标准
第 25.1431 条符合性验证

1 条款介绍

1.1 条款原文

第 25.1431 条 电子设备

(a) 在表明无线电和电子设备及其安装符合第 25.1309(a)和(b)条的要求时，必须考虑临界环境条件。

(b) 无线电和电子设备的供电必须按照第 25.1355(c)条的要求。

(c) 无线电和电子设备、控制装置和导线，必须安装成在任一部件或系统工作时，对中国民用航空规章所要求的任何其它无线电和电子部件或系统的同时工作不会有不利影响。

(d) 电子设备必须被设计和安装成当由于电源供电瞬变或其他原因产生的瞬变时不会导致重要负载不工作。

〔中国民用航空局 2011 年 11 月 7 日第四次修订〕

1.2 条款背景

第 25.1431 条规定了所有依靠电信号工作的设备或系统，在临界条件下的功能和可靠性、配电要求、电磁环境兼容性以及瞬变安全性等要求。

1.3 条款历史

第 25.1431 条在 CCAR25 部初版首次发布，截至 CCAR-25-R4，该条款修订过 1 次，如表 1-1 所示。

表 1-1 第 25.1431 条条款历史

第 25.1431 条	CCAR25 部版本	相关 14 CFR 修正案	备 注
首次发布	初版	—	
第 1 次修订	R4	25-113	

1.3.1 首次发布

1985 年 12 月 31 日发布了 CCAR25 部初版，其中包含第 25.1431 条，该条款参

考 14 CFR PART 25 中的 § 25.1431 的内容制定。

1.3.2 第 1 次修订

2011 年 11 月 7 日发布的 CCAR – 25 – R4 对第 25.1431 条进行了第 1 次修订,本次修订参考了 14 CFR 修正案 25 – 113 的内容制定:

增加 § 25.1431(d),要求电子设备必须被设计和安装成当其受到电源提供的瞬变或其他原因导致的瞬变时,其主要负载的工作不受影响。修订后的条款明确规定设计中必须执行的内容,排除了设计时可能忽视的关键安装设计条件,同时达到了与欧洲适航标准一致的目的。

2 条款解读

2.1 条款要求

本条款适用于所有依靠电信号工作的设备或系统。其中:

第 25.1431(a)款指出无线电和电子设备及其安装,必须在临界条件下验证其符合第 25.1309(a)款的功能要求和第 25.1309(b)款的可靠性要求。该临界条件是指设备装机后可能遇到的最恶劣环境条件,包括气候、机械和电磁三方面内容。

第 25.1431(b)款要求为无线电和电子设备供电的系统,需按第 25.1355 条的要求,设计成双或多余度供电系统,并保证当一个电源失效后,另一个或其他电源能自动接通,以维持设备的正常工作。

第 25.1431(c)款要求装机后的无线电和电子设备和控制装置以及它们的互连线路必须与机上其他部件或系统构成的电磁环境相互兼容,即机上任一部件或系统(包括无线电和电子部件或系统)的工作不会影响和干扰民用航空规章要求的任何其他无线电和电子部件或系统的同时正常工作。

第 25.1431(d)款要求已经隐含在现行的第 25.1309(e)款和第 25.1351(b)款中。要求电子设备必须被设计和安装成当其受到电源瞬变或其他原因导致的瞬变时,不会导致重要负载不工作。发电系统可能经常出现的瞬态工作状态有:发电系统加载、卸载和汇流条切换等,这时发电系统呈现的电压和频率参数远远超出稳态参数,而重要负载要适应这些发电系统瞬态参数的变化。

2.2 相关条款

与第 25.1431 条相关的条款如表 2 – 1 所示。

表 2 – 1 第 25.1431 条相关条款

序 号	相 关 条 款	相 关 性
1	第 25.1309(a)款	第 25.1431(a)款提出了无线电和电子设备及其安装符合第 25.1309(a)款和(b)款的要求时,必须考虑临界环境条件

（续表）

序 号	相 关 条 款	相 关 性
2	第 25.1309(b)款	第 25.1431(a)款提出了无线电和电子设备及其安装符合第 25.1309(a)款和(b)款的要求时,必须考虑临界环境条件
3	第 25.1351(b)款	第 25.1431(d)款要求已经隐含在现行的 25.1351(b)款中。要求电子设备必须被设计和安装成当其受到电源瞬变或其他原因导致的瞬变时,不会导致重要负载不工作
4	第 25.1355(c)款	第 25.1431(b)款提出了无线电和电子设备的供电必须按照第 25.1355(c)款的要求

3 验证过程

3.1 验证对象

第 25.1431 条的验证对象为电子设备。

3.2 符合性验证思路

针对第 25.1431 条可通过采用设计技术资料、分析报告、实验室试验、地面试验、飞行试验和设备鉴定等验证方法表明符合性,所有机载电子电气设备需按 RTCA DO－160 所要求的环境试验条件进行测试。

3.3 符合性验证方法

通常,针对第 25.1431 条的符合性验证方法如表 3－1 所示。

表 3－1　建议的符合性方法

条 款 号	专 业	符 合 性 方 法										备 注
		0	1	2	3	4	5	6	7	8	9	
第 25.1431(a)款	空调										9	
第 25.1431(a)款	自动飞行										9	
第 25.1431(a)款	通信										9	
第 25.1431(a)款	电源										9	
第 25.1431(a)款	内饰										9	
第 25.1431(a)款	主飞控										9	
第 25.1431(a)款	燃油										9	
第 25.1431(a)款	氧气										9	
第 25.1431(a)款	防冰除雨										9	
第 25.1431(a)款	指示记录										9	
第 25.1431(a)款	起落架										9	

（续表）

条 款 号	专 业	符 合 性 方 法										备 注
		0	1	2	3	4	5	6	7	8	9	
第 25.1431(a)款	照明										9	
第 25.1431(a)款	导航										9	
第 25.1431(a)款	水废水										9	
第 25.1431(a)款	机载维护										9	
第 25.1431(a)款	APU										9	
第 25.1431(a)款	舱门											
第 25.1431(a)款	动力										9	
第 25.1431(a)款	E3		1								9	
第 25.1431(b)款	自动飞行										9	
第 25.1431(b)款	通信											
第 25.1431(b)款	电源					4	5	6			9	
第 25.1431(b)款	主飞控											
第 25.1431(b)款	氧气											
第 25.1431(b)款	指示记录										9	
第 25.1431(b)款	起落架											
第 25.1431(b)款	照明											
第 25.1431(b)款	导航											
第 25.1431(b)款	动力											
第 25.1431(c)款	空调										9	
第 25.1431(c)款	自动飞行										9	
第 25.1431(c)款	通信							6			9	
第 25.1431(c)款	电源							6			9	
第 25.1431(c)款	内饰											
第 25.1431(c)款	主飞控										9	
第 25.1431(c)款	燃油										9	
第 25.1431(c)款	氧气										9	
第 25.1431(c)款	防冰除雨										9	
第 25.1431(c)款	指示记录							6			9	
第 25.1431(c)款	起落架										9	
第 25.1431(c)款	照明							6			9	
第 25.1431(c)款	导航							6			9	
第 25.1431(c)款	气源										9	

（续表）

条　款　号	专　业	符 合 性 方 法										备　注
		0	1	2	3	4	5	6	7	8	9	
第 25.1431(c)款	机载维护							6				
第 25.1431(c)款	APU										9	
第 25.1431(c)款	舱门											
第 25.1431(c)款	动力										9	
第 25.1431(c)款	E3		1				5	6			9	
第 25.1431(c)款	EWIS											
第 25.1431(d)款	内饰			2								
第 25.1431(d)款	防火			2								
第 25.1431(d)款	飞控			2								
第 25.1431(d)款	燃油			2								
第 25.1431(d)款	液压			2								
第 25.1431(d)款	风 挡 防 冰除雨			2								
第 25.1431(d)款	指示记录			2								
第 25.1431(d)款	起落架			2								
第 25.1431(d)款	照明			2								
第 25.1431(d)款	导航			2								
第 25.1431(d)款	氧气			2								
第 25.1431(d)款	气源			2								
第 25.1431(d)款	水废水			2								
第 25.1431(d)款	APU			2								
第 25.1431(d)款	舱门信号			2								
第 25.1431(d)款	动力			2								

3.4　符合性验证说明

针对第 25.1431 条,采用 MOC1、MOC2、MOC4、MOC5、MOC6 和 MOC9 进行验证,具体验证工作如下:

3.4.1　MOC1 验证过程

第 25.1431(a)款和(c)款的符合性可通过 MOC1。

E3 专业(闪电间接效应、电磁兼容性和高强度辐射场的合称)通过系统描述文件,提出飞机级和系统级电磁兼容设计目标,编写机载设备和系统的电磁环境效应接口要求、电搭接规范、接地设计规范、电磁兼容设计要求、电缆和导线电磁防护设计要求和结构电磁防护设计要求等顶层文件给出全机电磁兼容设计的依据。电磁兼容设计要求主要包括：设备/部件电磁防护设计要求、结构电磁防护设计要求、电源特性控制要求、电缆分类及敷设设计要求、电搭接设计要求、接地设计要求、静电防护设计要求和天线布局设计要求等。各系统(空调等19个专业,详见表2-1)按照上述顶层文件进行电磁设计并反映在相应的设计图纸中,这些图纸作为满足条款要求的符合性证据。

3.4.2 MOC2 验证过程

第25.1431(d)款的符合性可通过 MOC2 来验证。

各用电系统应根据电源系统提供的汇流条最低电压,通过计算分析得出系统中重要设备的输入端电压,表明各系统设备端电压能保持在设备的设计限制范围之内。

3.4.3 MOC4 验证过程

第25.1431(b)款的符合性可通过 MOC4 来验证。

针对第25.1431(b)款,电源系统可采用在实验室模拟故障试验来验证在单个电源失效的状态下,电源系统自动进行供电转换,由剩余可用电源代替失效电源向相应的汇流条供电的系统设计。

一般民用飞机均设计成,电源系统通过配电试验验证电源系统中的冗余电源装置可以进行自动供电转换,在一个电源不可用的情况下由剩余可用电源向相应的汇流条供电。

3.4.4 MOC5 验证过程

第25.1431(b)款和(c)款的符合性可通过 MOC5 来验证。

针对第25.1431(b)款,电源系统应通过机上地面试验验证电源系统可以实现自动供电转换,在一个电源失效后,由剩余可用电源代替其向相应的汇流条供电。

针对第25.1431(c)款,E3 专业需要编制全机电磁兼容性(EMC)机上地面试验大纲,并进行全机电磁兼容性机上地面试验。试验大纲可参考 AC25-10 和 MIL-E-6051D 编制。试验内容包括：① 系统相互干扰检查;② 耳机噪声输出测量;③ 高频电台发射状态下典型位置场强测量;④ 传导发射测量;⑤ 电场强度测量;⑥ 磁敏感设备受扰检查;⑦ GPS 受扰检查;⑧ 系统间相互干扰检查;⑨ 机载接收机干扰定量测试。在定性定量试验(系统相互干扰检查试验)中,被试电子电气系统/设备工作正常,能够相互兼容工作。

3.4.5 MOC6 验证过程

第25.1431(b)款和(c)款的符合性可通过 MOC6 来验证。

针对第25.1431(b)款,电源系统通过飞行试验验证电源系统可以实现自动供电转换,在一个电源失效后,由剩余可用电源代替其向相应的汇流条供电。

针对第25.1431(c)款,E3 专业进行电磁兼容飞行试验。该试飞的目的是验证机载电子、电气、机电及无线电系统/设备间是否能够在各种飞行状态下满足电磁兼容性要求,并进一步确认在全机电磁兼容地面试验中发现疑似被干扰的系统功能是否正常。可通过试飞员评述表明飞机电子电气系统/设备能够正常工作,试验过程中未发现电磁干扰现象。若在试飞过程中,出现空中阳光亮度太强,试飞员和试飞工程师无法判断驾驶舱照明灯是否出现闪烁,仅能确定驾驶舱照明灯没有对其他系统产生电磁干扰。可通过在 EMC 地面试验中,已检查了驾驶舱照明灯无闪烁或其他干扰现象;同时,驾驶舱照明灯在飞行试验与地面试验中的工作状态一致,来表明驾驶舱照明灯无电磁干扰现象,工作正常。

其他的机载电子、电气、机电及无线电系统/设备也应在其各系统的试飞项目中考核自身系统与其他机载系统之间有无相互电磁干扰现象。飞行员在试飞过程中观察各系统自身工作情况,以及该系统与机上其他系统之间是否存在相互干扰现象,并记录在试飞员评述中。

3.4.6 MOC9 验证过程

第 25.1431(a)款、(b)款和(c)款的符合性可通过 MOC9 来验证。

依据 DO - 160 及其修正案编制机载设备和系统电磁环境效应接口要求,来控制机载系统或设备电磁发射和敏感度。试验按照 DO - 160 第 15 节(磁效应)、第 17 节(电压尖峰)、第 18 节(音频传导敏感性—电源输入)、第 19 节(感应信号敏感性)、第 20 节(射频敏感性)、第 21 节(射频能量发射)、第 22 节(闪电感应瞬变敏感度)和第 25 节(静电放电)的试验程序实施,通过试验结果表明这些设备满足 DO - 160 相关章节的要求。

3.5 符合性文件清单

通常,针对第 25.1431 条的符合性文件清单如表 3 - 2 所示。

表 3 - 2 建议的符合性文件清单

序 号	符 合 性 报 告	符合性方法
1	各系统系统描述	MOC1
2	各系统计算分析报告	MOC2
3	各系统实验室试验大纲	MOC4
4	各系统实验室试验报告	MOC4
5	各系统机上地面试验大纲	MOC5
6	各系统机上地面试验报告	MOC5
7	各系统飞行试验大纲	MOC6
8	各系统飞行试验报告	MOC6
9	各系统设备鉴定大纲	MOC9
10	各系统设备鉴定报告	MOC9

4 符合性判据

(1) 确认 E3 专业有电磁兼容设计要求,各系统设计图纸中贯彻 E3 专业关于电磁兼容设计要求。

(2) 确认电源系统实现自动供电转换,在一个电源失效后,由剩余可用电源代替其向相应的汇流条供电。对飞行安全有影响的设备或对飞机执行飞行任务直接有关的设备,采用双余度供电方式,在一套电源丧失的情况下,另一套独立电源自动接通,维持设备的正常工作。

(3) 确认机组成员能易于操作发电系统的通断,并且有系统的参量,如电压、频率和电流指示。

(4) 完成全机电磁兼容地面试验和飞行试验,试验结果符合要求。

参考文献

[1] Amdt. 25-113 运输类飞机电气设备和装置、蓄电池安装、电子设备和电气系统元件的防火[S].

[2] FAA. AC25-10 Guidance for Installation of Miscellaneous, Nonrequired Electrical Equipment [S]. 1987.

[3] FAA. AC20-151B Airworthiness Approval of Traffic Alert and Collision Avoidance Systems (TCAS Ⅱ), Versions 7.0 & 7.1 and Associated Mode S Transponders [S]. 2014.

[4] FAA. AC25.1701-1 Certification of Electrical Wiring Interconnection Systems on Transport Category Airplanes [S]. 2007.

[5] FAA. AC25-23 Airworthiness Criteria for the Installation Approval of a Terrain Awareness and Warning System (TAWS) for Part 25 Airplanes [S]. 2000.

[6] FAA. AC25-12 Airworthiness Criteria for the Approval of Airborne Windshear Warning Systems in Transport Category Airplanes [S]. 1987.

[7] FAA. AC25-4 Inertialnavigation Systems (INS) [S]. 1966.

运输类飞机适航标准第 25.1435 条符合性验证

1 条款介绍

1.1 条款原文

第 25.1435 条 液压系统

（a）元件设计。液压系统的每个元件，必须设计成：

（1）能承受测试压力而不产生妨碍其预定功能的永久变形，而且能承受极限压力而不断裂。测试压力和极限压力由设计使用压力（DOP）作如下定义：

元件	测试（xDOP）	极限（xDOP）
1. 管道和接头	1.5	3.0
2. 盛装气体的压力容器： 高压（例如，蓄压器）， 低压（例如，储压器）	3.0 1.5	4.0 3.0
3. 软管	2.0	4.0
4. 所有其它元件	1.5	2.0

（2）能承受设计使用压力和作用于其上的结构限制载荷而不产生妨碍其预定功能的变形。

（3）能无损坏地承受 1.5 倍的设计工作压力与合理地可能同时产生的结构极限载荷的组合载荷。

（4）能承担包括瞬态的和相关外部诱导载荷的所有循环压力的疲劳效应，同时需考虑元件失效的后果。

（5）能够在飞机预定的所有环境条件下工作。

（b）系统设计。每一个液压系统必须：

（1）在以下情况下，具有位于机组成员工作位置的说明系统的合适参数的措施：

（i）执行为持续安全飞行和着陆的必要功能；或者

（ii）在液压系统失效的情况下，机组必须为保证持续安全飞行和着陆采取必要

的纠正措施;

(2) 具有确保系统压力在每个元件的设计容量之内的措施,满足第 25.1435 条 (a)(1)到(a)(5)的要求。系统压力包括瞬时压力和由于元件内流体体积变化造成的压力,该元件能够在变化发生时保持密闭足够长的时间;

(3) 具有措施确保在飞行中尽可能少的释放有害或危险浓度的液压液体或蒸气进入到驾驶舱和客舱;

(4) 如果使用了可燃性的液压流体,需要达到第 25.863 条、第 25.1183 条、第 25.1185 条和第 25.1189 条的应用要求;

(5) 设计中使用飞机制造商指定的液压流体,该流体必须具有满足第 25.1541 条要求的合适的标牌加以识别。

(c) 试验。必须进行液压系统和(或)子系统及元件的试验,除非进行可靠和适当的分析能够替代或完善试验。所有内部和外部因素都应被考虑并评估其影响,确保可靠的系统和元件的功能和完整性。元件或系统的失效或不可接受的缺陷都必须纠正,必要时要进行充分的重新试验。

(1) 系统、子系统或元件必须满足代表地面和飞行使用中的性能、疲劳和耐久性的试验。

(2) 完整系统必须进行包括在相关失效条件下模拟在内的试验以确定其合适的性能和与其它系统的关系,并证明或验证元件的设计。

(3) 完整液压系统必须在飞机正常的所有相关用户系统运行的操作状态下进行功能试验。试验必须在系统释压状态下或在系统压力释放装置不是系统一部分的情况下在 1.25DOP 状态下实施。液压系统和其它系统或结构元件之间的间隙必须充分且对系统或元件没有不利影响。

〔中国民用航空局 1995 年 12 月 18 日第二次修订,2011 年 11 月 7 日第四次修订〕

1.2 条款背景

第 25.1435 条内容对飞机液压系统元件设计、系统设计和试验提出了具体要求,第 25.1435(a)款规定了液压系统元件设计及验证的全面要求,第 25.1435(b)款规定了液压系统的设计要求,第 25.1435(c)款规定了液压系统试验验证要求。该条款涵盖了液压元件设计、系统设计和试验的全面具体要求,是液压系统的核心条款。

1.3 条款历史

第 25.1435 条在 CCAR25 部初版首次发布,截至 CCAR-25-R4,该条款共修订过 2 次,如表 1-1 所示。

1.3.1 首次发布

1985 年 12 月 31 日发布了 CCAR25 部初版,其中包含第 25.1435 条,该条款的制定参考了 1977 年 9 月生效的 14 CFR 修正案 25-41 的内容制定。在这之前,14 CFR PART 25 对 §25.1435 进行了 2 次修订。相关修订工作如下:

表 1 - 1　第 25.1435 条条款历史

第 25.1435 条	CCAR25 部版本	相关 14 CFR 修正案	备　注
首次发布	初版	25 - 13,25 - 23,25 - 41	
第 1 次修订	R2	25 - 72	
第 2 次修订	R4	25 - 104	

14 CFR 修正案 25 - 13 于 1967 年生效,§ 25.1435 更新后新增了设计和试验要求:① 驾驶舱系统液体油量的指示;② 有方法阻止飞行中因液压液体泄漏/释放造成的有害或危险浓度的液体或蒸气在驾驶舱及客舱中聚集;③ 通过功能试验、耐久性试验进行符合§ 25.1309 的试验,同时通过分析在飞机或样机上经过安装试验的全系统或子系统,来确定其适当的性能、与飞机上其他系统的关系。

14 CFR 修正案 25 - 23 于 1970 年生效,对§ 25.1435(a)(4)进行了要求扩充。要求有手段来保证压力不会超过安全限制。该安全限制是在设计压力的基础上,明确泵卸压的压力振动公差以及其瞬态压力上限为 125% 的设计工作压力。

14 CFR 修正案 25 - 41 针对§ 25.1435(a)进行了修订。对原§ 25.1435(a)(2)和§ 25.1435(a)(3)中的"continuously operating system(连续运行系统)"进行了明确界定,将§ 25.1435(a)(3)中的文字合并到§ 25.1435(a)(2),§ 25.1435(a)(3)写为"Reserved(保留)";放宽了在§ 25.1435(a)(4)的瞬态压力限制问题,修订了§ 25.1435(a)(4),并增加了§ 25.1435(a)(7);针对液压泵在失去液压油供应之后持续运转情况增加了§ 25.1435(a)(8),明确提出在此情况下不能出现妨碍继续安全飞行和着陆的风险。

1.3.2　第 1 次修订

1995 年 12 月 18 日发布的 CCAR - 25 - R2 对第 25.1435 条进行了第 1 次修订,本次修订参考了 14 CFR 修正案 25 - 72 的内容。具体修订内容为:对§ 25.1435(a)和(b)进行了修订,将原§ 25.1435(a)(1)内容拆分为§ 25.1435(a)(1)和§ 25.1435(a)(2);删除了原§ 25.1435(a)(2)至§ 25.1435(a)(8),将其中的内容移至§ 25.1435(b)(2)中,并将§ 25.1435(b)更名为"试验与分析"。

1.3.3　第 2 次修订

2011 年 11 月 7 日发布的 CCAR - 25 - R4 对第 25.1435 条进行了第 2 次修订,本次修订参考了 14 CFR 修正案 25 - 104 的内容,修订了液压系统设计和测试要求的适航标准。具体修订内容主要包括以下 4 个方面:① 原§ 25.1435(a)标题由"设计"改为"元件设计",明确对液压系统的元件设计要求;② 新增"(b)系统设计",对液压系统的设计提出要求,并包含了原§ 25.1435(c)防火的要求;③ 原§ 25.1435 的"(b)试验与分析"改为"(c)试验与分析",要求用试验证明系统、子系统和元件的功能和完整性;④ 将飞机液压系统静态试验要求修改为允许在液压系统释放压力条件下进行完全飞机功能试验（动态试验）。

2 条款解读

2.1 条款要求

第25.1435(a)款对液压系统元件设计提出了要求。第25.1435(a)(1)项规定了不同的液压元件的验证压力和极限压力。该条款适用于除了液压系统设备外，还包括依靠液压能源作动的用户系统的设备，如起落架、刹车、飞行控制系统等液压用户系统。

第25.1435(a)(2)项提出液压元件的设计应考虑设计使用压力与结构限制载荷的组合作用。按照AC25.1435-1，结构限制载荷的定义由第25.301(a)款确定。要求液压元件在这些条件下产生的载荷与最大液压压力结合作用下不变形，或者虽有变形但不妨碍设备功能的实现。上述的组合作用还可以同时包括液压系统产生的瞬态压力。依据AC25.1435-1，对装有液压锁或机械锁的液压作动器，如飞控作动器和动力转弯作动筒，作动器和其他承载元件必须设计成能承受使用中可能出现的内、外载荷最严重的组合。对于可随外部载荷自由运动的液压作动器，如没有锁定机构的作动器，结构载荷与液压作动器产生的载荷相同。

第25.1435(a)(3)项要求液压元件能够承受第25.301条和第25.303条定义的结构极限载荷与设计工作压力的组合作用，验证其符合性时，需要给设计工作压力乘上1.5的系数。在这种组合作用下，元件必须保持其结构完整性，但是元件的泄漏、永久变形、运行或功能失效或这些情况的任一组合是允许的。

第25.1435(a)(4)项对液压元件的疲劳效应提出了要求。液压元件主要承受压力载荷，也可能承受外部循环载荷（如结构载荷、热载荷）。就疲劳而言，载荷循环是元件失效的重要原因，应评估飞机寿命周期内导致元件疲劳损伤的载荷循环数，即每一液压元件都应给出载荷循环次数。

第25.1435(a)(5)项要求液压元件应能在飞机预定的所有环境条件下工作。这些环境条件应包括但不局限于以下要素：温度、湿度、振动、加速度力、环境压力、电磁影响、盐雾、灰尘和霉菌。

第25.1435(b)款规定了液压系统的设计要求。第25.1435(b)(1)项要求液压系统设计时需在机组工作区域提供适当的系统参数指示和告警。通常参数设置包括但不限于泵或系统的温度和压力、系统油量水平、不同液压能源供应装置的工作状态以及液压系统其他重要功能的参数。

第25.1435(b)(2)项要求液压元件和系统的设计能够承受瞬态压力而不会损坏或失效。

第25.1435(b)(3)项要求有措施消除或降低液压液体/蒸气释放到驾驶舱和客舱的可能性。这些措施包括空气调节装置和液压系统的分离、提供切断液压管路的手段、液压系统设计时减少接头和元件数量等方式。

第 25.1435(b)(4)项对液压系统使用可燃的液压油提出了防火要求。除非证明飞机上不存在可使液压油在其任何物理状态(液态、雾化状态等)下能被点燃的环境,否则液压油应该被认定为可燃的。使用了可燃的液压油后,需要满足防火相关的要求,具体防火要求见第 25.863 条、第 25.1183 条、第 25.1185 条和第 25.1189 条。

第 25.1435(b)(5)项对液压油标牌的方式和位置提出了要求,并指引到第 25.1541 条具体的要求。为防止液压油混用造成的危害,标牌上应明确液压系统勤务时需要采用何种液压油。典型的需要标牌设备应包括液压缸、控制阀、液压作动筒和油箱等。

第 25.1435(c)款提出了液压系统包括子系统和元件的试验要求。试验条件应能代表元件、子系统或系统在设计包线内可能暴露的环境条件,这包括载荷、温度、湿度和其他影响(电源、气源等)。试验可在单独台架、综合实验室台架或飞机上进行。当新机型的液压系统所用元件与以前相似机型的元件相同,且新机型预期工作环境与以前机型相同,则可采用类比分析法作为试验的补充或者替代相应试验。

第 25.1435(c)(1)项要求系统、子系统或元件应进行性能试验、疲劳试验和耐久性试验,这些试验工况应能代表飞机在地面及空中的性能。性能试验应能验证系统正常运行所要求的速率和相应特性;疲劳试验(元件的重复载荷循环数)和耐久性试验(部件之间相互运动以持续执行其特定功能的能力)用于确定元件的工作循环。

第 25.1435(c)(2)项要求液压系统开展故障模拟试验,以确定系统的功能/性能及与其他系统的关系。AC25.1435-1 指出,试验中相关失效状态是指那些不能表明为极不可能并且被评估为重大的、危险的或与其他重要系统直接或间接相关的失效状态。

第 25.1435(c)(3)项要求开展完整液压系统的功能试验,试验应在所有液压用户系统的正常运行的状态下进行,用以进一步确认液压系统功能的工作状态。通过完整液压系统的试验确认液压系统工作时与其他系统、结构件之间无干涉,间隙充分,液压系统运行时不会影响其他系统及其元件的运行。

2.2　相关条款

与第 25.1435 条相关的条款如表 2-1 所示。

表 2-1　第 25.1435 条相关条款

序　号	相 关 条 款	相　　关　　性
1	第 25.863 条、第 25.1183 条、第 25.1185 条、第 25.1189 条	如果使用了可燃的液压流体,需要达到第 25.863 条、第 25.1183 条、第 25.1185 条、第 25.1189 条的应用要求

序　号	相关条款	相　关　性
2	第 25.1541 条	设计中使用飞机制造商指定的液压流体,该流体必须具有满足第 25.1541 条要求的合适的标牌加以识别

3　验证过程

3.1　验证对象

第 25.1435 条的验证对象不仅包括液压系统本身,还包括飞行控制系统、起落架系统和刹车系统等使用液压能源的用户系统及其元件。

3.2　符合性验证思路

针对第 25.1435(a)款,通过系统设计描述文件说明液压元件的设计已考虑条款规定的压力、载荷、疲劳效应要求,并且液压元件的设计已经考虑了飞机预期的运行环境条件。然后通过设备鉴定试验证明液压系统元件的设计满足上述要求,能够在飞机预期环境下正常工作。

针对第 25.1435(b)(1)项,通过液压系统设计描述文件说明液压系统参数指示的设计,以及需要机组采取纠正措施的相关告警方案。然后通过实验室试验指示告警显示的试验,验证当前的设计能实现预定的功能。最后通过机上地面试验确认液压系统的参数指示告警设计能够向机组提供必要的系统参数信息。

针对第 25.1435(b)(2)项,通过液压系统设计描述文件说明液压系统预期的压力在元件设计的容量之内,元件能够承受系统压力的瞬态变化。再通过设备鉴定试验来进一步验证元件的耐压和密封性能。

针对第 25.1435(b)(3)项,通过液压系统设计描述文件说明液压系统的管理及附件的布置方案,为确保液压系统尽可能少地释放有害液压或蒸气而采取的措施。再通过机上检查的方式确认液压系统管路及元器件的按照满足图纸要求。

针对第 25.1435(b)(4)项,通过液压系统设计描述文件说明液压系统设计已经考虑了可燃液体的防火要求,针对防火隔离、报警、防止油气聚集等采取了何种措施,结合第 25.863 条、第 25.1183 条、第 25.1185 条和第 25.1189 条的验证工作进行符合性说明。

针对第 25.1435(b)(5)项,通过液压系统设计描述文件说明液压油标牌的设计满足第 25.1541 条要求,并通过机上检查确认液压油标牌的设置满足图纸要求。

针对第 25.1435(c)(1)项,应开展液压系统元件的设备鉴定试验,这些设备包括液压用户系统的设备,如起落架系统、刹车系统及飞行控制系统等。设备鉴定试验应包含性能、疲劳和耐久性方面的项目。然后再规划子系统、系统级的实验室试验,如功能/性能试验、耐久性试验,用于验证液压系统在可预期的运行条件下能完成预定功能。最后在飞机上开展机上地面试验和飞行试验,以验证液压系统及其用户系统的功能、性能。

针对第 25.1435(c)(2)项,应规划子系统/系统级的故障模拟试验,用于检查液压系统、起落架系统等系统在故障状态下的功能、性能的工作情况。通过液压系统设计描述文件来说明液压系统在失效状态下仍能满足系统性能要求,并说明液压系统不同的故障状态下,其他用户系统的工作状态,证明液压系统的设计能够满足预定的功能。

针对第 25.1435(c)(3)项,规划机上地面试验,用以验证在相关用户系统正常工作的状态下,液压系统的功能和性能正常,和其他系统设备及结构部件之间间隙充分无干涉。通过液压系统设计描述文件说明液压系统能正常工作,其运行不会对其他用户系统产生不利影响。

3.3　符合性验证方法

通常,针对第 25.1435 条的符合性验证方法如表 3-1 所示。

表 3-1　建议的符合性方法

条　款　号	专　业	符 合 性 方 法										备　注
		0	1	2	3	4	5	6	7	8	9	
第 25.1435(a)款	飞行控制		1								9	
第 25.1435(a)款	起落架		1								9	
第 25.1435(a)款	刹车		1								9	
第 25.1435(a)(1)项	液压		1								9	
第 25.1435(a)(2)项	液压		1								9	
第 25.1435(a)(3)项	液压		1								9	
第 25.1435(a)(4)项	液压		1								9	
第 25.1435(a)(5)项	液压		1								9	
第 25.1435(b)(1)项	液压		1			4			7			
第 25.1435(b)(2)项	液压		1								9	
第 25.1435(b)(2)项	起落架		1								9	
第 25.1435(b)(2)项	刹车		1								9	
第 25.1435(b)(3)项	液压		1						7			
第 25.1435(b)(4)项	液压		1									
第 25.1435(b)(5)项	液压								7			
第 25.1435(c)(1)项	液压		1			4	5	6			9	
第 25.1435(c)(1)项	起落架					4					9	
第 25.1435(c)(1)项	刹车										9	
第 25.1435(c)(1)项	飞行控制										9	
第 25.1435(c)(2)项	液压		1			4		6				

（续表）

条 款 号	专 业	符 合 性 方 法										备 注
		0	1	2	3	4	5	6	7	8	9	
第25.1435(c)(2)项	起落架					4							
第25.1435(c)(3)项	液压		1				5						

3.4　符合性验证说明

3.4.1　第25.1435(a)款符合性验证说明

针对第25.1435(a)款,采用的符合性验证方法包括MOC1和MOC9,各项验证具体工作如下:

1) MOC1验证过程

通过液压系统、飞行控制系统、起落架系统和刹车系统等液压用户系统的系统设计描述文件表明液压元件设计已经考虑了验证压力、极限压力、设计使用压力与结构限制载荷的组合作用、1.5倍设计使用压力和疲劳载荷的组合作用以及飞机预期的环境包线等设计要求,以表明对第25.1435(a)条款的符合性。

2) MOC9验证过程

液压系统、飞行控制系统、起落架系统和刹车系统等系统元件应完成设备鉴定试验。液压系统的液压元件主要包括各类液压泵、阀、油箱组件、蓄压器、油滤、能量转换装置和液压管路设备。此外液压用户的设备,应包括起落架和刹车的控制阀、作动筒、起落架锁,以及飞控系统的动力驱动设备、各类控制器和作动筒。

上述设备的鉴定试验通常按照DO-160程序开展,包括耐压、耐久性、载荷、疲劳、环境条件等内容。环境条件应包含但不限于高度、温度、湿度、振动、加速度、结冰、电磁影响、盐雾、沙尘和霉菌。表明这些设备能够在飞机预定的所有环境条件下正常工作,元件能够承受系统特定的压力和载荷的组合作用,以表明对第25.1435(a)款的符合性。

3.4.2　第25.1435(b)款符合性验证说明

针对第25.1435(b)款采用的符合性验证方法包括MOC1、MOC4、MOC7和MOC9,各项验证工作具体如下:

1) MOC1验证过程

通过液压系统设计描述文件说明液压系统的显示与告警方案,说明液压系统参数的指示设计,适当的系统参数包括系统的温度和压力、系统油量和任何可给驾驶员指示液压系统功能水平的其他参数,以表明对第25.1435(b)(1)项的符合性。

通过液压系统、飞行控制系统、起落架系统和刹车系统等设计描述文件说明元件设计已经考虑了系统压力及压力变化的幅度,确保系统的压力在元件的容量之内,以表明对第 25.1435(b)(2)项的符合性。

通过系统设计描述文件明确液压系统管路及其附件的设计和安装,能够使得当液压液体或蒸气泄漏时,其浓度不会对机组成员及乘客产生危害。例如使液压系统的管路和附件布置避免有人接触的空间,且处于飞机的低位,液压油不会在飞机的驾驶舱和客舱内聚集。管路和管路之间,管路和附件之间采用无扩口接头联结和 D 系列管路无扩口连接,降低泄漏的可能性。需要排油或者漏油的附件上设置油液的收集管路和生态瓶,当油液过量的时候将会被排出机身之外,不会在驾驶舱和客舱内达到危险和有害的聚集量。同时通过空调系统在合理的时间内能够循环净化舱内空气,因此泄漏的有害液体或气体不会达到危害的浓度来表明对第 25.1435(b)(3)项的符合性。

对于采用可燃的液压流体,需要说明防火方面的考虑及补救措施,结合第 25.863 条、第 25.1183 条、第 25.1185 条和第 25.1189 条的验证工作来进一步说明可燃液体防火设计,来表明对第 25.1435(b)(4)项的符合性。

关于液压系统所使用的液体种类,应通过恰当的标牌予以明确,可以引用第 25.1541 条的验证工作加以说明,来表明对第 25.1435(b)(5)项的符合性。

2) MOC4 验证过程

MOC4 试验主要通过液压系统与航电的交联试验来验证。交联试验科目一般有液压简图页功能试验、液压 CAS 告警功能试验、液压控制单元控制逻辑功能试验等科目。液压简图页功能试验主要是通过驾驶舱 EICAS 系统的液压简图页确认各套液压系统的信息是否正确显示(如系统压力、温度、油量、各泵和阀工作状态、管路压力以及液压用户的供压情况等参数)。液压 CAS 功能试验通过模拟各路信号确认液压系统能够为机组提供告警功能,如系统低压低油量告警、各类泵阀故障告警、过热告警等内容。液压控制单元控制逻辑测试主要检查总线通信功能正常,可以正确收发各路信号,确认各电动泵逻辑控制是否符合设计要求。通过上述实验室试验来表明对第 25.1435(b)(1)项的符合性。

3) MOC7 验证过程

通过机上检查,确认液压系统的参数指示和告警设计满足设计要求,能显示预定的参数,发出指定的告警,满足第 25.1435(b)(1)项的要求。通过机上检查,确认液压系统管路及其附件的安装能够尽可能地减少有害液体或气体的释放,满足第 25.1435(b)(3)项的要求。最后通过机上检查确认液压液体已通过适当的标牌来明确种类及更换等要求,满足第 25.1435(b)(5)项的要求。

4) MOC9 验证过程

通过液压系统、飞行控制系统、起落架系统和刹车系统等系统元件的设备鉴定试验表明这些设备能够在飞机预定的所有环境条件下正常工作,系统压力(包括瞬态压力)在元件的设计容量之内,且无泄漏产生。通过鉴定试验表明对第 25.1435(b)(2)项的符合性。

3.4.3 第 25.1435(c)款符合性验证说明

针对第 25.1435(c)采用的符合性验证方法包括 MOC1、MOC4、MOC5、MOC6 和 MOC9,各项验证工作具体如下:

1) MOC1 验证过程

通过液压系统的设计描述文件说明液压元件的设计已经考虑了预期的性能、疲劳和耐久性要求。通过引用液压系统和起落架系统的实验室功能/性能试验、故障模拟试验、液压系统机上地面试验、液压系统试飞以及设备鉴定试验的结果,能够证明对第 25.1435(c)(1)项至(3)项的符合性。

2) MOC4 验证过程

液压系统通过规划功能/性能试验、压力峰值测试、大流量需求试验、耐久性试验、故障模拟试验来验证对第 25.1435(c)(1)项和(2)项的符合性。而液压用户系统,如起落架系统,需通过规划耐久性试验、故障模拟试验来验证对第 25.1435(c)(1)项和(2)项的符合性。

通过功能试验结果验证各液压用户工作正常,运行平稳可靠,导管接头未发现泄漏,各种间隙符合设计要求,系统自身工作正常。通过密封性和耐压强度试验验证系统无泄漏,管路无永久变形。

通过耐久性试验,考核液压系统、起落架系统的耐久性,验证液压系统和起落架系统能正常完成规定的耐久性试验剖面数,试验期间各用户工作正常,液压管路、导管和附件应能正常完成试验。

通过故障模拟试验,考核液压系统、起落架系统在不同失效条件下系统功能/性能的实现情况。例如液压系统主泵失效后备用泵能启动,重新建立起系统压力保证用户的正常操作不中断。例如起落架系统丧失液压能源后,能通过备份放实现起落架放下。故障模拟试验主要用以表明对第 25.1435(c)(2)项的符合性。

3) MOC5 验证过程

液压系统通过机上地面试验来进一步验证对第 25.1435(c)(1)项和(3)项的符合性。如通过油泵压力脉动试验验证油泵出口压力幅值不大于系统额定工作压力及其公差范围,表明液压系统在地面和空中典型的使用工况下能正常工作。通过振动试验验证液压系统附件或管路的振动应为收敛型的受迫振动,不产生发散的共振,液压系统性能正常。通过液压系统及用户系统一起开展系统动态试验来确认液压系统各部件无异常振动,其他系统部件、导管及结构间的间隙在工作压力变化时没有发生明显变化,系统压力瞬态高峰值情况下,各用户的作动器不发生异常的运动,用以表明对第 25.1435(c)(1)项和(3)项的符合性。机上地面试验可设置多个科目,具体科目按照型号研制需要安排。

4) MOC6 验证过程

液压系统通过规划飞行试验,如正常功能试飞、低温试飞、高温试飞、局部瞬态峰值试飞等科目来验证对第 25.1435(c)(1)项的符合性。通过液压系统故障试飞等科目来验证对第 25.1435(c)(2)项的符合性。

通过正常功能试飞验证在各种飞行状态下,液压系统能够正常工作,保证起落架等的正常操纵,液压系统无异常的警告或提示。通过低温试验验证液压系统在低温环境下工作正常,无异常告警。通过高温试验验证液压系统在高温环境下工作正常,液压系统无过热告警。通过局部瞬态峰值试验验证在试飞中各液压用户能正常工作(如收放起落架,快速操纵方向舵、副翼、升降舵以及多功能扰流板),此时液压系统的局部峰值压力不超过系统规定的压力。

通过故障模拟试飞,如 1♯液压系统故障状态下,确认其余液压系统能够保证相应用户需求,满足飞机安全操作的要求。除了单个液压系统故障,还要设置组合液压系统故障,如 1♯和 2♯液压系统组合故障状态下,这时剩余系统还能满足相应用户需求,满足飞机安全操纵的要求。如果飞机能源采用液压能源和电能源组合,如 2H2E 的组合,则还需要进行另外的故障模拟试验。

5) MOC9 验证过程

通过液压系统、飞行控制系统、起落架系统和飞行控制系统等系统元件的设备鉴定试验证明能够在飞机预定的所有环境条件下正常工作,设备通过了疲劳试验和耐久性试验,满足第 25.1435(c)(1)项的要求。

3.5　符合性文件清单

通常,针对第 25.1435 条的符合性文件清单如表 3-2 所示。

表 3-2　建议的符合性文件清单

序　号	符 合 性 报 告	符合性方法
1	液压系统设计描述文档	MOC1
2	起落架系统设计描述文档	MOC1
3	刹车系统设计描述文档	MOC1
4	飞行控制系统设计描述文档	MOC1
5	液压系统实验室试验大纲	MOC4
6	液压系统实验室试验报告	MOC4
7	起落架系统实验室试验大纲	MOC4
8	起落架系统实验室试验报告	MOC4
9	液压系统机上地面试验大纲	MOC5
10	液压系统机上地面试验报告	MOC5
11	液压系统飞行试验大纲	MOC6
12	液压系统飞行试验报告	MOC6
13	液压系统机上检查大纲	MOC7
14	液压系统机上检查报告	MOC7
15	液压系统设备鉴定试验大纲	MOC9

序　号	符 合 性 报 告	符合性方法
16	液压系统设备鉴定试验报告	MOC9
17	起落架系统设备鉴定试验大纲	MOC9
18	起落架系统设备鉴定试验报告	MOC9
19	刹车系统设备鉴定试验大纲	MOC9
20	刹车系统设备鉴定试验报告	MOC9
21	飞行控制系统设备鉴定试验大纲	MOC9
22	飞行控制系统设备鉴定试验报告	MOC9

4　符合性判据

4.1　针对第 25.1435(a)款

符合下述条件判定为满足要求：

确认液压系统、飞行控制系统、起落架系统和刹车系统等的液压元件设计能满足条款中规定的压力、载荷、疲劳效应和环境包线等要求；通过设备鉴定试验证明在飞机预期的所有环境条件下，上述系统中所有设备可以正常工作。

4.2　针对第 25.1435(b)(1)项

符合下述条件判定为满足要求：

系统设计描述文件中明确了液压系统的指示与告警方案，且能给机组提供必要的系统参数信息，为飞机持续安全飞行和着陆提供指示。实验室试验已验证相关重要参数的可实现性，如液压系统的压力、温度、油量和液压泵工作状态等。机上检查确认液压系统的参数指示能够正常显示，相关告警能够准确、及时地发出。

4.3　针对第 25.1435(b)(2)项

符合下述条件判定为满足要求：

通过液压系统及用户系统设计描述文件，明确液压元件的设计考虑了系统压力及其变化幅度，并已完成相应的耐压和密封性等设备鉴定试验，试验结果符合要求。

4.4　针对第 25.1435(b)(3)项

符合下述条件判定为满足要求：

通过液压系统的设计描述文件，明确液压系统的设计和安装已经采取了措施防止液压液体或者蒸气的泄漏，如液压元器件的接口设计、泄漏探测装置等。已完成机上检查，液压系统在飞机上的布置符合设计图纸的要求。

4.5　针对第 25.1435(b)(4)项

符合下述条件判定为满足要求：

通过系统设计描述文件,明确液压系统的设计已经考虑了防火隔离、火情探测及报警、防止油气聚集等有效的防火措施。防火相关条款的验证中已验证了液压系统的防火状态,满足本条款的要求。

4.6 针对第 25.1435(b)(5)项

符合下述条件判定为满足要求:

通过系统设计描述文件说明液压系统选用的液压液体种类及其特性参数的标记方式、位置。机上检查已确认相关标牌信息清晰、不易擦去,能够被维修人员方便地读取。

4.7 针对第 25.1435(c)(1)项

符合下述条件判定为满足要求:

通过系统设计描述文件,表明系统、子系统及其元件的设计已经考虑了飞机预期的性能、疲劳和寿命要求。相关元件通过了设备鉴定试验的考核。子系统和系统通过实验室的功能/性能试验、耐久性试验考核。已完成机上地面试验,验证了系统的功能/性能以及与其他系统的关系。完成的飞行试验确认系统在空中的功能/性能均能实现。

4.8 针对第 25.1435(c)(2)项

符合下述条件判定为满足要求:

通过系统设计描述文件明确系统的设计已经考虑了系统失效的影响,包括单一系统失效和组合失效对液压系统及用户系统的影响。已完成实验室故障模拟试验,确认特定失效状态对系统功能和性能的影响符合设计要求。已完成故障模拟试飞验证,确认系统单一失效和组合失效对飞机及其他系统的影响符合设计要求。

4.9 针对第 25.1435(c)(3)项

符合下述条件判定为满足要求:

已完成机上地面试验,确认液压系统和其他用户系统同时作用的功能正常,试验过程中和试验结束后液压系统各部件无异常振动,其他用户系统的部件、导管及结构间的间隙在工作压力变化时没有发生明显变化,在系统压力瞬态高峰值情况下,各用户的作动器不发生异常的运动,确认在液压系统机上地面试验过程中,液压系统与其他系统及结构之间的间隙充分,没有干涉,系统液压元件工作正常。

参考文献

[1] 14 CFR 修正案 25 - 13 Hydraulic System for Transport Category Airplanes [S].

[2] 14 CFR 修正案 25 - 23 Transport Category Airplane Type Certification Standards [S].

[3] 14 CFR 修正案 25 - 41 Airworthiness Review Program,Amendment No. 5;Equipment and Systems Amendments [S].

［4］ 14 CFR 修正案 25 - 72 Special Review: Transport Category Airplane Airworthiness Standards ［S］.

［5］ 14 CFR 修正案 25 - 104 Revision of Hydraulic Systems Airworthiness Standards To Harmonize With European Airworthiness Standards for Transport Category Airplanes ［S］.

［6］ FAA. AC25. 1435 - 1 Hydraulic System Certification Tests and Analysis ［S］. 2001.

运输类飞机适航标准
第25.1438条符合性验证

1 条款介绍

1.1 条款原文

第25.1438条 增压系统和气动系统

(a) 增压系统元件必须分别进行压力值为最大正常工作压力2倍的破坏压力试验和1.5倍的验证压力试验。

(b) 气动系统元件必须分别进行压力值为最大正常工作压力3倍的破坏压力试验和1.5倍的验证压力试验。

(c) 可以用分析或分析和试验相结合的方法,来代替本条(a)或(b)要求的各项试验,条件是适航当局认为该方法与所要求的试验等效。

1.2 条款背景

第25.1438条定义了增压系统元件和气动系统元件破坏压力和验证压力试验要求,以保证飞机的增压系统和气动系统元件能承受其工作载荷。

1.3 条款历史

第25.1438条在CCAR25部初版首次发布,截至CCAR-25-R4,该条款未进行过修订,如表1-1所示。

表1-1 第25.1438条条款历史

第25.1438条	CCAR25部版本	相关14 CFR修正案	备 注
首次发布	初版	25-41	

1985年12月31日发布的CCAR25部初版中包含第25.1438条,该条款与1977年7月18日发布的14 CFR修正案25-41中的§25.1438的内容一致。

CAR 4b和最初的14 CFR PART 25中并没有提及该条款内容。由于"增压和气动系统的组件(如管道和连接器等)常以无法接受的速度损坏",因此提出了对增压系统和气动系统的组件进行验证压力试验和破坏压力试验的要求,以有效地避免出现之前的设计缺陷。1977 年 7 月 18 日，在 14 CFR 修正案 25 - 41 中，形成了 § 25.1438。

2　条款解读

2.1　条款要求

由于系统的失效可能危及飞机及其乘员的安全，所以系统中的元件必须进行强度试验（破坏压力试验）和验证压力试验。在评定增压系统和气动系统的强度时，应考虑到系统中可能会出现过大压力载荷的可能性，同时也考虑到可能存在的振动载荷和温度效应引起的载荷作用在系统元件上。

第 25.1438(a) 款规定增压系统元件（主要是指气动系统调节阀以后和空气分配系统中组成空气分配支系的所有的管路和部件）经受验证压力试验（1.5 倍的最大正常工作压力）后，元件功能正常（如未产生有害的永久变形）；经受破坏压力试验后（2 倍的最大正常工作压力），压力气体还能储存于元件和系统中（元件不会破裂或过度渗漏，此时允许存在永久变形），但不要求元件在试验过程中和试验后，保持功能正常。

第 25.1438(b) 款规定气动系统元件（主要是指发动机压气机和辅助动力装置的引气系统元件，特指从发动机引气端口到压力调节或切断阀之间的部分）经受验证压力试验（1.5 倍的最大正常工作压力）后，元件功能正常（如未产生有害的永久变形）；经受破坏压力试验后（3 倍的最大正常工作压力），压力气体还能储存于元件和系统中（元件不会破裂或过度渗漏，此时允许存在永久变形），但不要求元件在试验过程中和试验后，保持功能正常。

第 25.1438(c) 款是指除了通过采用试验的方法，还可通过分析或分析和试验相结合的方法来表明对本条(a)款和(b)款的符合性。

虽然第 25.1438 条针对的是增压系统元件和气动系统元件，但在通常的型号设计中，飞机的氧气系统和水/废水系统的元件（设备和管路等）也可参照第 25.1438 条的要求进行设计和验证，并且一般采用 MOC9 的符合性方法表明元件满足验证压力和破坏压力要求。本文中对此不作详细论述。

2.2　相关条款

与第 25.1438 条相关的条款如表 2 - 1 所示。

表 2 - 1　第 25.1438 条相关条款

序　号	相 关 条 款	相　　关　　性
1	第 25.1309(b)款	增压和气动系统元件符合第 25.1309(b)款需考虑系统元件突然破裂和过分泄漏，需符合第 25.1438 条的要求
2	第 25.561(b)款	在进行高压管路设计时一般应综合考虑第 25.561(b)款和第 25.1438 条的要求

3 验证过程

3.1 验证对象

第 25.1438 条的验证对象为气源系统、空调系统和防冰系统(热气防冰)等。

3.2 符合性验证思路

针对第 25.1438(a)款和(c)款,气动系统调节阀以后、空气分配系统中组成空气分配支系的所有的管路和部件,以及其他相关系统部件通过设备鉴定、计算或计算和设备鉴定相结合的方法表明在经受了最大正常工作压力 2 倍的破坏压力试验后压力气体还能储存于元件和系统中,在经受了最大正常工作压力 1.5 倍的验证压力后元件功能正常。

针对第 25.1438(b)款和(c)款,发动机压气机和辅助动力装置的引气系统中从发动机引气端口到压力调节或切断阀之间的元件,以及其他相关系统部件通过设备鉴定、计算或计算和设备鉴定相结合的方法表明在经受了最大正常工作压力 3 倍的破坏压力试验后压力气体还能储存于元件和系统中,在经受了最大正常工作压力 1.5 倍的验证压力后元件功能正常。

3.3 符合性验证方法

通常,针对第 25.1438 条的符合性验证方法如表 3-1 所示。

表 3-1   建议的符合性方法

条 款 号	专 业	符 合 性 方 法										备 注
		0	1	2	3	4	5	6	7	8	9	
第 25.1438 条	空 调			2							9	
第 25.1438 条	气 源			2							9	
第 25.1438 条	防 冰			2							9	

3.4 符合性验证说明

3.4.1   第 25.1438(a)款和(c)款符合性验证说明

针对第 25.1438(a)款和(c)款,建议空调系统采用的符合性验证方法包括 MOC2 和 MOC9,各项验证具体工作如下:

1) MOC2 验证过程

空调系统的流量控制活门、温度控制活门、冲压空气活门、配平空气活门、电子设备排气活门、排气活门、地面活门和安全活门等增压元件,采用最小 1.5 倍最大正常工作压力作为验证压力和 2 倍最大正常工作压力作为破坏压力进行强度计算分析。

机翼防冰系统的活门、导管以及短舱防冰系统双层套管等增压元件,采用最小

1.5倍最大正常工作压力作为验证压力和2倍最大正常工作压力作为破坏压力进行强度计算分析。

2）MOC9验证过程

上述空调系统和防冰系统的增压元件，通过设备鉴定试验表明在最大正常工作压力1.5倍的验证压力下元件功能正常，在最大正常工作压力2倍的破坏压力下气体还能储存于元件中。

3.4.2　第25.1438(b)款和(c)款符合性验证说明

针对第25.1438(b)款和(c)款，气源系统和热气防冰系统采用的符合性验证方法包括MOC2和MOC9，各项验证具体工作如下：

1）MOC2验证过程

气源系统高压活门、压力调节关断活门、风扇空气活门和交输引气活门等元件，结合产品材料特性，计算验证压力（1.5倍最大正常工作压力）和破坏压力（3倍的最大正常工作压力）两种工况条件下活门的应力特性，结果表明活门的安全裕度为正值，即活门能够承受相应的压力条件。

气源系统高压管路强度计算一般应综合考虑最大工作压力和温度、验证压力、破坏压力以及按第25.561(b)款规定的限制加速度载荷和极限加速度载荷的影响。计算结果应表明高压管路既能符合第25.561(b)款的要求，也能符合第25.1438(b)款和(c)款的要求。

2）MOC9验证过程

气源系统的元件如高压活门、压力调节关活门、风扇空气活门和高压管路，通过设备鉴定试验表明在最大正常工作压力3倍的破坏压力下气体还能储存于元件中，在最大正常工作压力1.5倍的验证压力下元件功能正常。

3.5　符合性文件清单

通常，针对第25.1438条的符合性文件清单如表3-2所示。

表3-2　建议的符合性文件清单

序　号	符合性报告	符合性方法
1	空调系统计算分析报告	MOC2
2	气源系统计算分析报告	MOC2
3	防冰系统计算分析报告	MOC2
4	空调系统设备鉴定试验大纲	MOC9
5	空调系统设备鉴定试验报告	MOC9
6	气源系统设备鉴定试验大纲	MOC9
7	气源系统设备鉴定试验报告	MOC9
8	防冰系统设备鉴定试验大纲	MOC9
9	防冰系统设备鉴定试验报告	MOC9

注：按照第 25.1438 条的描述，最直接的符合性方法是进行验证压力试验和破坏压力试验；可以用局方认可的分析方法或分析与试验相结合的方法进行验证。因此，一般若 MOC9 试验足以表明第 25.1438 条的符合性，则该条款无须采用 MOC2 方法进行验证。

4 符合性判据

第 25.1438(a)款的符合性判据为：增压系统元件在验证压力(1.5 倍工作压力)下没有产生妨碍正常功能的永久变形，元件功能正常；在破坏压力(2 倍工作压力)下压力气体还能储存于元件和系统中。

第 25.1438(b)款的符合性判据为：试验表明气动系统元件在验证压力(2 倍工作压力)下没有产生妨碍正常功能的永久变形，元件功能正常；在破坏压力(3 倍工作压力)下压力气体还能储存于元件和系统中。

针对第 25.1438(c)款，若不是采用试验的方法对第 25.1438(a)款和(b)款直接进行验证，则需要采用局方认可的分析方法或分析与试验相结合的方法进行验证，其符合性判据为：分析结果应表明增压系统元件或气动系统元件的强度能满足相应的验证压力和破坏压力要求。

参考文献

［1］ 14 CFR 修正案 25 – 41 Airworthiness Review Program，Amendment No. 5；Equipment and Systems Amendments［S］.

［2］ FAA. AC25 – 22 Certification of Transport Airplane Mechanical Systems［S］. 2000.

运输类飞机适航标准第25.1439条符合性验证

1 条款介绍

1.1 条款原文

第25.1439条 防护性呼吸设备

(a) 必须装有固定的(固定的或内建的)防护性呼吸设备供飞行机组使用,并且至少有一个便携的防护性呼吸设备位于驾驶舱或驾驶舱附近,供飞行机组成员使用。而且,必须装有便携的防护性呼吸设备,供相应的机组成员使用,用于在飞行中可接近的非驾驶舱的舱中进行救火。这包括在飞行中允许有机组成员的单独隔舱和上下厨房。必须按照在任何运行情况下该区域内预计会有的机组成员最多人数来安装设备。

(b) 对于本条(a)或中国民用航空规章任何营运规则所要求的防护性呼吸设备,采用下列规定:

(1) 防护性呼吸设备的设计,必须保护飞行机组在驾驶舱执勤和货舱灭火时不受烟、二氧化碳和其它有害气体的影响;

(2) 防护性呼吸设备必须含有下列任一种面罩:

(i) 盖住眼、鼻和嘴的面罩;

(ii) 盖住鼻、嘴的面罩,另加保护眼睛的附属设备。

(3) 包括便携设备的设备在使用过程中必须能够与其他机组成员通信。飞行机组必须能在其指定位置上使用无线电设备;

(4) 防护性呼吸设备保护眼睛的部分,不得对视觉有明显的不利影响,还必须允许佩戴矫正视力的眼镜;

(5) 在2,400米(8,000英尺)压力高度下,在BTPD状态下每分钟呼吸30升,该设备必须能向每名机组成员持续输送15分钟用氧量。该设备和系统必须被设计成,能够防止任何向设备内部的向内泄漏和防止任何引起当地周围大气的氧气含量显著增加的向外泄漏。如果采用肺式供氧系统,则在21℃(70°F)和101,325帕(760毫米汞柱)压力下能供300升自由氧,即认为能在规定高度和分钟量条件下持续供氧 15 分钟。如果采用连续供氧防护性呼吸系统,则在 2,400 米(8,000 英尺)时氧气流量为每分钟 60 升(海平面为每分钟 45 升),并且在 21℃(70℉)和 101,325 帕(760 毫米汞柱)压力下能供 600 升自由氧,即认为能在规定高度和分钟量条件下持续供氧 15 分钟。连续供氧系统不得使得本地大气的周围氧气含量超过肺式系统的氧气含量。BTPD 指体温条件(即在周围压力干燥环境下为 37℃)。

（6）防护性呼吸设备必须满足第 25.1441 条的要求。

〔中国民用航空局 2011 年 11 月 7 日第四次修订〕

1.2　条款背景

第 25.1439 条对飞机上安装的防护性呼吸设备(PBE)提出了安装、数量和性能要求。

1.3　条款历史

第 25.1439 条在 CCAR25 部初版首次发布,截至 CCAR - 25 - R4,该条款共修订过 1 次,如表 1 - 1 所示。

表 1 - 1　第 25.1439 条条款历史

第 25.1439 条	CCAR25 部版本	相关 14 CFR 修正案	备　注
首次发布	初版	25 - 38	
第 1 次修订	R4	25 - 115	

1.3.1　首次发布

1985 年 12 月 31 日发布了 CCAR25 部初版,其中包含第 25.1439 条,该条款参考 1964 年 12 月 24 日发布的 14 CFR PART 25 中的 §25.1439 和 14 CFR 修正案 25 - 38 的内容制定。

14 CFR 修正案 25 - 38 对机组成员的防护性呼吸设备的安装提出了位置和数量的附加要求。具体对 §25.1439(a)进行修订,要求凡是在飞行中允许机组成员停留的机上每个单独隔舱(包括上下厨房)内,防护性呼吸设备的安装,都必须考虑在任何运行情况下该区域内预计会有的最多机组成员人数。

1.3.2　第 1 次修订

2011 年 11 月 7 日发布的 CCAR - 25 - R4 对第 25.1439 条进行了第 1 次修订,本次修订参考了 14 CFR 修正案 25 - 115 的下述内容,第 25.1439 条与 14 CFR PART 25 中的 §25.1439 内容一致：

（1）§25.1439(a),将"A 级、B 级或 E 级货仓"更改为"飞行中可接近的所有舱内"。

（2）§25.1439(b)(3),对于与其他机组成员的通话和允许使用无线电设备既适用于静止设备也适用于便携设备,而非仅适用于静止设备。

(3) §25.1439(b)(6)，更改为"必须满足§25.1441 的要求"，而非仅§25.1441(b)(c)。

2 条款解读

2.1 条款要求

关于第 25.1439(a)款中的"飞行中允许有机组成员的单独隔舱"，机组休息区类似于下部厨房，不是主客舱的一部分，是单独的隔舱。虽然第 25.1439(a)款中指出"必须按照在任何运行情况下该区域内预计会有的机组成员最多人数来安装设备"，但在实际型号设计中，考虑到机组成员不一定全部进入机组休息区，因此在机组休息区所需的防护性呼吸设备只要足以用来执行救火功能即可。同时，由于厕所紧邻驾驶舱门，机组成员被火隔离在厕所的可能性很小，故不用将厕所认为是单独隔舱。

第 25.1439(b)款对防护性呼吸设备作了具体规定。防护性呼吸设备的设计应保证在飞机运行时可能发生的舱内冒烟和起火等应急情况下，被飞行机组成员使用。面罩应能适合各种脸型佩戴，保证一定的密封性，不使有害气体及烟雾进入。面罩与脸部之间应留有适当的空间。防护性氧气面罩包括口鼻型(另配有护目镜)和全脸型两种。无论是全脸型还是口鼻型面罩，都应配有微型送话器和耳机，以确保机组人员间的联系。无论是全脸型面罩罩住眼睛的部分，还是口鼻型面罩配加的护目镜，都不应明显影响视力。面罩和护目镜的尺寸和佩戴还应考虑到佩戴人本身配戴眼镜的情况。呼吸分钟量简称分钟量，指的是每分钟时间内从肺呼出气体的总量，是潮气量和呼吸频率的乘积。从肺中呼出气体的状态为 BTPS(身体体温、周围压力及饱和水蒸气状态)，但从供氧量的角度考虑，应把 BTPS 转换到BTPD(身体体温、周围压力和干燥气体状态)。如按理想气体考虑，在标准状态下，前者比后者大 47/149。

第 25.1439(b)(5)项中的"肺式供氧系统"是一种在吸气时供氧，呼气时停止供氧的系统，可节省用氧量。第 25.1439(b)(5)项中的"连续供氧系统"与肺式供氧系统不同，不管使用者吸气还是呼气，都一直供氧。

第 25.1439(b)(6)项指出防护性呼吸设备必须满足第 25.1441 条的要求。第 25.1441 条对氧气设备和供氧提出要求，第 25.1441(a)款要求防护性呼吸设备必须满足第 25.1443 条至第 25.1453 条的要求；第 25.1441(b)款要求氧气系统本身、其使用方法以及对其他部件的影响必须均无危险性；第 25.1441(c)款要求必须使机组在飞行中能迅速确定每个供氧源可用氧量的装置；第 25.1441(d)款要求如果飞机按在 12 000 米(40 000 英尺)以上运行申请合格审定，则其氧气流量和氧气设备必须经过批准。

2.2 相关条款

与第 25.1439 条相关的条款如表 2-1 所示。

表 2 - 1　第 25.1439 条相关条款

序　号	相关条款	相　关　性
1	第 25.1441 条	第 25.1439(b)(6)项指出 PBE 须满足第 25.1441 条的要求。同时,第 25.1441 条提出了氧气设备和供氧的总则性要求,指出了氧气系统应满足第 25.1443 条至第 25.1453 条的要求(第 25.1451 条删除)。第 25.1443 条至第 25.1453 条的关闭影响第 25.1439 条和第 25.1441 条的关闭
2	第 25.1443 条	第 25.1443 条提出了最小补氧流量要求
3	第 25.1445 条	第 25.1445 条提出了氧气分配系统设备的要求
4	第 25.1447 条	第 25.1447 条提出了分氧装置设置的要求
5	第 25.1449 条	第 25.1449 条提出了判断供氧的措施
6	第 25.1450 条	第 25.1450 条提出了化学氧气发生器的要求
7	第 25.1453 条	第 25.1453 条提出了防止氧气设备破裂的要求

3　验证过程

3.1　验证对象

第 25.1439 条的验证对象为防护性呼吸设备。

3.2　符合性验证思路

对于第 25.1439 条,通过氧气系统描述、原理图和安装图说明飞机上所安装的固定和便携式防护性呼吸设备的形式、安装的位置、安装数量和工作原理等。通过编制设备技术规范明确防护性呼吸设备具备阻隔烟雾、二氧化碳和有毒气体的功能,并通过设备鉴定试验确认该设备实际具备上述功能的能力。通过地面试验确认飞行机组能在其指定的执勤岗位上,在佩戴防护性呼吸设备的状态下,使用无线电设备和相互通话;确认防护性呼吸设备在机组人员佩戴眼镜的情况下,可以保护眼睛的部位,且视觉不受影响。通过必要的计算分析说明该设备可提供相应的供氧性能。

3.3　符合性验证方法

通常,针对第 25.1439 条的符合性验证方法如表 3 - 1 所示。

表 3 - 1　建议的符合性方法

条　款　号	专　业	符 合 性 方 法										备　注
		0	1	2	3	4	5	6	7	8	9	
第 25.1439(a)款	氧　气		1									
第 25.1439(b)(1)项	氧　气		1								9	
第 25.1439(b)(2)项	氧　气		1						7			

条 款 号	专 业	符 合 性 方 法										备 注
		0	1	2	3	4	5	6	7	8	9	
第 25.1439(b)(3)项	氧 气		1				5					9
第 25.1439(b)(4)项	氧 气		1				5					
第 25.1439(b)(5)项	氧 气			2								9
第 25.1439(b)(6)项	氧 气		1									

3.4 符合性验证说明

3.4.1　第 25.1439(a)款

第 25.1439(a)款的符合性方法为 MOC1。通过氧气系统设计图纸和技术规范等技术文件,说明飞机设计中已有固定的(固定的或内建的)防护性呼吸设备供飞行机组使用,并且至少有一个便携的防护性呼吸设备位于驾驶舱或驾驶舱附近,供飞行机组成员使用。在飞行中,在可接近的非驾驶舱中救火时供相应的机组成员使用。

3.4.2　第 25.1439(b)(1)项

第 25.1439(b)(1)项的符合性方法为 MOC1 和 MOC9。

1) MOC1 系统描述

通过编制设备技术规范,说明防护性呼吸设备的设计具有保护飞行机组在驾驶舱执勤和货舱灭火时不受烟、二氧化碳和其他有害气体影响的功能。

2) MOC9 设备鉴定

通过防护性呼吸设备的设备鉴定试验,表明防护性呼吸设备的使用时可阻挡烟、二氧化碳和其他有害气体的进入。

3.4.3　第 25.1439(b)(2)项

第 25.1439(b)(2)项的符合性方法为 MOC1 和 MOC7。

1) MOC1 系统描述

通过氧气系统设计图纸和技术规范等技术文件说明防护性呼吸设备含有下列任一种面罩:盖住眼、鼻和嘴的面罩或盖住鼻和嘴的面罩,另加保护眼睛的附属设备。面罩将佩戴者的头部包裹起来,大而清晰的护目镜可以为使用者提供开阔的视野,并能满足佩戴眼镜者使用。

2) MOC7 机上检查

在进行氧气系统机上检查时,随机挑选一位戴眼镜的人员佩戴防护性呼吸设备,检查该设备是否能覆盖眼、鼻和嘴,并请佩戴者对此进行评估。

3.4.4　第 25.1439(b)(3)项

第 25.1439(b)(3)项的符合性方法为 MOC1、MOC5 和 MOC9。

1) MOC1 系统描述

通过氧气系统设计图纸和技术规范等技术文件说明防护性呼吸设备带有麦克

风,使佩戴者可以跟其他机组成员进行有效通话,且使用者在指定执勤岗位能使用无线电设备。防护性呼吸设备的口鼻型面罩内安装有一个语音膜片,可提高通话能力。

2) MOC5 机上地面试验

通过氧气系统机上地面试验显示机组成员能在佩戴防护性呼吸设备时能正常通话,无过分的噪声或电流声,麦克风开关应该在吸气时自动断开,并在呼气或通话时自动接通。满足第 25.1439(b)(3)项的通信要求。

3) MOC9 设备鉴定

通过防护性呼吸设备的设备鉴定试验表明设备具有通信功能,可以保证设备使用者在指定的区域(飞机机组指定区域)内能够使用防护性呼吸设备的通信功能互相通话。

3.4.5 第 25.1439(b)(4)项

第 25.1439(b)(4)项的符合性方法为 MOC1 和 MOC5。

1) MOC1 系统描述

通过氧气系统设计图纸和技术规范等技术文件说明防护性呼吸设备可以满足佩戴眼镜人员的使用,护目镜具有较高的光学性能,不受薄雾等的影响。防护性呼吸设备大而清晰的护目镜可以为使用者提供开阔的视野,并能满足佩戴眼镜者使用。

2) MOC5 机上地面试验

试验过程中的防护性呼吸设备可达性检查试验需要由 3 名参试人员佩戴防护性呼吸设备,其中有两人佩戴光学眼镜。试验结果表明防护性呼吸设备具有护目镜,护目镜可以为使用者提供开阔的视野,且戴眼镜的试验人员佩戴面罩不受限制。

3.4.6 第 25.1439(b)(5)项

第 25.1439(b)(5)项的符合性方法为 MOC2 和 MOC9。

1) MOC2 计算分析

通过计算分析,表明在 2 400 米(8 000 英尺)压力高度下,在 BTPD 状态下每分钟呼吸 30 升,防护性呼吸设备必须能向每名机组成员持续输送 15 分钟用氧量。该设备和系统必须被设计成能够防止任何向设备内部的向内泄漏和防止任何引起当地周围大气的氧气含量显著增加的向外泄漏。如果采用肺式供氧系统,则在 21℃(70℉)和 101 325 帕(760 毫米汞柱)压力下能供 300 升自由氧,即认为能在规定高度和分钟量条件下持续供氧 15 分钟。如果采用连续供氧防护性呼吸系统,则在 2 400 米(8 000 英尺)时氧气流量为每分钟 60 升(海平面为每分钟 45 升),并且在 21℃(70℉)和 101 325 帕(760 毫米汞柱)压力下能供 600 升自由氧,即认为能在规定高度和分钟量条件下持续供氧 15 分钟。连续供氧系统不得使得本地大气的周围氧气含量超过肺式系统的氧气含量。BTPD 指体温条件(即在周围压力干燥环境下为 37℃）。

2）MOC9 设备鉴定

设备鉴定试验要求是呼气温度为 37℃，周围压力及呼气饱和度为 100％即干燥气体；设备鉴定试验得出的设备性能参数，需说明设备能每分钟提供 30L - BTPD 的呼吸气体，持续 30 分钟，满足第 25.1439(b)(5)项的要求。

3.4.7　第 25.1439(b)(6)项

第 25.1439(b)(6)项的符合性方法为 MOC1，需在第 25.1441 条的验证中增加对防护性呼吸设备的相关验证内容，在此采用氧气系统设备技术规范，说明防护性呼吸设备已包含其中，并明确了防护性呼吸设备的供氧方式、最小补氧流量、与氧气分配系统设备和分氧装置的关系、判断供氧的措施、与化学氧气发生器的关系及防止该设备破裂的要求等内容。

3.5　符合性文件清单

通常，针对第 25.1439 条的符合性文件清单如表 3 - 2 所示。

表 3 - 2　建议的符合性文件清单

序　号	符 合 性 报 告	符合性方法
1	氧气系统设备技术规范	MOC1
2	氧气系统描述	MOC1
3	氧气系统计算分析报告	MOC2
4	氧气系统地面试验大纲	MOC5
5	氧气系统地面试验报告	MOC5
6	氧气系统机上检查大纲	MOC7
7	氧气系统机上检查报告	MOC7
8	氧气系统设备鉴定大纲	MOC9
9	氧气系统设备鉴定报告	MOC9

4　符合性判据

针对第 25.1439(a)款，满足下述要求为符合：

（1）有固定的防护性呼吸设备供飞行机组使用。

（2）至少有一个便携的防护性呼吸设备位于驾驶舱或驾驶舱附近，可供飞行机组成员使用。

（3）驾驶舱和客舱安装了足够的防护性呼吸设备，可供飞行机组成员在舱内（包括厨房和厕所）灭火时使用。

针对第 25.1439(b)款，满足下述要求为符合：

（1）完成了防护性呼吸设备的设备鉴定，确认其具备阻止烟、二氧化碳和其他有害气体的功能。

（2）完成了防护性呼吸设备的设备鉴定，确认其具备通信功能。

（3）试验确认飞行机组成员可在指定位置，使用无线电设备。

（4）试验确认防护性呼吸设备包含的面罩形式为两种：一种可盖住眼、鼻和嘴；另一种可盖住鼻和嘴，另加保护眼睛的附属设备。

（5）面罩佩戴者评估所使用的面罩可以将自己的头部包裹起来，其上的护目镜大而清晰，可以为使用者提供开阔的视野，没有对视觉产生不利影响，并能满足佩戴眼镜者使用。

（6）计算并试验确认在 2 400 米（8 000 英尺）压力高度下，在 BTPD 状态下每分钟呼吸 30 升，防护性呼吸设备能向每名机组成员持续输送 15 分钟用氧量。

（7）确定所设计的防护性呼吸设备具有防止向设备内和设备外泄漏的措施，不会向外泄漏大量的氧气。

（8）如果采用肺式供氧系统，则确认在 21℃（70℉）和 101 325 帕（760 毫米汞柱）压力下能供 300 升自由氧，如此，即认为在规定高度和分钟量条件下，防护性呼吸设备能持续供氧 15 分钟。

（9）如果采用连续供氧防护性呼吸系统，则确认在 2 400 米时氧气流量为每分钟 60 升，并且在 21℃和 101 325 帕压力下能供 600 升自由氧，如此，即认为在规定高度和分钟量条件下，防护性呼吸设备能持续供氧 15 分钟。还需确认连续供氧系统没有使周围氧气含量超过肺式系统的氧气含量。

（10）确认在第 25.1439 的验证中包含了对防护性呼吸设备的相关验证内容，所有的验证工作已完成，且均符合条款要求。

参考文献

[1] 14 CFR 修正案 25-38 Airworthiness Review Program, Amendment No. 3: Miscellaneous Amendments [S].

[2] 14 CFR 修正案 25-115 Miscellaneous Flight Requirements; Powerplant Installation Requirements; Public Address System; Trim Systems and Protective Breathing Equipment; and Powerplant Controls [S].

[3] FAA. AC25-9A Smoke Detection, Penetration, and Evacuation Tests and Related Flight Manual Emergency Procedures [S]. 1994.

[4] FAA. AC25-22 Certification of Transport Airplane Mechanical Systems [S]. 2000.

运输类飞机适航标准 第25.1441条符合性验证

1 条款介绍

1.1 条款原文

第25.1441条 氧气设备和供氧

（a）如果申请装有补氧设备的合格审定，则该设备必须满足本条和第25.1443条至第25.1453条的要求。

（b）氧气系统本身、其使用方法以及对其它部件的影响必须均无危险性。

（c）必须具有使机组在飞行中能迅速确定每个供氧源可用氧量的装置。

（d）如果飞机按在12,000米（40,000英尺）以上运行申请合格审定，则其氧气流量和氧气设备必须经过批准。

1.2 条款背景

第25.1441条的提出，目的是保证如果飞机型号设计中包含补氧设备，氧气设备能保护乘客和机组免受缺氧的影响。

1.3 条款历史

第25.1441条在CCAR25部初版首次发布，截至CCAR-25-R4，该条款未进行过修订，如表1-1所示。

表1-1 第25.1441条条款历史

第25.1441条	CCAR25部版本	相关14 CFR修正案	备 注
首次发布	初版	—	

1985年12月31日发布了CCAR25部初版，其中包含第25.1441条，该条款参考14 CFR PART 25中的§25.1441的内容制定。

2 条款解读

2.1 条款要求

由于高空时，氧分压随大气压力的降低而下降，因此民机上要设置补氧设备。

第 25.1441(a)款指出补氧设备要经适航批准,满足第 25.1443 条至第 25.1453 条的要求。

第 25.1441(b)款要求氧气系统本身、其使用方法以及对其他部件的影响必须均无危险性。在一些经审定的飞机上,PBE 有安全阀来防止压缩氧气过压,戴上后能自动开始输送氧气,避免机组动作和可能的差错,所使用的材料是高度不可燃的。

第 25.1441(c)款要求氧气设备必须有在飞行中可迅速确定可用氧量的装置。对于氧气,这种装置一般为氧气压力表和 EICAS 显示等。对于化学氧,应能方便地鉴别是否使用过。一些经 FAA 批准的 PBE 制造商已经选择使用真空密封包装作为保护 PBE 的措施,失去真空度作为 PBE 不再有效的指示已经被接受。

第 25.1441(d)款要求运行高度超过 40 000 英尺的飞机,其氧气流量和氧气设备必须经过批准,氧气设备批准的标准通常包括 TSO‐C64B、TSO‐C78a、TSO‐C89a、TSO‐C99a 和 TSO‐C116a 等。对于飞行高度超过 12 000 米的情况,在座舱突然释压时,即使供纯氧仍会发生急性和爆炸性高空缺氧。为了在 12 000 米以上仍能维持吸入气有一定的氧分压,供氧系统除了供纯氧外,还必须使面罩内的绝对压力高于大气压力,这就是加压供氧。这种加压供氧系统必须经过适航批准。

2.2 相关条款

与第 25.1441 条相关的条款如表 2‐1 所示。

表 2‐1 第 25.1441 条相关条款

序　号	相　关　条　款	相　　关　　性
1	第 25.1443 条至第 25.1453 条	第 25.1441(a)款要求氧气设备满足第 25.1443 条至第 25.1453 条的要求

3 验证过程

3.1 验证对象

第 25.1441 条的验证对象为飞机的氧气系统。

3.2 符合性验证思路

通过氧气系统设计描述说明氧气系统的具体设计特征,包括:是否具备满足审定要求的分氧装置,是否具有可使飞行中迅速确定用氧量的设计特征,系统加压供氧的功能;通过设计说明,表明所有适用的分氧装置均满足第 25.1443 条至第 25.1453 条的要求,表明氧气系统本身和使用方法是安全的;通过系统安全性分析表明氧气系统对其他设备无危险性;通过机上地面试验和飞行试验验证,氧气系统在装机后能在预期环境下执行预期功能,装机后系统具备设计的加压供氧能力。

3.3　符合性验证方法

通常,针对第 25.1441 条的符合性验证方法如表 3-1 所示。

表 3-1　建议的符合性方法

条　款　号	专　业	符合性方法										备　注
		0	1	2	3	4	5	6	7	8	9	
第 25.1441(a)款	旅客氧		1									
	空勤氧		1									
第 25.1441(b)款	旅客氧		1		3							
	空勤氧		1		3							
第 25.1441(c)款	空勤氧		1				5	6				
第 25.1441(d)款	旅客氧		1				5				9	
	空勤氧		1				5				9	

3.4　符合性验证说明

3.4.1　第 25.1441(a)款符合性验证说明

针对第 25.1441(a)款,采用的符合性验证方法为 MOC1,验证工作如下:

通过氧气系统设计描述表明氧气系统的设计特征,确定具有哪些分氧设备及采用的分氧方式;通过设计说明表明上述分氧设备满足第 25.1443 条对最小补氧流量的要求,第 25.1445 条对氧气分配系统的要求,第 25.1449 条对判断是否供氧措施的要求,第 25.1450 条对化学氧气发生器的要求,第 25.1453 条对加压氧气瓶不安全温度和撞损破裂的概率及危险程度的要求。

3.4.2　第 25.1441(b)款符合性验证说明

针对第 25.1441(b)款采用的符合性验证方法包括 MOC1 和 MOC3,各项验证工作具体如下:

1) MOC1 验证过程

通过氧气系统设计描述说明氧气系统的组成、使用方法及使用过程中与其他系统部件间的关系。

2) MOC3 验证过程

通过系统安全性分析评估氧气系统的各种失效模式,说明对其他设备的影响,确认影响没有危险性。

3.4.3　第 25.1441(c)款符合性验证说明

针对第 25.1441(c)款采用的符合性验证方法包括 MOC1、MOC5 和 MOC6,各项验证工作具体如下:

1) MOC1 验证过程

通过氧气系统设计描述说明空勤氧气系统能监测空勤氧气瓶内的压力和温

度,并能在驾驶舱 EICAS 显示页面上显示氧气瓶内的可用氧量,说明急救型便携式氧气设备有压力表显示剩余压力,可使机组在飞行中迅速确定可用氧量。

2) MOC5 验证过程

通过机上地面试验检查空勤氧气系统氧气量显示功能在装机后是否正常。具体试验可由两部分组成:以氧气为介质的减压过程和以氮气为介质的升压过程,检查在增压和减压过程中 EICAS 上氧气含量的显示变化,以证明符合对条款的要求。

3) MOC6 验证过程

通过飞行试验表明多功能显示器概要页面能显示氧气瓶内氧气容量,满足条款要求。

3.4.4　第 25.1441(d)款符合性验证说明

1) MOC1 验证过程

针对第 25.1441(d)款,通过氧气系统设计描述说明系统具有加压供氧的功能。

2) MOC5 验证过程

通过机上地面试验表明装机后系统具备设计的加压供氧能力。

3) MOC9 验证过程

通过 MOC9 设备鉴定试验,表明氧气系统符合预期的 TSO 要求,常用的 TSO 标准包括:TSO - C64B、TSO - C78a、TSO - C89a、TSO - C99a、TSO - C116a 等。

3.5　符合性文件清单

通常,针对第 25.1441 条的符合性文件清单如表 3-2 所示。

表 3-2　建议的符合性文件清单

序　号	符 合 性 报 告	符合性方法
1	旅客氧气系统设计说明	MOC1
2	空勤氧气系统设计说明	MOC1
3	旅客氧气系统功能危险性评估	MOC3
4	旅客氧气系统初步系统安全性评估	MOC3
5	旅客氧气系统安全性评估	MOC3
6	空勤氧气系统功能危险性评估	MOC3
7	空勤氧气系统初步系统安全性评估	MOC3
8	空勤氧气系统安全性评估	MOC3
9	氧气系统机上地面试验大纲	MOC5
10	氧气系统机上地面试验报告	MOC5
11	氧气系统试飞大纲	MOC6
12	氧气系统试飞报告	MOC6
13	氧气系统设备 TSOA	MOC9

4　符合性判据

针对第 25.1441(a)款,能表明分氧设备满足第 25.1443 条至第 25.1453 条的要求。

针对第 25.1441(b)款,氧气系统本身和使用方法是安全的,可能的失效模式对其他设备没有不安全的影响。

针对第 25.1441(c)款,机上地面试验和飞行试验表明 EICAS 系统能够正确显示机组氧气瓶的流量。

针对第 25.1441(d)款,氧气系统具备加压供氧的功能已说明,设备获得了相应的 TSOA,在预定的环境中能够正常执行任务。

参考文献

[1]　FAA. AC25 - 22 Certification of Transport Airplane Mechanical Systems [S]. 2000.

[2]　飞机设计手册编委会. 飞机设计手册第 15 册生命保障和环控系统设计[M]. 北京:航空工业出版社,1999.

运输类飞机适航标准
第 25.1443 条符合性验证

1 条款介绍

1.1 条款原文

第 25.1443 条　最小补氧流量

（a）如果装有飞行机组成员使用的连续供氧设备,则每分钟呼吸 15 升（BTPS,即体内温度 37℃,周围压力及饱和水气）,且（保持固定呼吸时间间隔的）最大潮气量为 700 毫升时,每一机组成员所需的最小补氧流量,不得小于保持吸气平均气管氧分压为 19,865 帕（149 毫米汞柱）所需的氧流量。

（b）如果装有飞行机组成员使用的肺式供氧设备,则每分钟呼吸 20 升（BTPS）时,每一机组成员所需的最小补氧流量,座舱压力高度低于和等于 10,500 米（35,000 英尺）时,不得小于保持吸气平均气管氧分压为 16,265 帕（122 毫米汞柱）所需的氧流量;座舱压力高度在 10,500 米至 12,000 米（35,000 至 40,000 英尺）之间时,不得小于保持含氧百分比为 95 所需的氧流量。此外,必须具有可供机组成员选用纯氧的手段。

（c）对于旅客和客舱服务员,在不同的座舱压力高度上每人所需的最小补氧流量,不得小于在使用氧气设备（包括面罩）时保持下述吸气平均气管氧分压所需的氧流量:

（1）座舱压力高度超过 3,000 米（10,000 英尺）直到 5,600 米（18,500 英尺）,每分钟呼吸 15 升（BTPS）,且（保持固定呼吸时间间隔的）潮气量为 700 毫升时,平均气管氧分压为 13,332 帕（100 毫米汞柱）;

（2）座舱压力高度超过 5,600 米（18,500 英尺）直至 12,000 米（40,000 英尺）,每分钟呼吸 30 升（BTPS）,且（保持固定呼吸时间间隔的）潮气量为 1,100 毫升时,平均气管氧分压为 11,172 帕（83.8 毫米汞柱）。

（d）如果装有急救供氧设备,则供每人使用的最小氧流量每分钟不得少于 4 升（STPD,即标准状态: 0℃,101,325 帕（760 毫米汞柱）,干燥气体）。然而,可使用某种手段在任何座舱高度下将每分钟氧流量减到不少于 2 升（STPD）,以急救用氧者每人每分钟 3 升的平均氧流量为依据来确定需用氧量。

（e）如果装有供机组成员使用的手提式氧气设备，则最小补氧流量与本条（a）或（b）规定的相同，取适用者。

1.2 条款背景

第25.1443条的提出，目的是保证氧气分配设备能防止乘客和机组受到缺氧的影响。

1.3 条款历史

第25.1443条在CCAR25部初版首次发布，截至CCAR-25-R4，该条款未进行过修订，如表1-1所示。

表1-1 第25.1443条条款历史

第25.1443条	CCAR25部版本	相关14 CFR修正案	备　注
首次发布	初版	—	

1985年12月31日发布了CCAR25部初版，其中包含第25.1443条，该条款参考了14 CFR PART 25中的§25.1443的内容制定。

2　条款解读

2.1　条款要求

为了满足第25.1443（a）款至（c）款中的平均气管氧分压的要求，需要提供不同含氧百分比的补充氧气，具体计算可参考飞机设计手册第15册《生命保障和环控系统设计》，通常满足TSO标准的氧气设备（如TSO-C89a和TSO-C64b）即可提供符合平均气管氧分压要求的补充氧气。

第25.1443（d）款规定可以以每人每分钟3升的平均氧流量为依据来确定急救用氧的氧气量。在运行规章中也有急救用氧的要求，第121.333（e）（3）项规定在座舱高度8 000英尺以上的整个飞行时间内，应当为2％的乘员（不少于1人）提供氧气源。这两个要求结合起来即可确定实际运行中所需的急救用氧量。

第25.1443（e）款规定了机组成员使用的手提式氧气设备最小补氧量要求，应根据所使用的连续式或者肺式氧气设备确定所需满足的指标。

2.2　相关条款

与第25.1443条相关的条款如表2-1所示。

表2-1 第25.1443条相关条款

序　号	相关条款	相　关　性
1	第25.1441条	第25.1441（a）款所要求氧气设备需满足本条的最小氧流量要求

3 验证过程

3.1 验证对象

第 25.1443 条的验证对象为飞机的所有供氧设备,如机组氧、旅客氧和便携氧等。

3.2 符合性验证思路

通过空勤氧气系统设计描述表明具备连续供氧的设计特征,按照何种 TSO 标准设计,可以满足本条要求;通过设备鉴定试验表明通过了对应 TSO 标准要求开展的鉴定试验。

通过空勤氧气系统设计描述表明具备肺式供氧的设计特征,按照何种 TSO 标准设计,可以满足本条要求;通过设备鉴定试验表明通过了对应 TSO 标准要求开展的鉴定试验。

通过旅客氧气系统设计描述表明配套的化学氧气发生器的设计特征,按照何种 TSO 标准设计,可以满足本条要求;通过设备鉴定试验表明通过了对应 TSO 标准要求开展的鉴定试验。通过分析计算,表明氧气设备(包括面罩)提供的氧气流量符合条款要求的平均气管氧分压,氧气设备性能要求符合相关行业标准。

通过急救供氧设备设计描述表明流量设计特征;通过计算分析文件表明流量设计能够满足条款要求;通过设备鉴定试验表明急救型供应商设备流量满足了设计要求。

如果装有供机组成员使用的手提式氧气设备,则按照第 25.1443(a)款或第 25.1443(b)款方法表明符合性。

3.3 符合性验证方法

通常,针对第 25.1443 条的符合性验证方法如表 3-1 所示。

表 3-1 建议的符合性方法

条 款 号	专 业	符 合 性 方 法										备 注
		0	1	2	3	4	5	6	7	8	9	
第 25.1443(a)款	氧 气		1								9	
第 25.1443(b)款	氧 气		1								9	
第 25.1443(c)款	氧 气		1	2							9	
第 25.1443(d)款	氧 气		1	2							9	
第 25.1443(e)款	氧 气		1									

3.4 符合性验证说明

3.4.1 第 25.1443(a)款符合性验证说明

针对第 25.1443(a)款,采用的符合性验证方法包括 MOC1 和 MOC9,各项验

证具体工作如下:

1) MOC1 验证过程

通过 MOC1 空勤氧气系统设计描述说明氧气系统中的为连续供氧设备,按照何种 TSO 标准设计及具体要求。

2) MOC9 验证过程

通过 MOC9 设备鉴定试验,表明空勤氧气系统满足了预期的 TSO 标准,相关设备获得了 TSOA。

3.4.2 第 25.1443(b)款符合性验证说明

针对第 25.1443(b)款采用的符合性验证方法包括 MOC1 和 MOC9,各项验证工作具体如下:

1) MOC1 验证过程

通过 MOC1 空勤氧气系统描述说明氧气系统中肺式供氧设备,按照何种 TSO 标准设计及具体要求。

2) MOC9 验证过程

通过 MOC9 设备鉴定试验,表明空勤氧气系统满足了预期的 TSO 标准,相关设备获得了 TSOA。

3.4.3 第 25.1443(c)款符合性验证说明

针对第 25.1443(c)款,采用的符合性验证方法为 MOC1、MOC2 和 MOC9。

1) MOC1 验证过程

通过 MOC1 旅客氧气系统设计描述说明配套的化学氧气发生器在对应的高度设计了相应的功能,该化学氧气发生器按照何种 TSO 标准设计及具体要求。

2) MOC2 验证过程

通过分析计算,表明氧气设备(包括面罩)提供的氧气流量经换算后符合条款要求的平均气管氧分压,氧气设备性能要求符合相关行业标准。

3) MOC9 验证过程

应通过 MOC9 设备鉴定试验,表明化学氧气发生器满足了预期的 TSO 标准,相关设备获得了 TSOA。

3.4.4 第 25.1443(d)款符合性验证说明

针对第 25.1443(d)款,采用的符合性验证方法为 MOC1、MOC2 和 MOC9。

1) MOC1 验证过程

通过 MOC1 旅客氧气系统设计描述说明便携氧气瓶的设计规范,其要求的流量输出方式能够满足条款要求的供氧量。

2) MOC2 验证过程

通过 MOC2 氧气系统性能分析报告,按照面罩的实际最大流量和最小流量的平均值计算需氧量,对比便携氧气瓶实际供氧能力,表明能够满足条款要求。

3) MOC9 验证过程

通过 MOC9 设备合格鉴定试验表明便携氧气瓶能够在预期环境中执行预期功能，能够提供预定流量的氧气。

3.4.5 第 25.1443(e)款符合性验证说明

针对第 25.1443(e)款，采用的符合性验证方法为 MOC1。

应通过 MOC1 设计说明表明是否存在供机组人员使用的便携装置，应满足(a)款或(b)款的要求，并引用对应的验证过程。

3.5 符合性文件清单

通常，针对第 25.1443 条的符合性文件清单如表 3-2 所示。

表 3-2 建议的符合性文件清单

序　号	符　合　性　报　告	符合性方法
1	空勤氧气系统设计说明	MOC1
2	旅客氧气系统设计说明	MOC1
3	空勤氧气系统性能分析报告	MOC2
4	氧气系统设备鉴定大纲	MOC9
5	氧气系统设备鉴定报告	MOC9
6	氧气系统设备 TSOA	MOC9

4 符合性判据

针对第 25.1443(a)款，采用的连续供氧设备能够确保每一机组成员在 15 BTPS，最大潮气量 700 毫升条件下的最小补氧流量不小于平均气管氧分压 19 865 帕条件下所需的氧流量。

针对第 25.1443(b)款，采用的肺式供氧设备能够表明每一机组成员的最小补氧流量在 20 BTPS，座舱压力高度小于等于 10 500 米(35 000 英尺)时，不小于保持吸气平均气管氧分压为 16 265 帕(122 毫米汞柱)所需的氧流量，座舱压力高度在 10 500 米至 12 000 米(35 000 至 40 000 英尺)之间时不小于保持含氧百分比为 95 所需的氧流量。

针对第 25.1443(c)款，旅客和客舱服务员能够在 3 000 米(10 000 英尺)到 5 600 米(18 500 英尺)，15 BTPS，最大潮气量为 700 毫升以及 5 600 米(18 500 英尺)到 12 000 米(40 000 英尺)，30 BTPS，潮气量 11 000 毫升两种条件下分别满足平均气管氧分压 13 332 帕(100 毫米汞柱)与 11 172 帕(83.8 毫米汞柱)的最小补氧流量。

针对第 25.1443(d)款，安装的急救供氧设备可以提供每人使用的最小氧流量每分钟不少于 4 升(STPD)，或者根据急救用氧者每人每分钟 3 升的平均氧流量为依据确定且不小于 2 升(STPD)。

针对第 25.1443(e)款,安装的供机组成员使用的手提式氧气设备最小补氧流量符合本条(a)或(b)的符合性判据。

参考文献

[1] FAA. AC25 – 22 Certification of Transport Airplane Mechanical Systems,Mechanical Systems [S]. 2000.

[2] FAA. TSO – C89a Crewmember Oxygen Regulators,Demand [S]. 2008.

[3] FAA. TSO – C64b Passenger Oxygen Mask Assembly,Continuous Flow [S]. 2008.

[4] SAE. AS8025 Crew Member Oxygen Regulators,Demand [S]. 1988.

[5] SAE. AS8025A Passenger Oxygen Mask [S]. 1999.

[6] 飞机设计手册第 15 册生命保障和环控系统设计[M].北京:航空工业出版社,1999.

运输类飞机适航标准
第 25.1445 条符合性验证

1 条款介绍

1.1 条款原文

第 25.1445 条 氧气分配系统设置的规定

（a）当向机组和旅客均供氧时，分配系统必须按下列两种方式之一进行设计：

（1）一个氧源供给值勤的飞行机组，另用单独的氧源供给旅客和其他机组成员；

（2）共用一个氧源，但是应有设施能为值勤的飞行机组单独保留所需的最小用氧量。

（b）手提的连续供氧式、稀释肺式或纯氧肺式供氧装置均可用来满足机组或旅客呼吸的要求。

1.2 条款背景

第 25.1445 条对氧气分配系统设置的规定提出了具体要求。

1.3 条款历史

第 25.1445 条在 CCAR25 部初版首次发布，截至 CCAR - 25 - R4，该条款没有修订过，如表 1 - 1 所示。

表 1 - 1 第 25.1445 条条款历史

第 25.1445 条	CCAR25 部版本	相关 14 CFR 修正案	备　注
首次发布	初版	—	

1985 年 12 月 31 日发布了 CCAR25 部初版，其中包含第 25.1445 条，该条款参考 14 CFR PART 25 中的 §25.1445 的内容制定。

2 条款解读

2.1 条款要求

第 25.1445(a)款指出氧气系统包括机组氧气和旅客氧气系统。机组和旅客氧气源可以分开,也可以共用。但对于后一种情况,要为机组人员设计一个能把最低限度氧气源隔开的装置,单独为执勤的飞机机组保留所需的最小用氧量。该装置可以是自动的,也可以用人工操控的方式。需考虑飞机的最大飞行高度,持续时间应考虑到飞机在最大使用高度时座舱失压后按正常应急下降程序下降到安全使用高度继续飞行。

第25.1445(b)款中提到的"连续供氧式"是指供氧装置向氧气面罩连续供氧;"稀释肺式"是指供氧装置在人员吸气时供氧,呼气时停止供氧,可节省用氧量,并可按照座舱高度调节供氧百分比,在较低的座舱高度使用氧气与舱内空气的混合气,在较高的座舱高度使用100%的供氧;"纯氧肺式"是指供氧装置同样在人员吸气时供氧要求,呼气时停止供氧,但供气的含氧百分比不随座舱高度的变化而变化,一直保持100%。该款还提出手提式供氧设备也可用为机组和乘客供氧,其用氧量要求应满足第25.1443条要求。

2.2 相关条款

与第25.1445条相关的条款如表2-1所示。

表 2-1 第 25.1445 条相关条款

序 号	相 关 条 款	相 关 性
1	第25.1441条	第25.1441条提出了氧气设备和供氧的总则性要求,指出了氧气系统应满足第25.1443条至第25.1453条的要求(第25.1451条删除)。第25.1445条的关闭影响第25.1441条的关闭
2	第25.1443条	第25.1443条提出了"最小补氧流量"的要求,用于解释第25.1445条中"最小用氧量"

3 验证过程

3.1 验证对象

第25.1445条的验证对象为氧气系统。

3.2 符合性验证思路

对于第25.1445条,通过氧气系统设计图纸等设计说明文件来表明机组氧气系统向机组和旅客供氧的分配方式;机组和旅客氧气系统的氧源,无论是独立的还是公用的,都有措施能确保机组和旅客的最小用氧量。此外,通过氧气系统性能分析报告来表明便携式氧气瓶的补氧流量满足机组或旅客的呼吸要求,补氧流量满足第25.1443条的要求。

3.3 符合性验证方法

通常,针对第25.1445条的符合性验证方法如表3-1所示。

表 3 - 1　建议的符合性方法

条　款　号	专　业	符 合 性 方 法										备　注
		0	1	2	3	4	5	6	7	8	9	
第 25.1445(a)款	氧　气		1									
第 25.1445(b)款	氧　气			2								

3.4　符合性验证说明

3.4.1　第 25.1445(a)款

第 25.1445(a)款的符合性方法为 MOC1。通过氧气系统设计图纸、技术规范等技术文件,说明机组和旅客氧气系统的供氧方式;按供氧分配方式为独立和公用两种形式,说明采用能确保机组和旅客最小用氧量的措施。

3.4.2　第 25.1445(b)款

第 25.1445(b)款的符合性方法为 MOC2。通过氧气系统性能分析报告,分析说明便携式氧气瓶的补氧流量满足机组或旅客的呼吸要求,便携式氧气瓶的补氧流量满足第 25.1443(c)款的要求。

3.5　符合性文件清单

通常,针对第 25.1445 条的符合性文件清单如表 3 - 2 所示。

表 3 - 2　建议的符合性文件清单

序　号	符 合 性 报 告	符合性方法
1	氧气系统描述	MOC1
2	氧气系统性能分析报告	MOC2

4　符合性判据

针对第 25.1445(a)款。确认机组和旅客氧气系统的供养方式。当采用一个氧源(氧气瓶)供给值勤的飞行机组,另一个氧源供给旅客和其他机组成员时,确认能否保证氧气有供给;当采用共用氧源时,确认设置了相应的设施,其为值勤的飞行机组单独保留所需的最小用氧量。机组成员最低限度的氧源要求可按 CCAR121 部的相关规定,每个机组成员的最小用氧时间不应小于 2 小时。2 小时的供氧量是指飞机从最大使用高度在 10 分钟内下降到 3 000 米(10 000 英尺),随后在此高度上飞行 110 分钟所需的氧量。

针对第 25.1445(b)款,通过定量的分析。确认所采用的任何一种便捷式供氧设备,其性能指标满足机组和旅客呼吸的要求。

参考文献

［1］　FAA. AC25 - 22 Certification of Transport Airplane Mechanical Systems ［S］. 2000.

运输类飞机适航标准 第 25.1447 条符合性验证

1 条款介绍

1.1 条款原文

第 25.1447 条 分氧装置设置的规定

如果装有分氧装置,则采用下列规定:

(a) 每一需要补氧的乘员必须有各自的分氧装置,分氧装置必须设计成能盖住口鼻,并且必须具有合适的手段将其保持在面部,飞行机组的补氧面罩必须备有使用通话器的设施;

(b) 如果申请运行高度低于和等于 7,600 米(25,000 英尺)的合格审定,则供每一机组成员立即使用的供氧接头和分氧设备,必须位于易取处,其他乘员所用的供氧接头和分氧设备,必须设置在能够满足中国民用航空规章营运规则的要求来使用氧气的位置上;

(c) 如果申请运行高度超过 7,600 米(25,000 英尺)的合格审定,则必须有符合下列规定的分氧设备:

(1) 必须有接在供氧接头上可供每个乘员就座时立即使用的分氧装置,并且在每个厕所至少要有两个接在供氧接头上的分氧装置。分氧装置和供氧口的总数必须比座位数至少多 10%,多余的分氧装置必须尽可能均匀地分布在整个座舱内。如果申请运行高度超过 9,000 米(30,000 英尺)的合格审定,则提供所需氧流量的分氧装置必须在座舱压力高度超过 4,500 米(15,000 英尺)之前自动送达乘员处,并且必须为机组设置手动装置,在自动系统失效时能使分氧装置立即可供使用;

(2) 在驾驶舱内值勤的每一飞行机组成员,必须拥有连接至供氧接头的速戴型分氧装置,且必须当机组成员坐在自己工作位置上时可以立即取用,该分氧装置的设计与安装应满足下列要求:

(i) 能用单手在五秒钟内把分氧装置从其待用位置上取下戴到脸上,正确地固定好,密封妥当并按需要供氧,而不碰掉眼镜或延误执行应急任务;

(ii) 在戴上分氧装置时,能够完成正常的通信联络任务;

(3) 飞行机组的分氧装置必须是：

(i) 飞机在 7,600 米(25,000 英尺)以上飞行时,稀释肺式、压力肺式(有一个稀释肺式压力呼吸调节器的压力肺式面罩)或其它经批准的能表明其提供有相同保护水平的氧气设备；

(ii) 如果不是概率极不可能的释压会使机组处于座舱压力高度超过 10,200 米(34,000 英尺)时,面罩装有调节器的压力肺式(有一个稀释肺式压力呼吸调节器的压力肺式面罩)类型或其它经批准的能表明可为机组提供相同保护水平的氧气设备；

(4) 手提式供氧设备必须能提供每个客舱服务员立即使用。手提式供氧设备必须有与手提式氧气供应装置相连的氧气分配单元。

〔中国民用航空局 2001 年 5 月 14 日第三次修订,2011 年 11 月 7 日第四次修订〕

1.2　条款背景

第 25.1447 条对分氧装置的设置进行了规定。

1.3　条款历史

第 25.1447 条在 CCAR25 部初版首次发布,截至 CCAR - 25 - R4,该条款共修订过 2 次,如表 1 - 1 所示。

表 1 - 1　第 25.1447 条修订说明

第 25.1447 条	CCAR25 部版本	相关 14 CFR 修正案	备　注
首次发布	初版	25 - 41	
第一次修订	R3	25 - 87	
第二次修订	R4	25 - 116	

1.3.1　首次发布

1985 年 12 月 31 日发布了 CCAR25 部初版,其中包含第 25.1447 条,该条款参考了 14 CFR 修正案 25 - 41 中的 §25.1447 的内容制定。14 CFR 修正案 25 - 41 中提议对 §25.1447(c)(1)进行了讨论与解释,并最终确定首次发布版本。

1.3.2　第 1 次修订

2001 年 5 月 14 日发布的 CCAR - 25 - R3 对第 25.1447 条进行了第 1 次修订,本次修订参考了 14 CFR 修正案 25 - 87 的内容：增加了当未表明是极不可能的释压导致机组处于座舱压力高度超过 34 000 英尺时,飞行机组应使用面罩装有调节器的压力肺式类型或其他经批准的氧气设备的要求。

1.3.3　第 2 次修订

2011 年 11 月 7 日发布的 CCAR - 25 - R4 对第 25.1447 条进行了第 2 次修订,本次修订参考了 14 CFR 修正案 25 - 116 的内容：要求手提式供氧设备的氧气面罩与设备本身相连。

2 条款解读

2.1 条款要求

稀释肺式供氧系统：一种飞行机组氧气系统，包含一个与面部贴合的氧气面罩，氧气调节器根据座舱高度提供氧气流量。批准在直到 40 000 英尺高度使用的调节器在 8 000 英尺或更低的座舱高度上不提供氧气瓶氧气，100% 使用座舱空气；在大约 34 000 英尺座舱高度，供氧比率更改为提供 100% 的氧气，而不使用座舱空气。批准在直到 45 000 英尺高度使用的调节器在较低的座舱高度提供 40% 的氧气和 60% 的座舱空气，在较高的座舱高度供氧比率更改为提供 100% 氧气。只有在使用者吸气时才供氧，减少所需氧气的量。

加压肺式供氧系统：除了座舱高度超过约 34 000 英尺时氧气在加压状态供应外，与稀释肺式供氧设备类似。这种加压供氧为直到 40 000 英尺高度提供一些额外的缺氧保护。

面罩装有调节器的压力肺式氧气设备：调节器直接安装在面罩上的加压肺式面罩，而不是安装在仪表板或驾驶舱内的其他地方。安装在面罩上的调节器解决了在 100% 氧气流入面罩前必须清洗长软管中的空气的问题。

2.2 相关条款

与第 25.1447 条相关的条款如表 2-1 所示。

表 2-1 第 25.1447 条相关条款

序 号	相 关 条 款	相　关　性
1	第 25.1309 条	本条的(c)(3)(ii)目出现了"概率极不可能"的定性描述，"极不可能"的内涵和对应定量指标应参见第 25.1309(b)款的要求
2	第 25.1441 条	第 25.1441(a)款所要求氧气设备需满足本条要求的分氧装置要求

3 验证过程

3.1 验证对象

第 25.1447 条的验证对象为飞机的所有供氧设备，如机组氧、旅客氧和便携氧等。

3.2 符合性验证思路

通过氧气系统设计描述说明机组氧和旅客氧的布置；通过氧气系统机上地面试验表明空勤氧气和旅客氧气功能正常，确认可达性；通过氧气系统机上检查确认氧气面罩能够覆盖口鼻,且空勤氧气面罩具有麦克风;通过氧气系统设备鉴定试验表明相关设备满足功能和性能要求。

通过氧气系统设计描述表明空勤氧和旅客氧设计特征满足条款要求;通过机上检查确认相关设计描述得到贯彻。

通过氧气系统设计描述表明客舱氧气布置满足条款要求;通过氧气系统飞行试验表明旅客氧在座舱压力高度超过4 500米时自动抛放,在自动系统失效时有手动装置能使分氧装置立即可供使用;需通过氧气系统机上检查旅客氧布置按照设计得到了贯彻。通过氧气系统设计描述表明空勤氧气面罩可以完成5秒内佩戴;通过氧气系统机上地面试验表明空勤氧气面罩可达性满足要求;通过氧气系统飞行试验表明空勤面罩能够完成5秒内完成单手佩戴空勤面罩。在戴上分氧装置时,能够完成正常的通信联络任务。要通过氧气系统设计描述表明空勤氧气面罩的性能设计,满足条款要求。通过氧气系统设计描述表明便携氧气设备的设计细节,能够满足条款要求;通过氧气系统飞行试验表明客舱乘务员能够方便拿取便携式氧气设备;通过氧气系统机上检查表明设计的安装位置在飞机上得到贯彻。

3.3　符合性验证方法

通常,针对第25.1447条的符合性验证方法如表3-1所示。

表 3-1　建议的符合性方法

条　款　号	专　业	符 合 性 方 法										备　注
		0	1	2	3	4	5	6	7	8	9	
第25.1447(a)款	氧　气		1				5		7		9	
第25.1447(b)款	氧　气		1						7			
第25.1447(c)(1)项	氧　气		1					6	7			
第25.1447(c)(2)项	氧　气		1				5	6				
第25.1447(c)(3)项	氧　气		1									
第25.1447(c)(4)项	氧　气		1					6	7			

3.4　符合性验证说明

3.4.1　第25.1447(a)款符合性验证说明

针对第25.1447(a)款,采用的符合性验证方法包括MOC1、MOC5、MOC7和MOC9,各项验证具体工作如下:

1) MOC1验证过程

通过MOC1系统设计描述说明针对每个乘员均设计有各自的面罩,面罩能够覆盖口鼻,配备麦克风,具备通话功能。

2) MOC5验证过程

通过MOC5机上地面试验,验证空勤氧气系统空勤氧气面罩功能正常,面罩的可达性满足要求,旅客氧气面罩能盖住口鼻并且能保持在面部,满足本款要求。

3) MOC7 验证过程

通过 MOC7 机上检查空勤氧气面罩、旅客氧气面罩和便携式氧气设备的面罩,确认面罩能够覆盖口鼻并保持在面部,同时确认空勤氧气面罩具有麦克风,满足本款要求。

4) MOC9 验证过程

通过 MOC9 设备鉴定试验表明氧气设备具备所设计的功能和性能。

3.4.2　第 25.1447(b)款符合性验证说明

针对第 25.1447(b)款采用的符合性验证方法包括 MOC1 和 MOC7,各项验证工作具体如下:

1) MOC1 验证过程

通过 MOC1 表明机组成员、其他乘员所用供氧接头和分氧设备位置要求满足本款规定要求。

2) MOC7 验证过程

通过 MOC7 机上检查验证供氧接头和分氧设备位置要求在飞机上得到了贯彻。

3.4.3　第 25.1447(c)(1)项符合性验证说明

针对第 25.1447(c)(1)项,采用的符合性验证方法为 MOC1、MOC6 和 MOC7。

1) MOC1 验证过程

通过氧气系统 MOC1 系统设计描述旅客氧气面罩在客舱内的布置、旅客氧气面罩的数量和手动抛放功能。

2) MOC6 验证过程

通过氧气系统 MOC6 飞行试验,验证在座舱压力高度超过 4 500 米(15 000 英尺)之前旅客氧气面罩能够自动送达乘员处,同时可开启手动抛放设备,在自动系统失效时能使分氧装置立即可供使用。

3) MOC7 验证过程

通过氧气系统 MOC7 机上检查表明旅客氧气系统按照设计要求进行布置;同时,测量座椅参考点(椅背前端与椅垫上端交线的中点)到面罩组件参考点(面罩与拉索的连接点)之间的最小距离,座椅参考点到面罩组件参考点的距离,符合 SAE AIR 1390A 的要求。

3.4.4　第 25.1447(c)(2)项符合性验证说明

针对第 25.1447(c)(2)项,采用的符合性验证方法为 MOC1、MOC5 和 MOC6。

1) MOC1 验证过程

通过 MOC1 氧气系统设计描述空勤氧气面罩的设计特征,如 5 秒快戴,满足戴眼镜者使用和通信联络功能等。

2) MOC5 验证过程

通过 MOC5 氧气系统机上地面试验,验证空勤氧气系统空勤氧气面罩功能正常,面罩的可达性满足要求。

3) MOC6 验证过程

通过 MOC6 氧气系统飞行试验,验证机组成员(包括佩戴眼镜的机组)能够在5 秒内完成单手佩戴空勤面罩,佩戴后面罩通话清晰,满足本款要求。

3.4.5　第 25.1447(c)(3)项符合性验证说明

针对第 25.1447(c)(3)项,采用的符合性验证方法为 MOC1。

通过 MOC1 氧气系统设计说明提供机型的飞行包线,判断适用于哪个子条款;同时,应通过氧气系统设计描述空勤氧气面罩的设计特征及符合的标准,从而表明满足本款的要求。

3.4.6　第 25.1447(c)(4)项符合性验证说明

针对第 25.1447(c)(4)项,采用的符合性验证方法为 MOC1、MOC6 和 MOC7。

1) MOC1 验证过程

通过 MOC1 氧气系统设计描述说明便携氧气瓶的安装位置和数量,以及客舱服务员使用的要求。

2) MOC6 验证过程

通过 MOC6 氧气系统飞行试验,验证 PBE 和急救型便携式氧气设备拿取方便,能提供每个客舱服务员立即使用,满足本款要求。

3) MOC7 验证过程

通过 MOC7 氧气系统机上检查,确认便携式氧气设备安装位置符合设计图纸的要求,在客舱服务员使用时无障碍,满足本款要求。

3.5　符合性文件清单

通常,针对第 25.1447 条的符合性文件清单如表 3-2 所示。

表 3-2　建议的符合性文件清单

序　号	符　合　性　报　告	符合性方法
1	氧气系统设计说明	MOC1
2	氧气系统机上地面试验大纲	MOC5
3	氧气系统机上地面试验报告	MOC5
4	氧气系统试飞试验大纲	MOC6
5	氧气系统试飞试验报告	MOC6
6	氧气系统机上检查大纲	MOC7
7	氧气系统机上检查报告	MOC7
8	氧气系统设备鉴定大纲	MOC9
9	氧气系统设备鉴定报告	MOC9

4 符合性判据

（1）每个乘员均设计有单独的面罩。

（2）面罩能够覆盖口鼻，配备麦克风。

（3）氧气系统设计有供氧接头和分氧设备。

（4）旅客氧气面罩在数量和布置与飞机座位数匹配，且设置有 10% 的余度，足够乘客正常使用；旅客氧气面罩的设计包含抛放功能。

（5）机组成员（包括佩戴眼镜的机组）能够在五秒内完成单手佩戴空勤面罩，佩戴后面罩通话清晰。

（6）氧气系统中的 PBE 和急救型便携式氧气设备的安装位置明确，便于客舱服务员使用。

（7）完成了氧气系统相关设备的设备鉴定，其结果符合设计的功能与性能要求。

（8）完成了机上地面试验，试验结果表明氧气系统空勤氧气面罩功能正常，面罩的可达性满足要求。

（9）完成了机上检查，检查结果表明供氧接头和分氧设备位置可达性满足要求，旅客氧气系统布置要求满足。

（10）完成了飞行试验，试验结果表明机组成员（包括佩戴眼镜的机组）能够在五秒内完成单手佩戴空勤面罩，佩戴后面罩通话清晰。

参考文献

［1］ 14 CFR 修正案 25 - 41 Airworthiness Review Program，Amendment No. 5；Equipment and Systems Amendments ［S］.

［2］ 14 CFR 修正案 25 - 87 Standards for Approval for High Altitude Operation of Subsonic Transport Airplanes ［S］.

［3］ 14 CFR 修正案 25 - 116 Miscellaneous Cabin Safety Changes ［S］.

［4］ FAA. AC25 - 22 Certification of Transport Airplane Mechanical Systems ［S］. 2000.

［5］ FAA. AC25 - 17A Transport Airplane Cabin Interiors Crashworthiness Handbook ［S］. 2009.

［6］ FAA. AC25 - 20 Pressurization，Ventilation and Oxygen Systems Assessment for Subsonic Flight Including High Altitude Operation ［S］. 1996.

运输类飞机适航标准
第 25.1449 条符合性验证

1 条款介绍

1.1 条款原文

第 25.1449 条 判断供氧的措施

必须设置使机组能够判定是否正在向分氧装置供氧的措施。

1.2 条款背景

第 25.1449 条对判断供氧的措施提出了要求。

1.3 条款历史

第 25.1449 条在 CCAR25 部初版首次发布,截至 CCAR-25-R4,该条款没有修订过,如表 1-1 所示。

表 1-1 第 25.1449 条条款历史

第 25.1449 条	CCAR25 部版本	相关 14 CFR 修正案	备 注
首次发布	初版	—	

1985 年 12 月 31 日发布了 CCAR25 部初版,其中包含第 25.1449 条,该条款参考 14 CFR PART 25 中的 §25.1449 的内容制定。

2 条款解读

2.1 条款要求

根据航空生理学分析,高空缺氧时,人的体力和脑力活动在不知不觉中逐渐变得迟钝,甚至完全丧失。在飞行中发生缺氧时,机组人员往往容易低估缺氧的发生及危险性。所以,靠乘务员自身感觉氧气设备是否正在供氧是危险的,尤其对于集体供氧更是如此。因此,必须设置一种装置,使机组人员能够根据其指示,直观地判断供氧系统是否在向所有乘务员供氧。除非氧气系统的供氧提供了有效的指示,否则应当提供一个简单的流量指示器。通常可通过使用氧气调节器上(对于飞行机组)和通往氧气面罩的氧气管路上(对于旅客氧气设备)的示流器来符合本条款。

2.2 相关条款

与第 25.1449 条相关的条款如表 2-1 所示。

表 2-1 第 25.1449 条相关条款

序 号	相关条款	相 关 性
1	第 25.1441 条	第 25.1441 条提出了氧气设备和供氧的总则性要求,指出了氧气系统应满足第 25.1443 条至第 25.1453 条的要求(第 25.1451 条删除)。第 25.1449 条的关闭影响第 25.1441 条的关闭

3 验证过程

3.1 验证对象

第 25.1449 条的验证对象为氧气系统。

3.2 符合性验证思路

对于第 25.1449 条,可采用系统设计描述和航空器机上检查来表明符合性。

3.3 符合性验证方法

通常,针对第 25.1449 条的符合性验证方法如表 3-1 所示。

表 3-1 建议的符合性方法

条 款 号	专 业	符 合 性 方 法										备 注
		0	1	2	3	4	5	6	7	8	9	
第 25.1449 条	氧 气		1						7			

3.4 符合性验证说明

针对第 25.1449 条,采用的符合性验证方法包括 MOC1 和 MOC7,各项验证具体工作如下:

1) MOC1 系统描述

通过氧气系统设计图纸等技术资料说明空勤氧气面罩箱上的流量指示器可显示是否有氧气流入面罩。例如,面罩软管上的流量指示器指示面罩有无适当的供氧压力,供氧时压力指示器显示绿色,结束时显示红色。旅客氧气面罩流量指示器安装在面罩输气管内,当氧气通过输气管进入旅客氧气面罩时,流量指示器将显示绿色。

2) MOC7 机上检查

检查并确认驾驶舱内空勤氧气面罩箱和供养软管上有流量指示器,客舱旅客氧气面罩氧气管内有流量指示器。

通常,正、副驾驶员使用的氧气面罩箱上有闪动式流量指示器,可使操作者方便的指导氧气是否供到氧气面罩。观察员氧气面罩供氧软管上的流量指示器,可以指示空勤面罩有无适当的氧气流量,供氧时流量指示器显示绿色,供氧结束时显示红色。正、副驾驶员使用的氧气面罩供氧软管上也具有相同功能的流量指示器。旅客氧气面罩流量指示器安装在面罩输气管内,当氧气通过输气管进入旅客氧气面罩时,流量指示器将显示绿色。

3.5 符合性文件清单

通常,针对第 25.1449 条的符合性文件清单如表 3-2 所示。

表 3-2 建议的符合性文件清单

序　号	符　合　性　报　告	符合性方法
1	氧气系统设计描述	MOC1
2	氧气系统航空器检查大纲	MOC7
3	氧气系统航空器检查报告	MOC7

4 符合性判据

针对第 25.1449 条,空勤氧气面罩箱上的流量指示器可显示有氧气流入面罩,当氧气面罩正在供氧时,面罩软管上的压力指示器应显示绿色,结束供应商时应显示红色。旅客氧气面罩流量指示器安装在面罩输气管内,当氧气通过输气管进入旅客氧气面罩时,流量指示器应显示绿色。

参考文献

[1] FAA. AC25-22 Certification of Transport Airplane Mechanical Systems [S]. 2000.

运输类飞机适航标准 第25.1450条符合性验证

1 条款介绍

1.1 条款原文

第25.1450条　化学氧气发生器

（a）本条所述的化学氧气发生器定义为通过化学反应产生氧气的装置。

（b）化学氧气发生器必须按照下列要求进行设计和安装：

（1）发生器在工作时所产生的表面温度，不得对飞机或机上乘员造成危害；

（2）必须备有释放可能有危险的内部压力的措施。

（c）除了满足本条（b）的要求外，能靠更换发生器元件连续工作的携带式化学氧气发生器，还必须附有标牌来说明下列事项：

（1）氧气流量（升/分）；

（2）可更换的发生器元件的持续供氧时间（分钟）；

（3）警告可更换的发生器元件可能发热，除非元件的构造使其表面温度不会超过38℃（100℉）。

1.2 条款背景

第25.1450条对飞机上安装的化学氧气发生器提出了要求。

1.3 条款历史

第25.1450条在CCAR25部初版首次发布，截至CCAR-25-R4，该条款没有修订过，如表1-1所示。

表1-1　第25.1450条条款历史

第25.1450条	CCAR25部版本	相关14 CFR修正案	备　注
首次发布	初版	25-41	

1985年12月31日发布了CCAR25部初版，其中包含第25.1450条，该条款参考1964年12月24日发布的14 CFR PART 25中的§25.1450和14 CFR修正案25-41的内容制定。该修正案指出，化学氧气发生器已经使用了一段时间，要求化

学氧气发生器必须按照根据运行经验的安全标准进行设计和安装。

2   条款解读

2.1   条款要求

由于化学氧气发生器在工作时可能产生大量的热量,如果不采取保护措施,可能会对飞机或者乘员造成危害,因此对于这类氧气发生器,一般需要在外壳和芯体之间设置绝热层。并且在安装时,需要与周围部件保持足够的距离,以避免温度造成的影响。

同时,如果化学发生器产生的氧气流动不畅或者反应过于剧烈以致其内部压力过高,则可能会有爆炸的危险,因此必须有释放危险压力的措施,通常可设置排气安全阀。发生器元件可能发热的警告标牌可以保护人员,使其避免接触高温表面。

2.2   相关条款

与第 25.1450 条相关的条款如表 2-1 所示。

表 2-1   第 25.1450 条相关条款

序 号	相 关 条 款	相 关 性
1	第 25.1441 条	第 25.1441 条提出了氧气设备和供氧的总则性要求,指出了氧气系统应满足第 25.1443 条至第 25.1453 条的要求(第 25.1451 条删除)。第 25.1440 条的关闭影响第 25.1441 条的关闭

3   验证过程

3.1   验证对象

第 25.1450 条的验证对象为氧气系统的化学氧气发生器。

3.2   符合性验证思路

对于本条可采用系统设计描述、机上地面试验、航空器机上检查和设备合格鉴定方法来表明符合性。

3.3   符合性验证方法

通常,针对第 25.1450 条的符合性验证方法如表 3-1 所示。

表 3-1   建议的符合性方法

条 款 号	专 业	符 合 性 方 法										备 注
		0	1	2	3	4	5	6	7	8	9	
第 25.1450(a)款	氧 气		1									
第 25.1450(b)款	氧 气		1				5				9	
第 25.1450(c)款	氧 气		1						7			

3.4　符合性验证说明

3.4.1　第 25.1450(a)款

第 25.1450(a)款的符合性方法为 MOC1。采用氧气系统设计描述文件、设计图纸、技术说明书等来明确飞机上采用的氧气发生器的原理,确定采用化学氧气发生器的情况,安装此类设备的数量及安装位置和形式。

3.4.2　第 25.1450(b)款

第 25.1450(b)款的符合性方法为 MOC1、MOC5 和 MOC9。

1) MOC1 系统描述

通过氧气系统设计图纸和技术规范等技术文件说明氧气系统采用的化学供氧方式和构造,阐述氧气发生器工作时产生的表面温度对飞机或机上乘员的危害。同时说明氧气发生器设置了可以释放内部危险压力的安全释放活门等措施。

2) MOC5 地面试验

通过氧气系统机上地面试验,验证氧气发生器在飞机上使用的情况,确认此类设备可以正常工作,其工作过程产生的温度不影响机上乘员。如旅客服务装置(PSU)中旅客氧气设备使用时,化学氧气发生器各区域表面产生的高温,对 PSU 附近结构和设备无明显变形或烤化迹象,对飞机结构和设备无危害。PSU 下方的座位周边温度无明显变化,顶部 PSU 底板温度无明显升高,位于下方座椅的乘员佩戴旅客氧气面罩呼吸正常,化学氧气发生器工作时对机上乘员不会产生危害。

3) MOC9 设备鉴定

在化学氧气发生器设备鉴定试验中,通过对 PSU 旅客氧气系统和 EOM 中 15 分钟和 22 分钟化学氧气发生器构型在产氧过程中发生器表面温度的测试和分析,说明化学氧气发生器表面温度范围在 206°F(96.7℃)至 228°F(108.9℃)之间;由于化学氧气发生器安装在 PSU 或 EOM 面板背后,可以避免意外接触到化学氧气发生器而造成烫伤。化学氧气发生器压力试验表明安全释放阀能打开释放内部压力,化学氧气发生器具有释放可能有危险的内部压力的措施。

3.4.3　第 25.1450(c)款

第 25.1450(c)款的符合性方法为 MOC1 和 MOC7。

1) MOC1 系统描述

通过系统设计描述和图纸,明确能靠更换发生器元件连续工作的携带式化学氧气发生器,必须附有标牌说明下列事项:

(1) 氧气流量(升/分)。

(2) 可更换的发生器元件的持续供氧时间(分钟)。

(3) 警告可更换的发生器元件可能发热,除非元件的构造使其表面温度不会超过 38℃(100°F)。

2）MOC7 机上检查

通过机上检查，确认飞机上安装的携带式化学氧气发生器的安装位置，并确认其附有说明下述指标的标牌。

（1）氧气流量（升/分）。

（2）可更换的发生器元件的持续供氧时间（分钟）。

（3）警告可更换的发生器元件可能发热，除非元件的构造使其表面温度不会超过 38℃（100°F）。

3.5　符合性文件清单

通常，针对第 25.1450 条的符合性文件清单如表 3-2 所示。

表 3-2　建议的符合性文件清单

序　号	符　合　性　报　告	符合性方法
1	氧气系统描述	MOC1
2	氧气系统地面试验大纲	MOC5
3	氧气系统地面试验报告	MOC5
4	氧气系统航空器机上检查大纲	MOC7
5	氧气系统航空器机上检查报告	MOC7
6	氧气系统设备鉴定大纲	MOC9
7	氧气系统设备鉴定报告	MOC9

4　符合性判据

针对第 25.1450（a）款，系统设计说明中明确了飞机氧气系统使用化学氧气发生器的情况。

针对第 25.1450（b）款，系统设计说明中明确了氧气发生器工作时产生的表面温度范围，此范围不会对飞机或机上乘员造成危害。系统安装图或原理图中明确设置了安全释放活门，安全释放活门具备内部危险压力的功能，可起到保护氧气发生器的作用。完成了设备鉴定试验，其结果符合要求。完成了机上地面试验，其结果满足条款要求。

针对第 25.1450（c）款，在系统设计描述和图纸中确定了使用能靠更换发生器元件连续工作的携带式化学氧气发生器的情况，有明确的数量与安装位置和方式。明确要求此类设备必须氧气流量（升/分）、可更换的发生器元件的持续供氧时间（分钟）、可更换的发生器元件可能发热警告的标牌。按照设计图纸完成机上检查，结果符合要求。

参考文献

［1］ 14 CFR 修正案 25 - 41 Airworthiness Review Program，Amendment No. 5；Equipment and Systems Amendments ［S］.

［2］ FAA. AC25 - 22 Certification of Transport Airplane Mechanical Systems ［S］. 2000.

［3］ 《飞机设计手册》总编委会. 飞机设计手册第 15 册生命保障和环控系统设计［M］. 北京：航空工业出版社，1999.

运输类飞机适航标准
第 25.1453 条符合性验证

1 条款介绍

1.1 条款原文

第 25.1453 条 防止氧气设备破裂的规定

加压氧气瓶和氧气瓶与切断阀之间的管路必须满足下列要求:

(a) 对不安全的温度应有防护措施;

(b) 其位置应使撞损着陆时破裂的概率和危险减至最小。

1.2 条款背景

第 25.1453 条对如何防止氧气设备破裂提出了要求。

1.3 条款历史

第 25.1453 条在 CCAR25 部初版首次发布,截至 CCAR - 25 - R4,该条款没有修订过,如表 1 - 1 所示。

表 1 - 1 第 25.1453 条条款历史

第 25.1453 条	CCAR25 部版本	相关 14 CFR 修正案	备 注
首次发布	初版	—	

1985 年 12 月 31 日发布了 CCAR25 部初版,其中包含第 25.1453 条,该条款参考 14 CFR PART 25 中的 §25.1453 的内容制定。

2 条款解读

2.1 条款要求

用于氧气分配系统的塑料管路一般不使用在工作中承受压力下的情况。由易燃材料(包括尼龙、聚氯乙烯和特氟龙)制成的管路仅可用于在座舱减压时才受压的氧气系统。当在氧气系统上使用这种管路时,应当采取以下预防措施:应当使用冲压型的金属端头来防止冷气流的泄漏;应当使用增强的编制套保护管路,防止磨损;对于这些管路应当采取预防措施,远离可能受高温、电弧(继电器和开关)以及可燃液体影响的区域。

位于衬垫后面或者在机身壁板内的高压或低压氧气系统管路通常由刚性的不锈钢(用于高压)或者铝(低压)制成。合成柔性管路用于将氧气面罩连接到氧气分配系统。在许多大的运输类飞机上,覆盖有合成织物(用于抗磨损和加强)的带冲压金属端头的 PVC 导管被用于连接铝的低压分配管路和旅客服务单元总管。这些导管和铝管内只在发生减压的时候才含有氧气。此时,管理所承受的压力较低,且持续时间短,这些软管满足内饰的燃烧要求。合成管路(如塑料或尼龙)会在高温时失去强度,这些材料在存在氧气的情况下比不锈钢或铝更容易受到燃烧的影响。一般情况下,在持续受到氧气压力的氧气管路不采用聚乙烯或尼龙导管。

2.2　相关条款

与第 25.1453 条相关的条款如表 2-1 所示。

表 2-1　第 25.1453 条相关条款

序　号	相关条款	相　关　性
1	第 25.1441 条	第 25.1441 条提出了氧气设备和供氧的总则性要求,指出了氧气系统应满足第 25.1443 条至第 25.1453 条的要求(第 25.1451 条删除)。第 25.1453 条的关闭影响第 25.1441 条的关闭

3　验证过程

3.1　验证对象

第 25.1453 条的验证对象为氧气系统。

3.2　符合性验证思路

根据对该条款要求的理解,针对本条可采用系统设计描述、安全性分析、机上检查和设备合格鉴定的方法来表明符合性。

3.3　符合性验证方法

通常,针对第 25.1453 条的符合性验证方法如表 3-1 所示。

表 3-1　建议的符合性方法

条　款　号	专　业	符合性方法										备　注
		0	1	2	3	4	5	6	7	8	9	
第 25.1453(a)款	氧　气		1								9	
第 25.1453(b)款	氧　气		1		3				7			

3.4　符合性验证说明

3.4.1　第 25.1453(a)款

第 25.1453(a)款的符合性方法为 MOC1 和 MOC9。

1) MOC1 系统描述

通过氧气系统设计图纸和技术要求等技术资料,说明加压氧气瓶和氧气瓶与切断阀之间管路的设计状态,说明所采用的温度防护措施。例如,空勤氧气瓶的切断阀直接安装在调节器上,氧气瓶与切断阀之间不存在管路。氧气瓶周围没有加热设备,且当氧气瓶因高温导致高压,压力高于 2 775 磅/平方英寸时,高压安全装置内的易破盘破裂,氧气通过机外放氧管路向机外放氧,机外放氧指示器(绿色盘片)被冲出机外,以此起到警示作用。当低压端压力超过(95±5)磅/平方英寸时,低压释压活门打开,释放低压管路内的氧气。

2) MOC9 设备鉴定

所有高压氧气设备、部件和管路需通过设备鉴定试验,确认设备符合本款具备系统设计的功能。通常,高压氧气设备、部件和管路需通过耐压试验及静压和爆破压力等设备鉴定试验。

3.4.2　第 25.1453(b)款

第 25.1453(b)款的符合性方法为 MOC1、MOC3 和 MOC7。

1) MOC1 系统描述

通过氧气系统设计图纸和技术要求等说明性技术资料,加以说明氧气设备、部件和管路的设计和安装,可以有效地降低撞损着陆时的破裂概率和危险性。氧气瓶可布置在货舱三角区,并用支架和卡箍进行固定,进行了有效的防护,将撞损着陆时破裂的概率和危险减至最小。

2) MOC3 系统安全性评估

通过系统安全性分析(包括区域安全性分析),分析氧气系统安装区域内的危险源对氧气系统的影响情况,例如,氧气系统安装区域内存在电缆等危险源时,氧气系统应有足够的防范措施,使其产生破裂的概率和其他危险性的概率减至最小,不会危及飞机的继续安全飞行。

3) MOC7 航空器机上检查

根据氧气系统安装图,完成机上检查,检查氧气设备、部件和管路的安装状态,例如:空勤氧气瓶有卡箍固定在支架上,且空勤氧气瓶切断阀安装在氧气瓶上,氧气瓶与切断阀之间不存在管路等设计状态。

3.5　符合性文件清单

通常,针对第 25.1453 条的符合性文件清单如表 3-2 所示。

表 3 - 2　建议的符合性文件清单

序　号	符 合 性 报 告	符合性方法
1	氧气系统描述	MOC1
2	氧气系统区域安全性分析	MOC3
3	氧气系统安全性分析报告	MOC3
4	氧气系统航空器机上检查大纲	MOC7
5	氧气系统航空器机上检查报告	MOC7
6	氧气系统设备鉴定大纲	MOC9
7	氧气系统设备鉴定报告	MOC9

4　符合性判据

针对第 25.1453(a)款,已明确氧气设备、部件和管路周围没有加热设备,针对安装在高温区域的氧气设备、部件和管路设置有温度的防护措施。所有高压氧气设备、部件和管路均已完成设备鉴定试验,试验结果符合设计要求。

针对第 25.1453(b)款,完成区域安全性分析,明确出存在或不存在危险源的氧气系统安装区域,对安装在有危险源区域的氧气设备、部件和管路设置有对温度的防护措施。同时,分析结论为氧气系统的设计,其产生破裂的概率和其他危险性的概率可减至最小。

参考文献

[1]　FAA. AC25 - 22 Certification of Transport Airplane Mechanical Systems [S]. 2000.

运输类飞机适航标准
第 25.1455 条符合性验证

1 条款介绍

1.1 条款原文

第 25.1455 条 易冻液体的排放

如果在飞行中或地面运行时可以将易冻液体排出机外,则排放嘴的设计和位置必须防止由于排液而在飞机上结成危险量的冰。

1.2 条款背景

第 25.1455 条对飞机易冻液体的排放提出了设计要求。

1.3 条款历史

第 25.1455 条在 CCAR25 部初版首次发布,截至 CCAR - 25 - R4,该条款未进行过修订,如表 1 - 1 所示。

表 1 - 1 第 25.1455 条条款历史

第 25.1455 条	CCAR25 部版本	相关 14 CFR 修正案	备 注
首次发布	初版	25 - 23	

1985 年 12 月 31 日发布了 CCAR25 部初版,其中包含第 25.1455 条,该条款参考 14 CFR 修正案 25 - 23 中的 §25.1455 的内容制定,条款内容保持一致。

2 条款解读

2.1 条款要求

本条款要求从飞机的厨房和厕所水槽和排水管排出的"灰水"或者空调系统的冷凝水在排放嘴上形成的冰符合下列要求:

(1) 不能因脱落而对飞机机体或发动机造成损伤,而影响飞行安全。

(2) 不能落到地面危及地面上的人和财产安全。

2.2 相关条款

第 25.1455 条无相关条款。

3 验证过程

3.1 验证对象

第 25.1455 条的验证对象为飞机上从厨房和厕所水槽及排水管排出的灰水和空调系统的冷凝水等易冻液体的排放状态。

3.2 符合性验证思路

为表明对该条款的符合性,一般采用设计说明、机上检查和飞行试验的方法:首先通过对飞机上厨房和厕所水槽和排水管灰水排放系统的设计特征进行描述,表明其设计可以防止从排放系统排出的灰水冻结,再通过飞行试验进行确认。还要对空调系统的冷凝水排放系统的设计特征进行描述,表明其设计可以防止从排放系统排出的冷凝水冻结,再通过机上检查进行确认。

3.3 符合性验证方法

通常,针对第 25.1455 条的符合性验证方法如表 3-1 所示。

表 3-1 建议的符合性方法

条 款 号	专 业	符 合 性 方 法										备 注
		0	1	2	3	4	5	6	7	8	9	
第 25.1455 条	空调系统		1						7			
第 25.1455 条	水/废水系统		1					6				

3.4 符合性验证说明

3.4.1 验证空调系统的符合性

第 25.1455 条要求空调系统的冷凝水排放系统的设计可以防止从排放系统排出的灰水冻结,通过 MOC1 和 MOC7 的方法进行验证。

1) MOC1 验证过程

通过对空调系统的冷凝水排放系统的设计特征进行描述,例如,冷凝水排放口的布置及排放口是否安装有加热措施等,来表明其设计可以防止从冷凝水排放系统排出的冷凝水冻结。

2) MOC7 验证过程

通过对空调系统低压地面接头和冲压空气排气口的设计和安装位置进行机上检查,对其设计特征进行检查,表明其能够防止由于排液而在飞机上结成危险量的冰。

3.4.2 验证水/废水系统的符合性

第 25.1455 条要求飞机上厨房和厕所水槽及排水管灰水排放系统的设计可以防止从排放系统排出的灰水冻结,通过 MOC1 和 MOC6 的方法进行验证。

1) MOC1 验证过程

通过对飞机上厨房和厕所水槽及排水管灰水排放系统的设计特征进行描述,例如,机外灰水排放杆的布置和排放口是否安装有加热措施等,以表明其设计可以防止从灰水排放系统排出的灰水冻结。

2) MOC6 验证过程

通过飞机型号合格审定试飞时,在巡航、改变巡航高度以及逆时针和顺时针待机状态下,进行水/废水系统易冻液体排放试验,证明飞机水/废水系统排放的易冻液体不会对飞机气动性能和操稳产生影响,可能形成的脱落冰不会对发动机正常工作造成影响,不会对飞机结构产生足以影响飞行安全的伤害。

建议的试飞程序如下:

(1) 飞机以 $Ma=0.78$ 在 $H_p=33\,000$ 英尺保持巡航,随后改变巡航高度至 $H_p=37\,000$ 英尺,改变巡航高度过程中将试验用彩色液体分别倒入前/后盥洗室洗脸盆内,前后每次各倒 10 升,倾倒过程要连续并保证盆底始终有积液。飞行后地面检查确认,机翼和发动机表面无彩色液体附着痕迹,飞机机体允许有附着痕迹,但不会形成危险量的冰,并且对性能操稳造成的影响在可接受范围内。

(2) 飞机以 $Ma=0.78$ 在 $H_p=35\,000$ 英尺保持巡航,将试验用彩色液体分别倒入前/后盥洗室洗脸盆内,前后每次各倒 10 升,倾倒过程要连续并保证盆底始终有积液。飞行后地面检查确认,机翼和发动机表面无彩色液体附着痕迹,飞机机体允许有附着痕迹,但不会形成危险量的冰,并且对性能操稳造成的影响在可接受范围内。

(3) 飞机以 $Ma=0.78$ 在 $H_p=37\,000$ 英尺保持巡航,随后改变巡航高度至 $H_p=33\,000$ 英尺,改变巡航高度过程中将试验用彩色液体分别倒入前/后盥洗室洗脸盆内,前后每次各倒 10 升,倾倒过程要连续并保证盆底始终有积液。飞行后地面检查确认,机翼和发动机表面无彩色液体附着痕迹,飞机机体允许有附着痕迹,但不会形成危险量的冰,并且对性能操稳造成的影响在可接受范围内。

(4) 飞机在 $H_p=20\,000$ 英尺保持顺时针待机状态,将试验用彩色液体分别倒入前/后盥洗室洗脸盆内,前后每次各倒 10 升,倾倒过程要连续并保证盆底始终有积液。飞行后地面检查确认,机翼和发动机表面无彩色液体附着痕迹,飞机机体允许有附着痕迹,但不会形成危险量的冰,并且对性能操稳造成的影响在可接受范围内。

(5) 飞机在 $H_p=20\,000$ 英尺保持逆时针待机状态,将试验用彩色液体分别倒入前/后盥洗室洗脸盆内,前后每次各倒 10 升,倾倒过程要连续并保证盆底始终有积液。飞行后地面检查确认,机翼和发动机表面无彩色液体附着痕迹,飞机机体允许有附着痕迹,但不会形成危险量的冰,并且对性能操稳造成的影响在可接受范围内。

3.5 符合性文件清单

通常,针对第 25.1455 条的符合性文件清单如表 3 - 2 所示。

表 3 - 2 建议的符合性文件清单

序　号	符 合 性 报 告	符合性方法
1	空调系统的冷凝水排放系统设计说明	MOC1
2	空调系统低压地面接头和冲压空气排气口航空器检查大纲	MOC7
3	空调系统低压地面接头和冲压空气排气口航空器检查报告	MOC7
4	水/废水系统灰水排放系统设计说明	MOC1
5	水废水系统易冻液体排放飞行试验大纲	MOC6
6	水废水系统易冻液体排放飞行试验报告	MOC6

4 符合性判据

第 25.1455 条符合性判据如下:

(1)飞机上厨房和厕所水槽及排水管灰水排放系统的设计特征以及空调系统的冷凝水排放系统的设计可以防止从排放系统排出的冷凝水冻结。

(2)进行飞行试验时需满足以下要求:

(a)在飞行试验中,将试验用彩色液体分别倒入前/后盥洗室洗脸盆内,前后每次各倒 10 升,倾倒过程要连续并保证盆底始终有积液;

(b)飞行后地面检查确认,机翼和发动机表面无彩色液体附着痕迹,飞机机体允许有附着痕迹,但不会形成危险量的冰,并且对性能操稳造成的影响在可接受范围内。

参考文献

[1] 14 CFR 修正案 25 - 23 Transport Category Airplane Type Certification Standards [S].

[2] FAA. AC25.1455 - 1 Waste Water/potable Water Drain System Certification Testing [S]. 1985.

[3] FAA. AC25 - 17A Transport Airplane Cabin Interiors Crashworthiness Handbook [S]. 2009.

运输类飞机适航标准
第25.1457条符合性验证

1 条款介绍

1.1 条款原文

第25.1457条 驾驶舱录音机

（a）中国民用航空规章营运规则所要求的每台驾驶舱录音机必须经过批准，并且其安装必须能够记录下列信息：

（1）通过无线电在飞机上发出或收到的通话；

（2）驾驶舱内飞行机组成员的对话；

（3）驾驶舱内飞行机组成员使用飞机内话系统时的通话；

（4）进入耳机或扬声器中的导航或进场设备的通话或音频识别信号；

（5）飞行机组成员使用旅客广播系统时的通话（如果装有旅客广播系统，并根据本条（c）（4）（ii）的要求有第四通道可用）。

（6）如果安装了数据链通信设备，那么所有数据链通信，应使用经批准的数据信息集。数据链信息必须作为通信设备的输出信号被记录，该通信设备可将信号转换为可用数据。

（b）必须在驾驶舱内安装一只区域话筒来满足本条（a）（2）的记录要求。话筒要安装在最佳位置，能够记录正、副驾驶员工作位置上进行的对话，以及记录驾驶舱内其他机组成员面向正、副驾驶员工作位置时的对话，话筒的定位必须使得在飞行中驾驶舱噪声条件下所记录和重放的录音通信的可懂度尽可能高，如有必要，应对录音机的前置放大器和滤波器进行调整或补偿。评价可懂度时可以把记录反复重放，用听觉或目视来判断。

（c）每台驾驶舱录音机的安装必须将本条（a）规定的通话或音频信号根据不同声源分别录在下列通道上：

（1）第一通道，来自正驾驶员工作位置上的每个吊杆式、氧气面罩式或手持式话筒、耳机或扬声器；

（2）第二通道，来自副驾驶员工作位置上的每个吊杆式、氧气面罩式或手持式话筒、耳机或扬声器；

（3）第三通道，来自安装在驾驶舱内的区域话筒；

（4）第四通道：

（i）来自第三和第四名机组成员工作位置上的每个吊杆式、氧气面罩式或手持式话筒、耳机或扬声器；

（ii）来自驾驶舱内与旅客广播系统一起使用的每个话筒，如果此信号未被别的通道所拾取（条件是不要求配置本条（c）（4）（i）中规定的工作位置，或该工作位置的信号由另一通道所拾取）；

（5）不论机内通话话筒按键开关处于何种位置，必须将本条（c）（1）、（2）和（4）所述的话筒接收到的所有声音尽可能不间断地记录下来。该设计必须保证只有在使用机内通话机、乘客广播系统或无线电发送机时才会对飞行机组产生侧音。

（d）每台驾驶舱录音机的安装必须符合下列规定：

（1）（i）其供电应来自对驾驶舱录音机的工作最为可靠的汇流条，而不危及对重要负载或应急负载的供电；

（ii）驾驶舱录音机必须尽可能长时间地保持电力，又不危及飞机的应急操作。

（2）应备有自动装置，在撞损冲击后 10 分钟内，能使录音机停止工作并停止各抹音装置的功能；

（3）应备有音响或目视装置，能在飞行前检查录音机工作是否正常；

（4）任何记录器以外的单一电气故障，不能使驾驶舱录音机和飞行记录器停止工作；

（5）具有符合以下要求的独立的电源：

（i）提供 10±1 分钟的电源支持驾驶舱录音机和安装在驾驶舱的区域话筒；

（ii）安装位置尽可能靠近驾驶舱录音机；和

（iii）如果发生了驾驶舱录音机的所有其它电源由于正常关闭或任何其它电气汇流条的电源丢失引起的中断，驾驶舱录音机和座舱安装的区域话筒能够自动开启；和

（6）当两者都要求时，应当与飞行记录器分开放置在单独的容器中；如果只用于符合驾驶舱录音机的要求，可以安装一个组合装置。

（e）记录容器的位置和安装，必须能将坠撞冲击使该容器破裂，以及随之起火而毁坏记录的概率减至最小。

（1）除了本条（e）（2）的规定，记录器容器必须尽可能安装在后部，但不必装在增压舱之外，不得装在冲击时尾吊发动机可能撞坏容器的部位。

（2）如果安装了两个独立的数字飞行记录器和驾驶舱录音机组合装置，代替一个驾驶舱录音机和一个数字飞行记录器，已安装的符合驾驶舱录音机要求的组合装置，可放置在驾驶舱附近。

（f）如果驾驶舱录音机装有抹音装置，其安装设计必须使误动的概率以及在撞

损冲击时抹音装置工作的概率减至最小。

(g) 每个记录容器必须符合下列规定：

(1) 外观为鲜橙色或鲜黄色；

(2) 在其外表面固定有反射条，以利于发现它在水下的位置；

(3) 当中国民用航空规章的营运规则有要求时，在容器上装有或联有水下定位装置，其固定方式要保证在撞损冲击时不大可能分离。

〔中国民用航空局 1990 年 7 月 18 日第一次修订，2011 年 11 月 7 日第四次修订〕

1.2 条款背景

制定第 25.1457 条的目的是对飞机驾驶舱录音机提出要求。同时对驾驶舱录音机功能、防止毁坏、安装及外观等多个方面提出具体要求。

1.3 条款历史

第 25.1457 条在 CCAR25 部初版首次发布，截至 CCAR - 25 - R4，该条款共修订过 2 次，如表 1 - 1 所示。

表 1 - 1 第 25.1457 条条款历史

第 25.1457 条	CCAR25 部版本	相关 14 CFR 修正案	备　注
首次发布	初版	25 - 41	
第 1 次修订	R1	25 - 65	
第 2 次修订	R4	25 - 124	

1.3.1 首次发布

1985 年 12 月 31 日发布了 CCAR25 部初版，其中包含第 25.1457 条，该条款参考 1977 年 7 月 18 日发布的 14 CFR 修正案 25 - 41 的内容制定，新增了关于驾驶舱录音机的相关要求。

1.3.2 第 1 次修订

1990 年 7 月 18 日发布的 CCAR - 25 - R1 对第 25.1457 条进行了第 1 次修订，本次修订参考 14 CFR 修正案 25 - 65 的内容：该修正案主要修订驾驶舱录音机的安装和颜色要求。

1.3.3 第 2 次修订

2011 年 11 月 7 日发布的 CCAR - 25 - R4 对第 25.1457 条进行了第 2 次修订，本次修订参考 14 CFR 修正案 25 - 124 的内容：该修正案修改了驾驶舱录音机（CVR）和数字式飞行数据记录器（DFDR）规章要求，增加了某些 CVR 记录的持续时间、DFDR 参数的数据记录速率和 DFDR 与 CVR 之间的物理间隔要求。

2　条款解读

2.1　条款要求

第 25.1457 条对驾驶舱录音机的安装要求、不同通道所录信号的声源（包括新增的数据链通信记录要求）、抹音装置的安装要求、驾驶舱录音机独立电源、组合式记录器、记录容器的位置、安装及外观都做了要求。

第 25.1457(a) 款规定了 CVR 设备本身必须经过批准，其安装应能记录 6 种信息。此款要求驾驶舱录音机必须经过批准，指根据 TSO‐C123b(或其他等效标准)的要求对驾驶舱录音机进行设计和制造和批准。在 CCAR‐25‐R4 版本中新增的第 25.1457(a)(6) 项，因为不同的数据链通信可能包含的内容不同，所以局方规定在特定型号的合格审定过程中由审查代表确定所需记录的数据信息集；第二句中代表的含义是：信号从被飞机接收一直到显示给飞行机组经历了三个阶段，分别是信号从外部传到飞机时，信号经过转换传送到显示器时，以及最终显示给飞行机组时，而此款的要求是将传送到显示器的信号记录下来。

第 25.1457(b) 款主要对驾驶舱内的区域话筒进行了规定，要求在驾驶舱内安装一只区域话筒，用于记录飞行机组成员间的对话，话筒的最佳位置一般在通过正、副驾驶员正常就座位置的垂直平面的前方，且话筒朝向机组成员。

第 25.1457(c) 款规定了四种通道所应记录的不同声源。侧音：通信术语，通常指在终端设备(例如电话机)中，发端信号经处理后，其中一部分回馈到自身接收电话的那部分信号。在电话机中，原始话音通过送话器把声音信号转化为电信号，经通信线路一路传送到对方，一路回传到本方受话器，使讲话人能听到自己的声音，这就是侧音。

第 25.1457(d) 款规定了驾驶舱录音机的安装要求，包括对新增的独立电源的要求。

(1) 第 25.1457(d)(1) 项中"最为可靠的汇流条"并未强制要求连接到哪一个汇流条，可通过电气负载分析和系统安全性评估等工作确定，"尽可能长时间地保持电力"是要求飞机制造商根据机型的具体设计，选定记录器所接的汇流条。最理想的设计为：将 CVR 接到最可靠的应急汇流条上，这样既可保证 CVR 的供电最可靠且会长时间供电。但鉴于飞机设计不同，某些飞机的应急汇流条可能容量不足以再承担 CVR，因此，并不强制要求将 CVR 接到应急汇流条上，而只是要求在切断应急汇流条之前，应保证 CVR 是最后被切断的设备。

(2) 第 25.1457(d)(4) 项，中文原文为"不能停用驾驶舱语音记录器和飞行数据记录器"，而根据对 FAA 规章中英文原文的理解，此处强调的是记录器以外的单一电气故障不会同时使驾驶舱录音机和飞行数据记录器停止工作。

(3) 第 25.1457(d)(5)(i) 目原文为"提供 10±1 分钟的电源支持驾驶舱语音记

录器和安装在驾驶舱的区域话筒",解释为"能向驾驶舱录音机和安装在驾驶舱的区域话筒提供 10±1 分钟的电源"。

(4) 第 25.1457(d)(5)(ii)目中独立电源的安装位置,规章要求为"尽可能靠近驾驶舱录音机",这一构型将使 CVR 和独立电源之间的距离以及所需导线的数量最小,并在主电源丢失和独立电源部件接通时降低电源故障影响 CVR 的潜在可能性。至于是将独立电源集成到 CVR 部件中去还是将它们作为独立的部件,并没有强制规定。TSO - C155 和 ARINC777 允许将独立电源作为一个组合部件或作为一个单独的独立部件来合格审定。若为独立部件,须满足"尽可能靠近"的规章要求,"独立的电源"指此独立电源仅仅供驾驶舱录音机和区域话筒使用,无其他用途。

(5) 第 25.1457(d)(5)(iii)目原文为"如果发生了驾驶舱录音机的所有其他电源由于正常关闭或任何其它电气汇流条的电源丢失引起的中断,驾驶舱录音机和座舱安装的区域话筒能够自动开启",解释为"当驾驶舱录音机的所有其他供电由于电源正常关断或电源汇流条的任何供电丢失而中断时,驾驶舱录音机和安装在驾驶舱内的区域话筒能自动切换到独立电源"。

(6) 第 25.1457(d)(6)项原文为"当两者都要求时,应当与飞行器记录器分开放置在单独的容器中","分开放置"解释为"分别置于单独的容器中"。

第 25.1457(e)款规定了记录容器的位置和安装要求。破裂或毁坏记录的概率减至最小,在选择安装位置时,一般作如下考虑。

(1) 录音机安装的纵向安装位置在机身增压舱后部 15% 长度范围内,或后密封隔框之后。

(2) 录音机安装的垂向位置应该在离飞机对称中心线机身下部外形轮廓线至少 24 英寸处。

(3) 第 25.1457(d)(6)项原文为"当两者都要求时,应当与飞行数据记录器分开存放","分开存放"解释为"分别置于单独的容器中"驾驶舱录音机装在所选位置时,被所装行李、货物、尾吊发动机和损坏的构件撞毁的概率为最小。

第 25.1457(f)款规定了抹音装置的安装设计要求。抹音装置的安装要使其误动的概率最小,为满足概率最小的要求,应考虑下述内容。

(1) 它的安装使得任何可能的误动作都不会导致录音内容被抹去。

(2) 如果抹音装置是同飞机的地面控制继电器、起落架减震支柱控制的安全电门或地面电源继电器相连接的,则应加装一个串联开关,此开关需人工操作后才能启动抹音装置工作。

第 25.1457(g)款规定记录容器的外观为鲜橙色和鲜黄色,外表面固定有反射条以及安装水下定位器等要求。

2.2 相关条款

与第 25.1457 条相关的条款如表 2-1 所示。

表 2-1 第 25.1457 条相关条款

序 号	相关条款	相 关 性
1	第 25.1301(a)(4)项	第 25.1301(a)(4)项为所安装的设备在安装后功能正常,对第 25.1457 条驾驶舱录音机的安装提出了要求
2	第 25.1309 条	第 25.1309 条对所有设备和系统、安装提出要求,因此与第 25.1457 条相关

3 验证过程

3.1 验证对象

第 25.1457 条的验证对象为驾驶舱录音机。

3.2 符合性验证思路

针对第 25.1457(a)款,通过驾驶舱语音记录系统设计描述、飞行试验及设备鉴定试验表明驾驶舱录音机已经过批准,能够记录条款所要求的信息。

针对第 25.1457(b)款,通过驾驶舱语音记录系统设计描述、飞行试验表明在驾驶舱内已安装一只区域话筒来满足本条驾驶舱内飞行机组成员的对话的记录要求。

针对第 25.1457(c)款,通过驾驶舱语音记录系统设计描述、机上地面试验表明明每台驾驶舱录音机的安装必须将通话或音频信号根据不同声源分别录在条款要求的不同通道上。

针对第 25.1457(d)款,通过驾驶舱语音记录系统设计描述、实验室试验、机上检查、设备鉴定试验表明驾驶舱语音记录器安装符合要求。

针对第 25.1457(e)款,通过驾驶舱语音记录系统设计描述表明驾驶舱语音记录器的位置和安装,使得撞损冲击不能使该容器破裂,并且随之起火而毁坏记录。

针对第 25.1457(f)款,通过驾驶舱语音记录系统设计描述表明驾驶舱语音记录器如果装有抹音装置,可以使误动的概率以及在撞损冲击时抹音装置工作的概率几乎为零。

针对第 25.1457(g)款,通过驾驶舱语音记录系统设计描述表明驾驶舱语音记录器符合外观要求。

3.3 符合性验证方法

通常,针对第 25.1457 条的符合性验证方法如表 3-1 所示。

表 3 - 1　建议的符合性方法表

条 款 号	专 业	符 合 性 方 法										备 注
		0	1	2	3	4	5	6	7	8	9	
第 25.1457(a)款	驾驶舱语音记录		1					6			9	
第 25.1457(b)款	驾驶舱语音记录		1					6				
第 25.1457(c)款	驾驶舱语音记录		1				5					
第 25.1457(d)款	驾驶舱语音记录		1			4				7	9	
第 25.1457(e)款	驾驶舱语音记录		1									
第 25.1457(f)款	驾驶舱语音记录		1									
第 25.1457(g)款	驾驶舱语音记录		1								9	

3.4　符合性验证说明

3.4.1　第 25.1457(a)款符合性验证说明

针对第 25.1457(a)款,采用的符合性验证方法包括 MOC1、MOC6 和 MOC9,各项验证具体工作如下:

1) MOC1 验证过程

通过驾驶舱语音记录系统设计描述说明系统按 TSO - C123b 标准设计并安装驾驶舱语音记录器,说明记录器的记录准则、安装位置与工作原理。

2) MOC6 验证过程

驾驶舱语音记录系统通过飞行试验,试验结果表明记录器能够记录如下信息:

(1) 机组人员用氧气面罩麦克风、悬臂式话筒耳机组和手持话筒在飞行及地面工作时进行的通话。

(2) 在巡航过程中每位机组成员的无线电发射通话。

(3) 在着陆进场中导航辅助设备的识别声音信号。

(4) 在适当的飞行阶段中选择的声音警告信号。

(5) 在飞行过程中收发的甚高频数据链报文信息。

在飞行试验中,切断 CVR 电源 10 分钟,然后观察 CAS 信息提示功能,确认功能正常。

3) MOC9 验证过程

驾驶舱语音记录器按 TSO - C123b 进行设计、制造和验证,若此设备在其他国家研制,需首先取得制造国的 TSOA,然后取得中国的 VDA。同时此设备还需获得在飞机上的安装验证。

3.4.2　第 25.1457(b)款符合性验证说明

针对第 25.1457(b)款采用的符合性验证方法包括 MOC1 和 MOC6,各项验证工作具体如下:

1）MOC1 验证过程

在驾驶舱语音记录系统设计描述中说明在驾驶舱内安装一只区域话筒,用于记录飞行机组成员间的对话,话筒的最佳位置设置在通过正、副驾驶员正常就座位置的垂直平面的前方,且话筒朝向机组成员。说明为避免飞行中驾驶舱噪声的影响、增加记录的精准度,设置有录音机的前置放大器和滤波器等措施,一般会配置一个记录器控制板,以提供驾驶舱语音记录系统自测试功能以及抹音功能。还需说明对录音记录评价可懂度的方法,通过反复重放记录的方式,用听觉或目视进行判断。

2）MOC6 验证过程

在飞行试验中,验证以下内容。

（1）可以记录机组人员用氧气面罩麦克风、悬臂式话筒耳机组和手持话筒在空中及地面工作时进行的通话。

（2）可以记录在巡航过程中每位机组成员的无线电发射通话。

（3）机组人员对录音的可读度认可。

3.4.3　第 25.1457(c)款符合性验证说明

针对第 25.1457(c)款,采用的符合性验证方法包括 MOC1 和 MOC5,各项验证工作具体如下:

1）MOC1 验证过程

在驾驶舱语音记录系统设计描述中说明每台驾驶舱录音机根据不同声源分别记录通话或音频信号的方式与逻辑。明确每台录音机的安装调试及记录要求。

（1）第一通道记录信息来自正驾驶员工作位置上的每个吊杆式、氧气面罩式或手持式话筒、耳机或扬声器。

（2）第二通道记录信息来自副驾驶员工作位置上的每个吊杆式、氧气面罩式或手持式话筒、耳机或扬声器。

（3）第三通道记录信息来自安装在驾驶舱内的区域话筒。

（4）第四通道记录信息:

（a）来自第三名和第四名机组成员工作位置上的每个吊杆式、氧气面罩式或手持式话筒、耳机或扬声器。

（b）来自驾驶舱内与旅客广播系统一起使用的每个话筒,如果此信号未被别的通道所拾取。

2）MOC5 验证过程

驾驶舱语音记录系统通过机上地面试验对各通道进行逐一试验以表明第一通道记录来自驾驶员工作位置上的每个吊杆式、氧气面罩式或手持式话筒、耳机或扬声器的通话或音频信号,第二通道记录来自正驾驶员工作位置上的每个吊杆式、氧气面罩式或手持式话筒、耳机或扬声器的通话或音频信号,第三通道记录来自安装在驾驶舱内的区域话筒的通话或音频信号,第四通道记录来自第三名和第四名机组成员工作位置上的每个吊杆式、氧气面罩式或手持式话筒、耳机或扬声器；来自驾驶舱内与旅客广播系统一起使用的每个话筒，如果此信号未被别的通道所拾取，且表明不论机内通话话筒按键开关处于何种位置，语音记录器都不间断的记录话筒接收到的所有声音。

3.4.4 第25.1457(d)款符合性验证说明

第25.1457(d)款采用的符合性验证方法包括 MOC1、MOC4、MOC7 和 MOC9，各项验证工作具体如下：

1) MOC1 验证过程

通过驾驶舱语音记录系统设计描述说明为驾驶舱语音记录系统设置了独立电源，其为驾驶舱录音机的工作供电的汇流条可靠，工作时不危及对重要负载或应急负载的供电；备有自动装置，在撞损冲击后 10 分钟内，能使录音机停止工作并停止各抹音装置的功能；备有音响或目视装置，能在飞行前检查录音机工作是否正常。

2) MOC4 验证过程

通过驾驶舱语音记录系统实验室试验表明音频记录器自动停止功能正常，记录器停止工作后确实无法抹音。

3) MOC7 验证过程

通过驾驶舱语音记录系统机上检查，确认备有音响或目视装置供飞行员在飞行前检查驾驶舱语音记录系统是否工作正常。

4) MOC9 验证过程

记录器独立电源按 TSO-C155a 进行设计、制造和验证，若此设备在其他国家研制，需首先取得制造国的 TSOA，然后取得中国的 VDA。同时此设备还需获得在飞机上的安装验证。

3.4.5 第25.1457(e)款符合性验证说明

第25.1457(e)款采用的符合性验证方法为 MOC1：

可通过驾驶舱语音记录系统设计描述说明驾驶舱语音记录系统在设计时对其位置和安装的考虑，以确保将坠撞冲击使得驾驶舱语音记录器破裂，以及随之起火的概率降至最小。

3.4.6 第25.1457(f)款符合性验证说明

第25.1457(f)款采用的符合性验证方法为 MOC1：

通过驾驶舱语音记录系统设计描述说明驾驶舱语音记录系统设计的避免抹音误动及撞损冲击抹音的功能与要求。

3.4.7 第25.1457(g)款符合性验证说明

第25.1457(g)款采用的符合性验证方法为 MOC1 和 MOC9：

1) MOC1 验证过程

通过驾驶舱语音记录系统设计描述说明驾驶舱语音记录系统设计为外观为鲜橙色或鲜黄色，且外表面固定有反射条，驾驶舱语音记录器上装有或联有水下定位装置,其固定装置可承受撞损冲击。

2) MOC9 验证过程

水下定位装置按 TSO-C121b 进行设计、制造和验证,若此设备在其他国家研制,需首先取得制造国的 TSOA,然后取得中国的 VDA。同时此设备还需获得在飞机上的安装验证。

3.5 符合性文件清单

通常,针对第 25.1457 条的符合性文件清单如表 3-2 所示。

表 3-2 建议的符合性文件清单

序 号	符 合 性 报 告	符合性方法
1	驾驶舱语音记录系统设计描述	MOC1
2	驾驶舱语音记录系统实验室试验大纲	MOC4
3	驾驶舱语音记录系统实验室试验报告	MOC4
4	驾驶舱语音记录系统机上地面试验大纲	MOC5
5	驾驶舱语音记录系统机上地面试验报告	MOC5
6	驾驶舱语音记录系统飞行试验大纲	MOC6
7	驾驶舱语音记录系统飞行试验报告	MOC6
8	驾驶舱语音记录系统机上检查大纲	MOC7
9	驾驶舱语音记录系统机上检查报告	MOC7
10	驾驶舱语音记录系统设备 TSOA	MOC9

4 符合性判据

(1)驾驶舱语音记录器、记录器独立电源和水下定位装置等 TSO 产品获得 TSOA、VDA。

(2)驾驶舱语音记录系统的安装符合设计要求。

(3)可记录通过无线电在飞机上发出或收到的通话、驾驶舱内飞行机组成员的对话、驾驶舱内飞行机组成员的对话、驾驶舱内飞行机组成员的对话、驾驶舱内飞行机组成员使用飞机内话系统时的通话、进入耳机或扬声器中的导航或进场设备的通话或音频识别信号、飞行机组成员使用旅客广播系统时的通话、飞行机组成员使用旅客广播系统时的通话、数据链通信。

(4)在驾驶舱内安装有一只区域话筒,话筒工作正常,能够通过此话筒传送正、副驾驶员工作位置上进行的对话,以及驾驶舱内其他机组成员面向正、副驾驶员工作位置时的对话,话筒的定位能够使得在飞行中驾驶舱噪声条件下所记录和重放的录音通信的可懂度尽可能高。

(5)在每台驾驶舱录音机根据不同声源分别记录通话或音频信号在下列通

道上：

a. 第一通道，来自正驾驶员工作位置上的每个吊杆式、氧气面罩式或手持式话筒、耳机或扬声器；

b. 第二通道，来自副驾驶员工作位置上的每个吊杆式、氧气面罩式或手持式话筒、耳机或扬声器；

c. 第三通道，来自安装在驾驶舱内的区域话筒；

d. 第四通道：

(a) 来自第三和第四名机组成员工作位置上的每个吊杆式、氧气面罩式或手持式话筒、耳机或扬声器；

(b) 来自驾驶舱内与旅客广播系统一起使用的每个话筒，如果此信号未被别的通道所拾取。

(6) 具备在机内通话话筒按键开关置于任何位置时，均可将话筒接收到的所有声音尽可能不间断地记录的功能。

(7) 每台驾驶舱语音记录器的安装设置为有可靠的汇流条保证供电；备有自动装置，在撞损冲击后10分钟内，能使录音机停止工作并停止各抹音装置的功能；备有音响或目视装置，可在飞行前检查录音机工作正常是否；其他单一电气故障，不影响驾驶舱录音机和驾驶舱语音记录器工作。

(8) 设置有符合以下要求的独立的电源：

a. 提供 10 ± 1 分钟的电源支持驾驶舱录音机和安装在驾驶舱的区域话筒；

b. 驾驶舱录音机和座舱安装的区域话筒能够自动开启。

(9) 驾驶舱录音系统的位置和安装，可避免驾驶舱记录机因坠撞冲击使该容器破裂，以及随之起火而毁坏记录。

(10) 驾驶舱录音记录器设计有抹音装置，已保证其安装设计能够避免误动以及在撞损冲击时抹音。

(11) 每个记录器设计为外观为鲜橙色或鲜黄色；在其外表面固定有反射条；装有或联有水下定位装置。

参考文献

[1]　14 CFR 修正案 25 - 2 Cockpit Voice Recorders [S].

[2]　14 CFR 修正案 25 - 16 Cockpit Voice Recorders [S].

[3]　14 CFR 修正案 25 - 65 Cockpit Voice Recorders (CVR) and Flight Recorders [S].

[4]　14 CFR 修正案 25 - 124 Revisions to Cockpit Voice Recorder and Digital Flight Data Recorder Regulations [S].

[5]　14 CFR 修正案 25 - 41 Airworthiness Review Program, Amendment No. 5; Equipment and Systems Amendments [S].

[6]　FAA. AC25. 1457 - 1A Cockpit Voice Recorder Installations [S]. 1969.

[7] FAA. AC20 - 140C Guidelines for Design Approval of Aircraft Data Link Communication Systems Supporting Air Traffic Services (ATS) [S]. 2016.

[8] FAA. AC20 - 150B Airworthiness Approval of Satellite Voice (SATVOICE) Equipment Supporting Air Traffic Service (ATS) Communication [S]. 2014.

[9] FAA. AC20 - 160 Onboard Recording of Controller Pilot Data Link Communication (CPDLC) in Crash Survivable Memory [S]. 2016.

[10] EUROCAE. ED - 112 Minimum Operational Performance Specification for Crash Protected Airborne Recorder Systems [S].

[11] FAA. TSO - C121a Underwater Locating Devices (acoustic) (self-powered) [S].

[12] FAA. TSO - C123b Cockpit Voice Recorder Equipment [S].

[13] FAA. TSO - C155 Recorder Independent Power Supply [S].

[14] FAA. TSO - C157 Aircraft Flight Information Services-broadcast (FIS - B) Data Link Systems [S].

[15] FAA. TSO - C158 Aeronautical Mobile High Frequency Data Link (HFDL) equipment [S].

[16] FAA. TSO - C176 Aircraft Cockpit Image Recorder Systems [S].

[17] FAA. TSO - C177 Data Link Recorder Systems [S].

运输类飞机适航标准 第 25.1459 条符合性验证

1 条款介绍

1.1 条款原文

第 25.1459 条 飞行记录器

(a) 中国民用航空规章营运规则所要求的每一飞行记录器的安装必须满足下列要求：

(1) 飞行记录器应获得空速、高度和航向数据，数据的来源符合第 25.1323 条、第 25.1325 条和第 25.1327 条中相应的精度要求；

(2) 垂直加速度传感器应刚性固定，其纵向位置在批准的飞机重心范围之内，或在这一范围前或后不超过飞机平均气动力弦 25％处；

(3)(i) 其供电应来自对飞行记录器的工作最为可靠的汇流条，而不危及对重要负载或应急负载的供电；

(ii) 飞行记录器必须尽可能长时间地保持电力，又不危及飞机的应急操作。

(4) 应备有音响或目视装置，能在飞行前检查记录器是否正常在储存装置中记录数据。

(5) 除了由发动机驱动的发电机系统单独供电的记录器外，应备有自动装置，在撞损冲击后 10 分钟内，能使具有数据抹除装置的记录器停止工作并停止各抹除装置的功能；

(6) 应备有记录下述信息的手段，能够由该信息来确定同空中交通管制中心进行每一次无线电联络的时间。

(7) 任何记录器以外的单一电气故障，不能使驾驶舱录音机和飞行记录器停止工作；且

(8) 当两者都要求时，应当与驾驶舱录音机分开放置在单独的容器中；如果只用于符合飞行记录器的要求，可以安装一个组合装置。如果安装一个组合装置是为了驾驶舱录音机符合 25.1457(e)(2)条，那么组合装置必须符合本飞行记录器的要求。

（b）每个非弹出式记录器容器的位置和安装必须能将撞损冲击使该容器破裂，以及随之起火而毁坏记录的概率减至最小。为满足这一要求，该容器必须尽可能安装在后部，但不得装在冲击时尾吊发动机可能撞坏容器的部位（不必装在增压舱之后）。

（c）必须确定飞行记录器的空速、高度和航向读数同正驾驶员仪表上相应读数（考虑修正系数）之间的相互关系，此关系必须复盖飞机飞行的空速范围、飞机的高度限制范围和 360°航向范围，相互关系可在地面上用合适的方法确定。

（d）每个记录容器必须符合下列规定：

（1）外观为鲜橙色或鲜黄色；

（2）在其外表面固定有反射条，以利于发现它在水下的位置；

（3）当中国民用航空规章的营运规则有要求时，在容器上装有或联有水下定位装置，其固定方式要保证在撞损冲击时不大可能分离。

（e）应对飞机的任何新颖或独持的①设计或使用特性进行评价，以决定是否有专用参数必须记录在飞行记录器上以增加或代替现有要求。

〔中国民用航空局 1990 年 7 月 18 日第一次修订，2011 年 11 月 7 日第四次修订〕

1.2 条款背景

第 25.1459 条对飞机飞行记录器提出了要求。同时，对飞行记录器的功能、防止毁坏、安装及外观等多个方面又提出了具体要求。

1.3 条款历史

第 25.1459 条在 CCAR25 部初版首次发布，截至 CCAR-25-R4，该条款共修订过 2 次，如表 1-1 所示。

表 1-1　第 25.1459 条条款历史

第 25.1459 条	CCAR25 部版本	相关 14 CFR 修正案	备　注
首次发布	初版	—	
第 1 次修订	R1	25-65	
第 2 次修订	R4	25-124	

1.3.1　首次发布

1985 年 12 月 31 日发布了 CCAR25 部初版，其中包含第 25.1459 条，该条款 14 CFR PART 25 中的 §25.1459 的内容制定。

1.3.2　第 1 次修订

1990 年 7 月 18 日发布的 CCAR-25-R1 对第 25.1459 条进行了第 1 次修订，

---

① 应为"独特的"，原条款如此。——编注

本次修订参考了 14 CFR 修正案 25 - 65 的内容。该修正案增加 121 部对 1969 年 9 月 30 日以后颁发型号合格证的大型涡轮发动机作动力的飞机,或合格审定为在 25 000 英尺以上高度运行的大型飞机所要求记录的飞行数据;更改记录数据的保存期要求。

1.3.3 第 2 次修订

2011 年 11 月 7 日发布的 CCAR - 25 - R4 对第 25.1459 条进行了第 2 次修订,本次修订参考了 14 CFR 修正案 25 - 124 的内容。修改了驾驶舱录音机(CVR)和数字式飞行数据记录器(DFDR)等要求。

2 条款要求

2.1 条款解读

第 25.1459(a)款中"最为可靠的汇流条"同第 25.1457 条的要求一样,并未强制要求连接到哪一个汇流条,可通过电气负载分析和系统安全性评估等工作确定;"尽可能长时间地保持电力"是要求飞机制造商根据机型的具体设计,选定记录器所接的汇流条。最理想的设计为:将飞行数据记录器(FDR)接到最可靠的应急汇流条上,这样即可保证 FDR 的供电最可靠且会长时间供电。但鉴于飞机设计不同,某些飞机的应急汇流条可能容量不足以再承担 FDR,因此,并不强制要求将 FDR 接到应急汇流条上,而只是要求在切断应急汇流条之前,应保证 FDR 是最后被切断的设备。

第 25.1459(b)款同第 25.1457 条要求一样,为满足破裂或毁坏记录的概率减至最小,在选择安装位置时,一般作如下考虑:FDR 安装的纵向安装位置在机身增压舱后部 15% 长度范围内,或后密封隔框之后;FDR 安装的垂向位置应该在离飞机对称中心线机身下部外形轮廓线至少 24。

第 25.1459(c)款要求必须确定飞行记录器的空速、高度和航向读数同正驾驶仪表上的相应读数之间的关系,并且要求该关系必须覆盖飞机飞行的空速范围、飞机的高度限制等。

第 25.1459(d)款要求每个记录器必须:外观为鲜橙色或鲜黄色;其外表固定有反射条;当运营规则有要求时,在容器上装有或联有水下定位装置,且要求固定方式在撞损冲击时不大可能分离。

第 25.1459(e)款要求对飞机的任何新颖或独特的设计或使用特性进行评价,以决定是否有专用参数必须记录在飞行记录器上以增加或代替现有要求。

2.2 相关条款

与第 25.1459 条相关的条款如表 2 - 1 所示。

表 2 - 1 第 25.1459 条相关条款

序 号	相 关 条 款	相 关 性
1	第 25.1301(a)(4)项	第 25.1301(a)(4)项为所安装的设备在安装后功能正常,对第 25.1459 条驾飞行记录器的安装提出了要求
2	第 25.1309 条	第 25.1309 条对所有设备和系统、安装提出要求,因此与第 25.1459 条相关
3	第 25.1323 条	数据来源应符合第 25.1323 条的要求因此与第 25.1459 条相关
4	第 25.1325 条	数据来源应符合第 25.1325 条的要求因此与第 25.1459 条相关
5	第 25.1327 条	数据来源应符合第 25.1327 条的要求因此与第 25.1459 条相关

3 验证过程

3.1 验证对象

第 25.1459 条的验证对象为飞行数据记录器。

3.2 符合性验证思路

针对第 25.1459(a)(1)项,通过系统设计描述、飞行试验及设备鉴定试验表明飞行数据记录器能获得空速、高度和航向数据,且符合相应的精度要求。

针对第 25.1459(a)(2)项,通过系统设计描述、飞行试验及设备鉴定试验表明飞行数据记录器符合垂直加速度传感器刚性固定等要求。

针对第 25.1459(a)(3)项至第 25.1459(a)(6)项通过系统设计描述及设备鉴定试验表明飞行数据记录器的设计、安装与功能。

针对第 25.1459(a)(7)项,通过系统设计描述、飞行试验及设备鉴定试验表明飞行数据记录器的工作性能,工作可靠性。

针对第 25.1459(a)(8)项,通过系统设计描述、设备鉴定试验表明飞行数据记录器与驾驶舱语音记录器的安装形式和相互关系。

针对第 25.1459(b)款,通过系统设计描述表明非弹出式的语音记录容器的位置和安装,说明其抗损伤能力。

针对第 25.1459(c)款,通过系统设计描述、飞行试验表明已确定飞行数据记录器的空速、高度和航向读数同正驾驶员仪表上响应的读数关系,且此关系已覆盖飞机飞行的空速范围、飞机的高度限制范围和 360°航向范围。

针对第 25.1459(d)款,通过系统设计描述、设备鉴定试验表明飞行数据记录器的外观颜色、反射条和水下定位装置等。

针对第 25.1459(e)款,通过系统设计描述说明飞机上使用的任何新颖或独特的设计,说明有何种专用参数必须记录在飞行记录器上。

3.3 符合性验证方法

通常,针对第25.1459条的符合性验证方法如表3-1所示。

表 3 - 1　建议的符合性方法

条　款　号	专　业	符 合 性 方 法										备　注
		0	1	2	3	4	5	6	7	8	9	
第 25.1459(a)(1)、(2)、(7)项	飞行记录		1					6			9	
第 25.1459(a)(3)、(4)、(5)、(6)、(8)项	飞行记录		1								9	
第 25.1459(b)款	飞行记录		1									
第 25.1459(c)款	飞行记录		1					6				
第 25.1459(d)款	飞行记录		1								9	
第 25.1459(e)款	飞行记录		1									

3.4 符合性验证说明

3.4.1　第25.1459(a)(1)项符合性验证说明

针对第25.1459(a)(1)项,采用的符合性验证方法包括 MOC1、MOC6 和 MOC9,各项验证具体工作如下:

1) MOC1 验证过程

通过在系统设计描述中说明飞行数据记录器需记录哪些数据,记录的方式,数据记录的精度等,尤其要说明必须获得空速、高度和航向数据,这些数据符合第25.1323条、第25.1325条和第25.1327条相应的精度要求。

2) MOC6 验证过程

飞行数据记录系统通过飞行试验,采用飞行完成后下载 FDR 和 QAR 数据,使用专用软件进行处理,对飞参数据和相应测试数据进行对比来表明飞行数据记录器所获得的空速、高度和航向等数据,满足第25.1323条、第25.1325条和第25.1327条中相应的精度要求。

3) MOC9 验证过程

飞行数据记录器按 TSO - C124b、TSO - C177 进行设计、制造和验证,若此设备在其他国家研制,首先取得制造国的 TSOA,然后取得中国的 VDA。同时此设备还需获得在飞机上的安装验证。

3.4.2　第25.1459(a)(2)项符合性验证说明

针对第25.1459(a)(2)项,采用的符合性验证方法包括 MOC1、MOC6 和 MOC9,各项验证工作具体如下:

1）MOC1 验证过程

通过在系统设计描述中说明飞行数据记录系统中垂直加速度传感器的安装要求，确定必须采用刚性的固定方式，其纵向位置必须在批准的飞机重心范围之内，或在重心范围前或后不超过飞机平均气动力弦 25％处。

2）MOC6 验证过程

通过飞行记录系统飞行试验，测试垂直速度传感器的纵向位置，以确定其位置是否在飞机重心范围之内，或在这一范围前后不超过飞机平均气动力弦 25％处。

3）MOC9 验证过程

飞行数据记录器通过取得 FAA TSOA 来表明对第 25.1459（a）（2）项的符合性。

3.4.3　第 25.1459（a）（3）项至第 25.1459（a）（6）项符合性验证说明

针对第 25.1459（a）（3）项至第 25.1459（a）（6）项，采用的符合性验证方法包括 MOC1 和 MOC9，各项验证工作具体如下：

1）MOC1 验证过程

通过在系统设计描述中说明飞行记录系统满足如下要求：

（a）供电来自对飞行记录器的工作最为可靠的汇流条，而不危及对重要负载或应急负载的供电。

（b）备有音响或目视装置，且能在飞行前检查记录器是否正常在储存装置中记录数据。

（c）除了由发动机驱动的发电机系统单独供电的记录器外，还备有自动装置，在撞损冲击后 10 分钟内，能使具有数据抹除装置的记录器停止工作并停止抹除装置的功能。

（d）备有记录信息的手段，能够由该信息来确定同空中交通管制中心进行每一次无线电联络的时间。

2）MOC9 验证过程

飞行数据记录器独立电源按 TSO‐C155a 进行设计、制造和验证，若此设备在其他国家研制，首先取得制造国的 TSOA，然后取得中国的 VDA。同时此设备还需获得在飞机上的安装验证。

3.4.4　第 25.1459（a）（7）项符合性验证说明

针对第 25.1459（a）（7）项，采用的符合性验证方法包括 MOC1、MOC6 和 MOC9，各项验证工作具体如下：

1）MOC1 验证过程

通过系统设计描述说明飞行记录器的设计能够使得飞行记录器以外的单一电气故障不影响驾驶舱语音记录器和飞行数据记录器正常工作。

2）MOC6 验证过程

通过飞行数据记录器飞行试验，测试在其他单一电气故障时驾驶舱语音记录器和飞行数据记录器是否工作正常来验证。

3) MOC9 验证过程

飞行数据记录器按 TSO - C124b、TSO - C177 进行设计、制造和验证,若此设备在其他国家研制,首先取得制造国的 TSOA,然后取得中国的 VDA。同时此设备还需获得在飞机上的安装验证。

3.4.5 第 25.1459(a)(8)项符合性验证说明

针对第 25.1459(a)(8)项,采用的符合性验证方法为 MOC1,验证具体工作为通过飞行数据记录系统描述文件说明驾驶舱语音记录器与飞行数据记录器两者相互间的安装关系,可以分别配备单独的安装容器,亦可配备组合的安装容器,给出这两种安装的要求,与供电的关系等。

3.4.6 第 25.1459(b)款符合性验证说明

针对第 25.1459(b)款,采用的符合性验证方法为 MOC1,验证的具体工作为通过飞行数据记录系统设计描述文件说明飞行数据记录器安装位置及安装方式。通常飞机上的飞行数据记录器安装在机身后部,安装容器设置成具备足够的刚度与强度,能抗撞损冲击而不破裂,同时采用耐火材料降低发生因起火而毁坏记录事件。

3.4.7 第 25.1459(c)款符合性验证说明

针对第 25.1459(c)款,采用的符合性验证方法包括 MOC1 和 MOC6,各项验证具体工作如下:

1) MOC1 验证过程

通过系统设计描述说明飞行记录器的设计能够使得确定飞行记录器的空速、高度和航向读数同正驾驶员仪表上相应读数(考虑修正系数)之间的相互关系,且此关系覆盖飞机飞行的空速范围、飞机的高度限制范围和 360°航向范围。

2) MOC6 验证过程

通过飞行数据记录器飞行试验,采用飞行完成后下载 FDR 和 QAR 数据,并用专用软件进行处理来验证飞行记录器的空速、高度和航向读数同正驾驶员仪表上相应读数(考虑修正系数)之间的相互关系,且此关系覆盖飞机飞行的空速范围、飞机的高度限制范围和 360°航向范围。

3.4.8 第 25.1459(d)款符合性验证说明

针对第 25.1459(d)款,采用的符合性验证方法包括 MOC1 和 MOC9,各项验证具体工作如下:

1) MOC1 验证过程

通过飞行记录系统设计描述说明飞行数据记录器设计为外观为鲜橙色或鲜黄色,且外表面固定有反射条,其上装有或联有水下定位装置,其固定装置可承受撞损冲击。

2) MOC9 验证过程

飞行数据记录器水下定位按照 TSO - C121b 进行设计、制造和验证,若此设备在其他国家研制,首先取得制造国的 TSOA,然后取得中国的 VDA。同时此设备还需获得在飞机上的安装验证。

3.4.9 第 25.1459(e)款符合性验证说明

针对第 25.1459(e)款,采用的符合性验证方法为 MOC1,验证具体工作为通过系统设计描述说明对飞行记录器的设计充分考虑了飞机的任何新颖或独特的设计或使用特性,采用评价的方式确定了相应的专用参数,明确这些专用参数必须记录在飞行记录器上。

3.5 符合性文件清单

通常,针对第 25.1459 条的符合性文件清单如表 3-2 所示。

表 3-2 建议的符合性文件清单

序 号	符 合 性 报 告	符合性方法
1	飞行数据纪录系统设计描述	MOC1
2	飞行数据记录系统试飞大纲	MOC6
3	飞行数据记录系统试飞报告	MOC6
4	飞行数据记录系统 TSOA	MOC9

4 符合性判据

(1) 飞行数据记录器、记录器独立电源和水下定位装置等 TSO 产品获得 TSOA、VDA。

(2) 飞行记录器能够获得空速、高度和航向数据,数据满足第 25.1323 条、第 25.1325 条和第 25.1327 条中的精度要求。

(3) 飞行记录器上的垂直加速度传感器采用刚性固定,其纵向位置在批准的飞机重心范围之内,或在这一范围前或后不超过飞机平均气动力弦 25%处。

(4) 为飞行记录器设计的供电功能可保证其正常或应急工作。

(5) 设置了飞行记录器的音响或目视装置,供机组人员在飞行前检查记录器。

(6) 飞行记录器设置有自动装置,在撞损冲击后 10 分钟内,能使具有数据抹除装置的记录器停止工作并停止抹除装置的功能。

(7) 飞行记录器设置有记录信息的手段,能够由该信息来确定同空中交通管制中心进行每一次无线电联络的时间。

(8) 设计有措施保证任何记录器以外的单一电气故障,不影响飞行数据记录器的使用。

(9) 确定了驾驶舱语音记录器与飞行数据记录器相互间的安装关系与方式:分开安装或组合安装。两种情况均说明了满足的要求。

(10) 针对每个非弹出式记录器容器的位置和安装,安装容器设置成具备足够的刚度与强度,能抗撞损冲击而不破裂,同时采用耐火材料。

(11)确定了飞行记录器的空速、高度和航向读数同正驾驶员仪表上相应读数(考虑修正系数)之间的相互关系,此关系能够覆盖飞机飞行的空速范围、飞机的高度限制范围和360°航向范围。

(12)每个记录器设计为外观为鲜橙色或鲜黄色;在其外表面固定有反射条;装有或联有水下定位装置。

(13)依据飞机使用的新颖或独特的设计,明确了需记录的专用参数要求。

参考文献

[1]　14 CFR 修正案 25 – 65 Cockpit Voice Recorders (CVR) and Flight Recorders [S].

[2]　14 CFR 修正案 25 – 124 Revisions to Cockpit Voice Recorder and Digital Flight Data Recorder Regulations [S].

[3]　FAA. AC25 – 23 Airworthiness Criteria for the Installation Approval of a Terrain Awareness and Warning System (TAWS) for Part 25 Airplanes [S]. 2000.

[4]　FAA. AC20 – 141B Guidelines for Design Approval of Aircraft Data Link Communication Systems Supporting Air Traffic Services (ATS) [S]. 2012.

[5]　FAA. AC20 – 140C Guidelines for Design Approval of Aircraft Data Link Communication Systems Supporting Air Traffic Services (ATS) [S]. 2016.

[6]　FAA. TSO – C121a Underwater locating devices (acoustic) (self-powered) [S].

[7]　FAA. TSO – C124b Flight data recorder equipment [S].

[8]　FAA. TSO – C155 Recorder independent power supply [S].

运输类飞机适航标准
第 25.1461 条符合性验证

1 条款介绍

1.1 条款原文

第 25.1461 条　含高能转子的设备

（a）含高能转子的设备必须符合本条（b）或（c），或（d）的规定。

（b）设备中的高能转子必须能承受因故障、振动、异常速度和异常温度引起的损伤。此外，还要满足下列要求：

（1）辅助转子机匣必须能包容住高能转子叶片破坏所引起的损伤；

（2）设备控制装置、系统和仪表设备必须合理地保证，在服役中不会超过影响高能转子完整性的使用限制。

（c）必须通过试验表明，含高能转子的设备能包容住高能转子在最高速度下发生的任何破坏（当正常的速度控制装置不工作时能达到的最高速度）。

（d）含高能转子的设备必须安装在转子破坏时既不会危及乘员，也不会对继续安全飞行有不利影响的部位。

1.2 条款背景

第 25.1461 条的目的是保证含高能转子设备的旋转部件在高速状态下发生故障后不会对系统、结构或者乘员造成不利的影响。根据经验，高能转子内储存能量的突然释放可能导致发动机或结构损坏、火灾或者造成乘员伤害。而第 25.1309 条只列出了针对所有类型设备的总体要求，这些总体要求并没有包含专门适用于高能转子设备的适航标准，因此有必要增加该条款。

1.3 条款历史

第 25.1461 条在 CCAR25 部初版首次发布，截至 CCAR-25-R4，该条款未进行过修订，如表 1-1 所示。

1985 年 12 月 31 日发布了 CCAR25 部初版，其中包含第 25.1461 条，该条款参考 14 CFR 修正案 25-41 的内容制定，该修正案增加了 §25.1461，规定对含高能转子设备故障的保护要求。

表 1 - 1　第 25.1461 条条款历史

第 25.1461 条	CCAR25 部版本	相关 14 CFR 修正案	备　注
首次发布	初版	25 - 41	

2　条款解读

2.1　条款要求

第 25.1461(a)款规定了含高能转子的设备必须符合(b)或(c),或(d)款中任何一款的规定。民用运输类飞机含高能转子的设备通常为:空调系统的空气循环机、再循环风扇、电子设备冷却风扇,电源系统的组合驱动发动机、辅助发电机,液压系统的电动液压泵,水废水系统的真空发生器,动力装置的起动机。

第 25.1461(b)款提出了三个方面的要求来保证设备的安全性,不但规定了转子机匣对"叶片"的包容性要求,还提出了对"转子"承受故障、振动、异常速度和异常温度的能力的要求,以及设备控制装置、系统和仪表设备在服役中不会超过高能转子完整性的使用限制。这是因为第 25.1461(b)(1)项仅规定了对"叶片"破坏的包容性要求,而转子机匣对"叶片"的包容能力显然还不足以保证在对"转子"破坏的包容能力。为了防止"转子"破坏,设备控制装置、系统和仪表设备必须保证设备的使用限制不会被超过,确保设备中的高能转子能承受因故障、振动、异常速度和异常温度引起的损伤。

第 25.1461(c)款对转子机匣的包容性提出了比第 25.1461(b)款更高的要求,但不需要对防止"转子"破坏进行更多的考虑。由于转子机匣有很好的包容性,即使"转子"破坏,也不会影响其他的系统或设备。

第 25.1461(d)款规定了高能转子非包容性的设计考虑。因为虽然通常情况下制造商会采取一定的预防措施,使设备转子机匣能包容住高能转子或叶片破坏所引起的损伤,但在有些情况下,由于考虑到重量、尺寸和经济性等各方面条件的限制,不宜使用这种包容性的设计思想。此时,可对受影响的相关系统和设备采取必要的分离、冗余和保护等措施,确保非包容性高能转子设备的转子和叶片的碎片对安全造成的影响最小。

2.2　相关条款

与第 25.1461 条相关条款如表 2 - 1 所示。

表 2 - 1　第 25.1461 条相关条款

序　号	相关条款	相　关　性
1	第 25.1309 条	第 25.1309(a)款规定"必须保持在各种可预期的运行条件下能完成预定功能"。因此,必须表明该设计能有效提供任何预期的功能,包括那些与飞行手册程序相关的、正常发动机监测功能和失效干预

（续表）

序　号	相关条款	相　关　性
		第 25.1309(c)款规定"必须提供警告信息,向机组指出系统的不安全工作情况并能使机组采取适当的纠正动作",以及"系统、控制器件和有关的监控与警告装置的设计必须尽量减少可能增加危险的机组失误"

3　验证过程

3.1　验证对象

第 25.1461 条的验证对象为含高能转子的设备。

3.2　符合性验证思路

针对第 25.1461(a)款,通过系统设计描述说明飞机上所安装的含高能转子的设备的种类、安装要求等情况。

针对第 25.1461(b)款,通过分析计算来表明相关设备满足相关要求。

针对第 25.1461(c)款,通过设备鉴定试验来验证这些要求得到满足。

针对第 25.1461(d)款,通过安全性分析来表明相关设备满足相关要求。

3.3　符合性验证方法

通常,针对第 25.1461 条的符合性验证方法如表 3-1 所示。

表 3-1　建议的符合性方法

条款号	专业	符合性方法										备注
		0	1	2	3	4	5	6	7	8	9	
第 25.1461(a)款	空调系统		1									
第 25.1461(a)款	电源系统		1									
第 25.1461(a)款	水/废水系统		1									
第 25.1461(a)款	液压系统		1									
第 25.1461(a)款	动力装置		1									
第 25.1461(b)款	空调系统			2								
第 25.1461(b)款	电源系统			2								
第 25.1461(b)款	液压系统			2								
第 25.1461(b)款	水/废水系统			2								
第 25.1461(c)款	动力装置										9	
第 25.1461(d)款	空调系统				3							
第 25.1461(d)款	液压系统				3							

条 款 号	专 业	符 合 性 方 法										备 注
		0	1	2	3	4	5	6	7	8	9	
第25.1461(d)款	电源系统				3							
第25.1461(d)款	水/废水系统				3							
第25.1461(d)款	动力装置				3							

3.4 符合性验证说明

3.4.1 第25.1461(a)款符合性验证说明

针对第25.1461(a)款,采用的符合性验证方法为MOC1,验证具体工作如下:

采用系统设计描述说明飞机上所安装的含高能转子的设备的种类、安装要求等情况,说明在这些设备设计过程中均考虑本条款提出的要求。包含高能转子的设备一般有空调系统的空气循环机、再循环风扇、电子设备冷却风扇,电源系统的组合驱动发动机、辅助发电机,液压系统的电动液压泵,水废水系统的真空发生器,动力装置的起动机。

第25.1461(a)款不适用于由E分部(动力装置)所覆盖的设备,如发动机和辅助动力装置,这些设备应满足第25.903(d)款的规定。

3.4.2 第25.1461(b)款符合性验证说明

针对第25.1461(b)款,采用的符合性验证方法为MOC2,验证具体工作如下:

含高能转子的设备涉及电源系统、空调系统、液压系统、水/废水系统和动力装置系统,以下按照系统分别说明:

1) 电源系统

飞机电源系统中含高能转子的设备有组合驱动发动机(IDG)和辅助发电机(AGEN),其中,飞机辅助发电机的过速性能可通过对辅助发电机和已成功完成过速鉴定试验的相似性产品进行相似性分析,确认两者过速要求一致。自包容性能通过对辅助发电机和相似性产品进行相似性分析,两者自包容能力相当,且差异之处不影响辅助发电机的自包容能力。

自包容设计是组合驱动发动机(IDG)的基本设计,通过对IDG组件(安装轴承、脱开轴和星系齿轮等)的分析表明,IDG不锈钢壳体可以包容旋转硬件,并避免故障状态下高能量碎片对壳体的冲击。IDG的转速通过伺服阀输出压力进行控制,伺服阀输出压力通过GCU控制,当GCU电源中断时,伺服阀设计可以切断输出压力,从而保证IDG转速低于额定转速;并使系统保护设备关闭所在的发电通道,不会出现内部的故障导致IDG壳体的损坏。考虑IDG内/外部故障,IDG转速可以达到规定转速;基于IDG壳体设计的分析表明,飞机的IDG壳体可以包容住该转速情况下的IDG内部碎片能量,满足包容性要求。

2）空调系统

飞机空调系统制冷组件含高能转子器件的空气循环机,该设备采用的壳体加工工艺方法和材料满足飞机的需要。飞机空气循环机采用热处理方法,增加叶轮的强度,风扇转子能承受因故障、振动、异常速度和异常温度引起的损伤。飞机空调系统的空气循环机转子壳体设计成具有良好的包容性,能够完全将运动转子旋转过程产生的能量吸收,不会导致周围环境或机体受到损伤。此外,通过飞机空调系统空气循环机壳体对爆破转子的包容极限满足要求,间接证明飞机空调系统设计可使设备控制装置、系统和仪表设备合理地保证在服役中不会超过影响高能转子完整性的使用限制。

3）液压系统

液压能源系统中的电动液压泵属于含高能转子的设备。飞机的电动液压泵电机壳体直径、电动液压泵的泵壳体直径、电动液压泵采用的电机和发生电动机转子爆破的概率均满足相关要求,电机的壳体设计考虑了对转子碎片的包容。电动液压泵的泵壳体可以承受规定的工作压力和规定的验证压力,如果泵转子被破坏,壳体可以承受转子破坏所引起的损伤。液压能源系统在油液温度超过规定温度时,EICAS 可以发出过热报警,引导驾驶员关闭液压泵,避免电动液压泵因高温而损耗,通过分析说明,电动液压泵可以承受在航线上可预期的各种临界环境条件包括温度和振动的影响。

4）水/废水系统

飞机水/废水系统设备中的高能转子设备是真空发生器,真空发生器可设计过热保护装置以及防护壳体,以防止真空发生器发生过热而导致转子破坏,而且即使转子发生破坏时防护壳体也能够包容住破坏的高能转子。飞机真空发生器可通过转子爆破包容试验,分析表明试验件叶轮在规定电流频率时破损成 1/3 轮盘时,真空发生器壳体没有出现任何形式的刺穿,验证对条款的符合性。

3.4.3　第 25.1461(c)款符合性验证说明

针对第 25.1461(c)款,采用的符合性验证方法为 MOC9,验证具体工作如下:

通过设备鉴定试验,表明动力装置系统能根据条款要求包容住装置在最高转速下(当正常的速度控制不工作时能达到的最高速度)出现的高能转子的任何失效。

3.4.4　第 25.1461(d)款符合性验证说明

针对第 25.1461(d)款,采用的符合性验证方法为 MOC3,验证具体工作如下:

高能转子设备,虽然制造商采取一定的预防措施,使设备转子机匣能包容住高能转子或叶片破坏所引起的损伤,但在有些情况下,由于考虑到重量、尺寸和经济性等各方面条件的限制,不宜使用这种包容性的设计思想,此时需通过系统安全性分析,对受影响的相关系统和设备采取必要的分离、冗余和保护等措施,确保非包容性高能转子设备的转子和叶片的碎片对安全造成的影响最小,表明即使发生非包容性的高能转子失效,也不会妨碍飞机继续安全飞行和着陆。

3.5 符合性文件清单

通常,针对第 25.1461 条的符合性文件清单如表 3 - 2 所示。

表 3 - 2 建议的符合性文件清单

序 号	符 合 性 报 告	符合性方法
1	(相关)系统设计描述	MOC1
2	(相关)系统计算分析报告	MOC2
3	(相关)系统安全性评估报告	MOC3
4	动力装置系统设备鉴定大纲	MOC9
5	动力装置系统设备鉴定报告	MOC9

4 符合性判据

4.1 针对第 25.1461(a)款

含高能转子的设备的设计中考虑了本条款的要求。明确了飞机上所有含高能转子的设备。

4.2 针对第 25.1461(b)款

含高能转子的设备能承受住因故障、振动、异常速度和异常温度引起的损伤。转子机匣的包容性和转子的完整性满足相关要求。

4.3 针对第 25.1461(c)款

通过设备鉴定试验,验证高能转子的设备对转子在最高速度下发生的任何破坏的包容性。

4.4 针对第 25.1461(d)款

确认高能转子设备的安装位置,在转子发生破坏时不会危及乘员和影响飞机继续安全飞行。

参考文献

[1] 14 CFR 修正案 25 - 41 Airworthiness Review Program,Amendment No. 5;Equipment and Systems Amendments [S].

[2] FAA. AC20 - 128A Design Considerations for Minimizing Hazards Caused by Uncontained Turbine Engine and Auxiliary Power Unit Rotor Failure [S]. 1997.

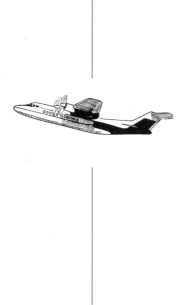

CCAR34 部

民用运输类飞机
CCAR34 部符合性验证

1 条款介绍

1.1 条款原文

第 34.11 条 燃油排泄标准

(a) 本章适用的航空燃气涡轮发动机不得向大气排放燃油排泄物。本条旨在防止发动机停车后有意将燃油喷嘴总管中排出的燃油排泄到大气中,而不适用于从轴封、接合面和接头处正常的燃油渗漏。

(b) 局方可以采用检查防止燃油排泄物设计的方法,以确认对本条(a)所述标准的符合性。

(c) 应用于某机体或某发动机时,任何制造人或营运人可用防止在发动机停车后从燃油喷嘴总管有意排放燃油的任何方法,来表明符合本条的燃油排泄要求。可接受的符合性方法包括下列之一:

(1) 设置一项局方批准的系统,使燃油再循环回流到燃油系统;

(2) 加盖或紧固增压和排放活门;

(3) 人工将存油箱的燃油排放到某一容器里。

第 34.21 条 排气排出物标准

(a) 每台新的 TFJ 类和 TSS 类的航空燃气涡轮发动机的烟雾排放不得超过:

$$SN = 83.6(r_O)^{-0.274} (r_O \text{ 以千牛为单位}) \leqslant 50$$

(b) 2002 年 4 月 19 日及其后制造的额定输出等于或大于 1000 千瓦(1340 马力)的每台新的涡桨发动机的烟雾排放不得超过:

$$SN = 187(r_O)^{-0.168} (r_O \text{ 以千瓦为单位})$$

(c) 2002 年 4 月 19 日及其后制造的额定输出等于或大于 26.7 千牛(6000 磅)的每台新的 TFJ 类航空燃气涡轮发动机排出的气态排出物不得超过:

碳氢化合物:19.6 克/千牛额定输出

一氧化碳: 118 克/千牛额定输出

氮氧化合物：（32＋1.6(rPR))克/千牛额定输出

（d）2002 年 4 月 19 日及其后制造的每台新的 TSS 类的发动机排出的气态排出物不得超过：

碳氢化合物：140(0.92)^{rPR} 克/千牛额定输出

一氧化碳：　4550(rPR)$^{-1.03}$ 克/千牛额定输出

氮氧化合物：（36＋2.42(rPR))克/千牛额定输出

（e）本条(a)、(b)、(c)和(d)规定的标准涉及到本规定 G 章适用条款中所述的体现工作循环的混合气态排出物试样，以及本规定 H 章适用条款所述的发动机工作期间排出的烟雾排放，应按这些章规定的程序进行测量和计算。

备注：CCAR34 部《涡轮发动机飞机燃油排泄和排气排出物规定》共有 A、B、C、D、G、H 六个章节，总计 21 个条款。除第 34.11、34.21 条给出了燃油排泄标准、排气排出物标准外，其他条款还给出了定义、缩略语、发动机排气中气态排出物的测试程序发动机烟雾排放的测试程序等相关内容。由于文本内容较多，且考虑到运输类飞机对相关测试程序等符合性表明主要基于发动机 33 部型号合格审定的相关结论给出，故此类条款的原文未在本文中详细列出。

1.2　条款背景

CCAR34 部《涡轮发动机飞机燃油排泄和排气排出物规定》对排放控制的制定是由于人们对生存环境、健康的关注日益增加而产生的，虽然从燃烧污染排放的总量来讲，飞机排放所占的比例很小，但是，由于其局部特征，如在机场附近会聚集高浓度的污染排放物。另外，在繁忙的空中走廊，也会有大量的污染排放物聚集。在空中，各类飞机产生的污染排放物是高空大气污染物的唯一来源。而经济的发展，促使人们更多的选择快捷、安全和方便的航空运输，包括客运和货运。因此，从国际民航组织（ICAO）所提出的不同时期颁布的航空环境保护委员会（CAEP）标准来看，越来越严格的污染排放指标，对民机的低污染研发带来极大的挑战。例如针对增压比 $\pi_\infty \approx 30$，推力 $F_\infty \approx 100$ 千牛亚声速飞行条件下涡轮和涡扇发动机氮氧化合物（NO_x）污染标准系列标准从 CAEP2 到 CAEP8，CO、HC、冒烟的排放标准基本保持不变，但对 NO_x 的限制是越来越严格，其中 CAEP4 相对于 CAEP2 标准降低了约 13%，而 CAEP6 相对于 CAEP4 降低了约 12%，而 CAEP8 比 CAEP6 的排放指标平均减少约 15%。

1.3　条款历史

CCAR34 部《涡轮发动机飞机燃油排泄和排气排出物规定》于 2002 年 3 月 20 日发布，该规章自发布后未进行过修订，如表 1-1 所示。

CCAR34 部《涡轮发动机飞机燃油排泄和排气排出物规定》于 2002 年 3 月 20 日发布，并自 2002 年 4 月 19 日起施行。其主要参考文件为国际民用航空公约附件 16 第 II 卷《航空发动机的排出物》1993 年 7 月第二版（1997 年 3 月 20 日生效）以及美国联邦航空条例第 34 部第一次发布至 34-3 修正案（1999 年 2 月 3 日生效）。

表 1 - 1　CCAR34 部条款历史

CCAR34 部	CCAR34 部版本	相关 14 CFR 修正案	备　　注
首次发布	初版	34 - 3	

CCAR34 部生效后从未进行过修订,NO$_x$ 要求对应为 CAEP2 标准。根据未来的发展趋势,CCAR34 部势必将与欧美的适航条例同步,采用 CAEP6 或更高的标准。

2　条款解读

2.1　条款要求

第 34.11 条要求航空燃气涡轮发动机不得向大气排放燃油排泄物。

第 34.21 条则明确给出了发动机烟雾、碳氢化合物、一氧化碳、氮氧化合物的排放指标要求。

考虑到 CCAR34 部生效后从未进行过修订,NO$_x$ 要求对应为 CAEP2 标准。通常,依据 CCAR21.16 条第(一)款,需将国际民用航空公约附件 16 第 Ⅱ 卷《航空发动机的排出物》第三版中关于氮氧化合物气态排出物标准以专用条件的形式纳入型号审定基础。

2.2　相关条款

与 CCAR34 部相关条款如表 2 - 1 所示。

表 2 - 1　CCAR34 相关条款

序　号	相关条款	相　　关　　性
1	第 25.903 条	第 25.903(a)(1)项要求:每型发动机必须有型号合格证,并且必须满足中国民用航空局有关涡轮发动机飞机燃油排泄和排气污染规定的适用要求
2	第 25.951 条	第 25.951(d)款要求:对于以涡轮发动机为动力的飞机,每一燃油系统必须满足中国民用航空局有关涡轮发动机飞机燃油排泄污染的要求

3　验证过程

3.1　验证对象

CCAR34 部第 34.11 条和第 34.21 条的验证对象包括动力装置、燃油系统。

3.2　符合性验证思路

为验证对 CCAR34 部的符合性,采用设计描述文件,说明飞机动力装置和燃油系统的设计不会有意将燃油排泄到大气中;说明发动机燃烧室的低排放设计特点;

此外,提供发动机 33 部取证过程中针对第 34.21 条符合性验证试验的数据结果等表明对该条款的符合性。

3.3 符合性验证方法

通常,针对 CCAR34 部条款的符合性验证方法如表 3-1 所示。

表 3-1 CCAR34 部符合性方法表

条 款 号	专 业	符 合 性 方 法										备 注
		0	1	2	3	4	5	6	7	8	9	
第 34.11 条	动 力		1									
第 34.21 条	动 力										9	

3.4 符合性验证说明

3.4.1 第 34.11 条符合性验证说明

通过对飞机发动机燃烧室、发动机燃油系统构架、飞机燃油系统放沉淀阀、机身和吊挂内燃油管路等进行描述,说明可确保发动机燃油总管和燃油喷嘴不会泄漏;对飞机的发动机所采用的燃油收集装置的设计、工作原理、设计特点进行描述,表明对该条款的符合性。

3.4.2 第 34.21 条符合性验证说明

确认发动机 33 部取证时对应审定基础的 CCAR34 部规章版本不低于飞机 25 部取证时对应审定基础的 CCAR34 部规章版本。根据发动机 33 部取证过程中针对第 34.21 条符合性验证试验的数据结果,确认根据飞机所选用发动机的额定输出(ro)、额定压力比(rPR)确定的烟雾排放指数,气态排出物中碳氢化合物、一氧化碳、氮氧化物指数满足条款所要求的排气排出物最大限制值,进而表明满足条款要求。

3.5 符合性文件清单

通常,针对 CCAR34 部的符合性文件清单如表 3-2 所示。

表 3-2 建议的符合性文件清单

序 号	符 合 性 报 告	符合性方法
1	燃油排泄设计说明	MOC1
2	发动机 VTC 证	MOC9
3	飞机发动机设备鉴定适航符合性报告——排气排出物	MOC9

4 符合性判据

针对第 34.11 条,满足下述情况可判定为符合:

（1）确认发动机燃油总管和燃油喷嘴不会泄漏。

（2）航空燃气涡轮发动机不会向大气排放燃油排泄物。

针对第 34.21 条,满足下述情况可判定为符合：

（1）确认发动机已取得 33 部型号合格证。

（2）发动机 33 部取证时对应审定基础的 CCAR34 部规章版本不低于飞机 25 部取证时对应审定基础的 CCAR34 部规章版本。

（3）制造商 33 部取证过程中针对第 34.21 条符合性验证试验的结果满足要求。

参考文献

［1］ 中国民用航空总局. CCAR34 涡轮发动机飞机燃油排泄和排气排出物规定［S］. 2002.

［2］ 14 CFR PART 34 Fuel Venting and Exhaust Emission Requirements for Turbine Engine Powered Airplanes［S］.

［3］ 郑作棣. 运输类飞机适航标准技术咨询手册［M］. 北京：航空工业出版社,1995.

后　记

　　《支线飞机适航符合性设计与验证》一书即将付梓，感慨万千，从 2015 年初产生编写一本适航验证图书的设想起，到与上海交通大学出版社钱方针老师交流意愿，到策划条款图书编写方案，到组织适航工程中心适航主管按条款编写书稿正文，到协调老专家审核条款初稿，到组织一次又一次的书稿审核，再到逐人逐条检查指导适航主管编写、修改条款书稿正文内容，最后到各适航主管修改完成 334 条运输类适航标准中支线飞机适用条款的符合性验证图书正文，同时由徐有成和郝莲完成全部条款图书内容审核，达到出版状态，走过了整整三年的艰难历程。回顾于后，以嘤读者。

　　《支线飞机适航符合性设计与验证》一书，最初定名为《民用运输类飞机适航标准 CCAR25 部条款符合性验证》，旨在总结归纳 ARJ21‐700 飞机对 CCAR25 部条款验证的实践，以 ARJ21‐700 飞机获得型号合格证的 398 份条款综述报告为基础，纳入 FAA 的最新修正案的要求，考虑对 C919 飞机的适用性，形成一本适用于民用运输类飞机，关于 CCAR25 部的适航参考资料，后续作为 ARJ 飞机项目的研制成果而改为现名，但本书在内容上不仅包括了 ARJ21‐700 飞机对 CCAR25 部条款的验证实践，还包括了 C919 飞机已策划或已完成的对 CCAR25 部条款的验证实践。在 ARJ21‐700 飞机 398 份条款综述报告中，CCAR34、CCAR36 分别为多个条款，本书中调整为 CCAR34 和 CCAR36 分别各为 1 个条款；ARJ21‐700 飞机398 份条款综述报告中，同一条款按动力装置和 APU 分别编制，本书中合并为 1 个条款描述。

　　《支线飞机适航符合性设计与验证》一书的编写严格按书稿编写方案及工作计划实施。2015 年 7 月由陈玲完成书稿编写方案及工作计划初稿，方案明确了编辑本书的目的与意义、编写图书的基本要求（图书结构、条款书稿提纲、文字及格式要求）、编委会组建方案、编制工作管理方案、工作计划。此方案共计修改 4 次，2017年 8 月由李大海修改形成最终稿。

　　依据图书编写方案成立了以适航工程中心标准技术室为主的工作组。工作组按季度检查各条款编写工作进展；同时，依据工作进程进行书稿编写培训。先后按图书编写方案与计划、条款编写要求与模板、审核问题与解决方案、出版社编辑要求等内容进行了 10 次集中培训。

条款书稿的模板由王留呆编制,共计修改 10 次,由印帅完成第 1 份条款书稿样例。

组织召开了 12 次书稿审核评审会,书稿审核过程中提出了 150 个共性问题,形成了 13 份记录。

适航工程中心共计 51 名适航主管参与条款书稿编写。条款书稿编写过程中,邀请陈巴生、冯惠冰、颜万亿和褚静华老师等技术专家进行了 6 次集中审核,他们分别记录了自己审核中发现的问题,集中向编写者反馈意见,手把手地指导与帮助适航主管,从条款背景出发,了解与研究条款的意图与要求,结合型号的设计与实际验证过程,归纳总结验证思路与方法,形成符合性判据;为保证条款书稿编写质量,在编写工作进入后期,按专业由郝莲、路遥、王修方、罗青、熊超、周艳萍、程凯、陈卢松、李承立、张利辉、袁烨等主任设计师、副主任设计师组成条款书稿审核团队,完成了所有条款的统稿审核;为加快编写工作进程,成立了由陈炜、陈双、哈红艳、金时彧、李大海、李斯琪、林家冠、刘曦明、孙越、王哲、姚远、杨敏、杨波、邹海明组成的统稿团队,负责收集整理各型号设计验证资料、调整核对书稿格式;所有条款书稿均经徐有成和郝莲进行最后定稿核定。

《支线飞机适航符合性设计与验证》一书的出版,饱含着上海交通大学出版社钱方针老师、王珍老师带领的编辑团队的辛勤工作,从了解协商出版图书意愿出发、完成了图书出版要求培训、书稿初步编辑与校审、书稿最终编辑与校审、书稿印刷成书等工作。

《支线飞机适航符合性设计与验证》一书的编著出版,仅仅是开始,还须在后续型号适航验证中,持续总结归纳,将书中内容不断丰富与完善。

2014 年 12 月 30 日,在北京民航管理干部学院一楼大会议室,中国民用航空局时任局长李家祥向中国商用飞机有限责任公司颁发 ARJ21 - 700 飞机的型号合格证,当中国商用飞机有限责任公司时任董事长金壮龙接过这张证书时,全场掌声雷动,一片欢腾——历经 12 年的研制和适航验证坎坷的 ARJ21 - 700 飞机,终于取得型号合格证,获得了进入民用市场的通行证。

适航工程中心成立于 2009 年 5 月,是国内首家航空制造商为保证航空器适航安全、构建公司适航取证核心能力而组建的机构。成立 9 年来,适航工程中心致力型号,苦练内功,不仅为 ARJ21 - 700 飞机、C919 飞机等型号适航取证冲锋陷阵,同时也不断提升自身技术能力,努力构建中国民机适航设计与验证技术体系。

我们以《支线飞机适航符合性设计与验证》一书,再一次回顾 ARJ21 - 700 飞机 12 年的艰难研制取证历程——ARJ21 - 700 飞机是我国第一架完全按照《运输类飞机适航标准》(CCAR25)进行设计和验证的民用飞机,也是第一架严格按照《民用航空产品和零部件合格审定规定》(CCAR21)及《航空器型号合格审定程序》(AP - 21 - 03)的要求全过程开展型号合格审定的飞机。

我们以《支线飞机适航符合性设计与验证》一书,佐证适航工程中心的成长,印证中国商飞公司适航核心能力建设的初步成果。

由衷地感谢在《支线飞机适航符合性设计与验证》一书编写中，公司领导、总部质量适航安全部给予的支持与帮助！上海飞机设计研究院各级领导及相关部门的关心与支持！适航工程中心全体员工的辛勤付出！

大飞机出版工程
书　目

一期书目（已出版）

《超声速飞机空气动力学和飞行力学》（译著）

《大型客机计算流体力学应用与发展》

《民用飞机总体设计》

《飞机飞行手册》（译著）

《运输类飞机的空气动力设计》（译著）

《雅克-42M 和雅克-242 飞机草图设计》（译著）

《飞机气动弹性力学和载荷导论》（译著）

《飞机推进》（译著）

《飞机燃油系统》（译著）

《全球航空业》（第2版）（译著）

《航空发展的历程与真相》（译著）

二期书目（已出版）

《大型客机设计制造与使用经济性研究》

《飞机电气和电子系统——原理、维护和使用》（译著）

《民用飞机航空电子系统》

《非线性有限元及其在飞机结构设计中的应用》

《民用飞机复合材料结构设计与验证》

《飞机复合材料结构设计与分析》（译著）

《飞机复合材料结构强度分析》

《复合材料飞机结构强度设计与验证概论》

《复合材料连接》

《飞机结构设计与强度计算》

三期书目（已出版）

《适航理念与原则》

《适航性：航空器合格审定导论》(译著)

《民用飞机系统安全性设计与评估技术概论》(第2版)

《民用航空器噪声合格审定概论》

《机载软件研制流程最佳实践》

《民用飞机金属结构耐久性与损伤容限设计》

《机载软件适航标准DO‐178B/C研究》

《运输类飞机合格审定飞行试验指南》(编译)

《民用飞机复合材料结构适航验证概论》

《民用运输类飞机驾驶舱人为因素设计原则》

四期书目（已出版）

《航空燃气涡轮发动机工作原理及性能》(第2版)

《航空发动机结构强度设计问题》

《航空燃气轮机涡轮气体动力学：流动机理及气动设计》

《先进燃气轮机燃烧室设计研发》

《航空燃气涡轮发动机控制》

《航空涡轮风扇发动机试验技术与方法》

《航空压气机气动热力学理论与应用》

《燃气涡轮发动机性能》(译著)

《航空发动机进排气系统气动热力学》

《燃气涡轮推进系统》(译著)

《燃气涡轮发动机的传热和空气系统》

五期书目（已出版）

《民机飞行控制系统设计的理论与方法》

《民机导航系统》

《民机液压系统》(英文版)

《民机供电系统》

《民机传感器系统》

《飞行仿真技术》

《民机飞控系统适航性设计与验证》

《大型运输机飞行控制系统试验技术》

《飞行控制系统设计和实现中的问题》(译著)

《现代飞机飞行控制系统工程》

六期书目（已出版）

《民用飞机构件先进成形技术》

《民用飞机热表特种工艺技术》

《航空发动机高温合金大型铸件精密成型技术》

《飞机材料与结构检测技术》

《民用飞机构件数控加工技术》

《民用飞机复合材料结构制造技术》

《民用飞机自动化装配系统与装备》

《复合材料连接技术》

《先进复合材料的制造工艺》（译著）

七期书目（已出版）

《支线飞机设计流程与关键技术管理》

《支线飞机验证试飞技术》

《支线飞机电传飞行控制系统研发及验证》

《支线飞机适航符合性设计与验证》

《支线飞机市场研究技术与方法》

《支线飞机设计技术实践与创新》

《支线飞机项目管理》

《支线飞机自动飞行与飞行管理设计与验证》

《支线飞机电磁环境效应设计与验证》

《支线飞机动力装置系统设计与验证》

《支线飞机强度设计与验证》

《支线飞机结构设计与验证》

《支线飞机环控系统研发与验证》

《支线飞机运行支持技术》

《ARJ21-700新支线飞机项目发展历程、探索与创新》

《飞机运行安全与事故调查技术》

《基于可靠性的飞机维修优化》（英文版）

《民用飞机实时监控与健康管理》

《民用飞机工业设计的理论与实践》